한국어판

Light-Emitting Diodes

SECOND EDITION

|원제| E.FredSchubert
|공역| 윤의준 · 김경국 · 이성남 · 김현수 · 나현석

홍릉과학출판사

발광다이오드
2판

전체적으로 수정, 보완된 본 교재의 2판은 III-V 반도체로 만든 적외선, 가시광, 자외선, 백색 발광다이오드(LED)의 기술 및 물리적 현상에 대해 포괄적으로 설명한다. 전기적 및 광학적 특성과 같은 LED의 기본적인 특성과 최근의 개선된 소자구조에 대한 분석을 다루었다.

소자 패키징에 대한 새로운 재료, 반사경, UV LED, III-V 질화물 재료, 조명 응용을 위한 고체광원, 접합온도와 같이 LED와 관련된 내용을 확장시켜 9개의 장을 추가하였다. 발광 및 비발광 재결합 동역학, 광추출을 향상하기 위한 방법, 고효율 및 고출력 소자 설계, 파장 변환 형광체 재료를 이용한 백색 발광소자, 광학 반사경, 그리고 공진공동 구조에서 자발 재결합에 대해 자세히 다루었다. 인간의 시각(Human vision), 광도측정법(photometry), 색측정법(colorimetry), 연색성(color rendering)과 같은 고체 조명과 관련된 분야도 1판에서 소개된 서론적인 수준을 넘어 다루었다. 실리카 섬유, 플라스틱 섬유, 자유공간(free-space)통신에서의 적외선 및 가시광 스펙트럼 LEDs의 응용에 대해서도 논의하였다. 반도체 재료 및 소자 설계에 대한 자료와 LED 동작을 설명하는 해석적 공식을 추가하였다.

본 교재는 연습문제(exercise), 해답 및 예제를 다루었으며 이는 LED를 연구하는 과학자, 기술자 및 전기공학, 응용물리학, 재료과학 분야의 대학원생에게 유익할 것으로 생각된다.

본 교재의 부가적인 정보는 온라인 웹사이트 www.cambridge.org/9780521865388에서 얻을 수 있다.

E. Fred Schubert 교수는 1986년 Stuttgart 대학에서 전기공학 박사학위를 수여하였고 현재 Rensselaer Polytechnic Institute의 Future Chips Constellation의 Wellfleet Senior Constellation Professor로 재직 중이다. 그는 최초의 공진공동 발광다이오드(RCLED) 구현과 같이 LEDs 분야에서 선구적인 기여를 하였다. 그는 VDE 저술상을 받게 한 Doping in III-V Semiconductors(Cambridge University Press, 1993, 0-521-01784-X)와 같은 저서를 포함하여 200여 편 이상의 출판물을 발표 또는 공저하였다. 그는 28편의 US 특허를 발명 또는 공동발명하였으며 IEEE, APS, OSA, SPIE의 Fellow이다. 그는 Humboldt Foundation의 Senior Research Award, Discover Award for Technical Innovation, RD 100 Award, 그리고 Boston University's Provost Innovation Fund Award를 수상하였다.

저 자 서 문

지난 40여 년 동안 발광다이오드(LED) 분야의 기술은 놀랄 만큼 진보하였다. 최근의 LED는 작고 튼튼하며 신뢰성이 있고 밝으며 효율적이다. 이 순간에도 LED의 성공적인 역사는 계속 진행 중이다. 위대한 기술적 개선은 지속적으로 만들어지고 있으며 그 결과로 많은 응용분야에서 LED는 중요한 역할을 차지해가고 있다. 다른 광원과는 달리 LED는 거의 100% 효율을 가지고 전기를 빛으로 전환시킬 수 있는 잠재력을 지니고 있다.

LED는 1907년도에 우연히 발견되었으며 같은 해에 LED에 대한 최초의 논문이 출판되었다. LED는 1920년대에 재발견될 때까지 그리고 다시 1950년대에 재발견될 때까지 잊혀져 있었다. 1960년대에 세 개의 연구그룹, 즉 General Electric사의 연구그룹, MIT의 Lincoln Lab, 그리고 IBM사의 연구그룹은 반도체 레이저 구현을 추구하였으며 최초로 성공했던 상용 LED는 이러한 추구의 부산물이었다. LED는 고유의 영역을 가지게 되었으며 오늘날에는 인간에게 가장 다양한 광원으로 이용되고 있다.

본 교재의 제1판은 2003년도에 출판되었다. 제2판은 광학적 반사경, LED 접합온도의 측정, 패키징, UV 발광소자, 일반조명을 위한 LED와 같은 부가적인 기술적 영역을 논의하고자 확장되었다. 1판과 다르지 않게 2판에서도 LED의 기술과 물리에 집중하였다. 제2판은 개선된 소자구조뿐만 아니라 LED의 전기적, 광학적 특성 및 재료와 관련된 이슈를 검토한다. 특히 III-V 질화물반도체의 최근 발전 현황에 대해서도 다룬다. 본 교재는 III-V 반도체 기반의 LED를 주로 다루지만 논의된 과학과 기술의 많은 부분은 IV족, II-VI, 유기 발광소자와 같은 다른 고체 발광소자와도 연관이 있다. 조명과 통신응용을 포함하는 LED 관련 몇 개의 응용영역에 대해서도 자세히 다루었다.

본 교재의 1판과 2판에 대해 많은 동료들과 공동 연구자들이 소중한 정보와 제언을 해주었다. 특히 Enrico Bellotti(Boston University), 조제희(삼성종합기술원), George Craford(LumiLeds Corp.), Thomas Gessmann(RPI), Nick Holonyak Jr.(University of Illinois), 김종규(RPI), Mike Krames(LumiLeds Corp.), Shawn Lin(RPI), Ralph Logan (AT&T Bell Laboratories 은퇴), Fred Long(Rutgers University), Paul Maruska(Crystal Photonics Corp.), Gerd Mueller(LumiLeds Corp.), Shuji Nakamura(University of California, Santa Barbara), N. Narendran(RPI), Yoshihiro Ohno(National Institute of

Standards and Technology), Jacques Pankove(Astralux Corp.), 박용조(삼성종합기술원), Manfred Pilkuhn(은퇴, University of Stuttgart, Germany), Hans Rupprecht(IBM Corp. 은퇴), Michael Shur(RPI), 손철수(삼성종합기술원), Klaus Streubel(Osram Opto Semiconductors Corp., Germany), Li-Wei Tu(National Sun Yat-Sen University, Taiwan), Christian Wetzel(RPI), Jerry Woodall(Yale University), Walter Yao(Advanced Micro Devices Corp.)께 깊은 감사를 드린다. 또한 본 교재에 중요한 기여를 많이 해온 현재 또는 과거의 박사후 연구원과 학생들에게 감사를 드린다.

역 자 서 문

지구 기후변화와 연결되어 전 세계는 그린기술을 주목하고 있다. 에디슨이 발명한 전구가 100여 년이 지난 지금 우리는 LED가 가져다 줄 "빛의 혁명"을 주목하고 있다. 형광등보다 효율이 좋은 백색 LED, RGB LED가 모여서 만들 수 있는 총천연색의 빛, IT 기술과 접목된 융합기술의 LED 등 그 핵심기술에 화합물반도체가 있으며, 우리의 세상을 급속도로 바꾸고 있다.

농업, 수산업, 의료, 경관 조명 등 LED의 응용범위는 무궁무진하다. 백색 LED가 형광등을 대체하기 위해서는 LED의 효율이 더욱 증대되어야 하고, 동시에 가격 경쟁력을 가져야 한다. 내부양자효율, 광 추출효율 등 LED의 효율을 증대할 수 있는 기술적 혁신은 물론이고, 대면적 사파이어 기판의 사용에 의한 대량생산에 의한 가격 절감을 위한 생산기술 개발 또한 날로 중요해지고 있다. 갈수록 치열해가는 세계적인 LED 산업구조 속에서 우리나라 기업들이 진정한 승자가 되기 위해서는 LED 기술혁신을 이끌어 낼 수 있는 LED 분야의 고급 인력양성이 절실한 시점이다.

1992년부터 서울대학교에서 화합물반도체 관련 강의를 하면서 적절한 교재가 없음을 아쉽게 생각하고 있었다. 1990년대 중반 때마침 청색 LED의 개발로 화합물반도체 분야가 더욱 주목을 받게 되었다. 그러던 차에 2002년 미국 산호세에서 열린 SPIE의 Photonics West에서 슈버트 교수의 LED 단기강좌를 들을 기회가 있었다. LED 교육을 위한 적당한 교재가 없음을 아쉬워하던 역자에게 눈이 번쩍 띄는 강의였다. 강의 후 슈버트 교수로부터 단기강좌 교재를 중심으로 단행본이 곧 출간된다는 얘기를 듣고 책의 출간을 기다렸다. 2003년 슈버트 교수의 책이 출간되자마자 서울대학교에서 2004년 "LED 공학개론"이란 강의를 개설하면서 슈버트 교수의 책을 교재로 채택하였다. 이후 여러 대학에서 LED 관련 강의가 개설되기 시작하였다.

그러던 중 LED 관련 분야에 종사하는 학생 및 산업체 연구원들이 보다 쉽게 책의 내용을 접하기 위해서 슈버트 교수의 책을 한글로 번역하지 않겠냐는 홍릉과학출판사의 제의를 받았으며, 이를 위해서 4명의 교수들과 힘을 합치기로 하였다. 번역에 참여한 교수들은 직접 LED 분야로 박사학위를 하거나 LED 관련 연구소 및 기업에서의 현장 경험이 있는 사람들로 실 상황에 맞는 정확한 번역을 하기 위해서 노력하였다. 이번 일을 통해서 전공서적을 번역하는 일은 쉬운 일이 아니라는 것을 새삼 느꼈다. 혹시 실수가 있더라도 독자들의 너그러운 이해를 부탁드리며, 이 책을 통해서 보다 많은 국내의 LED 관련 종사자들이 쉽게 전공지식을 함양할 수 있는 작은 도움이 되었다고 생각해 주길 바란다. 이 책이 나오는데 큰 도움을 준 김경국 교수, 이성남 교수, 김현수 교수, 나현석 교수와 홍릉과학출판사 김기용 이사 및 관계자들께 심심한 감사를 표한다.

2011년 6월
대표 역자 윤의준

차례

Chapter 1

LED의 역사

1.1 SiC LED의 역사

20세기 초반부터 전기를 공급해서 고체상태의 재료로부터 빛이 발생되는 현상이 보고되었으며, 이런 현상을 전기발광(electroluminescence)이라고 한다. 전기발광은 상온에서 일어날 수 있으므로 일반적으로 750℃ 이상의 고온으로 가열된 물체로부터 발생되는 가시광선 전자기파의 방출과는 근본적으로 다른 것이다.

1891년 Eugene G. Acheson은 "카보런덤"이라고 명명된 새로운 인공 소재인 탄화규소(SiC)라는 새로운 인공 소재를 만드는 새로운 상용 공정을 개발했다. 합성 과정은 유리(SiO_2)와 석탄(C)을 고온 전기로에서 Si로 형성하는 화학반응을 사용하였다(Filsinger와 Bourrie, 1990; Jacobson 외, 1992).

$$SiO_2(gas) + C(solid) \rightarrow SiO(gas) + CO(gas)$$
$$SiO(gas) + 2C(solid) \rightarrow SiC(solid) + CO(gas)$$

III-V족 화합물반도체처럼 SiC도 자연에는 존재하지 않는다. 다이아몬드와 똑같은 결정 대칭성을 가지고 있는 SiC는 매우 높은 경도를 갖고 있다. 모스 경도계에서 카보런덤은 9.0의 경도를, 순수 SiC는 9.2~9.5의 경도를, 그리고 다이아몬드는 10.0의 경도를 갖는다. 높은 경도를 갖고 있고, 값싸게 대량으로 합성할 수 있어, 카보런덤은 연마재로 큰 주목을 받게 되었다.

1907년, Henry Joseph Round(1881-1966)는 당시 "광석 검출기"라고 불렸던 정류형 고체감지기로의 사용 가능성을 살펴보기 위해서 SiC 결정을 연구하였다. 그런 광석 검출기는 초기 광석 라디오에서 라디오 주파수를 검출하는데 사용되었으며, 1906년에 처

A Note on Carborundum.

To the Editors of Electrical World:

SIRS:—During an investigation of the unsymmetrical passage of current through a contact of carborundum and other substances a curious phenomenon was noted. On applying a potential of 10 volts between two points on a crystal of carborundum, the crystal gave out a yellowish light. Only one or two specimens could be found which gave a bright glow on such a low voltage, but with 110 volts a large number could be found to glow. In some crystals only edges gave the light and others gave instead of a yellow light green, orange or blue. In all cases tested the glow appears to come from the negative pole. a bright blue-green spark appearing at the positive pole. In a single crystal, if contact is made near the center with the negative pole, and the positive pole is put in contact at any other place, only one section of the crystal will glow and that the same section wherever the positive pole is placed.

There seems to be some connection between the above effect and the e.m.f. produced by a junction of carborundum and another conductor when heated by a direct or alternating current; but the connection may be only secondary as an obvious explanation of the e.m.f. effect is the thermoelectric one. The writer would be glad of references to any published account of an investigation of this or any allied phenomena.

NEW YORK, N. Y. H. J. ROUND.

그림 1.1 흥미로운 현상인 SiC LED로부터의 전기발광을 보고하는 문헌. 이 문헌은 첫 번째 LED가 p–n 접합 다이오드가 아니고 쇼트키 다이오드임을 보여주고 있다(H. J. Round, Electrical world 49, 309, 1907).

음 선보였다. 1904년 처음 개발되었으나 비싸고, 전력소모가 많았던 진공관에 대한 대체품으로 결정-금속 점 접촉구조는 빈번하게 시도되었다(진공관 다이오드 또는 "플레밍 밸브").

Round는 샌드페이퍼 연마제로 사용되는 SiC 결정에서 빛이 발생하는 것을 발견했다. 첫 번째 발광다이오드(LED)가 탄생한 것이었다. 그 당시 재료의 물성이 제대로 조절되지 않았고, 빛이 방출되는 과정에 대해서도 잘 이해하지 못했다. 그래도 그는 그 사실을 Electrical World라는 학술지에 바로 보고했다. 그의 저술이 그림 1.1에 있다(Round, 1907).

Round는 원래 무선 엔지니어였고, 117건의 많은 특허를 보유한 발명가였다. 그의 첫 번째 발광소자는 정류 전류-전압 특성을 갖고 있었으며, 이는 그 소자가 발광 다이오드 즉, LED이었음을 말해준다. SiC 결정에 금속 전극을 만들어, 즉 정류 쇼트키 접촉을 형성함으로써 빛을 발생시켰다. 쇼트키 다이오드는 다수이송자 소자이나, 소수이송자는 강한 순바이어스 상태에서 소수이송자가 주입되거나 강한 역바이어스 상태 하에서 눈사태 증폭에 의해서 일어날 수 있다.

순바이어스 상태의 쇼트키 다이오드에서 빛이 발생되는 메커니즘은 그림 1.2의 금속-반도체 밴드 다이어그램에 잘 나와 있다. (a)는 평형상태, (b)는 보통의 순바이어스 상태, (c)는 강한 순바이어스 상태를 나타낸다. 반도체는 n형 반도체를 가정했다. 강한

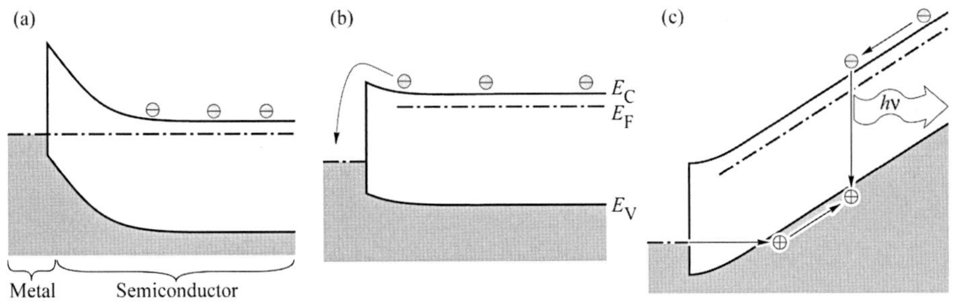

그림 1.2 쇼트키 다이오드의 밴드다이어그램, (a) 평형조건, (b) 순바이어스, (c) 강한 순바이어스. 강한 순바이어스 조건에서 소수 전하이송자가 주입되고 밴드갭 근처의 빛이 발생된다.

순바이어스 조건에서 소수 전하이송자가 표면전위장벽을 뚫고 터널링되어 반도체 내로 주입된다. 그 소수 전하이송자가 n형 다수 전하이송자와 결합할 때 빛이 방출된다. 쇼트키 다이오드에서 소수 전하이송자가 주입되기 위한 전압은 p-n 접합 LED 구동전압보다 크며, Round는 10~110 V의 전압을 사용했음을 보고했다(1907).

쇼트키 다이오드에서 역바이어스를 걸어주면 고에너지 이송자들이 반도체 원자들과 충돌을 통해 이온화가 되는 눈사태 효과에 의해서도 빛이 방출될 수 있다. 이 과정에서는 정공이 가전자대에 생기고, 전자는 전도대에 생성이 되고 궁극적으로 그들이 결합하여 빛이 발생된다. 역바이어스 상태의 쇼트키 다이오드에서의 추가적인 빛 생성 과정은 Estman 등에 의해서 보고되었다(1964).

Lossev(1928)는 SiC 금속-반도체 정류기에서의 발광 현상에 대한 상세한 연구결과를 보고했다. 이러한 정류기의 주된 사용처는 진공관 없는 무신 검출회로를 구성하는 것이었다. Lossev는 일부 다이오드에서 역바이어스가 걸릴 때, 그리고 어떤 다이오드에서는 순바이어스와 역바이어스 걸릴 때 모두 빛이 발생하는 것을 관찰하였으며, 그 물리적 원인에 대하여 의아해 하였다. 혹시 열에 의한 발광, 즉 백열인지를 알아보기 위해서 빛이 나는 시편 표면에 액체 벤젠 방울을 떨어뜨려 놓고 얼마나 빨리 증발하는지를 테스트했다. 그러나 벤젠은 매우 천천히 증발하였으며, 올바르게도 그 발광은 백열에 의한 것은 아니라고 결론지었다. 그는 빛이 발생되는 과정을 "냉전자 방전과 매우 유사한"것이라고 추정하였다. 저자는 빛을 매우 빨리 켰다 껐다 할 수 있음을 역시 발견하고 "광 릴레이"를 만들기에 적합하다고 하였다. 1960년 이전의 LED에 대한 상세한 역사는 Loebner가 다루고 있다(1976).

1960년대 후기까지 SiC 박막이보다 정밀한 공정으로 만들어지게 되었으며(Violin 외, 1969), p-n 접합소자가 만들어졌으며, 결과적으로 청색 LED의 개발로 연결되었다. 그러나 전광 전력전환효율은 0.005%에 불과하였다(Porter 외, 1969). 실제로 SiC는 간접전이형 반도체이므로 그후 10년 동안 SiC 청색 LED의 성능은 크게 개선되지 않았다. 실제로 SiC 청색 LED가 1990년대 초기에 많이 팔렸음에도 불구하고 쓸만한 물건은 아니었다. 결국 SiC로 만든 470 nm의 청색 LED는 0.03% 효율이 고작이었으며(Edmond 외, 1993), 최초의 LED 재료는 III-V족 화합물반도체에 경쟁을 할 수 없었다.

1.2 GaAs와 AlGaAs 적외선 및 적색 LED의 역사

1950년대 이전에 SiC와 II-VI족 화합물반도체는 잘 알려진 재료였다. 예를 들면 ZnS와 CdS 같은 많은 II-VI족 화합물반도체는 자연계에 존재한다. 최초의 LED는 SiC로 만들어졌으며, ZnS로 만들어진 LED에 대한 논문이 하나 있었다(Destriau, 1936). III-V족 화합물반도체의 시대는 Heinrich Welker가 이 재료의 가능성에 대하여 논하고, 실험적으로 입증한 1950년대 초기로부터 시작하였다(1952, 1953). III-V족 화합물반도체는 1950년 전에는 알려지지 않았던 물질이며, 자연계에 존재하지 않는다. 인공적으로 만든 새로운 재료인 III-V족 화합물반도체는 광학적으로 매우 우수한 물질임이 증명되었고, 현대의 LED기술에 없어서는 안 될 재료이다.

III-V족 화합물반도체 GaAs의 단결정 성장은 1954년에 시작되었다. 1950년대 중반 GaAs 용융액으로부터 GaAs 단결정 덩어리를 만들어냈다. 절단하고, 연마한 웨이퍼는 기상에피성장법(Vapor-Phase Epitaxy) 또는 액상에피성장법(Liquid-Phase Epitaxy)으로 에피성장을 해서 p-n 접합 다이오드구조를 만들기 위한 기판으로 사용되었다. GaAs를 기반으로 하는 870~980 nm의 적외선 LED와 레이저 다이오드가 RCA, GE, IBM, MIT의 연구그룹에 의해서 1962년 처음 보고되었다(Hall 외, 1962; Nathan 외, 1962; Pankove와 Berkeyheiser, 1962; Pankove와 Massoulie, 1962; Quist 외, 1962).

GaAs와 AlGaAs 소자에 대한 지속적인 연구 노력은 1960년대 초기 뉴욕시로부터 자동차로 1시간 거리 떨어져 있는 Yorktown Heights에 소재하는 IBM T. J. Watson 연구소에서 시작되었다. IBM팀은 Jerry Woodall, Hans Rupprecht, Manfred Pilkuhn, Marshall Nathan 등과 같이 잘 알려진 연구자로 구성되었다.

Woodall(2000)은 그 당시의 일에 대하여 다음과 같이 회상한다. 그는 Ge 소자 에피성장을 위한 반절연성 GaAs 단결정 성장과 전류 주입 레이저 다이오드를 만들기 위한 Zn 도핑에 대한 연구를 하고 있었다. 그 당시 GaAs계 전류 주입 레이저 다이오드는 이미 IBM, GE, MIT 링컨연구소에 의해서 시범을 보였다. Rupprecht는 새롭게 발명된 전류 주입 레이저 다이오드에 대한 실험연구는 물론이고, 불순물 확산 이론과 실험에 대하여 관심을 갖고 있었다. Rupprecht는 최초의 전류 주입 레이저 다이오드를 공동으로 발명한 Marshall Nathan이 이끌고 있는 레이저 소자물리그룹과 친분이 있었다(Nathan 외, 1962).

Woodall이 당시 최고의 기술로 수평 브리지만 방법으로 GaAs 단결정을 만드는 기술을 개발했고, Rupprecht는 그 재료를 이용해 레이저 다이오드를 만들고 그것을 평가하였다. 그들의 협동연구는 곧 결실을 맺기 시작했으며 GaAs 레이저 다이오드는 77K에서 연속 발진에 성공하였다(Rupprecht 외, 1963). 그들은 곧 프린스턴에 소재한 RCA Laboratories의 Herb Nelson이 개척한 액상에피성장법에 대하여 알게 되었다. GaAs 레이저 다이오드를 만들기 위해서 Zn 확산법을 쓰지 않고 LPE를 적용함으로써 더 낮은 임계전류의 상온 동작 레이저 다이오드를 만들어 낼 수 있었다. 논문 검색으로 고무된 그는 Si만을 도판트로 사용하여 GaAs p-n 접합 다이오드를 만들려고 시도하였다. Si이 Ga 자리에 들어가면 도너로, As 자리에 들어가면 억셉터로 작용하는 것을 이용하려는 시도였다. 그때까지 LPE는 한 종류의 전도도 에피층만 성장하는 데 사용되었므로 그것은 재미있는 생각이었다.

실리콘으로 도핑된 p-n 접합을 형성하기 위한 LPE 조건을 쉽게 찾았다. Ga-As-Si 용융액을 900℃에서 850℃로 변화시킴으로써 Si은 높은 온도에서는 도너로, 그리고 낮은 온도에서는 억셉터로서 작용하였고, 그것을 이용해서 p-n 접합을 만들었다. 에피층 단면을 화학처리함으로써 900℃에서 성장한 아래층이 n형 반도체이고, 850℃에 성장한 위층이 p형 반도체임을 구별할 수 있었다. 낮은 온도에서 성장해도 결정성의 열화는 발견되지 않았다.

더욱이 p-n 접합의 높은 도핑, 보상된 부분에 의해 야기된 밴드 꼬리 효과 때문에 LED 발광은 GaAs 밴드 끝단인 870 nm에서 일어나지 않고 900~980 nm에서 일어나 GaAs 에피층은 발생한 빛은 거의 흡수하지 않고, 투명 "윈도우"의 역할을 하였다. 6%나 되는 LED 외부 양자효율을 얻었으며, LED 기술의 주요 돌파구를 마련하였다(Rupprecht 외, 1966). Rupprecht는 "우리가 고효율 GaAs LED를 만든 것은 기대하지 않았던 곳에서 중요한 발견을 한 전형적인 예"라고 말했다. Si만으로 도핑된 GaAs로 만든 LED의 양자효율이 Zn 도핑으로 만든 GaAs p-n 접합보다 5배가 컸고, Si 억셉터의 에너지준위가 Zn 억셉터보다 더 깊어서 보상된 Si 도핑 활성층에서의 발광이 보다 장파장 쪽에서 일어나게 되어 GaAs가 보다 투명하게 되었다.

LED 연구를 하고 있던 IBM 그룹은 이런 도핑효과로 가시광선을 내는 결정이 있는지를 찾으려고 했다. 두 후보는 GaAsP와 AlGaAs이었다. Rupprecht는 LPE로 GaAsP 에피성장을 시도한 반면, Woodall은 AlGaAs용 장비를 구축했다. GaAs와 GaP 사이에 3%의 격자 불일치가 있으므로 양질의 GaAsP 에피층을 성장하기 어려웠다. 한편, AlGaAs는 그 나름대로 문제가 있었다. Woodall이 얘기했듯이 알루미늄이 산소를 좋아하기 때문에 AlGaAs는 그 당시 결정성의 형편없다는 것이 중론이었다. 특히 LPE일 때는 크게 문제가 되지 않지만 기상에피성장법(VPE)을 쓸 때 AlGaAs에는 "발광 킬러"인 산소가 많이 유입되었다.

IBM 경연진의 지원없이 Rupprecht와 Woodall은 일과 시간 후와 주말을 이용해서 비밀스럽게 LPE로 AlGaAs를 에피성장하는 연구를 수행하였다. Woodall은 흑연과 알루미나 용기를 이용해서 수직 담금형 LPE 장비를 고안해 제작하였다. MIT 학부에서 재료공학을 전공한 Woodall은 상태도(phase diagram)라는 것이 있다는 것을 기억하고 있었고, LPE 용융액의 Al 농도에 대한 현명한 추정을 하였다. 첫 실험으로 용융액에 Si을 첨가했고 용융액을 포화시킨 후 용융액의 온도를 925℃에서 850℃로 냉각하면서 GaAs 기판을 용융액에 담갔다. 나중에 기판과 에피층을 용융액으로부터 추출하고 장비를 상온으로 냉각하였다. Si 도핑된 p-n 접합은 얻어지지 않았지만 100마이크로미터 두께의 양질의 AlGaAs층을 얻을 수 있었으며 그것으로 가시광선의 적색에 해당하는 밴드갭을 가진 결정을 성장하게 되었다(Rupprecht 외, 1967, 1968).

가시광 스펙트럼의 AlGaAs LED는 격자는 불일치하지만 투명한 기판인 GaP 위에 성장되었다. 그 구조사진이 그림 1.3에 나와 있다. AlGaAs가 GaP 기판 위에 자랄 때 LPE 성장 중의 열역학적 이유에 의한 융용액 내의 Al 분배계수로 인해 초기에 성장한 에피층은 Al 농도가 높게 된다. 결과적으로는 고Al 농도 AlGaAs가 저Al 농도 AlGaAs 활성층에서 발생된 빛을 잘 통과시키는 투명 윈도우의 역할을 하게 된다(Woodall 외, 1972).

IBM에서 Rupprecht와 함께 GaAsP LED와 레이저 다이오드(Pilkuhn과 Rupprecht, 1965)를 연구했던 Pilkuhn는 건전지로 작동되는 구동회로를 갖고 있는 조그만 적색 LED를 만들어서 동료와 경영진에게 보여주었다(Pilkuhn, 2000). 그들의 반응은 "좋지만 쓸데없는"부터 "훌륭하고 유용한"까지 매우 다양했다. 그러나 곧 그들은 후자의 반응이 맞다는 것을 깨달았고, LED가 매우 유용한 소자라는 것을 알았다. GaAsP LED의 첫 응용은 회로판의 기능이 제대로 작동되고 있는지를 나타내는 지시램프이었다. 그림 1.4에 있는 IBM 360 메인컴퓨터의 데이터 처리장치의 상태를 표시하기 위해서 사용되

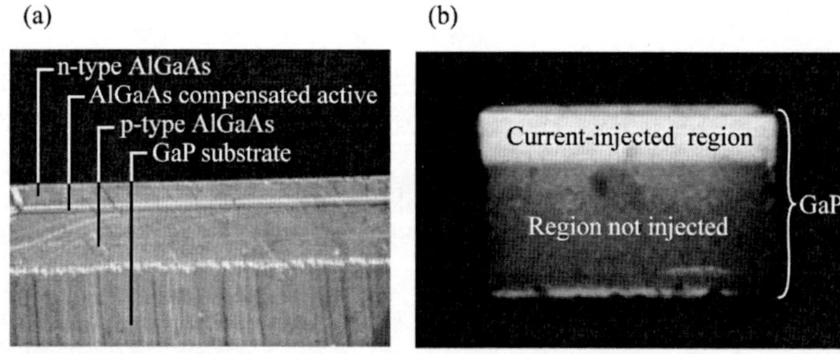

그림 1.3 (a) 투명한 GaP 기판 위에 성장한 AlGaAs LED의 단면 사진, (b) 투명한 GaP 기판을 통해서 바라보았을 때 띠 모양의 접합 아래 부분이 전류 주입으로 전기발광하는 모습.

그림 1.4 1964년 IBM System 360 메인컴퓨터는 연산 단위의 상태를 나타내기 위해서 가드방전램프를 사용하였다. 후속 모델에서는 LED 램프로 대체되었다. 캐비넷 크기의 이 시스템은 현재의 저급 노트북 컴퓨터 정도의 성능을 갖고 있었다.

기도 하였다.

Rostky(1997)에 의하면 최초의 상용 GaAs LED는 1960년대 초 Texas Instrument에 의해 공급되었다. 그 LED는 870 nm 근처의 적외선을 발생하였으나, 생산량은 매우 적었으며 아마도 개당 가격이 130달러인 높은 가격 때문이었던 것으로 추정된다.

공진 공동 발광 다이오드(Resonant Cavity Light Emitting Diode, RCLED)는 AlGaAs/GaAs 시스템으로 처음 보고되었다(Schubert 외, 1992, 1994). RCLED는 매우 작은 광학공진기, 즉 마이크로 공동 안에서 자발 발광이 증진되는 현상을 이용한 새로운 종류의 LED였나. 빛 방출이 승진되는 현상은 공동 안에서 광모드밀도의 변화에 의해서 일어난다. RCLED는 공동의 광축 방향으로 빛 광출 강도가 높게 되고, 이를 통해서 광섬유와의 결합효율이 높게 된다.

현재에는 적외선 GaAs/AlGaAs LED가 오디오나 비디오용 원격조절장치에 널리 이용되고 있으며, 적색 AlGaAs/AlGaAs LED는 GaAsP/GaAs 적색 LED보다는 강하지만 AlGaInP/GaAs 적색 LED보다는 약한 고휘도 가시광선 LED로 활용되고 있다.

1.3 GaAsP LED의 역사

가시광선 LED의 시작은 Holonyak과 Bevacqua가 1962년 미국 응용물리학회지에 GaAsP 접합에서 단일파장의 가시광선의 방출을 보고하면서 시작되었다. 비록 저온에서만 걸맞는 빛이 얻어졌지만 상온에서도 LED로 동작을 했고 가시광선이 방출되었다. 이것이 가시광선 p-n 접합 LED의 첫 번째 논문이다.

Nick Holonyak 2세는 1962년 미국 뉴욕주 시라큐즈시에 있는 GE에 근무하다가 일리노이 주립대학 교수로 자리를 옮겼다. 그곳에서 GaAs 기판 위에 GaAsP를 기상에피 성장법(VPE)으로 성장하였다. 이 기술은 실험실뿐 아니라 생산환경에서도 충분히 대량 생산 성장이 가능한 방법이었다. Holonyak은 LED를 처음 만들었을 때 지시램프, 숫자와 알파벳을 표시할 수 있는 7절편 디스플레이 등의 응용분야를 예견했다고 회상했다(2000).

그러나 Holonyak 그룹의 초기 성공에도 불구하고 상온 동작 반도체 레이저 다이오드를 만드는 목표는 어렵게만 느껴졌다(Holonyak, 1963, 1964). Holonyak과 동료들은 GaAs 기판 위에 성장된 GaAsP에 몇 가지 문제점이 있음을 알고 있었다.

비록 전기적 접합 특성은 훌륭하였으나 광특성이 나빠졌다(Holonyak 외, 1963a). AlGaP의 P 함량이 45~50%일 때 LED 방사효율이 강하게 감소하는 것을 발견했다. 그것은 GaAsP 밴드갭이 직접전이형에서 간접전이형으로 변환되는 것 때문이라고 분석되었다(Holonyak 외, 1963b, 1966; Pilkuhn와 Rupprecht, 1964, 1965). P 함량이 44%를 넘게 되는 경우 GaAsP 소자의 상온효율은 0.005% 이하로 떨어지는 것이 측정되었다(Maruska와 Pankove, 1967).

최초의 상용 GaAsP LED는 1960년대 초기 GE에 의해서 공급되었다. 그 LED는 적색 가시광선을 방출하였으며, 개당 260달러에 이르는 고가이었으므로 소량 생산되었으며, 아마추어 무선 전자 엔지니어들에게 널리 보급된 Allied Radio사의 카탈로그에 들어 있었다(Rostky, 1997).

LED를 처음으로 대량 생산하기 시작한 회사는 Monsanto였다. 1968년에 공장을 완성하고 저가의 GaAsP LED를 생산했으며, 소비자들에게 팔았다. 고체 램프의 시대가 시작된 것이었다. 1968~1970년 동안에는 매출이 수개월에 두 배가 되는 등 급격히 증가하였다(Rostky, 1997). Monsanto의 LED는 GaAs 기판 위에 성장한 GaAsP p-n 접합을 기본으로 적색 발광을 하였다(Herzog 외, 1969; Craford 외, 1972).

Monsanto와 HP는 우호적인 관계를 유지했고, HP는 Monsanto가 지속적으로 원료인 GaAsP를 제공할 것이고 HP는 LED를 계속 만들 수 있을 것이라 기대하였다. 1960년대 중반 미주리주, 세인트루이스시에 있는 Monsanto는 자사 과학자 한 사람을 HP와 협력해서 Monsanto의 GaAsP를 이용하여 HP가 LED 사업을 하는 것을 돕기 위해 캘리포니아주 소재 Palo Alto시로 보냈다. 그러나 HP는 GaAsP 재료를 한 회사에만 의존하는 것에 대해 염려했다. 친밀한 관계는 끝나게 되고, HP는 스스로 GaAsP를 성장하기 시작했다(Rostky, 1997).

1960년대 후반부터 1970년대 중반까지 수년 동안 숫자표시용 LED 디스플레이는 전자계산기, 손목시계, 그리고 Hamilton Watch사의 Pulsa 디지털시계에 의해 매출이 급격히 신장하는 시장이었다. 한동안 초기의 경쟁자였던 Monsanto와 HP는 서로 앞서거니 뒤서거니 하면서 보다 진보된 복수 숫자표시용 또는 알파벳-숫자 겸용 LED 디스플레이 시장을 주도하였다(Rostky, 1997).

Monsanto의 핵심 혁신가이며 경영자로 M. George Craford가 있었는데 그는 황색 LED(Craford 외, 1972)를 개발하는 등 수많은 공헌을 하였다. 그 황색 LED는 GaAs 기판 위에 성장한 N 도핑된 GaAsP 활성층을 갖고 있었다. Monsanto가 1979년 광전자 부문을 매각하였을 때 Craford는 HP에 합류하였고 그 회사의 LED 사업의 중요한 사람이 되었다. 오랫동안 CTO로 있었던 그에 대한 일대기가 Perry(1995)에 의해서 발표되었다. 1999년 HP가 LED 사업을 포함한 일부를 분사해서 Agilent사를 만들었고, 그 회사가 다시 Philips사와 함께 Lumileds Lighting사를 1999년 공동 설립하였다. 2005년에는 Agilent사가 Lumileds의 지분을 Philips에 매각하였다.

GaAs와 GaAsP 사이의 큰 격자 불일치로 인해 전위밀도가 높게 된다는 것이 곧 자명해졌다(Wolfe 외, 1965; Nuese 외, 1966). 결과적으로 이 LED의 외부 양자효율은 0.2% 정도 또는 그 이하로 매우 낮았다(Isihamatsu와 Okuno, 1989). 완충층의 성장조건과 두께가 매우 중요하다는 것이 Nuese 등(1969)에 의해서 알려졌으며, 조성이 점진적으로 변하는 두꺼운 GaAsP 완충층으로 적색 LED의 밝기가 향상되었다. 두꺼운 경사 조성 완충층이 GaAsP 에피층과 GaAs 기판 계면에서 발생되는 전위 밀도를 감소시킨다는 것을 지금은 잘 알려져 있다. 전위밀도뿐 아니라 직접-간접전이도 GaAsP LED로 얻을 수 있는 밝기를 제한한다. 오늘날 이 재료는 주로 저가형, 저휘도 적색 LED 지시램프를 만드는데 활용되고 있다.

1.4 광학적 활성 불순물로 도핑된 GaP와 GaAsP LED의 역사

Ralph Logan과 그 동료들은 1960년대 초기 New Jersey의 Murray Hill에 소재하고 있는 AT&T Bell 연구소에서 GaP LED에 대한 개척자적인 일을 하였으며, GaP 기반의 적색 및 녹색 LED의 생산 공정을 개발하였다. 그 당시에는 반도체는 주로 스위치나 전류를 증폭하기 위한 바이폴라나 전계효과 트랜지스터로 개발되던 시대였다. 엔지니어나 과학자들은 그 당시에 반도체가 발광소자로서도 완벽하게 적합하다는 것을 알기 시작했다.

Logan(2000)은 Allen 등(1963)과 Grimmeiss와 Scholz(1964)에 의해 보고된 최초의 GaP p-n 접합에 대한 보고로 인해 이 분야에 대한 흥미를 갖기 시작했다고 회상한다. 이들 적색소자들은 쓸 수 있을 정도의 효율을 갖고 있어 대낮에서 맨눈으로 확실하게 볼 수 있었다. Grimmeiss와 Scholz의 접합은 p형 GaP에 n형 도핑으로 Sn을 사용하였다고 보고되었다.

GaP는 광 방출을 위한 천이를 할 때 운동량 보존을 만족해야 하므로 충분한 빛이 발행하지 않는 간접전이형 반도체이다. 그림 1.5 GaP 밴드 다이어그램에서 보듯이 밴드의 최대, 최소점이 운동량 공간의 다른 위치에 존재한다. 만일 GaP가 N와 같은 광학적으로 활성화되면서 동전자 불순물(isoelectronic impurity)로 도핑을 하면 Thomas 등(1965)이 보였듯이 불순물 준위가 운동량 공간 내에서 퍼져 존재하게 되므로 강한 광학 전이가 일어날 수 있다. 광학적으로 활성적인 불순물이 도핑된 GaP는 하이젠베르그 불확실성의 원리에 근거한 실용적 소자의 훌륭한 예이다. 그 원리는 위치 공간에서 강하게 제한되어 있는(작은 Δx) 파동함수를 갖는 불순물은 운동량 공간에서는 제한되어 있지 않게 되어(큰 Δk) 깊은 준위를 통한 전이가 일어날 수 있다고 예측한다.

GaP는 Ga과 P가 들어 있는 용액으로부터 판상 형태로 성장된다. 판의 크기는 0.5 cm×1 cm이고 1 mm의 두께로 성장되었다. 이 방법이 초기 GaP를 성장하는 방법이었고, GaP를 고온에서 성장할 때 필요한 P 과압력(overpressure) 문제를 해결하였다. Bell 연구소의 어느 누구도 Grimmeiss와 Scholz가 보고한 놀랄만한 결과를 재현할 수 없었다. 그러나 결과적으로 Bell 연구소에서 전기발광 분야의 큰 연구노력이 시작되는 계기가 되었다.

판상의 GaP가 용액 속에서 성장할 때 사용된 도판트는 Zn와 O (Ga_2O_3로부터 공급)이었으나 일반 대기 중에 있는 S가 좋은 n형 도판트인 것을 잘 알지 못했다. 판에서 결정이 성장하는 방법이 좀 특이해서 보상된 용액에서는 한쪽 판 표면에서는 n형 층이 형성되어 GaP 표면 아래 p-n 접합이 형성되었다. 이것이 Grimmeiss의 결과를 설명한다고 생각되었으며 Logan 등(1967a)도 즉시 이 발견을 보고하였다.

Logan의 연구그룹도 효율적인 LED의 재현성 있는 성장에 대한 최초의 성공에 대하여 보고하였다(Logan 외, 1967b). 2.5×2.5 cm^2 크기의 액상에 성장한 대형 웨이퍼를

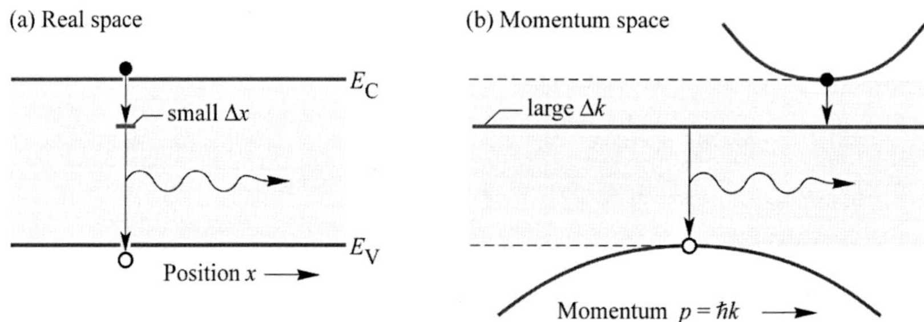

그림 1.5 광학적으로 활성화된 불순물 O, N이 도핑되어 적색과 녹색발광을 하는 GaP의 (a) 실 공간 광학 전이, (b) 운동량 공간 광학전이. GaP LED는 실 공간에서 국한되어 있는 전자의 파동함수가 운동량 공간에서 국한되어 있지 않다는 불확실성의 원리를 이용하였다. 따라서 운동량이 보존되는 수직 전이가 가능해진다.

경면 가공하여 만든 Zn와 O 도핑된 GaP 웨이퍼 위에 n형 GaP를 성장하여 접합을 형성하였다. Logan 등은 400~725℃ 범위 내에서의 후속 열처리로 LED 효율이 열 배 이상 증가하여 2%가 넘는 효율을 얻을 수 있음을 발견하였다. 어닐링으로 인해 Zn와 O 원자가 확산을 하게 되어 동전자 Zn-O 센터의 밀도가 증가하여 전기발광을 도왔다고 생각했다.

1960년대 초기에는 고온 고압에서 용융액에서 성장한 GaP 단결정 덩어리가 만들어졌고, 현재 우리가 알고 있는 웨이퍼의 형태로 절단되어 가공될 수 있었다. GaP에 동전자 불순물인 N을 도핑해서 0.6% 효율의 녹색 LED를 만들었다(Logan 외, 1968, 1971). p-n 접합을 형성하기 위해서 N은 GaN의 형태로 성장 용융액 속에 주입되었다. 녹색 LED의 외부 양자효율은 적색 LED의 외부 양자효율 보다 적었으나 녹색에 대한 인간의 시감도가 적색에 비해 10배 이상이었기 때문에 겉보기 휘도는 비슷하였다.

IBM, RCA, GE 등과 같은 다른 회사의 연구소도 GaAsP로 만든 LED보다 효율이 높은 가시광 LED를 만들 수 있는지를 검토하였다. GaP LED는 뉴욕주 Yorktown Height에 소재하는 IBM의 T.J. Watson 연구소에서 진행되었다. Manfred Pilkuhn과 동료들은 Zn 와 O로 도핑된 GaP를 LPE로 만들었다. 그림 1.6은 상부 및 하부 전극을 갖고 있는 GaP LED의 사진이다. p-n 접합에서 얻은 "선명한 적색"을 IBM Research Journal에 자랑스럽게 보고하였다. 1960년대만 하더라도 단색은 보통 백열등에 필터를 달아서 만들었기 때문에 LED에서 얻은 좁은 파장대역의 LED 빛은 관찰자들에게 인상적으로 순수하였고 "선명한" 색깔이었다.

Pilkuhn의 GaP LED의 활성층은 Zn 억셉터와 Te, S, Se 등의 도너로 함께 도핑이

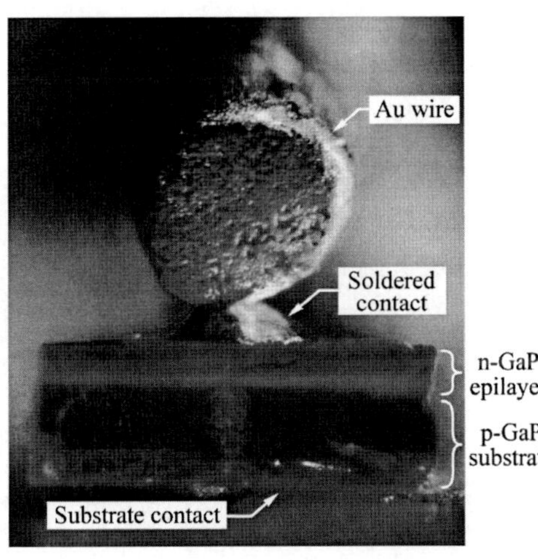

그림 1.6 Zn와 O로 도핑된 p-n 접합 부분에서 선명한 적색 빛을 발생하는 LPE로 성장한 GaP LED 사진(Pilkuhn, 2000).

되어 있었기 때문에 빛은 거의 대부분 도너-억셉터 쌍 재결합 과정을 거쳐서 발생하였다. 빛 에너지는 GaP 밴드갭보다 작았다. 또한 GaP를 Zn와 O로 동시 도핑을 하였기 때문에 파장이 크게 변하여 발광은 적색대역에서 일어났다(Foster와 Pilkuhn, 1965). GaP 내의 O는 도너도 억셉터도 아니고 깊은 준위를 만드는 불순물로 알려졌다(Pilkuhn, 1981).

Logan과 동료 그리고 AT&T Bell 연구소의 경영진은 LED가 수많은 응용이 가능함을 즉각적으로 알게 되었다. 지시램프는 전화 사업에서 중요해지고 있었다. 그 당시 미국에서 사용되고 있던 지시램프는 110 V에서 작동되었다. 한 예가 "Princess" 전화기인데 침실에서 사용되도록 고안되었다. 수화기를 전화기 본체에서 들면 다이얼에 불이 들어오는 것으로 1960년대에는 최신 유행이었으나 110 V 전원 단자 근처에 설치되어야 했다. 전구가 끊어지면 지역 전화회사에 서비스를 요청해야 했다. 만일 LED가 110 V 전구를 대체할 수 있다면 전화선으로 LED 전원공급이 가능하고 110V 전원 단자는 더 이상 필요 없어질 것이었다. 게다가 GaP LED를 전화에 쓸 경우 예상 수명은 110 V 전구보다 무척 긴 50년을 넘기 때문에 이 신뢰도는 Bell 시스템을 위해 상당한 비용절감을 약속해 주었다.

보다 중요한 것은 다중회선 "키폰"이었다. 이것은 대형 사무실에서 교환원과 비서들이 사용하던 다중회선 전화기로 어떤 회선이 사용 중인지를 알리기 위해서 지시 램프가 사용되고 있었다. 전화선과 110 V 지시램프를 교환하기 위해서 각 전화에 수십 가닥의 전선을 갖고 있는 원격 스위치가 사용되었으며 전화설치 및 유지보수에 비용이 많이 들었다. 요새 전화의 LED 지시램프는 전화선으로 전원이 공급된다. 전화 내부에 존재하는 회로가 지시램프와 전화선 간의 교환을 담당한다. 전화기 생산, 설치 및 서비스에 들어가는 비용절감이 인상적이었다.

N 도핑된 효율적인 녹색 GaP LED와 Zn와 O가 동시에 도핑된 GaP LED의 재현성

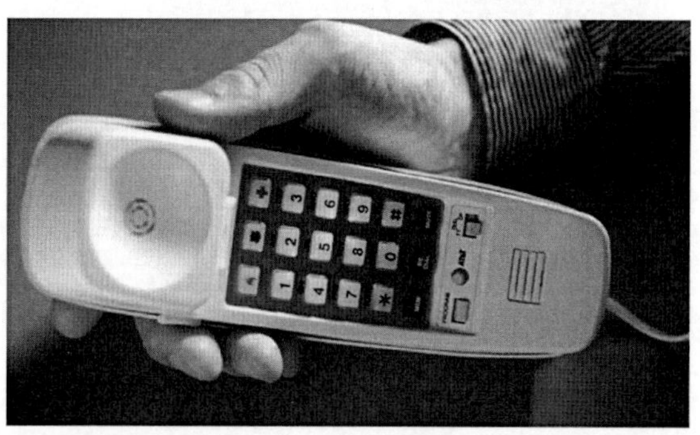

그림 1.7 글자판 뒤에 두 개의 N 도핑된 녹색 Gap LED가 들어가 있는 AT&T 전화기(Trimline 모델). GaP : N LED의 첫 번째 응용이었다.

있는 성장이 입증되면서 두 LED는 거의 비슷하게 밝기를 보였고 또 유익하였다. 그래서 Bell 연구소의 개발 부서는 펜실베니아주에 있는 Reading의 공장에서 생산을 시작하기로 결정했다.

전화선은 대략 직류 40 V 전압, 수 mA의 전류로 작동된다. 회로에 LED를 집어넣는 것의 영향은 구동전압을 대략 2 V로 낮추는 것만이었으므로 회로에는 거의 영향이 없었고, 효율이 좋은 LED를 우수한 지시램프로 사용할 수 있게 되었다. 결과적으로 많은 전화기 모델들이 조명이 들어오는 문자판을 갖게 되었다. 적색과 녹색 LED 조명이 함께 사용되다가 전화기 디자이너가 최종적으로 녹색 LED를 채택하였다. 그림 1.7은 1990년에 생산된 AT&T Trimline 전화기의 사진이며 숫자판 조명을 위해 GaP:N을 사용했다. 적색 및 녹색 LED도 다중회선 "키폰"에 사용되었다.

혹시 뉴저지주 Murray Hill 근처에 사는 독자가 있으면 Mountain Avenue 600번지에 있는 Bell 연구소 박물관을 방문해보기 바란다. Logan 등의 GaP:N LED가 전시되어 있다.

Monsanto의 연구진은 적색, 오렌지색, 황색 및 녹색 파장을 얻기 위해 GaAsP에 N 도핑을 하였다(Groves 외, 1971; Craford 외, 1972; 리뷰 논문 Duke와 Holonyak, 1973). 발광 및 흡수 파장, GaAsP와 GaP에서의 N의 용해도 등 여러 변수들에 대하여 연구하였다. 그들이 사용한 방법은 기상에피성장법(VPE)은 p-n 접합 근처에만 N 도핑을 할 수 있었기 때문에 유용한 성장 방법이었다. 이로써 p-n 접합 근처의 층에서의 흡수를 줄일 수 있었고 궁극적으로 LED 효율이 올라가는 결과를 낳았다(Groves 외, 1977, 1978a, 1978b). 오늘날에도 저휘도 지시램프용으로 GaP:N가 주로 사용되고 있다.

최초의 LED 디스플레이가 채택된 디지털 손목시계는 Hamilton 시계회사에 의해서 출하되었다. 그 시계는 고가로 널리 퍼지지는 않았지만 순식간에 인기상품이 되었다.

그림 1.8 1975년 Hamilton사에 의해서 출시된 LED 디스플레이를 갖춘 Pulsar 계산기 시계. 계산기가 없는 첫 번째 Pulsar LED 시계는 1972년에 나왔으며, GaInP LED를 사용하였다(Seiko, 2004).

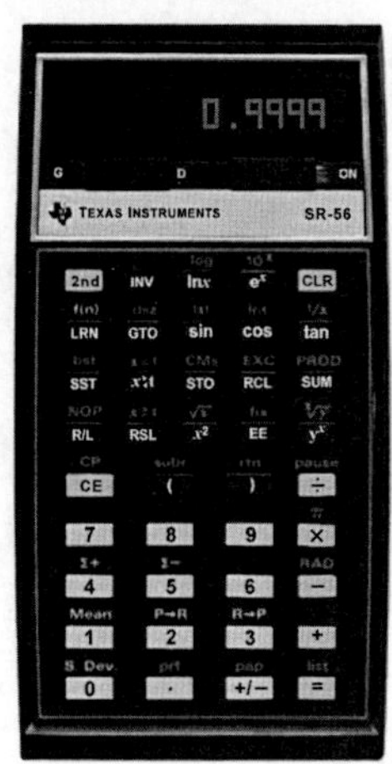

그림 1.9 1976년 제작된 프로그래밍이 가능한 TI의 SR-56 계산기와 HP의 HP-67 계산기. GaAsP LED로 만든 7조작 디스플레이를 사용하고 있다. SR-56은 100단계의 프로그램 메모리를 갖고 있었으며, HP-67은 마그네틱 카드를 읽을 수 있었다.

1975년에 출하된 계산기가 붙어 있는 디지털 Pulsar 시계의 사진이 그림 1.8에 있다.

LED의 또 하나 초기 응용은 휴대용 계산기의 숫자 디스플레이였다. 그림 1.9는 1970년대 중반에 나온 프로그래밍이 가능한 TI의 SR-56과 HP의 HP-67 모델 사진이다. 둘 다 적색 GaAsP LED를 사용하고 있으며 7조각으로 이루어진 디스플레이를 쓰고 있다. 그러나 LED 디스플레이를 채택하고 있는 모든 계산기는 중대한 문제점을 안고 있었다. 햇빛이 강한 야외에서는 LED에서 나오는 빛이 너무 약해 글씨가 잘 보이지 않았다. 또한, LED 디스플레이의 전력소모가 너무 커서 규칙적으로 재충전이 되어야 했다. LED를 채택한 손목시계도 똑같은 문제를 갖고 있었다. 1970년대 말에 도입된 액정디스플레이(LCD)는 전력 소모가 훨씬 적었기 때문에 1980년대 초기까지 계산기나 시계에서의 디스플레이는 모두 LCD로 대체되었다.

1.5 GaN 금속-반도체 발광체의 역사

1960년대 후반 RCA는 3개의 전자총으로 이미지를 만드는 CRT를 이용해서 컬러 텔레비전을 생산하는 우량 기업이었다. 뉴저지 Princeton에 있는 RCA 중앙연구소에서 James Tietjen는 재료연구부를 맡고 있었으며, 액자처럼 벽에 걸 수 있는 평판 TV 디스플레이를 개발하고 싶었다. 총천연색 이미지를 실현하기 위해서 디스플레이는 적색, 녹색, 청색 화소를 갖추어야 했다. Tietjen은 GaAsP를 이용한 적색 LED와 GaP:N 기술을 이용한 녹색 LED가 이미 존재하므로 LED를 이용한 평한 TV를 만들기 위해서 밝은 청색 LED가 필요하다고 생각했다.

1968년 5월 Tietjen은 그 그룹의 젊은 연구자인 Paul Maruska를 찾아가서 청색 LED가 만들어질 것 같은 GaN 단결정막을 성장하는 방법을 찾아보라고 했다. Maruska는 금속할라이드 기상에피성장법(MHVPE)을 써서 GaAsP 적색 LED를 성장하고 있었다. 그는 III-V족 화합물반도체의 유망함을 알고 있음은 물론 인과 같이 인화성 물질로 인한 어려움에 대한 많은 경험을 쌓고 있었다. 1968년 어느 날 RCA 실험실에서 인이 포함되어 있는 쓰레기를 수거한 청소차가 프린스턴 근처 뉴저지주 1번 국도에서 불이 났다. 트럭 운전사는 곧 RCA 연구소로 되돌아 와서 바로 불타고 연기 나는 쓰레기 더미를 연구소 앞뜰 잔디밭에 쏟아버렸다(Maruska, 2000).

Maruska가 GaN에 대하여 연구를 시작했을 때 그는 우선 프린스턴 대학 도서관으로 가서 GaN에 대한 1930~1940년대의 옛 논문을 철저하게 연구하였다(Juza와 Hahn, 1938). GaN는 암모니아와 액체 갈륨 금속을 고온에서 반응시켜 분말로 합성된 적이 있었다. 그는 기계적으로 안정하고 암모니아와 반응을 하지 않는 점을 들어 사파이어를 기판으로 채택했다. 그러나 불행하게도 600℃의 낮은 온도에서도 GaN가 진공 중에서 분해되었다는 Lorenz와 Binkowski(1962)의 결과를 잘못 이해했다. 그의 초기 GaN 박막은 분해를 막기 위해서 600℃ 이하에서 성장되었으며 그래서 다결정을 얻었다.

결국 1969년 3월 Maruska는 암모니아 분위기에서는 분해보다는 성장이 일어날 것이라고 깨닫고 반응기의 온도를 보통 GaAs 성장할 때 쓰는 850℃로 올렸다. GaN 박막이 투명해졌고, 표면 광택이 있었기 때문에 사파이어 기판 위에 아무 것도 입혀지지 않은 것으로 보였다. RCA 분석실로 뛰어가서 라우에 형태를 본 후 드디어 처음으로 GaN 단결정 박막이 얻어졌음을 알게 되었다(Maruska와 Tietjen, 1969).

Maruska는 모든 GaN 박막이 아무런 도핑을 하지 않았음에도 모두 n형으로 나오는 것을 발견했다. p-n 접합을 만들기 위한 적당한 p형 도판트를 찾았다. GaAs와 GaP에서 잘 되는 Zn가 적당한 p형 도판트일 것 같았다. 그러나 Zn 농도를 높였음에도 GaN 박막은 언제나 절연성이었다. 결코 p형 전도성을 얻을 수 없었다(Maruska, 2000).

1969년 Jacques Pankov는 그의 고전적인 교재인 Optical Processes in Semiconductors를 저술하기 위해 UC Berkeley에 안식년으로 와 있었다. 그가 1970년 1월 RCA 연구소에 돌아왔을 때 바로 새로 얻은 GaN 박막에 흥미를 갖기 시작했고 깊이 관여하게 되었다. Pankov 등은 GaN 박막에 대한 광 흡수 및 광여기 발광(PL) 연구를 시작했다(Pankove 외, 1970a, 1970b).

GaN에서의 전기 발광은 1971년 여름 RCA에 의해서 처음으로 보고되었다(Pankove 외, 1971a). 그것은 절연성 Zn 도핑된 층을 두 개의 탐침으로 연결한 시편이었으며, 475 nm의 청색 빛이 방출되었다. Pankov와 그 동료들은 그 다음에 도핑을 하지 않은 n형 영역과 Zn 도핑한 절연층, 인듐으로 된 표면전극으로 이루어진 소자를 만들었다

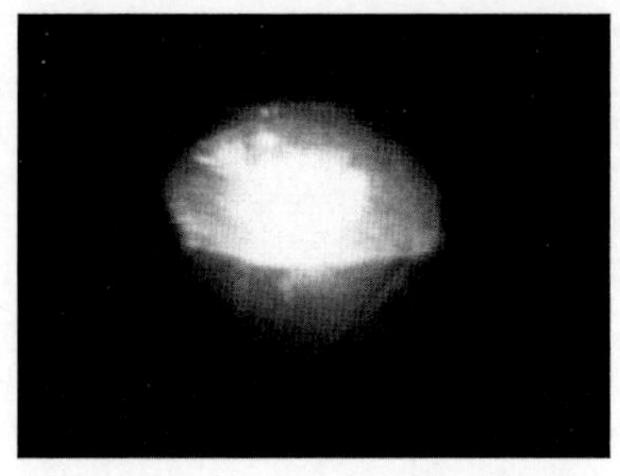

그림 1.10 Si과 Mg으로 도핑된 고저항 GaN 구조에서 전자와 정공의 재결합으로 발생되는 청색 발광으로 1972년 관찰하였다(Maruska, 2000).

(Pankove 외, 1971b, 1972). 이 금속-절연체-반도체(Metal-Insulator-Semiconductor; MIS) 다이오드가 세계 최초의 전류 주입형 GaN 발광소자이었으며, 녹색과 청색 빛을 발하였다.

RCA 연구진은 Mg이 Zn보다 더 좋은 p형 도판트일 것이라고 생각했다. Mg 도핑된 GaN를 HMVPE법을 사용해서 성장하였으며, 1972년 7월 그림 1.10에 있는 중심파장 430 nm의 청자색 빛을 얻었다(Maruska 외, 1972). Mg 도핑된 청색 MIS 발광소자 중의 하나는 현재에도 계속해서 빛을 내고 있다. Maruska 등(1973)은 그들의 노력은 "Mg 도핑된 GaN부터의 자색 발광"이란 논문에서 자세하게 설명하고 있다.

GaN 박막은 Mg으로 도핑되었으나 p형 전도성을 보이지 않았고, 이 박막에서의 발광은 소수 전하이송자 주입이나 박막의 절연체 부분에 걸려 있는 강한 전계에 의한 충돌이온화에 의한 것이었다는 것을 주목하기 바란다. Pankov와 RCA 연구팀은 그 특성이 온도와 거의 무관하였기 때문에 충돌이온화와 Fowler-Nordheim 터널링에 의한 동작 모델에 제시하였다(Pankove와 Lampert, 1974; Maruska 외, 1974a, 1974b). 물론 그 소자는 효율이 매우 낮았고, 그 결과 GaN 연구를 독려했던 Tietjen은 Maruska(2000)가 지금도 생생하게 기억하는 "쓰레기 같은 연구를 그만하라"는 말을 하며 연구 중단을 지시하였다.

1.6 GaInN p-n 접합을 이용한 청색, 녹색, 백색 LED의 역사

Pankov와 동료의 연구노력이 끝난 후 GaN에 대한 연구는 실질적으로 중단되었다. 1982년 GaN에 대한 논문은 딱 1편 발표되었다. 그러나 일본 나고야의 Isamu Akasaki는 절대 포기하지 않았으며, 1989년 세계 최초로 p형 도핑과 p형 전도도를 얻었다. 말을 잘 듣지 않았던 Mg 억셉터가 전자빔을 쪼였을 때 비로서 활성화되었다(Amano 외, 1989). 후에 고온으로 후속 열처리를 해도 Mg 도핑된 GaN가 활성화된다는 것을 알게 되었다(Nakamura 외, 1994a). 초격자를 이용한 도핑기술(Schubert 외, 1996)은 깊은 준위의 억셉터의 활성 효율을 더 높였다. p형 도핑이 가져온 돌파구가 효율적 p-n 접합 LED와 레이저 다이오드 개발을 위한 문을 활짝 열었다. 현재, GaN의 Mg 도핑은 모든 질화물 기반의 LED와 레이저 다이오드의 기본이다.

P형 도핑을 얻은 후 최초의 GaN p-n 접합 LED가 최초로 Akasaki 등에 의해서 보고되었다(1992). 그 LED는 사파이어 기판 위에 성장하였으며, 자외선과 청색영역에서 빛을 내었다. 그 결과는 1992년 일본 Karuizawa에서 열린 GaAs and Related Compound라는 국제학회에서 보고되었다. 효율은 약 1%였으며 격자 불일치의 사파이어 기반을 써서 성장한 전위 농도가 높은 GaN임에도 불구하고 놀랄만한 값이었다. III-V족 비소화물과 인화물로 만든 발광소자는 전위가 치명적인 역할을 하는데 비해 질화물에서는 그렇지 않음을 보인 첫 번째 시범이었다.

GaN LED 및 레이저 다이오드와 매우 밀접하게 연상되는 이름은 니치아 화학공업이다. Shuji Nakamura와 Takashi Mukai가 포함되어 있는 연구진은 GaN 성장, LED, 레이저 다이오드의 개발에 수많은 기여를 했다. 그들의 기여 중에는 최초의 청색 및 녹색 GaInN 이중 이종접합구조 LED(Nakamura 외, 1993a, 1993b, 1994b), 효율 10% 달성(Nakamura 외, 1995), 최초 상온 동작 펄스형 및 연속발진 GaInN/GaN 전류 주입 청색 레이저(Nakamura 외, 1996) 등이 있다. 초기에는 특별한 디자인의 복류 유기금속 기상에피성장(MOCVD) 장치가 사용되었다(Nakamura 외, 1991). 그러나 니치아에서 복류 MOCVD 장치의 사용은 중단되었다(Mukai, 2005). 상세한 연구진의 기여한 바에 대한 설명은 Nakamura와 Fasol이 함께 저술한 The Blue Laser Diode(1997)란 책과 니치아에서 발간한 소책자 Remarkable Technology에도 잘 나와 있다.

니치아에서 만든 청색 LED 사진이 그림 1.11에 있다. 고휘도 GaInN 녹색 LED의 흔히 사용되는 곳은 그림 1.12에 있는 신호등이다. 앞서 설명한 GaP:N 녹색 LED는 휘도가 너무 낮기 때문에 이 응용에 적합하지 않다.

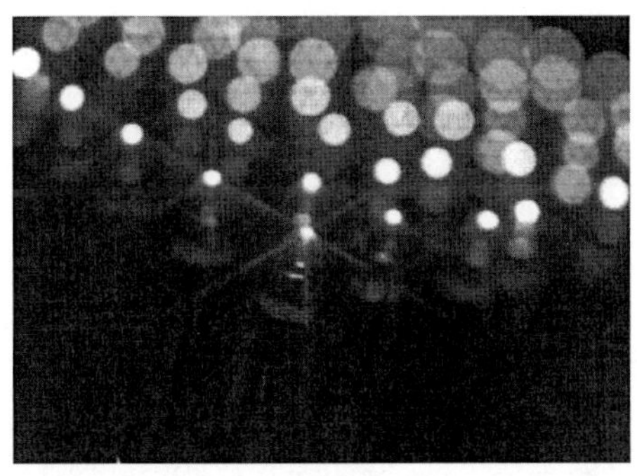

그림 1.11 니치아에서 제작한 GaInN/GaN 청색 LED 어레이(Nakamura와 Fasol, 1997).

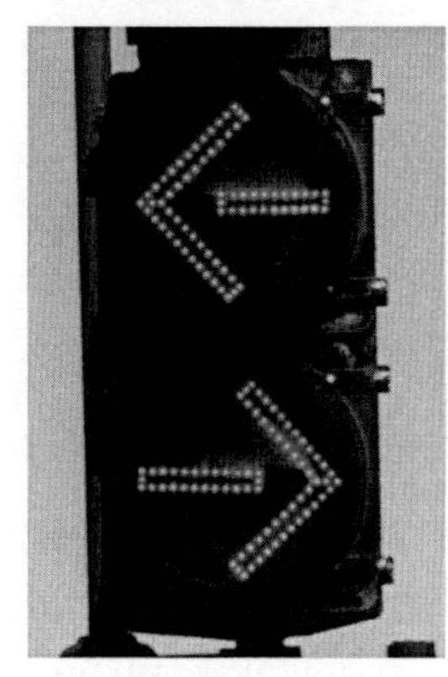

그림 1.12 녹색 신호등은 어디에서나 볼 수 있는 GaInN/GaN 녹색 LED의 응용이다.

1990년 Nakamura가 니치아에 근무하면서 GaN 소자 분야에 입문하였을 때 그는 박사학위도 없고, 논문도, 학회발표도 없는 36살의 엔지니어였다(Nakamura and Fasol, 1997). 1990년대 말에 그는 캘리포니아 주립대학 산타바라라 분교의 교수가 되었으며, 니치아의 경쟁사인 Cree Lighting의 자문을 했다. 그는 니차이와 일본 사회를 격렬하게 비판하였다. "분노의 돌파"라는 책에서 Nakamura(2001)는 "이 나라는 뭔가 잘못되었다. 산업계와 대학이 심하게 병들어 있다."라고 서술하였다.

GaInN 재료계는 백색 LED에 역시 적합하였다. 백색 LED를 만드는 방법은 형광체에 의한 파장 변환체(Nakamura와 Fasol, 1997)를 이용해서 백색 LED를 만드는 방법과 반도체로 된 파장 변환체(Guo 외, 1999)를 이용하는 등 여러 방법이 있다. 기존의 백열등과 형광등에 비해서 더 높은 광 효율을 얻을 가능성이 높기 때문에 앞으로 많은 진전이 있을 것으로 예상된다. 종래의 광원이 15~100 lm/W 정도의 발광효율을 갖고 있음에 비해 백색 LED는 300 lm/W를 능가하는 발광효율을 얻을 가능성이 높다.

1.7 AlGaInP 가시광 LED의 역사

AlGaInP 재료계는 고휘도 적색(625 nm), 오렌지색(610 nm), 황색(590 nm) LED에 적합하며 제일 많이 쓰이고 있는 재료이다. 그림 1.13은 적색과 황색 AlGaInP LED로 만든 전광판 응용을 보여준다.

AlInGaP 재료계는 가시광 레이저를 위해 일본에서 처음 개발되었다(Kobayashi 외, 1985; Ohba 외, 1986; Ikeda 외, 1986; Itaya 외, 1990). GaAs 기판에 격자일치된 $Ga_{0.5}In_{0.5}P$를 활성층으로 쓰는 AlGaInP/GaInP 이중 이종접합 레이저로부터 노력이 시작되었다. 격자일치된 GaInP의 밴드갭 에너지는 약 1.9 eV(650 nm)로 적색 레이저에 적합한 물질

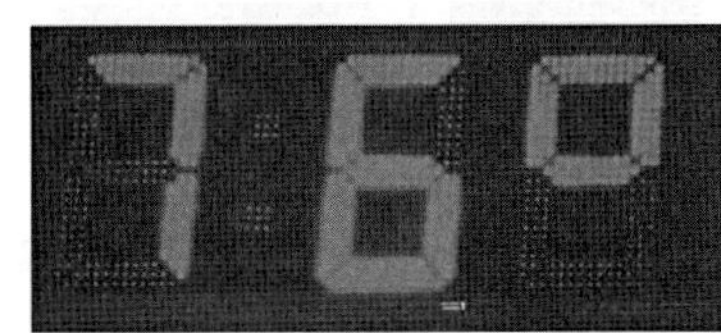

그림 1.13 적색과 황색 AlGaInP/GaAs LED를 사용한 전광판 응용.

이다. 이 레이저가 현재 레이저 포인터나 DVD에 사용되고 있다.

GaInP 활성층에 Al을 첨가하게 되면 오렌지색과 황색을 포함한 짧은 파장을 얻게 된다. 그러나 $(Al_xGa_{1-x})_{0.5}In_{0.5}$ P는 Al 함량 $x \approx 0.53$에서 간접전이 반도체가 되어 발광효율이 600nm 근처 파장에서는 급격하게 감소한다. AlGaInP는 570 nm 이하의 파장에서는 고효율 발광에 적합하지 않다.

1980년대 초기에 개발된 AlGaInP 레이저 개발된 후 1980년대 후반에 AlGaInP LED 개발이 시작되었다(Kuo 외, 1990; Fletcher 외, 1991; Sugawara 외, 1991). AlGaInP 레이저 구조와는 달리 LED 구조는 흔히 전류 분산층을 갖고 있어 상부 오믹전극 부분만이 아니고 전체 p-n 접합면에서 빛이 발생한다. LED의 성능은 다중 양자우물구조의 활성층(Huang and Chen, 1997)이나 변형을 준 MQW 활성층(Chang과 Chang, 1998a, 1998b), 분산 Bragg 반사층(Huang과 Chen, 1997; Chang 외, 1997), 투명 GaP 기판기술(Kish와 Fletcher, 1997), 칩 형태가공기술(Krames 외, 1999) 등을 통해 더욱 개선할 수 있었다. AlGaInP 재료계와 AlGaInP LED에 대한 상세한 리뷰는 Stringfellow와 Craford (1997), Mueller(2000), Krames 외(2002)의 글을 참고하기 바란다.

1.8 새로운 응용분야로 진입하는 LED

보다 높은 전력을 낼 수 있는 소자들이 만들어짐에 따라 새로운 응용분야가 지속적으로 떠오르고 있다. 그림 1.14는 LED가 수술실의 외과의사가 착용하는 의료용 고글에 이용된 사진이다. LED를 써서 무게가 상당히 절감되며, 의료 수술에 필요한 고급 연색성에 대한 까다로운 요구조건을 만족한다.

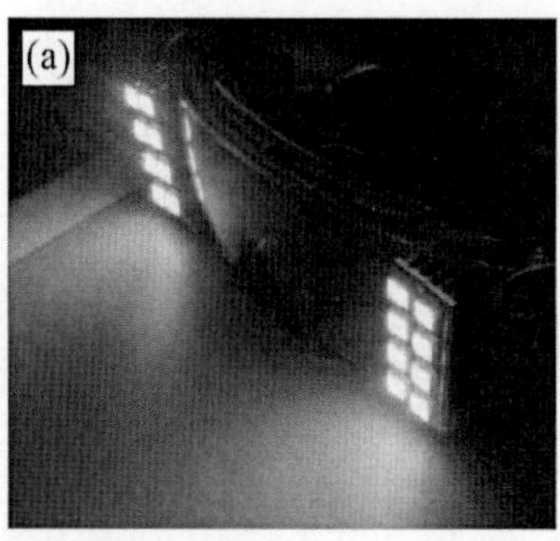

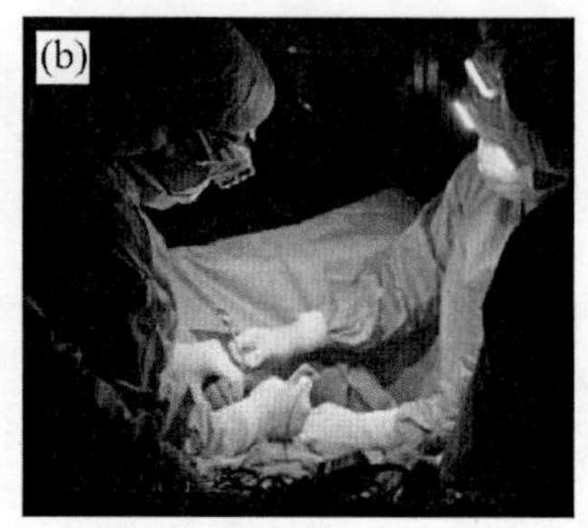

그림 1.14 (a) 백색 LED가 집적된 첫 번째 의료용 고글, (b) 그 고글을 이용한 외과 수술 장면 (Shimada 외, 2001, 2003).

LED에 기반한 자동차 헤드라이트는 2004년 Lumileds Lighting의 Luxeon 소자를 쓴 Audi사에 의해서 처음 소개되었다. 그 차의 사진이 그림 1.15에 있다.

대형 디스플레이나 전광판에 LED를 사용하는 것은 지속될 것이다. 그림 1.16과 1.17은 7층 높이의 디스플레이와 동영상이 나오는 보행자 교통신호등을 보여준다.

그림 1.15 LED를 이용한 첫 자동차 주간 주행등.

그림 1.16 뉴욕시 건물에 설치된 1,800만개 LED를 이용한 LED 디스플레이.

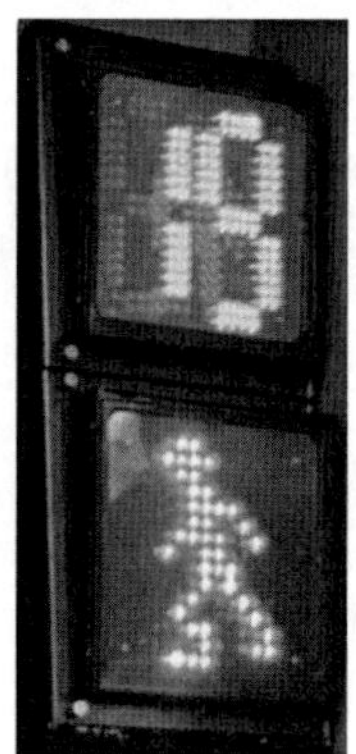

그림 1.17 타이완 타이페이시에 설치된 보행자 신호등. 길을 건너지 위해 남은 시간을 보여준다.

그림 1.18 Stone Bridge 독일 레겐스버그시의 설치된 LED 조명(Focus Magazine, 2004).

그림 1.19 타이완 신추시에 위치한 과학기반산업단지 정문에 설치된 예술 강조 조명(K. R. Wang과 L.-W. Tu, 2005).

LED는 예술영역에도 진입하였다. 그림 1.18에서는 독일 Regensburg에 있는 다뉴브 강의 Stone Bridge의 국부 조명 예를 볼 수 있다. 21,900개의 적색 LED로 이루어진 선이 다리에 밝게 걸쳐져 있어 강 양쪽의 연결을 강조한다. 각 LED는 AD 179년 그 도시가 세워진 후 한 달을 의미한다(Osram Opto Semiconductors, 2004). 그림 1.19는 반도체 기술 관련 회사가 많이 입주해 있는 타이완의 신추 과학기반산업단지의 LED 조명이 설치된 정문의 모습이다.

참고문헌

Akasaki I., Amano H., Itoh K., Koide N., and Manabe K. "GaN based UV/blue light-emitting devices" GaAs and Related Compounds conference, *Inst. Phys. Conf. Ser.* **129**, 851 (1992)

Allen J. W., Moncaster M. E., and Starkiewicz J. "Electroluminescent devices using carrier injection in gallium phosphide" *Solid State Electronics* **6**, 95 (1963)

Amano H., Kito M., Hiramatsu K., Akasaki I. "P-type conduction in Mg-doped GaN treated with low-energy electron beam irradiation (LEEBI)" *Jpn. J. Appl. Phys*. **28**, L2112 (1989)

Chang S. J., Chang C. S., Su Y. K., Chang P. T., Wu Y. R., Huang K. H. and Chen T. P. "AlGaInP multiquantum well light-emitting diodes" *IEE Proc. Optoelectronics* **144**, 1 (1997)

Chang S. J. and Chang C. S. "AlGaInP–GaInP compressively strained multi-quantum well light-emitting diodes for polymer fiber applications" *IEEE Photonics Technol. Lett.* **10**, 772 (1998a)

Chang S. J. and Chang C. S. "650nm AlGaInP/GaInP compressively strained multi-quantum well light-emitting diodes" *Jpn. J. Appl. Phys* **37**, L653 (1998b)

Craford M. G., Shaw R. W., Herzog A. H., and Groves W. O. "Radiative recombination mechanisms in GaAsP diodes with and without nitrogen doping" *J. Appl. Phys.* **43**, 4075 (1972)

Destriau G. "Scintillations of zinc sulfides with alpha-rays" *J. Chimie Physique* **33**, 587 (1936)

Duke C. B. and Holonyak Jr. N. "Advances in light-emitting diodes" *Physics Today*, December issue, p.23 (1973)

Eastman P. C., Haering R. R., and Barnes P. A. "Injection electroluminescence in metal–semiconductor tunnel diodes" *Solid-State Electronics* **7**, 879 (1964)

Edmond J. A., Kong H. S., and Carter Jr. C. H. "Blue LEDs, UV photodiodes and high-temperature rectifiers in 6 H-SiC" *Physica B* **185**, 453 (1993)

Filsinger D. H. and Bourrie D. B. "Silica to silicon: Key carbothermic reactions and kinetics" *J. Amer. Ceram. Soc.* **73**, 1726 (1990)

Fletcher R. M., Kuo C., Osentowski T. D., and Robbins V. M. "Light-emitting diode with an electrically conductive window" US Patent 5,008,718 (1991)

Foster L. M. and Pilkuhn M. "Electroluminescence near bandgap in GaP containing shallow donor and acceptor levels" *Appl. Phys. Lett.* **7**, 65 (1965)

Grimmeiss H. G. and Scholz H. J. "Efficiency of recombination radiation in GaP" *Phys. Lett.* **8**, 233 (1964)

Groves W. O., Herzog A. H., and Craford M. G. "The effect of nitrogen doping on $GaAs_{1-x}P_x$ electroluminescent diodes" *Appl. Phys. Lett.* **19**, 184 (1971)

Groves W. O. and Epstein A. S. "Epitaxial deposition of II-V compounds containing isoelectronic impurities" US Patent 4,001,056 issued Jan. 4 (1977)

Groves W. O., Herzog A. H., and Craford M. G. "Process for the preparation of electroluminescent III-V materials containing isoelectronic impurities" US Patent

Re. 29,648 issued May 30 (1978a)

Groves W. O., Herzog A. H., and Craford M. G. "GaAsP electroluminescent device doped with isoelectronic impurities" US Patent Re. 29,845 issued Nov. 21 (1978b)

Guo X., Graff J. W., and Schubert E. F. "Photon recycling semiconductor light-emitting diode" *IEDM Technical Digest*, **IEDM-99**, 600 (Dec. 1999)

Hall R. N., Fenner G. E., Kingsley J. D., Soltys T. J., and Carlson R. O. "Coherent light emission from GaAs junctions" *Phys. Rev. Lett.* **9**, 366 (1962)

Herzog A. H., Groves W. O., and Craford M. G. "Electroluminescence of diffused GaAs1-xPx diodes with low donor concentrations" *J. Appl. Phys.* **40**, 1830 (1969)

Holonyak Jr. N. "Active region in visible-light diode laser" *Electronics* **36**, 35 (1963)

Holonyak Jr. N. "Laser action in Ga(AsP) and GaAs" *Proc. IEEE* **52**, 104 (1964)

Holonyak Jr. N., personal communication (2000)

Holonyak Jr. N. and Bevacqua S. F. "Coherent (visible) light emission from $Ga(As_{1-x}P_x)$ junctions" *Appl. Phys. Lett.* **1**, 82 (1962)

Holonyak Jr. N., Bevacqua S. F., Bielan C. V., Carranti F. A., Hess B. G., and Lubowski S. J. "Electrical properties of Ga(AsP) pn junctions" *Proc. IEEE* **51**, 364 (1963a)

Holonyak Jr. N., Bevacqua S. F., Bielan C. V., and Lubowski S. J. "The "direct-indirect" transition in $Ga(As1_{-x}P_x)$ p-n junctions" *Appl. Phys. Lett.* **3**, 47 (1963b)

Holonyak Jr. N., Nuese C. J., Sirkis M. D., and Stillman G. E. "Effect of donor impurities on the direct-indirect transition in Ga(AsP)" *Appl. Phys. Lett.* **8**, 83 (1966)

Huang K.-H. and Chen T.-P. "Light-emitting diode structure" US Patent 5,661,742 (1997)

Ikeda M., Nakano K., Mori Y., Kaneko K. and Watanabe N. "MOCVD growth of AlGaInP at atmospheric pressure using triethylmetals and phosphine" *J. Cryst. Growth* **77**, 380 (1986)

Isihamatsu S. and Okuno Y. "High efficiency GaAlAs LED" *Optoelectronics - Dev. Technol.* **4**, 21 (1989)

Itaya K., Ishikawa M., and Uematsu Y. "636nm room temperature cw operation by heterobarrier blocking structure InGaAlP laser diodes" *Electronics Lett.* **26**, 839 (1990)

Jacobson N. S., Lee K. N., and Fox D. S. "Reactions of SiC and SiO_2 at elevated temperatures" *J. Amer. Ceram. Soc.* **75**, 1603 (1992)

Juza R. and Hahn H. "On the crystal structure of Cu3N, GaN and InN(translated from German)" *Zeitschrift fuer anorganische und allgemeine Chemie* **239**, 282 (1938)

Kish F. A. and Fletcher R. M. "AlGaInP light-emitting diodes" in *High Brightness Light-Emitting Diodes* edited by G. B. Stringfellow and M. G. Craford,

Semiconductors and Semimetals **48**, p. 149 (Academic Press, San Diego, 1997)

Kobayashi K., Kawata S., Gomyo A., Hino I. and Suzuki T. "Room-temperature cw operation of AlGaInP double-heterostructure visible lasers" *Electron. Lett.* **21**, 931 (1985)

Krames M. R., Ochiai-Holcomb M., Höfler G. E., Carter-Coman C., Chen E. I., Tan I.-H., Grillot P., Gardner N. F., Chui H. C., Huang J.-W., Stockman S. A., Kish F. A., Craford M. G.. Tan T. S., Kocot C. P., Hueschen M., Posselt J., Loh B., Sasser G., and Collins D. "High-power truncated-inverted-pyramid $(Al_xGa_{1-x})_{0.5}In_{0.5}$ P/GaP light-emitting diodes exhibiting >50% external quantum efficiency" *Appl. Phys. Lett.* **75**, 2365 (1999)

Krames M. R., Amano H., Brown J. J., and Heremans P. L. "High-efficiency light-emitting diodes" Special Issue of *IEEE J. Sel. Top. Quantum Electron.* **8**, 185 (2002)

Kuo C. P., Fletcher R. M., Osentowski T. D., Lardizabel M. C., Craford M. G., and Robbins V. M. "High performance AlGaInP visible light-emitting diodes" *Appl. Phys. Lett.* **57**, 2937 (1990)

Loebner E. E. "Subhistories of the light-emitting diode" *IEEE Trans. Electron Devices* **ED-23**, 675 (1976)

Logan R. A., personal communication (2000)

Logan R. A., White H. G., and Trumbore F. A. "P-n junctions in compensated solution grown GaP" *J. Appl. Phys.* **38**, 2500 (1967a)

Logan R. A., White H. G., and Trumbore F. A. "P-n junctions in GaP with external electroluminescence efficiencies ~2% at 25℃" *Appl. Phys. Lett.* **10**, 206 (1967b)

Logan R. A., White H. G., Wiegmann W. "Efficient green electroluminescence in nitrogen-doped GaP p-n junctions" *Appl. Phys. Lett.* **13**, 139 (1968)

Logan R. A., White H. G., and Wiegmann W. "Efficient green electroluminescent junctions in GaP" *Solid State Electronics* **14**, 55 (1971)

Lorenz M. R. and Binkowski B. B. "Preparation, stability, and luminescnce of gallium nitride" *J. Electrochem. Soc.* **109**, 24 (1962)

Lossev O. V. "Luminous carborundum detector and detection effect and oscillations with crystals" *Philosophical Magazine* **6**, 1024 (1928)

Maruska H. P., personal communication. The photograph of a GaN MIS LED is gratefully acknowledged (2000)

Maruska H. P. and Pankove J. I. "Efficiency of $GaAs_{1-x}P_x$ electroluminescent diodes" *Solid State Electronics* **10**, 917 (1967)

Maruska H. P. and Tietjen J. J. "The preparation and properties of vapour-deposited single-crystalline GaN" *Appl. Phys. Lett.* **15**, 327 (1969)

Maruska H. P., Rhines W. C., Stevenson D. A. "Preparation of Mg-doped GaN diodes exhibiting violet electroluminescence" *Mat. Res. Bull.* **7**, 777 (1972)

Maruska H. P., Stevenson D. A., Pankove J. I. "Violet luminescence of Mg-doped GaN(light-emitting diode properties)" *Appl. Phys. Lett.* **22**, 303 (1973)

Maruska H. P., Anderson L. J., Stevenson D. A. "Microstructural observations on gallium nitride light-emitting diodes" *J. Electrochem. Soc.* **121**, 1202 (1974a)

Maruska H. P. and Stevenson D. A. "Mechanism of light production in metal-insulator-semiconductor diodes; GaN:Mg violet light-emitting diodes" *Solid State Electronics* **17**, 1171 (1974b)

Mueller G.(Editor) *Electroluminescence I* Semiconductors and Semimetals **64** (Academic Press, San Diego, 2000)

Mukai, Takashi, personal communication (2005)

Nakamura S., Senoh M., and Mukai T. "Highly p-type Mg doped GaN films grown with GaN buffer layers" *Jpn. J. Appl. Phys.* **30**, L 1708 (1991)

Nakamura S., Senoh M., and Mukai T. "P-GaN/n-InGaN/n-GaN double-heterostructure blue-light-emitting diodes" *Jpn. J. Appl. Phys.* **32**, L8 (1993a)

Nakamura S., Senoh M., and Mukai T. "High-power InGaN/GaN double-heterostructure violet light-emitting diodes" *Appl. Phys. Lett.* **62**, 2390 (1993b)

Nakamura S., Iwasa N., and Senoh M. "Method of manufacturing p-type compound semiconductor" US Patent 5,306,662 (1994a)

Nakamura S., Mukai T., and Senoh M. "Candela-class high-brightness InGaN/AlGaN double-heterostructure blue-light-emitting diodes" *Appl. Phys. Lett.* **64**, 1687 (1994b)

Nakamura S., Senoh M., Iwasa N., Nagahama S. "High-brightness InGaN blue, green, and yellow light-emitting diodes with quantum well structures" *Jpn. J. Appl. Phys.* **34**, L797 (1995)

Nakamura S., Senoh M., Nagahama S., Iwasa N., Yamada T., Matsushita T., Sugimoto Y., and Kiyoku H. "Room-temperature continuous-wave operation of InGaN multi-quantum-well structure laser diodes" *Appl. Phys. Lett.* **69**, 4056 (1996)

Nakamura S. and Fasol G. *The Blue Laser Diode* (Springer, Berlin, 1997)

Nakamura S. *Breakthrough with Anger* (Shueisha, Tokyo, 2001). See also *Compound Semiconductors* **7**, No. 7, 25 (Aug. 2001) and **7**, No. 9, 15 (Oct. 2001)

Nathan M. I., Dumke W. P., Burns G., Dill Jr. F. H., and Lasher G. J. "Stimulated emission of radiation from GaAs p-n junctions" *Appl. Phys. Lett.* **1**, 62 (1962)

Nichia Corporation *Remarkable Technology* edited by I. Matsushita and E. Shibata (Nichia Company, Tokushima, Japan, 2004)

Nuese C. J., Stillman G. E., Sirkis M. D., and Holonyak Jr. N. "Gallium arsenide-phosphide: crystal, diffusion, and laser properties" *Solid State Electronics* **9**, 735 (1966)

Nuese C. J., Tietjen J. J., Gannon J. J., and Gossenberger H. F. "Optimization of electroluminescent efficiencies for vapor-grown GaAsP diodes" *J. Electrochem. Soc.: Solid State Sci.* **116**, 248 (1969)

Ohba Y., Ishikawa M., Sugawara H., Yamamoto T., and Nakanisi T. "Growth of high-quality InGaAlP epilayers by MOCVD using methyl metalorganics and their application to visible semiconductor lasers" *J. Cryst. Growth* **77**, 374

(1986)

Osram Opto Semiconductors "LEDs bridge time and space" press release, June 17 (2004)

Pankove J. I. and Berkeyheiser J. E. "A light source modulated at microwave frequencies" *Proc. IRE*, **50**, 1976 (1962)

Pankove J. I. and Massoulie M. J. "Injection luminescence from GaAs" *Bull. Am. Phys. Soc.* **7**, 88 (1962)

Pankove J. I., Berkeyheiser J. E., Maruska H. P., and Wittke J. "Luminescent properties of GaN" *Solid State Commun.* **8** 1051 (1970a)

Pankove J. I., Maruska H. P., and Berkeyheiser J. E. "Optical absorption of GaN" *Appl. Phys. Lett.* **17**, 197 (1970b)

Pankove J. I., Miller E. A., Richman D., and Berkeyheiser J. E. "Electroluminescence in GaN" *J. Luminescence* **4**, 63 (1971a)

Pankove J. I., Miller E. A., and Berkeyheiser J. E. "GaN electroluminescent diodes" *RCA Review* **32**, 383 (1971b)

Pankove J. I., Miller E. A., and Berkeyheiser J. E. "GaN blue light-emitting diodes" *J. Luminescence* **5**, 84 (1972)

Pankove J. I. and Lampert M. A. "Model for electroluminescence in GaN" *Phys. Rev. Lett.* **33**, 361 (1974)

Perry T. S. "M. George Craford" *IEEE Spectrum*, February issue, p. 52 (1995)

Pilkuhn M. H. and Rupprecht H. "Light emission from $GaAs_xP_{1-x}$ diodes" *Trans. Metallurgical Soc. AIME* **230**, 282 (1964)

Pilkuhn M. H. and Rupprecht H. "Electroluminescence and lasing action in $GaAs_xP_{1-x}$" *J. Appl. Phys.* **36**, 684 (1965)

Pilkuhn M. H. "Light-emitting diodes" in *Handbook of Semiconductors* edited by T. S. Moss, **4**, edited by C. Hilsum, p. 539 (1981)

Pilkuhn M. H., personal communication. The photograph of GaP:Zn-O LED is gratefully acknowledged (2000)

Potter R. M., Blank J. M., and Addamiano A. "Silicon carbide light-emitting diodes" *J. Appl. Phys.* **40**, 2253 (1969)

Quist T. M., Rediker R. H., Keyes R. J., Krag W. E., Lax B., McWhorter A. L. and Zeigler H. J. "Semiconductor maser of GaAs" *Appl. Phys. Lett.* **1**, 91 (1962)

Rostky G. "LEDs cast Monsanto in unfamiliar role" *Electronic Engineering Times (EETimes)* on the internet, see http://eetimes.com/anniversary/designclassics/monsanto.html, Issue 944, March 10 (1997)

Round H. J. "A note on carborundum" *Electrical World*, **19**, 309 (1907)

Rupprecht H., Pilkuhn M., and Woodall J. M. "Continuous stimulated emission from GaAs diodes at 77 K"(First report of 77 K cw laser) *Proc. IEEE* **51**, 1243 (1963)

Rupprecht H., Woodall J. M., Konnerth K., and Pettit D. G. "Efficient electro-luminescence from GaAs diodes at 300 K" *Appl. Phys. Lett.* **9**, 221 (1966)

Rupprecht H., Woodall J. M., and Pettit G. D. "Efficient visible electroluminescence at 300 K from AlGaAs pn junctions grown by liquid phase epitaxy" *Appl. Phys. Lett.* **11**, 81 (1967).

Rupprecht H., Woodall J. M., Pettit G. D., Crowe J. W., and Quinn H. F. "Stimulated emission from AlGaAs diodes at 77 K" *Quantum Electron.* **4**, 35 (1968)

Rupprecht H., personal communication (2000)

Schubert E. F., Wang Y.-H., Cho A. Y., Tu L.-W., and Zydzik G. J. "Resonant cavity light-emitting diode" *Appl. Phys. Lett.* **60**, 921 (1992)

Schubert E. F., Hunt N. E. J., Micovic M., Malik R. J., Sivco D. L., Cho A. Y., and Zydzik G. J. "Highly efficient light-emitting diodes with microcavities" *Science* **265**, 943 (1994)

Schubert E. F., Grieshaber W., and Goepfert I. D. "Enhancement of deep acceptor activation in semiconductors by superlattice doping" *Appl. Phys. Lett.* **69**, 3737 (1996)

Seiko Corporation "Pulsar - it's all in the details" www.pulsarwatches-europe.com (2004)

Shimada J., Kawakami Y., and Fujita S. "Medical lighting composed of LEDs arrays for surgical operation" *SPIE Photonics West: Light Emitting Diodes: Research, Manufacturing, and Applications,* **4278**, 165, San Jose, January 24–25 (2001)

Shimada J., Kawakami Y., and Fujita S. "Development of lighting goggle with power white LED modules" *SPIE Photonics West: Light Emitting Diodes: Research, Manufacturing, and Applications,* **4996**, 174, San Jose, January 28–29 (2003)

Stringfellow G. B. and Craford M. G.(Editors) *High Brightness Light-Emitting Diodes* Semiconductors and Semimetals **48** (Academic Press, San Diego, 1997)

Sugawara H., Ishikawa M., Kokubun Y., Nishikawa Y., and Naritsuka S. "Semiconductor light-emitting device" US Patent 5,048,035 (1991)

Thomas D. G., Hopfield J. J., and Frosch C. J. "Isoelectronic traps due to nitrogen in gallium phosphide" *Phys. Rev. Lett.* **15**, 857 (1965)

Violin E. E., Kalnin A. A., Pasynkov V. V., Tairov Y. M., and Yaskov D. A. "Silicon Carbide-1968" *2nd International Conference on Silicon Carbide*, published as a special issue of the *Materials Research Bulletin*, p. 231 (1969)

Welker H. "On new semiconducting compounds(translated from German)" *Zeitschrift für Naturforschung* **7a**, 744 (1952)

Welker H. "On new semiconducting compounds II(translated from German)" *Zeitschrift für Naturforschung* **8a**, 248 (1953)

Wolfe C. M., Nuese C. J., and Holonyak Jr. N. "Growth and dislocation structure of single-crystal Ga(AsP)" *J. Appl. Phys.* **36**, 3790 (1965)

Woodall J. M., personal communication (2000)

Woodall J. M., Potemski R. M., Blum S. E., and Lynch R. "AlGaAs LED structures grown on GaP substrates" *Appl. Phys. Lett.* **20**, 375 (1972)

Chapter 2

발광 재결합과 비발광 재결합

반도체 내에서 전자(−)와 정공(+)이 만나 서로 재결합하면 빛이나 열을 방출한다. 발광소자의 경우에는 빛을 내는 재결합이 주로 일어나야 하지만, 실제 구동되는 환경에서는 빛을 내지 않는 재결합 역시 많이 일어나고 있으며 항상 이 두 재결합 형태 간의 경쟁이 일어나고 있다. 이제부터 이와 관련된 많은 이론들을 다루게 되는데, 이를 통하여 어떻게 하면 발광소자로 하여금 열 발생을 최소화시키면서 원하는 빛의 발광을 최대화시킬 수 있을지 알아보도록 하자.

2.1 전자와 정공의 발광 재결합

두 종류의 자유이송자인 전자와 정공은 불순물의 첨가 여부와는 상관없이 언제나 반도체 안에 존재하고 있다. 주어진 온도에서 빛이나 전류와 같은 외부자극요인이 없는 평형상태에서는 질량작용법칙(mass action law)에 의해서 전자의 농도와 정공의 농도의 곱은 다음과 같이 항상 일정한 값을 가진다.

$$n_0 p_0 = n_i^2 \tag{2.1}$$

위 식에서 n_0와 p_0는 각각 평형 전자농도와 평형 정공농도이며, n_i는 진성반도체(intrinsic semiconductor)에서의 전자 및 정공의 농도이다. 양자역학에서 하나의 에너지 준위에 대하여 두 개 이상의 준위가 존재하지 않도록 반도체에 불순물이 첨가되었을 때 질량작용법칙은 유효하다(Schubert, 1993).

반도체에서 생성된 과잉이송자는 빛이 흡수되거나 전류가 주입됨으로써 생성되며, 총 이송자농도는 다음 식과 같이 평형 이송자농도에 과잉이송자농도를 더하면 얻어진다.

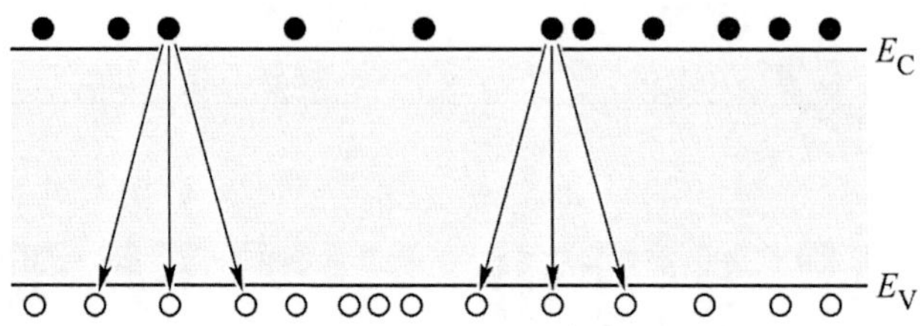

그림 2.1 전자와 정공의 재결합 모식도. 단위 부피, 단위 시간 동안에 일어나는 재결합의 회수는 전자와 정공의 농도의 곱에 비례한다($R \propto np$).

$$n = n_0 + \Delta n \qquad p = p_0 + \Delta p \tag{2.2}$$

위 식에서 Δn과 Δp는 각각 과잉전자와 과잉정공농도이다.

다음으로 전자와 정공의 재결합에 대하여 생각해보자. 그림 2.1에는 반도체의 밴드 구조에서 전도대(conduction band)에 있는 전자와 가전자대(valence band)에 있는 정공이 재결합되는 현상이 그림으로 나타나 있다. 재결합에 의하여 이송자농도가 줄어드는 속도를 재결합 속도(R)라 할 때, 그림 2.1에 나타낸 바와 같이 전도대의 자유전자와 가전자대의 정공의 재결합 확률은 전자의 농도(n)와 정공의 농도(p)에 비례하므로, 재결합 속도는 전자와 정공의 농도의 곱에 비례하게 된다($R \propto np$). 그러면 단위시간, 단위부피당 재결합 속도는 다음과 같이 표현할 수 있다.

$$\boxed{R = -\frac{dn}{dt} = -\frac{dp}{dt} = Bnp} \tag{2.3}$$

위 식을 이분자 속도식(bimolecular rate equation)이라 부른다. 여기서 비례상수, B는 이분자 재결합 계수(bimolecular recombination coefficient)라고 하며, 직접전이형 밴드갭(direct transition bandgap)을 가진 III-V족 화합물반도체의 경우에 보통 10^{-11}~10^{-9}cm^3/s의 값을 가진다. 이분자 재결합 계수는 3장의 van Roosbroeck-Shockley 모델을 사용하여 계산될 수 있다.

2.2 낮은 여기수준에서의 발광 재결합

이제부터는 발광 재결합 현상의 시간에 따른 변화에 대하여 살펴보도록 하자. 반도체가 빛에 의해서 여기상태로 되어 있을 때 전자와 정공의 평형 및 과잉농도를 각각 n_0, p_0, Δn, Δp이라 하자. 전자와 정공은 항상 쌍으로 생성되고 재결합되므로, 정상상태(steady-state)에서 생성된 전자와 정공의 과잉농도는 다음과 같이 항상 동일하다.

$$\Delta n(t) = \Delta p(t) \tag{2.4}$$

이분자 속도식을 사용하면 재결합 속도는 다음과 같다.

$$R = B[n_0 + \Delta n(t)]\,[p_0 + \Delta p(t)] \quad (2.5)$$

낮은 여기수준에서는 광여기로 생성된 과잉이송자의 수는 다수이송자에 비하여 $\Delta n \ll (n_0 + p_0)$로 매우 적으므로, 식 (2.5)는 다음과 같이 정리된다.

$$R = Bn_i^2 + B(n_0 + p_0)\Delta n(t) \quad (2.6)$$

$$= R_0 + R_{\text{excess}}$$

이 식에서 오른편의 첫 번째 항은 평형 재결합 속도(R_0)이며, 두 번째 항은 과잉 재결합 속도(R_{excess})가 된다. 시간에 따른 이송자농도의 변화는 평형 생성속도를 G_0, 평형 재결합 속도를 R_0라 할 때 다음과 같은 속도식으로 표현된다.

$$\frac{dn(t)}{dt} = G - R = (G_0 + G_{\text{excess}}) - (R_0 + R_{\text{excess}}) \quad (2.7)$$

그러면 그림 2.2에서와 같은 상황을 생각해보자. 평형상태에서는 생성되는 속도와 재결합되는 속도가 같기 때문에 이송자의 농도는 일정하게 유지된다. 따라서 식 (2.7)에서 $G_0 = R_0$이 되므로 우선 두 항은 상쇄된다. 또한 반도체에 빛을 조사하여 과잉이송자가 생성시킨 뒤에 시간이 0일 때 빛을 끄면, 이때부터는 과잉이송자가 생성되지 않으므로 $t = 0$에서부터 G_{excess}는 0이 된다. 따라서 식 (2.7)은 $-R_{\text{excess}}$로 정리되고 식 (2.6)에서 R_{excess}에 해당하는 항을 넣으면 식 (2.7)은 다음의 미분방정식으로 표현될 수 있다.

$$\frac{d}{dt}n(t) = \frac{d}{dt}\Delta n(t) = -B(n_0 + p_0)\Delta n(t) \quad (2.8)$$

이 미분방정식의 해는 변수들을 분리하고 $\Delta n(0) = \Delta n_0$으로 놓음으로써 다음과 같이 얻어진다.

$$\boxed{\Delta n(t) = \Delta n_0 e^{-B(n_0 + p_0)t}} \quad (2.9)$$

τ를 이송자 수명이라고 할 때 위 식은 다음과 같이 다시 간단히 표현된다.

$$\Delta n(t) = \Delta n_0\, e^{-1/\tau} \quad (2.10)$$

$$\boxed{\tau = \frac{1}{B(n_0 + p_0)}} \tag{2.11}$$

반도체에 어떤 불순물을 첨가하느냐에 따라서 p형과 n형 반도체로 나뉘는데, 각각의 경우에 식 (2.11)은 다음과 같이 다시 정리된다.

$$\tau_n = \frac{1}{Bp_0} = \frac{1}{BN_A} \quad \text{p형 반도체} \tag{2.12}$$

$$\tau_p = \frac{1}{Bn_0} = \frac{1}{BN_D} \quad \text{n형 반도체} \tag{2.13}$$

여기서 τ_n과 τ_p는 각각 전자와 정공의 이송자 수명이다. 이 결과로부터 식 (2.8)의 속도식은 반도체의 도핑, 즉 불순물의 첨가상태에 따라서 다음과 같은 단일분자 속도식을 얻을 수 있다.

$$\frac{d}{dt}\Delta n(t) = -\frac{\Delta n(t)}{\tau_n} \quad \text{p형 반도체} \tag{2.14}$$

$$\frac{d}{dt}\Delta p(t) = -\frac{\Delta p(t)}{\tau_p} \quad \text{n형 반도체} \tag{2.15}$$

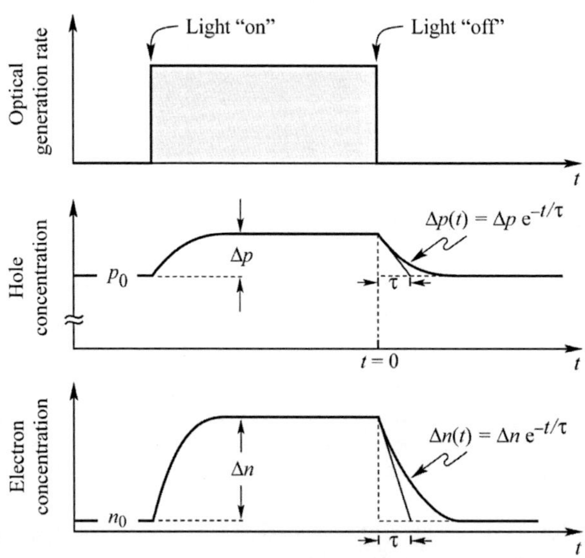

그림 2.2 펄스에 의하여 광학적으로 반도체를 여기시킬 때, 여기 이전, 도중, 이후에 시간에 따른 이송자 농도의 변화. 반도체를 p형으로 가정하면 $p_0 \gg n_0$이고, 전자와 정공은 쌍으로 생성되므로 $\Delta p = \Delta n$이다. 그리고 여기에 보여준 바와 같은 낮은 여기수준에서는 $\Delta n \ll p_0$이다. 대부분의 실제 경우에는 평형 소수 이송자농도는 $n_0 \ll \Delta n$으로 매우 작다.

그림 2.2는 시간에 따른 p형 반도체의 다수이송자 및 소수이송자의 농도를 나타낸 것으로(n형 반도체에서도 마찬가지로 생각할 수 있다), 낮은 여기수준에서 측정된 결과이다. 이 조건에서 광여기로 생성된 이송자의 농도는 다수이송자의 농도에 비해서 매우 낮지만 소수이송자의 농도에 비해서는 매우 높다. 이 상태에서 빛의 조사가 중지되면($t > 0$) 광여기 현상은 더 이상 일어나지 않는데, 이때 소수이송자의 농도는 식 (2.10)에서와 같이 소수이송자 수명(τ_n)에 의한 지수함수로 감소한다. 통상적으로 이 시간상수는 소수이송자가 생성된 후 재결합하는데 걸리는 평균시간으로 이해된다. 다수이송자의 농도 역시 동일한 시간상수 τ_p로 감소하지만, 그림 2.2에서와 같이 줄어든 다수이송자의 농도의 비율은 기존 농도와 비교하면 매우 작다. 따라서 낮은 여기수준에서는 대부분의 다수이송자가 재결합되지 않은 상태로 있기 때문에 다수이송자가 재결합하는데 걸리는 평균 시간은 소수이송자보다 훨씬 더 긴 것으로 이해할 수 있다. 따라서 보통 다수이송자 수명은 편의상 무한정 긴 것으로 간주된다.

그림 2.3은 불순물의 첨가농도에 따른 GaAs의 소수이송자 수명의 이론적으로 계산된 그래프와 실험적으로 측정된 값을 나타낸 것이다(Hwang, 1971; Nelson and Sobers, 1978a, 1978b; Ehrhardt 외, 1991; Ahrenkeil, 1993). 그림에 표시되어 있는 직선은 $B = 10^{-10} cm^3/s$임을 이용하여 식 (2.10)에 의해 이론적으로 계산된 것이다. 불순물이 도핑되어 있지 않은 GaAs의 경우에 소수이송자 수명은 상온에서 대략 15 μs 정도에 해당한다(Nelson and Sobers, 1978a, 1978b).

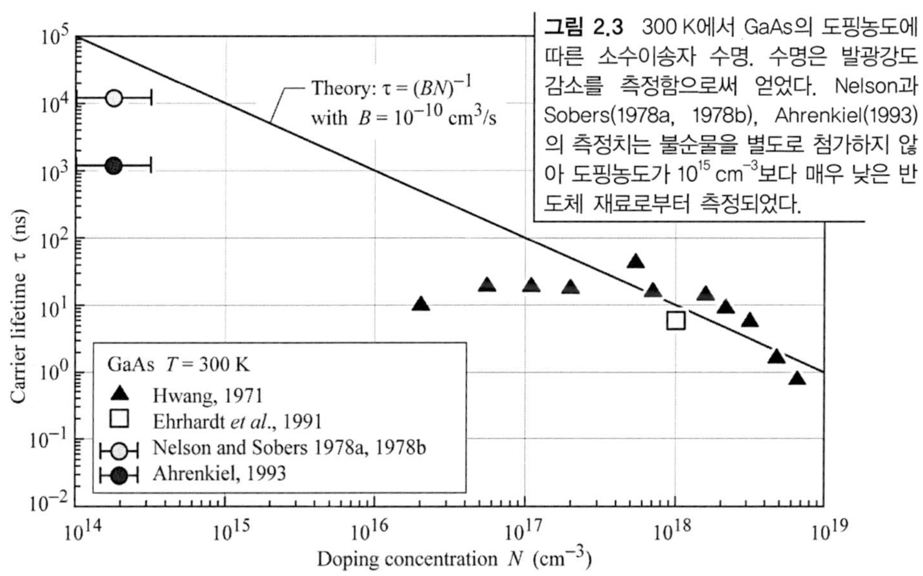

그림 2.3 300 K에서 GaAs의 도핑농도에 따른 소수이송자 수명. 수명은 발광강도 감소를 측정함으로써 얻었다. Nelson과 Sobers(1978a, 1978b), Ahrenkiel(1993)의 측정치는 불순물을 별도로 첨가하지 않아 도핑농도가 10^{15} cm^{-3}보다 매우 낮은 반도체 재료로부터 측정되었다.

Exercise

소수이송자 수명

10^{15}와 10^{18} cm^{-3}의 농도로 불순물이 첨가된 p형 GaAs의 경우 이분자 재결합 계수 $B=10^{-10}$ cm^3/s을 넣어 소수이송자 수명을 계산하여라. 그리고 어떤 불순물도 넣지 않고 제조된 GaAs의 이송자농도가 2×10^6 cm^{-3}일 때 이 고유 GaAs 재료의 이송자 수명은 얼마인지 계산하여라.

해답 $N_A=10^{15}$ cm^{-3}이므로 $\tau_n=10\ \mu s$
$N_A=10^{18}$ cm^{-3}이므로 $\tau_n=10\ ns$
고유반도체 GaAs는 $\tau_n=2500\ s$

발광 재결합에서의 이송자 수명과 불순물의 첨가농도에 의해서 통신용 LED의 변조속도가 얼마나 빨라질 수 있을지 토론해보자.

2.3 높은 여기수준에서의 발광 재결합

높은 여기수준의 경우에 광여기로 생성된 과잉이송자의 농도는 $\Delta n \gg (n_0+p_0)$과 같이 평형상태의 이송자농도보다 매우 높다. 이 경우에 식 (2.3)의 이분자 속도식은 다음과 같이 정리된다.

$$\frac{d\Delta n}{dt} = -B\Delta n^2 \tag{2.16}$$

$\Delta n(0)=\Delta n_0$이라 하고 변수분리에 의하여 미분방정식을 풀면 해는 다음과 같다.

$$\boxed{\Delta n(t) = \frac{1}{Bt+\Delta {n_0}^{-1}}} \tag{2.17}$$

위 식으로부터 높은 여기수준의 경우에는 낮은 여기수준과는 다르게 이송자의 농도가 줄어드는 양상이 지수함수적이지 않다는 점을 알 수 있다. 지수함수적으로 감소할 때는 Δn_0에서 $\Delta n_0 e^{-1}$로 이송자의 농도가 감소하는데 시간상수 τ만큼의 시간이 소요된다. 식 (2.17)과 같이 지수함수적으로 감소하지 않는 경우에도 이와 동일하게 정의할 수 있는데, 다음과 같이 감소곡선의 기울기로부터 시간상수를 계산할 수 있다.

$$\tau(t) = -\frac{\Delta n(T)}{\dfrac{d\Delta n(t)}{dt}} \tag{2.18}$$

여기에 식 (2.17)을 넣으면 시간상수는 다음과 같이 계산된다.

$$\tau(t) = t + \frac{1}{B\Delta n_0} \tag{2.19}$$

이처럼 높은 여기수준에서 시간상수는 시간에 따라 변하는 함수이며, 식 (2.19)로부터 소수이송자의 수명이 시간에 따라 증가하고 있음을 알 수 있다. 그러나 충분히 긴 시간이 지나고 나면 대부분의 과잉이송자들은 재결합으로 인하여 그 농도가 매우 낮아지므로, 높은 여기상태도 결국 낮은 여기상태로 변하게 되며, 시간상수 τ 역시 낮은 여기상내의 값으로 근접하게 된다.

2.4 양자우물구조에서의 이분자 속도식

양자우물구조(quantum well structure)는 두 개의 장벽층으로 수 나노미터 수준의 우물층을 위아래로 덮어 자유이송자를 좁은 양자우물영역으로 구속시키는 것을 말한다. 우물영역의 두께를 L_{QW}라 하고 우물층에서 전도대와 가전자대의 2차원 이송자 밀도를 각각 n^{2D}, p^{2D}라 하면, 전자와 정공의 유효 3D 이송자농도는 각각 n^{2D}/L_{QW}, p^{2D}/L_{QW}에 가까운 값을 가진다. 이 값들을 3차원 이송자농도로 도입하면 식 (2.5)의 재결합 속도는 다음과 같이 유도된다.

$$R = B\frac{n^{2D}}{L_{QW}}\frac{p^{2D}}{L_{QW}} \tag{2.20}$$

이 식은 양자우물구조와 이중 이종접합구조(double heterostructure, DH 구조)의 본질적인 장점을 설명해 주고 있다. 즉 양자우물의 두께를 줄이면 3차원 이송자농도가 높아지고, 그 결과 식 (2.11)에서 유도된 바와 같이 발광 재결합의 이송자 수명이 감소하여 발광효율이 좋아진다. 그러나 우물영역의 폭을 충분히 줄이게 되면 파동함수가 장벽층으로 넘어가게 되므로, 우물층의 실제 두께를 사용해서는 더 이상 정확하게 재결합 속도를 표현할 수 없게 된다. 따라서 이 경우에는 L_{QW} 대신 그보다 더 넓은 값의 이송자 분포너비로 대체하여야 한다. AlGaAs/GaAs계 양자우물구조에서 GaAs의 우물두께가 100Å보다 작은 경우에는 반드시 이 영향을 고려해야 한다.

2.5 발광의 감소

펄스신호 형태의 강한 레이저를 반도체에 짧은 시간 동안 조사시키면 반도체의 이송자는 그 에너지를 받아 여기상태로 되고, 그 이후 이송자의 재결합으로 인하여 발광

강도는 최고 강도로부터 빠르게 감소한다. 따라서 광학 여기를 통한 발광강도의 변화를 관찰함으로써 반도체 내에서 이송자의 농도가 어떻게 변화하는지를 알 수 있다. 발광강도는 재결합 속도에 비례하는데, 낮은 여기상태와 높은 여기상태에서 재결합 속도를 식 (2.9)와 식 (2.17)로 계산해보면 다음과 같다.

$$R=-\frac{dn(t)}{dt}=\frac{\Delta n_0}{\tau}e^{-t/\tau} \quad \text{낮은 여기상태} \tag{2.21}$$

$$R=-\frac{dn(t)}{dt}=\frac{-B}{\left(Bt+\Delta {n_0}^{-1}\right)^2} \quad \text{높은 여기상태} \tag{2.22}$$

그림 2.4는 짧은 펄스신호에 의하여 이송자들을 여기시켰을 때 발광강도의 변화를 보여준다. 낮은 여기상태의 경우에 발광강도는 지수함수적으로 감소하지만, 높은 여기상태의 경우에는 비지수함수적으로 감소한다. 지수함수적으로 줄어들지 않는 모든 함수는 시간에 따라 변하는 시간상수를 도입함으로써 $\exp[-t/\tau(t)]$의 지수함수 형태로 표현할 수 있다. 레이저로 여기시킨 대부분의 경우에 시간상수 τ는 시간이 지남에 따라 증가하여 일반적인 지수함수보다 천천히 감소하는 양상을 보이므로, 이러한 변화 함수를 흔히 확장 지수감소함수(stretched exponential decay function)라고 부른다. 특히 잘 알려진 확장 지수함수는 $\exp\{-[t/\tau(t)]^{\beta}\}$로 표현되며, 여기서 β는 무질서 변수로서 발광재료의 무질서 정도를 나타낸다. $\beta=1$이면 재료 내에 무질서도가 전혀 없는 완전히 질서정연한 상태를 나타낸다. $\beta \approx 1/2$이면 상당한 무질서도가 재료 내에

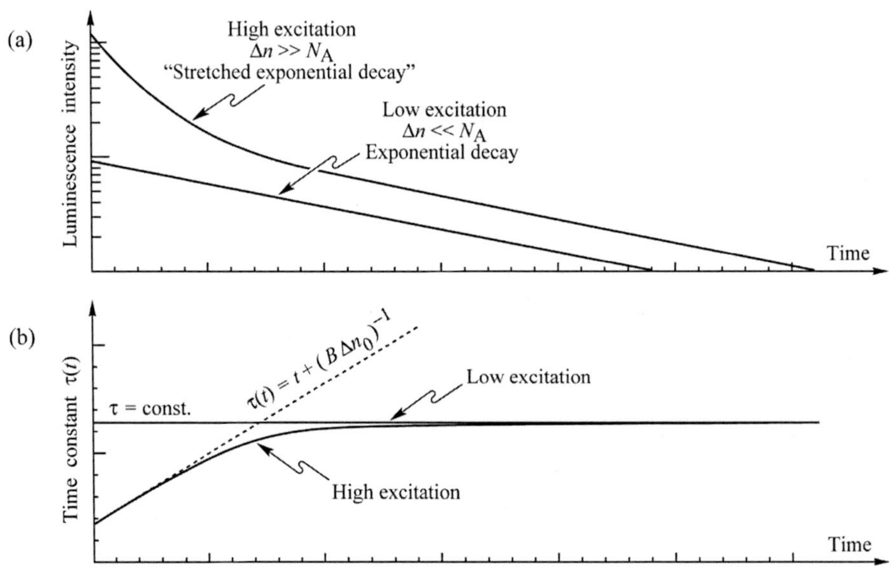

그림 2.4 낮거나 높은 여기밀도에서의 (a) 발광강도 감소, (b) 시간상수.

존재하는 것을 말하는데, 이 정도의 β값은 반도체뿐만 아니라 유리에서도 자주 관찰된다(Phillips, 1996). 비지수함수적으로 감소하는 현상은 1800년대 후반에 Friedrich Kohlrausch에 의하여 처음 제기되고 연구되었으므로, 이를 '콜라우슈 감소(Kohlrausch decay)'라고 말하기도 한다.

LED에서 이송자들의 재결합 양상을 관찰하는 것은 LED의 on, off 간의 정확한 변환을 보장하는데 필요한 최소의 시간을 결정하기 위함이다. 통신 분야에 사용되는 LED의 동작속도는 소수이송자의 수명에 의하여 결정되는데, 이송자 수명은 활성층, 즉 발광영역에 높은 농도로 불순물을 첨가하거나 전류 형태로 높은 농도의 이송자를 주입함으로써 줄일 수 있다. 이처럼 단위 공간에 이송자농도를 높이게 되면 이송자 수명은 줄어들게 되는데, 일반적으로 LED에는 자유이송자를 좁은 우물영역에 구속시켜 활성층의 이송자농도를 높일 수 있는 이종 접합구조나 양자우물구조가 주로 적용되고 있다.

2.6 재료 내부에서의 비발광 재결합

반도체에서 일어나는 재결합은 발광 재결합과 비발광 재결합의 두 가지 형태로 나뉜다. 발광 재결합은 그림 2.5에서와 같이 반도체의 밴드갭 에너지에 해당하는 광자(photon)가 방출되는 현상을 말하고, 비발광 재결합은 이송자의 재결합에너지가 격자 원자들의 진동에너지인 포논(phonon)으로 변환되어 열로서 방출되는 현상을 말한다. 따라서 고효율의 발광소자를 만들기 위해서는 이러한 비발광 재결합에 의한 열 방출을 최소화시켜야 한다.

비발광 재결합은 몇 가지의 독립적인 물리적 메커니즘으로 일어날 수 있는데, 가장 흔한 예로 결함이 있다. 결함으로는 외부로부터 첨가된 불순물 원자, 고유결함(native defect), 전위(dislocation), 결함 복합체 등이 있으며, 화합물반도체에서 고유결함은 침

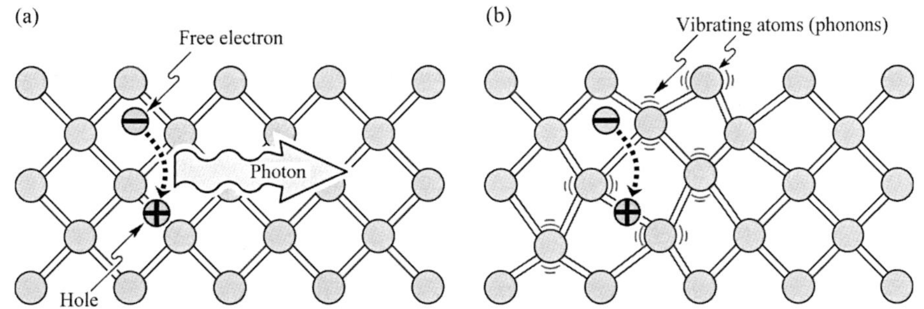

그림 2.5 (a) $h\nu \approx E_g$ 에너지의 광자를 내보내는 전자와 정공의 발광 재결합, (b) 비발광 재결합에서는 전자와 정공의 재결합으로 발생된 에너지가 포논으로 변환된다(Shockley, 1950).

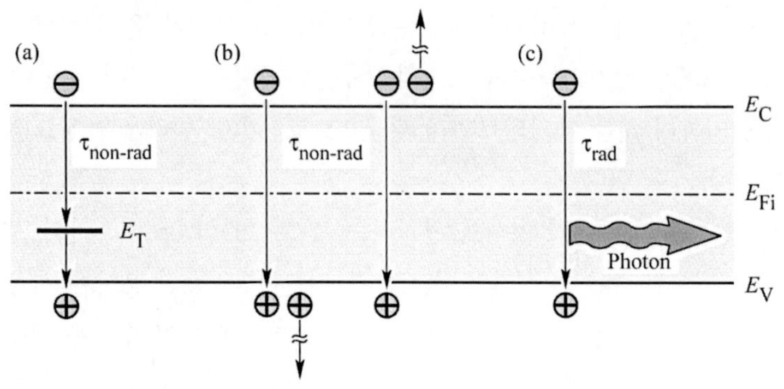

그림 2.6 재결합을 보여주는 밴드 다이어그램, (a) 깊은 준위를 통한 비발광 재결합, (b) Auger 재결합, (c) 발광 재결합.

입형 원자(interstitial atom), 공공(vacancy), 반자리 결함(antisite defect) 등이 있다(Longini and Greene, 1956; Baraff and Schluter, 1985). 이러한 모든 결함들은 격자를 채우고 있는 원자들과는 다른 에너지준위 구조를 가지므로 보통 반도체의 금지대 내에 하나 또는 여러 개의 에너지준위들을 형성시킨다. 금지대 내에 있는 에너지준위는 이송자들을 효과적으로 재결합시키는데, 특히 에너지준위의 위치가 금지대의 중간에 가까울 때 더욱 강하게 작용한다. 포획준위를 통해 전자와 정공이 재결합하는 과정을 그림 2.6에 도식적으로 나타내었다. 이처럼 금지대의 안쪽으로 깊이 위치하고 있는 포획준위는 일반적으로 비발광 재결합이 강하게 일어나기 때문에 흔히 발광 킬러(luminescence killer)라 불린다.

깊은 준위를 통한 자유이송자의 재결합은 Shockley, Read, Hall에 의하여 최초로 분석되었다(Hall, 1952; Shockley and Read, 1952). 결함으로서 이송자들을 포획하는 트랩(trap)의 경우 그 에너지준위와 농도를 각각 E_T와 N_T라 하면, 깊은 준위를 통한 비발광 재결합 속도는 다음과 같이 주어진다(Shockley and Read, 1952).

$$R_{SR} = \frac{p_0 \Delta n + n_0 \Delta_p + \Delta n \Delta p}{(N_T \nu_p \sigma_p)^{-1}(n_0 + n_1 + \Delta n) + N_T \nu_n \sigma_n)^{-1}(p_0 + p_1 + \Delta p)} \tag{2.23}$$

여기서 $\Delta n = \Delta p$이다. ν_n과 ν_p는 각각 전자와 정공의 열 속도(thermal velocity)이고, σ_n과 σ_p는 트랩의 포획단면적(capture cross section)이다. 그리고 n_1과 p_1은 페르미 에너지가 포획준위에 위치할 때의 전자와 정공의 농도를 말하는데, 고유반도체의 Fermi 준위를 E_{Fi}라고 하면 n_1과 p_1은 다음과 같은 식으로 계산될 수 있다.

$$n_1 = n_i \exp\left(\frac{E_T - E_{Fi}}{kT}\right) \qquad p_1 = p_i \exp\left(\frac{E_{Fi} - E_T}{kT}\right) \tag{2.24}$$

과잉전자의 비발광 수명은 $R_{SR}=\Delta n/\tau$이므로, 결과적으로 이송자 수명은 다음과 같다.

$$\frac{1}{\tau}=\frac{p_0+n_0+\Delta n}{(N_T\nu_p\sigma_p)^{-1}(n_0+n_1+\Delta n)+(N_T\nu_n\sigma_n)^{-1}(p_0+p_1+\Delta p)} \tag{2.25}$$

이제 다수이송자와 소수이송자를 구분해보자. 반도체가 p형이라고 가정하면, 정공이 다수이송자이므로 $p_0 \gg n_0$이고 $p_0 \gg p_1$이다. 여기에 평형상태에서 약간 벗어나 있는 낮은 여기상태를 가정한다면 $\Delta n \ll p_0$이 되므로 소수이송자 수명은 다음과 같이 정리된다.

$$\frac{1}{\tau}=\frac{1}{\tau_{n_0}}=N_T\nu_n\sigma_n \tag{2.26}$$

만약 전자가 다수이송자라면 비슷하게 한 방법으로 정공의 이송자 수명을 얻을 수 있다.

$$\frac{1}{\tau}=\frac{1}{\tau_{p_0}}=N_T\nu_p\sigma_p \tag{2.27}$$

이 결과는 트랩에서 의한 소수이송자의 포획 속도가 Shockley-Read 재결합 속도를 결정한다는 사실을 말해준다. 이 결과를 간단히 설명하면 다음과 같다. 다수이송자의 농도는 매우 높기 때문에 이미 충분한 양의 다수이송자가 결함에 포획되어 있으며 결국 이 결함에 소수이송자가 포획되기만 하면 재결합이 일어날 수 있으므로, Shockley-Read 재결합 속도는 바로 소수이송자의 포획 속도에 의해서 결정될 것이다. 따라서 식 (2.25)을 다시 정리하면 다음과 같다.

$$\frac{1}{\tau}=\frac{p_0+n_0+\Delta n}{\tau_{p_0}(n_0+n_1+\Delta n)+\tau_{n_0}(p_0+p_1+\Delta p)} \tag{2.28}$$

평형상태에서 약간 벗어난 낮은 여기상태를 가정한다면 $\Delta n \ll p_0$이 되므로, 위 식은 다음과 같이 간단히 정리된다.

$$\tau=\tau_{n_0}\frac{p_0+p_1}{p_0+n_0}+\tau_{n_0}\frac{n_0+n_1+\Delta n}{p_0+n_0}\approx\tau_{n_0}\frac{p_0+p_1}{p_0+n_0} \tag{2.29}$$

위 식을 자세히 보면 불순물이 첨가된 반도체의 경우에 낮은 여기상태라면 일정 부분 여기 정도의 차이가 있어도 이송자 수명은 거의 변하지 않는다는 점을 알 수 있다.

좀 더 자세히 들여다 보기 위하여 트랩이 전자와 정공을 동일한 속도로 포획한다고 가정해 보면 $\nu_n \sigma_n = \nu_p \sigma_p$가 되므로 결국 전자와 정공의 이송자 수명은 $\tau_{n_0} = \tau_{p_0}$로 같아져 식 (2.29)는 다음과 같이 정리할 수 있다.

$$\tau = \tau_{n0}\left(1 + \frac{p_1 + n_1}{p_0 + n_0}\right) \tag{2.30}$$

또한 반도체가 거의 고유반도체에 가까운 경우에는 $n_0 = p_0 = n_i$가 되므로, 위 식은 다음과 같이 간단히 정리된다.

$$\tau_i = \tau_{n_0}\left(1 + \frac{p_1 + n_1}{2n_i}\right) = \tau_{n_0}\left[1 + \cosh\left(\frac{E_T - E_{Fi}}{kT}\right)\right] \tag{2.31}$$

여기서 E_{Fi}는 고유 Fermi 준위로 금지대의 중간에 위치해 있다. 함수 $\cosh(x)$는 x가 0일 때 최소의 값을 가지므로, $E_T = E_{Fi}$일 때, 즉 포획준위가 반도체 금지대의 중간 위치에 있을 때 비발광 수명은 $\tau = 2\tau_{n_0}$으로 최소의 값을 가진다. 따라서 금지대의 중간에 위치해 있는 깊은 준위는 전자와 정공을 재결합시키는데 매우 효과적이다.

식 (2.31)을 좀 더 들여다보면, Shockley-Read 재결합은 온도에도 의존하고 있음을 알 수 있다. 온도가 증가하면 비발광 재결합의 수명은 감소하므로, 그 결과 밴드와 밴드 간에 일어나는 발광 재결합의 효율이 줄어들게 된다. 따라서 직접전이형 밴드갭의 반도체는 절대 0도에 가까운 극저온에서 가장 높은 발광효율을 보여준다. 일부 발광소자의 경우에는 깊은 준위에서부터 일어나는 발광 재결합을 기본으로 하고 있다. 질소가 불순물로 첨가된 GaP는 깊은 준위를 통해 발광 재결합이 일어나는 것으로 잘 알려진 반도체인데, 이 발광재료의 경우에는 Shockley-Read 모델에 의하여 소자의 온도가 올라갈수록 깊은 준위로부터의 재결합 속도가 증가하여 발광효율이 향상되는 특성을 가지고 있다. GaP와 같은 간접전이형 밴드갭(indirect transition bandgap)의 반도체는 전이 과정에서 반드시 포논의 도움을 받아야 한다. 즉 포논을 흡수하거나 방출하면서 발광 재결합이 이루어져야만 한다. 포논은 고온에서 보다 풍부하므로, 이처럼 포논의 도움으로 발광 재결합이 일어나는 경우에는 온도가 올라감에 따라 재결합 속도가 빨라질 수 있다.

일반적으로 깊은 준위결함의 주위에서는 발광강도가 감소한다. 보통 점결함 하나는 상대적으로 그 효과가 미미하기 때문에 거의 그 영향을 관찰하기 어렵다. 그러나 결함들은 흔히 결함 클러스터나 확장결함의 형태로 모여 있다고 알려졌으므로 다양한 분석 방법으로 결함의 영향을 관찰할 수 있다. 확장결함은 예를 들어 관통전위(threading dislocation)와 불일치전위(misfit dislocation)와 같은 것들을 말하는데, 단결정 박막층,

그림 2.7 GaAs 에피층의 음극선발광 현미경 사진. 검은 점들은 비발광 재결합을 일으키는 결함 클러스터에 의한 것이다(Schubert, 1995).

즉 에피층을 격자상수가 일치하지 않은 기판 위에 성장할 때 흔히 발생한다. 이 두 종류의 전위 이외에도 많은 다른 형태의 확장결함이 있다. 그림 2.7은 상온에서 측정한 GaAs 층의 음극선발광(cathodoluminescence, CL) 현미경 사진인데, 확장결함이 가지고 있는 발광 억제특성을 잘 보여주고 있다. 현미경 측정사진에는 몇 개의 검은 점들이 관찰되었는데, 이는 결함에서의 비발광 재결합으로 인하여 발광 재결합을 일으킬 수 있는 이송자의 수가 크게 줄어들어 결함 부근에서 발광강도가 감소되었기 때문이다. 그래서 이 검은 점들의 위치로부터 결함의 존재 여부를 확인할 수 있고, 검은 점의 크기는 결함의 크기 및 소수이송자의 확산거리에 따라서 정해진다.

대부분의 깊은 준위를 통한 전이는 비발광이지만 일부의 깊은 준위는 전이과정에서 빛을 내기도 한다. 그림 2.8에는 GaN에 존재하는 깊은 준위로부터의 발광현상을 관찰한 예를 보여주고 있다(Grieshaber 외, 1996). 이 발광 스펙트럼에는 두 종류의 피크가 관찰되고 있는데, 밴드와 밴드 간의 전이과정에 의한 좁고 강한 발광피크가 365 nm에서, 깊은 준위의 전이과정을 통한 넓은 발광피크가 550 nm 부근에서 관찰되었다. 이러한 노란색 발광 현상은 n형 GaN에 흔히 존재하는 Ga 공공에 의한 것으로 알려졌다(Neugebauer and Van de Walle, 1996; Schubert 외, 1997; Saarinen 외, 1997). 이와 같은 깊은 준위는 고유결함(3족 공공, 5족 공공, 3족 침입형 원자, 5족 침입형 원자)과 외부 불순물 원자, 전위, 불순물 결함 복합체, 그리고 다른 형태의 결함조합 등에 의하여 생겨나는데, 보통 한 결함의 원자적 본질을 명확히 규명하는데 수년의 시간이 소요되는 매우 어려운 학문 분야로 알려졌다. 반도체 결함에 대하여 전체적으로 살펴보고 싶다면 Pantelides의 'Deep Centers in Semiconductors(1992)'와 같은 문헌을 찾아서 읽어보도록 하자.

또 다른 중요한 비발광 재결합 메커니즘으로 Auger 재결합이 있다. 이 재결합 메커니즘에서는 전자와 정공의 재결합에너지(대략 E_g)에 의해서 또다른 자유전자나 정공

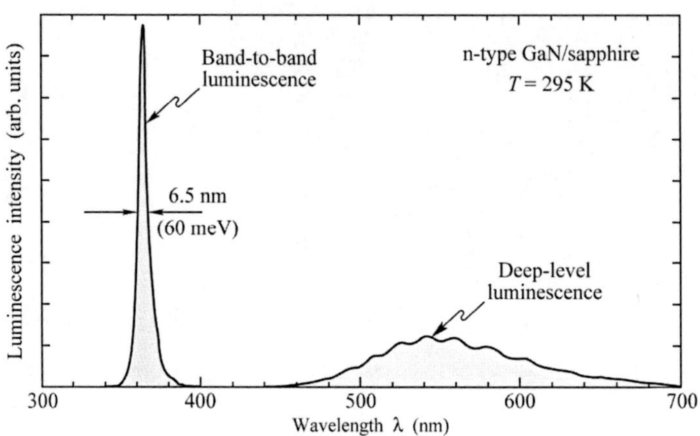

그림 2.8 상온에서 측정한 GaN의 발광 스펙트럼으로 365 nm의 밴드 간 광학적전이와 550 nm의 광학적으로 활성화된 깊은 준위전이가 관찰되었다(Grieshaber 외, 1996).

하나를 높은 에너지상태로 여기시키는데 에너지가 소모되는데, 이 과정은 그림 2.6(b)에 도식적으로 나타내었다. 높은 에너지상태로 올라간 이송자는 밴드 끝단으로 내려오면서 다중 포논 발생을 통해 연속적으로 에너지를 잃는다.

그림 2.6(b)에 나타낸 두 가지의 Auger 재결합 속도는 다음과 같이 주어진다.

$$R_{Auger} = C_p n p^2 \tag{2.32}$$

$$R_{Auger} = C_n n^2 p \tag{2.33}$$

Auger 재결합 속도는 한 종류의 이송자농도의 제곱(p^2 또는 n^2)과 다른 한 종류의 이송자농도(p 또는 n)의 곱에 비례하는데, 이는 Auger 재결합을 위해서는 우선 전자와 정공이 하나씩 필요하고 이때 방출되는 에너지를 받을 또 다른 하나의 이송자가 필요하기 때문이다. 첫 번째 식 (2.32)은 정공이 많은 p형 반도체에서, 두 번째 식 (2.33)은 전자가 많은 n형 반도체에서 보다 잘 일어날 수 있을 것이다. 다만 Auger 재결합에서는 반드시 에너지와 운동량이 보존되어야 한다. 일반적으로 전도대와 가전자대의 밴드 구조가 다르기 때문에 Auger 계수 C_p와 C_n은 보통 다른 값을 가진다.

높은 여기상태에서는 전자와 정공의 농도가 과잉이송자농도와 같아지는데($n \approx \Delta n$, $p \approx \Delta p$), 기본적으로 과잉이송자는 쌍으로 생성되므로($\Delta n = \Delta p$) 결국 전자와 정공의 농도는 같아진다($n = p$). 또한 비평형상태에서 이송자의 농도가 평형상태의 농도보다 매우 높다($\Delta n \gg n_0$, $\Delta p \gg p_0$). 그러면 Auger 속도식은 Auger 계수를 C라 할 때 다음과 같이 정리된다.

$$R_{Auger} = (C_p + C_n)n^3 = Cn^3 \tag{2.34}$$

Auger 재결합 계수는 반도체의 밴드구조를 고려한 양자역학적 계산을 통해 결정되는데(Agrawal and Dutta, 1986), III-V족 화합물반도체의 Auger 계수는 보통 10^{-28}~10^{-29} cm^6/s 정도의 값을 가진다고 알려졌다(Olshansky 외, 1984; Agrawal and Dutta, 1986). 식 (2.34)에서와 같이 Auger 재결합 속도가 이송자농도의 세제곱에 비례하기 때문에 Auger 재결합은 매우 높은 여기상태에서나 매우 높은 전류의 이송자를 주입한 경우에만 주로 발생되어 발광효율을 감소시킨다. 하지만 반대로 이송자농도가 낮은 경우에는 Auger 재결합 속도가 매우 작아지므로, 실제로 LED가 사용되는 환경에서는 거의 무시할 수 있다.

2.7 표면에서의 비발광 재결합

반도체의 표면은 결정격자의 주기성이 크게 뒤틀려 있기 때문에 보통 비발광 재결합이 매우 강하게 일어난다. 밴드 다이어그램 모델(band diagram model)은 격자의 엄격한 주기성에 기초한 것이므로 그 주기성이 끝나는 표면에서의 밴드 다이어그램은 금지대 내에 전자준위(electronic state)들을 추가하는 등의 수정이 필요하다. 화학적인 관점에서 반도체표면을 바라보면, 표면의 원자는 위쪽으로 더 이상 이웃하고 있는 원자가 없어서 모든 최외곽 궤도함수(orbital)가 화학적 결합을 형성하고 있지는 못하므로, 반도체 내부의 원자들과 동일한 결합구조를 가지지 못한다. 이처럼 결합을 형성하지 못해 일부분만 채워진 전자 궤도함수를 미결합 본드(dangling bond)라고 부르는데, 이 궤도함수에 의해서 반도체의 금지대 내에 전자준위가 추가로 생겨나게 되고 포획준위와 같이 전자와 정공의 비발광 재결합을 일으키는 중심으로 작용한다. 이 전자준위들은 최외곽 궤도함수들의 전하상태(charge state)에 따라서 도너(donor) 또는 억셉터(acceptor)로 작용한다. 표면의 미결합 본드들은 서로 재배열하여 동일 표면에서 이웃하고 있는 원자들 간에 새로운 결합을 형성하기도 한다. 이러한 표면 재구성(surface reconstruction)은 내부의 원자상태와는 다른 새로운 원자구조를 표면에 국부적으로 형성시키며, 표면의 결합구조는 반도체표면의 특성에 의해 결정된다. 표면준위의 에너지적 위치는 최고의 이론적 모델을 통해서도 예측하기가 매우 어렵기 때문에 보통 표면 재구성의 현상학적인 모델을 사용한다. 반도체표면에서는 금지대 내에 전자준위가 존재한다는 점은 이미 언급한 바 있는데, 바로 Bardeen과 Shockley가 재결합 중심으로서 표면준위와 이들의 역할을 규명하는데 큰 기여를 하였다(Shockley, 1950).

다음으로 p형 반도체에 빛을 조사하였을 때 표면 재구성이 이송자의 분포에 주는 영향을 계산해보자. 균일한 정상상태에서 빛의 조사에 의해 이송자가 일정한 속도 G로 생겨나고 있다고 가정하면, 반도체의 한 지점에서 1차원적인 연속방정식(continuity equation)을 풀어야 한다. 연속방정식은 질량보전의 법칙을 흐름의 경우에 적용하여 그 관계를 나타낸 것으로, 일정 크기의 관 내부로 흐르는 유체의 유량은 관의 단면적이 변화하더라도 관 내부로 단위시간당 흐르는 질량이 일정하다는 사실을 식으로 나타낸 것이다. 따라서 연속방정식은 유량(Q) = 유속(V)/단면적(A)의 관계를 만족한다. 즉, 유체가 연속해서 흐를 때 그 속도는 관의 단면적에 반비례하므로 단면적이 작아질수록 유속은 커진다. 이 연속방정식을 전자의 흐름에 적용한다면, 표면의 단위면적에 흘러 들어오는 전자에 의한 전류밀도를 J_n이라 할 때 전자의 연속방정식은 다음과 같다.

$$\frac{\partial \Delta n(x,\ t)}{\partial t} = G - R + \frac{1}{e}\frac{\partial}{\partial x}J_n \tag{2.35}$$

이 연속방정식은 단위 시간당 전자의 농도 변화가 단위 부피당 전자의 순 생성속도에다가 농도 차이에 의해 생겨나는 확산성분을 더한 것과 같다는 것을 나타낸 것이다. 내부가 균일한 반도체에서는 사방이 모두 원자들로 이어져 있기 때문에 한쪽이 외부로 드러나 있는 표면과는 다르게 공간에 대한 의존성이 없고, 따라서 정상상태조건에서는

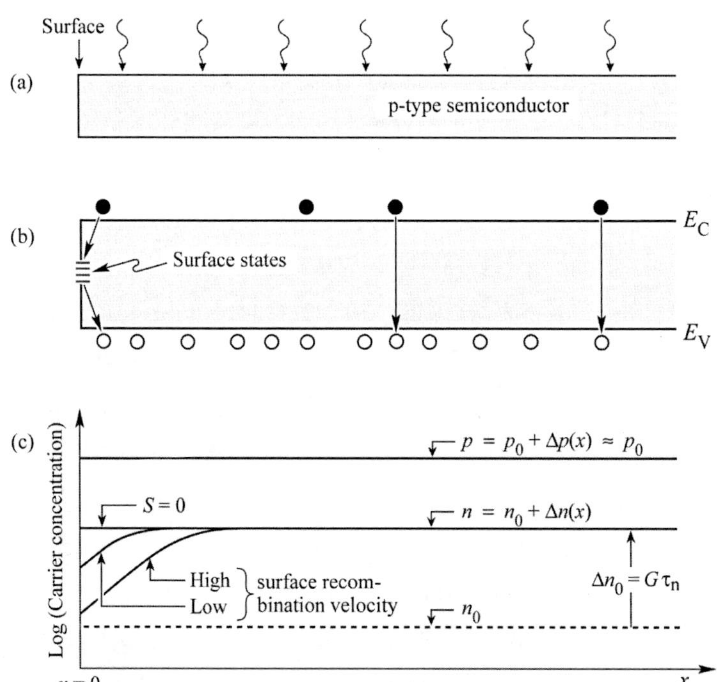

그림 2.9 (a) 빛이 조사된 p형 반도체, (b) 밴드 다이어그램, (c) 빛의 조사에 의한 일정한 이송자 생성을 가정할 때 표면 부근에서의 소수 및 다수이송자의 농도. 과잉이송자의 농도는 Δn, Δp이다.

$G=R$을 만족한다. 여기에 식 (2.14)에 의해 주어진 반도체 내부의 재결합 속도를 사용하면, 내부의 과잉이송자농도는 그림 2.9에 나타낸 것처럼 $\Delta n_\infty = G\tau_n$을 만족한다. 전자의 흐름을 확산에 의한 흐름으로 생각해보면 전자의 단위 면적당 전자의 유속은 다음과 같이 표현된다.

$$J_n = eD_n \frac{\partial \Delta n(x,\ t)}{\partial x} \tag{2.36}$$

그리고 식 (2.35)에 위의 확산방정식(diffusion equation)을 대입하면 다음과 같은 연속방정식을 얻을 수 있다.

$$\frac{\partial \Delta n(x,\,t)}{\partial t} = G - \frac{\Delta n(x,\,t)}{\tau_n} + D_n \frac{\partial^2 \Delta n(x,\,t)}{\partial x^2} \tag{2.37}$$

반도체표면에는 표면의 불완전성에 의해서 많은 표면준위(surface state)들이 존재하므로 이 표면준위들에 의해서 표면에 도달하는 전자와 정공은 빠르게 재결합되어 없어진다. 이들의 재결합 양상을 이해하기 위해서는 표면에서의 재결합 속도에 대한 미분방정식을 계산해야 한다. 표면에서의 재결합 속도를 S라고 할 때 표면에서의 경계조건(boundary condition)은 다음과 같다.

$$eD_n \frac{\partial \Delta n(x,\,t)}{\partial x}\bigg|_{x=0} = eS\Delta n(x,\,t)\bigg|_{x=0} \tag{2.38}$$

위 수식에서 보여주는 경계조건은 표면으로 확산해 가는 소수이송자가 표면에서 재결합된다는 점을 나타내는데, 소수이송자의 생성속도가 일정하다고 가정하면 소수이송자농도는 더 이상 시간에 따라 변하지 않게 된다. 위 경계조건으로 미분방정식에 대한 정상상태의 해를 구하면 다음과 같다.

$$n(x) = n_0 + \Delta n(x) = n_0 + \Delta n_\infty \left[1 - \frac{\tau_n S \exp(-x/L_n)}{L_n + \tau_n S}\right] \tag{2.39}$$

그림 2.9에는 표면 재결합 속도를 달리하였을 때 반도체표면 부근에서 이송자농도가 어떻게 변화하는지를 나타내었다. $S \to 0$일 때 표면의 소수이송자농도는 $n(0) \to n_0 + \Delta n_\infty$으로 내부의 값과 동일하고, $S \to \infty$일 때 표면의 소수이송자농도는 $n(0) \to n_0$으로 평형상태의 값에 근접한다. 이뿐만 아니라 표면 재구성에 의하여 표면은 내부의 결정구조와는 다른 결정구조를 가지고 있으므로, 이 역시 표면에서의 비발광 재결합을 일으켜 발광효율이 감소하고 그로 인하여 표면이 가열된다.

표 2.1 반도체에서의 표면 재결합 속도(GaN의 수치의 출처는 Tu 외, 2000; Aleksiejunas 외, 2003).

반도체	표면 재결합 속도
GaAs	$S = 10^6$cm/s
GaN	$S = 5 \times 10^4$cm/s
InP	$S = 10^3$cm/s
Si	$S = 10^1$cm/s

이 두 가지 모두 전기발광소자(electroluminescent device)에게는 바람직하지 않은 영향을 준다. 표 2.1에는 여러 반도체의 표면 재결합 속도를 정리해 놓았는데, GaAs의 표면 재결합 속도가 특히 높다는 점을 알 수 있다. 그림 2.10에는 표면 재결합에 대한 실험적인 증거를 보여주고 있는데, GaAs 레이저 칩 위에 형성된 일자 형태의 전류 주입전극 부위로부터 발광 현상이 관찰되었다. 전극은 일반적으로 불투명한 금속이므로, 소자로부터의 발광되는 빛은 반대 방향인 반도체 기판쪽으로 관찰되며 일자 형태의 금속전극은 발광영역의 뒤편에 있다. 그림 2.10은 표면에 가까워질수록 발광강도가 감소하고 있는 것을 확실하게 보여주고 있다.

표면 재결합은 두 종류의 이송자 모두 존재할 때만 일어날 수 있다. 따라서 두 종류의 주입된 이송자가 활성층에서 자연스럽게 만날 수 있도록 활성층을 모든 표면으로부터 멀리 떨어져 있도록 LED를 디자인하는 것이 매우 중요하다. 또한 반도체 다이(semiconductor die)를 LED보다 훨씬 크게 하고 LED 칩의 옆면으로부터 충분히 멀리

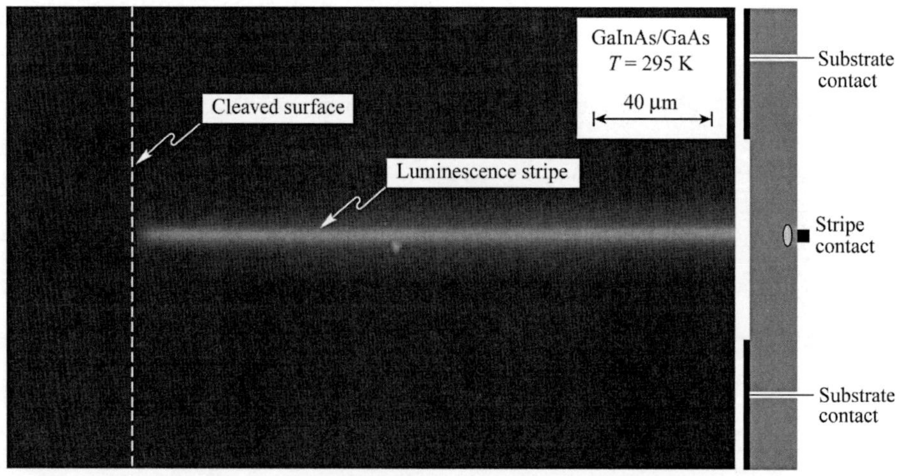

그림 2.10 전류 주입상태에서 일자로 형성된 상부전극과 기판 위에 창틀 형태로 형성시킨 전극으로 구성된 GaInAs/GaAs 구조의 (a) 현미경 사진, (b) 전면 모식도. 일자형 전극 아래에 위치한 활성층으로부터 나오는 빛의 발광강도는 표면 부근의 재결합에 의해서 확실히 감소하고 있다.

떨어진 곳에 전극을 형성하며 전극 아래쪽에 전류의 흐름을 일정 크기 이하로 제한시킨다면, 이송자는 더 이상 반도체표면을 거치지 않고 흘러갈 수 있다. 이러한 소자구조의 개선을 통해 발광소자는 표면 재결합에 더 이상 영향을 받지 않게 되어 소수이송자는 높은 확률로 살아남게 되므로 결국 높은 발광효율을 기대할 수 있다. 이와 같은 표면 재결합을 줄이기 위해서 황(S)과 같은 화학약품에 의하여 반도체의 표면을 처리하는 방법과 같은 표면처리기술이 연구되고 있다(Lipsannen 외, 1999).

2.8 발광 및 비발광 재결합 간의 경쟁

지금까지 Shockley-Read 재결합, Auger 재결합, 표면 재결합을 포함한 몇 가지의 비발광 재결합 메커니즘을 살펴보았다. 많은 노력들을 통해서 비발광 재결합은 줄일 수 있지만 이를 완전히 제거하는 것은 현실적으로 불가능하다. 예를 들어 표면 재결합은 표면으로부터 활성층을 공간적으로 멀리 떨어뜨리는 방법과 같은 다양한 소자 디자인에 의하여 크게 줄일 수 있지만, 아무리 거리를 멀리해도 여전히 어느 정도의 이송자는 표면으로 확산해 가서 그곳에서 재결합된다. 표면 재결합뿐만 아니라 내부에서 일어나는 비발광 재결합이나 Auger 재결합 역시 완전히 피할 수는 없다. 반도체 결정이 아무리 순수하다 하더라도 약간의 고유결함은 가지고 있어서 고유결함의 농도를 어느 정도는 낮출 수는 있어도 0으로 만들 수는 없다. 열역학적으로 고려해 본다면, 결정격자 내에 특정 고유 점결함을 만들어 내기 위하여 E_a의 에너지가 필요하다면 특정 격자위치에서 그러한 결함이 실제로 형성될 가능성은 Boltzman 인자, 즉 $\exp(-E_a/k_T)$를 통해서 구할 수 있다. 따라서 고유결함의 농도는 격자자리의 농도와 Boltzman 인자의 곱으로써 계산할 수 있다. 이러한 고유 점결함이나 확장결함은 금지대 내에 깊은 준위를 형성하여 비발광 재결합 중심으로 작용한다.

지금부터는 반도체의 화학적 순도에 대하여 살펴보겠다. 많이 알려진 바와 같이 10억 분의 1(ppb)보다 낮은 수준의 불순물을 함유하는 재료를 제조하는 것은 대단히 어려운 일이다. 가장 순도가 높은 반도체 조차도 10^{12} cm^{-3} 수준의 불순물을 함유하고 있으므로, 그 불순물에 의한 결함은 금지대 내에 일정 수준의 깊은 준위를 형성시켜 비발광 재결합을 통해 발광효율이 낮아지게 한다. 1960년대에 III-V족 화합물반도체가 첫선을 보였을 때, 상온에서의 내부 발광효율은 보통 1% 수준으로 매우 낮았다. 하지만 근래에 들어서는 반도체장비기술이 발달됨에 따라 고품질의 반도체 기판을 제조할 수 있게 되었고, 또한 수 nm의 두께조절능력을 가지는 반도체 성장장비를 통하여 양자우물구조를 제작할 수 있게 되어 LED의 내부효율은 90%를 넘어서게 되었고 일부의 경우에는 99%에 다다르기도 하였다. 이러한 눈부신 발전은 결정품질을 향상하고 결함과 불순물의 농도를 줄임으로써 가능한 일이었다.

Exercise

점결함의 농도

격자를 이루고 있는 원자를 침입형 점결함의 위치로 이동시키는데 필요한 에너지를 E_a= 1.1 eV라고 가정하자. a_0=2.5 Å의 격자상수를 가진 단순입방격자에서 침입형 결함의 평형 농도는 얼마인가?

해답 단순입방격자의 격자원자의 농도는 $N = a_0^{-3} = 6.4\times10^{22}$ cm^{-3}이므로, 상온에서 침입형 결함의 평형농도는 다음과 같다.

$$N_{defect} = N\exp(-E_a/kT) = 2.7\times10^{4}\ \text{cm}^{-3}$$

계산된 결함의 농도가 전형적인 전자와 정공의 농도와 비교했을 때 매우 작다는 점을 주목하자. 하지만 이 결함이 금지대 내에 에너지준위를 형성한다면, 그 결함을 통하여 일정 부분 비발광 재결합이 일어날 수도 있다.

다음으로 반도체 내부에 비발광 재결합을 일으키는 요인들이 일정 부분 존재하고 있을 때, 반도체의 내부 양자효율(internal quantum efficiency)을 계산해보자. 발광 수명을 τ_n, 비발광 수명을 τ_{nr}라고 할 때, 총 재결합 확률은 다음과 같이 발광 및 비발광의 확률로 표현할 수 있다.

$$\boxed{\tau^{-1} = \tau_r^{-1} + \tau_{nr}^{-1}} \tag{2.40}$$

내부 양자효율에 해당하는 발광 재결합효율은 다음과 같이 발광 재결합 확률을 총 재결합 확률로 나누면 얻을 수 있다.

$$\eta_{\text{int}} = \frac{\tau_r^{-1}}{\tau_r^{-1} + \tau_{nr}^{-1}} \tag{2.41}$$

내부 양자효율은 재결합하는 전하양자(charge quantum)의 수에 대한 반도체가 내보내는 광양자(light quantum) 수의 비로서 얻어진다. 여기에 추가적으로 내부로부터 나오는 모든 빛 양자가 빛의 탈출의 문제와 기판에 의한 재흡수, 그리도 다른 재흡수 메커니즘으로 인하여 반도체로부터 모두 밖으로 나가지는 않는데, 이런 점까지 고려한 것을 외부 양자효율(external quantum efficiency)라고 부른다. 이 효율은 내부에서 재결합하는 전하양자의 수에 대한 외부로 나오는 광양자 수의 비로서 얻어진다.

참고문헌

Agrawal G. P. and Dutta N. K. *Long Wavelength Semiconductor Lasers* (John Wiley and Sons, New York, 1986)

Ahrenkiel R. K. "Minority-carrier lifetime in III–V semiconductors" *in Minority Carriers in III–V Semiconductors: Physics and Applications* edited by R. K. Ahrenkiel and M. S. Lundstrom, Semiconductors and Semimetals **39**, 40 (Academic Press, San Diego, 1993)

Aleksiejunas R., Sudzius M., Malinauskas T., Vaitkus J., Jarasiunas K. and Sakai S. "Determination of free carrier bipolar diffusion coefficient and surface recombination velocity of undoped GaN epilayers" *Appl. Phys. Lett.* **83**, 1157 (2003)

Baraff G. A. and Schluter M. "Electronic structure, total energies, and abundances of the elementary point defects in GaAs" *Phys. Rev. Lett.* **55**, 1327 (1985)

Ehrhardt A., Wettling W., and Bett A. "Transient photoluminescence decay study of minority carrier lifetime in GaAs heteroface solar cell structures" *Appl. Phys. A (Solids and Surfaces)* **A53**, 123 (1991)

Grieshaber W., Schubert E. F., Goepfert I. D., Karlicek R. F. Jr., Schurman M. J. and Tran C. "Competition between band gap and yellow luminescence in GaN and its relevance for optoelectronic devices" *J. Appl. Phys.* **80**, 4615 (1996)

Hall R. N. "Electron–ole recombination in germanium" *Phys. Rev.* **87**, 387 (1952)

Hwang C. J. "Doping dependence of hole lifetime in n-type GaAs" *J. Appl. Phys.* **42**, 4408 (1971)

Lipsanen H., Sopanen M., Ahopelto J., Sandman J., and Feldmann J. "Effect of InP passivation on carrier recombination in InxGa1–xAs/GaAs surface quantum wells" *Jpn. J. Appl. Phys.* **38**, 1133 (1999)

Longini R. L. and Greene R. F. "Ionization interaction between impurities in semiconductors and insulators" *Phys. Rev.* **102**, 992 (1956)

Nelson R. J. and Sobers R. G. "Interfacial recombination velocity in GaAlAs/GaAs heterostructures" *Appl. Phys. Lett.* **32**, 761 (1978a)

Nelson R. J. and Sobers R. G. "Minority-carrier lifetime and internal quantum efficiency of surface-free GaAs" *Appl. Phys. Lett.* **49**, 6103 (1978b)

Neugebauer J. and Van de Walle C. "Gallium vacancies and the yellow luminescence in GaN" Appl. *Phys. Lett.* **69**, 503 (1996)

Olshansky R., Su C. B., Manning J., and Powazinik W. "Measurement of radiative and non-radiative recombination rates in InGaAsP and AlGaAs light sources" *IEEE J. Quantum Electronics* **QE-20**, 838 (1984)

Pantelides S. T. (Editor) *Deep Centers in Semiconductors* (Gordon and Breach, Yverdon, Switzerland, 1992)

Phillips J. C. "Stretched exponential relaxation in molecular and electronic glasses" *Rep. Prog. Phys.* **59**, 1133 (1996)

Saarinen K. et al. "Observation of native Ga vacancies in GaN by positron annihilation" *Phys. Rev. Lett.* **79**, 3030 (1997)

Schubert E. F. *Doping in III– Semiconductors* (Cambridge University Press, Cambridge UK, 1993)

Schubert E. F., unpublished (1995)

Schubert E. F., Goepfert I., and Redwing J. M. "Evidence of compensating centers as origin of yellow luminescence in GaN" *Appl. Phys. Lett.* **71**, 3224 (1997)

Shockley W. *Electrons and Holes in Semiconductors* (D. Van Nostrand Company, New York, 1950)

Shockley W. and Read W. T. "Statistics of the recombinations of holes and electrons" *Phys. Rev.* **87**, 835 (1952)

Tu L. W., Kuo W. C., Lee K. H., Tsao P. H., and Lai C. M., Chu A. K., and Sheu J. K. "High-dielectricconstant Ta_2O_5 / n-GaN metal-oxide-semiconductor structure" *Appl. Phys. Lett.* **77**, 3788 (2000)

Chapter 3
발광 재결합 이론

이 장에서는 우선 발광 재결합 이론을 정확한 양자역학 모델의 관점에서 다루었다. 다음으로, 평형생성과 재결합에 기초한 준고전 모델로 재결합을 설명하였다. 이 모델은 van Roosbroeck와 Shockley에 의해 개발되었다(1954). 마지막으로, 두 준위 원자 상태의 자발전이와 유도전이에 대한 Einstein 모델을 이용하여 발광 재결합 이론을 설명하였다.

3.1 재결합 양자역학 모델

양자역학을 기초로 한 자발 재결합은 Bebb과 Williams(1972), Agrawal와 Dutta(1986), Dutta(1993), Thompson(1980) 및 기타 그룹에 의해 연구되었다. 단위시간당 양자역학적 j 준위에서 m 준위로의 전이 확률(전이율)을 나타내는 Fermi 황금률(Fermi's Golden Rule)에 의해 얻어진 유도 발광률에 기초하여 자발 발광률을 다음과 같이 양자역학적으로 계산할 수 있다.

$$W_{j\rightarrow m}=\frac{\mathrm{d}}{\mathrm{dt}}\left|a_m^{'}(t)\right|^2=\frac{2\pi}{\hbar}\left|H_{mj}^{'}\right|^2\rho(E=E_j+\hbar\omega_0) \tag{3.1}$$

여기서, H_{mj}는 전이행렬요소(transition matrix element)이다. 단지 공간변수 x에 의존하는 1차원의 경우에 섭동 해밀토니안(perturbation hamiltonian) H'를 통하여 초기 j번째 준위와 마지막 m번째 준위를 연결하는 행렬요소는 다음과 같이 주어진다.

$$H_{mj}^{'}=\langle\psi_m^0|H'|\psi_j^0\rangle=\int_{-\infty}^{\infty}\psi_m^{0*}(x)A(x)\psi_j^0(x)dx \tag{3.2}$$

Fermi 황금률의 유도에 있어서 섭동 해밀토니안 H'는 광자의 조화 파동(harmonic wave)에 의해 여기되는 것으로 예상할 수 있듯이, 조화시간(harmonic time)에 대한 의존성 $H' = A(x)[\exp(i\omega_0 t) + \exp(-i\omega_0 t)]$을 가진다고 가정한다. 식 (3.2)는 재결합에 필요한 조건이 전자와 정공의 파동함수 사이의 공간적 중첩임을 나타내고 있다. 공간적으로 분리된 전자와 정공은 재결합할 수 없기 때문에 이는 직관적으로 명확하게 이해할 수 있다.

전도대(conduction band)와 가전자대(valence band) 사이의 광학적 전이에 있어서 전자 운동량(electron momentum)은 광자 운동량(photon momentum, $p = hk$)이 무시할 정도로 작기 때문에 보존되어야만 한다. 운동량 조건의 보존은 k-선택규칙(k-selection rule)으로 알려졌다. 이 장의 나머지 절에서는 Agrawal와 Dutta(1986)에 의해 주어진 양자역학적 해석을 따랐다. 이에 대한 세부적인 이해를 위해서는 참고문헌을 확인하기 바란다. Bloch상태(Bloch states)에 대한 평균행렬요소 $|M_b|$는 전도대, 무거운 정공 밴드, 가벼운 정공 밴드 및 분리 밴드를 고려한 4밴드 Kane 모델을 사용하여 유도할 수 있다. 벌크 반도체에서 $|M_b|^2$는 다음 식으로 나타낼 수 있다(Kane, 1957; Casey and Panish, 1978).

$$|M_b|^2 = \frac{m_e^2 E_g (E_g + \Delta)}{12 m_e^* (E_g + 2\Delta/3)} \tag{3.3}$$

여기서 m_e는 자유전자의 질량이고, E_g는 밴드갭, 그리고 Δ는 스핀궤도 분리에 대한 값이다. GaAs의 경우 $E_g = 1.424\text{eV}$, $\Delta = 0.33\text{eV}$, $m_e^* = 0.067 m_e$를 사용하여 $|M_b|^2 = 1.3 m_e E_g$를 얻을 수 있다. k-선택규칙을 사용하면, 전체 단위 부피당 자발 발광률은 다음과 같은 식으로 표현할 수 있다.

$$r_{sp}(E) = \frac{4\pi \bar{n} e^2 E}{m_e^2 \epsilon_0 h^2 c^3} |M_b|^2 \frac{(2\pi)^3}{V} 2 \left(\frac{V}{(2\pi)^3} \right)^2 \frac{1}{V} \tag{3.4}$$

$$\times \sum \int \cdots \int f_c(E_c) f_v(E_v) \mathrm{d}^3 \overrightarrow{k_c}\, \mathrm{d}^3 \overrightarrow{k_v}\, \delta(\overrightarrow{k_c} - \overrightarrow{k_v})\, \delta(E_i - E_f - E)$$

여기서 f_c와 f_v는 전자와 정공에 대한 Fermi 인자들이고, $\delta(k_c - k_v)$항은 k-선택규칙을 만족함을 알 수 있다. 인자 2는 2스핀 상태들로부터 발생한다. 식 (3.4)에서 Σ는 세 가전자대(무거운 정공, 가벼운 정공 및 분리 밴드)를 전체 합한 것이다. 더욱 명확하게 하기 위해 전자와 무거운 정공과의 관련된 전이를 우선적으로 고려해야만 한다. 식 (3.4)의 적분 항들은 다음 결과들로써 나타낼 수 있다.

$$r_{sp}(E) = \frac{2\bar{n}e^2 E|M_b|^2}{\pi m_e^2 \epsilon_0 h^2 c^3}\left(\frac{2m_r}{h^2}\right)^{3/2}\sqrt{E-E_g}\, f_c(E_c) f_v(E_v) \tag{3.5}$$

여기서,

$$E_c = (m_r / m_e^*)(E - E_g) \tag{3.6}$$

$$E_v = (m_r / m_{hh}^*)(E - E_g) \tag{3.7}$$

$$m_r = \frac{m_e^* m_{hh}^*}{m_e^* + m_{hh}^*} \tag{3.8}$$

그리고 m_{hh}^*는 무거운 정공의 유효질량이다. 식 (3.5)는 광자에너지(E)에서 자발 발광률을 나타내고 있다. 전체 자발발광률을 얻기 위해 마지막 적분항은 가능한 모든 에너지에 대해 계산되어야만 한다. 따라서 전자-무거운 정공전이에 의한 단위 부피당 전체 자발발광률은 아래와 같은 식으로 주어진다.

$$R = \int_{E_g}^{\infty} r_{sp}(E)dE = A|M_b|^2 I \tag{3.9}$$

여기서,

$$I = \int_{E_g}^{\infty} \sqrt{E-E_g}\, f_c(E_c) f_v(E_v) dE \tag{3.10}$$

A는 식 (3.5)의 나머지 상수를 나타낸다. m_{hh}^*를 가벼운 정공의 유효 질량 m_{lh}^*로 치환 가능하다면, 마찬가지로 전자-가벼운 정공전이에 대한 식을 얻을 수 있다. Agrawal와 Dutta(1986)가 유사한 분석법을 사용하여 유도한 양자역학 흡수계수 $\alpha(E)$는 다음과 같다.

$$\alpha(E) = \frac{e^2 h|M_b|^2}{4\pi^2 \epsilon_0 m_e^2 c\bar{n} E}\left(\frac{2m_r}{\hbar^2}\right)^{3/2}\sqrt{E-E_g}\,[1 - f_c(E_c) - f_v(E_v)] \tag{3.11}$$

재결합에 대한 양자역학 모델이 매우 타당하고 정확함에도 불구하고, 이는 계산하기 어려울 뿐 아니라 많은 시간이 소비될 것이다. 다음 절에서는 계산을 더욱 쉽게 하기 위해 준고전항들을 사용하여 재결합을 설명하였다.

3.2 Van Roosbroeck-Shockley 모델

Van Roosbroeck-Shockley는 평형 또는 비평형조건에서 자발발광 재결합을 계산할 수 있게 하였다. 재결합 속도를 계산하려면 밴드갭 에너지, 흡수계수, 굴절률 등의 몇 가지 기본적인 변수에 대한 정보가 필요하다. 이 변수들 모두는 잘 알려진 실험적 방법에 의하여 간단하게 얻을 수 있다.

cm^{-1}의 단위로 주어지는 흡수계수 $\alpha(\nu)$를 갖는 반도체를 고려해보자. 그림 3.1에서와 같이 반도체 내에서 전자-정공 재결합에 의해 광자가 발생된 후 바로 흡수된다. 흡수되기 전에 주파수 v로 이동하는 광자의 평균거리는 간단히 $\alpha(\nu)^{-1}$로 나타낼 수 있다. 광자가 흡수되는 시간은 다음과 같이 주어진다.

$$\tau(\nu) = \frac{1}{\alpha(\nu)\nu_{gr}} \tag{3.12}$$

여기서, ν_{gr}는 반도체 내에서 전파되는 광자의 군속도(group velocity)이고, 다음과 같이 나타낼 수 있다.

$$\nu_{gr} = \frac{\mathrm{d}\omega}{\mathrm{d}k} = \frac{d\nu}{d(1/\lambda)} = c\,\frac{d\nu}{d(\bar{n}\nu)} \tag{3.13}$$

$\bar{n}$은 굴절률을 나타낸다. 그리고 군속도를 식 (3.12)에 대입하면 다음 식을 얻을 수 있다.

$$\boxed{\frac{1}{\tau(v)} = \alpha(v)v_{gr} = \alpha(v)\,c\,\frac{dv}{d(\bar{n}v)}} \tag{3.14}$$

이 식은 단위 시간당 역광자수명(*inverse photon lifetime*) 또는 광자흡수확률(*photon absorption probability*)을 나타낸다. 단위 부피 및 단위 시간당 광자흡수율은 흡수확률과 광자밀도의 곱으로 나타낸다.

평형상태조건에서 굴절률 $\bar{n}$을 갖는 매질 내에서 단위 부피당 광자밀도는 Planck의

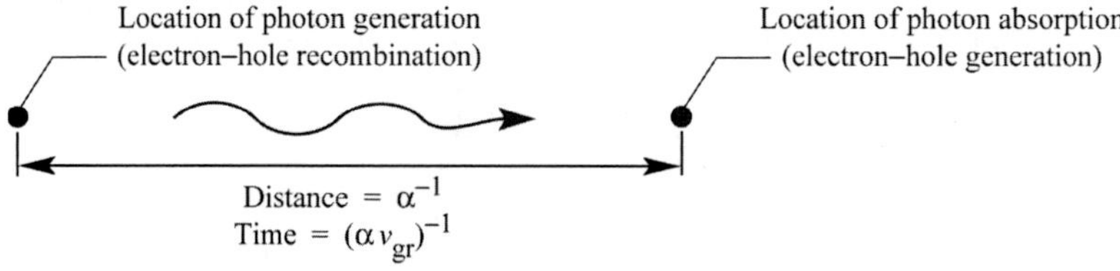

그림 3.1 광자발생 및 광자흡수 사이에 거리와 경과시간의 예시.

흑체복사 공식(Planck's black-body radiation formula)에 의해 주어진다.

$$N(\lambda)d\lambda = \frac{8\pi}{\lambda^4}\frac{1}{e^{hv/kT}-1}d\lambda \tag{3.15}$$

이로부터, v와 $v+dv$ 사이의 진동수를 갖는 광자의 수를 나타내는 $N(v)dv$를 쉽게 얻을 수 있다. 또한, $\lambda = c/(nv)$이므로 $d\lambda$는 다음과 같이 나타난다.

$$\mathrm{d}\lambda = -\frac{c}{(\overline{n}\nu)^2}\frac{d(\overline{n}\nu)}{d\nu}d\nu \tag{3.16}$$

식 (3.15)에 이 값을 대입하면 주파수에 따른 Planck의 흑체광자분포(Planck's black-body photon distribution)를 얻을 수 있다.

$$\boxed{N(\nu)d\nu = \frac{8\pi\nu^2\overline{n}^2}{c^3}\frac{d(\overline{n}\nu)}{d\nu}\frac{1}{e^{hv/kT}-1}d\nu} \tag{3.17}$$

ν와 $\nu+d\nu$ 사이의 진동수에서 단위 부피당 흡수율은 광자밀도를 광자의 평균 수명으로 나눈 값으로 나타난다.

$$R_0(\nu) = \frac{N(\nu)}{\tau(\nu)} = \frac{8\pi\nu^2\overline{n}^2}{c^3}\frac{d(\overline{n}\nu)}{d\nu}\frac{1}{e^{kv/kT}-1}\alpha(\nu)c\frac{d\nu}{d(\overline{n}\nu)} \tag{3.18}$$

이때, 모든 진동수에 대한 적분값은 단위 부피당 흡수율을 나타낸다.

$$\boxed{R_0 = \int_0^\infty R_0(\nu)d\nu = \int_0^\infty \frac{8\pi\nu^2\overline{n}^2}{c^2}\frac{\alpha(\nu)}{e^{kv/kT}-1}d\nu} \tag{3.19}$$

이것은 van Roosbroeck-Shockley식으로 잘 알려졌고, 이 식은 다음의 흡수계수를 사용하여 더 간략화될 수 있다.

$$\alpha = \alpha_0\sqrt{(E-E_{g)})/E_g} \tag{3.20}$$

흡수계수의 제곱근 의존성은 흡수계수와 상태밀도의 비례관계에 의해 나타났고, 이는 차례로 에너지에 대한 제곱근 의존성을 따른다. α_0는 $h\nu = 2E_g$에서 흡수계수임을 주목하자. 여러 반도체들에 대한 α_0의 근사값들을 표 3.1에 나타내었다. Van Roosbroeck-Shockley식은 밴드 끝단(band edge)에서의 굴절률값을 사용하고 굴절률의 진동수 의존성을 무시한다면 다음과 같은 식을 얻을 수 있다.

표 3.1 300 K에서 여러 반도체들의 밴드갭 에너지에서 에너지갭, 흡수계수 및 굴절률로부터 계산된 이분자 재결합(bimolecular recombination) 계수. 자발 수명은 B^{-1}과 $N_{D,A}^{-1}$에 의해 주어지고, 10^{18} cm^{-3}의 다수이송자농도에 대해 계산되었다.

Material	E_g (eV)	α_0 (cm^{-1})	$\overline{n}$ (-)	R_0 ($cm^{-3}s^{-1}$)	n_i (cm^{-3})	B (cm^3s^{-1})	τ_{spont} (s)
GaAs	1.42	2×10^4	3.3	7.9×10^2	2×10^6	2.0×10^{-10}	5.1×10^{-9}
InP	1.35	2×10^4	3.4	1.2×10^4	1×10^7	1.2×10^{-10}	8.5×10^{-9}
GaN	3.4	2×10^5	2.5	8.9×10^{-30}	2×10^{-10}	2.2×10^{-10}	4.5×10^{-9}
GaP	2.26	2×10^3	3.0	1.0×10^{-12}	1.6×10^0	3.9×10^{-13}	2.6×10^{-6}
Si	1.12	1×10^3	3.4	3.3×10^6	1×10^{10}	3.2×10^{-14}	3.0×10^{-5}
Ge	0.66	1×10^3	4.0	1.1×10^{14}	2×10^{13}	2.8×10^{-13}	3.5×10^{-6}

$$R_0 = 8\pi c \overline{n}^2 \alpha_0 \sqrt{\frac{kT}{E_g}} \left(\frac{kT}{ch}\right)^3 \int_{x_g}^{\infty} \frac{x^2 \sqrt{x - x_g}}{e^x - 1} dx \tag{3.21}$$

여기서, $x = h\nu/(kT) = E/(kT)$이고, $x_g = E_g/(kT)$이다. x에 따라 지수함수적로 크게 증가하기 때문에 밴드갭에 가까운 적은 영역의 에너지만이 적분 항에 영향을 준다. 이 적분 항에 대한 간단한 분석적 해법은 존재하지 않으며, 수치해석적 방법으로 평가해야 한다.

평형상태의 조건에서 이송자생성률(광자흡수률)은 이송자의 재결합률(광자의 발광률)과 동일하다. 따라서 van Roosbroeck-Shockley 모델은 평형 재결합률을 나타낸다. 서두에 설명하였듯이, 평형상태와 비평형상태의 조건 모두에서 적용할 수 있는 이분자 속도식(bimolecular rate equation)은 단위 부피 및 시간당 발생하는 재결합의 수를 나타낸다.

$$R = Bnp \tag{3.22}$$

다음으로 van Roosbroeck-Shockley 모델을 사용하여 이분자 재결합 계수(bimolecular recombination coefficient) B를 계산해보자. 평형상태의 조건에서 $R = R_0 = Bn_i^2$이므로, 이분자 재결합 계수는 다음 식에 따라 평형 재결합률에 관계된다.

$$B = \frac{R_0}{n_i^2} \tag{3.23}$$

표 3.1은 식 (3.21)과 (3.23)으로부터 계산된 몇몇 반도체들에 대한 이분자 재결합

계수를 나타낸다. 또한, 계산에 사용된 각 물질에 대한 모든 변수들을 표에 나타내었다. 직접전이형 III-V 반도체들에 대하여 $B = 10^{-9}$-10^{-11} cm^3/s로 계산되었고, 이 계산된 결과들은 실험 결과들과 아주 잘 일치하였다. GaP, Si과 Ge 등의 모든 간접전이형 반도체들은 직접전이형 III-V족 화합물반도체들과 비교하였을 때 더 작은 이분자 재결합 계수를 갖는다.

이분자 재결합 계수를 계산하기 위한 몇 가지 다른 방법이 있다. Hall(1960)은 최초로 2밴드 모델을 사용하여 다음과 같은 이분자 재결합 계수를 나타내었다.

$$B = 5.8 \times 10^{-13} \frac{\text{cm}^3}{\text{s}} \left(\frac{m_h^*}{m_e} + \frac{m_e^*}{m_e} \right)^{-3/2} \left(1 + \frac{m_e}{m_h^*} + \frac{m_e}{m_e^*} \right) \left(\frac{300K}{T} \right)^{3/2} \left(\frac{E_g}{1eV} \right)^2 \bar{n} \quad (3.24)$$

여기서, m_e^*, m_h^*와 m_e는 각각 유효전자, 유효정공 및 자유전자의 질량들을 나타낸다. 또한, Garbuzov(1982)는 직접전이형 반도체에 대하여 양자역학을 이용하여 간단하게 이분자 재결합 계수를 계산하여 다음과 같이 나타내었다.

$$B = 3.0 \times 10^{-10} \frac{\text{cm}^3}{\text{s}} \left(\frac{300K}{T} \right)^{3/2} \left(\frac{E_g}{1.5eV} \right)^2 \quad (3.25)$$

여기에서 B를 계산하기 위해 사용된 모든 방법들은 아주 유사한 결과들을 나타내었다. 식 (3.21)과 (3.23)-(3.25)를 사용하여 300 K일 때 GaAs에 대하여 계산하면 계수 B는 10^{-10} cm^3/s 범위 내의 값을 가진다.

3.3 재결합의 온도와 도핑 의존성

재결합 확률의 온도 의존성은 그림 3.2에서 나타나 있는데 낮은 온도와 높은 온도에

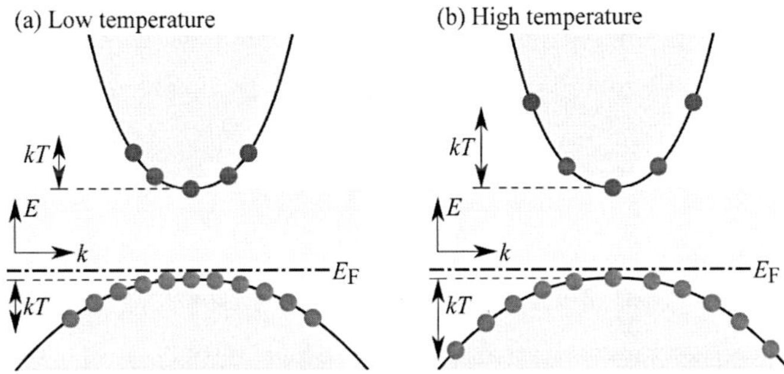

그림 3.2 (a) 저온, (b) 고온에서의 이송자 분포. 단위 dk당 이송자 수가 감소하므로 재결합 확률은 고온에서 감소한다.

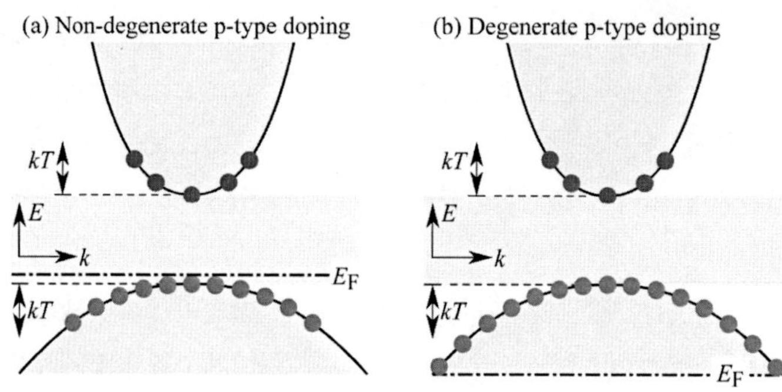

그림 3.3 (a) 비축퇴(non-degenerately)와 (b) 축퇴(denegerately) 도핑된 p형 반도체의 이송자 분포. 축퇴(degenerate) 도핑은 동일 운동량을 갖는 전자와 정공 사이의 중첩을 증가시키지 못한다.

서 포물선형 $E(k)$ 관계식을 보이고 있다. 이 그림은 dk에서 이송자 수가 온도 증가에 따라 감소하는 것을 나타내고 있다. 발광 재결합이 운동량 보존법칙을 따르고 전자의 재결합 확률은 동일 운동량에서 이용 가능한 정공 수에 비례함으로써 재결합 확률은 온도증가에 따라 감소한다. 이 경향성은 이분자 재결합 계수의 $T^{3/2}$의 의존성을 나타내고 있는 식 (3.24)와 (3.25)에 의해 확인할 수 있다. 재결합 확률의 도핑농도에 대한 의존성은 비축퇴(non-degenerate)와 축퇴(degenerate) 도핑농도에 따라 $E(k)$를 나타내고 있는 그림 3.3에 잘 나타나 있다. 이 그림은 축퇴된 도핑상태에서 단위 dk당 정공의 수가 일정하게 유지되고 있음을 나타내고 있다. 따라서 축퇴된 도핑상태에서는 재결합 확률이 증가하지 않는다.

이 내용은 그림 3.4에 나타낸 도핑농도에 따른 이분자 재결합 계수의 양자역학적 계산에 의해 확인되었다(Waldron, 2002). 이것의 유효성은 비축퇴 도핑의 경우로 제한되기 때문에 van Roosbroeck－Shockley 모델은 이 특성을 나타내지 못한다. 이분자 속도식, R=BnP는 낮은 이송자농도인 비축퇴 도핑된 반도체에만 적용된다. 따라서 이분자 재결합 계수는 비축퇴 이송자농도를 가진 반도체에 적용된다. 이 경우 이분자 재결합 계수는 이송자농도에 독립적이다. 그러나 매우 높은 이송자농도의 경우에 있어서 전자와 정공 사이의 운동량 불일치도가 증가하기 때문에 이분자 재결합 계수는 감소하게 된다. 따라서 비축퇴 상태에서 이분자 재결합 계수는 다음과 같이 나타낼 수 있다.

$$B\Big|_{\text{high concentrations}} = B - \frac{n}{N_c}B^* \tag{3.26}$$

즉, 재결합 계수는 고농도에서 감소된다. 고농도 도핑상태에서 B^*에 대한 수리학적 값을 포함하는 이분자 결합계수의 세부결과는 참고문헌에서 확인할 수 있을 것이다(Agrawal and Dutta, 1986; Olshansky 외, 1984).

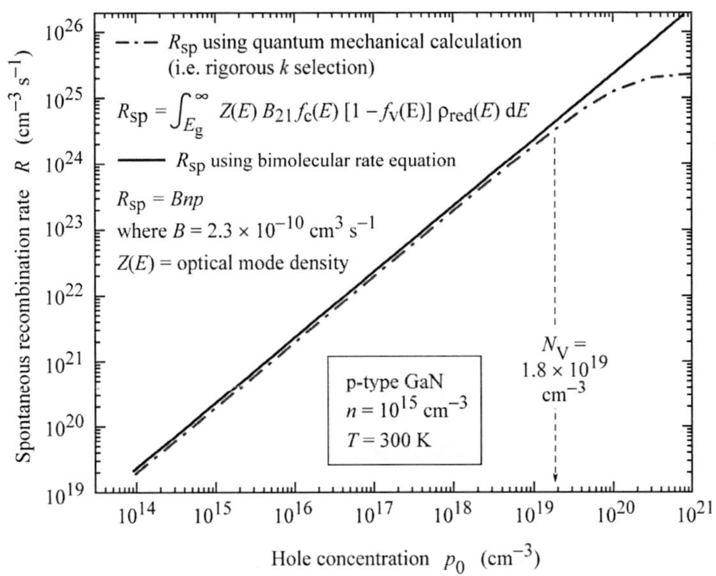

그림 3.4 300 K에서 고전역학과 양자역학적 접근법을 사용하여 계산된 p형 도핑농도에 따른 GaN의 자발 재결합률. 양자역학적 접근법(k–선택규칙을 적용)은 축퇴 도핑영역에서 포화됨을 보여준다.

Exercise

발광효율

Van Roosbroeck-Shockley 모델을 기초로 한 발광 수명의 온도 의존성과 Shockley-Read 모델을 기반으로 하여 비발광 수명을 해석하고, 반도체에서 발광효율에 대한 온도 의존성을 예측하시오.

3.4 Einstein 모델

광학전이에 대한 최초의 이론은 Albert Einstein에 의해 제안되었다. Einstein 모델은 자발전이 및 유도전이를 포함하고 있다. 자발전이는 외부의 자극 없이 자발적으로 발생한다. 반대로, 유도전이들은 외부의 자극 즉 광자에 의해 발생한다. 그러므로 발생된 전이율은 광자밀도 또는 발광밀도에 비례한다. 계수 A와 B는 두 개의 양자화된 준위를 갖는 원자에서 자발 및 유도전이를 나타낸다. 이 전이들을 그림 3.5에 도식화하였다. 이 두 단계를 "1"과 "2"로 표시하면, Einstein은 하부로의 전이 (2 → 1)와 상부로의 전이 (1 → 2)에 대해 단위 시간당 확률을 다음과 같이 나타낼 수 있다고 하였다.

$$W_{2\rightarrow 1} = B_{2\rightarrow 1}\,\rho(\nu) + A \tag{3.27}$$

$$W_{1\rightarrow 2} = B_{1\rightarrow 2}\,\rho(\nu) \tag{3.28}$$

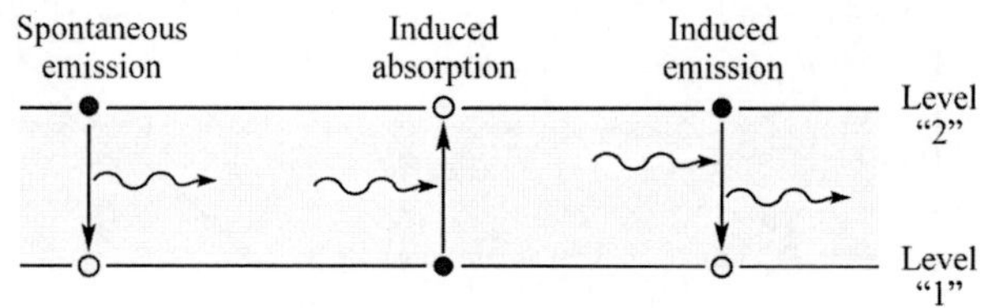

그림 3.5 두 준위 원자 모델에서 발생하는 자발방출, 유도흡수 및 유도방출. 초기에 채워져 있는 준위와 비워져 있는 준위를 각각 검은 원과 비어 있는 원으로 표시하였다.

원자당 하부로의 전이확률은 두 개의 항, 즉 유도항과 자발항을 갖는다. 유도항 $B_{2\to1}\,\rho(\nu)$은 발광밀도 $\rho(\nu)$에 비례한다. 하부로의 자발전이확률은 상수 A로 나타낸다. 또한 $\tau_{\text{spont}} = A^{-1}$로 주어진 자발 수명을 주목하자. 상부로의 전이확률은 $B_{1\to2}\,\rho(\nu)$이다.

원자에서 Einstein A 계수는 반도체에서 이분자 재결합 계수와 일치한다. 한 원자에서 하부로의 전이가 발생하기 위해 상부 준위는 채워져야만 하고(전자 한개, "$n=1$"), 하부 준위는 비워져 있어야만(정공 한 개, "$p=1$") 하기 때문에 이송자 수에 관련된 농도항(즉, 이분자 속도식 $R = Bnp$에서 n과 p)은 큰 영향을 주지 않는다.

Einstein은 $B = B_{2\to1} = B_{1\to2}$임을 보였다. 그러므로 유도흡수와 유도발광은 상호 보완적인 과정이라 할 수 있다. 또한 Einstein은 굴절률 $\bar{n}$을 갖고 이방성과 균질성을 갖는 매질에서 주파수 ν일 때 계수의 비가 $A/B = 8\pi\bar{n}^3 h\nu^3/c^3$와 같이 일정하게 나타남을 확인하였다.

$B_{2\to1}$와 $B_{1\to2}$의 등가성은 Fermi 황금률을 사용한 양자역학적 고찰에 의해서도 확인되었다. 하지만, Einstein 모델의 세부적인 논의는 이 책의 범주를 넘기 때문에 참고문헌을 확인하기 바란다.

참고문헌

Agrawal G. P. and Dutta N. K. *Long-Wavelength Semiconductor Lasers* Chapter 3 (Van Nostrand Reinhold, New York, 1986)

Casey Jr. H. C. and Panish M. B. *Heterostructure Lasers,* Part A, Cap. 3 (Academic Press, New York, 1978)

Bebb H. B. and Williams E. W. "Photoluminescence I: *Theory" in Transport and Optical Phenomena* edited by R. K. Willardson and A. C. Beer, Semiconductors and Semimetals **8**, p. 181 (Academic Press, New York, 1972)

Dutta N. K. "Radiative transitions in GaAs and other III-V compounds" in *Minority Carriers in III-V Semiconductors: Physics and Applications* edited by R. K. Ahrenkiel and M. S. Lundstrom, Semiconductors and Semimetals **39**, p. 1 (Academic Press, San Diego, 1993)

Garbuzov D. Z. "Radiation effects, lifetimes and probabilities of band-to-band transitions in direct A3B5 compounds of GaAs type" *J. Luminescence* **27**, 109 (1982)

Hall R. N. "Recombination processes in semiconductors" *Proc. Inst. Electr. Eng.* **106 B**, Suppl. 17, 983 (1960)

Kane E. O. "Band structure of indium antimonide" *J. Phys. Chem. Solids* **1**, 249 (1957)

Olshansky R., Su C. B., Manning J., and Powazinik W. "Measurement of radiative and non-radiative recombination rates in InGaAsP and AlGaAs light sources" *IEEE J. Quantum Electron.* **QE-20**, 838 (1984)

Thompson G. H. B. *Physics of Semiconductor Laser Devices* (John Wiley and Sons, New York, 1980)

Van Roosbroeck W. and Shockley W. "Photon-radiative recombination of electrons and holes in germanium" *Phys. Rev.* **94**, 1558 (1954)

Waldron E. L. "Optoelectronic properties of AlGaN/GaN superlattices" Ph.D. Dissertation, Boston University (2002)

Chapter 4

LED 기초 : 전기적 특성

4.1 다이오드 전류-전압 특성

본 장에서는 p-n 접합의 전기적 특성을 요약하고자 하나 상세한 유도에 대해서는 다루지 않을 것이다. N_D의 도너농도와 N_A의 억셉터농도를 가진 급준한 p-n 접합을 고려한다. 모든 도판트들이 완전히 이온화되었다고 가정하면 자유전자농도 $n = N_D$, 자유정공농도 $p = N_A$으로 주어진다. 또한 의도하지 않은 불순물이나 결함에 의해 발생한 도판트의 보상은 없다고 가정한다.

바이어스가 가해지지 않은 p-n 접합 경계면에서 n형 측의 도너로부터 생성된 전자들은 재결합이 가능한 다수의 정공이 존재하는 p형 측으로 확산한다. 정공도 같은 과정을 겪으며 n형 측으로 확산하게 된다. 이러한 결과로 자유이송자가 고갈된 p-n 접합 경계부가 형성된다. 이 영역을 공핍영역(depletion region)이라 한다.

공핍영역에는 자유이송자가 없으며 이온화된 도너 또는 억셉터가 유일한 전하이다. 이러한 도판트, 즉 n형 측에서의 도너와 p형 측에서의 억셉터는 공간전하영역을 형성한다. 공간전하영역은 확산전압(V_D)이라 불리는 퍼텐셜을 생성하며 다음과 같이 표현된다.

$$V_D = \frac{kT}{e} \ln \frac{N_A N_D}{n_i^2} \tag{4.1}$$

여기서 N_A와 N_D는 각각 억셉터와 도너의 농도이고, n_i는 반도체의 고유이송자농도이다. 확산전압은 그림 4.1의 에너지 밴드다이어그램에 표시되어 있다. 확산전압은 자유이송자가 상반되는 전도도를 가지는 중성역역(neutral region)으로 도달하기 위해 극

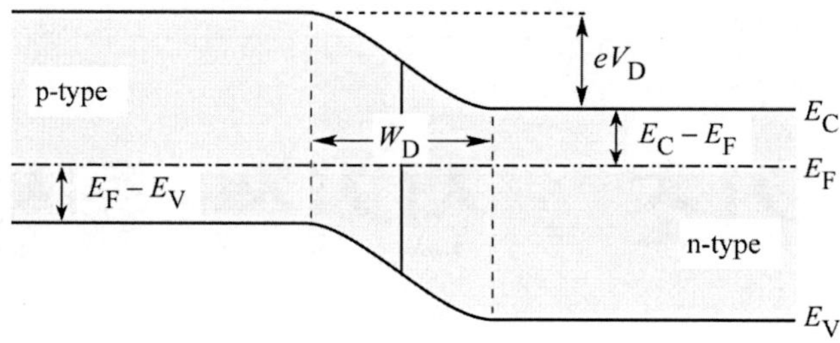

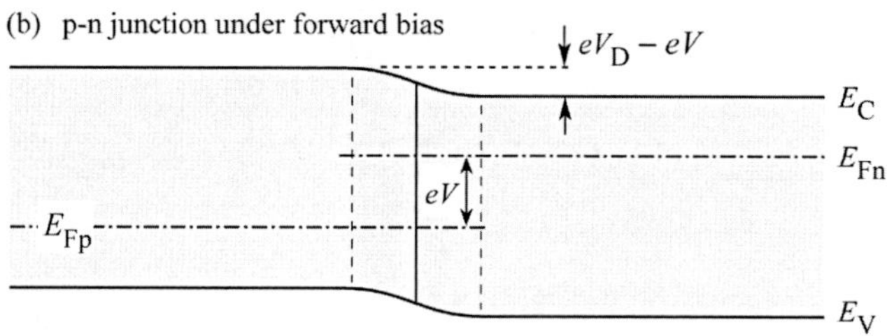

그림 4.1 (a) 바이어스 0와 (b) 순바이어스에서의 p–n 접합, 순바이어스 조건에서 소수이송자는 재결합을 할 수 있는 중성영역으로 확산해 들어간다.

복해야 할 장벽을 의미한다.

공핍층폭(depletion layer width), 공핍영역 내의 전하 및 확산전압은 Poisson 방정식과 관련이 있다. 즉, 확산전압으로부터 공핍층 폭을 결정할 수 있으며 공핍층 폭은 다음과 같이 주어진다.

$$W_D = \sqrt{\frac{2\epsilon}{e}(V_D - V)\left(\frac{1}{N_A} + \frac{1}{N_D}\right)} \tag{4.2}$$

여기서 $\epsilon = \epsilon_r \epsilon_0$는 반도체의 유전율(dielectric permittivity)이며 V는 다이오드의 바이어스 전압이다.

p-n 접합에 바이어스전압을 인가하면 전압은 공핍영역을 거치며 떨어진다. 이러한 영역은 자유이송자가 공핍됨으로 인해 저항이 매우 높다. 따라서 외부 바이어스 전압은 순방향 또는 역방향 각각에 대해 p-n 접합 장벽을 감소시키거나 증가시킨다. 순방향 바이어스 조건에서 전자와 정공은 상반되는 전도도를 가진 영역으로 주입되며 전류 흐름은 증가하게 된다. 자유이송자들은 상반되는 전도도를 가진 영역으로 확산해가며 재결합을 함으로써 최종적으로 광자(photon)를 생성한다.

p-n 접합의 전류-전압(I-V) 특성은 Shockley에 의해 처음으로 이해되었으며 p-n 접합 다이오드의 I-V 곡선을 설명하는 식을 Shockley 방정식이라 한다. 단면적 A를 가지는 다이오드의 Shockley 방정식은 다음과 같이 주어진다.

$$I = eA\left(\sqrt{\frac{D_P}{\tau_p}}\frac{n_i^2}{N_D} + \sqrt{\frac{D_N}{\tau_n}}\frac{n_i^2}{N_A}\right)(e^{eV/kT} - 1) \quad (4.3)$$

여기서 $D_{n,p}$와 $\tau_{n,p}$는 각각 전자와 정공의 확산계수 및 소수이송자 수명이다.

역방향 바이어스 조건에서 다이오드 전류는 포화되고 포화 전류는 Shockley 방정식에서 지수함수 앞의 계수(factor)로 주어진다. 다이오드 I-V 특성은 다음과 같다.

$$I = I_s(e^{eV/kT} - 1) \text{ with } I_s = eA\left(\sqrt{\frac{D_P}{\tau_p}}\frac{n_i^2}{N_D} + \sqrt{\frac{D_N}{\tau_n}}\frac{n_i^2}{N_A}\right) \quad (4.4)$$

일반적인 순바이어스 조건에서 다이오드 전압은 $V \gg kT/e$이므로 $[\exp(eV/kT) - 1] \approx \exp(eV/kT)$이다. 순바이어스 조건에서 식 (4.1)을 이용하면 Shockley 방정식은 다음과 같이 표현될 수 있다.

$$I = eA\left(\sqrt{\frac{D_P}{\tau_p}}N_A + \sqrt{\frac{D_N}{\tau_n}}N_D\right)e^{e(V-V_D)/kT} \quad (4.5)$$

식 (4.5)에서 지수함수는 다이오드 전압이 확산전압에 근접할수록, 즉 $V \approx V_D$일 때 전류가 크게 증가함을 보여준다. 전류가 크게 증가할 때의 전압을 문턱전압(threshold voltage)이라 하며 $V_{th} \approx V_D$의 관계를 가진다.

또한 그림 4.1에 있는 p-n 접합의 밴드다이어그램으로부터 전도대와 가전자대 끝단으로부터 페르미준위(Fermi level)가 떨어져 있음을 알 수 있나. 페르미준위와 밴드 끝단 사이의 에너지 차이는 Boltzmann 통계로부터 유추할 수 있으며 다음과 같이 주어진다.

$$E_C - E_F = -kT\ln\frac{n}{N_C} \qquad \text{n형 측} \quad (4.6)$$

그리고

$$E_F - E_V = -kT\ln\frac{p}{N_V} \qquad \text{p형 측} \quad (4.7)$$

그림 4.1의 에너지 밴드다이어그램으로부터 다음과 같이 에너지들의 합이 0임을 알 수 있다.

$$eV_D - E_g + (E_F - E_V) + (E_C - E_F) = 0 \quad (4.8)$$

고농도로 도핑된 반도체에서 밴드 끝단과 페르미준위 사이의 에너지 차이는 밴드갭 에너지에 비교해서 작은데, 즉 n형 측에서는 $E_c - E_F \ll E_g$, p형 측에서는 $E_F - E_V \ll E_g$이다. 게다가 이러한 양들은 식 (4.6)과 (4.7)로부터 추측할 수 있듯이 도핑농도에 로그함수적으로 약하게 의존한다. 따라서 식 (4.8)의 세 번째 및 네 번째 항은 무시할 수 있고 확산전압은 밴드갭 에너지를 기본전하로 나눈 값으로 근사할 수 있다.

$$V_{th} \approx V_D \approx \frac{E_g}{e} \tag{4.9}$$

여러 물질들을 이용해 제작한 반도체 다이오드의 I-V 특성을 밴드갭 에너지와 함께 그림 4.2에 나타내었다. 그림에서 보여진 바와 같이 실험적으로 측정된 문턱전압과 이러한 물질들의 밴드갭 에너지가 매우 잘 일치하고 있음을 알 수 있다.

20 mA 다이오드 전류에서 측정한 다이오드의 순전압 대비 자외선, 가시광 및 적외선 파장영역에서 발광하는 LED의 밴드갭 에너지를 그림 4.3에 나타내었다(Krames 외, 2000; Emerson 외, 2002). 실선은 다이오드 순전압의 예측치를 나타내며 밴드갭 에너지를 기본전하로 나눈 값이다. 본 그림으로부터 III-V 질화물 LED를 제외한 대부분의 반도체 LED들은 실선에 일치함을 알 수 있다. 이러한 질화물 LED의 특이사항은 몇 가지 원인에 기인한다. 첫째, 질화물 물질계의 밴드갭이 상당히 불연속적이므로 부가적인 전압강하를 일으킬 수 있다. 둘째, 질화물 물질계에서 전극 접촉(contact)기술이 미숙하여 오믹전극(Ohmic contact)에 대한 부가적인 전압강하를 유발한다. 셋째, GaN에서 p형 전도도가 일반적으로 낮다. 마지막으로 n형 완충층에 기인하는 전압강하가 일어날 수 있다.

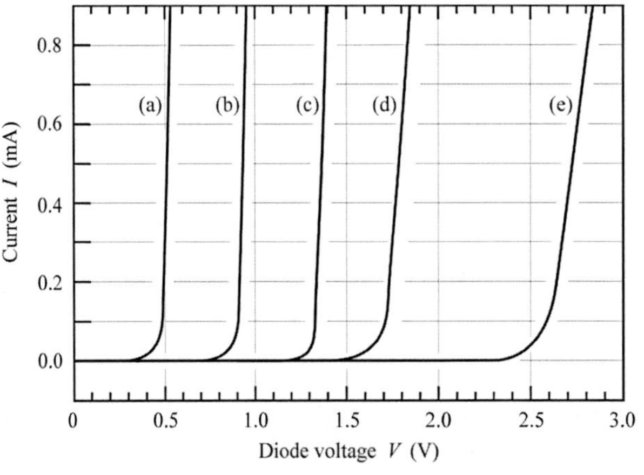

그림 4.2 여러 반도체로 제조된 p–n 접합의 상온 전류–전압 특성.

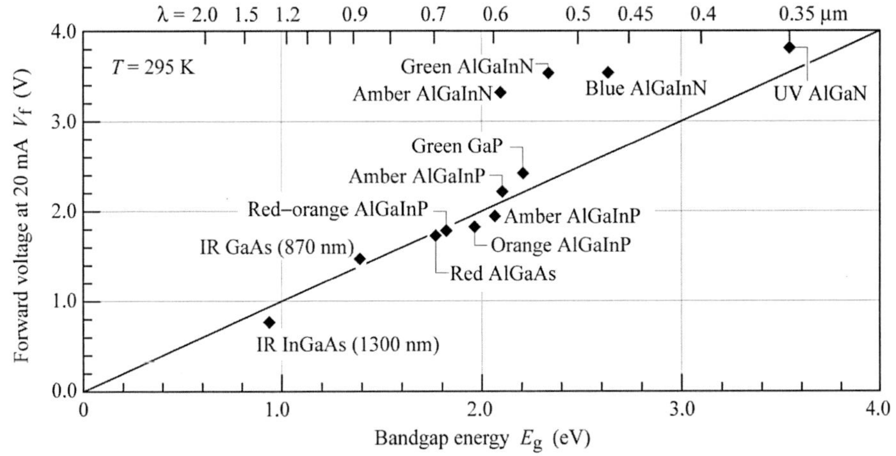

그림 4.3 여러 물질로 제조된 LED의 밴드갭 에너지에 대한 다이오드 순전압(Krames 외, 2000; Emerson 외 2002의 UV LED 데이터로부터 최신화).

그림 4.3에서 순전압을 분석하기 위해 사용한 전류밀도는 250 μm × 250 μm의 칩 면적과 20 mA 전류를 가정하면 32 A/cm^{2}이다. LED에서 전형적인 전류밀도는 저출력 소자의 경우 30 A/cm^{2}에서 고출력 소자의 경우 100 A/cm^2 범주이다.

4.2 이상적인 I-V 특성으로부터의 이탈(deviation)

Shockley 방정식은 p-n 접합의 예상되는 이론적인 I-V 특성을 나타낸다. 실험적으로 측정된 특성을 설명하기 위해서는 다음의 식을 이용한다.

$$I = I_s\, e^{e\,V/(n_{\text{ideal}} k\,T)} \tag{4.10}$$

여기서 n_{ideal}은 다이오드의 이상계수(ideality factor)이다. 완벽한 다이오드의 경우 이상계수는 1이다(n_{ideal}=1.0). 실제 다이오드의 경우 이상계수는 전형적으로 n_{ideal}= 1.1-1.5의 수치로 예측된다. 그러나 III-V 비소화물과 인화물 다이오드의 경우에는 n_{ideal} =2.0과 같이 높은 수치가 보고되었다. 다이오드 이상계수의 자세한 분석을 위해서 Rhoderick과 Williams(1988)와 Shah 등(2003) 문헌을 참고할 수 있다.

다이오드는 종종 원하지 않는 기생 저항을 가진다. 그림 4.4(a)에 직렬 저항과 병렬 저항의 영향을 나타내었다. 직렬 저항은 과도한 접촉 저항(contact resistance) 또는 중성영역에서의 저항에 기인할 수 있다. p-n 접합영역이 손상되거나 표면불완전성에 기인하여 p-n 접합을 우회하는 어떤 채널에 의해 병렬 저항이 유발될 수 있다.

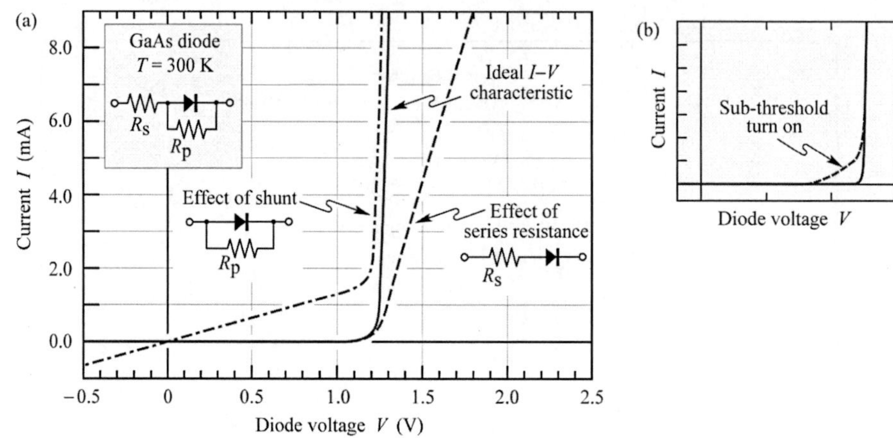

그림 4.4 (a) 직렬 저항과 병렬 저항(션트)의 I–V 특성에 대한 영향, (b) 결함이나 표면준위에 의해 발생된 준문턱 턴온을 보여주는 I–V.

Shockley 방정식에 의한 다이오드 I-V 특성은 기생 저항을 고려하기 위해 수정해야 한다. 저항 R_p(이상적인 다이오드에 병렬)와 직렬 저항 R_s(이상적인 다이오드 및 션트 (shunt)와 직렬)를 가지는 션트를 가정하면 순바이어스 p-n 접합 다이오드의 I-V 특성은 다음과 같이 주어진다.

$$I - \frac{(V - IR_s)}{R_F} = I_s\, e^{e(V - IR_s)/(n_{\text{ideal}} kT)} \tag{4.11}$$

$R_p \rightarrow \infty$ 이고 $R_s \rightarrow 0$인 경우 이 식은 Shockley식으로 환원된다.

다이오드 턴온(turn-on)은 문턱전압에서 급격히 일어나기 보다는 넓은 범위의 전압 영역에 걸쳐서 일어난다. 그림 4.4(b)에 턴온의 두 가지 형태를 나타내었다. 급격하지 않은 경우 준문턱 턴온(sub-threshold turn-on) 또는 조기 턴온(premature turn-on)이라 한다. 준문턱 전류는 표면준위에 의한 이송자 이동이나 반도체의 벌크 내부 깊은 준위에 의해 발생할 수 있다.

로그함수적 범위뿐만 아니라 선형적 범위에서 다이오드 I-V 특성을 자세히 분석함으로써 션트, 직렬 저항, 조기 턴온 및 기생 다이오드(parasitic diode)와 같은 잠재적인 문제를 진단할 수 있다. 그림 4.5는 다이오드에서 발생할 수 있는 기생영향을 보여준다. 도식도를 이용하면 다이오드의 특정 문제를 진단하고 발견할 수 있다.

그림 4.5(a)

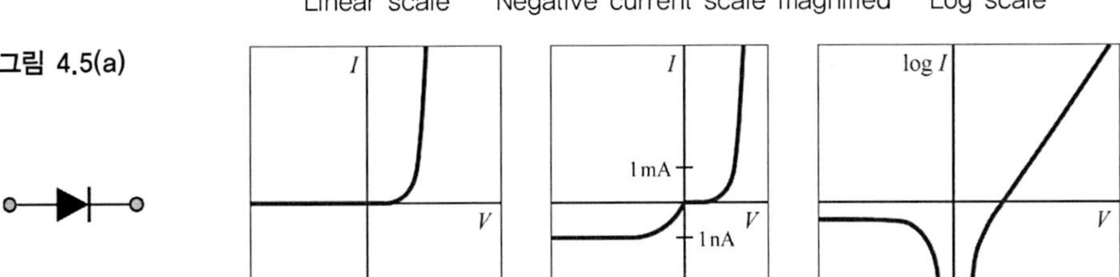

이상적인 다이오드 : 이상적인 다이오드의 I–V 특성은 Shockley 방정식으로 주어진다.

그림 4.5(b)

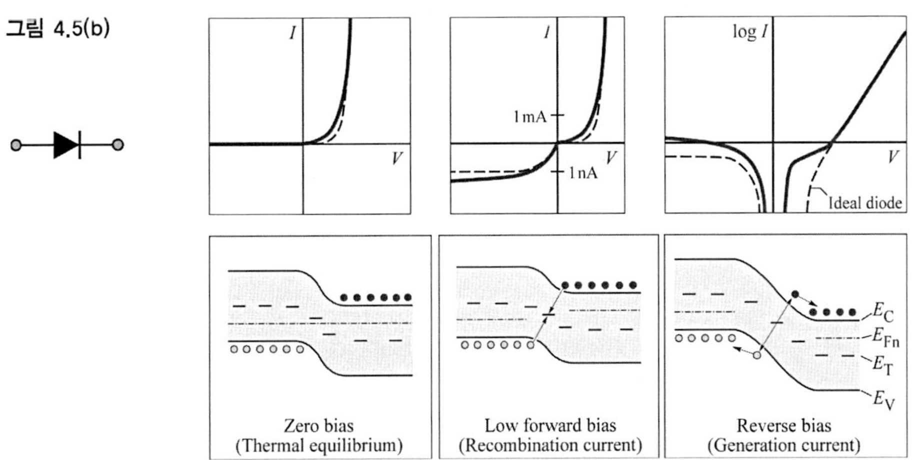

공핍영역 생성(generation)과 재결합(recombination) : 공핍영역에서의 이송자 생성과 재결합은 Shockley 다이오드방정식으로 설명할 수 없다. 그러나 실제 다이오드에서는 공핍영역에 포획준위가 있어서 이러한 일이 발생한다. 이송자 생성과 재결합은 순방향 및 역방향 바이어스에 대해 과잉 전류를 유발한다. 순바이어스 영역에서 과잉 전류는 공핍영역에서 소수이송자의 재결합에 기인한다. 이러한 재결합 전류는 단지 낮은 전압에서 지배적이며 2.0의 이상계수를 유발한다. 더욱 높은 전압에서는 확산 전류가 주도하며 1.0의 이상계수를 유발한다. 역바이어스 영역에서 과잉 전류는 공핍영역에서 이송자의 생성에 기인한다. 공핍영역에서 생성된 이송자들은 전계의 영향하에 중성영역으로 표동(drift)한다. 역전압이 증가함에 따라 공핍층 폭이 증가함으로써 이러한 생성 전류는 증가하게 된다.

그림 4.5(c)

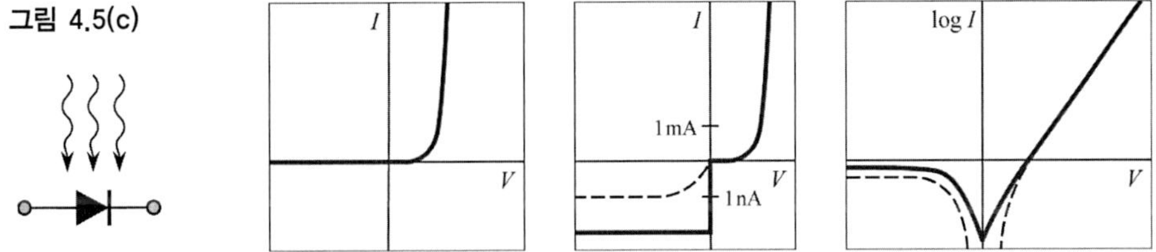

광전류(photocurrent) : 조명이 비춰진 실내에서 투명패키지 내부에 위치한 다이오드를 실제 측정하면 광전류가 생성된다. 따라서 암실에서 측정을 수행하는 것이 필요하다. 실내조명을 끄거나 측정설비를 검은 천으로 덮는 것은 광전류를 감소시키는데 유용하다. 암실에서 전압이 0일 때 전류도 0이 되어야 하나 극소 전류(예, 10^{-12} A)가 자주 측정된다. 이러한 극소 전류는 대개 측정설비의 정확도가 제한적이기 때문이다. 완전한 암실에서 바이어스가 0인 상태에서 약 10^{-15}A의 전류를 측정할 수 있으면 우수한 설비라 할 수 있다(10^{-15}A=1 atto ampere=10^{-3} pA).

그림 4.5(d)

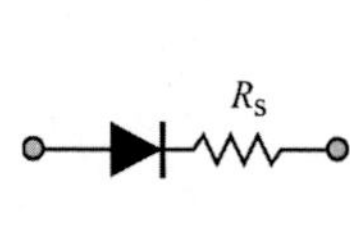

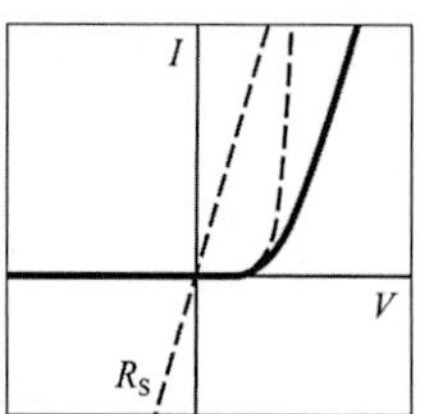

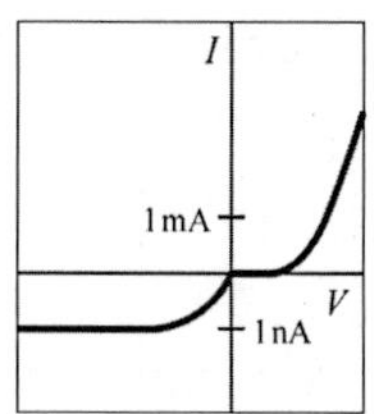

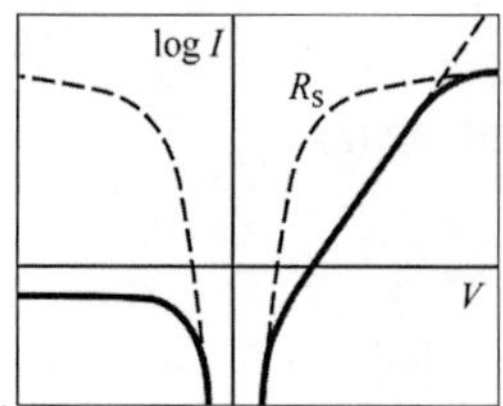

직렬 저항을 가지는 다이오드 : 높은 순전류하에서 직렬 저항을 가지는 다이오드는 지수함수적인 경향성으로부터 이탈한다. Kirchhoff의 전압법칙에 의하면 다이오드와 저항을 가로지르는 전압은 합산된다. 그래프를 선형적 및 준로그함수적 범위로 그렸을 때 단순한 저항의 I–V 특성은 각각 선형과 로그함수적 형태를 가짐을 주목해야 한다.

그림 4.5(e)

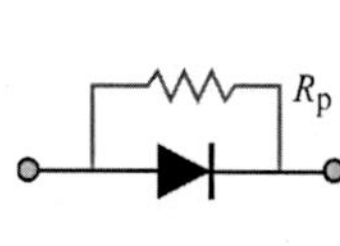

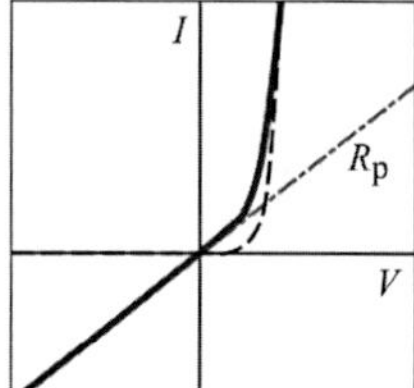

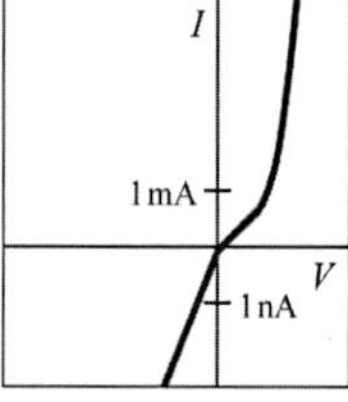

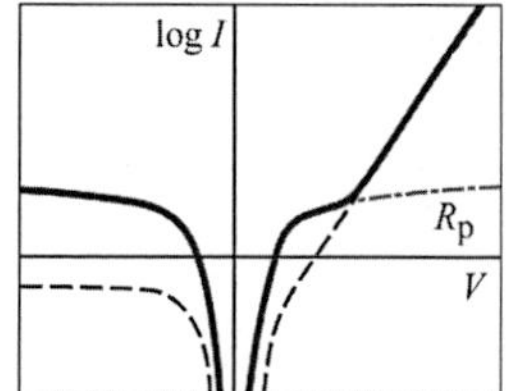

병렬 저항을 가지는 다이오드(션트) : Kirchhoff의 전류법칙에 의하면 다이오드와 저항을 거친 전류는 합산된다. 준로그함수적 그래프의 순방향 영역에서 "혹 (hump)"처럼 튀어나온 부분이 역포화 전류와 대략적으로 동등한 수준에 있음을 주목해야 한다. 이것은 션트를 분별할 수 있는 특징이다.

그림 4.5(f)

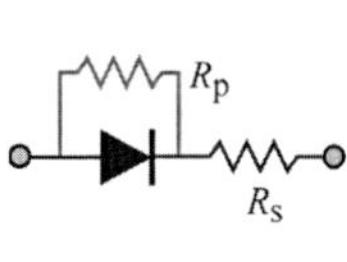

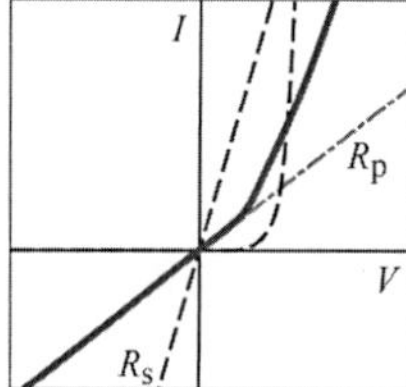

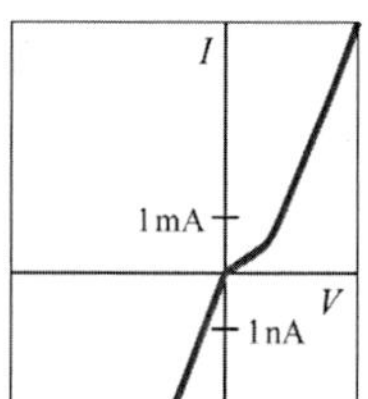

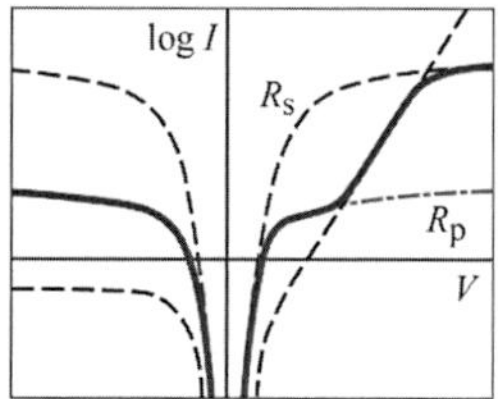

직렬과 병렬 저항을 가지는 다이오드(션트) : 저전류와 고전류에서 각각 발견되는 션트와 직렬 저항의 영향

그림 4.5(g)

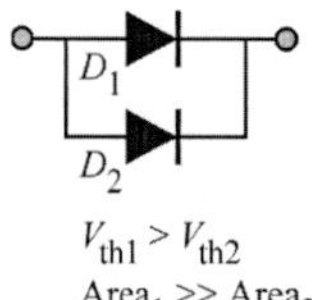

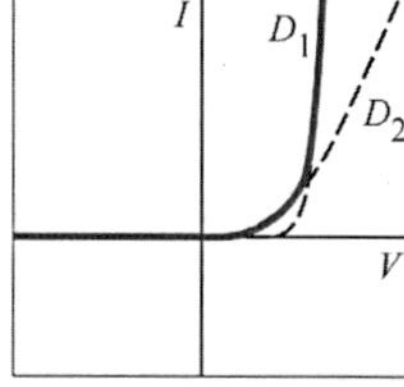

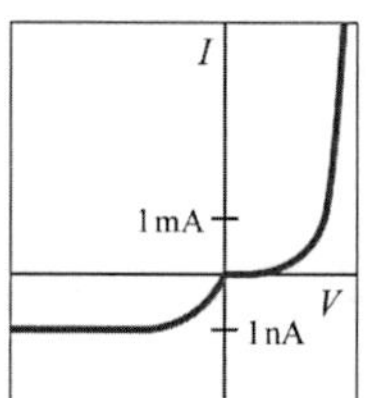

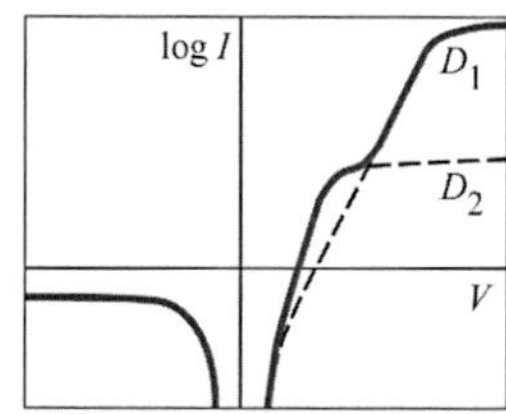

주다이오드보다 더욱 낮은 장벽높이와 작은 면적을 가지는 기생 다이오드 : 이러한 다이오드는 다이오드 칩의 둘레에 존재하는 표면준위 또는 p–n 접합면 내에 주 p–n 접합보다 더욱 낮은 장벽높이를 가지는 결함영역에 의해 조기 턴온을 보여준다. 준로그함수적 그래프에서 순 "혹"이 역포화 전류보다 더욱 높은 위치에 있음을 주목해야 하며, 이것은 션트를 가지고 있는 다이오드의 경우와는 다르다.

Exercise

다이오드 전류-전압 특성의 주요지점

다이오드의 I-V 특성은 4개의 주요지점으로 자주 분석된다. 즉, 구동전류(예; 100 mA)에서의 순전압 V_{f1}, 작은 순전류(예; 10 μA)에서의 순전압 V_{f2}, 매우 작은 순전류(예; 10 μA)에서의 순전압 V_{f3}, 그리고 역바이어스(예; -5 V)에서의 역포화 전류 I_s가 있다. 이러한 주요지점들을 그림 4.6에 표시하였다.

(a) 주요지점들의 적절성을 설명하라.

(b) 두 개의 GaInN 다이오드가 다음과 같은 데이터를 가지고 있다.

(1) V_{f1}=3.2 V, V_{f2}=2.5 V, V_{f3}=2.3 V, I_s=0.8 μA

(2) V_{f1}=3.4 V, V_{f2}=2.0 V, V_{f3}−1.8 V, I_s=0.8 μA

어떤 소자가 더욱 나은 특성을 가지고 있는가?

해답 (a) 동일한 피크파장에서 발광하는 소자에 대해서 높은 V_{f1}은 높은 직렬 저항을 나타내므로 가능한 낮아야 한다. 낮은 순전압 V_{f2}는 과도한 준문턱(sub-threshold) 누설을 의미하므로 가능한 높아야 하며 V_{f3}에 대해서도 동일하게 해당된다. 높은 역포화 전류 I_s는 과잉누설경로(예; 표면준위, 벌크점 결함과 전위를 매개로 한 표면누설 또는 벌크누설)를 의미하므로 가능한 낮아야 한다. 낮은 V_{f1}, 높은 V_{f2}, 낮은 I_s 값은 소자의 신뢰도를 향상하는 것과 일관적으로 연관된다.

(b) 소자(1)이 더욱 낮은 직렬 저항과 더욱 낮은 준문턱 누설 때문에 우수한 특성을 가지고 있다.

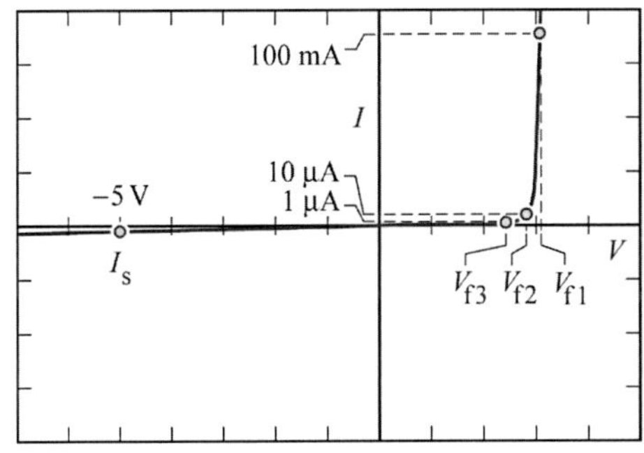

그림 4.6 다이오드 I-V 특성의 주요지점, 순전압 1 V_{f1}(예; 100 mA의 구동전류에서 측정), 순전압 2 V_{f2}(예; 10 μA의 낮은 전류에서 측정), 순전압 3 V_{f3}(예; 1 μA의 매우 낮은 전류에서 측정), 역포화 전류(−5.0 V에서 측정).

4.3 다이오드 기생 저항의 평가

다이오드 병렬 저항은 I-V 그래프에서 $V \ll E_g/e$인 원점 근처에서 평가할 수 있다. 이러한 전압영역에서는 p-n 접합 전류를 무시할 수 있으며 병렬 저항을 다음과 같이 구할 수 있다.

$$R_P \approx \frac{dV}{dI}\Big|_{\text{near orgin}} \tag{4.12}$$

어떤 일반적인 다이오드에서도 병렬 저항은 직렬 저항보다 훨씬 크므로 병렬 저항 평가 시에 직렬 저항을 고려할 필요가 없음을 주목해야 한다.

직렬 저항은 $V > E_g/e$인 높은 전압영역에서 평가할 수 있다. 다이오드 I-V 특성은 충분히 높은 전압에서 선형적으로 되고 그림 4.7(a)에 보여진 바와 같이 I-V 곡선의 접선에 의해 직렬 저항을 구할 수 있다.

$$R_S = \frac{dV}{dI}\Big|_{\text{at voltages exceedingturn on.}} \tag{4.13}$$

그러나 높은 전압에서는 소자가 가열되는 영향 때문에 다이오드 저항을 평가하는 것은 현실적이지 않을 수 있다. 이러한 경우에는 다음의 방법이 더욱 적합할 것이다.

높은 병렬 저항을 가진 소자에 대해서는 ($R_p \to \infty$) 식 (4.11)에 주어진 바와 같이 다이오드 I-V 특성을 나타낼 수 있다.

$$I = I_s e^{e(V-IR_s)/(n_{ideal}kT)} \tag{4.14}$$

방정식을 전압(V)에 대해 푼 다음 전류(I)에 대해 전압(V)을 미분하면 다음의 결과를 얻는다.

$$\frac{dV}{dI} = R_s + \frac{n_{\text{ideal}}kT}{e}\frac{1}{I} \tag{4.15}$$

여기서, 우측 식의 두 번째 항은 미분 p-n 접합 저항을 나타낸다. 식에 전류(I)를 곱하

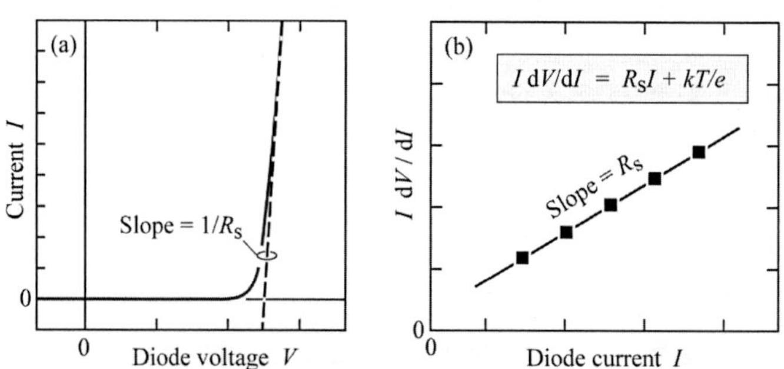

그림 4.7 다이오드 직렬 저항을 평가하기 위한 방법. (a) $V > V_{th}$에서 접선법은 R_s를 부여함. (b) 내부 식은 순전압 $V \gg kT/e$에 대해 유효하다.

면 그림 4.7(b)에 나타낸 바와 같이 IdV/dI 대비 I 그래프의 기울기로부터 다이오드의 직렬 저항을 구할 수 있다.

4.4 발광에너지

에너지갭(E_g)을 가지는 반도체로부터 발생된 광자의 에너지는 밴드갭 에너지에 의해 결정된다.

$$h\nu \approx E_g \tag{4.16}$$

이상적인 다이오드에서 활성층으로 주입되는 모든 전자는 광자를 생성시킬 것이다. 따라서 에너지 보존법칙을 적용하면 광자에너지와 동등한 전자 주입에너지가 필요함을 알 수 있다. 즉, 에너지 보존법칙은 다음을 만족하게 한다.

$$eV = h\nu \tag{4.17}$$

즉, LED에 인가되는 전압에 기본전하를 곱한 양은 광자에너지와 일치한다. 식 (4.17)에 의해 주어진 이상적인 값으로부터 다이오드 전압을 변동시킬 수 있는 몇 가지 영향들이 있으며 아래에 논의할 것이다.

4.5 p-n 동종접합에서의 이송자 분포

p-n 동종접합, 즉 단일물질로 구성된 p-n 접합에서 이송자 분포는 이송자의 확산계수에 의존한다. 이송자의 확산계수는 측정이 쉽지 않으며 Hall 효과와 같은 방법으로 이송자 이동도를 측정하는 것이 더욱 일반적이다. 비축퇴된(nondegenerate) 반도체의 경우 이송자 이동도로부터 다음의 Einstein 관계식을 이용하여 확산계수를 유추할 수 있다.

$$D_n = \frac{kT}{e}\mu_n \quad \text{그리고} \quad D_p = \frac{kT}{e}\mu_p \tag{4.18}$$

외부전계가 가해지지 않은 상태에서 중성영역으로 주입된 이송자들은 확산에 의해 전파한다. 만약 이송자들이 반대의 전도도를 가지는 영역으로 주입된다면 소수이송자들은 결과적으로 재결합할 것이다. 소수이송자들이 재결합하기 전에 확산할 수 있는 평균거리를 확산길이라 한다. p형 영역으로 주입되는 전자들은 정공과 재결합하기 전에 평균적으로 확산길이 L_n을 가지고 확산한다. 확산길이는 다음과 같이 구할 수 있다.

$$L_n = \sqrt{D_n \tau_n} \quad 그리고 \quad L_p = \sqrt{D_p \tau_p} \tag{4.19}$$

여기서 τ_n과 τ_p는 각각 전자와 정공의 소수이송자 수명이다. 일반적인 반도체에서 확산길이는 수-수십 마이크로미터이다. 예를 들어, p형 GaAs에서 전자의 확산길이는 $L_n = (220\ \mathrm{cm}^2/\mathrm{s} \times 10^{-8}\mathrm{s})^{1/2} \approx 15\ \mu\mathrm{m}$이다. 즉, 소수이송자는 수 마이크로미터 두께영역에 걸쳐 분포한다.

그림 4.8(a)와 (b)에 바이어스가 0인 경우와 순바이어스 하에서의 p-n 접합 내 이송자 분포를 각각 나타내었다. 소수이송자가 상당히 긴 거리에 걸쳐 분포함을 주목해야 한다. 게다가, 이러한 이송자가 인접영역으로 더욱 확산함에 따라 소수이송자 농도는 감소한다. 따라서 재결합이 넓은 영역에 걸쳐 일어나며 소수이송자 농도를 크게 변화시킨다. 아래에 논의되겠지만 동종접합에서의 넓은 재결합영역은 효율적인 재결합을 위해서는 유리하지 않다.

4.6 p-n 이종접합에서의 이송자 분포

고휘도 발광 다이오드는 동종접합구조 대신에 명백한 장점을 보여주는 이종접합구조를 사용한다. 이종접합소자는 밴드갭이 작은 활성영역과 큰 장벽영역의 두 가지 반도체 형태를 적용한다. 만약 두 개의 낮은 밴드갭을 가지는 반도체와 두 개의 높은 밴

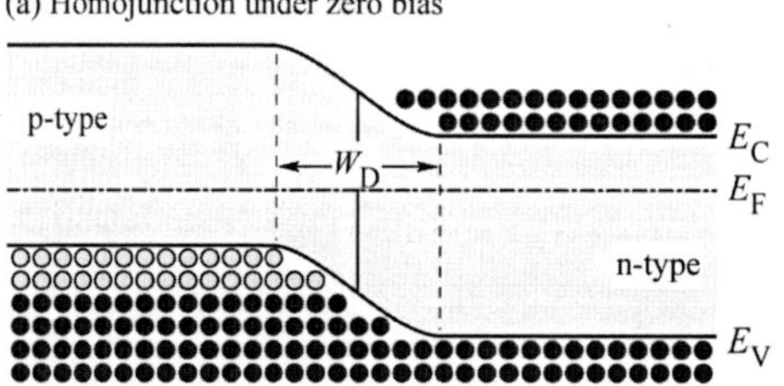

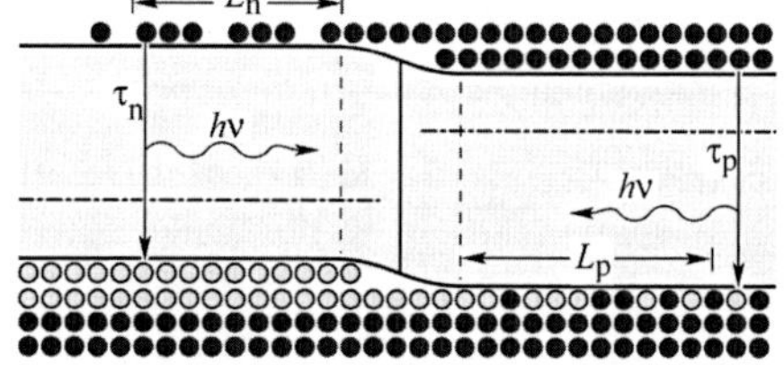

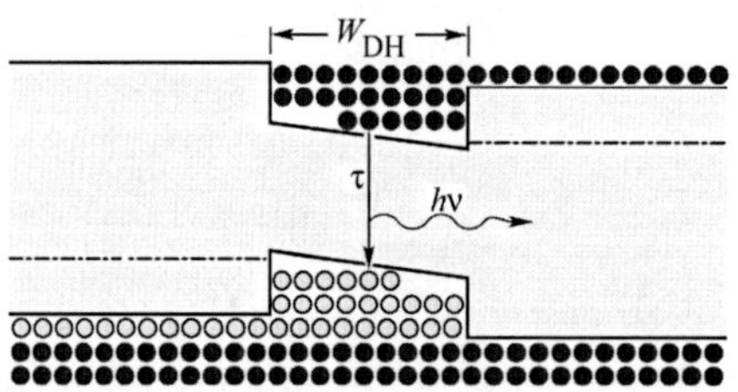

그림 4.8 (a) 바이어스 0, (b) 순바이어스에서의 p–n 동종접합, (c) 순바이어스에서의 p–n 이종접합, 동종접합에서 이송자는 평균적으로 재결합하기 전에 L_n과 L_p의 확산거리를 가지고 확산한다. 이종접합에서 이송자는 이종접합장벽에 의해 구속된다.

드갭을 가지는 장벽층으로 구조를 구성하면 이를 이중 이종접합구조(double heterostructure, DH)라고 한다.

그림 4.8(c)에 이송자 분포에 대한 이종접합의 영향을 나타내었다. 이중이종접합의 활성영역으로 주입된 이송자는 장벽에 의해 활성영역으로 구속된다. 이러한 결과로 이송자들의 재결합영역 두께는 확산길이보다는 오히려 활성영역 두께에 의해 결정된다.

이러한 결과는 중요하다. 활성영역 두께는 일반적인 확산길이보다 훨씬 작기 때문이다. 즉 확산길이는 1~20 μm의 영역인데 반해서 이중 이종접합의 활성영역 두께는 0.01~1 μm의 영역이다. 따라서 수 확산거리에 걸쳐 분포하는 동종접합의 이송자에 비해 이중 이종접합의 활성영역에 있는 이송자들의 농도가 훨씬 높다. 이분자 재결합식에 의해 발광 재결합 속도는 다음과 같이 표현된다.

$$R = Bnp \tag{4.20}$$

활성영역의 높은 이송자농도가 발광 재결합 속도를 증가시키고 재결합 수명을 감소시키는 것은 명확하기 때문에 대부분의 고효율 LED는 이중 이종접합 또는 양자우물구조를 이용한다.

4.7 이종접합의 소자 저항에 대한 영향

이종접합구조를 적용하면 이송자를 활성영역에 구속하여 소수이송자의 장거리 확산을 억제함으로써 LED 효율을 향상할 수 있다. 특히 측면발광 LED에서 빛을 도파로 영역에 구속하기 위해 이종접합구조를 사용할 수 있다. 일반적으로 근래의 반도체 LED와 레이저는 전극층, 활성층, 도파로 영역과 같은 많은 이종접합을 가지고 있다. 비록 이종접합구조가 LED 설계를 개선하더라도 또한 문제점들도 내포하고 있다.

이종 계면(heterointerface)에 의해 형성된 저항은 이종접합구조에 의해 유발된 문제 중의 하나이다. 그림 4.9에 이종접합구조의 밴드다이어그램으로부터 저항에 대한 근원을 나타내었다. 이종접합구조는 다른 밴드갭 에너지를 가지는 두 개의 반도체로 구성되며 이종접합구조의 양면은 n형 전도도를 가진다고 가정한다. 밴드갭이 큰 물질의 이송자는 밴드갭이 더 작은 물질로 확산할 것이고 거기에서 더 작은 에너지의 전도대준위를 차지한다. 전자이동의 결과, 밴드갭이 큰 물질에서 이온화된 도너를 가지는 양전하 공핍층과 밴드갭이 작은 물질에서 음전하 전자집적층(electron accumulation layer)으로 구성된 전기쌍극자(electrostatic dipole)를 형성한다. 그림 4.9(a)에 나타낸 바와 같이 전하이동은 밴드를 휘어지게 한다. 하나의 반도체로부터 다른 쪽으로의 이송자 이동은 이러한 장벽을 터널링 또는 장벽 위로 열방출(thermal emission)로 극복해야

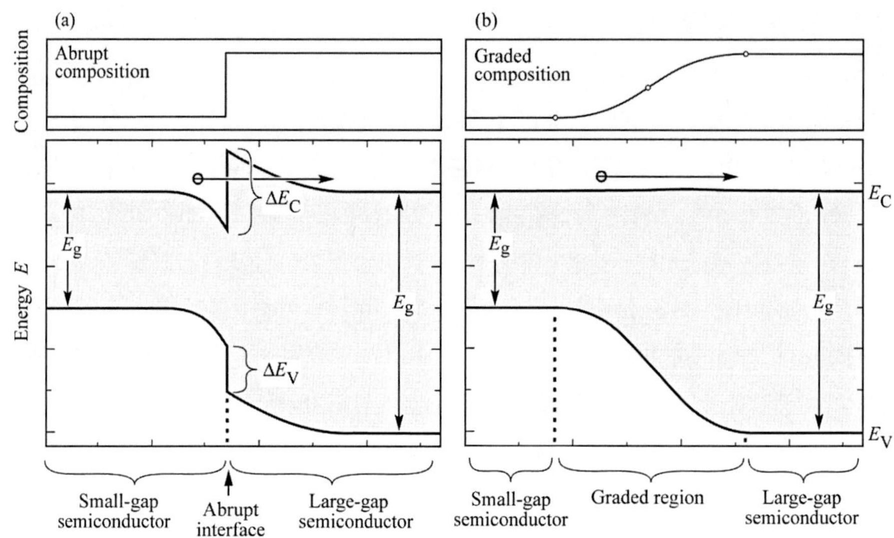

그림 4.9 (a) 급준한 n형 이종접합, (b) 다른 밴드갭 에너지를 가지는 두 반도체의 경사형 이종접합의 밴드다이어그램. 급준한 접합에서 형성되는 전자장벽에 의해 경사형 접합보다 더욱 저항성이 높다 (Schubert 외, 1992).

가능하다. 이종접합에 의해 야기된 저항은 특히 고출력소자와 같은 소자 성능에 악영향을 준다.

이종접합구조 계면에서 반도체의 화학적 조성을 경사지게 하면 이종접합구조 대역의 불연속성을 완전히 상쇄할 수 있다(Schubert 외 1992). 그림 4.9(b)에 경사형 이종접합구조의 밴드다이어그램를 나타내었다. 그림을 보면 전자흐름을 방해하는 스파이크(spike)가 전도대 내에 더 이상 존재하지 않음을 알 수 있다. 포물선 경사형(parabollically graded) 이종접합구조의 저항은 벌크물질 저항과 유사하다. 따라서 포물선 경사구조를 이용하여 급준한 이종접합구조에 의해 유발된 부가적인 저항을 완전히 제거할 수 있다.

경사형구조가 포물선형이어야 되는 이유는 다음과 같다. 밴드갭이 작은 물질로 전자가 이동하면 밴드갭이 큰 물질의 자유이송자는 고갈된다. 따라서 밴드갭이 큰 물질의 전하농도는 도너농도가 된다. 도너농도 N_D가 이종접합구조에 걸쳐 일정하다고 가정하면 Poisson 방정의 해는 전기적 퍼텐셜(potential)이 된다.

$$\Phi = \frac{eN_D}{2\epsilon}x^2 \tag{4.21}$$

위 식은 공간좌표 x에 대해 퍼텐셜이 이차함수적으로 의존함을 보여준다. 즉, 퍼텐셜은 포물선 형태를 가진다. 공핍 퍼텐셜의 포물선 형태를 보상하기 위해서 반도체의 조성 또한 포물선 형태로 변화되고 그 결과 전체적으로 평평한 퍼텐셜이 이루어진다. 여기에서 화학적 조성의 포물선적 변화는 밴드갭 에너지의 포물선적 변화를 일으킨다고 가정한다. 즉, 밴드갭 에너지는 화학적 조성에 선형적으로 의존하고 밴드갭 휘어짐은 무시할 수 있다고 가정한다.

다음으로 이종접합구조의 경사에 대한 대략적인 설계 법칙을 논의한다. 급준한 이종접합구조의 전도대 불연속성은 ΔE_c로 주어지고 이종접합구조는 도핑농도 N_d로 균일하게 도핑되었다고 가정한다. 밴드갭이 작은 반도체로 이송자가 이동하여 밴드갭이 큰 반도체의 공핍영역 두께가 W_D가 되었다고 가정하자. 만약 공핍영역에서 생성된 퍼텐셜이 $\Delta E_c/e$와 일치하면 전자는 밴드갭이 작은 물질로 더 이상 이동하지 않을 것이다. 공핍영역의 두께는 식 (4.21)로부터 유추할 수 있다.

$$W_D = \sqrt{\frac{2\epsilon \Delta E_C}{e^2 N_D}} \tag{4.22}$$

급준한 이종접합구조에 의해 유발된 저항을 최소화하기 위해서 이종접합구조 계면은 거리 W_D에 대해 경사져야 한다. 비록 식 (4.22)는 근사된 결과라도 소자설계에 대해 훌륭한 방향을 제시한다. 계산을 개선하기 위해 몇 가지 단계들을 적용할 수 있다. 예를 들어, 밴드갭이 작은 물질에서 전자집적층에 기인한 퍼텐셜 변화를 고려할 수 있다. 반도체 이종구조의 수치해석적 계산을 위해 Silvaco사의 Atlas와 같은 소프트웨어 패키지를 이용할 수 있다.

Exercise

이종구조의 경사주기

AlGaAs/GaAs 이종접합구조의 전도대 불연속은 ΔE_c=300 meV이고 구조의 농도는 N_D=5 × 10^{17}cm^{-3}로 도너로 도핑되었다고 가정하라. 급준한 이종구조에 의한 저항을 최소화하기 위해 계면은 얼마나 멀리까지 경사를 주어야 하는가?

해답 식 (4.22)로부터 공핍층 두께 W_D=30 nm로 계산된다. 따라서 이종구조 저항을 최소화하기 위해 이종구조는 30 nm 이상은 경사져야 한다. 그림 4.9(b)에 보여진 바와 같이 경사진 영역은 두 개의 포물선 형태의 영역을 가져야 한다.

활성영역을 접하는 이종구조를 포함하는 모든 이종구조에서 경사구조는 유용하다. 그림 4.10에 이중 이종구조에서 경사구조의 영향을 나타내었다. 비경사형 구조의 조성과 밴드다이어그램을 그림 4.10(a)에 나타내었다. 두 개의 이종 계면에서 자유전하가 활성영역으로 이동함에 따라 장벽이 생성된다. 이러한 장벽은 순바이어스 조건에서 소

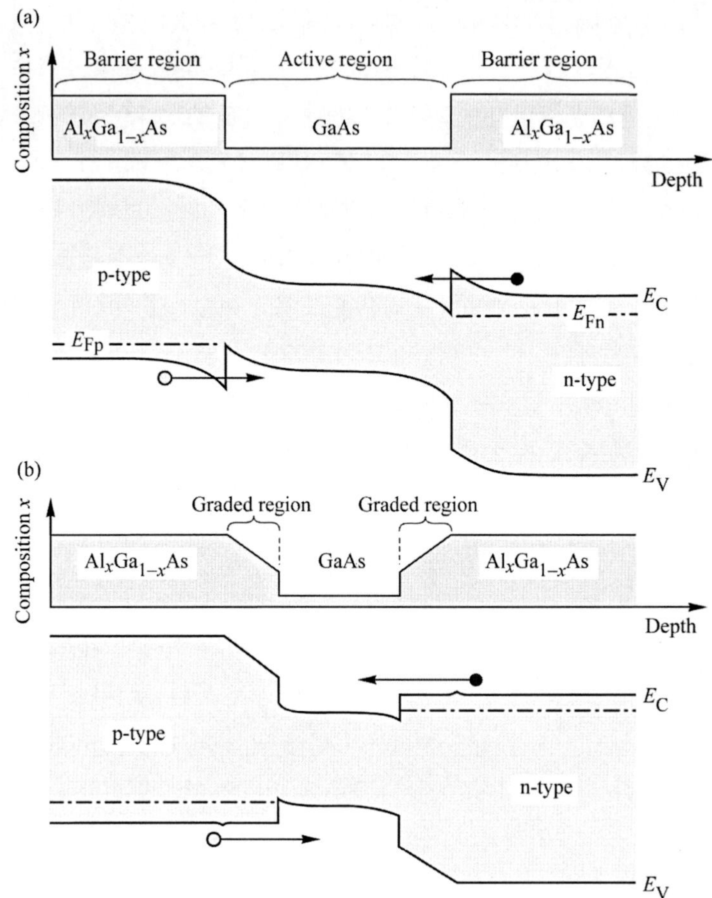

그림 4.10 (a) 급준한 이중 이종구조, (b) 경사형 이중 이종구조의 밴드다이어그램. 급준한 접합의 장벽-우물 계면은 계면에서 형성되는 장벽 때문에 경사형 접합보다 더욱 저항성이 높다.

자저항을 증가시킨다.

그림 4.10(b)는 경사형 이종 계면의 경우에 대해 보여준다. 활성영역에 접해서 선형적으로 조성을 변화시킨 두 영역을 보여준다. 밴드다이어그램의 경사구조를 통하여 이종 계면에서의 장벽이 효과적으로 감소시키거나 완전히 제거할 수 있음을 보여준다. 그림 4.10(b)에 나타난 바와 같이 선형적인 경사구조는 선형적으로 경사진 영역과 비경사진 영역 사이의 계면에서 작은 "스파이크"를 형성함을 주목해야 한다. 이러한 "스파이크"는 선형적인 경사구조에서 나타나며 포물선형 경사구조에서는 나타나지 않을 것이다.

일반적으로, 이종구조에서 이송자의 이동은 가능한 단열적(adiabatic)이어야 한다, 즉 반도체 소자 내부에서 이송자 이동은 불필요한 열을 발생시키지 말아야 한다. 이것은 소자 내부에서 발생한 부가적인 열이 구동온도를 상승시켜 성능을 저하할 수 있는 고출력 소자에서 특히 중요하다.

마지막으로 모든 이종구조소자에서 격자 정합은 매우 바람직하다. 경사형구조에서 비발광 재결합 센터로 작용하는 불일치전위의 수를 최소화하는 것 역시 중요하다.

4.8 이중 이종구조에서의 이송자 손실

이상적인 LED에서 활성영역에 접한 장벽은 주입된 이송자를 활성영역으로 구속한다. 활성영역으로 구속된 이송자에 의해 고농도 이송자를 얻을 수 있으며 재결합과정에서 발광효율을 증가시킨다.

활성영역으로 이송자를 구속하는 에너지장벽은 전형적으로 수백 meV영역으로 kT보다 훨씬 크다. 그럼에도 불구하고 일부의 이송자들은 활성영역으로부터 장벽층으로 빠져나갈 수 있다. 장벽층으로 이탈한 이송자의 농도는 낮기 때문에 장벽층에서 이송자의 발광효율은 낮다.

자유이송자들은 활성영역 내에서 Fermi-Dirac 분포를 따르며 그 결과 일부의 이송자는 구속하는 장벽의 높이보다 더 높은 에너지를 가지고 있다. 따라서 그림 4.11에 나타낸 바와 같이 일부 이송자는 활성영역으로부터 장벽영역으로 이탈한다.

그림 4.11과 같이 이중 이종구조의 활성영역 내에 있는 전자를 고려하고 ΔEc의 높이를 가진 장벽으로 덮힌 활성영역을 가정하자. 이송자의 에너지분포는 Fermi-Dirac 분포에 의해 주어진다. 따라서 활성영역 내에 존재하는 이송자의 일부분은 장벽의 에너지보다 더 높은 에너지를 가진다. 장벽보다 더 높은 에너지를 가지는 전자의 농도는 다음과 같이 주어진다.

$$n_B = \int_{E_B}^{\infty} \rho_{DOS} f_{FD}(E) dE \tag{4.23}$$

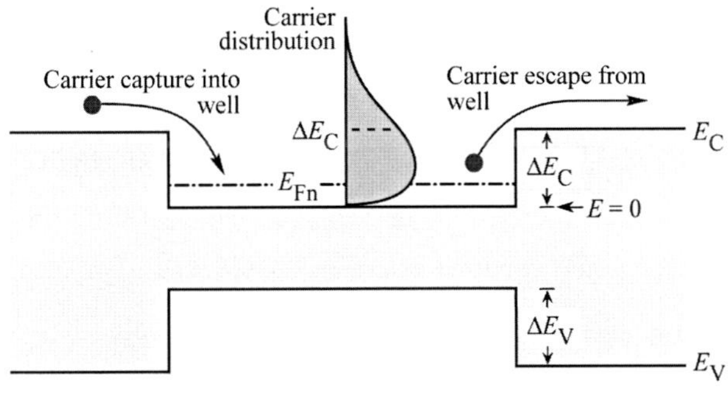

그림 4.11 이중 이종구조에서 이송자 포획과 탈출. 또한 활성층에서의 이송자 분포를 보여준다.

여기서, ρ_{DOS}는 상태밀도, f_{FD}는 Fermi-Dirac 분포함수, E_B는 장벽높이이다. 벌크 형태 상태밀도에 대해서 E_B보다 높은 에너지를 가지는 이송자의 농도는 다음과 같이 주어진다.

$$n_B = \frac{1}{2\pi^2}\left(\frac{2m^*}{\hbar^2}\right)^{3/2}\int_{E_B}^{\infty}\frac{\sqrt{E-E_C}}{1+e\frac{e(E-E_{Fn})}{kT}}dE \tag{4.24}$$

Fermi 에너지보다 더 높은 에너지를 가지는 이송자에 관심이 있다는 점을 고려하면 Fermi-Dirac 분포는 Boltzmann 분포로 근사될 수 있다. 즉

$$n_B = N_c\, e^{(E_{Fn}-E_B)/kT} \tag{4.25}$$

여기서, N_c는 활성영역 내의 유효상태밀도이다. 식 (4.25)는 활성영역-덮개영역 계면에서 자유이송자의 농도를 나타낸다. 덮개층의 가장자리에 있는 소수이송자는 덮개층 내부로 확산해 들어갈 것이다. 확산과정은 초기농도 n_B와 전자확산길이 L_n에 의해 영향을 받는다. 장벽 가장자리를 원점 위치($x=0$)로 고려하면 이송자 분포는 다음과 같이 나타낼 수 있다.

$$n_B(x) = n_B(0)e^{-x/L_n} = N_c e^{-(E_B-E_{Fn})/kT}e^{-x/L_n} \tag{4.26}$$

여기서, $L_n = (D_n\tau_n)^{1/2}$은 확산길이, τ_n은 소수이송자 수명, D_n은 확산계수이다. Einstein 관계식 $D=\mu kT/e$를 이용하면 이동도로부터 확산계수를 유추할 수 있다.

$x=0$에서의 이송자농도 구배로부터 장벽 위로 누설되는 전자의 확산전류밀도를 구할 수 있다. 즉,

$$J_n\Big|_{x=0} = -e\,D_n\frac{dn_B(x)}{dx}\Big|_{x=0} = -e\,D_n\frac{n_B(0)}{L_n} \tag{4.27}$$

누설 전류는 장벽 가장자리에 있는 이송자농도에 의존한다. 따라서 누설 전류를 최소화하기 위해서는 장벽높이를 높여야 하다. 명확하게는 kT보다 장벽을 더욱 높게 해서 이송자를 효율적으로 구속해야 한다. AlGaN/GaN 또는 AlGaAs/GaAs와 같은 일부 물질계는 상대적으로 높은 장벽을 가지고 있으므로 장벽에 대해 더욱 낮은 누설 전류를 가진다. 600~650 nm에서 발광하는 AlGaInP/AlGaInP와 같은 다른 물질계는 낮은 장벽을 가지고 있어서 장벽 위로 더욱 많은 이송자가 누설된다.

누설 전류는 온도에 따라 기하급수적으로 증가함을 주목해야 한다. 따라서 LED의

발광효율은 온도가 증가함에 따라 감소한다. 발광에 대한 온도 의존성을 감소시키기 위해서는 높은 장벽이 필요하다. 고온에서는 이송자 누설뿐만 아니라 또한 Shockley-Read 재결합과 같은 영향이 발광효율을 저하한다.

Exercise

장벽 위로 이송자의 누설

GaAs 구조의 활성영역은 2×10^{18} cm^{-3}의 전자 농도를 가진다. 전자이동도는 2000 cm^2/(V s), 소수이송자 수명은 5 ns라고 가정할 때 200과 300 meV의 장벽높이를 가지는 장벽 위로 소실되는 이송자의 전류밀도를 계산하라. 01.~1.0 kA/cm^{2}의 LED 주입 전류에 대해 계산된 누설 전류를 비교하라

해답 GaAs 내에서 2×10^{18}cm^{-3}의 전자밀도를 가지는 경우 Fermi 준위는 전도대 가장자리로부터 77 meV 위에 위치한다. 장벽 내와 GaAs 활성영역 내의 유효상태밀도가 동일하다고 가정하면, 장벽 가장자리의 이송자농도는 200 meV 장벽의 경우 3.9×10^{15} cm^{-3}, 300 meV 장벽의 경우 8.3×10^{13} cm^{-3}이다. Einstein 관계식으로부터 유추한 확산계수는 $D_n=51.7$ cm^2/s이며 따라서 확산길이는 $L_n=(D_n\tau_n)\,1/2=5.1$ μm이다. 식 (4.27)을 이용하여 누설 전류를 계산하면 200 meV 장벽에 대해서는 63 A/cm^{2}이고 300 meV 장벽에 대해서는 1.3 A/cm^{2}이다. 0.1~1.0 kA/ cm^{2}의 다이오드 전류밀도와 비교하면 누설 전류는 특히 장벽높이가 낮은 경우 상당한 손실 기구임을 알 수 있다.

지금까지 전자가 p형 영역 내에서 확산한다고 가정하였으나 표동은 무시하였다. 그러나 p형 영역의 저항이 상당히 높다면 전자 표동을 무시할 수 없다. 이러한 표동은 전자 전류를 강화시킬 것이다. 게다가 전기적 전극 접촉저항을 무시하였다. 전극-반도체 계면에서 계면의 높은 표면 재결합 속도에 의해 소수이송자농도를 0이라고 가정할 수 있다. Ebeling(1993)은 이러한 영향들을 고려하여 누설 전류를 계산하였다. 활성층-장벽 계면으로부터 접촉거리를 x_p로 표기한다면 누설 전류는 다음과 같이 주어진다.

$$J_n = -e\,D_n n_B(0) = \left(\sqrt{\frac{1}{L_n^2}+\frac{1}{L_{nf}^2}}\ \coth\ \sqrt{\frac{1}{L_n^2}+\frac{1}{L_{nf}^2}}\ x_p + \frac{1}{L_{nf}}\right) \tag{4.28}$$

여기서

$$L_{nf} = \frac{kT}{e}\frac{\sigma_p}{J_{tot}} \tag{4.29}$$

σ_p는 p형 덮개영역의 전도도, J_{tot}는 전체 다이오드 전류밀도이다.

4.9 이중 이종구조에서 이송자 범람

활성영역으로부터 구속영역으로의 이송자 범람은 또 다른 손실기구이다. 이송자 범람은 높은 전류밀도에서 일어난다. 주입전류가 증가할수록 활성영역 내의 이송자농도는 증가하고 Fermi 에너지는 상승한다. 충분히 높은 전류밀도에서 Fermi 에너지는 장벽의 정상까지 상승할 것이다. 활성영역은 이송자로 넘치며 주입전류밀도를 더욱 증가시켜도 활성영역 내의 이송자농도를 상승시키지 않을 것이다. 그 결과, 발광강도는 포화된다. 장벽이 충분히 높아서 주입 전류밀도가 낮으면 장벽 위로 이송자 누설은 무시할 수 있다하더라도 주입 전류밀도가 증가하면 이송자 범람은 발생한다.

그림 4.12에 보여진 바와 같이 활성영역 두께 W_{DH}를 가지는 이중 이종구조 LED를 고려하자. 활성영역으로의 이송자 공급(주입에 의함)과 소멸(재결합에 의함)에 대한 속도식은 다음과 같이 주어진다.

$$\frac{dn}{dt} = \frac{J}{e\,W_{DH}} - Bnp \tag{4.30}$$

여기서, B는 이분자 재결합 계수이다. 높은 주입 전류에서 $n = p$이다. 정상상태조건 $(dn/dt = 0)$에서 식 (4.30)을 n에 대해 풀면

$$n = \sqrt{\frac{J}{eBW_{DH}}} \tag{4.31}$$

이송자밀도는 소자로 주입되는 전류에 따라 증가한다. 따라서 Fermi 에너지는 상승한다. 고밀도(high-density approximation) 근사를 이용하면 Fermi 에너지는 다음과 같이 주어진다.

$$\frac{E_F - E_C}{kT} = \left(\frac{3\sqrt{\pi}}{4} \frac{n}{N_c} \right)^{2/3} \tag{4.32}$$

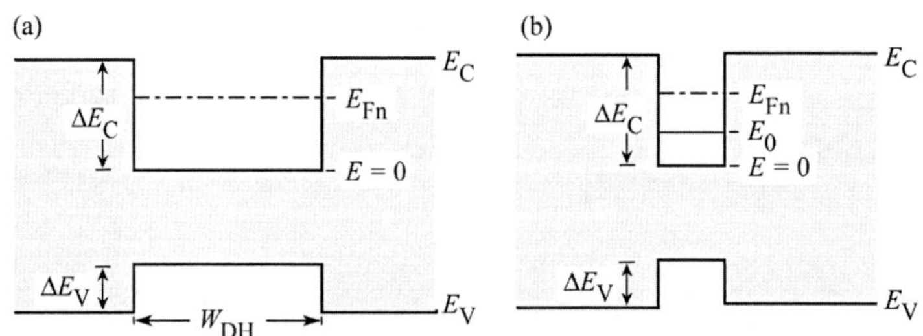

그림 4.12 (a) 이중 이종구조, (b) 양자우물구조에서의 Fermi 준위(E_{Fn})와 준밴드(subband) 준위(E_0).

높은 주입수준에서 Fermi 에너지는 상승하고 장벽의 정상에 최종적으로 도달할 것이다. 이때 $E_F - E_C = \Delta E_C$이다. 이 값을 이용하면 식 (4.31)과 (4.32)로부터 활성영역에서의 전류밀도를 계산할 수 있다.

$$J\Big|_{\text{over flow}} = \left(\frac{4N_c}{3\sqrt{\pi}}\right)^2 \left(\frac{\Delta E_C}{kT}\right)^3 e\,B\,W_{DH} \tag{4.33}$$

전도대 또는 가전자대 우물은 우선 유효상태밀도(N_c, N_v)와 대역 불연속(ΔE_C, ΔE_V)에 비례해서 범람할 수 있다.

Exercise

이중 이종구조에서의 이송자 범람

ΔE_C =200 meV의 장벽높이와 활성영역 두께 W_{DH} =500 Å을 가지는 GaAs 이중 이종구조 내의 전자를 고려하라. 전자가 범람하는 전류수준을 계산하라.

해답 N_c=4.4 × 10^{17}cm^{-3}와 $B=10^{-10}$ cm^3/s을 식 (4.33)에 적용하면 J_{max} =3990 A/cm^{2}의 전류수준을 얻는다.

이송자 범람 문제는 일반적으로 작은 활성영역 부피를 가지는 구조에서 더욱 심각하다. 특히 단일 양자우물구조와 양자점 활성영역은 본질적으로 작은 부피를 가지고 있다. 특정 전류밀도에서 활성영역은 이송자로 가득 채워지며 이송자를 추가적으로 주입하더라도 발광강도를 증가시키지 못한다.

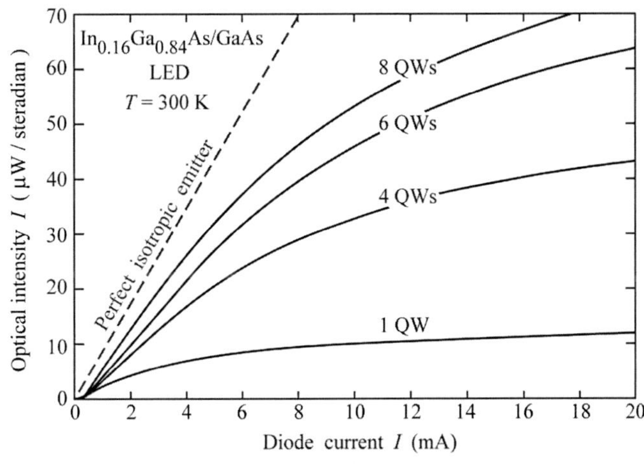

그림 4.13 1, 4, 6, 8개의 양자우물 활성영역을 가지는 $In_{0.16}Ga_{0.84}As$/GaAs LED의 발광강도와 완벽한 등방성 발광소자의 이론적 발광강도(점선)(Hunt 외, 1992).

그림 4.13은 1, 4, 6, 8개의 양자우물(QW)을 가지는 LED 구조의 실험적 결과를 보여준다(Hunt 외, 1992). 하나의 양자우물을 가지는 구조에서 발광강도는 작은 전류수준에서 포화한다. 양자우물의 수가 증가함에 따라 포화가 일어나는 전류수준은 증가하고 광포화강도도 역시 증가한다. 그림 4.13에 보여진 발광강도의 포화는 이송자의 범람에 의해 야기된 것이다.

범람 전류수준의 계산법은 양자우물구조와 벌크 활성영역에 따라 다르다. 양자우물구조의 경우 위의 계산에 사용된 3차원적(3D) 상태밀도보다는 2차원적(2D) 상태밀도를 적용해야 한다. 에너지 E_0의 한 개의 양자화된 상태를 가지는 QW 내에서 Fermi 에너지는 다음과 같이 주어진다.

$$\frac{E_F - E_0}{kT} = \ln\left[\exp\left(\frac{n^{2D}}{N_c^{2D}}\right) - 1\right] \tag{4.34}$$

여기서 n^{2D}는 cm^2당 2D 이송자밀도이고 $N_c{}^{2D}$는 다음과 같이 표현되는 2D 유효상태밀도이다.

$$N_c^{2D} = \frac{m^*}{\pi \hbar^2} kT \tag{4.35}$$

높은 이송자밀도를 다루므로 고축퇴(high-degeneracy) 근사가 적용될 수 있으므로

$$E_F - E_0 = \frac{\pi \hbar^2}{m^*} n^{2D} \tag{4.36}$$

다음으로 양자우물에 대한 속도 방정식은 활성영역으로 이송자 공급(주입에 의함)과 이송자 소멸(재결합에 의함)로부터 다음과 같이 주어진다.

$$\frac{dn^2}{dt} = \frac{J}{e} - B^{2D} n^{2D} p^{2D} \tag{4.37}$$

여기서, $B^{2D} \approx B/W_{QW}$는 $2D$ 구조에 대한 이분자 재결합 계수이다. 높은 주입밀도에 대해 $n^{2D} = p^{2D}$이다. 정상상태조건($dn^{2D}/dt = 0$) 아래에서 n^{2D}에 대해 방정식 (4.37)을 풀면

$$n^{2D} = \sqrt{\frac{1}{eB^{2D}}} = \sqrt{\frac{JW_{QW}}{eB}} \tag{4.38}$$

높은 주입수준에서 Fermi 에너지는 장벽의 정상까지 다다를 것이며, 이때 $E_F - E_0 = \Delta E_C - E_0$이다. 식 (4.36)에 이 값을 적용하고 식 (4.36)과 (4.38)로부터 n^{2D}를 소

거하면 활성영역이 범람하는 전류밀도를 나타낸다.

$$J\Big|_{\text{over flow}} = \left[\frac{m^*}{\pi\hbar^2}(\Delta E_C - E_0)\right]^2 \frac{eB}{W_{QW}} \tag{4.39}$$

따라서 양자우물구조뿐만 아니라 이중 이종구조에서도 활성영역의 범람은 잠재적인 문제이다. 이러한 문제점을 피하기 위해 고전류 LED는 두꺼운 이중이종구조 활성영역을 활용하거나 다중 양자우물(MQW) 활성영역에서 다수의 양자우물(QW) 또는 넓은 주입(접촉) 면적을 적용한다. 이러한 방식으로 변수를 선택함으로써 의도하는 구동전류밀도에서 이송자 범람이 일어나지 않을 활성영역의 부피를 설계할 수 있다.

4.10 전자 차단층(electron-blocking layer)

이송자는 LED의 활성층으로부터 구속층으로 이탈하려는 경향을 보인다. 활성층-구속층 계면의 장벽높이가 낮은 이중 이종구조에서 이송자 이탈은 상당할 수 있다. 또한 높은 온도는 이송자의 열적에너지를 상승시키므로 활성영역 밖으로 이송자 손실을 증가시킨다.

III-V 반도체의 경우 정공에 비해 전자의 확산계수가 더 크므로 정공누설 전류보다 전자누설 전류가 더 크다. 활성영역 외부로 이송자 누설을 감소시키기 위해 이송자 차단층이 사용된다. 특히, 대부분의 LED 구조에서 활성영역 외부로의 전자 이탈을 감소시키기 위해 전자 차단층을 적용한다. 이러한 전자 차단층은 구속층-활성층 계면에 위치한 높은 밴드갭 에너지를 가지는 영역이다.

그림 4.14는 전자 차단층을 가지는 GaInN LED의 밴드다이어그램을 보여준다. LED는 AlGaN 구속층과 GaInN/GaN 양자우물 활성영역을 가지고 있다. AlGaN 전자 차단층은 구속층-활성층 계면에서 p형 구속층 내부에 포함되어 있다. 그림 4.14(a)는 도핑되지 않은 구조에서 가전자대뿐만 아니라 전도대 양쪽에서 AlGaN 전자 차단층이 전류흐름에 대한 장벽을 형성함을 보여준다.

그러나 그림 4.14(b)는 도핑된 구조에서 가전자대의 장벽이 자유이송자에 의해 스크리닝(screening)되어 p형 구속층에서 정공의 흐름에 대한 장벽이 사라졌음을 보여준다. 즉, 전체 밴드 불연속은 전도대에 위치한다. 즉,

$$\text{전자에 대한 장벽높이} = E_{c,\,\text{구속층}} - E_{C,\,\text{활성층}} + \Delta E_g \tag{4.40}$$

여기서, ΔE_g는 구속층과 전자 차단층 사이의 밴드갭 에너지 차이이다.

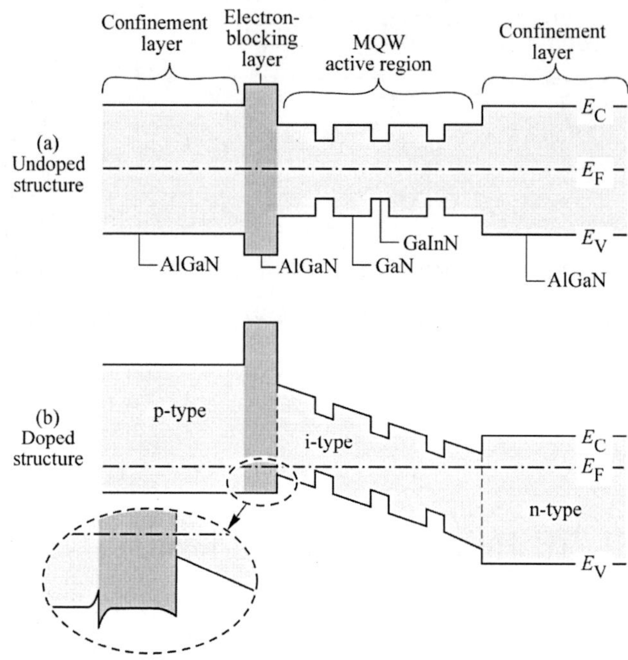

그림 4.14 AlGaN/GaN/GaInN 다중양자우물에서의 AlGaN 전자 차단층, (a) 도핑을 하지 않은 경우의 밴드다이어그램, (b) 도핑을 한 경우의 밴드다이어그램. 전자 차단층에서 Al 성분은 p형 구속층보다 더욱 높다.

그림 4.14의 내부 그림은 전자 차단층의 가전자대 가장자리 부분을 더욱 자세히 보여준다. 퍼텐셜 스파이크(전자 차단층에서 정공공핍층)와 노치(notch)(p형 구속층에서 정공집적층)는 구속층-차단층 계면에서 발생한다. 정공은 활성영역을 향해 전파할 때 퍼텐셜 스파이크를 터널링해야 한다. 가전자 끝단은 구속층-차단층 계면에서 조성적 경사구조를 적용하여 완전히 평탄화할 수 있고 이에 따라 전자 차단층은 정공의 흐름을 전혀 방해하지 않음을 주목해야 한다.

4.11 다이오드 전압

주입전자의 에너지는 전자-정공 재결합에 의해 광에너지로 변환된다. 따라서 에너지 보존법칙으로부터 발광소자의 구동전압 또는 순전압은 밴드갭 에너지를 기본전하로 나눈 값과 동등하거나 더 커야 한다. 다이오드 전압은 따라서 다음과 같이 주어진다.

$$V = h\nu/e \approx E_g/e \tag{4.41}$$

구동전압이 이러한 결과와 편차를 보여주는 몇 가지 기구들이 있으며 다음에 논의

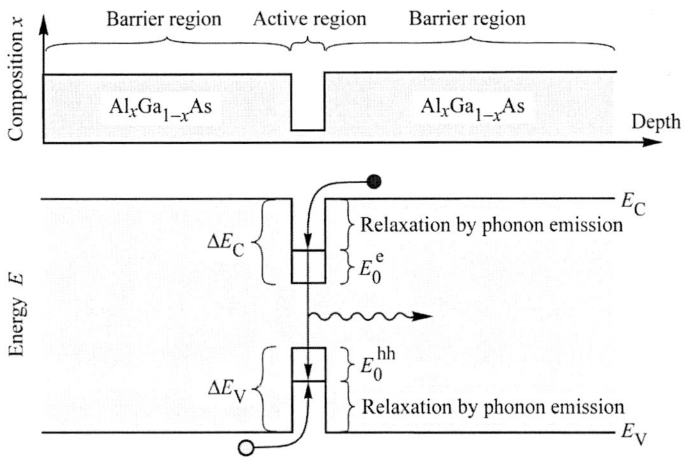

그림 4.15 이송자들이 양자우물 속으로 포획됨으로 인해 손실되는 에너지를 보여주는 양자우물구조의 에너지 밴드다이어그램과 화학적 조성.

될 것이다.

첫째, 만약 다이오드가 큰 직렬 저항을 가지고 있으면 부가적인 전압강하가 발생한다. 부가적인 저항은 (i) 접촉 저항, (ii) 급준한 이종구조에 의한 저항, (iii) 특히 낮은 이송자농도나 낮은 이송자 이동도를 가지는 물질에서 발생하는 벌크 저항에 의해 야기될 수 있다. IR_s 양만큼의 전압강하가 직렬 저항에서 발생함으로써 구동전압을 증가시킨다.

둘째, 이송자는 양자우물구조나 이중이종구조로 주입됨과 동시에 에너지를 잃을 것이다. 순바이어스 조건에서 얇은 양자우물을 보여주는 그림 4.15는 비단열적 주입의 예이다. 그림은 양자우물구조로 전자가 주입됨과 동시에 전자의 에너지 $\Delta E_C - E_0$를 잃는 것을 보여준다. 여기서 ΔE_C는 밴드 불연속이고 E_0는 전도대 양자우물에서 양자화된 상태의 가장 낮은 에너지이다. 유사하게 정공에 의해 잃은 에너지는 $\Delta E_V - E_0$이며 여기서 ΔE_V는 밴드 불연속, E_0는 가전자대 양자우물에서 가장 낮은 상태의 에너지이다. 양자우물로 이송자가 주입되자마자 이송자에너지는 포논 방출, 즉 열로 방출된다. 이송자의 비단열성에 기인한 에너지손실은 예를 들면 GaN와 다른 질화물계 물질과의 밴드 불연속성이 큰 것과 관계가 있다.

따라서 순바이어스 하에서 LED의 전체 전압강하는 다음과 같다.

$$V = \frac{E_g}{e} + IR_s + \frac{\Delta E_C - E_0}{e} + \frac{\Delta E_V - E_0}{e} \tag{4.42}$$

여기서, 식의 오른쪽 첫 번째 항은 이론적인 전압 최소치, 두 번째 항은 소자에서 직렬 저항에 기인하며 세 번째와 네 번째 항은 활성영역으로의 비단열적 이송자 주입에 기인한다.

실험적으로 측정된 다이오드 전압은 식 (4.42)에서 예측되는 최소치보다 다소 작을 수 있다. 즉 $E_g/e \approx h\nu/e$보다 조금 작을 수 있다. 두 전자와 정공은 평균적으로 열에너지 kT를 수반한다. 순바이어스 p-n 접합에서 고에너지 이송자는 저에너지 이송자보다 더욱 더 상대 전도도를 가지는 영역으로 확산하여 재결합하려는 경향성을 가진다. 상온에서 $4\,kT/e$는 약 100 mV의 전압 해당한다. 저저항 소자에서 다이오드 전압은 $h\nu/e$보다 100~200 mV 더 낮을 수 있다. 예를 들어 순바이어스 하의 GaAs LED ($E_g = 1.42$ eV)는 약 1.32 V의 다이오드 전압에서도 $h\nu = 1.42$ eV의 광자를 부분적으로 방출한다. 즉, 광자에너지보다 더욱 작다.

Exercise

LED의 구동전압

가시광 스펙트럼의 청색, 녹색, 적색 부분을 발광하는 LED의 대략적인 다이오드 순전압을 계산하라. 또한 870 nm와 1.55 μm에서 발광하는 LED의 다이오드 순전압을 계산하라.

해답

발광색	파장	광자에너지	구동전압
Blue	470 nm	2.6 eV	2.6 V
Green	550 nm	2.2 eV	2.2 V
Red	650 nm	1.9 eV	1.9 V
IR	870 nm	1.4 eV	1.4 V
IR	1550 nm	0.8 eV	0.8 V

참고문헌

Ebeling K. J. *Integrated Opto-Electronics* Chapter 9 (Springer, Berlin, 1993)

Emerson D., Abare A., Bergmann M., Slater D., and Edmond J. "Development of deep UV IIIN optical sources" *7th International Workshop on Wide-Bandgap III Nitrides,* Richmond VA, March (2002)

Hunt N. E. J., Schubert E. F., Sivco D. L., Cho A. Y., and Zydzik G. J. "Power and efficiency limits in single-mirror light-emitting diodes with enhanced intensity" *Electron. Lett.* **28**, 2169 (1992)

Krames M. R. et al. "High-brightness AlGaInP light-emitting diodes" *Proceedings of SPIE* **3938**, 2 (2000)

Rhoderick E. H. and Williams R. H. *Metal-emiconductor Contacts* (Clarendon Press, Oxford, UK, 1988)

Schubert E. F., Tu L.-W., Zydzik G. J., Kopf R. F., Benvenuti A., and Pinto M. R. "Elimination of heterojunction band discontinuities by modulation doping" *Appl. Phys. Lett.* **60**, 466 (1992)

Shah J. M., Li Y.-L., Gessmann Th., and Schubert E. F. "Experimental analysis and theoretical model for anomalously high ideality factors (n≫2.0) in AlGaN/GaN p-n junction diodes" *J. Appl. Phys.* **94**, 2627 (2003)

Chapter 5

LED 기초 : 광학적 특성

5.1 내부, 추출, 외부 및 출력효율

이상적인 LED의 활성층 영역은 주입된 전자 하나당 하나의 광자를 방출한다. 각각의 전하 양자입자(전자)는 각각의 빛 양자입자인 광자를 생산한다. 그러므로 LED에서 이상적인 활성층 영역은 100%의 양자효율을 갖는다. 내부 양자효율은 다음과 같이 정의된다.

$$\eta_{int} = \frac{\text{초당 활성영역에서 방출되는 광자수}}{\text{초당}\, LED\, \text{내로 주입된 전자수}} = \frac{P_{int}/(h\nu)}{I/e} \qquad (5.1)$$

여기서, P_{int}는 활성영역에서 방출된 광출력이고, I는 주입전류이다.

활성층에서 방출된 광자들은 LED로부터 빠져나가야 한다. 이상적인 LED의 활성층에서 방출된 모든 광자들은 자유공간 속으로 방출될 것이다. 그러므로 LED는 100%의 추출효율을 가진다. 그러나 실제 LED에서는 활성층으로부터 방출된 모든 광자가 자유공간 속으로 방출되지 못할 뿐 아니라, 어떤 광자들은 반도체 다이를 빠져나가지 못한다. 이에 대한 몇 가지 가능한 손실 메커니즘이 있다. 예를 들어, 기판이 발광파장에 흡수한다고 가정하면, 방출된 빛이 LED의 기판에 재흡수될 수 있고, 금속 전극표면에 입사하는 빛은 금속에 의해 흡수될 수 있다. 더욱이, 포획된 빛(trapped light) 현상이라고 일컬어지는 내부 전반사(total internal reflection)는 반도체로부터 빛이 탈출하는 능력을 감소시킨다. 빛의 추출효율은 다음과 같이 정의된다.

$$\eta_{\text{extraction}} = \frac{\text{초당 자유공간 속으로 방출되는 광자수}}{\text{초당 활성영역으로부터 방출되는 광자수}} = \frac{P/(h\nu)}{p_{int}/(h\nu)} \qquad (5.2)$$

여기서, P는 자유공간으로 방출되는 광출력이다.

고성능 LED를 제작하는데 있어서 추출효율은 가장 중요한 요소이다. 이는 고가의 최첨단 소자공정을 진행하지 않고는 50% 이상의 추출 효율로 증가시키는 것이 어렵다는 것을 의미한다.

외부 양자효율은 다음과 같이 정의된다.

$$\eta_{\text{ext}} = \frac{\text{초당 자유공간으로 방출되는 광자 수}}{\text{초당 } LED \text{ 내로 주입되는 전자 수}} = \frac{P/(h\nu)}{I/e} = \eta_{\text{int}}\,\eta_{\text{extraction}} \quad (5.3)$$

외부 양자효율은 주입된 전하 입자 수에 대해 사용할 수 있는 빛 입자 수의 비로 나타낼 수 있다.

출력효율(power efficiency)은 다음과 같이 정의된다.

$$\eta_{\text{power}} = \frac{P}{IV} \quad (5.4)$$

여기서, IV는 LED에 공급된 전력이다. 공식적인 용어로 η_{power}는 출력효율 또한 플러그효율(wallplug efficiency)라 불린다.

Exercise

LED 효율

$V_{th} = E_g/e = 2.0\,V$의 문턱전압과 미분 저항 $R_s = 20\,\Omega$을 가진 LED를 생각해보자. 그리고 순방향 I-V 특성이 $V = V_{th} + IR_s$로 주어졌다. 소자가 20 mA에서 작동할 때 4 mW 에너지($h\nu = E_g$)의 광출력이 방출된다. 추출효율이 50%라고 가정할 때, 내부 양자효율, 외부 양자효율 및 출력효율을 결정하라.

5.2 방출 스펙트럼

반도체 LED가 빛을 방출하는 물리적 메커니즘은 전자-정공쌍들의 자발 재결합과 동시에 광자의 방출로 설명할 수 있다. 자발 방출과정은 기본적으로 반도체 레이저와 초고휘도(superluminescent) LED에서 발생하는 유도발광 절차와는 다르다. 자발 재결합은 LED의 광학적 성질을 결정하는 특성을 가진다. LED 자발방출 특성들에 대해 이 절에서 설명될 것이다.

전자-정공의 재결합과정을 그림 5.1에 도식화하여 나타내었다. 이때 전도대에서의 전자와 가전자대에서의 정공은 포물선형 분산 관계(parabolic dispersion relation)를 갖는다고 가정하였다.

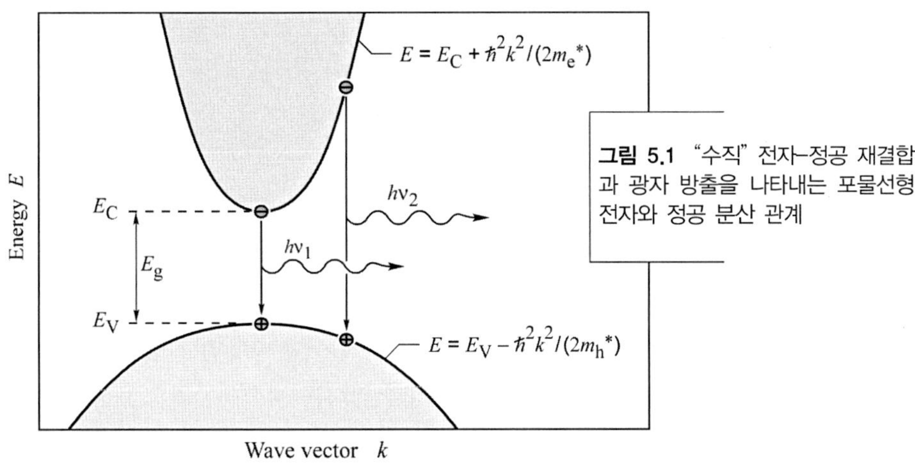

그림 5.1 "수직" 전자-정공 재결합과 광자 방출을 나타내는 포물선형 전자와 정공 분산 관계

$$E = E_C + \frac{\hbar^2 k^2}{2m_e^*} \quad \text{(전자)} \tag{5.5}$$

그리고

$$E = E_V + \frac{\hbar^2 k^2}{2m_h^*} \quad \text{(정공)} \tag{5.6}$$

여기서, m_e^*와 m_h^*는 전자와 정공의 유효질량, $\hbar$는 Planck 상수(h)를 2π로 나눈 값, k는 이송자 파동수(wave number)이며, E_v와 E_c는 각각 가전자와 전도대의 끝단이다.

에너지와 운동량 보존에 의해 발광 재결합 메커니즘을 더 잘 이해할 수 있을 것이다. 이는 전자와 정공이 평균 운동량 kT를 갖는 Boltzmann 분포를 따른다. 에너지 보존은 광자에너지가 전자에너지 E_e와 정공에너지 E_h 사이의 차이에 의해서 주어진다.

$$h\nu = E_e - E_h \approx E_g \tag{5.7}$$

열에너지가 밴드갭 에너지와 비교하여 적을 때 $kT \ll E_g$, 광자에너지는 대략적으로 밴드갭 에너지 E_g와 같다. 그러므로 요구되는 LED의 발광파장은 적당한 밴드갭 에너지를 갖는 반도체 물질을 선택하므로 얻어질 수 있다. 예를 들어 GaAs는 상온에서 1.42 eV의 밴드갭 에너지를 가지며, GaAs LED는 870 nm의 적외선파장에서 발광한다.

이송자의 평균 운동량과 광자 운동량을 비교하는 것은 도움이 될 것이다. 운동에너지 kT와 유효질량 m^*를 가진 이송자의 운동량은 다음과 같다.

$$p = m^*\nu = \sqrt{2m^* \times \frac{1}{2}m^* \times \nu^2} = \sqrt{2m^* \times kT} \tag{5.8}$$

에너지 E_g를 갖는 광자의 운동량은 de Broglie식으로부터 유도할 수 있다.

$$p = \hbar k = \frac{h\nu}{c} = \frac{E_g}{c} \tag{5.9}$$

식 (5.8)을 사용하여 이송자의 운동량과 식 (5.9)을 사용하여 광자의 운동량을 계산하였을 때, 이송자의 운동량이 광자의 운동량보다 10배 이상의 큰 값을 나타낸다. 그러므로 전자 운동량은 전도대에서 가전자대로 이동하는 동안 크게 변화할 수 없다. 그림 5.1에서 보여 주듯이 전이는 "수직적"이다. 즉, 전자는 단지 동일 운동량 k값을 갖는 정공과 재결합을 한다. 전자와 정공의 운동량과 같다는 필수사항을 이용하여 광자 에너지는 연계분산 관계식으로 다시 표현될 수 있다.

$$h\nu = E_C + \frac{\hbar^2 k^2}{2m_e^*} - E_V + \frac{\hbar^2 k^2}{2m_h^*} = E_g + \frac{\hbar^2 k^2}{2m_r^*} \tag{5.10}$$

여기서, m_r^*는 환산질량(reduced mass)이고 아래와 같이 주어진다.

$$\frac{1}{m_r^*} = \frac{1}{m_e^*} + \frac{1}{m_h^*} \tag{5.11}$$

연계분산 관계를 사용하여, 연계상태밀도(joint density of state)가 계산될 수 있고 다음 식을 얻을 수 있다.

$$\rho(E) = \frac{1}{2\pi^2}\left(\frac{2m_r^*}{\hbar^2}\right)^{3/2}\sqrt{E - E_g} \tag{5.12}$$

허용된 밴드에서 이송자의 분포는 Boltzmann 분포로 다음과 같이 주어진다.

$$f_B(E) = e^{-E/(kT)} \tag{5.13}$$

에너지에 따른 발광강도는 식 (5.12)와 (5.13)의 곱에 비례한다.

$$\boxed{I(E) \propto \sqrt{E - E_g}\, e^{-E/(kT)}} \tag{5.14}$$

식 (5.14)에서 주어졌듯이 LED의 직선 형태를 그림 5.2에 나타내었다. 최대 발광강도는 아래 조건에서 발생한다.

$$\boxed{E = E_g + \frac{1}{2}kT} \tag{5.15}$$

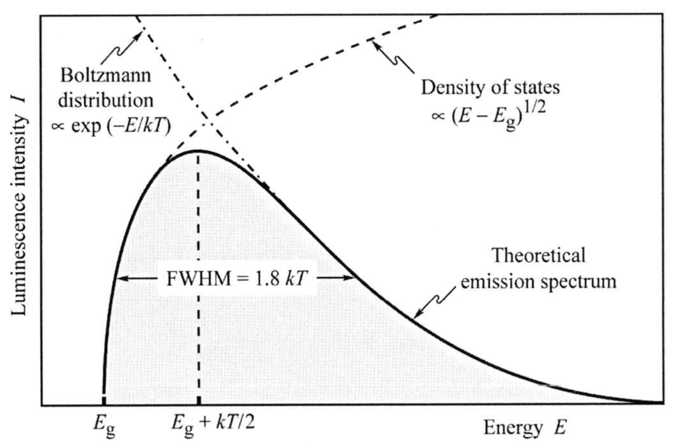

그림 5.2 LED의 이론적 발광 스펙트럼. 발광선의 반치폭은 1.8 kT이다.

이때, 발광 스펙트럼의 반치폭은 다음과 같다.

$$\boxed{\Delta E = 1.8kT} \quad \text{또는} \quad \boxed{\Delta\lambda = \frac{1.8kT\lambda^2}{hc}} \tag{5.16}$$

예를 들어, 870 nm에서 발광하는 GaAs LED의 상온에서 이론적 발광 선폭은 $\Delta E=$ 46 meV 또는 $\Delta\lambda = 28$ nm이다.

LED 발광 스펙트럼의 선폭은 몇 가지 측면에서 중요하다. 첫 번째는 가시광 영역에서 발광하는 LED의 선폭은 전체 가시광 스펙트럼의 영역과 비교하였을 때 상대적으로 좁다. LED의 발광은 심지어 인간의 눈에 의해 인지되는 단일 색의 스펙트럼의 폭보다도 더 좁다. 예를 들어 적색은 LED의 일반적인 발광 스펙트럼보다 훨씬 넓은 625~730 nm 범위를 포함한다. 그러므로 인간의 눈은 LED 발광이 단색으로 인지하게 된다.

두 번째로 광섬유는 분산현상을 보이는데, 이는 파장범위의 광신호에 대해 전파 속도의 범위를 결정한다. 광섬유 내에서 물질의 분산현상은 LED에서 얻을 수 있는 "전송률(bit rate) × 거리"에 의해 제한된다.

직접전이형 반도체 LED에서 이송자의 자발 수명은 활성층의 도핑농도(이송자농도)와 물질의 질에 의존하며 1~100 ns 수준이다. 그러므로 1 Gbit/s에 이르는 변조 속도가 LED로 가능하다.

5.3 광 탈출 원뿔(light escape cone)

반도체 내부에서 발생된 빛이 반도체-공기 계면에서 내부로 전반사된다면 반도체로부터 탈출할 수 없다. 하지만, 광선의 입사각이 수직에 가깝다면 빛은 반도체로부터 탈출할 수 있다. 내부 전반사는 비스듬하게 입사될 때 발생한다. 따라서 내부 전반사는 특히 고굴절률을 갖는 물질로 구성된 LED에 대해 외부효율(external efficiency)을 많이 감소시킨다.

반도체-공기 계면에서 반도체 내에 입사각이 ϕ로 주어진다고 가정하면, 굴절된 광선의 입사각 Φ는 Snell 법칙으로부터 추론할 수 있다.

$$\bar{n}_s \sin\phi = \bar{n}_{air} \sin\Phi \tag{5.17}$$

여기서, $\bar{n}_s$와 $\bar{n}_{air}$는 각각 반도체와 공기의 굴절률이다. 내부 전반사에 대한 임계각은 그림 5.2(a)에서 예시하였듯이, $\Phi=90°$를 사용하여 얻어진다.

Snell 법칙을 사용하여 다음의 식을 얻는다.

$$\sin\phi_c = \frac{\bar{n}_{air}}{\bar{n}_s} \sin 90° = \frac{\bar{n}_{air}}{\bar{n}_s} \tag{5.18a}$$

$$\phi_c = \arcsin \frac{\bar{n}_{air}}{\bar{n}_s} \tag{5.18b}$$

반도체의 굴절률은 보통 매우 높다. 예를 들어 GaAs는 3.4의 굴절률을 갖는다. 그러므로 식 (5.18)에 따라서 내부 전반사에 대한 임계각은 매우 적다. 이 경우 우리는 $\sin\phi_c \approx \phi_c$인 근사식을 사용할 수 있다. 따라서 내부 전반사에 대한 임계각은 다음과 같이 주어진다.

$$\phi_c \approx \frac{\bar{n}_{air}}{\bar{n}_s} \tag{5.19}$$

전체 내부 반사에 대한 각은 광 탈출 원뿔(light escape cone)로 정의된다. 원뿔 내부로 방출되는 빛은 반도체로부터 탈출할 수 있지만, 원뿔 외부로 방출되는 빛은 내부 전반사에 영향을 받는다.

다음으로, 광 탈출 원뿔 속으로 방출되는 빛의 전체 분율을 계산하기 위하여 반지름 r을 갖는 구형 원뿔의 표면적을 계산한다. 그림 5.3(b)와 (c)에서 보여주듯이 모자(calotte) 형태의 표면적은 적분에 의해 다음과 같이 나타난다.

$$A = \int dA = \int_{\phi=0}^{\phi_c} 2\pi r \sin\phi \, r \, d\phi = 2\pi r^2 (1-\cos\phi_c) \tag{5.20}$$

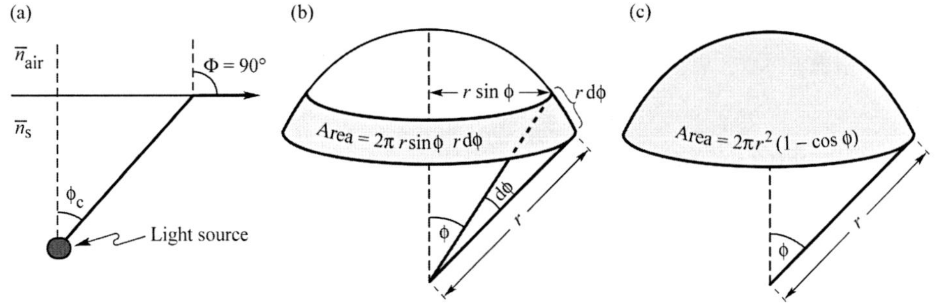

그림 5.3 (a) 임계각 ϕ_c에 의한 탈출 원뿔의 정의, (b) 면적요소 dA, (c) 반지름 r과 ϕ_c각에 의해 정의된 구형 모자(calotte) 형태의 부분 면적.

P_{source}의 전체 출력을 갖는 반도체에서 점광원으로부터 빛이 방출된다고 가정하자. 그러면 반도체로부터 탈출될 수 있는 출력은 다음과 같이 주어진다.

$$P_{escape} = P_{source}\frac{2\pi r^2(1-\cos\phi_c)}{4\pi r^2} \tag{5.21}$$

여기서, $4\pi r^2$은 반지름 r을 갖는 구형의 전체 표면적이다.

이 계산은 반도체 내부로 방출되는 빛의 분율만이 반도체로부터 탈출할 수 있음을 나타내고, 이 분율은 다음과 같이 주어진다.

$$\boxed{\frac{P_{escape}}{P_{source}} = \frac{1}{2}(1-\cos\phi_c)} \tag{5.22}$$

고굴절률을 갖는 물질에 대한 내부 전반사의 임계각이 상대적으로 매우 작기 때문에, cosine 항은 멱급수로 펼칠 수 있을 것이다. 두 번째 항보다 더 큰 항을 무시할 수 있으므로 다음 식을 얻을 수 있다.

$$\frac{P_{escape}}{P_{source}} \approx \frac{1}{2}\left[1-\left(1-\frac{\phi_c^2}{2}\right)\right] = \frac{1}{4}\phi_c^2 \tag{5.23}$$

식 (5.19)의 근사식을 사용하면 다음을 얻는다.

$$\boxed{\frac{P_{escape}}{P_{source}} \approx \frac{1}{4}\frac{\overline{n}_{air}^2}{\overline{n}_s^2}} \tag{5.24}$$

빛 탈출에 대한 문제는 고효율 LED에 대해서 매우 중요한 문제이다. 대부분의 반도체에서는 굴절률이 매우 높기(〉2.5) 때문에 반도체에서 생성되는 빛 중에 낮은 분율만이 평면 LED로부터 탈출할 수 있다. 하지만, 1.5 정도의 굴절률을 갖는 고분자 또는 낮은 굴절률을 갖는 반도체에 있어서 이 문제는 크게 중요하지 않다.

Exercise

평면 GaAs, GaN, 및 고분자 LED 구조로부터 빛의 탈출

GaAs, GaN 및 발광 고분자의 굴절률은 각각 3.4, 2.5와 1.5이다. GaAs, GaN 및 발광 고분자에 대한 내부 전반사의 임계각을 계산하라. 또한, 평면 GaAs, GaN 반도체 구조와 고분자 LED 구조로부터 탈출할 수 있는 광출력의 분율을 계산하라. 만약, 평면 GaAs LED가 굴절률 1.5인 투명 고분자로 싸여 있고, 고분자-공기 계면에서 반사를 무시할 수 있다면, 어떤 향상이 있는지 설명하라.

해답 내부 전반사에 대한 임계각 :

GaAs $\phi_c = 17.1°$ GaN $\phi_c = 23.6°$ 고분자 $\phi_c = 41.8°$

탈출할 수 있는 빛의 분율 :

GaAs 2.21% GaN 4.18% 고분자 12.7%

고분자 봉지재에 의한 GaAs 평면 LED의 향상 : 232 %

5.4 발광 형태

모든 LED들은 각각의 발광 형태 또는 원거리장(far-field) 형태를 갖는다. W/cm^{2}로 측정된 강도는 LED로부터 경도, 방위각 및 거리에 의존한다. LED에 의해 방출되는 전체 광출력은 구의 면적에 대해 적분하여 얻어진다.

$$P = \int_A \int_\lambda I(\lambda)\, d\lambda\, dA \tag{5.25}$$

여기서, $I(\lambda)$는 스펙트럼 광세기(spectral light intensity, 단위 면적(cm^2) 및 단위 길이(nm)당 W로 측정됨)이고, A는 구의 표면적이다. 적분은 전체 표면적에 대해 수행되었다.

5.5 람베르시안 방출 형태

광방출 물질과 주변 물질 사이의 굴절률 차이는 이방성을 갖는 발광 형태를 나타낸다. 높은 굴절률과 평평한 표면을 갖는 발광 물질에 대해서 람베르시안 방출 형태가 얻어진다. 그림 5.4는 반도체-공기의 계면 아래에서 가까운 거리에 위치한 점 광원을 나타내었다. 수직한 표면에 대하여 ϕ각을 갖고 표면으로 방출된 광선을 고려하자. 광선은 반도체-공기의 계면에서 굴절되고 굴절된 광선은 수직한 표면에 대하여 Φ각을 갖는다. 이 두 각들은 작은 각 ϕ에 대해 ($\sin\phi \approx \phi$) Snell 법칙을 적용하여 다음과 같이 나타내었다.

$$\overline{n}_s \phi = \overline{n}_{air} \sin\Phi \tag{5.26}$$

반도체 내에서 $d\phi$각으로 방출된 빛은 그림 5.4(a)에서 보여 주듯이 공기 속으로 $d\Phi$ 각을 이루며 방출하게 된다. Φ에 대한 식을 미분하고 $d\Phi$에 대한 결과식을 풀면 다음과 같다.

$$d\Phi = \frac{\overline{n}_s}{\overline{n}_{air}} \frac{1}{\cos\Phi} d\phi \tag{5.27}$$

반도체에서 각 $d\phi$로 방출된 광출력은 공기 속으로 각 $d\Phi$를 갖고 방출되는 광출력과 동일하다는 출력보존법칙을 따른다. 따라서 아래와 같은 식이 성립한다.

$$I_s\, dA_s = I_{air}\, dA_{air} \tag{5.28}$$

여기서, I_s와 I_{air}는 반도체와 공기에서의 광세기(W/m^{2}의 단위로 측정된)를 각각 나타낸다. 발광 형태는 원기둥 형태의 대칭을 나타내므로 그림 5.4(b)에서 나타낸 면적 요소를 선택한다. 따라서 공기 속에서 이 면적요소는 다음과 같이 주어진다.

$$d A_{air} = 2\pi r \sin\Phi\, r\, d\Phi \tag{5.29}$$

그리고 식 (5.27)과 (5.28)을 사용하여 다음 식을 얻을 수 있다.

$$dA_{air} = 2\pi r^2 \frac{\overline{n}_2}{\overline{n}^2_{air}} \frac{1}{\cos\Phi} \phi\, d\phi \tag{5.30}$$

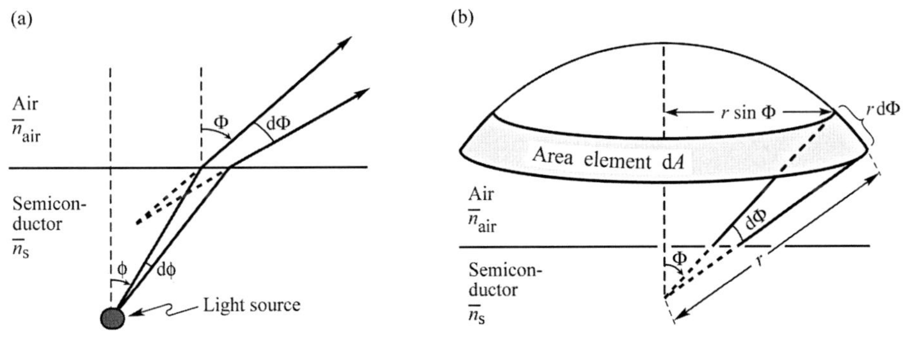

그림 5.4 람베르시안 발광 형태를 유추하기 위해 사용된 기하학적 모델, (a) 반도체 내부로 각 $d\Phi$ 내로 방출된 빛은 공기 속으로 각 $d\Phi$ 갖고 방출된다. (b) 구형 모자 (calotte)−형태의 부분 면적요소인 dA에 대한 예.

유사한 방법으로, 반도체에서 표면요소는 다음과 같이 나타낼 수 있다.

$$dA_s = 2\pi r \sin \phi r \, d\phi \approx 2\pi r^2 \phi \, d\phi \tag{5.31}$$

광원으로부터 거리 r만큼 떨어진 곳에서 반도체 내의 광세기는 전체 출력원(P_{source})을 반지름 r를 갖는 구의 표면적으로 나눈 값에 의해 다음과 같이 나타난다.

$$I_s = \frac{P_{source}}{4\pi r^2} \tag{5.32}$$

공기에서 광세기는 식 (5.28), (5.30), (5.31)와 (5.32)로부터 유추될 수 있다. 따라서 람베르시안 방출 형태(lambertian emission pattern)는 다음과 같이 주어짐을 알 수 있다.

$$\boxed{I_{air} = \frac{P_{source}}{4\pi r^2} \frac{\bar{n}_{air}^2}{\bar{n}_s^2} \cos \Phi} \tag{5.33}$$

람베르시안 방출 형태는 각 Φ에 대한 cosine 함수의 의존성을 따른다. 따라서 광세기는 반도체 표면에 수직한 발광, 즉 $\Phi = 0°$일 때 가장 강하다. $\Phi = 60°$일 때, 광세기는 최대값의 반 정도로 감소된다. 람베르시안 방출 형태를 그림 5.5에 도식화하여 나타내었다. 또한, 몇몇 다른 표면 형태를 그림 5.5에 나타내었다. LED에서 평평하지 않은 표면은 여러 발광 형태를 나타낸다. 등방성을 갖는 발광 형태는 구의 중심에서 발광영역을 갖는 반구형의 LED로부터 얻어진다. 강한 방향성을 갖는 발광 형태는 포물선 형태의 표면을 갖는 LED에서 얻어질 수 있다. 그러나 포물선 형태의 표면뿐 아니라 반구형 표면을 제작하는 것은 실제 LED 제조 공정에서 어려운 일이다.

공기 중으로 방출되는 전체 출력은 전체 반구에 대해 광세기를 적분함에 의해 계산될 수 있다. 따라서 전체 출력은 다음과 같이 주어진다.

$$P_{air} = \int_{\Phi=0°}^{90°} I_{air} \, 2\pi r \sin \Phi \, r \, d\Phi \tag{5.34}$$

식 (5.34)에서 I_{air}에 대한 람베르시안 방출 형태와 $\cos \Phi \sin \Phi = (1/2)\sin(2\Phi)$를 사용하여, 적분항은 다음과 같이 계산될 수 있다.

$$P_{air} = \frac{P_{source}}{4} \frac{\bar{n}_{air}^2}{\bar{n}_s^2} \tag{5.35}$$

이 결과는 식 (5.24)와 동일하다. 이는 반도체로부터 발생하는 광출력(P_{escape})이 공

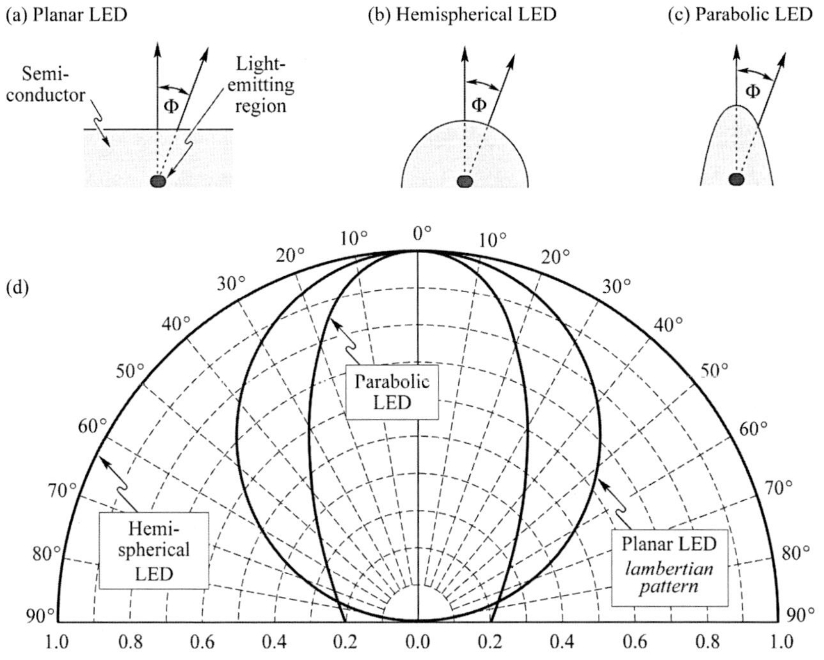

그림 5.5 (a) 평면, (b) 반구형, (c) 포물선형 표면을 갖는 발광다이오드, (d) 각기 다른 형태의 LED의 원거리장 형태. 각 $\Phi=60°$에서 람베르시안 방출 형태는 $\Phi=0°$일 때 발생하는 최대값의 50%로 감소한다. 이 세 가지 발광 형태는 $\Phi=0°$일 때 단위 세기로 표준화되었다.

기에서 출력(P_{air})과 동일해야만 하기 때문에 놀란 만한 사실은 아니다.

상기 계산에서 반도체-공기 계면에서 Fresnel 반사는 무시하였다. 수직입사에서 Fresnel 출력 투과율은 다음과 같다.

$$T = 1 - R = 1 - \left(\frac{\overline{n}_s - \overline{n}_{\text{air}}}{\overline{n}_s + \overline{n}_{\text{air}}}\right)^2 = \frac{4\overline{n}_s\,\overline{n}_{\text{air}}}{(\overline{n}_s + \overline{n}_{\text{air}})^2} \qquad (5.36)$$

하지만, 더욱 정확한 계산을 위해서는 Fresnel 반사손실이 고려되어야만 한다.

Exercise

LED-대-섬유 결합효율

평면 GaAs LED 표면에 매우 근접하게 위치한 점과 같은 발광영역을 갖는 GaAs LED를 고려하자. 광섬유는 공기에서 12°의 수용각을 갖는다. 활성층 영역에서 방출되는 빛의 얼마의 분율이 섬유 속으로 결합될 수 있는가? GaAs의 굴절률을 3.4라고 가정하고, 반도체-공기와 공기-섬유 계면에서의 Fresnel 반사 손실을 무시하자.

해답 반도체에서 수용각은 Snell 법칙에 의해 3.5°로 얻어진다. 따라서 활성층 영역에서 방출되는 출력의 0.093%가 섬유에 결합될 수 있다.

5.6 에폭시 봉지재

광 추출효율은 큰 굴절률을 갖는 돔 형태의 봉지재를 사용하여 향상될 수 있다. 봉지 공정의 결과로써, 반도체의 상부표면을 통한 내부 전반사 각도는 증가한다(Nuese 외, 1969). 에폭시 봉지재를 갖는 것과 같지 않는 LED의 추출효율 비는 식 (5.22)로부터 다음과 같이 나타낸다.

$$\frac{\eta_{\text{epoxy}}}{\eta_{\text{air}}} = \frac{1 - \cos\phi_{c,\ \text{epoxy}}}{1 - \cos\phi_{c,\ \text{air}}} \tag{5.37}$$

여기서, $\phi_{c,\text{ epoxy}}$와 $\phi_{c,\text{ air}}$는 각각 반도체-에폭시와 반도체-공기 계면에서 내부 전반사에 대한 임계각들이다. 그림 5.6은 에폭시 돔을 갖는 경우와 그렇지 못한 한 경우의 추출효율에 대한 계산값의 비를 나타내었다. 이 그림에 대한 고찰을 통하여 굴절률 1.5를 갖는 에폭시에 의해 봉지 공정 시 일반적인 반도체 LED의 효율은 2~3배 증가하는 것을 알 수 있다.

그림 5.6의 삽입 그림은 에폭시의 돔 형태에 기인하여 에폭시와 공기 계면에서 약 90° 각으로 빛이 입사된다. 그러므로 내부 전반사 손실은 에폭시-공기 계면에서는 발생하지 않는다. 더욱이 LED의 외부효율이 향상되므로, 봉지재는 방향성을 갖는 발광

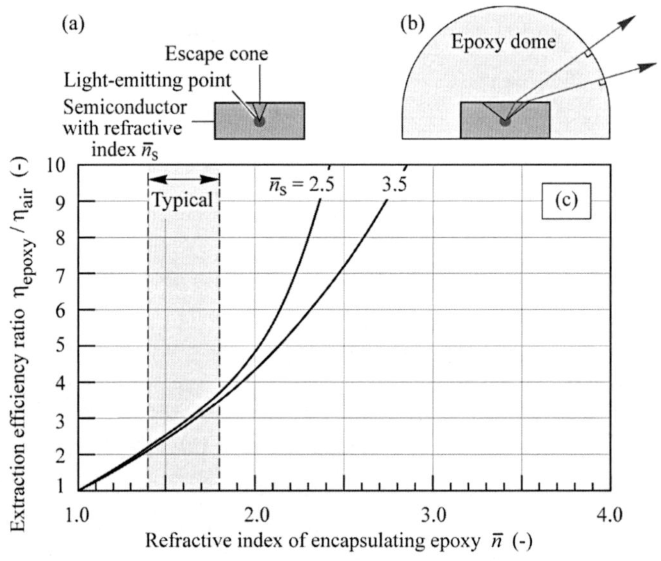

그림 5.6 (a) 돔 형태의 에폭시 봉지재를 갖지 않는 LED, (b) 에폭시 봉지재를 갖는 LED. 에폭시 돔을 갖는 LED에서 더 큰 탈출 각도를 얻을 수 있다. (c) 에폭시 돔을 갖는 것과 그렇지 않는 평면 LED의 상부표면을 통하여 방출되는 광 추출효율의 계산된 비. 일반적인 에폭시의 굴절률 범위는 1.4~1.8 범위임 (Nuese 외, 1969).

형태를 요구하는 응용분야에 있어서 구형 렌즈로 사용될 수 있다. 고분자 LED에서 봉지재는 고분자의 고유한 작은 굴절률에 기인하여 아주 작은 양에 의해서도 추출효율이 증가한다.

경사굴절률을 갖는 봉지재와 같은 더욱 발전된 봉지재, 높은 굴절률 ($n > 2.0$)을 갖는 봉지재 및 무기물 확산재를 포함한 봉지재는 패키징 관련 장에서 자세히 설명될 것이다.

5.7 발광강도의 온도 의존성

LED의 발광강도는 온도 증가에 따라서 감소한다. 이 온도 증가에 따른 발광강도의 감소는 i) 깊은 준위를 경유한 비발광 재결합, ii) 표면 재결합, iii) 이종구조 장벽에 대한 이송자의 손실을 포함한 몇몇 온도 의존요소에 기인한다.

상온 근처에서 LED 발광강도의 온도 의존성은 종종 다음의 현상론적인 식으로 나타낼 수 있다.

$$I = I|_{300K} \quad \exp - \frac{T - 300K}{T_1} \tag{5.38}$$

여기서, T_1은 특성온도(characteristic temperature)이다. 약한 온도 의존성을 나타내는 높은 특성온도가 바람직하다.

반도체 레이저뿐 아니라 LED는 모두 발광강도의 뚜렷한 온도 의존성을 갖는 사실은 흥미롭다. LED에서 온도 의존성에 기인한 빌광강도 삼소는 “T_1 방정식”의 형태로 표현된다. 반도체 레이저에서 발진을 시작하기 위해 필요한 전류인 발진 문턱 전류는 온도 증가에 따라서 증가한다. 온도 증가에 따른 레이저의 발진 문턱 전류의 증가는 잘 알려진 “T_0 방정식”의 형태로 표현된다. 이 식은 다음과 같이 주어진다.

$$I_{th} = I_{th}|_{300K} \quad \exp - \frac{T - 300K}{T_0} \tag{5.39}$$

여기서, I_{th}는 레이저의 발진 문턱 전류이다. 여기에서 “T_1 방정식”(식 5.38)과 “T_0 방정식”(식 5.39)의 유사한 형태를 나타냄을 주목하자. 두 식은 이론적 기반 없이 기본적 원리들로부터 유추된 단지 실험적인 결과로 표현할 수 있는 순수한 현상학적 식들이다.

발광강도의 온도 의존성에 대한 실험적 결과를 그림 5.7에 나타내었다(Toyoda Gosei Corporation, 2000). 이 그림은 청색 GaInN/GaN, 녹색 GaInN/GaN 및 적색 AlGaInP/GaAs LED에 있어서 일정 전류에서 발광강도의 온도 의존성을 나타내었다. 그림 5.7로

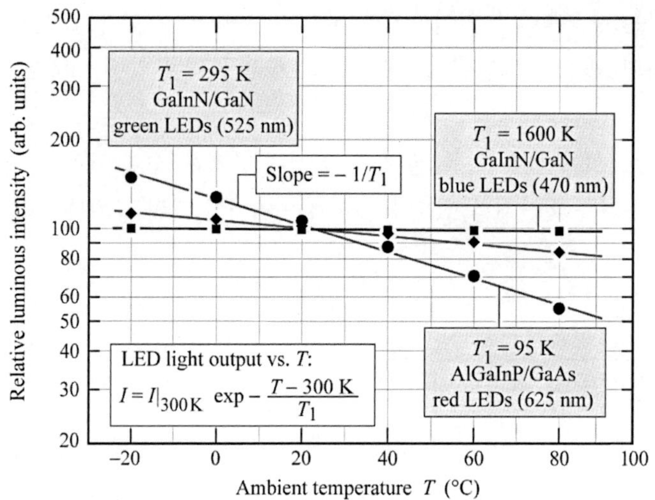

그림 5.7 상온 부근에서 GaInN/GaN 청색, GaInN/GaN 녹색 및 AlGAInP/GaAs 적색 LED의 특성온도 T_1(toyoda Gosei Corp., 2000). 최근 자료는 다음 값들을 따른다. T_1 : 청색 GaInN LED, 460 nm, $T_1=1600\ K$; 청록색 GaInN LED, 505 nm, $T_1=832\ K$; 녹색 525 nm, $T_1=341\ K$; AlGaInP LED, 623 nm, $T_1=199\ K$(Toyda Gosei Corp., 2004).

부터 청색 LED는 가장 높은 T_1을 나타내는 반면 적색 LED는 가장 낮은 T_1을 나타냄을 알 수 있다. 질화물계 LED는 더 깊은 우물구조를 갖기 때문에 이송자는 III-V족 인화물구조보다 질화물구조에서 더욱 효과적으로 구속될 수 있다.

참고문헌

Nuese C. J., Tietjen J. J., Gannon J. J., and Gossenberger H. F. "Optimization of electroluminescent efficiencies for vapor-grown GaAsP diodes" *J. Electrochem Soc.: Solid State Sci.* **116**, 248 (1969)

Toyoda Gosei Corporation, Japan, General LED catalogue (2000)

Toyoda Gosei Corporation, Japan, General LED catalogue (2004)

Chapter 6
접합과 이송자온도

접합온도라고 주로 지칭하는 활성영역 결정격자의 온도는 매우 중요한 변수이다. 접합온도는 몇 가지 중요한 현상들과 관련된다.

첫째, 내부 접합온도에 의존한다.
둘째, 고온동작은 소자 수명을 단축시킨다.
셋째, 높은 소자온도는 봉지재를 열화시킨다.

따라서 구동전류의 함수로서 접합온도를 이해하는 것은 바람직하다.

열은 전극, 덮개층, 활성영역에서 생성될 수 있다. 저전류수준에서 전극과 덮개층과 같은 기생 저항에서의 열생성은 작은데 이는 Joule 가열이 I^2R에 의존하기 때문이다. 저전류수준에서 주요한 열원은 비발광 재결합에 의한 활성영역이다. 고전류수준에서 기생 저항의 기여는 증가하며 주도적이게 된다.

접합온도를 측정하는 방법에는 Raman 분광법(Todoroki 외, 1985), 문턱전압법(Abdelkader 외, 1992), 열 저항측정법(Murata와 Nakada, 1992), 광열반사현미경법(Epperlein, 1990), 전기발광법(Epperlein와 Bona, 1993), 광여기발광법(photoluminescence)(Hall 외, 1992) 및 이색광원(dichromatic source)(Gu와 Narendran, 2003)의 피크비에 근거한 비접촉법과 같은 여러 방법들이 있다. 대부분의 방법들은 쉽게 측정할 수 있는 변수로부터 접합온도를 예측하는 간접적인 방법들이다. 이 장에서는 온도에 따른 피크 발광파장의 변동에 근거한 방법과 온도에 따른 다이오드 순전압의 변동에 근거한 방법에 대해 논의한다. 또한 발광 스펙트럼의 고에너지 기울기로부터 이송자온도를 추측할 수 있는 방법을 논의한다.

6.1 이송자온도와 스펙트럼의 고에너지 기울기

발광 스펙트럼의 고에너지 부분에 적용할 수 있는 이송자의 Boltzmann 분포는 발광 강도가 에너지에 대해 지수함수적으로 의존함을 보여준다. 즉,

$$I \propto \exp\left[-h\nu/(kT_c)\right] \tag{6.1}$$

여기서, T_c는 이송자온도이다. 스펙트럼의 고에너지 기울기는 다음과 같다.

$$\frac{d(\ln I)}{d(h\nu)} \propto \frac{-1}{kT_c} \tag{6.2}$$

따라서 기울기로부터 이송자온도를 직접 추측할 수 있다. 활성영역으로 이송자의 고에너지 주입에 기인하여 이송자온도는 접합온도보다 일반적으로 높기 때문에 본 방법은 실제 접합온도에 대해 상한선을 제시한다.

그림 6.1은 GaInN와 AlGaInP LED의 발광파장으로부터 이송자온도를 평가하는 것을 보여준다(Chhajed 외, 2005; Gessmann 외, 2003). 그림을 보면 전류수준에 따라 이송자온도가 증가함을 알 수 있다. 저전류수준에서 GaInN 소자의 이송자온도는 221℃이고 AlGaInP 소자는 212℃이다. 고전류수준에서 GaInN와 AlGaInP LED의 이송자온도는 각각 415℃와 235℃까지 올라간다. 삼원계와 사원계 반도체 합금에서는 합금 퍼짐(alloy-broadening) 효과에 의해 실제 이송자온도보다 과대평가하게 된다.

반도체 합금은 삼원계와 사원계 반도체에서 화학적 조성의 통계적 요동(stasistical fluctuation)에 기인한 합금 퍼짐 때문에 발광파장(고에너지 기울기)을 상당히 퍼지게 한다(Schubert 외, 1984). 합금 퍼짐과 kT-퍼짐(kT-broadening)의 영향을 보정하면 이

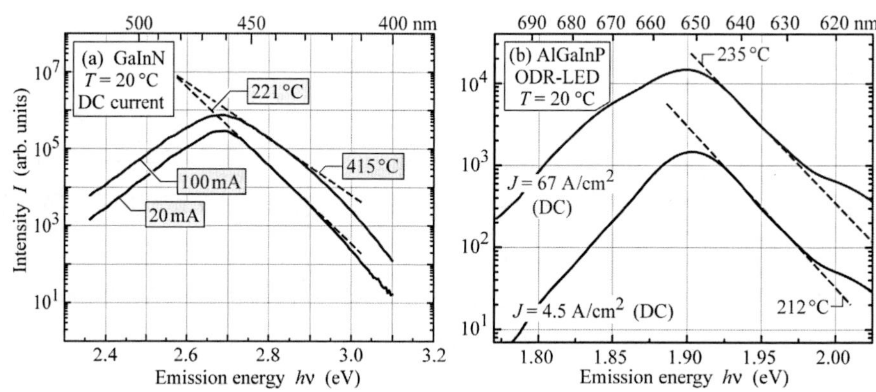

그림 6.1 발광 스펙트럼의 고에너지 기울기로부터 측정한 (a) GaInN 청색 LED, (b) AlGaInP 적색 LED의 이송자온도. 합금 퍼짐 효과에 기인해서 측정된 이송자온도는 실제 이송자온도보다 높게 평가된다(Chhajed 외, 2005; Gessmann 외, 2003).

송자온도를 더욱 정확하게 예측할 수 있다.

GaAs 또는 InP와 같이 이원계 화합물에서 고에너지 기울기를 이용하여 이송자온도를 예측하는 것은 매우 적절하다. 이러한 반도체는 합금 퍼짐을 나타내지 않으므로 고에너지 기울기는 실제 이송자온도를 잘 반영한다.

6.2 접합온도와 피크발광파장

이 방법은 밴드갭 에너지(즉 피크발광파장)의 온도에 대한 의존성을 이용한다. 이 방법은 보정측정(calibration measurement)과 접합온도 측정으로 구성된다. 보정 측정의 경우 소자를 온도조절 오븐에 두고 일반적으로 20℃~120℃ 영역 내의 주변 온도에서 피크 에너지를 측정한다. 소자의 부가적인 가열을 최소화하기 위해 부하연속률(duty cycle) ≪ 1을 가지는 영역의 펄스 전류를 주입한다. 따라서 오븐 내의 온도와 접합온도는 동일하다고 가정할 수 있다. 보정 측정은 전류영역에 대해 접합온도와 발광피크 에너지 관계를 성립시킨다. 그림 6.2(a)은 심자외선(deep UV) LED에 대한 보정 데이터를 보여준다(Xi 외, 2004; 2005).

보정 측정에 이어 DC 주입 전류의 함수로 소자의 피크발광에너지를 상온에서 측정한다. 이후 각각의 전류수준에 대한 접합온도는 보정 데이터를 이용하여 결정할 수 있다. 그림 6.2(b)는 여러 주입 전류에 대한 자외선 LED의 발광 스펙트럼을 보여준다. 보정 측정으로부터 유추된 접합온도를 그림 6.3에 나타내었다.

본 방법의 정확도는 피크파장을 결정하는 능력에 의해 결정된다. 경험적으로 피크파장의 오차범위는 발광선 반치폭의 대략 5~10% 선이다. 합금 퍼짐과 kT-퍼짐 효과에 의해 본 방법의 정확도는 제한적이다.

온도에 대한 발광에너지의 이동은 에너지갭의 온도 의존성에 기인한다. 에너지갭의

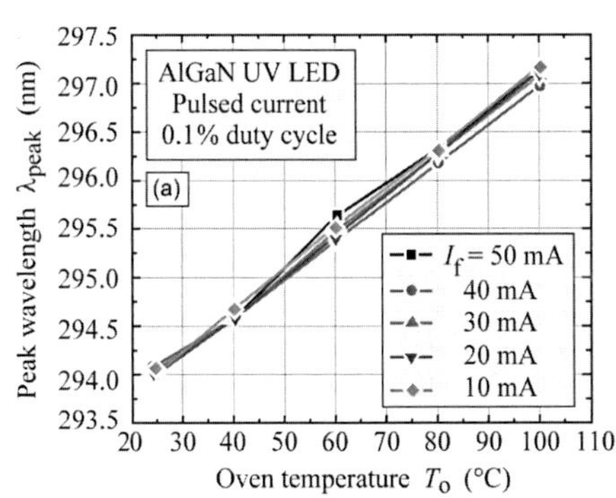

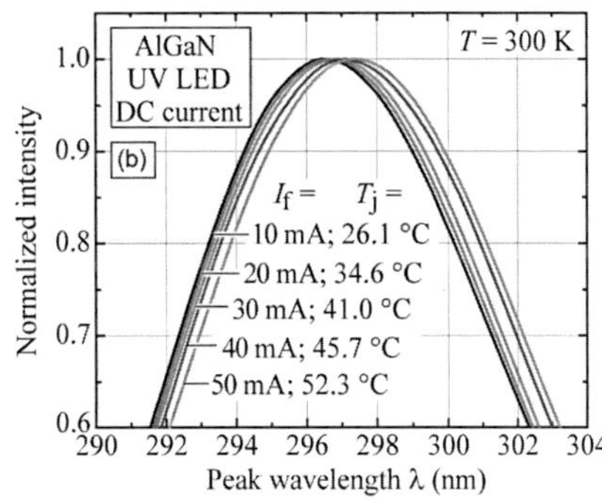

그림 6.2 (a) 0.1%의 부하연속률을 가지는 펄스 전류 주입에 대한 AlGaN UV LED의 피크발광에너지 대비 오븐온도, (b) 여러 DC 전류에 대한 발광 스펙트럼과 접합온도(Xi 외, 2005).

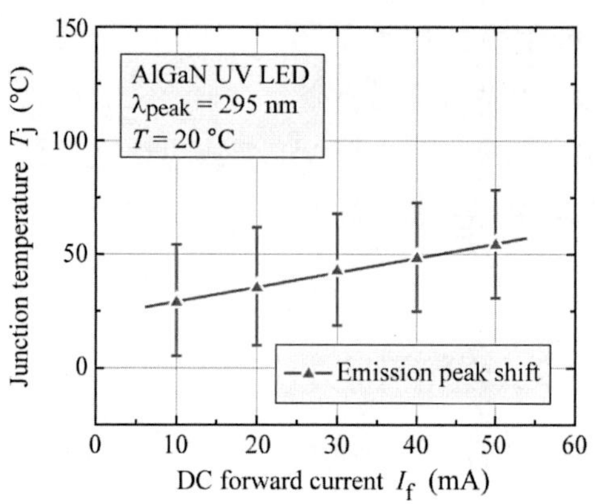

그림 6.3 295 nm에서 발광하는 300 μm×300 μm 심자외선 LED에서 DC 주입전류의 함수로 나타낸 발광피크에너지로부터 얻은 접합온도. 오차 범위는 피크에너지의 불확실성에 기인한다(Xi 외, 2005).

변화는 다음 장에서 논의될 Varshni 상수로부터 계산할 수 있다.

밴드채움효과(band-filling effect)는 보정 측정 결과에 영향을 주어서는 안 된다는 점을 주목해야 한다. 높은 주입전류밀도에서 일어나는 밴드채움으로 인해 피크발광에너지는 더 높은 에너지로 이동한다. 반대로 밴드갭 축소(shrinkage)는 피크발광에너지를 더 낮은 에너지로 이동시킨다. 비록 밴드채움과 접합온도에 의한 이동을 명확히 구별하기는 어렵더라도 일반적인 실험조건에서 전자의 영향은 지배적이다.

6.3 다이오드 순전압의 온도 의존성 이론

여기에서 소개하는 순전압의 온도 의존성에 대한 식 유도는 Xi 등(2004; 2005)에 의해 처음으로 시도된 분석을 따른다. 이상적인 p-n 접합 다이오드의 I-V 특성은 Shockley 방정식에 의해 주어진다.

$$J = J_s\left(e^{e V_F/(n_{ideal} kT)} - 1\right) \tag{6.3}$$

여기서, J_s는 포화 전류밀도이다. 비축퇴된 반도체의 경우 순바이어스 조건에서 $V_f \gg kT$이므로 다음을 얻는다.

$$\frac{dV_f}{dT} = \frac{d}{dT}\left[\frac{n_{ideal} kT}{e} \ln\left(\frac{J_f}{J_s}\right)\right] \tag{6.4}$$

포화 전류밀도는 전자와 정공의 확산계수, 전자와 정공의 수명, 전도대와 가전자대 가장자리에서의 유효상태밀도, 밴드갭 에너지에 의존하는데 이들 모두는 접합온도에 영향을 받는다. 유효상태밀도는 $N_{c,v} \propto T^{3/2}$의 온도 의존성을 보인다. 이송자 이동도는 포논산란을 가정하면 $\mu \propto T^{-3/2}$의 온도 의존성을 보인다. 확산계수는 Einstein 관계식으로부터 $D \propto T^{-1/2}$의 온도 의존성을 보임을 알 수 있다. 소수이송자 수명은 온도에 따라 감소하거나(비발광 재결합) 증가(발광 재결합)할 수 있다. 이러한 불확실성 때문에 소수이송자 수명은 온도에 독립적이라고 가정된다. 식 (6.4)에서 이러한 온도 의존성을 이용하고 미분을 실시하면

$$\boxed{\frac{dV_f}{dT} = \frac{eV_f - E_g}{eT} + \frac{1}{e}\frac{dE_g}{dT} - \frac{3k}{e}} \tag{6.5}$$

이 식은 순전압의 근본적인 온도 의존성을 보여준다. 식 오른쪽 부분의 첫째, 둘째, 셋째 항은 각각 고유이송자농도, 밴드갭 에너지, 유효상태밀도의 온도 의존성에 기인한다. 이 식은 더 이른 dV_f/dT의 유도(Millman와 Halkias, 1972)에서는 고려되지 않았던 밴드갭 에너지의 온도 의존성을 포함한다.

LED는 일반적으로 내부형성(built-in) 전압, 즉 $V_f \approx V_{bi}$에 근접한 순전압에서 동작된다. 따라서 비축퇴된 도핑농도에 대해서 다음처럼 쓸 수 있다.

$$eV_f - E_g \approx kT\ln\left(\frac{N_D N_A}{n_i^2}\right) - kT\ln\left(\frac{N_c N_v}{n_i^2}\right) = kT\ln\left(\frac{N_D N_A}{N_c N_v}\right) \tag{6.6}$$

식 (6.5)의 오른쪽 두 번째 항은 밴드갭 에너지의 변화에 기인한다. 온도가 증가함에 따라 반도체의 에너지갭은 일반적으로 감소한다. 반도체 에너지갭의 온도 의존성은 Varshni 공식을 이용해 나타낼 수 있다.

$$\boxed{E_g = E_g\Big|_{T=0K} - \frac{\alpha T^2}{T+\beta}} \tag{6.7}$$

여기서, α와 β는 Varshni 상수로 종종 지칭되는 맞춤변수(fitting parameter)이다. 몇 개의 반도체에 대한 밴드갭 에너지 대비 온도 그래프를 α와 β값과 함께 그림 6.4에 나타내었다. Ioffe(2004)에 의해 편집된 몇 개의 반도체에 대한 Varshni 상수를 표 6.1에 나타내었다. 식 (6.6)과 (6.7)를 식 (6.5)로 치환하면

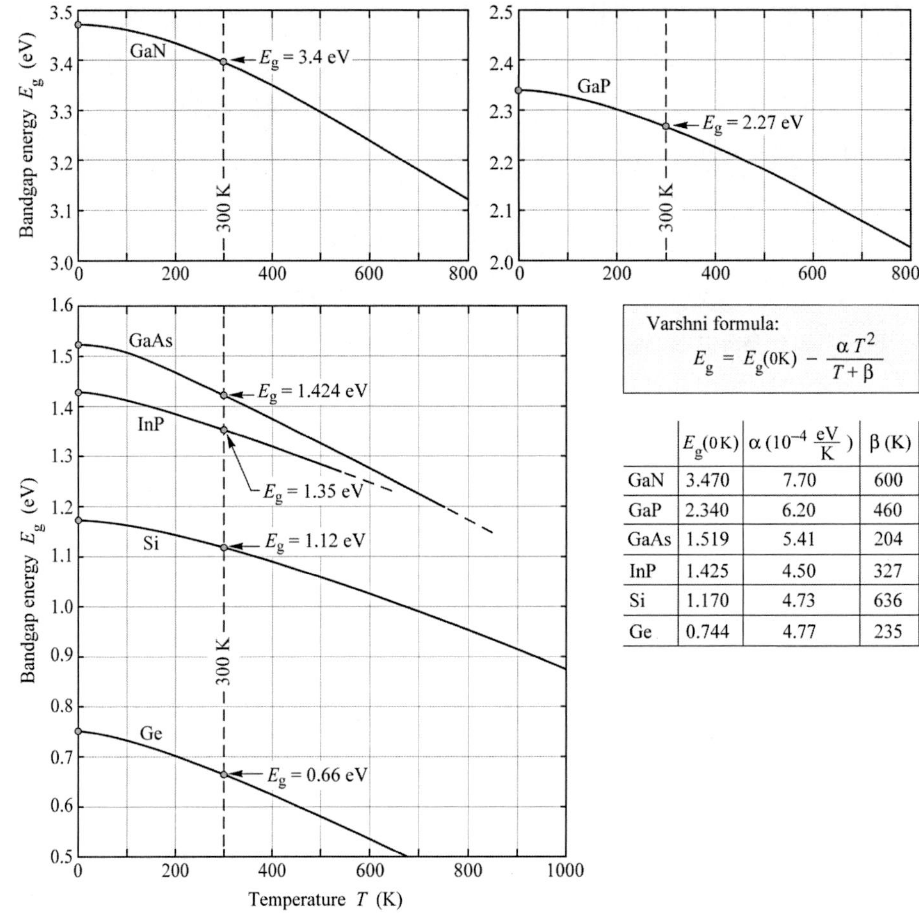

	E_g(0K)	α (10^{-4} $\frac{\text{eV}}{\text{K}}$)	β (K)
GaN	3.470	7.70	600
GaP	2.340	6.20	460
GaAs	1.519	5.41	204
InP	1.425	4.50	327
Si	1.170	4.73	636
Ge	0.744	4.77	235

그림 6.4 온도의 함수로 나타낸 GaN, GaP, GaAs, InP, Si, Ga의 기본적인 밴드갭 에너지. 밴드갭 에너지는 맞춤변수 α와 β를 적용한 Varshni 공식에 의해 근사된다(2004, Ioffe에 의해 데이터 정리됨).

$$\frac{dV_f}{dT} \approx \underbrace{\frac{k}{e}\ln\left(\frac{N_D N_A}{N_c N_v}\right)}_{\substack{\text{due to } T \\ \text{dependence} \\ \text{of } n_i}} - \underbrace{\frac{\alpha T(T+2\beta)}{e(T+\beta)^2}}_{\frac{1}{e}\frac{dE_g}{dT}} - \underbrace{\frac{3k}{e}}_{\substack{\text{due to } T \\ \text{dependence} \\ \text{of DOS}}} \tag{6.8}$$

이 식은 순전압의 온도계수에 대한 매우 유용한 표현이다.

GaN 다이오드에 대해 Xi 등(2004; 2005)은 실험적인 값 -2.3 mV/K와 매우 잘 일치하는 -1.76 mV/K의 계산된 dV_f/dT 값을 보고하였다. 이론과 실험치 사이의 차이는 중성영역에서 비저항의 온도계수에 기인하는데 온도계수는 온도가 증가함에 따라 도핑이 활성화되어 감소한다.

77 K와 상온에서 I-V 특성을 보여주는 그림 6.5로부터 GaPAs/GaAs LED의 온도 의존성을 알 수 있다. 그림에서 다이오드가 냉각됨에 따라 다이오드 직렬 저항이 증가할 뿐만 아니라 문턱전압이 증가함을 보여준다. 만약 소자가 1.9 V와 같은 일정한 전압에서 구동되었다면 급격한 전류 변화는 온도 변화에 기인할 것이다.

표 6.1 일반적인 반도체의 Varshni 상수

Semiconductor	E_g at 0K(eV)	$\alpha\,(10^{-4}$eV/K)	β(K)	Validity range
AlN(wurtzite)	6.026	18.0	1462	$T \leq 300$ K
GaN(wurtzite)	3.47	7.7	600	$T \leq 600$ K
GaP	2.34	6.2	460	$T \leq 1{,}200$ K
GaAs	1.519	5.41	204	$T \leq 1{,}000$ K
GaSb	0.813	3.78	94	$T \leq 300$ K
InN(wurtzite)	1.994	2.45	624	$T \leq 300$ K
InP	1.425	4.50	327	$T \leq 800$ K
InAs	0.415	2.76	83	$T \leq 300$ K
InSb	0.24	6.0	500	$T \leq 300$ K
Si	1.170	4.73	636	$T \leq 1{,}000$ K
Ge	0.744	4.77	235	$T \leq 700$ K

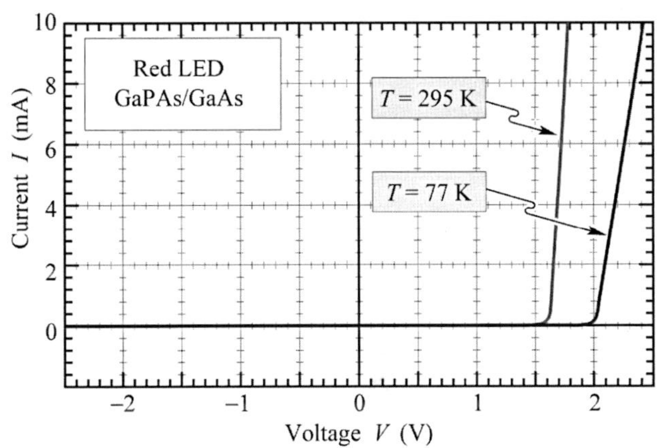

그림 6.5 77 K와 295 K에서 측정한 가시광 스펙트럼의 적색 부분에서 발광하는 GaAsP/GaAs LED의 전류-전압 특성. 문턱전압은 77 K와 295 K에서 각각 2.0과 1.6 V이다.

Exercise

다이오드 순전압의 온도 의존성

GaAs 다이오드에서 실험적으로 측정된 선형 온도계수는 1.2에서 1.4 mV/K 영역이다. 상온에서 $N_A = N_D = 2 \times 10^1\ \text{cm}^{-3}$을 가지는 GaAs 다이오드 순전압의 선형 온도계수를 계산하라. 만약 주변 온도가 20℃~40℃로 증가하고 다이오드 내부가열을 무시한다면 순전압 감소는 얼마인가?

[해답] $\alpha = 5.41 \times 10^{-4}$ e/K, $\beta = 204$ K를 가지는 GaAs의 상온 $dV_f/dT =$ -1.09 mV/K이다. 20℃ 온도 증가에 대한 다이오드의 전압 감소는 $\Delta V_f = 21.9$ mV이다.

6.4 순전압을 이용한 접합온도의 측정

본 방법은 펄스 전류 주입하에서 V_f 보정 측정과 DC-전류 주입하에서의 V_f 측정으로 구성된다. 두 가지 측정법을 그림 6.6에 나타내었다. 보정 측정에서 평가용 소자를 온도 조절된 오븐에 넣음으로서 소자와 접합의 온도를 알 수 있다. 온도는 일반적으로 20℃~120℃까지 변화시킨다. 보정 측정은 매우 작은 부하연속률(예; 0.1%)을 가지는 펄스모드에서 수행하기 때문에 주입 전류에 의한 열 발생은 무시할 수 정도로 작아진다. 관심이 있는 전류수준에 대해 각각의 온도에서 순전압을 측정한다. 보정 측정은 순전압과 관심을 가지는 I_f 수준에 대한 접합온도 사이의 관계를 만든다.

이어서 소자를 상온에 두고 DC 전류를 연속적으로 가한다. 소자가 열적 정상상태에 도달하면 순전압을 한 번 측정한다. 측정된 DC 순전압과 보정 측정 데이터는 다른 전류수준에 대한 접합온도를 확보하는데 사용된다. AlGaN 심자외선 LED의 보정 측정 및 접합온도 측정에 대한 결과를 그림 6.7에 나타내었다.

종래의 5 mm 패키지에 조립된 적색(AlGaInP, λ=25 nm), 녹색(GaInN, λ=525 nm), 청색(GaInN, λ=460 nm) 및 자외선(GaInN, λ=370 nm)을 포함하는 소자들의

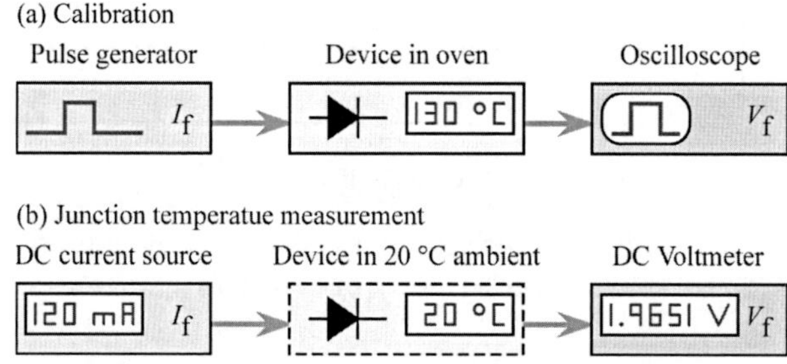

그림 6.6 (a) 순전압-접합온도(V_f-T_j) 관계를 세우기 위한 펄스 보정 측정 순서, (b) 여러 DC 순전류에 대한 접합온도의 측정.

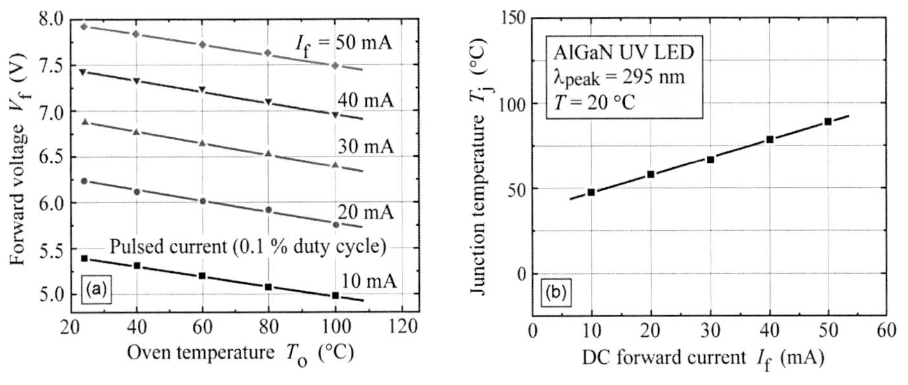

그림 6.7 AlGaN UV LED에 대한 (a) 펄스 보정 측정(부하연속률 0.1 %), (b) DC 전류 대비 접합온도 (T_j) (Xi 외, 2005).

접합온도를 그림 6.8에 나타내었다(Chhajed 외, 2005). 순전압 방법은 몇 ℃ 내로 정확하다. V_f 방법은 피크파장법보다 더욱 정확하다. 피크파장법은 발광대역이 넓어지면 피크파장을 정확히 결정하기가 난해하므로 정확도에 한계가 있다. 또한 스펙트럼의 고에너지 기울기로부터 유도된 이송자온도를 그림에 나타내었다. 합금 퍼짐에 의해 고에너지 기울기를 감소시키므로 이송자온도의 정확도는 떨어진다(이송자온도를 명확히 증가시킨다).

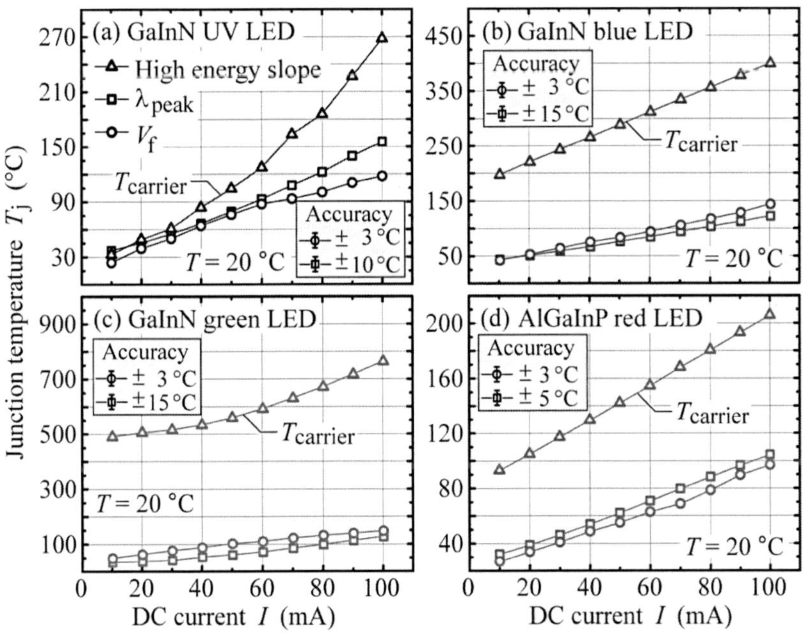

그림 6.8 종래 5 mm LED 패키지의 DC 주입 전류에 대한 소자의 접합 및 이송자온도. 측정된 이송자온도는 합금 퍼짐현상 때문에 실제 이송자온도보다 높다(Chhajed 외, 2005).

6.5 고정 전류와 고정전압 DC 구동회로

정상상태조건에서 동작하는 LED의 DC 구동회로를 설계하는데 제작의 단순성, 구동회로 비용, 출력효율, LED 발광강도의 온도 의존성에 대한 보정과 같은 여러 고찰이 필요하다.

단순한 구동회로는 배터리나 변압기의 정류된 AC 출력과 같은 고정전압원(constant-voltage supply)이다. 그러나 LED의 고정전압 구동에는 두 가지 단점이 있다. 첫째, 다이오드 전류는 전압에 지수함수적으로 의존하므로 구동전압을 조금 변동시켜도 전류는 크게 변한다. 둘째, 다이오드 문턱전압은 온도에 의존하며 온도가 조금만 변해도 전류를 크게 변하게 한다. 그림 6.9는 다이오드의 고정전압 동작특성을 보여준다.

저항이 다이오드와 직렬로 연결되어 있으면 다이오드 전류의 강한 온도 의존성은 감소된다. 직렬 저항은 다이오드의 온도 의존성뿐만 아니라 다이오드 전류의 온도계수를 결정한다.

고정 전류에서 구동되는 다이오드의 발광강도는 온도가 증가함에 따라 감소한다. 직렬 저항을 가지는 고정전압원(power supply)은 발광강도의 온도 의존성을 감소시키기 위해 사용될 수 있다. LED의 발광강도는 일반적으로 비발광 재결합에 기인해서 온도가 증가함에 따라 감소한다. 또한, 문턱전압은 온도가 증가함에 따라 감소한다. 그러나 고정전압원에서 다이오드 전류는 그림 6.9에 보여진 바와 같이 온도가 증가함에 따라 증가한다. 따라서 높은 온도에서 발광강도 감소를 보상하기 위해 직렬 저항을 사용할 수 있다. 전기-광출력 변환효율은 직렬 저항에서 소모되는 출력에 기인해서 감소함을 주목해야 한다.

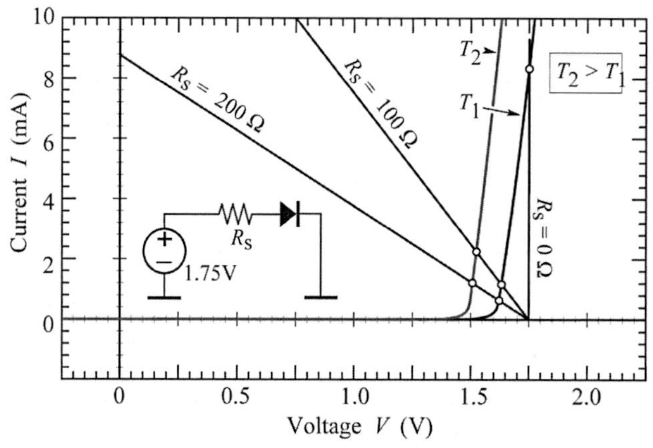

그림 6.9 R_s 직렬 저항을 가진 LED 구동회로. 다이오드 I–V 특성과 부하선의 교점이 구동점이다. 작은 직렬 저항은 높은 온도에서 다이오드 전류를 증가시켜서 낮은 LED의 발광효율을 보상한다.

옥외 응용에 사용되는 LED에 대해서 발광강도의 온도 의존성은 중요한 요소이다. 뜨거운 여름 낮에 온도와 주변 광도는 높다. 높은 온도 때문에 LED 강도는 저하된다. 또한 높은 주변 광도 때문에 고휘도가 필요하다. 이러한 환경에서는 온도가 증가함에 따라 더 높은 전류로 LED를 구동함으로써 해결할 수 있다.

고정 전류 구동회로는 부하로서의 LED와 트랜지스터로 구성할 수 있다. 고정 전류 구동회로는 LED를 다이오드 문턱전압과 다이오드 온도에 상관없이 구동할 수 있도록 해준다. 그러나 고정 전류 구동회로는 고온에서 LED 발광강도의 감소를 보상하지는 않는다.

Exercise

구동회로를 가지는 LED의 온도 의존성의 보상

특성온도 $T_1 = 100\text{ K}$, 20℃에서 1.4 V의 턴온전압, -2.1 mV/K의 턴온전압의 온도계수, 턴온전압보다 더 큰 순전압에 대해 5 Ω의 미분 저항을 가지는 선형 I-V 특성을 가지는 LED를 고려하라. 발광강도의 온도 의존성은 $I = I|_{300K}\ \exp[-(T-300K)/T_1]$로 주어짐을 가정하라.

LED 발광강도의 온도 의존성을 보상함으로써 물의 어느 점(0℃)과 60℃에서 같게 되는 고정전압원과 저항으로 구성되는 구동회로를 설계하라. LED는 어느 점에서 20 mA로 구동된다.

해답 60℃에서 발광강도를 온도에 독립적으로 유지하기 위해서 36.4 mA의 전류가 필요하다. 0℃, 20 mA에서의 다이오드 I-V 특성과 60℃, 36.4 mA에서 다이오드 I-V 특성을 교차시키는 부하선을 구축하면 $V = 1.6\text{ V}$와 직렬 저항 2.7 Ω을 가지는 고정전압원으로 구성된 구동회로가 필요하다.

참고문헌

Abdelkader H. I., Hausien H. H., and Martin J. D. "Temperature rise and thermal rise-time measurements of a semiconductor laser diode" *Rev. Sci. Instrum.* **63**, 2004 (1992)

Chhajed S., Xi Y., Li Y.-L., Gessmann Th., and Schubert E. F. "Influence of junction temperature on chromaticity and color rendering properties of trichromatic white light sources based on light emitting diodes" *J. Appl. Phys.* **97**, 054506 (2005)

Epperlein P. W. "Reflectance modulation a novel approach to laser mirror characterization" in *Proceedings of 17th International Symposium of Gallium Arsenide and Related Compounds,* IOP Conference Series, IOP, London, **112**, 633 (1990)

Epperlein P. W. and Bona G. L. "Influence of the vertical structure on the mirror facet temperatures of visible GaInP quantum well lasers" *Appl. Phys. Lett.* **62**, 3074 (1993)

Gessmann Th., Schubert E. F., Graff J. W., Streubel K., and Karnutsch C. "Omni-directionally reflective contacts for light-emitting diodes" *IEEE Electr. Dev. Lett.* **24**, 683 (2003)

Gu Y. and Narendran N. "A non-contact method for determining junction temperature of phosphorconverted white LEDs" *Third International Conference on Solid State Lighting, Proceedings of SPIE,* San Diego, Calif., 2003 (to be published) see also J. Taylor "Non-intrusive techniques help to predict the lifetime of LED lighting systems" *Compound Semiconductors* October (2003)

Ioffe Physico-Technical Institute (Saint Petersburg, Russia) "Physical properties of semiconductors" www.ioffe.ru/SVA/NSM/Semicond (2004)

Hall D. C., Goldberg L., and Mehuys D. "Technique for lateral temperature profiling in optoelectronic devices using a photoluminescence microprobe" *Appl. Phys. Lett.* **61**, 384 (1992)

Millman J. and Halkias C. *Integrated Electronics: Analog and Digital Circuits and Systems* (McGraw-Hill, New York, 1972)

Murata S. and Nakada H. "Adding a heat bypass improves the thermal characteristics of a 50 μm spaced 8-beam laser diode array" *J. Appl. Phys.* **72**, 2514 (1992)

Rommel J. M., Gavrilovic P. and Dabkowski F. P. "Photoluminescence measurement of the facet temperature of 1 W gain-guided AlGaAs/GaAs laser diodes" *J. Appl. Phys.* **80**, 6547 (1996)

Schubert E. F., Gobel E. O., Horikoshi Y., Ploog K., and Queisser H. J. "Alloy broadening in photoluminescence spectra of AlGaAs" *Phys. Rev.* **B30**, 813 (1984)

Todoroki S., Sawai M., and Aiki K. "Temperature distribution along the striped active region in highpower GaAlAs visible lasers" *J. Appl. Phys.* **58**, 1124 (1985)

Varshni Y. P. "Temperature dependence of the energy gap in semiconductors" *Physica* **34**, 149 (1967)

Xi Y. and Schubert E. F. "Junction-emperature measurement in GaN ultraviolet light-emitting diodes using diode forward-voltage method" *Appl. Phys. Lett.* **85**, 2163 (2004)

Xi Y., Xi J.-Q., Gessmann T., Shah J. M., Kim J. K., Schubert E. F., Fischer A. J., Crawford M. H., Bogart K. H. A., and Allerman A. A. "Junction temperature measurements in deep-UV light-emitting diodes" *Appl. Phys. Lett.* **86**, 031907 (2005)

Chapter 7

내부효율을 높이기 위한 소자구조

높은 내부 양자효율을 얻기 위해서는 두 가지의 일반적인 접근법이 있다. 첫 번째는 발광 재결합 확률을 높이는 것이고, 두 번째는 비발광 재결합 확률을 낮추는 것이다. 지금부터는 높은 내부 양자효율을 얻기 위하여 적용되는 여러 가지 방법들에 대하여 설명하겠다.

7.1 이중 이종접합구조

이분자 속도식으로부터 유도된 이송자의 수명을 보면, 높은 여기수준과 낮은 여기수준 모두에서 자유이송자의 농도가 증가하면 발광 재결합 속도가 올라간다는 점을 알 수 있다. 따라서 기본적으로는 발광 재결합이 일어나는 영역에서 이송자농도를 높여주는 것이 중요하다. 이중 이종접합구조(double heterostructure, DH 구조)는 그런 높은 이송자농도를 구현하는데 매우 훌륭한 방법 중 하나이다.

DH 구조는 재결합이 일어나는 활성층과 이를 감싸고 있는 두 개의 덮개층, 즉 구속층으로 구성되어 있다. 그림 7.1에는 DH 구조의 LED를 도식적으로 보여주고 있는데, 두 개의 구속층은 활성층보다 더 큰 밴드갭을 가지고 있는 물질로 구성된다. 활성층과 구속층 간의 밴드갭 차이를 ΔE_g라고 할 때, 전도대와 가전자대에서도 밴드의 불연속성이 존재할 것이고 두 불연속성의 합은 다음과 같이 ΔE_g와 같다.

$$E_g|_{\text{cladding}} - E_g|_{\text{active}} = \Delta E_g = \Delta E_C + \Delta E_V \tag{7.1}$$

ΔE_C와 ΔE_V는 전도대와 가전자대의 밴드 불연속 값인데, 활성층에 있는 이송자가 구속층으로 벗어나지 않도록 하기 위해서는 이 값들이 열에너지에 해당하는 kT보

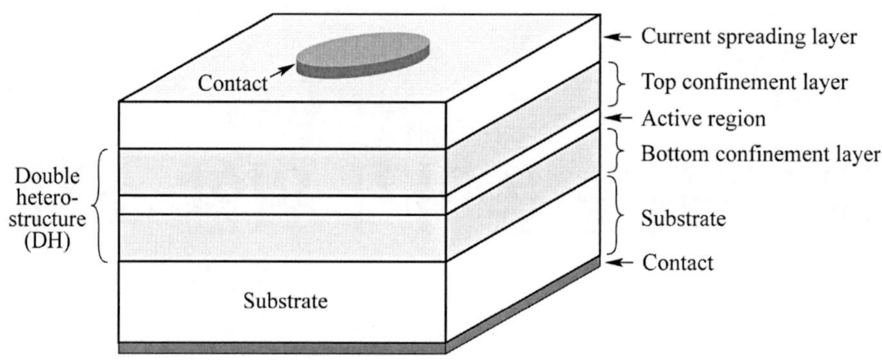

그림 7.1 기판과 활성층인 양자우물로 구성된 DH 구조의 모식도. 구속층은 흔히 덮개층으로 불린다.

다 훨씬 더 커야 한다.

DH 구조에 의해서 이송자농도가 어떻게 변화되는지를 그림 7.2에 도식적으로 나타내었다. 동종접합(homojunction)의 경우에는 순바이어스를 가해주었을 때 전자와 정공은 접합면 쪽으로 확산해 온다. 그림 7.2(a)와 같이 소수이송자는 전자와 정공의 확산거리보다 먼 곳까지 확산하여 분포하게 되는데, III-V족 화합물반도체의 경우 이 확산거리는 보통 10 μm 정도 또는 그 이상으로 길다.

거리에 따른 이송자의 분포도는 열에너지에 의한 확산으로 일정 너비를 가지게 되므로, 분포도 곡선의 끝부분처럼 멀리 확산되어 퍼지는 이송자까지도 생겨난다. 결국 그로 인하여 활성층의 이송자농도는 낮아지게 되는데 이러한 현상은 DH 구조를 도입함으로써 억제할 수 있다. 그림 7.2(b)에서와 같이 구속층 장벽의 높이가 열에너지 kT보다 훨씬 더 크다면 이송자는 활성층에 대부분 구속되어 있게 된다. 사실상 오늘날의 모든 고효율 LED는 이러한 DH 구조의 디자인을 기본으로 하고 있다고 해도 과언이 아니다.

DH 구조는 활성층의 두께가 비교적 두꺼운 경우뿐만 아니라 매우 얇은 양자우물구

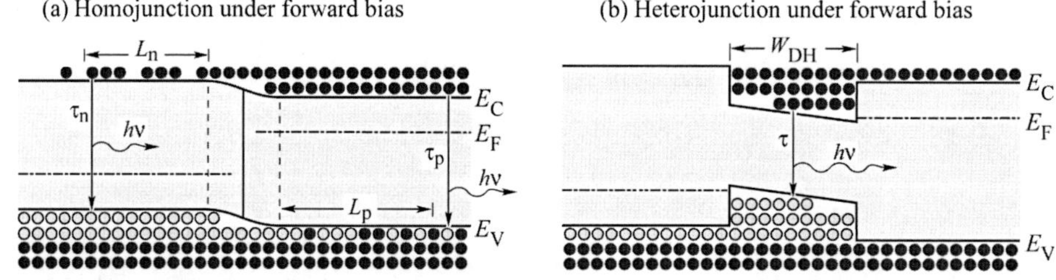

그림 7.2 순바이어스 전압을 걸어주었을 때, (a) 동종접합과 (b) 이종접합에서의 자유이송자의 분포. 동종접합에서 소수이송자는 전자와 정공의 확산거리를 넘어선 곳까지 확산하여 분포하게 된다. 이종접합에서 이송자는 우물층에 구속되어 있다.

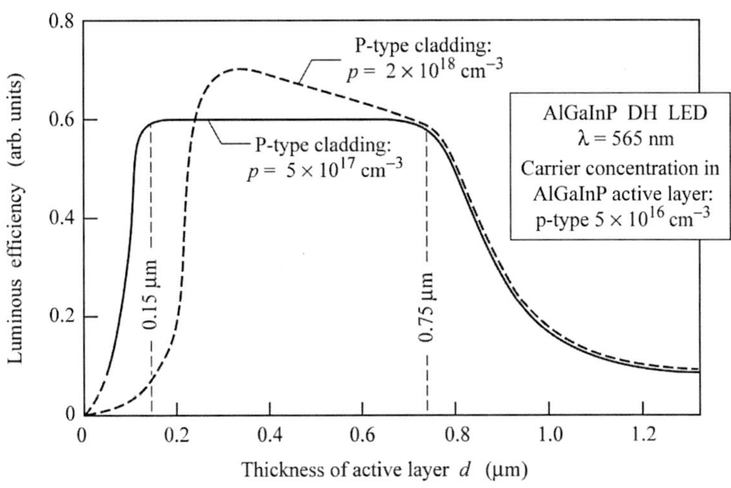

그림 7.3 565 nm AlGaInP DH 구조 LED에서 활성층의 두께에 대한 발광효율의 의존성. 그림으로부터 최적의 활성층 두께는 0.15~0.75 μm임을 알 수 있다(Sugawara 외, 1992).

조에서도 적용되고 있다. 양자우물의 활성층은 좁은 우물영역에 더욱 이송자를 효과적으로 구속하게 되는데, 그 결과 활성층 내에 이송자밀도가 높아져 내부 양자효율이 크게 향상된다. 반면에 우물층들 사이에 높은 장벽층이 있기 때문에 이웃하고 있는 우물층들 간의 이송자 흐름이 방해될 수도 있다. 따라서 다중 양자우물구조의 경우에 활성층에서 우물층들 간의 효율적인 이송자 흐름을 보장하고 활성층 내 이송자의 분포를 균일하게 하기 위해서는 장벽층의 높이가 열에너지에 영향을 받지 않는 선에서 충분히 낮아야 하고 또한 이송자의 흐름을 보장할 정도로 충분히 얇아야 한다.

DH 구조에서 활성층의 두께는 LED의 내부 양자효율에 큰 영향을 준다. 활성층이 두꺼운 경우에는 통상적으로 수십 μm 정도이고, 양자우물구조에서는 수~수십 nm 수준으로 훨씬 더 얇다. 그림 7.3은 활성층의 두께에 따른 소자효율의 의존성을 보여주고 있는데(Sugawara 외, 1992), 표시된 바와 같이 AlGaInP 활성층의 두께는 0.15~0.75 μm에서 최적임을 알 수 있다.

DH 구조에서 활성층이 너무 두꺼워 그 너비가 이송자의 확산거리보다 넓다면, DH 구조의 이점이 사라져 이송자가 동종접합에 있는 상황과 다를 바 없게 된다. 반면에 DH 구조의 활성층이 너무 얇다면, 높은 전류를 주입하는 경우에 활성층의 전자준위가 다 차서 밖으로 이송자가 넘쳐흘러 버릴 수도 있다.

7.2 활성층의 도핑

활성층과 구속층에 불순물을 첨가하면 DH 구조 LED의 내부효율에 다방면으로 영향을 준다. 먼저 활성층에 불순물을 첨가하는 경우를 생각해보자.

III-V족 비소화물과 인화물의 DH 구조 LED의 경우에 활성층에 과도하게 도핑하는 것은 반드시 피해야 한다. 반도체가 p형이나 n형으로 지나치게 도핑되면 우물영역의 끝부분, 즉 활성층과 구속층의 계면에 국부적인 p-n 접합이 형성되고 그로 인하여 이송자는 구속층 중 한쪽으로 넘쳐흐르게 된다. 이처럼 덮개층으로 이송자가 확산해가면 LED의 발광효율은 감소하게 된다. 따라서 III-V족 비소화물과 인화물 DH LED의 경우 활성층에 과도하게 도핑하는 일은 거의 없다.

그러므로 구속층에 첨가한 불순물농도보다 더 낮은 수준으로 활성층에 불순물을 첨가하거나 또는 첨가하지 않은 상태로 남겨둘 필요가 있다. 활성층에 의도적으로 도핑하는 경우에 불순물농도는 흔히 1 cm^3당 10^{16}~10^{17} 초반 정도에 머무르지만, 보통 활성층은 도핑하지 않은 상태로 두는 것이 일반적이다.

보통 III-V족 화합물반도체에서는 정공보다 전자의 이동도가 더 높아서 전자의 소수이송자 확산거리가 더 길기 때문에 활성층에는 n형 도핑보다는 p형 도핑을 하는 것이 더 일반적이다.

따라서 활성층을 p형으로 도핑하면, 활성층 전체에 이송자 분포를 보다 균일하게 유지할 수 있다. 그림 7.4는 565 nm AlGaInP DH 구조 LED에서 활성층의 도핑농도에 대한 발광효율의 의존성을 보여주고 있다(Sugawara 외, 1992). 그림을 보면 n형 도핑농도가 5×10^{16} cm^{-3}이고 p형 도핑농도가 1×10^{17} cm^{-3}일 때 가장 높은 양자효율을 보여주고 있음을 알 수 있다.

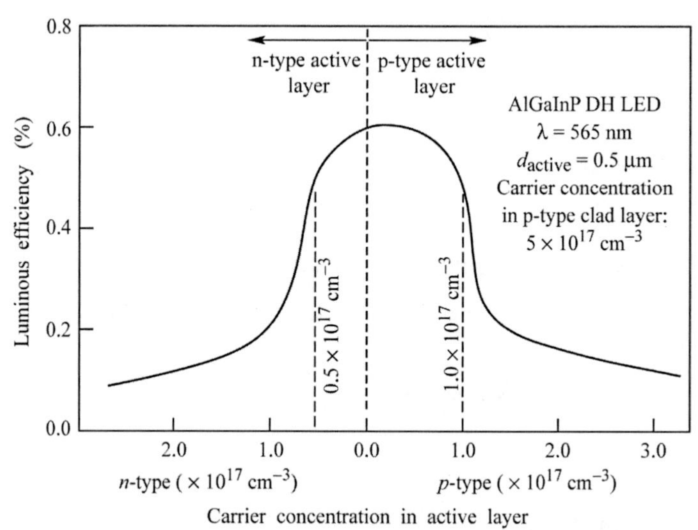

그림 7.4 565 nm AlGaInP DH 구조 LED에서 활성층의 불순물농도에 대한 발광효율의 의존성 (Sugawara 외, 1992).

또한 그림 7.4는 활성층을 낮은 불순물 농도의 p형으로 한 경우가 n형인 경우보다 더 낫다는 것을 보여준다. 그러므로 대부분의 LED와 레이저의 활성층은 도핑이 되어 있다면 p형으로 되어 있다. 만약 활성층이 n형으로 되어 있다면, 확산거리가 더 긴 전자가 p형의 구속층으로 더 쉽게 확산되어 들어갈 수 있을 것이다.

확산영역에 의도적으로 도핑하는 것은 이득이 될 수 있지만 또한 불리할 수도 있다. 이송자 수명은 다수이송자의 농도에 영향을 받는데, 낮은 여기수준에서는 발광 이송자 수명이 자유이송자의 농도, 즉 첨가된 불순물의 농도가 증가함에 따라 줄어들기 때문에 그 결과 발광효율이 증가한다. 불순물의 농도가 증가함에 따라 발광효율이 증가하는 재료로는 Be이 도핑된 GaAs가 있다. 이 경우 적정한 불순물 농도영역에서 Be의 농도가 증가함에 따라 소자의 발광효율은 증가한다.

반면에 높은 농도로 도핑한 경우에는 첨가한 원자들이 불순물 결함과 같은 비발광 재결합원으로도 작용할 수도 있다. 또한 의도적으로 높은 농도의 불순물을 첨가한 경우에 그로 인하여 추가로 발생되는 고유결함 및 비고유결함의 농도가 Fermi 준위의 위치에 영향을 주게 되므로, 결국 고유결함의 농도가 증가되는 결과를 초래한다(Longini and Greenem 1956; Baraff와 Schluter, 1985; Walukiewicz, 1988, 1989, 1994; Neugebauer와 Van de Walle, 1999).

반도체의 에피성장도 마찬가지로 첨가된 불순물에 영향을 받을 수 있다. 불순물로 첨가된 원자들은 표면활성제(surfactant), 즉 표면을 활성화하는 물질로 작용할 수 있다. 예를 들어, 표면활성제는 표면확산계수를 증가시켜 박막의 결정성을 보다 향상할 수 있다. 표면활성제는 성장과정에 다양한 영향을 주는데, 일반적으로 그 작용 메커니즘에 대해서는 자세히 이해되고 있지는 않다. 그러나 수많은 예에서 표면활성제가 결정성을 향상했음을 확인할 수 있다. 예를 들면 GaInN 박막을 성장시킬 때 Si을 불순물로 첨가함으로써 막의 결정성을 눈에 띄게 향상했다는 보고가 있었다(Nakamura 외, 1996, 1998). 실제로 질화물반도체의 다중 양자우물구조(multiple quantum well structure, MQW 구조)에서는 보통 양자장벽(quantum barrier)에 실리콘을 2×10^{18} cm^{-3}의 높은 수준으로 첨가하는데, 이렇게 하면 내부의 분극장(polarization field)이 차단되어 활성층 내의 전체 포텐셜이 감소하기 때문에 LED 소자의 효율이 증가한다.

7.3 p-n 접합의 위치이동

반도체에서 p-n 접합의 위치가 의도된 위치로부터 덮개층으로 넘어가 버리는 것은 DH 구조 LED에서 매우 심각한 문제가 될 수 있다. 보통 하부 덮개층은 n형으로, 상부 덮개층은 p형으로 되어 있고, 활성층은 도핑되어 있지 않거나 n형 또는 p형으로 약하게 도핑되어 있다. 그러나 소자의 온도가 올라 열에너지에 의한 확산으로 도핑된 불순물들의 재분포가 일어난다면, p-n 접합의 위치가 구속층 쪽으로 이동해 버릴 수도 있다. 특히 반도체 내에서 불순물 원자가 강하게 확산되면 p-n 접합의 위치가 크게 이동하게 되는데, 이 현상은 박막의 성장온도가 높거나 고온상태에서 성장시간이 길면 일어날 수 있다. 이처럼 첨가된 불순물은 확산이나 편석(segregation), 표동(drift)에 의하여 반도체 내에서 재분포될 수 있다.

보통 위쪽에 있는 구속층의 억셉터가 활성층으로, 또는 더 아래쪽의 구속층까지도 확산해 갈 수 있다. Zn와 Be과 같은 불순물은 크기가 작은 원자들이므로 결정격자 내부에서 쉽게 확산해 갈 수 있다. 게다가 Zn와 Be의 확산계수는 도핑농도에 크게 영향을 받는 것으로 알려졌는데, 만약 어떤 임계농도를 넘어서면 Zn와 Be 억셉터는 매우 빠르게 확산하여 결국 소자는 잘 동작하지 않게 하거나 원하는 파장의 빛이 나오지 않게 한다.

그 예로서 그림 7.5에는 GaInAsP/InP DH 구조에서 깊이에 따른 Zn의 농도분포를 이차이온질량분석기(secondary ion mass spectrometry, SIMS)로 분석한 결과를 보여주고 있다. 그림 7.5(a)에서 위쪽 구속층은 의도적으로 2×10^{17} cm^{-3}의 적정한 농도로 도핑되어 있다. 이 경우에 Zn의 농도분포를 보면 약간의 Zn가 확실히 활성층으로 확산

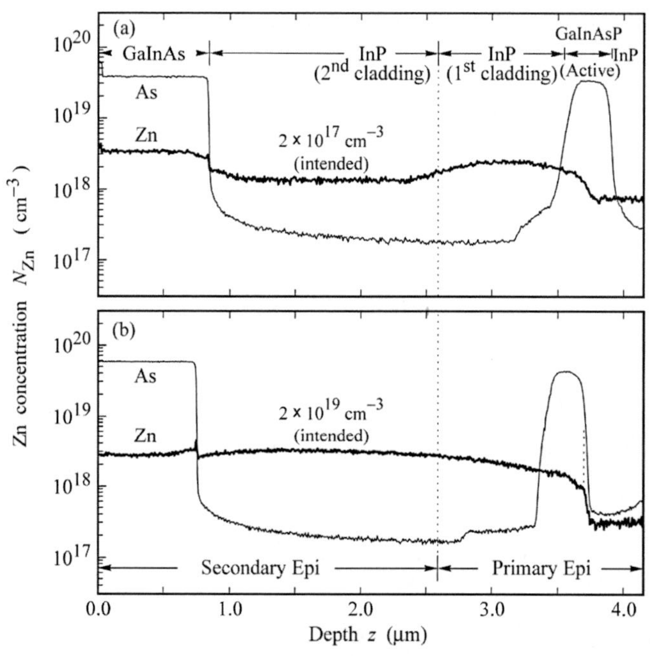

그림 7.5 GaInAsP/InP DH 구조에서 이차이온질량분석기(SIMS)로 분석한 Zn의 농도분포, (a)에서는 p–n 접합의 위치에 변화가 없지만, (b)에서는 위쪽의 덮개층의 Zn 농도가 높아서 p–n 접합의 위치가 이동해 있다(Schubert 외, 1995).

되어가긴 했지만 대부분의 Zn는 위쪽의 구속층에 머물러 있다. 그러나 구속층에 의도적으로 2×10^{19} cm^{-3}의 높은 농도로 도핑한 것을 보면, 그림 7.5(b)에서와 같이 강한 확산에 의해서 Zn가 활성층까지 들어간 것을 확인할 수 있다. 결국 p-n 접합의 위치는 활성층의 끝부분까지 이동하였고, 그 결과 그림 7.5(b) 소자의 양자효율은 그림 7.5(a) 소자에 비해서 매우 낮아진다.

GaInAsP/InP DH 구조에서 p-n 접합의 변위를 설명하는 모델은 그림 7.6에서 보여주고 있다(Schubert 외, 1995). 이 모델은 Zn의 확산계수가 임계농도, $N_{critical}$ 보다 농도가 높을 때 빠르게 증가한다고 가정한다. 만일 박막의 성장 중에 이 농도를 넘어서게 된다면, Zn는 그 농도가 임계농도 밑으로 떨어질 때까지 재분포되어, 그 결과 Zn는 DH 구조의 활성층을 넘어서까지 확산할 수 있게 된다. 비록 도핑된 Zn의 농도가 활성층 부근의 구속층에서는 매우 낮다 하더라도, p-n 접합의 위치는 이동하게 될 것이라는 점은 주목할 만하다.

7.4 구속층의 도핑

DH 구조 LED의 효율은 구속층에 도핑하는 것으로 크게 변한다. 구속층의 도핑농도는 구속층의 비저항을 결정하는 하나의 요소인데, 구속층이 저항가열되는 것을 피하기 위해서 어느 정도 낮은 값을 가져야 한다.

또 하나의 요소는 활성층의 잔류 불순물의 농도이다. 비록 활성층에 거의 도핑하지 않았나 하더라도 일정한 농도로 불순물이 잔류되어 있으며, 활성층의 통상적인 잔류

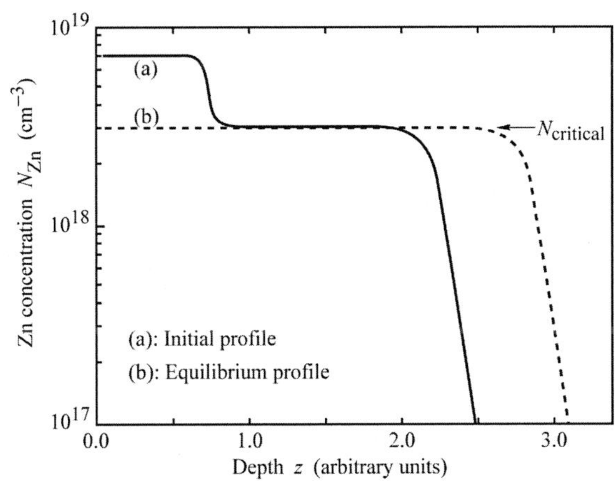

그림 7.6 덮개층의 과도한 도핑으로 인한 p–n 접합면의 위치이동 과정. 억셉터의 확산계수가 불순물 농도에 강하게 영향을 받는데, 임계농도 $N_{critical}$을 넘었을 때 확산계수가 크게 증가하면 활성층에서 p–n 접합의 위치는 이동하게 된다(Schubert 외, 1995).

불순물 농도는 10^{15}~10^{16} cm^{-3} 정도이다. 구속층의 불순물 농도는 p-n 접합의 위치를 원하는 곳에 정확하게 형성시키기 위해서 반드시 활성층의 불순물 농도보다는 더 높아야 한다.

구속층의 불순물 농도가 내부 양자효율에 미치는 영향은 1992년 Sugawara 등에 의해 보고되었고, 그 결과를 그림 7.7과 7.8에 나타내었다. 이 그림에는 구속층에서의 최적 도핑범위가 나타나 있다. 구속층이 n형인 경우는 최적의 불순물 농도 범위가 10^{16}에서 2×10^{17} cm^{-3}까지이고, p형인 경우는 5×10^{17}~2×10^{18}cm^{-3}까지의 범위로 확실히 n

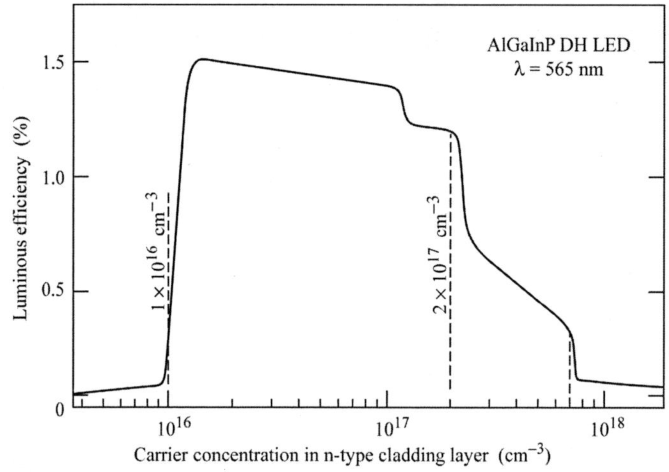

그림 7.7 565 nm AlGaInP DH 구조 LED에서 구속층의 n형 도핑농도에 대한 발광효율의 의존성 (Sugawara 외, 1992).

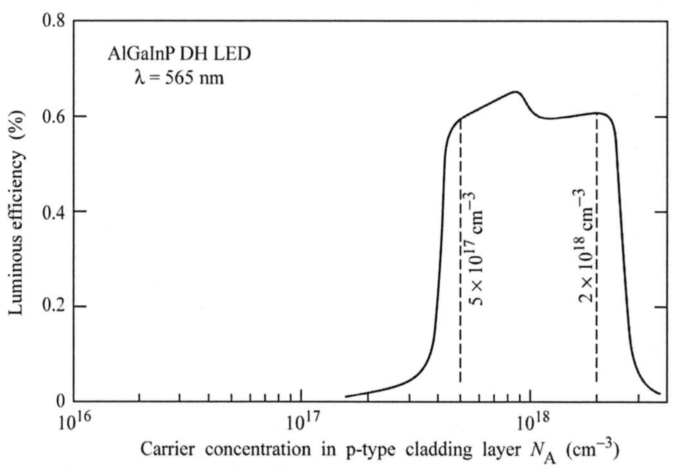

그림 7.8 565 nm AlGaInP DH 구조 LED에서 구속층의 p형 도핑농도에 대한 발광효율의 의존성 (Sugawara 외, 1992).

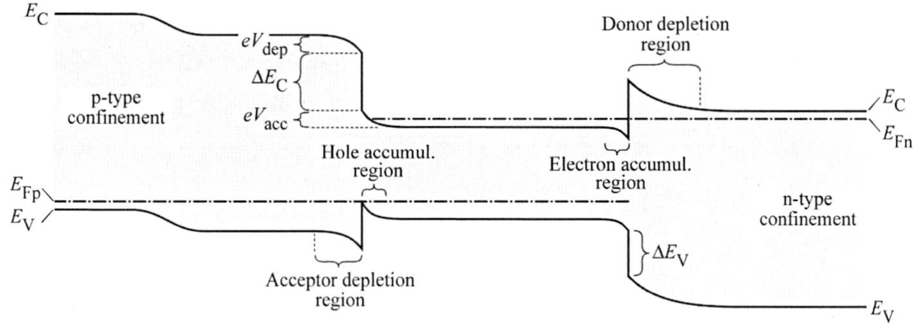

그림 7.9 순바이어스 전압을 인가한 경우 DH 구조의 밴드 다이어그램. 구속층(p형)은 두 가지로 구성되어 있는데, 활성층에 가까운 곳에 불순물 농도가 낮은 층이 있으며 활성층으로부터 멀리 떨어진 곳에 불순물 농도가 높은 층이 있다. 양쪽 계면 부근에 전자와 정공의 농도가 부분적으로 높거나 낮은 영역이 존재한다(Kazarinov와 Pinto, 1994).

형보다 높다. 이런 분명한 차이는 정공보다 전자의 확산거리가 더 길기 때문에 생겨난 것으로 설명할 수 있다. 구속층을 p형으로 높게 도핑하는 이유는 전자가 활성층에 머무르도록 하고 그 전자들이 확산을 통해서 구속층으로 넘어오지 못하도록 하는데 있다.

DH 구조 레이저에서 활성층으로부터 p형 구속층으로 이송자가 흘러나가는 누설(leakage) 현상은 1992년 Kazarinov와 Pinto에 의해서 연구되었다. 활성층으로부터 전자가 누설되는 현상은 정공의 누설보다 더욱 심각한데, 이런 차이가 나는 것도 역시 정공에 비해서 전자의 확산계수가 더 크기 때문이다. 그림 7.9에는 순바이어스 전압을 인가했을 때 DH 구조의 밴드 다이어그램을 나타내었다. 이 그림은 구속층과 활성층 간의 누 계면에 있는 공핍층(depletion layer)에 의하여 에너지 장벽이 형성되었음을 보여준다. 하지만 계면에서의 조성을 거리에 따라 점차적으로 변화를 주면 이러한 에

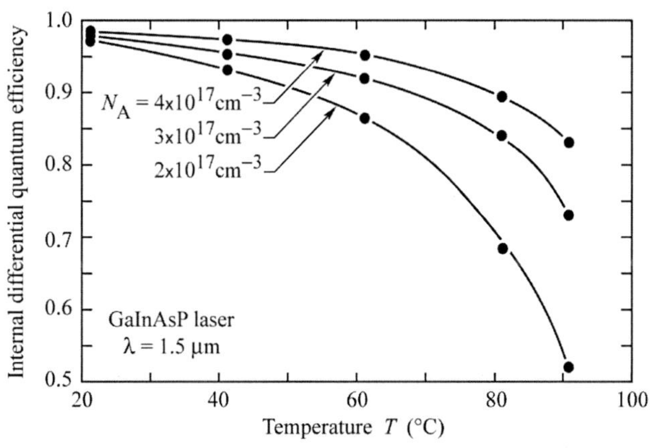

그림 7.10 덮개층의 p형 도핑수준을 달리 하였을 경우 온도에 따른 내부 미분 양자효율(주입된 전자 개수당 방출된 광자 개수)의 의존성(Kazarinov와 Pinto, 1994).

너지 장벽을 줄여줄 수 있다. 그림 7.10에서는 DH 구조 레이저에서 발광효율에 대한 구속층의 도핑농도의 영향을 보여주고 있다(Kazarinov and Pinto, 1994). 이 결과로부터 구속층에 불순물을 첨가를 하는 것은 발광효율에 큰 영향을 준다는 점을 알 수 있는데, 구속층에 p형 불순물을 낮은 농도로 도핑하면 전자는 활성층으로부터 빠져나올 수 있게 되므로 내부 양자효율은 감소한다.

7.5 비발광 재결합

발광소자에서 활성층을 구성하고 있는 재료의 결정성은 반드시 우수해야 하고, 점결함, 불순물, 전위, 그리고 다른 결함들로 야기되는 깊은 준위는 재료 내에 매우 낮은 농도로 억제해야만 한다. 또한 표면 재결합이 거의 일어나지 않도록 표면으로부터 확산거리의 몇 배 정도 떨어진 곳에 전자와 정공이 머무르는 활성층을 위치시켜야 한다.

식각(etching)을 통해서 LED를 메사(mesa) 형태로 만들어 주면 활성층이 외부에 노출되는데, 그 부분에서의 표면 재결합으로 인하여 내부효율이 낮아진다. 표면 재결합은 또한 반도체 표면에 열을 발생시켜 암선결함(dark-line defect)과 같은 구조적 결함을 일으키기도 한다. 그로 인하여 LED의 효율은 감소하고 결국 LED의 수명을 줄이는 결과를 초래한다.

그림 7.11은 시간에 따른 발광강도의 변화에 대하여 메사 형태로 식각된 LED와 평면 LED의 경우를 비교하며 보여주고 있다. 그 결과 다음의 두 가지 사실을 확인할 수 있다. (1) $t = 0$일 때, 메사 형태로 식각된 LED의 발광강도가 평면구조보다 약간 낮고,

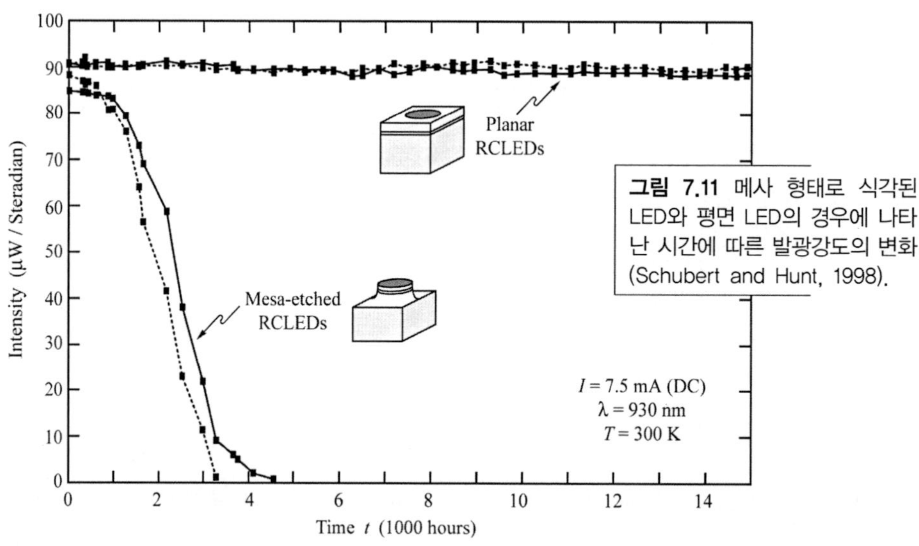

그림 7.11 메사 형태로 식각된 LED와 평면 LED의 경우에 나타난 시간에 따른 발광강도의 변화 (Schubert and Hunt, 1998).

(2) 메사 형태로 식각된 소자의 수명이 훨씬 더 짧다. 평면 LED의 경우는 상부 금속전극이 소자의 옆면으로부터 멀리 떨어져 있어 전자와 정공의 재결합은 전극의 밑 부분에서 주로 일어난다. 따라서 평면소자에서는 소자의 상부전극 부근과 같이 표면 근처에는 단지 한 종류의 이송자만이 있기 때문에 표면 재결합에 의하여 발광강도가 감소하거나 줄어드는 현상은 일어나지 않는다. 그러한 단극영역(unipolar region)에서의 표면은 발광효율에 어떠한 효과도 주지 않으며, 중요한 것은 바로 전자와 정공이 모두 존재하는 활성층이 표면으로부터 얼마나 떨어져 있는가이다.

7.6 격자일치

DH 구조에서는 활성층의 물질과 구속층의 물질이 서로 다르다. 그러나 가능하다면 두 물질 모두 비슷한 결정구조와 격자상수를 가져야 하는데, 만일 반도체들이 다른 격자상수를 가지고 있다면 두 반도체의 계면 부근에는 결함이 발생한다. 그림 7.12는 격자가 같지 않은 두 반도체로 인하여 계면 부근에 미결합 본드(dangling bond)가 생겨날 수 있음을 보여주고 있다.

그림 7.12를 보면 격자 불일치된 두 재료의 계면에 미결합 본드가 한 줄로 배열되어 있으므로 이를 불일치전위선(misfit dislocation line)이라고 부르며 선 형태의 확장결함이다. 이 선결함은 음극선발광(cathodoluminescence; CL) 측정법에 의하여 관찰할 수 있다. 불일치구조를 가진 재료를 현미경으로 분석해보면 보통 그물눈 형태(cross-hatched pattern)이 관찰된다. 그림 7.13은 검은 선들에 의한 그물눈 형태의 음극선발광 현미경 사진이다. 계면의 전위에는 이송자가 비발광적으로 재결합하고, 그 결과 전위 부근이 그림과 같이 주변보다 어두운 선으로 나타나게 된다.

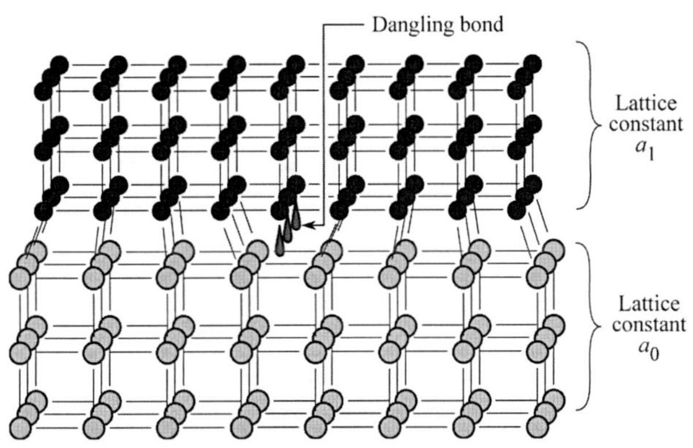

그림 7.12 격자상수가 다른 두 종류의 반도체 박막에 의하여 계면이 형성될 때, 계면 또는 계면 부근에서 전위가 생겨나는 현상에 대한 모식도.

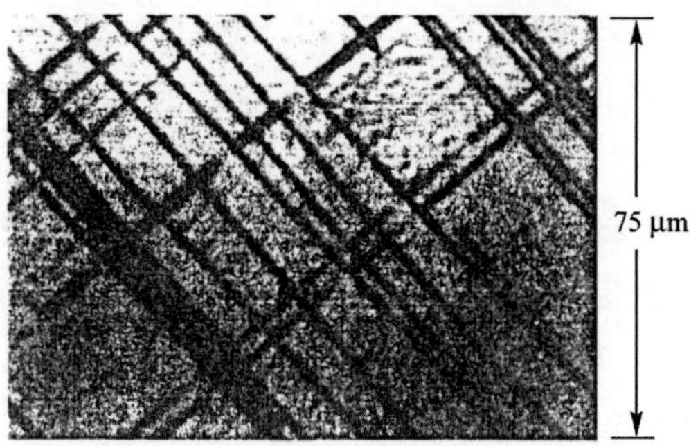

그림 7.13 GaAs 기판 위에 성장된 0.35 μm 두께의 $Ga_{0.95}In_{0.05}As$ 박막의 음극선발광 사진. 그물눈 패턴을 형성하고 있는 검은 선들은 불일치전위에 음극선발광이 일어나지 않은 것이다(Fitzgerald 외, 1989).

불일치전위는 격자 불일치된 재료의 계면에 바로 생기지는 않고 계면의 약간 위쪽에서 생겨나기 시작한다. 반도체 위에 성장하는 격자 불일치 박막의 경우에 처음에는 탄성적인 응력변형상태로 있어서 밑에 있는 기판과 동일한 면내 격자상수를 가지고 있다. 이러한 상황을 그림 7.14에서 확인할 수 있는데, 막이 얇을 때는 밑에 있는 재료와 동일한 면내 격자상수를 갖기 위해 박막이 응력변형된 상태로 있으므로 계면에는 불일치전위가 생겨나지 않는다. 그런데 응력변형 상태로 있기 위하여 격자 내에 계속 축적되는 변형에너지가 마침내 불일치전위를 형성하는데 필요한 임계에너지를 넘어서면, 비로소 불일치전위를 만들어 내면서 박막에 걸려 있던 응력은 사라지고 격자상수가 평형 값으로 회복된다. 불일치전위가 생겨나기 시작하는 바로 그때의 두께를 임계두께(critical thickness)라고 부르며, Matthews와 Blakeslee(1976)에 의해 계산되었다. 박막의 두께가 Matthews-Blakeslee 법칙에 의해 주어진 임계두께보다 얇으면, 다른 격자상

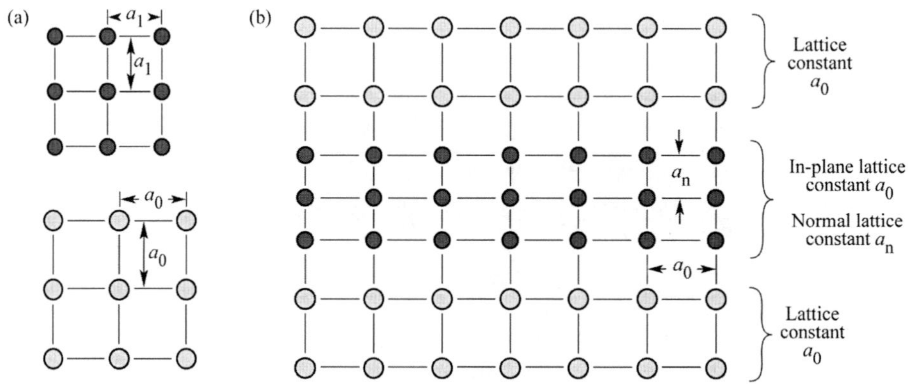

그림 7.14 (a) 평형 격자상수가 a_1과 a_0인 입방대칭구조의 결정, (b) 평형 격자상수 a_0의 두 반도체의 사이에 껴 있어 그에 맞춰 완전히 응력변형되어 있는 박막층. 이때 박막의 면내 격자상수는 a_0이고 수직 방향의 격자상수는 a_n이다.

수를 가지는 재료라도 전위가 없는 박막을 성장할 수 있다.

단위 길이당 불일치전위선의 밀도는 격자 불일치 정도에 비례하므로, 격자 불일치가 커짐에 따라 전위선의 밀도도 증가하여 비발광 재결합의 확률을 높이게 되고 결국 LED의 효율은 떨어질 것이다. 그림 7.15는 GaAs 기판 위에 성장된 AlGaInP LED의 발광강도가 격자 불일치에 의하여 감소한 결과를 보여주는데, $\Delta a/a$로 규정되는 불일치가 3×10^{-3}을 넘어서게 되면 광출력이 크게 감소하였다. 따라서 고휘도 적색 LED로 많이 사용되는 AlGaInP 물질은 고효율 소자를 만들기 위하여 통상적으로 GaAs 기판에 격자 일치되어 성장시킨다. GaAsP LED는 적색으로 사용되고 있는 가장 낮은 가격의 광소자이다. 이러한 적색 GaAsP LED는 GaAs 기판 위에 성장되는데, 활성층이 기판에 불일치되어 있어 발광효율이 낮다는 단점이 있다.

III-V족 비소화물과 인화물과 같은 경우에는 표면 재결합과 격자 불일치에 매우 크게 영향을 받는데 반해, 질화물반도체 재료는 그 영향을 비교적 적게 받는다. GaN 물질계가 전위 결함에 덜 민감한 이유 중 하나는 이 재료에 있는 전위들의 전기적 활성이 낮다는 점이다. 또 다른 이유는 GaN 물질계에서는 이송자의 확산거리가 더 짧다는 점에 있다. 전위들 간 평균거리가 확산거리, 특히 정공의 확산거리보다 더 멀다면, 이 전위에서 발생하는 비발광 재결합의 영향은 그다지 심각하지는 않을 것이다. GaInN와 같은 삼원계 화합물의 경우에는 조성 불균일로 인하여 국부적으로 그곳에 갇힌 이송자가 전위선으로 확산해가지 못하기 때문인 것으로 소자의 고효율 현상을 설명하고 있다.

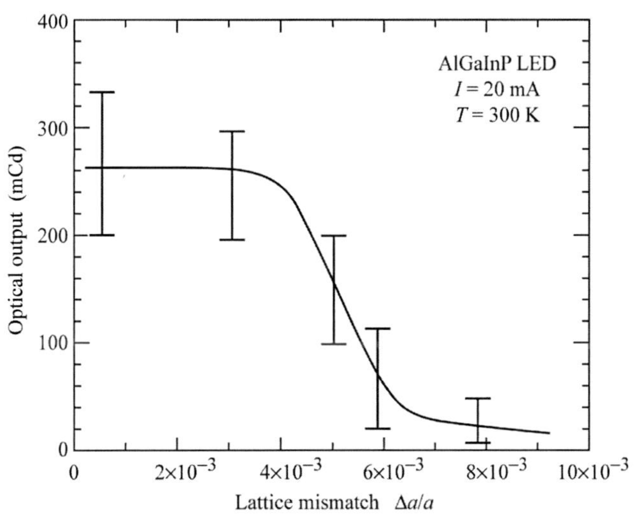

그림 7.15 20 mA 주입 전류로 AlGaInP LED를 구동시켰을 때, AlInGaP 활성층과 GaAs 기판 간의 격자 불일치 정도에 따른 광출력강도의 변화(Watanabe와 Usui, 1987).

참고문헌

Baraff G. A. and Schluter M. "Electronic structure, total energies, and abundances of the elementary point defects in GaAs" *Phys. Rev. Lett.* **55**, 1327 (1985)

Fitzgerald E. A., Watson G. P., Proano R. E., Ast D. G., Kirchner P. D., Pettit G. D., and Woodall J. M. "Nucleation mechanism and the elimination of misfit dislocations at mismatched interfaces by reduction of growth area" *J. Appl. Phys.* **65**, 2220 (1989)

Kazarinov R. F. and Pinto M. R. "Carrier transport in laser heterostructures" I*EEE J. Quantum Electronics* **30**, 49 (1994)

Longini R. L. and Greene R. F. "Ionization interaction between impurities in semiconductors and insulators" *Phys. Rev.* **102**, 992 (1956)

Matthews J. W. and Blakeslee A. E. "Defects in epitaxial multilayers. III. Preparation of almost perfect multilayers" *J. Cryst. Growth* **32**, 265 (1976)

Nakamura S., Mukai T., and Iwasa N, "Light-emitting GaN-based compound semiconductor device" US Patent 5,578,839 (1996)

Nakamura S., Mukai T., and Iwasa N, "Light-emitting GaN-based compound semiconductor device" US Patent 5,747,832 (1998)

Neugebauer J. and Van de Walle C. G. "Chemical trends for acceptor impurities in GaN" *J. Appl. Phys.* **85**, 3003 (1999)

Schubert E. F., Downey S. W., Pinzone C., and Emerson A. B. "Evidence of very strong inter-epitaxiallayer diffusion in Zn doped GaInPAs/InP structures" *Appl. Phys. A* **60**, 525 (1995)

Schubert E. F. and Hunt N. E. J. "15,000 hours stable operation of resonant-cavity light-emitting diodes" *Appl. Phys. A* **66**, 319 (1998)

Sugawara H., Ishikawa M., Kokubun Y., Nishikawa Y., Naritsuka S., Itaya K., Hatakoshi G., Suzuki M., "Semiconductor light emitting device" US Patent 5,153,889, issued Oct. 6 (1992)

Walukiewicz W. "Fermi level dependent native defect formation: consequences for metal-emiconductor and semiconductor-emiconductor interfaces" *J. Vac. Sci. Technol. B,* **6**, 1257 (1988)

Walukiewicz W. "Amphoteric native defects in semiconductors" *Appl. Phys. Lett.* **54**, 2094 (1989)

Walukiewicz W. "Defect formation and diffusion in heavily doped semiconductors" *Phys. Rev. B* **50**, 5221 (1994)

Watanabe H. and Usui A. "Light emitting diode" US Patent 4,680,602, issued July 14 (1987)

Chapter 8

전류 흐름의 설계

LED는 전도성 및 절연성 기판 위에 성장할 수 있다. 전도성 기판 위에 성장한 구조의 경우 전류 흐름은 대부분 수직형(기판 면에 수직)인데 반해 절연성 기판위에 성장한 소자의 전류 흐름은 대부분 측면형(수평형)이다. 금속전극은 불투명하기 때문에 오믹전극의 위치와 크기는 광추출과 관계가 있다. 본 장에서는 높은 추출효율을 목표로 하는 여러 소자구조들의 전류 흐름에 대한 패턴을 다룬다.

8.1 전류 퍼짐층

얇은 상부 구속층을 가지는 LED에서 대부분의 전류는 상부전극 아래로부터 활성영역 내로 주입된다. 따라서 빛은 불투명한 금속전극 하부에서 생성되며 추출효율을 저하시킨다. 상부전극 아래 불투명한 전극에 의해 덮여지지 않은 영역으로 전류가 퍼질 수 있는 전류 퍼짐층을 적용하면 이러한 문제를 해결할 수 있다.

전류 퍼짐층은 윈도우층(window layer)과 같은 의미를 갖는다. 윈도우층 용어는 때때로 이러한 층의 투명성과 추출효율을 강화할 수 있는 능력을 강조하기 위해 사용된다.

전류 퍼짐층의 유용성은 LED 개발 초창기에 검증되었다. Nuese 등(1969)은 GaAsP LED에서 전류 퍼짐층 또는 윈도우층을 적용하여 광출력을 상당히 개선하였다. 윈도우층은 상부 덮개층과 최상부 오믹전극 사이에 위치한 반도체층이다. 그림 8.1은 전류 퍼짐층의 영향을 보여준다. 그림 8.1(a)에 보여진 바와 같이 전류 퍼짐층이 없는 LED의 경우 상부전극의 경계주위에서만 빛을 발광한다. 그림 8.1(b)에 보여진 바와 같이 전류 퍼짐층을 삽입하면 더욱 균일하고 밝은 표면발광이 얻어진다.

Nuese 등(1969)은 삼원계 GaAsP와 이원계 GaP로 구성된 전류 퍼짐층을 실증함으

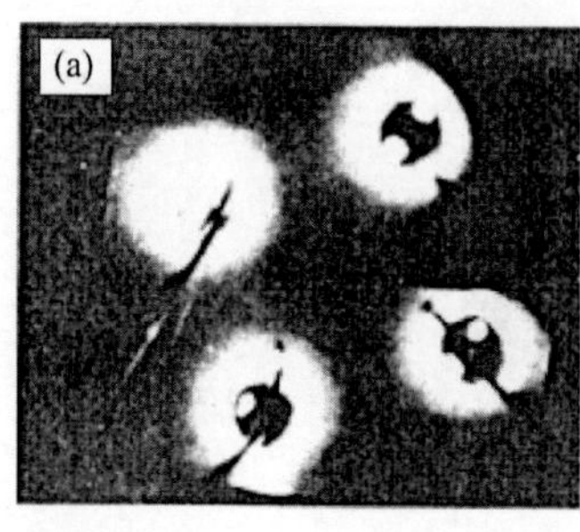

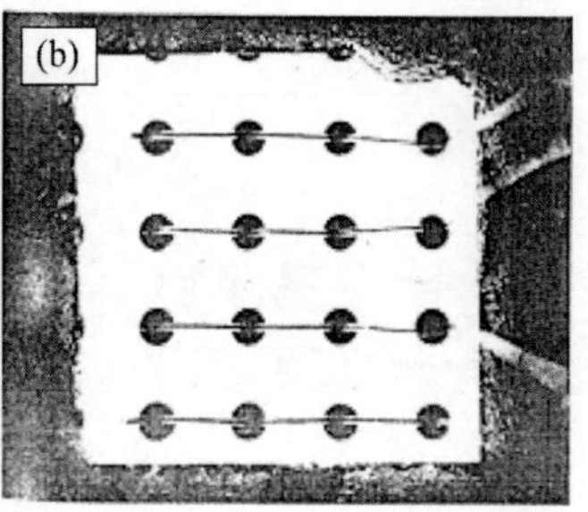

그림 8.1 LED 출력에 대한 전류 퍼짐층의 영향. (a) 전류 퍼짐층이 없는 경우의 상부 그림. 전극의 가장자리에서만 발광한다. (b) 전류 퍼짐층이 있는 경우 상부 그림(Nuese 외, 1969).

로써 필요성을 거론하였다. 이러한 필요성은 전류 퍼짐층의 저항 감소, 전류 퍼짐을 위한 두께 증가, 그리고 흡수손실을 최소화하기 위한 투명도를 포함한다. 흡수 손실을 감소시키기 위해 Nuese 등(1969)은 $GaAs_{1-x}P_x$의 전류 퍼짐층의 P 몰분율(mole fraction)을 $0.45 < x < 1.0$ 영역으로 증가시켜 $x = 0.45$인 $GaAs_{1-x}P_x$의 활성영역보다 더 큰 P 몰분율을 적용하였다. 따라서 전류 퍼짐층의 밴드갭 에너지는 활성영역의 밴드갭 에너지보다 더 크다. 비록 Nuese 등이 전류 퍼짐층의 특성을 정성적으로 논의하였지만 정량적인 이론적 기틀을 제시하지는 못했다. 선형적 전극구조를 가지는 소자에서 전류 퍼짐층의 이론적 기초는 아래에서 논의할 바와 같이 Thompson에 의해 제시되었다. AlGaAs LED(Nishizawa 외, 1983; Moyer 1988), GaP LED(Groves 외, 1977, 1978a, 1978b), AlGaInP LED(Kuo 외, 1990; Sugawara 외, 1991, 1992a, 1992b)를 포함하는 대부분의 상부발광 LED 설계에서 전류 퍼짐층이 사용되었다.

그림 8.2에 전류 퍼짐층의 영향을 도식적으로 나타내었다. 그림 8.2(a)에 나타낸 바와 같이 전류 퍼짐층이 없으면 활성영역의 전류 주입면적이 대략 전극크기로 제한된다. 전류 퍼짐층을 삽입하면 그림 8.2(b)와 같이 전류 주입 면적을 넓힐 수 있다.

전류 퍼짐층은 상부발광 LED에서 주도적으로 적용되었다. GaAs 기판 위에 성장한 AlGaInP 가시광 LED에 대해서 두 개의 다른 접근법을 그림 8.2(c)와 (d)에 나타내었다. GaP 전류 퍼짐층은 Kuo 등(1990)과 Fletcher 등(1991a, 1991b)에 의해 보고되었다. GaP는 $E_{g,\,\mathrm{GaP}} = 2.26\,\mathrm{eV}$의 밴드갭을 가지고 있어서 적색, 오렌지색, 노란색, 그리고 녹색 스펙트럼의 일부에서 투명하다. 550 nm와 같이 짧은 발광파장을 가지는 AlGaInP LED가 제조되었다. 이원계 화합물반도체인 GaP는 밴드갭 에너지 아래에서는 매우 투명하다. 즉 GaP의 Urbach 꼬리에너지는 작다. 게다가 간접전이형 반도체인 GaP는 직접전이형 반도체에 비해 본질적으로 덜 흡수한다. 따라서 GaP 전류 퍼짐층이 두꺼워도 빛의 흡수는 작다.

그러나 GaP는 하부 에피층에 격자 부정합된다. 하부 구속층, 활성층, 상부 구속층은

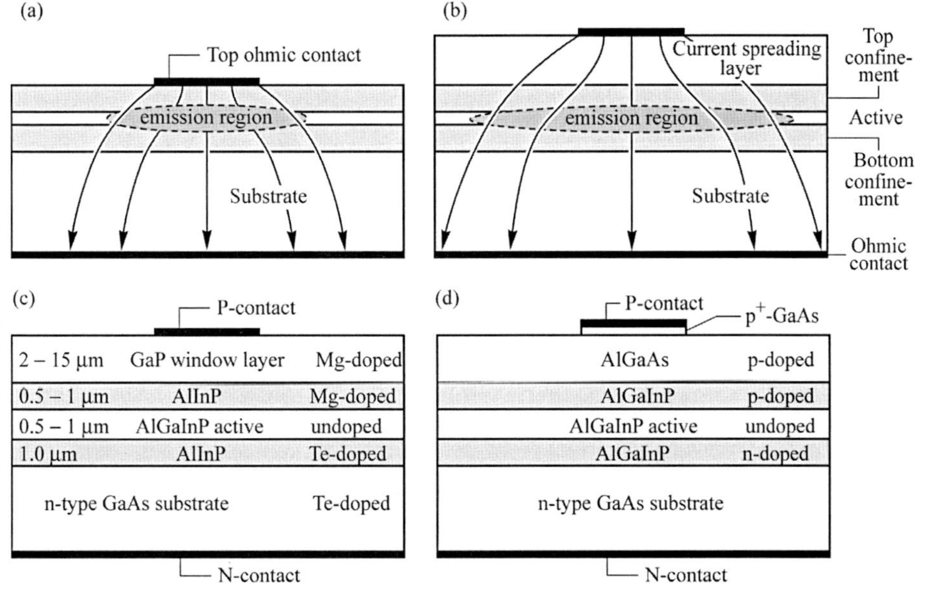

그림 8.2 고휘도 AlGaInP LED에서의 전류 퍼짐층, (a) 전류 퍼짐을 가진 경우, (b) 없는 경우 광 추출효율에 대한 설명, (c) GaP 전류 퍼짐구조(Fletcher 외, 1991a, 1991b), (d) AlGaAs 전류 퍼짐구조(Sugawara 외, 1992a, 1992b).

GaAs 기판에 격자 정합된다. GaP는 GaAs에 비해 약 3.6% 더 작은 격자상수를 가지므로 상부덮개층-GaP 계면에서 높은 관통전위와 적층결함을 가진다. 비발광 재결합 센터로 작용할 수 있는 이러한 전위들은 활성영역과 멀리 떨어진 구속층-윈도우층 계면과 윈도우층에 위치하기 때문에 LED의 내부 양자효율을 저하시키지 않을 것으로 생각할 수 있다.

그러나 소자 동작 중에 전위가 활성영역을 향해 아래로 전파된다면 LED의 효율과 신뢰성은 영향받을 것이다. GaP 윈도우층을 가지는 AlGaInP/GaAs LED는 신뢰성 및 효율이 탁월하여 구속층-윈도우층 계면과 관련된 이슈는 완전히 해결되었다.

AlGaInP/GaAs LED에서 AlGaAs 전류 퍼짐층을 사용하는 것은 추출효율을 증가시키기 위한 또 다른 방법이다(Sugawara 등, 1991, 1992a, 1992b). $Al_xGa_{1-x}As$는 모든 화학적 조성 $0 \le x \le 1$에 대해서 GaAs에 격자 정합된다. AlAs의 밴드갭 에너지는 $E_{g,\,AlAs} = 2.9$ eV이다. $x > 0.45$인 경우 $Al_xGa_{1-x}As$는 간접전이형 반도체가 된다. 간접전이형 반도체의 흡수계수는 직접전이형 반도체보다 훨씬 적다. AlGaAs 전류 퍼짐층은 하부 구속층과 격자 정합되므로 GaP 전류 퍼짐층의 경우와 달리 불일치전위는 생성되지 않는다. 그러나 빛은 GaP 전류 퍼짐층에 비해 AlGaAs 층에서 더욱 잘 흡수된다. AlGaAs는 삼원계 합금으로 V족 원소농도(Al과 Ga)의 요동은 밴드갭 에너지를 국부적으로 변화시킨다. 이러한 조성적 요동은 AlGaAs 밴드갭 아래 에너지에 대한 흡수 꼬리를 일으킴으로써 AlGaAs는 GaP보다 더 큰 Urbach 에너지를 가진다.

알루미늄(Al)을 포함하는 화합물은 LED를 위한 공통적인 에피성장 기술인 유기금속 기상에피성장법(MOCVD)으로 성장하는 것이 어렵다는 것은 잘 알려졌다. Al은 반응성이 매우 강한 원소이고 MOCVD의 청정도는 필수적이다. 성장 시스템의 작은 진공 누설조차도 Al을 함유하는 박막을 열화시킨다. 이것은 특히 AlAs와 같은 높은 비율의 Al을 포함하는 화합물에 해당한다. 따라서 AlGaAs 전류 퍼짐층의 광특성은 대개 GaP 퍼짐층의 특성보다 떨어진다. 높은 Al 성분을 가지는 AlAs 또는 AlGaAs의 전기적 특성 역시 GaP보다 떨어진다. 마지막으로, AlAs는 물이나 습한 공기에 노출되었을 때 시간에 따라 산화된다(choquette 외, 1997). 이러한 어려움에도 불구하고 AlGaAs 전류 퍼짐층을 적용한 AlGaInP LED가 개발되어 상용화되었다.

0.05 Ωcm의 비저항과 2~15 μm 영역의 두께를 가지는 p형 GaP 전류 퍼짐층에 대한 광 추출효율의 향상효과를 그림 8.3에 나타내었다(Fletcher 외, 1991a). 그림 8.3의 결과는 근접장 현미경과 비디오 분석기를 이용하여 얻었다. 발광강도 분포를 얻기 위해서 그림 내부에 보여진 바와 같이 p형 접촉패드의 중심으로 칩을 가로질러 스캔하였다. 어떤 위치에서도 발광강도는 p-n 전류밀도에 직접적으로 비례하기 때문에 전류 퍼짐특성은 본 방법으로 얻을 수 있다. 윈도우층 두께가 2 μm인 경우 전류는 제한적으로 퍼진다. 윈도우층 두께가 15 μm로 증가하면 전류는 접촉 밖으로 잘 퍼져서 칩의 가장자리까지도 도달한다. 윈도우층이 더욱 두꺼워지면 전류는 칩의 가장자리로 퍼질

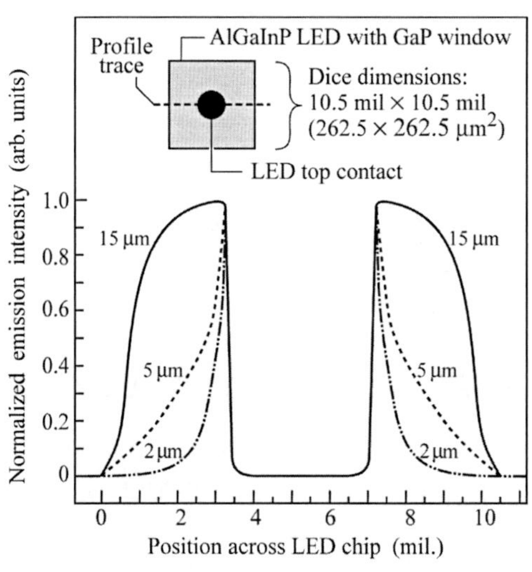

그림 8.3 2, 5, 15 μm 세 개의 다른 GaP 윈도우층 두께가 AlGaInP LED 칩의 전류 퍼짐에 미치는 영향을 표면 발광강도분포로 설명한 그림. 그림 내부에 전류분포를 점선으로 표현하였다. 전류분포의 급감은 불투명한 오믹전극패드에 기인한다. 측정을 위해 비디오카메라 현미경을 측정 분석하였다(Fletcher 외, 1991a).

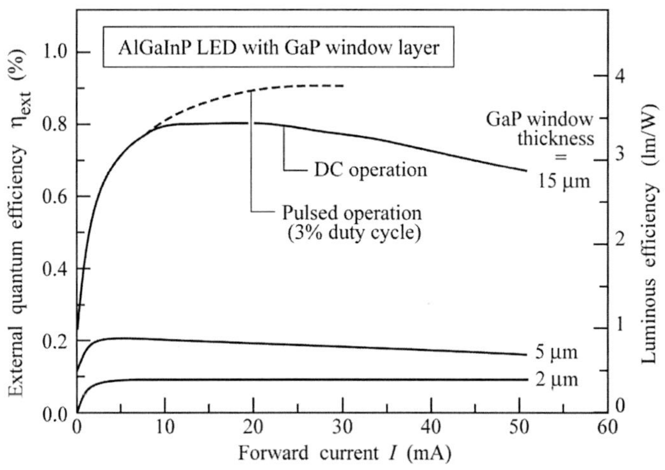

그림 8.4 2, 5, 15 μm 세 개의 다른 GaP 윈도우층 두께를 가지는 AlGaInP LED에 대한 외부 양자효율 및 순전류-발광효율 곡선. 실선은 DC 전류 주입조건에서 측정됨. 점선은 400 ns 펄스와 3% 부하 연속률에서 측정된다. 이 경우에 가열은 본질적으로 제거되었다(Fletcher 외, 1991a).

것이다. 이렇게 전류가 넓게 퍼지면 표면 재결합이 강화되므로 바람직하지 않다.

GaP 전류 퍼짐층을 가지는 AlGaInP/GaAs LED에서 전류 퍼짐이 효율에 미치는 영향을 그림 8.4에 나타내었다. 윈도우층이 충분히 두꺼우면 추출효율은 대략 8배 증가한다. 그림 8.4에서 펄스 전류와 DC 전류 주입 시 효율을 비교해보면 높은 전류에서 일어나는 효율 저하는 소자의 가열에 의한 것임을 알 수 있다.

Sugawara 등(1991, 1992a, 1992b)은 $Al_{0.7}Ga_{0.3}As$ 전류 퍼짐층을 가지는 AlGaInP/GaAs LED에서 전류 퍼짐층의 최적 두께영역에 대해 연구하였다. $Al_{0.7}Ga_{0.3}As$ 퍼짐층의 p형 도핑농도는 3×10^{18} cm^{-3}이었다. 그림 8.5는 전류 퍼짐층의 두께 대비 LED의 발광효율을 보여준다. 그림을 보면 전류 퍼짐층의 최적 두께는 5~30 μm 사이이고, 소

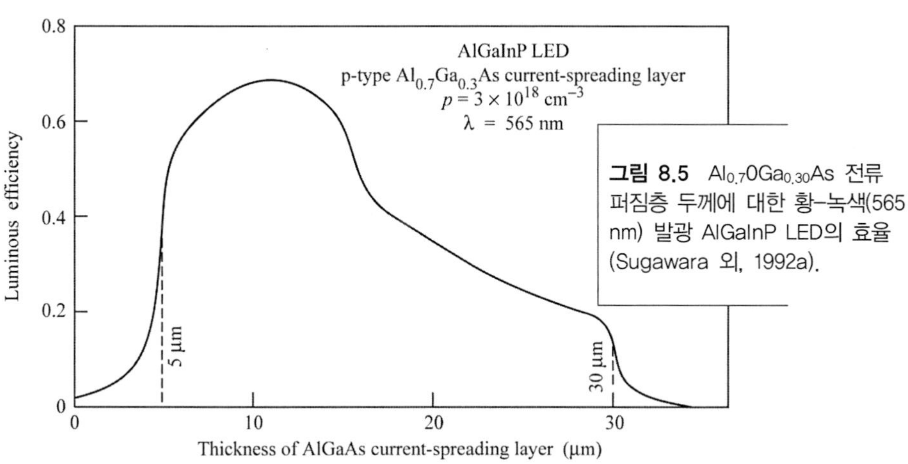

그림 8.5 $Al_{0.70}Ga_{0.30}As$ 전류 퍼짐층 두께에 대한 황-녹색(565 nm) 발광 AlGaInP LED의 효율 (Sugawara 외, 1992a).

자의 효율은 전류 퍼짐층이 전혀 없는 소자와 비교해서 30배 증가함을 알 수 있다. p형 전류 퍼짐층의 최적 도핑농도는 10^{18} cm^{-3} 초반 대에서 발견되었다.

전류 퍼짐층이 없거나 매우 얇으면 대부분의 빛이 불투명한 금속접촉 패드 밑에서 발생하는 단점이 있고 이는 LED 다이로부터 빛의 추출을 방해한다. 윈도우층이 매우 두꺼워도 비슷한 정도의 단점이 있다. 첫째로, 윈도우층이 두꺼우면 전류를 LED 다이의 가장자리 모든 방향으로 퍼뜨려서 표면 재결합을 증가시키며 결국 LED의 효율을 낮춘다. 둘째로, 윈도우층에서 밴드갭 아래 광흡수에 기인해 광흡수는 윈도우층 두께에 따라 증가한다. 셋째로, 윈도우층이 두꺼우면 소자의 오믹저항을 증가시켜서 LED 효율을 저하시킨다. 넷째로, 두꺼운 전류 퍼짐층을 위해 필요한 긴 성장시간은 구속층으로부터 활성영역으로의 도판트 확산을 일으킬 수 있으며 내부 양자효율을 저하시킬 수 있다.

전류 퍼짐은 여러 LED 물질, 특히 전도도가 낮은 물질에서 중요한 이슈이다. GaN/InGaN LED의 경우 p형 상부 덮개층의 비저항이 높아서 상부 p형층에서의 전류 퍼짐은 매우 미약하다. 질화물의 정공이동도는 전형적으로 1-20 cm^2/(V s)이고 정공 농도는 $10^{17}cm^{-3}$ 영역이어서 $>1\ \Omega$cm의 비저항을 가진다. 이 문제를 해결하기 위해 Jeon 등(2001)은 활성영역 위로 p형 구속영역과 접하는 터널접합을 가지는 LED를 실험적으로 보여주었다. 터널접합 상부의 n형층은 상부전극 아래에서 측면 전류 퍼짐을 가능하게 한다. 터널접합을 적용하기 위해 LED는 두 개의 n형 오믹접촉을 가지며 p형 오믹접촉은 필요치 않다.

8.2 전류 퍼짐의 이론

Thompson(1980)은 선형줄무늬 상부전극(linear stipe top contact geometry) 구조에서 전류 퍼짐에 대한 이론을 보고하였다. 이러한 줄무늬형태 구조는 반도체 레이저에서 일반적이다. 그림 8.6(a)는 줄무늬구조 반도체 레이저의 단면 개략도를 보여준다. 레이저에서 전류 퍼짐층은 p-n 접합 위에 위치한다. 레이저는 대칭적이므로 레이저의 오른쪽 반만 나타나 있으며 접촉부분의 왼쪽 모서리는 레이저 줄무늬구조의 실제 중심이다. 모델에서 금속접촉($x < r_c$) 아래는 퍼텐셜과 전류밀도(J_0)가 일정하다고 가정한다. 기판 전체에서 퍼텐셜은 일정하다고 가정한다. 접촉으로부터 퍼져나가는 전류밀도 $J(x)$는 다음과 같이 주어진다.

$$J(x) = \frac{2J_0}{\left[(x-r_c)/L_s + \sqrt{2}\,\right]^2} \qquad (x \geq r_c) \tag{8.1}$$

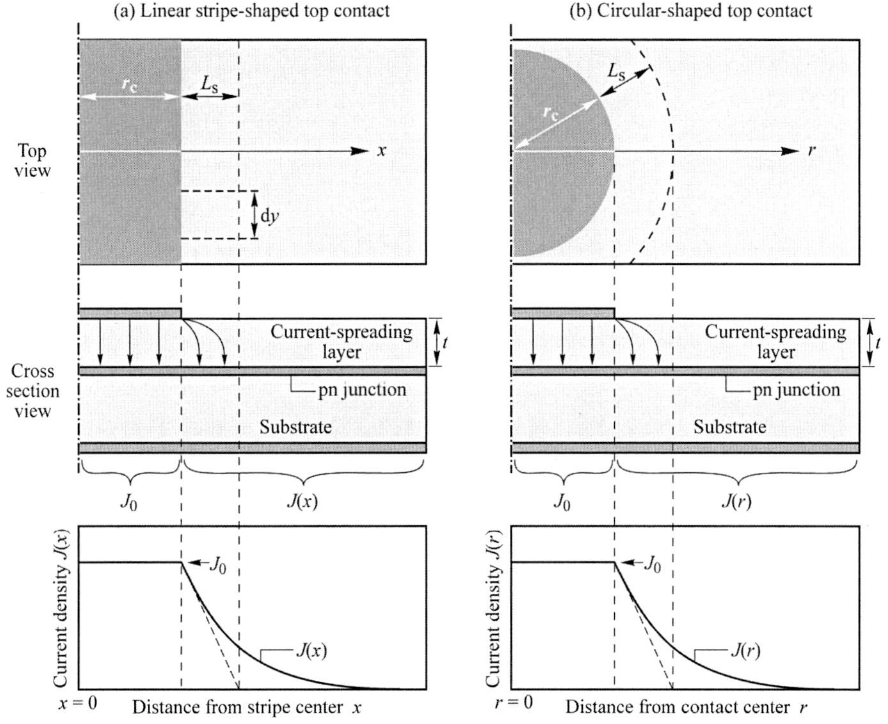

그림 8.6 다른 상부전극구조를 가지는 LED 구조에서 전류 퍼짐의 도식적 설명, (a) 선형줄무늬전극구조, (b) 원형 전극 구조.

여기서, L_s는 전류 퍼짐길이이며 다음과 같이 주어진다.

$$L_s = \sqrt{\frac{t\,n_{\text{ideal}}\,kT}{\rho\,J_0\,e}} \tag{8.2}$$

여기서, ρ는 전류 퍼짐층의 비저항, t는 전류 퍼짐층의 두께, n_{ideal}은 다이오드 이상계수이다. 다이오드 이상계수는 일반적으로 $1.05 < n_{\text{ideal}} < 1.35$이다.

다음으로 그림 8.6(b)의 원형전극뿐만 아니라 그림 8.6(a)의 선형줄무늬에 적용할 수 있는 이론적 모델을 유도한다. 첫째 선형줄무늬 전극구조를 고려한다. 전류는 금속접촉 아래에서보다 전류 퍼짐영역 가장자리($x = rc + L_s$)에서 e^{-1}배 더 낮다고 가정한다. 전류 퍼짐층의 가장자리에서 접합을 가로지르는 전압강하는 금속전극 아래보다 $n_{\text{idela}}kT/e$ 만큼 낮다. 이 전압은 전류 퍼짐영역 내에서 강하한다. 측면 방향에 대한 단위 줄무늬길이 dy당 전류 퍼짐의 저항은 다음과 같이 주어진다.

$$R = \rho \frac{L_s}{t\,dy} \tag{8.3}$$

전류 퍼짐영역에서 접합을 통하여 수직으로 흐르는 전류는 다음과 같이 주어진다.

$$I = J_0 L_s dy \tag{8.4}$$

옴의 법칙을 이용하면 다음을 얻는다.

$$\rho \frac{L_s}{t\,dy} J_0 L_s dy = \frac{n_{\text{ideal}} kT}{e} \tag{8.5}$$

이 식을 t에 대해 풀면

$$\boxed{t = \rho L_s^2 J_0 \frac{e}{n_{\text{ideal}} kT}} \tag{8.6}$$

이 결과식을 식 (8.2)와 비교하면 두 식은 동일함을 알 수 있다. 식 (8.6)로부터 전류 퍼짐층의 비저항과 요구되는 전류 퍼짐길이 L_s가 주어질 때 필요한 전류 퍼짐층의 두께 t를 계산할 수 있다.

다음으로 그림 8.6b와 같은 원형전극구조(circular contact geometry)를 고려한다. 원형구조는 원형상부전극을 가지는 LED와 관련이 있다. 앞에서와 유사한 방법을 적용하면 접촉 가장자리로부터 전류 퍼짐영역 가장자리까지의 측면 저항은 다음과 같이 주어진다.

$$R = \int_{r_c}^{r_c + L_s} \rho \frac{1}{A} dr = \int_{r_c}^{r_c + L_s} \rho \frac{1}{t\,2\pi r} dr = \frac{\rho}{2\pi t} \ln\left(1 + \frac{L_s}{r_c}\right) \tag{8.7}$$

전류 퍼짐영역에서 접합을 통하여 수직으로 흐르는 전류는 다음과 같이 주어진다.

$$I = J_0 \left[\pi (L_s + r_c)^2 - \pi r_c^2\right] = J_0 \pi L_s (L_s + 2r_c) \tag{8.8}$$

옴의 법칙을 이용하면 다음을 얻는다.

$$\frac{\rho}{2\pi t} \ln\left(1 + \frac{L_s}{r_c}\right) J_0 \pi L_s (L_s + 2r_c) = \frac{n_{\text{ideal}} kT}{e} \tag{8.9}$$

이 식을 t에 대해 풀면

$$\boxed{t = \rho L_s \left(r_c + \frac{L_s}{2}\right)\left(J_0 \frac{e}{n_{\text{ideal}} kT}\right) \ln\left(1 + \frac{L_s}{r_c}\right)} \tag{8.10}$$

식 (8.10)로부터 전류 퍼짐층의 비저항과 이상적인 전류 퍼짐길이 L_s가 주어질 때 필요한 전류 퍼짐층의 두께 t를 계산할 수 있다. r_c값이 클 때 $x \ll 1$에 대해 $\ln(1+x) \approx 1$의 근사를 이용하여 식 (8.10)을 단순화할 수 있다. 즉, r_c값이 극단적으로 클 때 (예, $r_c \to \infty$) 식 (8.10)과 식 (8.6)은 예상대로 동일해진다.

Exercise

매우 높은 전류수준에서 발생하는 전류 퍼짐층을 구비한 소자의 전류 집중

수직으로 전류가 흐르는(칩의 정상부로부터 바닥으로 흐르는 전류) 소자구조에서 전류 퍼짐층은 전체 p-n 접합 면적에 걸쳐 전류가 퍼져 나갈 수 있도록 보장한다. 그러나 매우 높은 수준으로 전류를 증가시키면 상부전극 아래로 전류는 집중하려 한다. 이것은 그림 8.7(a)와 (b)에 나타나 있다. 매우 높은 전류밀도에서 일어나는 전류 집중 현상에 대해 설명하라.

해답 1 : 전류 퍼짐길이에 대한 식은 $L_s \propto J_0^{-1/2}$의 의존성을 가진다. 따라서 전류밀도가 증가함에 따라 L_s는 감소하고 전류는 상부전극 아래에 모인다.

2 : 전류 집중 현상은 그림 8.7(c)에 보여진 등가회로로 이용하면 이해하기 쉽게 설명할 수 있다. 매우 높은 전류밀도에서 p-n 접합을 나타내는 저항은 감소하는 반면에 전류 퍼짐층을 나타내는 저항은 일정하게 유지된다. 따라서 전류가 상부전극 아래로 직접 흐르게 된다.

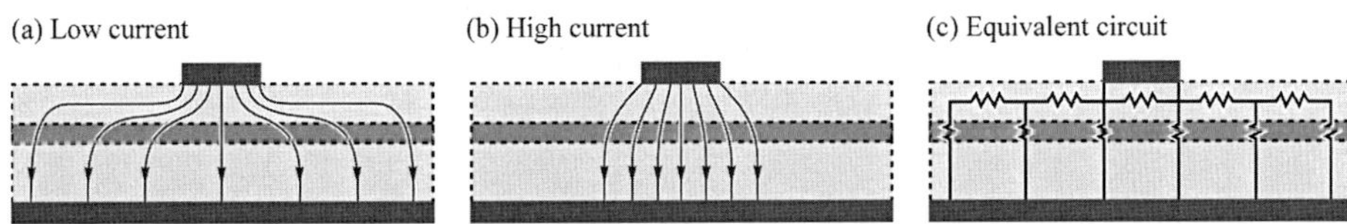

그림 8.7 (a) 낮고, (b) 높은 전류에서 전류 퍼짐층을 가진 소자의 도식적 전류 흐름도. 매우 높은 전류밀도에서 전류는 잘 퍼지지 않으며, (b)에서 보인 바와 같이 상부전극 아래로 뭉쳐진다. (c) 등가회로.

8.3 절연기판 위에 성장된 LED의 전류 집중

절연기판 위에 성장된 메사구조 LED에서도 전류 집중은 일어난다. 이러한 형태의 LED는 사파이어 기판 위에 성장된 GaInN/GaN LED를 포함한다. 이러한 LED에서 p형 접촉은 대개 메사 상부에 위치하고 n형 접촉은 메사의 바닥에 있는 n형 완충층 위에 위치한다. 그 결과 n형 접촉에 근접한 메사접촉의 가장자리에서 전류는 집중된다.

절연기판 위에 성장한 수평형 p-면 상향 메사 LED를 그림 8.8(a)에 나타내었다. 그림에서 표시된 바와 같이 p-n 접합 전류가 메사의 가장자리 근처에서 모이는 것을 이해하기 쉽게 나타내었다. p형 접촉 저항과 n형 및 p형 덮개층의 저항을 포함하는 등가회로모델을 그림 8.8(b)에 나타내었다. p-n 접합은 이상적인 다이오드로 근사된다. 또한 회로모델은 dx 거리로 분리되는 몇 개의 교점(node)을 보여준다. $x-$축 방향을 따르는 n형 층에서의 전압을 V라고 가정하면 dV는 길이 dx에 대한 n형 층을 가로지르는 전압강하이다. 다이오드 중 하나에서 아래로 흐르는 미소 단위 전류 $dI = J_0[\exp(eV_j/kT)-1]$로 주어지고 여기서, J_0는 p-n 접합의 포화 전류밀도이다. 두개의 인접한 저항 사이에서 전압강하 차이를 계산하고 두 개의 저항 사이에 위치한 교점에 Kirchhoff의 전류법칙을 적용하면 다음과 같은 미분방정식을 얻는다.

$$\frac{d^2V}{dx^2} = \frac{\rho_n}{t_n} J_0 \left[\exp\left(\frac{eV_j}{kT}\right) - 1\right] \tag{8.11}$$

p형 층의 저항이 0 또는 무시할만한 경우 $dV = dV_j$이다. 이러한 경우 식 (8.11)은 쉽게 풀 수 있는데 Thompson(1980)은 전도성 기판 위에 성장한 p-n 접합 다이오드의 퍼짐길이를 계산함으로써 해석적 해를 보여주었다. Thompson은 상부 p형 덮개층의 물질비 저항은 고려하였으나 하부 n형 덮개층의 비저항은 무시하였다. 그러나 상부에 p형층을 가지고 하부에 n형층을 가지는 GaN/InGaN LED에서 저항이 높은 n형층은 전류 집중을 일으키므로 무시할 수 없다. 게다가 p형 저항도 높을 수 있어서 역시 무시해서는 안 된다. 다음 계산에서 보는 바와 같이 두 가지 저항의 형태는 전류 집중 문제에서 고유한 역할을 한다.

다음으로 n형층 저항, p형층 저항 및 p형 접촉 저항을 고려한다. p-n 접합과 p형 저항을 가로지르는 전압강하는 다음과 같다.

$$V = R_v I_0 [\exp(eV_j kT) - 1] + V_j \tag{8.12}$$

여기서, R_v("수직 저항")은 단위면적 $w\,dx$를 가지는 p형 층 저항과 p형 접촉 저항이다.

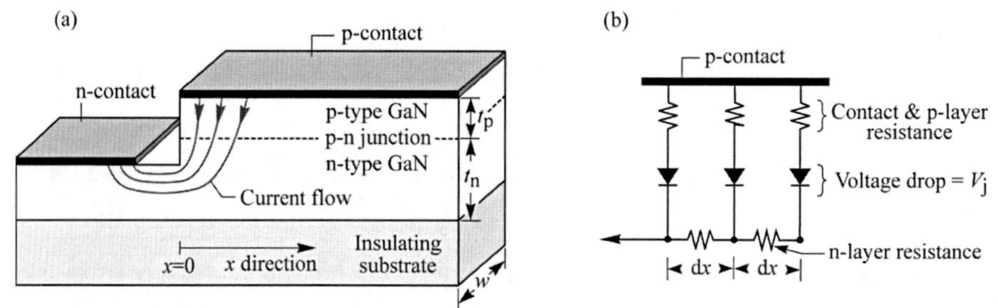

그림 8.8 (a) 절연 기판 위에 성장된 메사구조 GaN계 LED에서의 전류 집중, (b) n형과 p형 층의 저항, p형 접촉 저항, p–n 접합을 나타내는 이상적인 다이오드로 구성된 등가회로.

즉,

$$R_v = \rho_p \frac{t_p}{w\,dx} + \rho_c \frac{1}{w\,dx} \tag{8.13}$$

여기서, ρ_p는 p형 층의 비저항이고 ρ_c는 p형 비접촉 저항이다. 식 (8.12)에서 x에 대해 V를 두 번 미분하고 그 결과를 식 (8.11)에 대입하면 다음의 미분방정식을 얻는다.

$$\frac{e}{kT}(\rho_c+\rho_p t_p)\,J_0 \exp\left(\frac{e\,V_j}{kT}\right)\left[\frac{d^2 V_j}{dx^2}+\frac{e}{kT}\left(\frac{d\,V_j}{dx^2}\right)^2\right]+\frac{d^2 V_j}{dx^2}=\frac{\rho_n}{t_n}J_0\left[\exp\left(\frac{e\,V_j}{kT}\right)-1\right] \tag{8.14}$$

미분방정식을 풀기 위해서 다이오드가 순바이어스에서 동작됨으로 한정한다. 이러한 경우 접합전압은 kT/e보다 훨씬 크다. 즉

$$V_j \gg kT/e \quad \text{그리고} \quad \exp(e\,V_j/kT) \gg 1 \tag{8.15}$$

게다가 p형 직렬 저항과 접촉 저항이 kT/e보다 훨씬 크다고 가정한다. 즉

$$(\rho_c+\rho_p t_p)J_0 \exp(e\,V_j/kT) \gg kT/e \tag{8.16}$$

이 조건은 일반적인 GaN/GaInN LED에 적용된다. 식 (8.15)와 (8.16)의 근사조건을 이용하면 식 (8.14)를 단순화할 수 있다.

$$\frac{d^2 V_j}{dx^2}+\frac{e}{kT}\left(\frac{d\,V_j}{dx^2}\right)^2=\frac{\rho_n}{(\rho_c+\rho_p t_p)t_n}\frac{kT}{e} \tag{8.17}$$

식 (8.17)을 V_j에 대해 풀면 $V_j(x)=V_j(0)-(kT/e)(x/L_s)$를 얻는다. V_j를 $J=J_0\exp(e\,V_j/kT)$ 방정식에 대입하면 다음과 같은 미분방정식의 해를 얻는다.

$$\boxed{J(x)=J_0\exp(-x/L_s)} \tag{8.18}$$

여기서 $J(0)$는 p형 메사 가장자리에서의 전류밀도이고 L_s는 전류 퍼짐길이이다. L_s는 메사 가장자리에서의 전류밀도 값에 대비하여 $1/e$로 떨어지는 길이, 즉 $J(L_s)/J(0)=1$이 되는 길이를 의미하며 다음과 같이 주어진다.

$$\boxed{L_s=\sqrt{(\rho_c+\rho_p t_p)t_n/\rho_n}} \tag{8.19}$$

식 (8.19)으로부터 전류분포가 에피층 두께와 물질 특성에 의존함을 보여준다. 전류 집중을 최소화하기 위해서는 두꺼운 저저항 n형 완충층이 필요하다. 식 (8.19)는 또한 특이한 결과를 보여주는데 p형 비접촉 저항 또는 p형 층 비저항의 감소는 전류 집중을

강화한다는 것이다. p형 비접촉 저항과 p형 구속층 저항이 낮다면, n형 완충층의 전도성이 매우 높아서 t_n/ρ_n이 극단적으로 크지 않다면 전류 집중이 심하게 일어난다. GaN/GaInN 소자에서 p형 접촉과 p형 층 저항의 합은 특히 t_n이 작다면 n형 덮개층 저항보다 더 클 수 있다.

사파이어 기판 위에 성장한 GaInN/GaN LED의 전류 집중 영향에 대한 실험적 결과를 그림 8.9에 나타내었다. 그림 8.9(a)은 GaInN LED의 광여기발광 현미경사진을 보여준다. 사파이어 기판 측으로부터 LED 현미경사진을 측정하였으며 청색발광을 관찰할 수 있다. 현미경사진을 통하여 메사 가장자리로부터 거리가 증가함에 따라 발광강도가 감소함을 알 수 있다. 메사 가장자리로부터 거리의 함수로 측정된 실험적 강도를 그림 8.9(b)에 나타내었다. 또한 위에서 유도한 전류밀도의 지수함수적 감소식을 이용하여 실험 데이터와 비교하였다. 만약 전류 퍼짐길이 550 μm를 계산에 적용하다면 실험결과와 이론적 결과는 매우 잘 일치함을 알 수 있다.

접촉 저항 및 p-GaN의 비저항이 높으면 열을 발생시키므로 고출력 소자에 바람직하지 않다. 반면 이러한 저항들은 전류 집중 현상을 완화한다. 접촉과 GaN 소자에서 p형 도핑의 향후 개선효과를 고려하거나 소자 및 접촉구조의 면적을 증가시킨다면 전류집중 문제는 더욱 심각해질 것이고 새로운 전극구조 적용에 대한 필요성이 대두될 것이다. p형 전극영역 폭이 L_s보다 작은 깍지 낀 구조(interdigitated structures)를 새로운 전극구조로 보고하였다(Guo 외, 2001; Steigerwald 외, 2001). L_s보다 훨씬 작은 소자에서 전류 집중 영향은 없다.

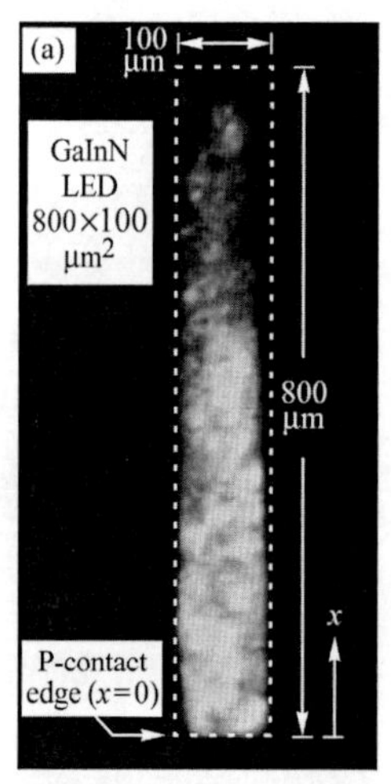

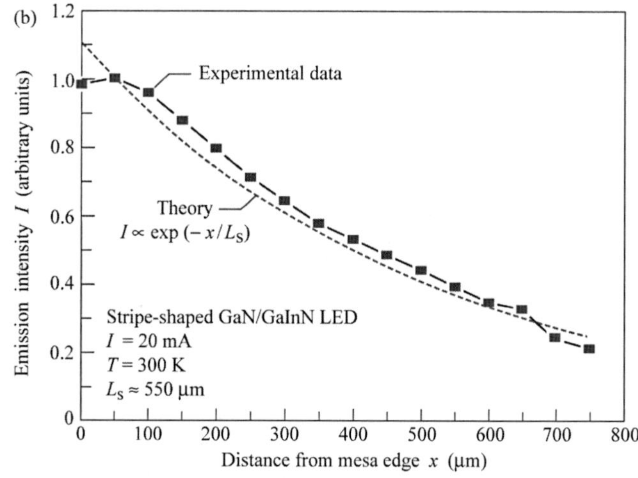

그림 8.9 (a) 절연 사파이어 기판 위에 성장된 메사구조 GaInN/GaN LED로부터 측정된 광발광 현미경사진. LED는 800 μm×100 μm p형 전극 줄무늬구조를 가짐, (b) 메사 가장자리로부터 거리에 대한 함수로 나타낸 이론적 및 실험적 발광강도(Guo와 Schubert, 2001).

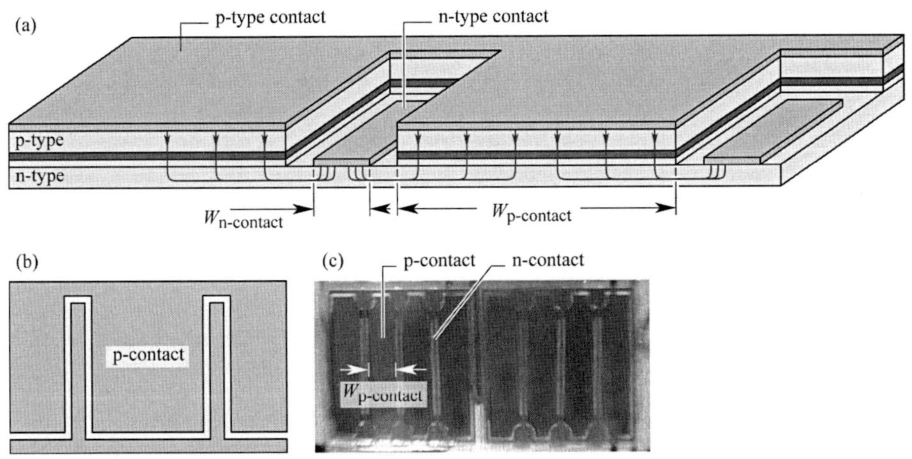

그림 8.10 (a) 균일한 전류 주입을 위한 깍지 낀 줄무늬 전극구조, (b) 상부도, (c) 플립칩 GaInN LED 사진(LED Museum, 2004).

깍지 낀 줄무늬 전극구조 사진을 그림 8.10에 나타내었다. p형 전극폭($W_{\text{p-contact}}$)이 전류 퍼짐길이보다 더 작으면 활성영역으로 전류 주입이 균일해질 수 있다. 낮은 접촉저항을 보장하기 위해서 n형 접촉의 폭($W_{\text{n-contact}}$)은 최소한 접촉 이동길이(contact transfer length)와 일치해야 한다. 오믹접촉의 특성 분석을 위해 사용하는 전송선로모델(Transmission Line Model; TLM)을 이용하여 접촉 이동길이를 구할 수 있다.

8.4 수평 주입구조

수평 전류 주입 형태의 소자구조를 그림 8.11(a)에 나타내었다. 전류는 두 개의 n형과 p형 덮개층을 통하여 수평으로 이동한다. 광추출을 방해하지 않는 접촉들 사이 영역에서 빛을 생성하는 것이 이상적이다. 만약 n형 면저항 ρ_n/t_n(여기서 ρ_n과 t_n은 각각 n형 물질의 비저항과 층 두께이다)이 p형 면저항 ρ_p/t_p보다 훨씬 작다면 전류는 p형 층보다 저저항 n-층을 통하여 수평으로 흐를 것이다. 그 결과 접합 전류는 p-접촉 근처에서 집중한다.

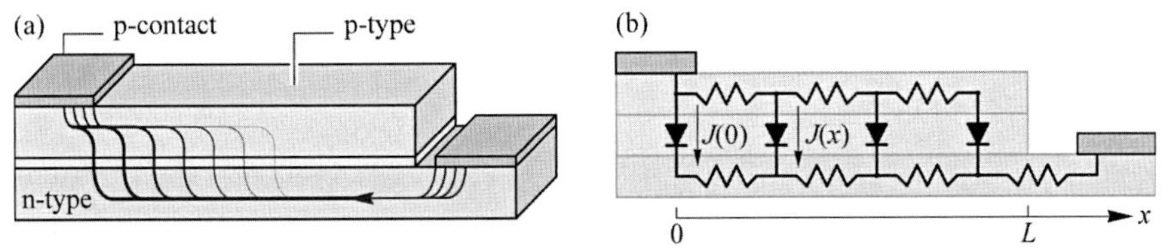

그림 8.11 (a) $\rho_n \ll \rho_p$에 대한 수평 주입구조와 전류 분포 도식도, (b) 대응하는 등가회로.

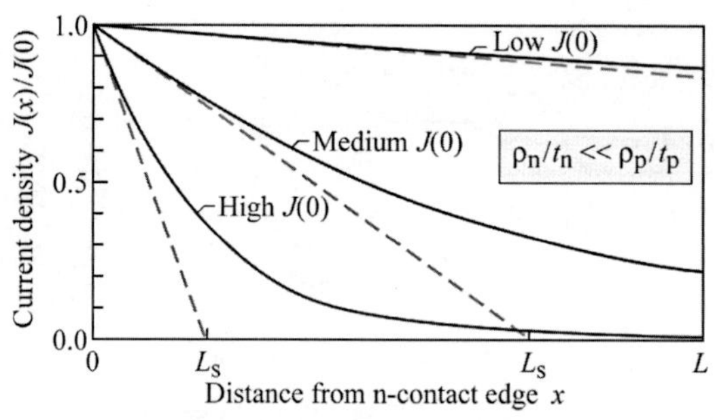

그림 8.12 수평 주입구조 소자의 고, 중, 저전류에서의 정규화된 전류밀도분포. n형 면저항은 p형 면저항보다 작다고 가정한다.

정량적인 분석을 위해 적절한 등가회로도를 그림 8.11(b)에 나타내었으며 p형 접촉의 가장자리에서의 p-n 접합 전류밀도는 $J(0)$라고 가정된다. 등가회로의 정량적인 해(Joyce와 Wemple, 1970, 1970; Rattier 외, 2002)를 그림 8.12에 나타내었으며 다음과 같은 지수함수로 주어진다.

$$J(x) = J(0)\exp(-x/L_s) \tag{8.20}$$

여기서

$$L_s = \sqrt{\frac{2V_a}{J(0)[(\rho_p/t_p)+(\rho_n/t_n)]}} \tag{8.21}$$

$J(x=0)=J(0)$는 접촉의 가장자리에서의 전류밀도이다. Rattier 등(2002)은 전압 V_a는 수배의 kT/e, 즉 50~75mV에 해당하는 활성화전압이라고 보고하였다.

접촉들 사이 간격을 거쳐서 균일한 빛 생성을 위해선 전류 퍼짐길이 L_s를 증가시키는 것이 바람직하다. 이것은 도핑을 증가시키거나 구속층 두께를 증가시켜 얻을 수 있다. 높은 광출력을 얻기 위해서 소자구조 크기를 증대할 수 있다. 그러나 접촉간격 L이 큰 소자는 만약 매우 두꺼운 구속층을 사용하지 않는다면(비실용적일지도 모를) 일반적으로 더욱 저항성이 강하게 된다. 이러한 소자구조의 경우 단일소자를 증대시키는 것보다는 오히려 여러 개의 작은 소자를 배열하는 것이 유리하다.

8.5 전류 차단층

작은 상부전극과 큰 바닥면 전극을 가지는 일반적인 DH LED에서 상부전극에 의해 주입된 전류는 주로 상부전극 아래를 통하여 활성영역으로 흘러 들어간다. 따라서 불투명한 금속전극은 활성영역에서 생성된 빛의 추출을 크게 저하시킨다. 이러한 문제는 전류 퍼짐층의 두께를 증가시키면 해결이 가능하다. 또한 전류 차단층을 사용하여 해결할 수 있다. 전류 차단층은 전류가 상부전극 아래에서 활성영역으로 들어가는 것을 막는다. 전류는 상부전극으로부터 멀어져서 굴절되어 흐르기 때문에 추출효율을 증가시킨다.

전류 차단층을 사용한 LED의 도식구조를 그림 8.13에 나타내었다. 차단층은 상부구속층의 최상부에 위치하고 상부 금속전극과 거의 유사한 크기를 가진다. 전류 차단층은 n형 전도도를 가지며 p형 전도도를 가진 물질 내에 내포되어 있다. p-n 접합은 전류 차단층을 둘러싸고 있으므로 그림 8.13에 표시된 것처럼 전류는 전류 차단층 주위로 흐른다.

에피재성장에 의해 전류 차단층을 형성할 수 있다. DH와 얇은 n형 전류 차단층을 전체 웨이퍼 표면 위에 성장하고 식각을 위해 성장 시스템 외부로 빼낸다. 포토리소그래피(photolithography)를 이용하여 식각할 영역을 형성한다. 그림 8.13에 보여진 바와 같이 상부오믹접촉이 위치할 영역을 제외하고 대부분의 차단층을 식각하여 제거한다. 전류 차단층 식각 공정은 대부분의 경우 선택적이어서 상부 구속층 속까지 식각하지는 않는다. 전류 퍼짐층을 재성장하기 위해 웨이퍼를 성장 시스템으로 다시 장입한다.

재성장 공정을 수반하면 대개 소자와 웨이퍼의 수율이 감소하므로 공정단가가 올라간다. 식각 공정 후 재성장 직전에 웨이퍼표면을 세정하는 것은 매우 중요하다. 재성장 계면에서 발생하는 결함은 수율을 저하시킨다. 따라서 공정단가는 더욱 상승하므로 저비용 소자에 대해서는 적합하지 않다. 그러나 통신용 LED와 같은 값비싼 소자에 대해서는 에피재성장 공정을 사용한다.

n형 GaAs를 AlGaInP LED의 전류 차단층으로 사용해왔다. n형 GaAs층은 AlGaInP 상부 구속층의 최상부에 위치한다. GaAs 전류 차단층은 하부에 깔린 AlGaInP 구속층

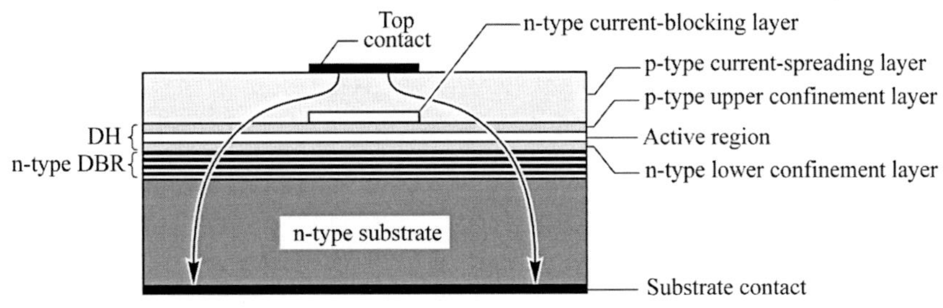

그림 8.13 상부 구속층에 n형 전류 차단층을 적용한 LED. 불투명한 상부 오믹전극에 덮이지 않은 영역에서 발광은 일어난다. LED는 에피재성장법을 이용해 제조된다. 전류 차단층을 성장한 이후 식각을 위해 성장 시스템으로부터 웨이퍼를 빼낸다. 전류 퍼짐층을 성장시키기 위해 웨이퍼는 에피성장 시스템 속으로 재장입한다.

에 격자 정합된다. 선택적 습식화학 식각으로 GaAs를 식각할 수 있지만 AlGaInP를 식각하지는 않는다(Adachi와 Oe, 1983).

또한 수직공동 표면발광레이저(VCSEL)에서 레이저의 거울 사이에 위치한 좁은 활성영역으로 전류가 흐르도록 전류 차단층을 적용한다. 그러나 VCSEL에서 전류 차단층을 형성하기 위해서는 에피재성장보다는 산소 또는 수소 주입법을 적용한다. 주입깊이는 제한되기 때문에 대면적 접촉을 가지는 소자에서 수평 저항은 상당해질 수 있다.

참고문헌

Adachi S. and Oe K. "Chemical etching characteristics of (001) GaAs" *J. Electrochem. Soc.* **130**, 2427 (1983)

Choquette K. D., Geib K. M., Ashby C. I. H., Twesten R. D., Blum O., Hou H. Q., Follstaedt D. M., Hammons B. E., Mathes D., and Hull R. "Advances in selective wet oxidation of AlGaAs alloys" *IEEE J. Sel. Top. Quantum Electron.* **3**, 916 (1997)

Fletcher R. M., Kuo C. P., Osentowski T. D., Huang K. H., and Craford M. G. "The growth and properties of high performance AlInGaP emitters using lattice mismatched GaP window layers" *J. Electron. Mater.* **20**, 1125 (1991a)

Fletcher R. M., Kuo C. P., Osentowski T. D., and Robbins V. M. "Light-emitting diode with an electrically conductive window" US Patent 5,008,718 (1991b)

Groves W. O. and Epstein A. S. "Epitaxial deposition of III– compounds containing isoelectronic impurities" US Patent 4,001,056 (1977)

Groves W. O., Herzog A. H., and Craford M. G. "Process for the preparation of electroluminescent III–V materials containing isoelectronic impurities" US Patent Re. 29,648 (1978a)

Groves W. O., Herzog A. H., and Craford M. G. "GaAsP electroluminescent device doped with isoelectronic impurities" US Patent Re. 29,845 (1978b)

Guo X. and Schubert E. F. "Current crowding and optical saturation effects in GaInN/GaN light-emitting diodes grown on insulating substrates" *Appl. Phys. Lett.* **78**, 3337 (2001)

Guo X., Li Y.-L., and Schubert E. F. "Efficiency of GaN/GaInN light-emitting diodes with interdigitated mesa geometry" *Appl. Phys. Lett.* **79**, 1936 (2001)

Jeon S.-R., Song Y.-H., Jang H.-J., Yang G. M., Hwang S. W., and Son S. J. "Lateral current spreading in GaN-based light-emitting diodes utilizing tunnel contact junctions" *Appl. Phys. Lett.* **78**, 3265 (2001)

Joyce W. B. and Wemple S. H. "Steady-state junction-current distributions in thin resistive films on semiconductor junctions (solutions of $\Delta^2 v = \pm e^v$) *J. Appl. Phys.* **41**, 3818 (1970)

Kuo C. P., Fletcher R. M., Osentowski T. D., Lardizabal M. C., Craford M. G., and Robins V. M. "High performance AlGaInP visible light emitting diodes" *Appl. Phys. Lett.* **57**, 2937 (1990)

LED Museum, www.ledmuseum.org (2004)

Moyer C. D. "Photon recycling light emitting diode" US Patent 4,775,876 (1988)

Nishizawa J., Koike M., and Jin C. C. "Efficiency of GaAlAs heterostructure red light-emitting diodes" *J. Appl. Phys.* **54**, 2807 (1983)

Nuese C. J., Tietjen J. J., Gannon J. J., and Gossenberger H. F. "Optimization of electroluminescent efficiencies for vapor-grown GaAsP diodes" *J. Electrochem Soc.: Solid State Sci.* **116**, 248 (1969)

Rattier M., Bensity H., Stanley R. P., Carlin J.-F., Houdre R., Oesterle U., Smith C. J. M., Weisbuch C., and Krauss T. F. "Toward ultra-efficient aluminum oxide microcavity light-emitting diodes: Guided mode extraction by photonic crystals" *IEEE J. Selected Topics in Quant. Electron.* **8**, 238 (2002)

Schroder D. K. *Semiconductor Material and Device Characterization* (John Wiley and Sons, New York, 1998)

Sugawara H., Ishakawa M., and Hatakoshi G. "High-efficiency InGaAlP/GaAs visible light-emitting diodes" *Appl. Phys. Lett.* **58**, 1010 (1991)

Sugawara H., Ishakawa M., Kokubun Y., Nishikawa Y., Naritsuka S., Itaya K., Hatakoshi G., Suzuki M. "Semiconductor light-emitting device" US Patent 5,153,889, issued Oct. 6 (1992a)

Sugawara H., Itaya K., Nozaki H., and Hatakoshi G. "High-brightness InGaAlP green light-emitting diodes" *Appl. Phys. Lett.* **61**, 1775 (1992b)

Steigerwald D. A., Rudaz S. L., Thomas K. J., Lester S. D., Martin P. S., Imler W. R., Fletcher R. M., Kish Jr. F. A., Maranowski S. A. "Electrode structures for light-emitting devices" US Patent 6,307, 218 (2001)

Thompson G. H. B. *Physics of Semiconductor Laser Devices* (John Wiley and Sons, New York, 1980)

Chapter 9

고효율 광추출 구조

반도체의 높은 굴절률 때문에 반도체 평면-공기 계면에 입사한 빛은 입사각이 충분히 크면 대부분 내부적으로 반사된다. Snell 법칙은 내부 전반사에 대한 임계각을 알려준다. 내부 전반사의 결과로 빛은 반도체 내부에 갇히게 된다. 결과적으로 반도체 내부에 갇힌 빛은 기판, 활성층, 덮개층, 또는 금속전극에 의해서 재흡수된다.

빛이 기판에 의해서 흡수된다면 전자-정공의 쌍은 대부분 기판의 태생적인 낮은 효율로 인해서 비발광결합을 할 것이다. 만약 빛이 활성영역에 의해서 흡수가 된다면 전자-정공 쌍은 광자로 재발광하거나 비발광적으로 결합할 것이다. 결과적으로 100% 미만의 내부 양자효율을 가지는 활성영역의 경우에 활성영역에 의한 재흡수는 LED의 효율을 감소시킨다. LED의 외부 양자효율(external quantum efficiency, η_{ext})은 내부 양자효율(internal quantum efficiency, η_{int})과 광 추출효율(extraction efficiency, $\eta_{extraction}$)의 곱으로 나타낸다. 즉

$$\eta_{ext} = \eta_{int}\,\eta_{extraction} \tag{9.1}$$

따라서 추출효율은 LED의 출력효율의 증가에 중요한 역할을 한다.

9.1 반도체에서 밴드갭 이하의 빛 흡수

높은 광 추출효율을 가지며 빛의 흡수를 피하기 위해서는 활성영역 이외에 다른 모든 반도체층이 광자에너지보다 더 큰 밴드갭 에너지를 가져야 한다. 이와 같은 것은 이중 이종접합구조, 윈도우층, 또는 아래에 설명하는 다른 구조를 사용함으로써 여러 가지 방법으로 구현할 수 있다. 본 절에서 우리는 빛의 에너지가 반도체의 에너지갭보다 작은 경우, 빛의 흡수에 대해 논의하고자 한다.

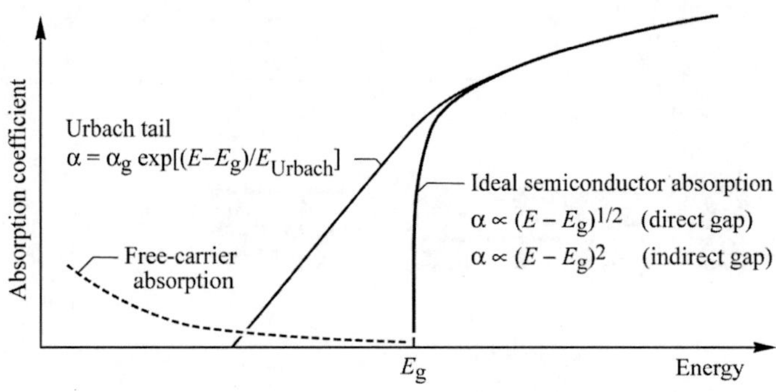

그림 9.1 밴드갭 E_g를 가진 반도체와 에너지에 대한 흡수계수. "Urbarch 꼬리"라는 밴드갭 아래 또는 부근에서 흡수에 영향을 준다. 특히 밴드갭 이하의 빛 흡수는 자유이송자 흡수에 영향을 받는다.

단순하게 광자에너지가 밴드갭보다 크다면 반도체는 빛을 흡수할 수 있고, 밴드갭보다 작다면 반도체는 광자에너지에 대해 투명하다고 가정할 수 있을 것이다. 그러나 반도체는 훨씬 낮은 흡수계수를 가지지만 밴드갭보다 작은 에너지의 빛을 흡수한다.

이상적인 반도체와 실제 반도체의 흡수계수와 에너지와의 관계를 그림 9.1에서 보여주고 있다. 저온에서 이상적인 반도체의 흡수계수와 에너지는 다음과 같은 식으로 주어진다.

$$\alpha \propto (E - E_g)^{1/2} \quad \text{(direct gap)} \tag{9.2a}$$

$$\alpha \propto (E - E_g)^{2} \quad \text{(indirect gap)} \tag{9.2a}$$

밴드갭 에너지($E = E_g$)에서 이상적인 반도체는 밴드와 밴드간의 흡수계수는 0이다. 밴드갭 이하의 에너지를 가진 빛의 경우에 실제 반도체의 흡수계수는 지수함수적으로 감소한다고 표현할 수 있다. Urbach 꼬리라고 불리는 이러한 흡수 꼬리에서 흡수계수와 에너지와의 관계는 다음과 같이 주어진다.

$$\alpha = \alpha_g \exp[(E - E_g)/E_{\mathrm{Urbach}}] \tag{9.3}$$

α_g는 실험적으로 결정된 밴드갭 에너지의 흡수계수이다. 그리고 E_{Urbach}는 Urbach 에너지라고 불리는 특성 에너지이다. 이것은 밴드갭보다 작은 에너지의 경우에 얼마나 빨리 흡수계수가 감소하느냐를 결정한다. Urbach(1953)는 여러 온도에서 흡수 꼬리를 측정하였고, Urbach 에너지가 열에너지 kT로 근사된다는 것을 보였다. Knox(1963)는 Urbach 꼬리의 온도 의존성으로부터 밴드갭보다 작은 전이는 포논이 필요한 전이라는 결론을 보였다. 따라서 Urbach에너지는 다음과 같이 주어진다.

$$E_{\mathrm{Urbach}} = kT \tag{9.4}$$

Urbach 꼬리는 광자와 연관된 흡수보다는 다른 메커니즘에 의해서 발생할 수 있다. 퍼텐셜 요동을 일으키는 어떤 메커니즘은 반도체 밴드갭 끝의 국부적인 변화를 일으킬 것이다. 이러한 변화의 결과로서 밴드갭 에너지도 마찬가지로 요동되고 밴드갭 이하의 전이도 일어날 수 있다.

가장 일반적인 퍼텐셜 요동은 임의의 도판트 분포와 삼원계 또는 사원계 합금 반도체에서 국부적인 화학적 조성 변화에 의해서 발생된 요동이다. 임의의 도판트 분포에 의해서 야기된 퍼텐셜 요동은 Poisson 통계를 사용하여 계산될 수 있다. 이러한 요동의 크기는 다음과 같이 주어진다(Schubert 외, 1997).

$$\Delta E_{\mathrm{Urbach}} = \frac{2e^2}{3\epsilon}\sqrt{\left(N_D^+ + N_A^-\right)\frac{r_s}{3\pi}}\,e^{-3/4} \tag{9.5}$$

여기서 R_s는 차폐 반지름(screening radius)이다.

임의의 조성 변화로 발생된 퍼텐셜 요동은 이항 통계(binomial statistics)를 사용하여 계산될 수 있다. 이러한 요동의 크기는 다음과 같이 주어진다(Schubert 외, 1984).

$$\Delta E_{\mathrm{alloy}} = \frac{dE_g}{dx}\left(\frac{x(1-x)}{4a_0^{-3}\,V_{\mathrm{exc}}}\right)^{1/2} \tag{9.6}$$

여기서 x는 삼성분계 반도체의 합금조성을 나타내며 a_0는 반도체 격자상수, V_{exc}는 전자-정공 쌍의 엑시톤 부피를 나타낸다. 이것은 특정 경우에 따라 다른데 Urbach 꼬리 형성에 어떤 요인이 지배적이냐에 의해서 결정된다. 일반적으로 GaP 또는 GaAs 같은 이성분계 반도체는 AlGaAs나 GaAsP와 같은 합금보다 더 작은 꼬리를 가진다. 더욱이 낮은 농도로 도핑된 반도체는 높은 농도로 도핑된 반도체보다 더 작은 Urbach 꼬리를 가진다.

밴드갭보다 충분히 낮은 에너지의 경우, Urbach 꼬리로 인한 흡수는 거의 무시할 만큼 작고, 자유이송자 흡수는 주된 흡수 메커니즘이 된다. 이름이 제안하는 것처럼, 자유이송자는 광자의 흡수에 의해서 더 높은 에너지로 여기된다. 흡수 전이는 반드시 운동량 보전법칙을 따라야 한다. 광자는 매우 작은 운동량을 가지는데 반해서 포물선 밴드 내에서 더 높은 위치로 여기될 때 전자는 반드시 운동량의 변화를 수반해야 한다. 이러한 운동량의 변화는 음향 포논이나, 광 포논 또는 불순물에 의한 산란에 의해서 발생된다.

자유이송자 흡수의 경우 자유이송자가 필요하기 때문에 자유이송자의 흡수는 자유이송자농도에 비례한다. 더욱이 고전적 Drude 자유전자 모델에 대한 이론적 고찰은 자유이송자 흡수가 입사파장의 제곱으로 증가한다는 것을 보여준다.

표 9.1 n형 반도체의 자유이송자 흡수계수(α_{fc}), (a) Ioffe (2002) 이후, (b) Wiley와 DiDomenco(1970) 이후, (c) Casey와 Panish(1978) 이후, (d) Kim과 Bonner(1983) 그리고 Walukiewicz 외(1980) 이후, (e) 자료는 $\alpha_{fc} \propto n\lambda^2$ 비례를 사용하여 추정하였다.

Material	Wavelength	Electron concentration	α_{fc}
GaN	1.0 μm	1×10^{18} cm^{-3}	40 cm^{-1} (a, e)
GaP	1.0 μm	1×10^{18} cm^{-3}	22 cm^{-1} (b, e)
GaAs	1.0 μm	1×10^{18} cm^{-3}	3.0 cm^{-1} (c)
InP	1.0 μm	1.1×10^{18} cm^{-3}	2.5 cm^{-1} (d)

$$\alpha_{fc} \propto n\lambda^2 \quad \text{그리고} \quad \alpha_{fc} \propto p\lambda^2 \tag{9.7}$$

따라서 이러한 비례식은 n형과 p형 반도체 각각에 유효하다.

양자역학적 논의에 대해서 이론적 고찰은 흡수계수가 음향 포논 산란이나 광 포논 산란 또는 이온화된 불순물 산란이 각각 운동량 보존 과정에 수반되는지에 따라 각각 $\lambda^{3/2}$, $\lambda^{5/2}$와 $\lambda^{7/2}$에 비례한다는 것을 보여준다.

n형과 p형 GaAs에서 밴드갭 근처($\lambda \approx 950$ nm)에서의 상온 자유이송자 흡수계수는 다음과 같이 표시될 수 있다(Casey와 Panish, 1978).

$$\alpha_{fc} = 3\,\text{cm}^{-1}\frac{n}{10^{18}\,\text{cm}^{-3}} + 7\,\text{cm}^{-1}\frac{p}{10^{18}\,\text{cm}^{-3}} \tag{9.8}$$

이 식의 고찰에서 자유이송자 흡수계수는 고농도 이송자에서 10 cm^{-1} 정도가 될 수 있다는 것을 나타낸다. 여러 화합물반도체에서 자유이송자 흡수계수에 대한 근사값은 표 9.1에 나타내었다.

LED에서 자유이송자 흡수는 칩의 측면 밖으로 발산되는 도파모드의 강도에 영향을 미칠 수 있다. 또한 자유이송자 흡수는 투명반도체 기판 위에 제작된 LED에서 한 가지 역할을 한다. 이러한 투명 기판은 대부분 100 μm 이상의 두께를 가진다. 만약 투명기판의 도핑농도가 높다면 자유이송자 흡수는 빛의 출력 파워를 감소시킬 것이다. 또한 만약 도핑농도가 낮다면, 기판의 저항은 높게 될 것이다. 따라서 투명 기판의 여러 가지 도핑 요건 사이에서 절충이 필요하다. 구속층과 같은 박막의 경우 박막 내에서 빛의 경로 길이가 짧다면 자유이송자의 흡수 영향은 무시할 만큼 작다.

9.2 이중 이종접합구조

실질적으로 모든 LED 구조는 이중 이종접합구조를 채용하고 있다. 이것은 두 개의

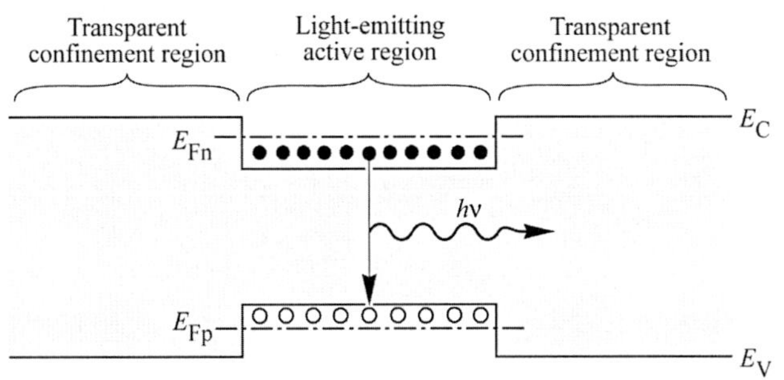

그림 9.2 광학적으로 투명한 구속영역을 가진 이중 이종접합구조. 활성영역에서의 높은 이송자농도와 흡수 끝의 Burstein–Moss 이동 결과로 인해서 활성영역에서 재흡수는 일어나기 힘들다.

구속층과 활성영역으로 구성되어 있다. 이중 이종접합구조의 밴드 다이어그램은 그림 9.2에서 보여주고 있다. 활성영역은 두 개의 구속 영역보다 더 작은 밴드갭을 가지고 있다. 결과적으로 구속영역은 활성영역에 의해 발광하는 빛에 투명하다. 실질적으로 구속영역이 상대적으로 얇기 때문에 모든 경우에 이들은 전체적으로 투명하다고 간주된다.

또한 상부전극 밑의 전류가 주입되는 지역에서 활성영역에 의한 빛의 재흡수는 무시될 수 있다. 일반적인 전류 주입 조건에서 활성영역은 고전류 밀도로 전류가 인가되고, 그 결과 그림 9.2에서 보여주는 것처럼 전자와 정공의 준페르미(quasi-Fermi)준위는 밴드 내에서 증가한다. 결과적으로 활성영역은 고전류 인가 조건에서 밴드갭 근처의 빛에 대하여 실질적으로 투명하다.

그러나 활성영역은 전류 인가지역으로부터 충분히 멀리 떨어져 있는 평형상태에 있다는 것을 주목하자. 이러한 지역은 전류 주입이 안 되고 따라서 활성영역에 의해서 발광되는 밴드갭 근처의 빛을 흡수할 것이다. 흡수에 의한 광손실을 줄이기 위해서 활성영역은 흡수된 광자를 재발광하게 하는 높은 내부 양자효율이 요구된다.

9.3 LED 다이의 형상

고효율 LED를 구현하기 위해 가장 중요한 문제 중의 하나는 고굴절률의 반도체 내부에 빛이 갇히는 현상이 일어나는 것이다. 빛이 갇히게 되는 현상은 그림 9.3에서 보여주고 있다. 활성영역에 의해서 발광된 빛은 Snell 법칙에서 예측된 것처럼 내부 전반사의 지배를 받을 것이다. 고굴절률 근사에서 내부 전반사의 각도는 다음과 같이 주어진다.

$$\alpha_c = \overline{n}_s^{\,-1} \tag{9.9}$$

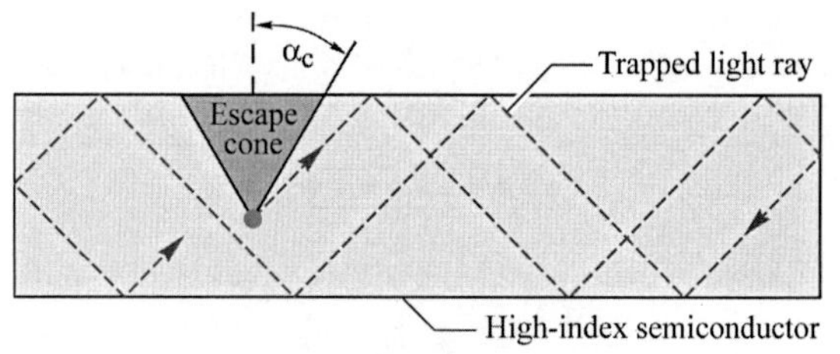

그림 9.3 내부 전반사 때문에 α_c보다 큰 발광각의 경우, 직각 평행 모양의 반도체에 "갇힌 빛"은 탈출할 수 없다.

여기서, n_s는 반도체의 굴절률이고 임계각 α_c는 라디안으로 주어진다. 고굴절률을 가진 반도체의 경우에 임계각은 상당히 작다. 예를 들면 굴절률 3.3인 경우, 내부 전반사를 위한 임계각은 단지 17°이다. 따라서 활성영역에 의해서 발광되는 대부분의 빛은 반도체 내부에 갇히게 된다. 갇힌 빛은 대부분 두꺼운 기판에 의해서 흡수된다. 일단 흡수되면 상대적으로 낮은 기반의 품질과 효율 때문에 전자-정공 쌍은 비발광으로 재결합한다.

빛의 추출문제는 1960년대 LED 기술 초기부터 알려진 문제이다. 또한 LED 다이의 기하학적 모양이 중요한 역할을 한다는 것은 잘 알려졌다. 그림 9.4에서 나타낸 것과 같이 최적화된 LED는 LED 중앙에서 점(point) 모양의 활성영역이 있는 구(spherical)형 LED일 것이다. 이러한 점 모양의 활성영역으로부터 나오는 빛은 반도체-공기 계면에서 수직으로 입사한다. 결과적으로 내부 전반사는 구형 LED에서는 일어나지 않는다. 그러나 구가 반사방지 코팅이 되어 있지 않았다면 계면에서 빛의 Fresnel 반사는 일어날 것이다.

뒤집힌 절단형 원뿔(Franklin와 Newman, 1964; Loebner, 1973)과 같은 반구의 돔형태구조(Carr와 Pittman, 1963)를 가진 LED는 직각의 판상 형태인 종래의 칩 이상으로 높은 추출효율을 얻을 수 있다는 것이 증명되었다. 그러나 이러한 소자의 실질적인 효용은 각각의 LED 다이의 모양과 연관된 높은 제작비용 때문에 처음에는 실현되지

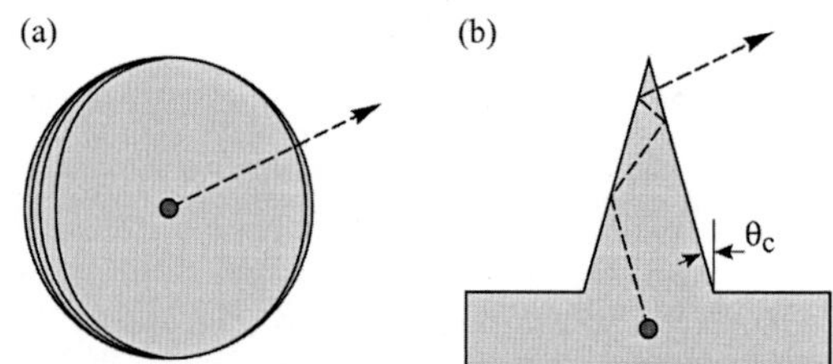

그림 9.4 완벽한 추출효율의 LED를 위한 기하학적 모양의 설계 도면, (a) 구의 중앙에 점과 같은 발광지역을 가진 구형 LED, (b) 원뿔 모양의 LED.

않았다.

불행하게 LED 중앙에 점 모양의 광원을 갖는 구형 LED는 실제 구현할 수 있는 구조가 아니다. 에피성장에서 사용되는 평면 기판의 관점에서 반도체 공정기술은 평면(Planar) 기술이다. 따라서 구형 LED는 종래의 평면기술을 사용하여 제작하기 어렵다.

다른 흥미있는 LED 구조는 그림 9.4(b)에서와 같이 그려진 원뿔 모양의 구조이다. 빛은 원뿔의 바닥이나 그 아래의 활성영역으로부터 나온다. 원뿔-공기경계에서 입사된 빛은 반도체-공기 계면을 통과해 투과되거나 원뿔로 유도된다. 이렇게 유도된 빛은 다중 반사를 일으키고, 반도체-공기 계면에서 빛의 입사 각도는 점진적으로 증가된다. 결과적으로 원뿔에 의해서 유도된 빛은 거의 수직으로 입사된 빛과 같이 원뿔로부터 빠져나간다. 비록 이러한 개념이 흥미롭지만 원뿔 모양의 LED는 공정과 제작이 어렵다.

가장 일반적인 LED 구조는 그림 9.5(a)에서 보는 것과 같은 직사각형의 판상 모양을 가지고 있다. 이러한 LED는 자연 벽개면을 따라서 기판을 벽개하는 과정을 거쳐 제작된다. LED는 여섯 개의 탈출 원뿔을 가지고 있고 이중에서 기판 표면에 수직인 것이 2개, 수평인 것이 4개이다. 바닥의 탈출 원뿔은 기판이 활성영역보다 작은 밴드갭을 가진 경우에 기판에 의해서 흡수가 일어날 수 있다. 면에 대해 수평한 방향으로 존재하는 탈출 원뿔 4개는 기판에 의해서 적어도 부분적으로 흡수될 것이다. 맨 위의 탈출 원뿔에서 빛은 두꺼운 전류 분산층이 사용되는 것을 제외하면 상부전극에 의해서 가로 막힌다. 따라서 간단한 직육면체 LED는 낮은 추출효율을 가지는 구조라는 것이 명백하다. 그럼에도 불구하고 이러한 직육면체 LED의 근본적인 장점은 낮은 제조 가격이다.

실린더 모양의 LED를 그림 9.5(b)에서 보여주고 있다. 실린더형 LED는 입방체 모양의 LED와 비교해서 추출효율이 더 높은 장점을 가지고 있다. 그림 9.5(b)에서 보여준 탈출 링은 직사각형 LED의 4개의 탈출 원뿔을 대체해서 더 높은 추출효율을 갖게 한다. 실린더 모양의 LED는 직사각형 모양의 LED와 비교해서 한 번 더 공정 단계를 거쳐야 한다(식각 단계).

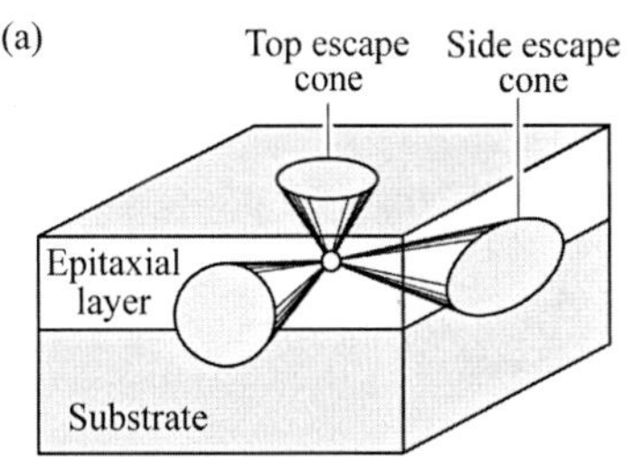

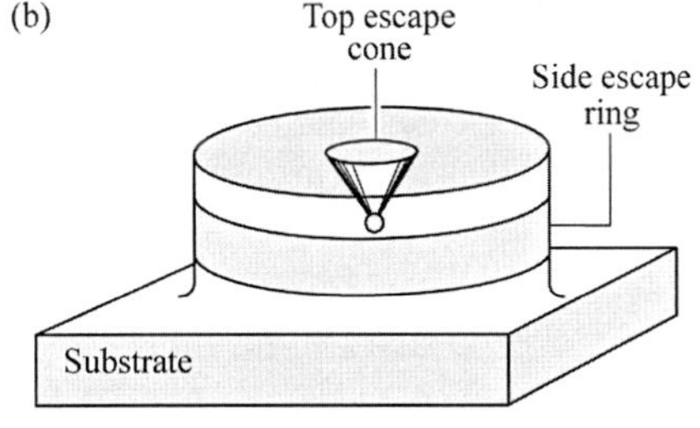

그림 9.5 서로 다른 기하학적 모양의 LED 도면, (a) 6개의 탈출 원뿔을 가진 직육면체형 LED, (b) 상부 탈출 원뿔과 옆면 탈출링을 가진 실린더형 LED.

시판되는 다이 모양의 소자들로 상품명이 "Aton"(Osram(2001))인 받침대 모양의 GaInN/SiC LED와 끝을 자른 거꾸로 된 피라미드 모양의 TIP(truncated inverted pyramid) AlGaInP/GaP LED가 있다(Krames 외, 1999). 두 소자의 사진들과 도식적인 구조는 그림 9.6에 나타내었다. 그림에서 나타난 빛의 행로는 한 번 또는 다중 내부 반사를 한 후에 피라미드 바닥에 들어온 광선은 반도체에서 탈출한다는 것을 보여준다. 받침대와 TIP의 기하학적 모양은 다이 내부에서 평균 광자 행로길이를 줄이고, 내부흡수를 감소시킨다. 받침대 모양을 가진 소자들의 효율 증가는 직육면체 모양의 소자들과 비교해서 약 2배 정도이다(Osram, 2001).

LED의 기하학적 모양, 특히 측면각은 빛의 갇힘을 최소화할 수 있는 방법으로 선택된다. 빛 추적 컴퓨터 모델을 활용하여 반도체로부터 빛이 최대로 탈출할 수 있는 구조를 채택한다. TIP 모양의 LED에서 옆면의 최적 각도는 35°이다(Krames 외, 1999). TIP LED는 500 μm×500 μm 면적의 큰 p-n 접합을 가지는 고출력 LED이다. TIP LED의 조명용 광원 효율은 항상 100 lm/W를 초과하고 있고, 가장 효율 좋은 LED 중 하나이다.

주입된 전류에 따른 TIP LED 성능은 그림 9.7에서 보여주고 있다(Krames 외, 1999). 102 lm/W의 최대 광효율은 100 mA 전류가 주입될 때 오렌지 스펙트럼($\lambda \approx 610$ nm) 소자에서 측정되었다. 이러한 광효율은 대부분의 형광등(50~100 lm/W)과 모든 금속 할로겐 램프(68~95 lm/W)의 효율을 초과한 것이다. 황색 신호 체제에서 TIP LED는 68 lm/W($\lambda \approx 598$ nm)의 광도 측정효율을 나타내고 있다. 이러한 효율은 50 W 고압 나트륨 방전등의 광원효율과 비교할 수 있다. 55%의 최대 외부 양자효율($\lambda \approx 650$ nm)

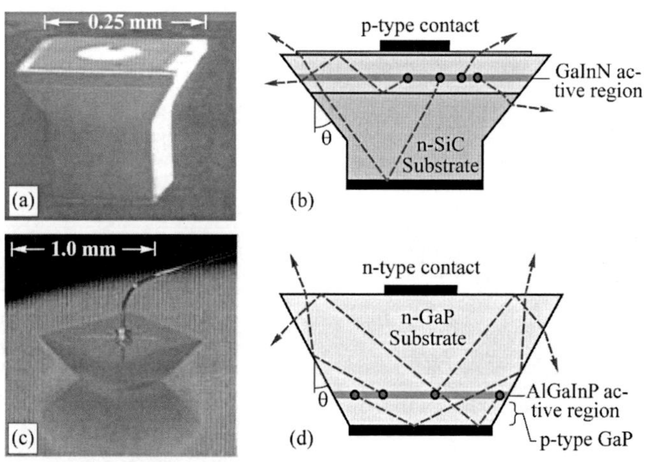

그림 9.6 다이 모양의 소자. (a) "Aton" 이름을 가진 SiC 기판 위의 청색 GaInN 발광체, (b) 빛의 추출을 향상시킨 행로 추적 도면, (c) 역피라미드(TIP) 모양의 AlGaInP/GaP LED 현미경사진, (d) 추출 향상을 나타내는 도면(Krames 외 1999).

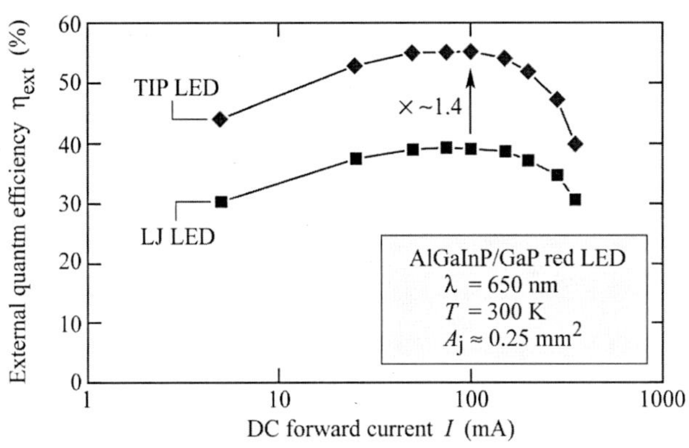

그림 9.7 650 nm 적색 TIP LED와 파워램프 패키지로 제작된 LJ LED에서 추출효율과 순방향 전류 그래프. TIP LED가 LJ LED보다 1.4배 향상되는 것을 나타낸다. 결과적으로 외부 양자효율은 100 mA에서 55%이다(Krames 외 1999).

은 적색발광 TIP LED에서 측정된다. 펄스 작동(1% 부하 연속률(duty cycle)) 조건하에서 60.9%의 효율이 달성되었는데, 이것은 TIP소자의 추출효율에 대한 하한값을 나타낸다.

직육면체와 실린더형 LED 구조는 기판 크기로 공정하여 제작될 수 있다. 또한 TIP LED와 같은 발전된 구조도 사면 사각 칼을 이용한 절단 공정을 사용하여 기판 정도의 크기로 제작 공정 진행이 가능하다(Haitz, 1992). 다이수준의 공정으로 제작된 LED제조비용은 기판 크기로 공정하여 제작되는 LED와 비교할 때 제조비용이 더 높다.

LED에서 빗면(tapered) 출력 연결장치(coupler)의 사용은 Schmid 외(2000, 2001, 2002) 등에 의해서 보고되었다. 적외선 기반의 GaAs소자의 경우 거의 50% 정도의 외부 양자효율이 빗면 출력 연결장치를 가진 소자에서 증명되었다. 그러나 출력 연결장치에서 요구되는 면적 때문에 소자의 전류 주입 면적은 일반적인 소자 면적보다 크게 작아지고, 그 결과 전제 발광 출력도 상당히 작다.

9.4 요철된 반도체표면

GaAs 기반 소자에서 광 추출효율을 증가시키는 또 다른 방법은 거친 표면이나 요철된 반도체 표면을 사용하는 것이다(예: Schnitzer 외, 1993; Windisch 외, 1999, 2000, 2001, 2002). 거의 50%의 외부 양자효율은 GaAs 기반 표면 요철(surface-textured)구조 소자에서 보고되었다. 미세구조를 가진 표면 제작 및 특성에 대한 구체적인 논의는 Sinzinger와 Jahns(1999)에 의해서 소개되었다.

요철구조표면을 가진 소자에서 광추출 향상에 대해 초창기 실질적이고 명백한 보고

그림 9.8 심하게 요철된 GaN 표면의 전자현미경 사진(Haerle, 2004).

가 이루어진 이후, 기술계의 낙관론은 큰 폭의 광추출 증가가 반도체 칩에 폴리머 봉지(encapsulation) 공정을 진행한 후 그 효과가 상쇄된다는 것이 확인되었을 때 둔화되었다. 즉 뚜렷한 광추출 증가는 패키지되지 않은 칩의 측정에서 관찰되었을지라도 그 효율 증가는 실제적으로 칩의 봉지 공정 이후에는 사라지게 된다.

최근 습식 화학식각에 의해서 제작된 표면 요철(texture)을 가진 GaN 기반 소자 경우에 광추출 증가가 여러 번 보고되었다. 오랜 기간 Ga 극성을 가진 GaN는 어떠한 습식 화학식각에 의해서도 식각되지 않는다는 다고 가정하였다. 그러나 Stocker(1998) 등은 GaN c면이 식각력이 부족할지라도 GaN의 a와 m면은 가열된 KOH와 H_3PO_4를 포함한 많은 습식 화학적 식각액에 의해서 식각될 수 있다는 것을 보고하였다. 또한 Stocker 등은 이러한 식각이 본질적으로 결정학적(crystallographic)이라는 것을 보여주었다. 이것은 레이저 제작의 경우, 원자 단위의 매끄러운 표면(smooth surface)과 피라미드와 같은 구조를 만들 수 있는 방법 중의 하나이다. 습식 화학식각과 포토 전기화학적 식각은 GaN에서 실제로 상당히 거친 표면을 만들 때 사용될 수 있다. 매우 거친 GaN표면의 예를 그림 9.8에서 보여주고 있다(Haerle, 2004).

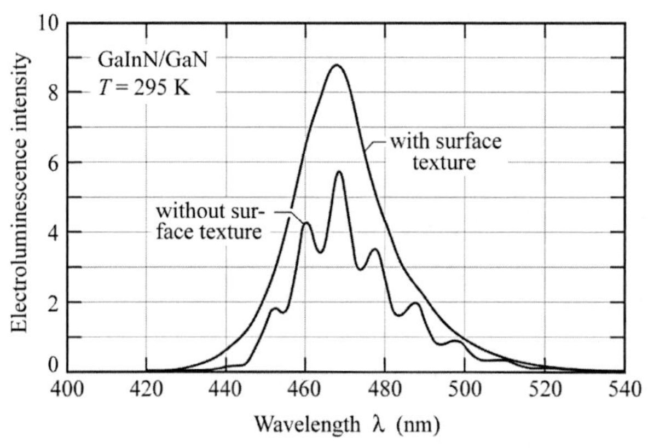

그림 9.9 표면 요철이 있는 경우와 없는 경우에 GaInN 청색 LED의 발광 스펙트럼. 스펙트럼은 평탄한 표면을 가진 소자의 경우 Fabry-Perot 계면 무늬를 나타낸다(Haerle, 2004).

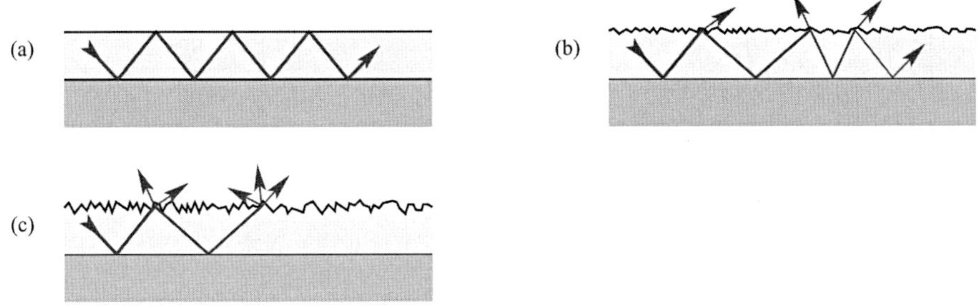

그림 9.10 스펙트럼을 반사, 혼합 반사-산란 그리고 강한 산란을 각각 하는 (a) 표면 요철이 없는, (b) 약한 표면 요철, (c) 강한 표면 요철 있는 도파로의 도면.

표면 요철 GaInN 소자로부터 광추출의 증가를(그림 9.8에서 보여진 강하게 요철 구조 표면을 가진 소자에서) 그림 9.9에 나타내었다. 40~50%까지 출력이 증가하는 것으로 평가되었다. 유사한 결과는 Gao와 Fujii 등에 의해서도 별도로 보고되었다. 매끄러운 표면을 가진 GaN 소자의 경우 관찰되는 간섭무늬는 표면 요철 박막에서는 완벽하게 사라진다는 것에 주목해야 한다. 간섭무늬는 공동(Cavity)의 두 개 반사경을 형성하는 GaN-공기 계면과 사파이어-GaN 계면에 의해서 형성된 Fabry-Perot 공동(cavity)의 해 발생된다(Billeb 외, 1997).

매끄러운 표면에서부터 강력한 요철 표면까지 빛의 투과와 전파에 대한 밀접한 관계는 그림 9.10에서 보여주고 있다. 완벽하게 매끄러운 표면, 즉 거울과 같은 표면은 그림 9.10(a)에서 보는 것과 같이 명백한 도파로 모델로 귀착된다. 강력한 산란표면, 즉 람베르시안(lambertian)이나 확산표면의 경우, 하나 또는 소수의 산란 현상은 그림 9.10(c)에 보여지는 것처럼 빛을 밖으로 뽑아내기에 충분하다. 중간적인 경우가 그림 9.10(b)에 나타낸 것이다. 광출력과 연결된 효율은 확산 정도에 의존하기 때문에 표면 확산도를 정량화하는 것은 바람직하다(표면 확산의 정량화 논의는 이 책의 반사경 부분을 참고).

GaInN 고성능 소자의 칩 표면에 대한 광학적 현미경 관찰결과 칩 표면은 요철되어 있으며 백색으로 보인다. 이것은 확산과 강한 산란을 일으키는 표면을 만들기 위해서 표면이 매우 거칠게 요철되어야 한다는 것을 명백히 알려주는 것이다.

9.5 교차 형상전극과 그외 전극구조

LED에서 상부전극은 여러 가지 필요 조건을 만족시킬 필요가 있다. 일반적인 LED에서는, 상부전극은 와이어본딩(wire bonding)을 위한 패드를 제공한다. 패드는 보통 직경 100 μm의 전형적인 원형이다. 또한 상부전극 패드는 전류 분산층에 저저항 오믹

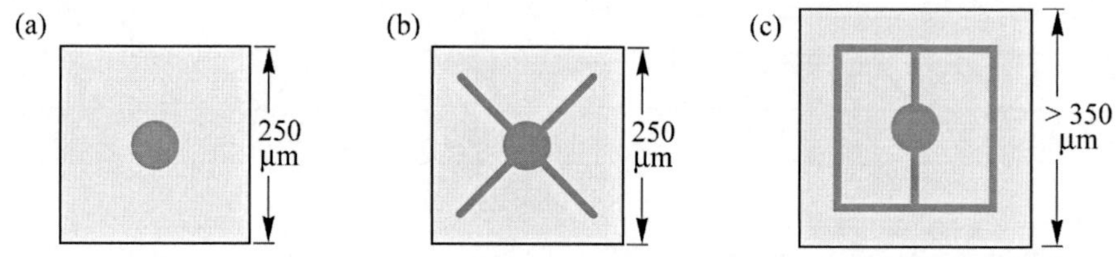

그림 9.11 (a) 본딩 패드가 원형인 LED의 평면도, (b) 원형 본딩 패드와 함께 교차 모양의 패드를 가진 LED의 평면도, (c) 대형 LED에서 사용되는 대표적인 접촉구조 LED의 평면도.

접촉을 제공한다.

대표적인 상부전극 도형을 그림 9.11에서 보여주고 있다. 가장 간단한 도형은 바로 그림 9.11(a)에서 보여주는 원형 접촉 패드이다. 그러나 그림 9.11(b)에서 보여준 교차 모양의 전극은 활성층의 전체 면적에 대해 더 균일한 전류분포를 마련한다. 그러나 매우 작은 전류가 표면의 재결합을 피해 LED 다이의 끝에 흐른다는 것에 유의해야 한다.

대면적 LED의 경우 간단한 원형 패드 또는 교차 모양의 상부전극은 균일한 전류 분산을 위해서는 충분하지 않다. 대면적 소자의 경우 그림 9.11(c)에서 보여준 링을 포함한 패턴은 균일한 전류 분산을 시키는데 더 적합하다. 활성영역으로부터 발산되는 빛이 불투명전극 때문에 방해받지 않게 하기 위해서 상부전극 면적은 작게 유지된다. 그러나 접촉 저항은 전극 면적에 따라 평가되므로 상부전극 면적을 임으로 줄일 수 없다.

9.6 투명 기판기술

560~660 nm의 대표적인 구동파장을 가진 가시광 스펙트럼$(Al_xGa_{1-x})_{0.5}In_{0.5}P$ LED가 GaAs 위에 격자일치되어 성장된다. GaAs의 밴드갭이 상온에서 1.424 eV($\lambda_g = 870$ nm)이기 때문에 GaAs 기판은 이러한 발광파장에서 흡수가 일어난다. 결과적으로 기판쪽으로 발광되는 빛은 두꺼운 GaAs 기판에 의해서 흡수된다. 따라서 GaAs 기판 위에 성장된 AlGaInP/GaAs LED는 추출효율이 낮다.

AlGaInP/GaAs LEDs의 추출효율은 GaAs 기판 제거와 GaP 기판에 에피면의 본딩(bonding)에 의해서 충분히 향상할 수 있다(Kish 외, 1994). GaP는 $E_g = 2.24$eV($\lambda_g =$ 553 nm)의 간접전이 밴드갭을 가진 반도체이다. 따라서 GaP는 AlGaInP의 활성영역에서 방출되는 $\lambda > 553$ nm 파장을 가진 빛을 흡수할 수 없다.

GaP 기판에 웨이퍼 본딩(wafer bonding)된 AlGaInP LED의 제조 공정은 그림 9.12에 도식적으로 나타내었다. AlGaInP 이중 이종접합구조는 GaAs 기판 위에 MOVPE에 의해서 처음으로 성장되었다. 그 후에 저가의 에피박막성장이 가능한 염화물 VPE에 의해서 두꺼운 GaP 윈도우층(~50μm) 후박이 DH 위에 성장되었다. 곧이어 GaAs 기

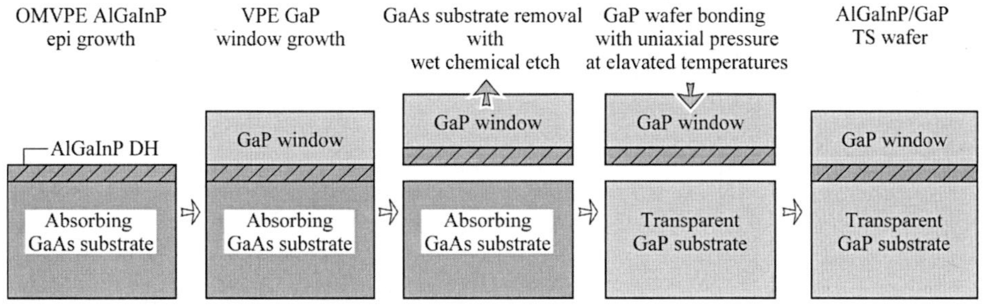

그림 9.12 기판에 본딩된 투명 기판(TS: Transparent substrate) AlGaInP/GaP LED을 위한 도식적인 제조 공정. 초기 GaAs기판의 선택적 제거 후, 온도 상승과 일축 압력을 적용하여 단일 TS LED 기판을 제조(Kish 외, 1994).

판은 습식의 선택적 식각 공정에 의해서 제거되었다(Adachi와 Oe, 1983; Kish 외, 1994). GaAs 기판이 제거되는 동안 두꺼운 GaP 윈도우층은 DH을 위한 기계적 지지층으로 잠시 이용될 수 있다. 그 다음에 GaP 윈도우층과 함께 DH는 GaP 기판에 웨이퍼 본딩(wafer bonding)된다.

웨이퍼 본딩 공정은 두 웨이퍼 위에 초기 표면 산화물 제거와 두 웨이퍼 사이에 모든 불순물을 제거하는 높은 수준 청정도를 요구한다. 결과적으로 두 기판 사이의 틈은 접촉 용액으로 채워지고 고속 회전은 접촉 용액을 밖으로 퍼지게 한다. Kish 등(1995)과 Hoefler 등(1996)은 50 mm(2 inch) GaP 기판에 적합한 AlGaInP 대 GaP 웨이퍼 본딩 공정을 보고하였다.

일축 압력과 높은 온도(750~1000℃)가 이 공정에 사용되었다(Hoefler 외, 1996). Kish 등(1995)은 웨이퍼 본딩 계면을 가로지는 낮은 오믹접촉 저항은 결합된 두 기판 표면의 결정학적 정렬에 결정적으로 의존하며, 두 표면의 격자 불일치에 무관하다는 것을 보였다. 더욱이 Kish 등(1995)은 웨이퍼의 회전 정렬을 유지하는 동시에 결합된 표면에서 결정학적 표면 방향이 반드시 일치되어야 한다는 것을 입증하였다.

AlGaInP/GaP LED의 경우 2.2 V의 낮은 다이오드 순방향 전압은 공정과 함께 대량생산 조건하에서 일반적으로 달성된다. 웨이퍼 본딩된 LED의 신뢰성은 일체형(monolithic) AlGaInP/GaAs LEDs와 비교할 수 있다. 일반적으로 웨이퍼 본딩 공정의 세부적인 기술은 재산이기 때문에 일반적으로 잘 알려지지 않는다.

순방향 전압은 웨이퍼 본딩된 p-n 접합 소자의 우수성에 대한 중요한 수치이다. 낮은 전압은 실질적으로 반도체와 반도체가 화학적 결합을 하고, 계면에서 산화물층이 없다는 것을 나타낸다. 상용화된 흡수 기판(AS, Absorbing-Substrate)과 투명 기판(TS, Transparent-Substrate) AlGaInP LED의 순방향 전류-전압 특성은 그림 9.13에 보여주고 있다. 수치 조사로부터 TS LED는 AS소자와 비교되는 높은 순방향 전압과 직결 저

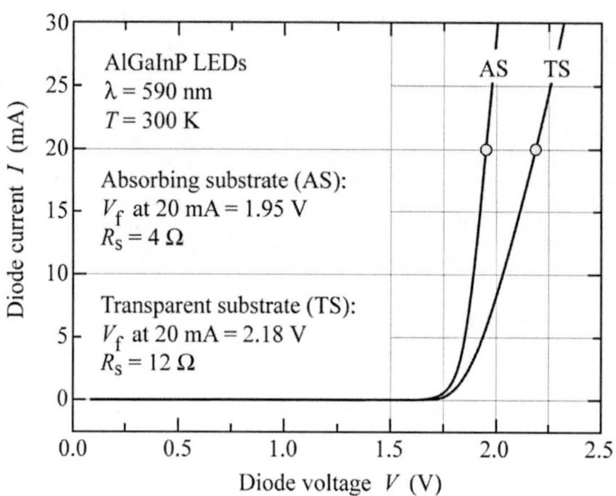

그림 9.13 전류–전압 특성. AlGaInP 활성영역을 가진 흡수 기판(GaAs)과 투명 기판(GaP) LED의 순방향 전압과 직렬 저항.

항을 가지고 있다는 것을 알 수 있다.

TS 소자의 높은 순방향 전압은 아마도 웨이퍼 본딩 계면 또는 GaP 기판에서 발생한 오믹손실 때문이다. 부분적으로 계면이 탄소에 오염되었거나 결정학적으로 잘못 정렬되어 있다면 순방향 전압 불이익은 웨이퍼 본딩 계면에서 기인한다는 것을 O' Shea 외(2001)는 세부적인 분석을 통해 입증했다. GaP 기판에 n형 도핑농도는 자유이송자 흡수를 최소화하기 위해 적당히 낮게 유지해야 된다.

그림 9.14는 AlGaInP/GaAs AS LEDs와 황색 파장범위에서 발광하는 AlGaInP/GaP TS LED를 비교하고 있다(Kish와 Fletcher, 1997). AS LED의 경우 기판은 TS LED와 대조해서 검은색으로 보인다. 투명 기판 AlGaInP/GaP LED는 AS AlGaInP/GaAs LED와 비교해서 1.5~3.0의 높은 추출효율 인자를 가진다.

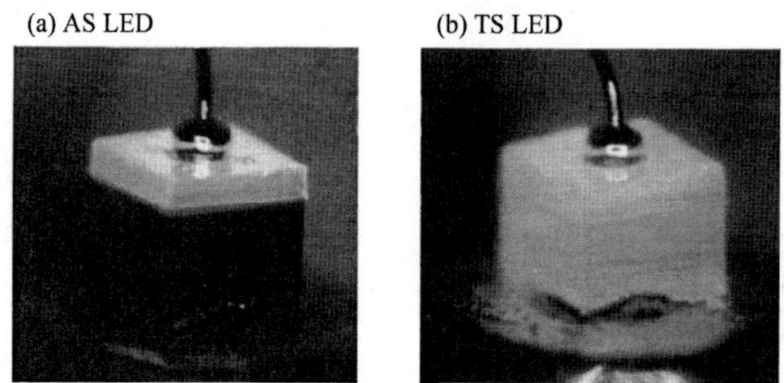

그림 9.14 (a) 흡수 GaAs 기판(AS)과 GaP 윈도우층을 가진 황색 AlGaInP LED, (b) 웨이퍼 본딩으로 제조된 투명한 GaP 기판(TS)과 GaP 윈도우층을 가진 황색 AlGaInP LED. 전도성의 Ag를 함유하고 다이에 접착된 에폭시를 바닥에서 볼 수 있다(Kish와 Fletcher, 1997).

9.7 반사방지 광학 코팅

반도체-공기 계면에서 Fresnel 반사를 감소시킬 목적으로 반사방지(Anti-Reflection) 코팅은 자주 통신 LED에 사용된다. 수직입사의 경우 강도 반사계수(intensity reflection coefficient)는 다음과 같이 주어진다.

$$R = \frac{(\bar{n}_s - \bar{n}_{air})^2}{(\bar{n}_s + \bar{n}_{air})^2} \tag{9.10}$$

여기서 n_s와 n_{air}는 각각 반도체와 공기의 굴절률이다. 수직입사의 경우, 반도체를 덮고 있는 AR 코팅이 다음의 변수를 가진다면 반도체-공기 계면에서 Fresnel 반사는 0으로 감소될 수 있다.

$$\text{Thickness : } \lambda/4 = \lambda_0/(4\bar{n}_{AR}) \qquad \text{Refractive index : } \bar{n}_{AR} = \sqrt{\bar{n}\,\bar{n}_{air}} \tag{9.11}$$

최적 두께와 굴절률을 가진 AR 코팅은 그림 9.15에 나타내었다. AR 코팅에 적합한 여러 가지 유전체 재료의 굴절률과 투과도범위는 표 9.2에 주어졌다.

9.8 플립칩 패키징

사파이어 기판 위에 성장된 GaInN/GaN LEDs와 같은 두 개의 상부전극을 가진 LED

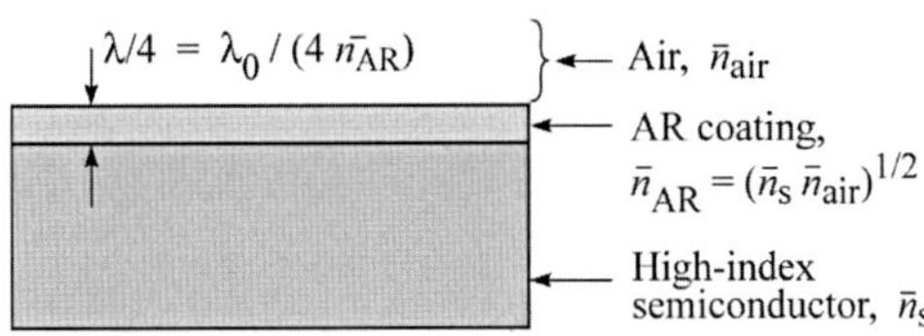

그림 9.15 반사방지 코팅에 대한 최적 두께와 굴절률에 대한 도면.

표 9.2 반사방지 코팅으로 적합한 일반 유전체의 굴절률과 투과범위.

Dielectric material	Refractive index	Transparency range
SiO_2(silica)	1.45	〉0.15 μm
Al_2O_3(alumian)	1.76	〉0.15 μm
TiO_2(titania)	2.50	〉0.35 μm
Si_3N_4(silicon nitride)	2.00	〉0.25 μm
ZnS(zinc sulphide)	2.29	〉0.34 μm
CaF_2(calcium fluoride)	1.43	〉0.12 μm

의 경우, 일반 패키징(epi-side up)과 플립칩 패키징이 사용된다. LED 상부전극 패드가 와이어 본딩으로 연결되는 일반 패키징과 비교해서 솔더 범프 본딩(solder-bump bonding)을 사용하는 플립칩 패키징은 더 고가의 패키징 공정이다. GaInN/GaN LED 플립칩 패키징의 장점은 금속 패드가 활성영역으로부터 발광하는 빛의 추출을 방해하지 않는다는 것이다.

패키지된 에피층이 위로 향한 GaInN LED에서 전체 p형 메사(mesa)를 덮고 있는 대면적 p형 상부전극은 활성영역에서 균일한 전류분포를 일으킨다. 그러나 이러한 대면적 상부전극은 빛의 추출을 방해할 것이다. 이러한 근본적인 모순은 고출력 소자에서 특히 장점이 있는 플립칩 패키징을 이용하여 피할 수 있다.

참고문헌

Adachi S. and Oe K. "Chemical etching characteristics of (001) GaAs" *J. Electrochem. Soc.* **130**, 2427 (1983)

Billeb A., Grieshaber W., Stocker D., Schubert E. F., and Karlicek R. F. Jr. "Microcavity effects in GaN epitaxial layers" *Appl. Phys. Lett.* **70**, 2790 (1997)

Carr W. N. and Pittman G. E. "One-Watt GaAs p-n junction infrared source" *Appl. Phys. Lett.* **3**, 173 (1963)

Casey Jr. H. C. and Panish M. B. *Heterostructure Lasers Part A: Fundamental Principles* pp. 46, 47, and 175 (Academic Press, San Diego, 1978)

Franklin A. R. and Newman R. "Shaped electroluminescent GaAs diodes" *J. Appl. Phys.* **35**, 1153 (1964)

Fujii T., Gao Y., Sharma R., Hu E. L., DenBaars S. P., and Nakamura S. "Increase in the extraction efficiency of GaN-based light-emitting diodes via surface roughening" *Appl. Phys. Lett.* **84**, 855 (2004)

Gao Y., Fujii T., Sharma R., Fujito K., DenBaars S. P., Nakamura S., and Hu E. L. "Roughening hexagonal surface morphology on laser lift-off (LLO) N-face GaN with simple photo-enhanced chemical wet etching" *Jpn. J. Appl. Phys.* **43**, L 637 (2004)

Haerle V. "Naturally textured GaN surface" *China Hi-Tech Fair* (CHTF) Shenzhen, China, October 12–17 (2004)

Haitz R. "Light-emitting diode with diagonal faces" US Patent 5,087,949 (1992)

Hoefler G. E., Vanderwater D. A., DeFevere D. C., Kish F. A., Camras M. D., Steranka F. M., and Tan I.-H. "Wafer bonding of 50-mm diameter GaP to AlGaInP–aP light-emitting diode wafers" *Appl. Phys. Lett.* **69**, 803 (1996)

Ioffe Institute (Saint Petersburg, Russia) database on compound semiconductors available at www.ioffe.rssi.ru/SVA/NSM/Semicond/ (2002)

Kim O. K. and Bonner W. A. "Infrared reflectance and absorption of n-type InP" *J. Electron. Mater.* **12**, 827 (1983)

Kish F. A. and Fletcher R. M. "AlGaInP light-emitting diodes" in *High Brightness Light-Emitting Diodes* edited by G. B. Stringfellow and M. G. Craford, Semiconductors and Semimetals **48** (Academic, San Diego, 1997)

Kish F. A., Steranka F. M., DeFevere D. C., Vanderwater D. A., Park K. G., Kuo C. P., Osentowski T. D., Peanasky M. J., Yu J. G., Fletcher R. M., Steigerwald D. A., Craford M. G., and Robbins V. M. "Very high-efficiency semiconductor wafer-bonded transparent-substrate $(Al_xGa_{1-x})_{0.5}In_{0.5}P/GaP$ light-emitting diodes" *Appl. Phys. Lett.* **64**, 2839 (1994)

Kish F. A., Vanderwater D. A., Peanasky M. J., Ludowise M. J., Hummel S. G., and Rosner S. J. "Lowresistance ohmic conduction across compound semiconductor wafer-bonded interfaces" *Appl. Phys. Lett.* **67**, 2060 (1995)

Knox R. S. *Theory of Excitons* (Academic Press, New York, 1963)

Krames M. R., Ochiai-Holcomb M., Hofler G. E., Carter-Coman C., Chen E. I.,

Tan I.-H., Grillot P., Gardner N. F., Chui H. C., Huang J.-W., Stockman S. A., Kish F. A., Craford M. G., Tan T. S., Kocot C. P., Hueschen M., Posselt J., Loh B., Sasser G., and Collins D. "High-power truncated-invertedpyramid $(Al_xGa_{1-x})_{0.5}In_{0.5}P$/GaP light-emitting diodes exhibiting > 50% external quantum efficiency" *Appl. Phys. Lett.* **75**, 2365 (1999)

Loebner E. E. "The future of electroluminescent solids in display applications" *Proc. IEEE* **61**, 837 (1973)

Nichia Corporation. Visual inspection of the surface of a GaN LED chip manufactured by Nichia Corporation reveals that the surface is white, indicating that the chip surface is diffusive (2005)

O'Shea J. J., Camras M. D., Wynne D., and Hoefler G. E. "Evidence for voltage drops at misaligned wafer-bonded interfaces of AlGaInP light-emitting diodes by electrostatic force microscopy" *J. Appl. Phys.* **90**, 4791 (2001)

Osram Opto Semiconductors Corporation, Regensburg, Germany "Osram Opto enhances brightness of blue InGaN-LEDs" Press Release (January 2001)

Palik E. D. *Handbook of Optical Constants of Solids* (Academic Press, San Diego, 1998)

Pankove J. I. *Optical Processes in Semiconductors*" p. 75 and section on Urbach tail (Dover, New York, 1971)

Schmid W., Eberhard F., Jager R., King R., Joos J., and Ebeling K. "45% quantum-efficiency lightemitting diodes with radial outcoupling taper" *Proc. SPIE 3938*, 90 (2000)

Schmid W., Scherer M., Jager R., Strauss P., Streubel K., and Ebeling K. "Efficient light-emitting diodes with radial outcoupling taper at 980 and 630 nm emission wavelength" *Proc. SPIE* **4278**, 109 (2001)

Schmid W., Scherer M., Karnutsch C., Plobl A., Wegleiter W., Schad S., Neubert B., and Streubel K. "High-efficiency red and infrared light-emitting diodes using radial outcoupling taper" *IEEE J. Sel. Top. Quantum Electron.* **8**, 256 (2002)

Schnitzer I., Yablonovitch E., Caneau C., Gmitter T. J., and Scherer A. "30% external quantum efficiency from surface-textured, thin-film light-emitting diodes" *Appl. Phys. Lett.* **63**, 2174 (1993)

Schubert E. F., Goebel E. O., Horikoshi Y., Ploog K., and Queisser H. J. "Alloy broadening in photoluminescence spectra of AlGaAs" *Phys. Rev. B* **30**, 813 (1984)

Schubert E. F., Goepfert I. D., Grieshaber W., and Redwing J. M. "Optical properties of Si-doped GaN" *Appl. Phys. Lett.* **71**, 921 (1997)

Sinzinger S. and Jahns J. Microoptics (Wiley-VCH, New York, 1999)

Stocker D. A., Schubert E. F., and Redwing J. M. "Crystallographic wet chemical etching of GaN" *Appl. Phys. Lett.* **73**, 2654 (1998a)

Stocker D. A., Schubert E. F., Grieshaber W., Boutros K. S., and Redwing J. M. "Facet roughness analysis for InGaN/GaN lasers with cleaved facets" *Appl. Phys. Lett.* **73**, 1925 (1998b)

Stocker D. A., Schubert E. F., and Redwing J. M. "Optically pumped InGaN/GaN lasers with wet-etched facets" *Appl. Phys. Lett.* **77**, 4253 (2000)

Swaminathan V. and Macrander A. T. *Materials Aspects of GaAs and InP Based Structures*" (Prentice Hall, Englewood Cliffs, 1991)

Urbach F. "The long-wavelength edge of photographic sensitivity of the electronic absorption of solids" *Phys. Rev.* **92**, 1324 (1953)

Walukiewicz W., Lagowski J., Jastrzebski L., Rava P., Lichtensteiger M., Gatos C. H., and Gatos H. C. "Electron mobility and free-carrier absorption in InP; determination of the compensation ratio" *J. Appl. Phys.* **51**, 2659 (1980)

Wiley J. D. and DiDomenico Jr. M. "Free-carrier absorption in n-type GaP" *Phys. Rev. B* **1**, 1655 (1970)

Windisch R., Schoberth S., Meinlschmidt S., Kiesel P., Knobloch A., Heremans P., Dutta B., Borghs G., and Doehler G. H. "Light propagation through textured surfaces" *J. Opt. A: Pure Appl. Opt.* **1**, 512 (1999)

Windisch R., Dutta B., Kuijk M., Knobloch A., Meinlschmidt S., Schoberth S., Kiesel P., Borghs G., Doehler G. H., and Heremans P. "40% efficient thin-film surface textured light-emitting diodes by optimization of natural lithography" *IEEE Trans. Electron Dev.* **47**, 1492 (2000)

Windisch R., Rooman C., Kuijk M., Borghs G., and Heremans P. "Impact of texture-enhanced transmission on high-efficiency surface-textured light-emitting diodes" *Appl. Phys. Lett.* **79**, 2315 (2001)

Windisch R., Rooman C., Dutta B., Knobloch A., Borghs G., Doehler G. H., and Heremans P. "Lightextraction mechanisms in high-efficiency surface-textured light-emitting diodes" *IEEE J. Sel. Top. Quantum Electron.* **8**, 248 (2002)

Chapter 10

반사경(Reflectors)

소자구조에 적용되는 이상적인 반사경은 (i) 고반사도, (ii) 고반사도 대역에서의 넓은 스펙트럼범위, (iii) 전방위(omnidirectional) 특성, (iv) 전류가 반사경을 통하여 흐르는 경우 낮은 비저항을 가져야 한다. 이러한 복합적인 요구사항에 대해 어떤 형태의 반사경이 가장 적합한지를 이해하는 것은 현실적으로 매우 중요하면서도 흥미로운 부분이다.

금속 반사경, 분산 Bragg 반사경(distributed Bragg reflector; DBR), 하이브리드 금속-DBR, 내부 전반사(total internal reflection; TIR)에 근거한 반사경, 전방위 반사경을 포함하는 여러 형태의 반사경을 그림 10.1에 나타내었다. 여러 형태의 반사경 특성을 아래에서 논의할 것이다.

외부매질(external medium)을 그림에 표시하였다. 반사경을 가지는 LED 구조에서 외부매질은 반도체이다. 외부매질은 반사경 특성에 상당한 영향을 미친다. 예를 들어, 금속-반도체 반사경의 반사도는 금속-공기 반사경에 비해 더욱 낮다.

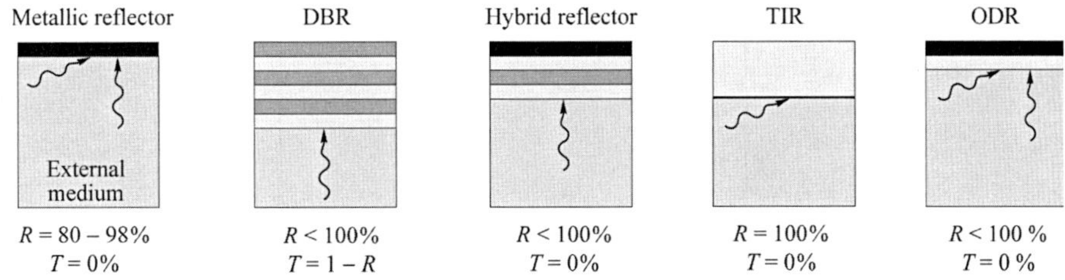

그림 10.1 금속 반사경, 분산 Bragg 반사경(DBR), 하이브리드 반사경, 내부 전반사경(TIR), 삼중층 전방위 반사경을 포함하는 여러 형태의 반사경. 고반사도 및 전형적인 반사도와 투과도를 위한 입사각이 주어져 있다.

10.1 금속 반사경, 반사전극, 투명전극

수세기 동안 인간에 의해 사용된 금속-공기 반사경은 높은 반사도를 가지는 반사경의 가장 오래된 형태이다. 금속 반사경의 특징은 넓은 스펙트럼 반사도 대역을 가지며 반사도는 각도에 약하게 의존하는 것이다. 처음으로 개발된 고품질 금속 반사경은 천문학 분야의 반사망원경에 응용되었다(Bell, 1922).

수직입사에 대한 은-공기 반사경의 실험 반사 스펙트럼을 그림 10.2에 나타내었다. 반사스펙트럼은 98.5%의 높은 평균반사도와 넓은 스펙트럼 대역의 특징을 보여준다.

금속 반사경과 외부매질의 반사율(진폭반사계수, amplitude reflection coefficient)은 복소굴절률(complex refractive index)을 가지는 매질에 대해 다음과 주어지는 Fresnel 식으로부터 계산할 수 있다.

$$r = \frac{E_r}{E_i} = \frac{\overline{N}_1 - \overline{N}_2}{\overline{N}_1 + \overline{N}_2} \tag{10.1}$$

여기서, $\overline{N_1}$과 $\overline{N_2}$는 두 매질의 복소굴절률이다.

반사 및 투과강도는 전기장의 제곱에 비례한다. 반사도(reflectivity) 또는 반사율(reflectance)(파워반사계수: power reflection coefficient)은 다음과 같이 주어진다.

$$R = \frac{|E_r|^2}{|E_i|^2} = |r|^2 = \left|\frac{\overline{N}_1 - \overline{N}_2}{\overline{N}_1 + \overline{N}_2}\right|^2 = \frac{|\overline{N}_1 - \overline{N}_2|^2}{|\overline{N}_1 + \overline{N}_2|^2} \tag{10.2}$$

손실 없는 반사경의 투과도는 에너지 보존법칙으로부터 다음과 같이 주어진다.

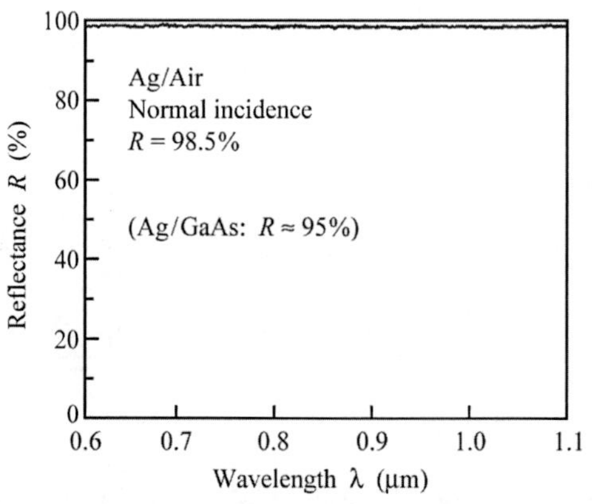

그림 10.2 수직입사에 대한 은/공기 반사경의 측정된 반사도. 가시광 스펙트럼에서 평균 반사도는 98.5%이다.

$$T = 1 - R \tag{10.3}$$

금속은 손실성 매질(lossy media)이므로 두꺼운 금속막에 대해 투과도 $T \approx 0$이다. 금속-유전체 계면의 반사율을 계산하기 위해 Fresnel 방정식을 사용할 수 있다. 유전체와 금속의 복소굴절률이 각각 $\bar{N}_1 = \bar{n}_1$, $\bar{N}_2 = \bar{n}_2 + i\bar{k}_2$라고 가정하면 반사율은 다음과 같이 주어진다.

$$r = \frac{\bar{n}_1 - \bar{n}_2 + i\bar{k}_2}{\bar{n}_1 + \bar{n}_2 - i\bar{k}_2} \quad \text{그리고} \quad \boxed{R = \frac{(\bar{n}_1 - \bar{n}_2)^2 + \bar{k}_2^{\,2}}{(\bar{n}_1 + \bar{n}_2)^2 + \bar{k}_2^{\,2}}} \tag{10.4}$$

이상적인 금속은 매우 높은 전도도를 가진다. 즉 $\sigma \to \infty$이므로 $\bar{k} \to \infty$.(전도도 σ와 굴절률 $\bar{k}$의 허수성분은 $\sigma = 2\bar{n}\omega\epsilon_0\bar{k}$의 관계를 가지며, 흡수상수 α와 굴절률의 허수성분은 $\alpha = 4\pi\bar{k}/\lambda_0$의 관계를 가짐을 주목하자) 따라서 이상적인 금속에 대해서

$$|r| \approx 1, \quad R \approx 1 \quad \text{그리고} \quad \phi_r = \pi \tag{10.5}$$

즉, 이상적인 금속은 단위반사계수(unit reflection coefficient), 단위반사율(unit reflectance), 그리고 π의 위상변이(phase shift)를 가진다.

실제 금속은 매우 높은 전도도를 가지므로(그러나 무한히 높은 전도도를 가지진 않음) 반사도는 1보다 작다. 금속에서의 손실기구는 Drude 모델에 의해 처음으로 분석되었다(Drude, 1904). 표 10.1은 몇몇의 금속과 반도체의 $\bar{n}$과 $\bar{k}$ 값을 보여준다.

식 (10.4)를 이용하여 금속-공기 경계와 금속-반도체 경계의 반사율을 계산할 수 있으며 표 10.2에 결과들을 나타내었다. 표를 보면 금속-공기 계면보다 금속-반도체 계면에서 가시광-스펙트럼의 반사도가 일반적으로 더 작음을 알 수 있다. 이것은 금속-반도체 경계에서 굴절률 차이가 더 작기 때문이다.

비록 금속은 단순하고 유용한 반사경이지만 반사손실 또는 거울손실은 매우 높다. 1회의 반사에 대한 손실($1 - R$)은 금속-반도체 반사경에서 약 5%이다. 그림 10.3에 보여진 바와 같이 도파로모드에 대한 손실은 특히 높다. 도파로모드의 강도는 다음 방정

표 10.1 0.5와 1.0 μm에서 여러 반도체와 금속에 대한 굴절률의 실수 및 허수성분

Material $\lambda =$	GaP 0.5μm	GaP 1.0μm	Si 1.0μm	Ag 0.5μm	Ag 1.0μm	Au 0.5μm	Au 1.0μm	Al 0.5μm	Al 1.0μm
$\bar{n}$	3.5	3.1	3.6	0.05	0.04	0.86	0.26	0.77	1.35
$\bar{k}$	≈ 0	≈ 0	≈ 0	3.1	7.1	1.90	6.82	6.08	10.7

표 10.2 0.5와 1.0 μm에서 금속-공기와 금속-반도체 반사경의 계산된 반사도.

Material	R(%)	Material	R(%)	Material	R(%)
Ag/air(0.5 μm)	0.982	Al/air(0.5 μm)	0.923	Au/air(0.5 μm)	0.514
Ag/air(1.0 μm)	0.997	Al/air(1.0 μm)	0.955	Au/air(1.0 μm)	0.979
Ag/GaP(0.5 μm)	0.969	Al/GaP(0.5 μm)	0.805	Au/GaP(0.5 μm)	0.470
Ag/GaP(1.0 μm)	0.992	Al/GaP(1.0 μm)	0.876	Au/GaP(1.0 μm)	0.945
Ag/Si(1.0 μm)	0.991	Al/Si(1.0 μm)	0.861	Au/Si(1.0 μm)	0.939

식에 따라 감쇠한다.

$$I/I_0 = R^N = (1-L)^N \approx 1-NL \tag{10.6}$$

여기서 N은 반사회수이고 거울손실은 $L = 1 - R(L \ll 1.0,\ R \approx 1)$이다. 방정식은 R에서 수%의 작은 차이라도 N회의 반사 후에는 도파로모드의 강도가 2배와 같은 큰 차이를 보여줄 수 있음을 보여준다.

AlGaInP LED에서 광 추출효율을 향상하기 위해 금속-반도체 반사경을 사용하였다(1999a, 1999b). 완성된 소자는 AlGaInP/AuBe/SiO_2/Si의 층으로 구성되었다. p형 AlGaInP-AuBe 계면은 반사경 역할을 하며 넓은 영역에서 오믹전극의 역할도 한다. 또한 AuBe 층은 낮은 접촉 저항을 얻기 위해 Be 억셉터를 제공하는 층으로도 역할을 한다. 접촉은 450℃에서 15분간 어닐링되었다. Si 기판을 이용하여 웨이퍼본딩(wafer- bonding) 공정으로 LED를 제조하였다. 본딩 공정 후 에피층이 성장된 GaAs 기판은 제거되었다. Si은 GaAs보다 더 높은 열전도도를 가지므로 접합온도를 떨어뜨리고 주울(Joule) 가열에 의한 발광파장의 변동을 감소시킨다. 금속 반사경을 가지는 AlGaInP LED의 발광특성은 GaAs 기판 위에 제조된 DBR을 가진 표준 LED 특성을 능가하였다.

어닐링 및 합금공정(alloying)을 이용하여 저저항 오믹전극을 형성한다. III-V 비소화물과 III-V 인화물의 경우 합금접촉을 위한 일반적인 어닐링 온도는 375~450℃이고 질화물은 600℃까지이다. 어닐링 공정 동안 평평한 금속표면은 거칠게 변화하고 동시에 광반사도는 저하된다.

반대로, 비합금 전극은 어닐링없이 반도체 위에 바로 증착된다. 이러한 비합금 오믹전극에서 우수한 오믹 I-V 특성을 얻기 위해서는 높게 도핑된 반도체 표면층이 필요하

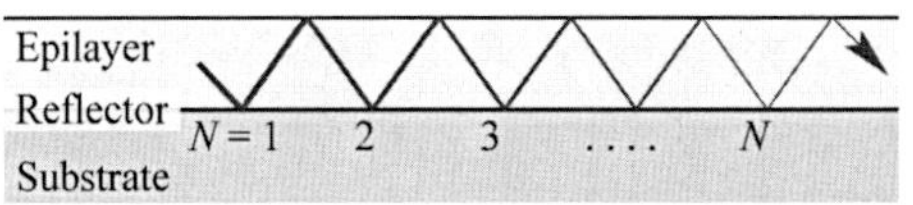

그림 10.3 손실성 반사경에 기인한 도파로모드의 광감쇠 현상.

다. 그러나 높게 도핑된 반도체의 비합금 전극이라도 접촉 저항은 합금접촉보다 일반적으로 더 높다.

LED와 수직공동 표면발광레이저에서 광출구 반사경으로서 흡수성이 있는 두꺼운 금속 반사경과 하이브리드 반사경을 사용해서는 안 된다. 두께가 〉50 nm인 금속접촉은 실질적으로 불투명하다. 즉, 금속두께가 매우 얇지 않다면 하이브리드 반사경의 투과도는 거의 0이다(Tu 외, 1990).

매우 얇은 금속접촉은 반투명하다. 5~10 nm의 금속막 두께를 가지는 대부분의 금속접촉은 대략 50%의 투과도를 가진다. 투과도를 정확하게 계산하기 위해서는 굴절률의 실수성분과 허수성분을 고려해서 계산해야 한다(Palik, 1998 참조). 그러나 매우 얇은 금속접촉은 단일 연속막을 형성하기 보다는 섬구조를 형성할 수 있다. 게다가 얇은 금속막의 전기적 저항은 섬구조가 형성되면 증가할 수 있다.

GaP 상의 AlGaInP LED와 같은 투명 기판을 가진 LED에서 활성영역으로부터 나오는 빛은 기판의 전극으로 입사한다. 바닥면의 반사도를 증가시키기 위해 다중 줄무늬 또는 고리형상전극과 같은 기판 표면의 일부분만 접촉하는 오믹전극 구조를 사용할 수 있다. Ag 함유 전도성 에폭시를 사용하여 LED 다이를 패키지에 붙이면 오믹전극에 의해 덮이지 않은 영역의 반사도를 증가시킬 수 있다.

사파이어 기판 위에 성장한 GaInN LED와 같은 투명한 구조에서 다이접합용 에폭시를 또한 반사경으로 사용할 수 있다. Ag 함유 전도성 에폭시는 높은 반사율뿐만 아니라 높은 전도도를 가진다. 이러한 고반사성 에폭시는 투명 기판 위에 성장한 LED의 추출효율을 증가시킬 수 있다.

가시광 대역에서 투명한 오믹전극이 있다. 이러한 투명 오믹전극은 ITO로 종종 언급되는 인듐주석산화물을 포함한다(Ray 외, 1983; Sheu 외, 1998; Margalith 외, 1999; Mergel 외, 2000; Shin 외, 2001). 이 물질은 인듐으로 도핑된 주석산화물반도체이다. 인듐이 주석을 치환함으로써 억셉터로 작용한다. 일반적으로 ITO 전극의 비접촉 저항은 합금금속전극의 접촉 저항보다 더욱 높다.

10.2 내부 전반사경

내부 전반사는 다른 굴절률을 가지는 두 개의 유전체 매질 경계에서 일어나는 대단히 흥미로운 현상이다. 1600년대 초 Johannes Kepler가 내부 전반사를 처음 발견하였다(Kepler, 1611). Kepler는 부분적으로 물속에 잠긴 물체의 명확한 휘어짐을 설명하고자 하였다. Kepler는 수직입사하는 근처의 빛들에 대해서 입사와 굴절에 대한 각의 비는 현재 굴절률이라 알려진 매질들의 굴절률의 비에 비례한다는 것을 발견하였다.

Kepler 관계식은 다음처럼 표현할 수 있다.

$$\bar{n}_1 \theta_1 = \bar{n}_2 \theta_2 \tag{10.7}$$

여기서, 각 θ_1과 θ_2는 표면에 수직방향을 기준으로 측정된다. Cornelius Willebrord Snell에 의해 1621에서 1625년 사이에 발견된 법칙(Snell 법칙)과 비교하면

$$\boxed{\bar{n}_1 \sin\theta_1 = \bar{n}_2 \sin\theta_2} \tag{10.8}$$

Kepler 관계식이 Snell 법칙을 작은 각에서 근사한 결과와 일치함을 알 수 있다. Snell 법칙에서 사용된 각들은 그림 10.4에 나타내었다.

Kepler는 또한 적당한 물질과 충분히 낮은 입사각을 가질 때 굴절각이 90°를 능가함으로써 내부 전반사를 일으킬 수 있음을 밝혔다. $\theta_2 = 90°$ 조건을 이용하여 Snell 법칙으로부터 내부 전반사를 위한 임계각을 다음과 같이 유도할 수 있다. 즉

$$\theta_{1,\,\mathrm{crit}} = \arcsin(\bar{n}_2 / \bar{n}_1) \tag{10.9}$$

식의 우측에 있는 굴절률의 비는 $\bar{n}_2 / \bar{n}_1 \leq 1.0$이기 때문에 광학적으로 밀도가 더 높은 물질에서 내부 전반사가 일어날 수 있다. 내부 전반사는 $\theta_1 > \theta_{1,\,\mathrm{crit.}}$인 모든 입사각에 대해서 일어난다. 입사각이 작고 굴절률 차이가 충분히 큰 경우 광선은 굴절률이 높은 매질로부터 탈출할 수 없다.

Issac Newton은 후에 대부분의 투명매질에 대해서 굴절률은 매질의 밀도(mass density, g/cm^3 단위로 측정)에 비례함을 보여주었다. 따라서 높은 굴절률을 가지는 매질은 종종 광학적으로 조밀한 물질로 일컫는다.

실리카 섬유의 중심부를 통해 광선을 수천 킬로미터 이상 도파시키는 섬유광통신 분야는 내부 전반사의 가장 매력적인 응용분야이다. 1841년 Daniel Colladon은 높은 굴절률을 가지는 물질인 물의 분사를 이용하여 광도파를 처음으로 시현하였다(Hecht, 2001). 현재는 밤에 분수대의 외관을 향상하기 위해 본 현상을 이용한다. 광도파의 아버지로 불리는 Daniel Colladon에 의해 제작된 기구를 그림 10.5에 나타내었다.

반도체 기반 발광소자에서 내부 전반사는 반도체 외부로의 광추출을 방해하기 때문

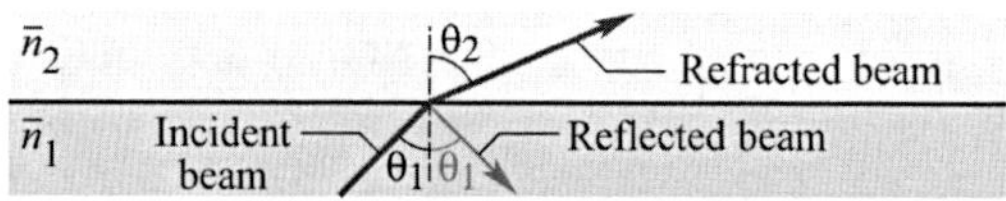

그림 10.4 굴절률 $\bar{n}_1$과 $\bar{n}_2$를 가지는 두 매질 사이 경계에서의 반사 및 굴절된 광선(여기서 $\bar{n}_1 > \bar{n}_2$).

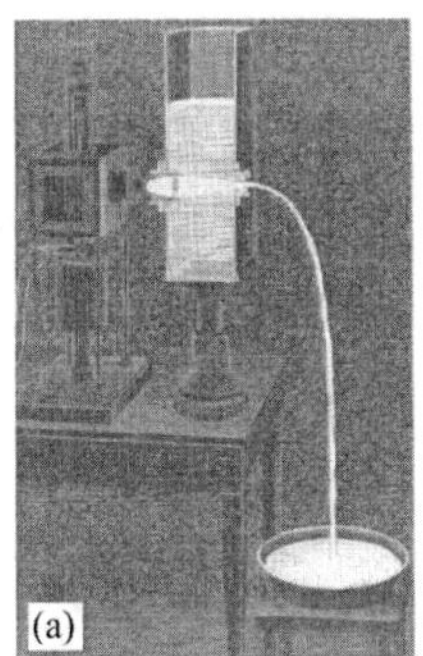

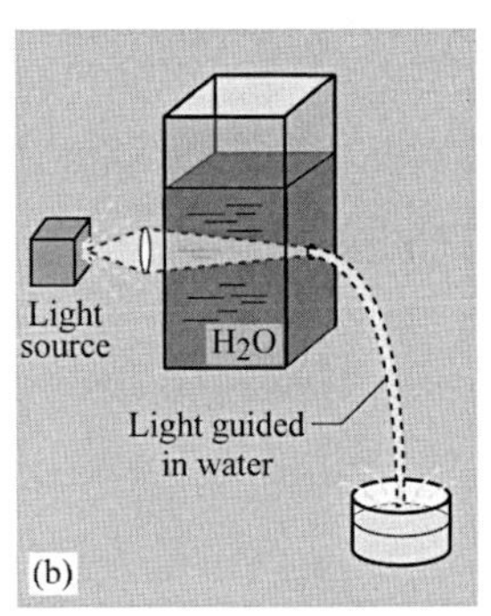

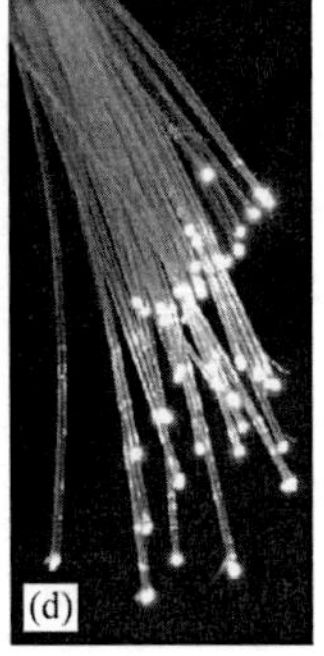

그림 10.5 1841년 스위스 엔지니어 Daniel Colladon이 물분사로부터 내부 전반사에 의한 광도파를 설명하기 위해 사용한 (a) 역사적 그림, (b) 도식적 기구 설명도, (c) Las Vegas, Nevada에서 분수의 경관조명을 위해 사용한 광도파, (d) 광섬유(The Free Dictionary.com, 2005).

에 중요한 문제이다. 반도체는 일반적으로 2.0~3.5의 높은 굴절률을 가지기 때문에 내부 전반사에 대한 임계각은 작다. 이러한 문제는 III-V족 비소화물과 인화물($\bar{n} \approx 3.0$)에서 심각한데 반해서 질화물($\bar{n} \approx 2.0$)에서는 덜 심각하다. 유기물질의 굴절률은 낮기 때문에 유기발광 다이오드의 내부 전반사 문제는 거의 없다.

내부 전반사의 독특한 특징의 하나는 반사도 $R = 1.0$("완전")이라는 것이다. 이것은 거울손실이 0인 반사경의 구현을 가능하게 하며 특히 레이저에서 이롭게 적용해온 특징이다. 마이크로디스크 레이저("위스퍼링갤러리 레이저, wispering gallery lasers")(McCall 외, 1992) 뿐만 아니라 측면발광 레이저(Smith 외, 1993)에서 매우 높은 품질인자(quality factor)를 가진 공동을 구현하기 위해 내부 전반사를 적용하였다.

10.3 분산 Bragg 반사경(DBR)

금속거울과 DBR의 반사 스펙트럼을 그림 10.6에 비교하였다. 금속 반사경은 높은

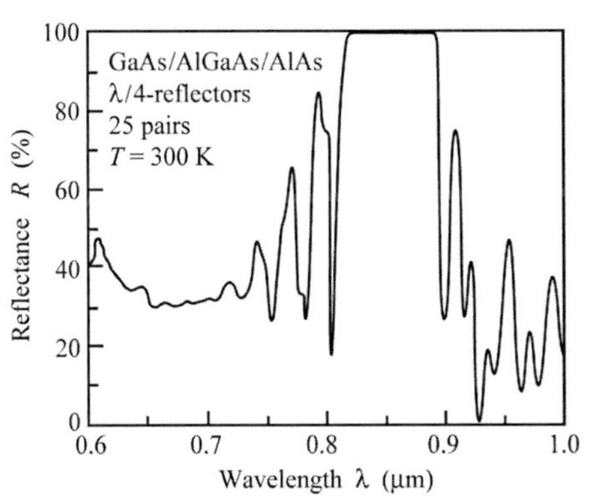

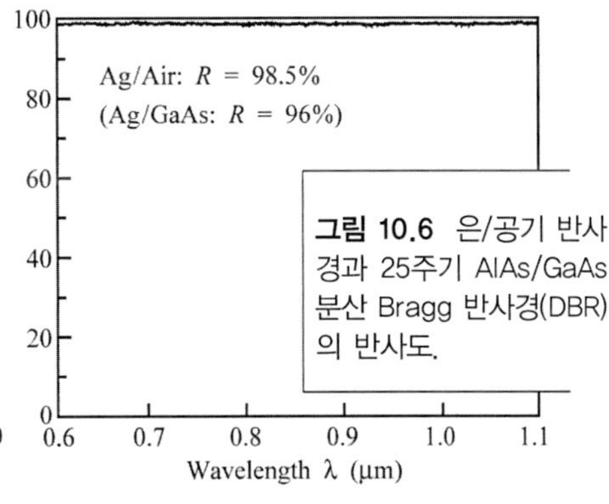

그림 10.6 은/공기 반사경과 25주기 AlAs/GaAs 분산 Bragg 반사경(DBR)의 반사도.

반사도와 넓은 대역을 보여주는데 반해 DBR은 높은 반사도를 가지지만 좁은 대역의 차단 대역을 가짐을 보여준다. 그러나 금속 반사경은 어떤 특정한 반사도를 가지는데 비해 DBR은 반사경의 층이 투명하기만 하다면 반사경의 주기를 증가시켜 반사도를 향상할 수 있다.

광흡수성 기판상에 성장한 LED 구조의 경우 활성영역에 의해 방출된 빛의 약 50%는 기판에 의해 흡수된다. 이것은 상당한 손실을 의미한다. 기판과 LED 활성층 사이에 반사경을 설치하면 기판에 의한 광흡수를 회피할 수 있다. 활성영역으로부터 방출된 기판을 향한 빛은 반사될 것이고 반도체의 상부표면을 통하여 탈출할 수 있을 것이다.

분산 Bragg 반사경을 기판과 활성층 사이에 삽입하는 것은 매우 적합하다. DBR을 적용한 도식적 LED 구조를 그림 10.7에 나타내었다. Kato 등(1991)은 AlGaAs/GaAs 물질계에서 DBR을 가진 LED를 처음으로 구현하였다. 25주기의 AlAs/GaAs 또는 AlGaAs/GaAs DBR을 LED에 적용하였고 870 nm의 적외선에서 발광하였다.

DBR은 일반적으로 5~50 주기의 다른 굴절률을 가지는 두 개의 물질로 구성된 다층 반사경이다. 굴절률의 차이에 기인하여 각각의 계면에서 Fresnel 반사가 발생한다. 대개 두 개 물질의 굴절률 차이는 작아서 한 계면에서의 Fresnel 반사 정도는 매우 작다. 그러나 DBR은 많은 계면들로 구성된다. 더욱 중요한 것은 반사된 모든 파동이 보강간섭할 수 있도록 두 물질의 두께를 선택한다. 이러한 조건은 수직입사에 대해서 두 개 물질의 두께가 빛의 1/4 파장일 때 만족된다. 즉,

$$t_{\mathrm{l,h}} = \lambda_{\mathrm{l,h}}/4 = \lambda_0/(4\bar{n}_{\mathrm{l,h}})\text{(수직입사)} \tag{10.10}$$

여기서 λ_0는 빛의 진공 Bragg 파장, $t_{\mathrm{l,h}}$는 저굴절률(l)과 고굴절률(h) 물질의 두께, $\bar{n}_{\mathrm{l,h}}$는 저굴절률(l)과 고굴절률(h) 물질의 굴절률이다. 식 (10.10)에 주어진 $t_{\mathrm{l,h}}$의 두께는 $\lambda/4$가 될 수 있을 뿐만 아니라 $\lambda/4$, $3\lambda/4$, $5\lambda/4$, $7\lambda/4$ 등과 같이 홀수 정수배에 대해서도 가능하다. 이러한 두께들은 반사파동들의 보강간섭을 일으킬 것이다. 그러나 $3\lambda/4$와 같이 $\lambda/4$보다 더 두꺼운 층 두께의 경우 고반사도 차단 대역이 더욱

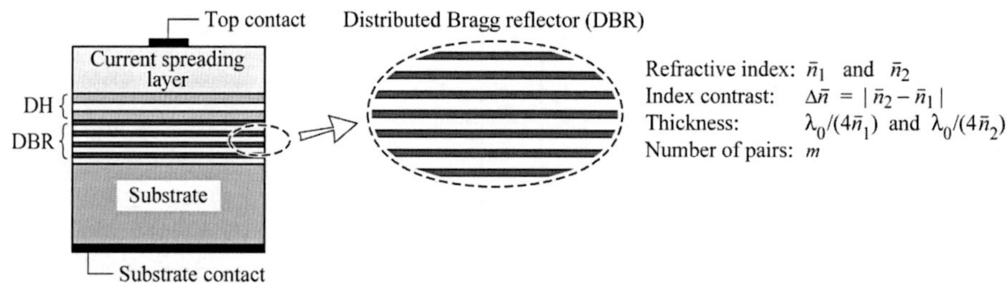

그림 10.7 기판과 하부 구속층 사이에 위치한 분산 Bragg 반사경(DBR)을 가진 LED.

좁아질 것이다.

경사진 입사각에 대해 파동벡터는 수평성분과 수직성분으로 분리할 수 있다. 수직입사인 경우와 마찬가지로 DBR층의 두께는 DBR층에 수직인 파동벡터 성분에 대해 1/4 파장이어야 한다. 경사진 입사각 $\Theta_{\mathrm{l,h}}$에 대해서 고반사도를 위한 최적두께는 다음과 같이 주어진다.

$$t_{\mathrm{l,h}} = \lambda_{\mathrm{l,h}}/(4\cos\Theta_{\mathrm{l,h}}) = \lambda_0/(4\bar{n}_{\mathrm{l,h}}\cos\Theta_{\mathrm{l,h}})(\text{경사입사}) \quad (10.11)$$

또한 식 (10.11)에 주어진 두께 $t_{\mathrm{l,h}}$는 식에 의해 주어진 값의 홀수 정수배일 수 있다. 충분히 많은 1/4 파장주기를 가진 DBR로부터 100%에 가까운 반사도를 얻을 수 있다.

DBR은 몇 가지 추가적인 조건을 충족해야 한다. 첫째, 대개 DBR의 상부에 DH를 성장하기 때문에 불일치전위를 피하기 위해 DBR은 DH에 격자 정합되어야 한다. 둘째, 만약 DBR이 높은 굴절률 차이를 가지지 않는다면 DBR을 구성하는 물질이 동작 파장에서 투명해야 고반사도 DBR을 얻을 수 있다. Si/SiO_2와 같은 높은 굴절률 차이를 가지는 DBR은 물질의 하나가 관심의 파장에서 약하게 흡수하더라도 높은 반사도를 보여준다. 셋째, 만약 DBR이 전류경로에 있으면 DBR은 전도성이 있어야 한다.

Si/SiO_2와 AlAs/GaAs DBR의 파장에 대한 반사율을 그림 10.8에 나타내었다. Bragg 파장은 고반사도대역 또는 차단 대역의 중앙에 위치한다. 그림을 보면 (i) $\lambda/4$쌍이 동일한 경우 고굴절률차이 DBR(Si/SiO_2)의 반사도는 저굴절률차이 DBR(AlAs/GaAs)보다 훨씬 크고 (ii) 고굴절률차이 DBR의 차단 대역의 폭은 저굴절률차이 DBR 보다 훨씬 더 넓음을 알 수 있다.

행렬법을 이용하여 DBR의 특성을 계산할 수 있다(Born and Wolf, 1989). Coldren과 Corzine(1995), Yariv(1989), Björk 등(1995)은 DBR의 특성을 자세히 분석하였다. 여기서는 단지 간단한 결과만 요약할 것이다.

굴절률 $\bar{n}_1$과 $\bar{n}_2$를 가지는 무손실성(lossless) 물질인 m쌍의 두 개의 유전체로 구성된 분산 Bragg 반사경을 고려하자. 층두께는 1/4 파장 즉, $L_1 = \lambda_{\mathrm{Bragg}}/(4\bar{n}_1)$, $L_{\mathrm{h}} = \lambda_{\mathrm{Bragg}}/(4\bar{n}_{\mathrm{h}})$으로 가정한다. DBR의 주기는 $L_l + L_h$이다. 수직입사에 대한 단일계면의 반사도는 Fresnel 방정식으로 주어진다.

$$r = \frac{\bar{n}_{\mathrm{h}} - \bar{n}_{\mathrm{l}}}{\bar{n}_{\mathrm{h}} + \bar{n}_{\mathrm{l}}} \quad (10.12)$$

DBR 주기를 증가시킴에 따라 DBR의 계면에서 다중반사와 다중반사파동의 보강간

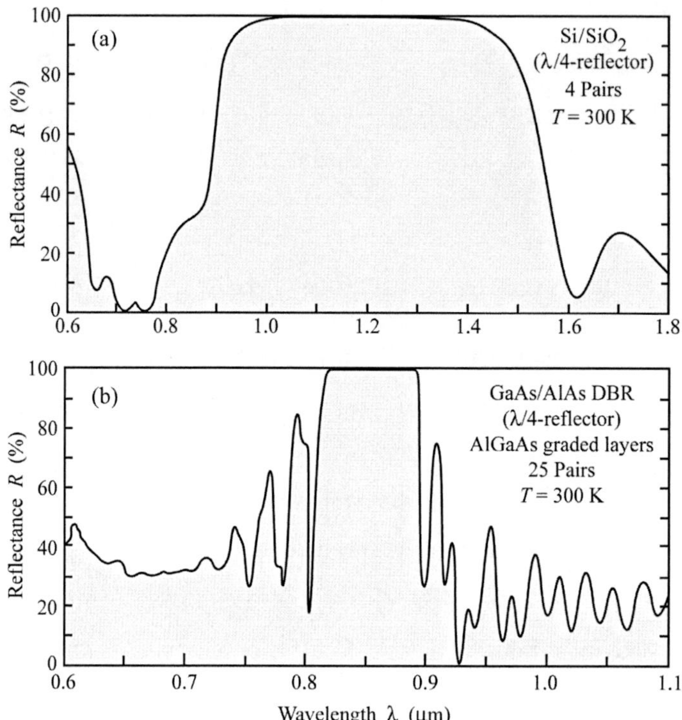

그림 10.8 파장에 대한 두 분산 Bragg 반사경(DBR)의 반사도, (a) 높은 굴절률 차이를 지닌 4주기 Si/SiO_2 반사경, (b) 25주기 AlAs/GaAs 반사경. 고굴절률차이 DBR은 고반사도를 얻기 위해 4주기만 필요하다. 고굴절률차이 DBR의 차단대역이 저굴절률차이 DBR보다 더 넓음을 주목하라.

섭에 의해 반사도는 증가한다. 반사도는 Bragg 파장 λ_{Bragg}에서 최대가 된다. m개의 $\lambda/4$ 주기를 가지는 DBR의 Bragg 파장에서의 반사도는 다음과 같이 주어진다(Coldren과 Corzine, 1995).

$$R_{\mathrm{DBR}} = |r_{\mathrm{DBR}}|^2 = \left[\frac{1-(\bar{n}_{\mathrm{l}}/\bar{n}_{\mathrm{h}})^{2m}}{1+(\bar{n}_{\mathrm{l}}/\bar{n}_{\mathrm{h}})^{2m}}\right]^2 \tag{10.13}$$

DBR의 차단 대역은 두 구성물질의 굴절률의 차이 $\bar{n}_{\mathrm{h}} - \bar{n}_{\mathrm{l}} = \Delta\bar{n}$에 의존한다. 차단대역의 스펙트럼 폭은 다음과 같이 주어진다(Yariv, 1989).

$$\Delta\lambda_{\mathrm{stopband}} = \frac{2\lambda_{\mathrm{Bragg}}\Delta\bar{n}}{\pi\bar{n}_{\mathrm{eff}}} \tag{10.14}$$

여기서, $\bar{n}_{\mathrm{eff}}$는 DBR의 유효굴절률이다. LED를 효율적으로 구동하기 위해서 차단 대역은 활성영역의 발광 스펙트럼보다 더 넓어야 한다.

DBR과 유효 매질층에 대해 수직으로 광학적 경로길이가 동일하다고 하면 DBR의 유효굴절률을 계산할 수 있다. 유효굴절률은 다음과 같이 주어진다.

$$\bar{n}_{\text{eff}} = 2\left(\frac{1}{\bar{n}_{\text{l}}} + \frac{1}{\bar{n}_{\text{h}}}\right)^{-1} \tag{10.15}$$

굴절률 차이가 작은 경우 $\Delta\bar{n} \ll \Delta\bar{n}_1$, 유효굴절률은 다음과 같이 근사될 수 있다.

$$\bar{n}_{\text{eff}} = \frac{1}{2}(\bar{n}_{\text{l}} + \bar{n}_{\text{h}}) \tag{10.16}$$

광파동은 $1/4\lambda$ 두께를 가지는 DBR 쌍의 조합인 DBR층 내부로 제한적으로 침투한다. 즉, 전체 $1/4\lambda$ 두께 DBR 주기 중에서 일부만이 효과적으로 파동을 반사한다. 파동전기장에 의해 계산한 DBR 주기의 유효개수는 다음과 같이 주어진다(Coldren와 Corzine, 1995).

$$m_{\text{eff}} \approx \frac{1}{2}\frac{\bar{n}_{\text{h}} + \bar{n}_{\text{l}}}{\bar{n}_{\text{h}} - \bar{n}_{\text{l}}}\tanh\left(2m\frac{\bar{n}_{\text{h}} - \bar{n}_{\text{l}}}{\bar{n}_{\text{h}} + \bar{n}_{\text{l}}}\right) \tag{10.17}$$

DBR이 두꺼운 경우($m \to \infty$), tanh 함수는 1로 접근하므로 다음을 얻는다.

$$m_{\text{eff}} \approx \frac{1}{2}\frac{\bar{n}_{\text{h}} + \bar{n}_{\text{l}}}{\bar{n}_{\text{h}} - \bar{n}_{\text{l}}} \tag{10.18}$$

Bragg 파장에서($\lambda = \lambda_{\text{Bragg}}$) 반사파의 위상변화는 0이다. Bragg 파장 근처에서($\lambda \approx \lambda_{\text{Bragg}}$) 반사파의 위상은 파장에 대해 선형적으로 변한다. 따라서 그림 10.9에 보여진 바와 같이 DBR을 첫 번째 유전체 계면 뒤에서 L_{pen}의 거리에 위치한 금속같은 반사경으로 근사하는 것이 가능하다. 따라서 DBR의 반사율은 다음처럼 표현할 수 있다.

$$r_{\text{DBR}} \approx |r_{\text{DBR}}|e^{-2i(\beta - \beta_{\text{Bragg}})L_{\text{pen}}} \tag{10.19}$$

여기서 $\beta = 2\pi/\lambda$는 파동의 평균위상상수이다. $z = 0$에서(그림 10.9 참조) 금속 반사경에 의해 반사된 파동의 위상변화는 다음으로 주어진다.

$$r_{\text{metal}}\big|_{z=0} = |r_{\text{metal}}|\,e^{2i(2\pi/\lambda)L_{\text{pen}}} \tag{10.20}$$

식 (10.19)와 (10.20)으로 주어진 위상변화를 동일시하고 DBR(Coldren와 Corzine, 1995)의 위상변화를 이용하면 투과깊이는 다음으로 얻어진다.

$$L_{\text{pen}} = \frac{L_1 + L_2}{4r}\tanh(2mr) \tag{10.21}$$

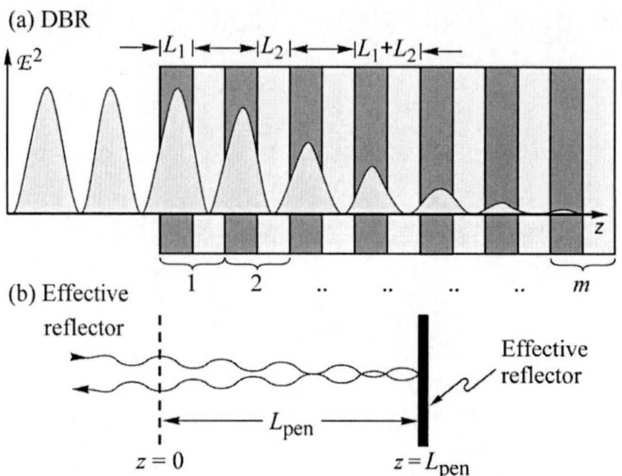

그림 10.9 DBR 투과깊이에 대한 설명, (a) 두께 L_1과 L_2를 가진 두 물질로 구성된 DBR, (b) DBR 표면으로부터 투과깊이만큼 변위시킨 이상적인 금속 반사경.

다수의 주기를 가지는 경우($m \to \infty$) 투과깊이는 다음으로 주어진다.

$$L_{\text{pen}} \approx \frac{L_1 + L_2}{4r} = \frac{(L_1 + L_2)}{4} \frac{\bar{n}_{\text{h}} + \bar{n}_{\text{l}}}{\bar{n}_{\text{h}} - \bar{n}_{\text{l}}} \tag{10.22}$$

식 (10.22)와 (10.18)을 비교하면 다음을 얻는다.

$$L_{\text{pen}} = (1/2) m_{\text{eff}} (L_1 + L_2) \tag{10.23}$$

식 (10.23)에서 (1/2)배는 L_{pen}은 광출력에 해당하는데 반해서 m_{eff}는 전기장에 의한 주기의 유효개수에 해당하기 때문이다. 광출력은 전기장의 제곱에 일치하고 따라서 반사경 속으로 반만큼 침투한다. 따라서 두 개의 DBR을 구성하는 공동의 유효길이는 DBR 내부로 침투하는 두 개의 침투깊이와 더불어 중심영역 두께의 합으로 주어진다. 따라서 DBR을 가진 공동의 유효길이는 금속거울을 가진 공동보다 더 길다.

DBR의 반사도는 입사각과 파장에 의존한다. Bragg 파장에서 수직입사에 대한 DBR의 반사도를 이론적으로 구할 수 있었으나 임의의 파장과 입사각에서 DBR의 반사도는 수치해석적으로만 계산할 수 있다. 만약 등방성광원으로부터 나온 빛이 DBR에 의해 반사된다면 모든 각에 대해 적분함으로써 반사강도를 얻을 수 있다. 어떤 파장 λ에서 각에 대해 적분한 반사도는 다음처럼 주어진다.

$$R_{\text{int}}(\lambda) = \frac{\int_0^{\pi/2} R(\lambda, \Theta) 2\pi \sin\Theta \, d\Theta}{\int_0^{\pi/2} 2\pi \sin\Theta \, d\Theta} = \int_0^{\pi/2} R(\lambda, \Theta) \sin\Theta \, d\Theta \tag{10.24}$$

DBR에 의해 반사된 전체 반사강도는 다음에 의해 계산된다.

$$I_r = \int_\lambda I_i(\lambda) R_{\text{int}}(\lambda) d\lambda \tag{10.25}$$

여기서 $I_i(\lambda)$는 DBR에 입사하는 활성영역의 발광강도 스펙트럼이고 I_r은 DBR에 의해 반사된 반사강도이다. LED의 활성영역과 같은 등방성 발광소자로부터 DBR에 입사하는 발광스펙트럼은 발광각도에 독립적이라고 가정할 수 있다.

반사강도를 최대화하는 방향으로 최적화하여 효율적인 DBR을 만들 수 있다. 또한 LED 다이의 DBR에 의해 반사된 빛의 추출을 고려해야 한다. DBR을 이용하여 LED 추출효율을 최대화하는 것은 수식적으로 풀 수 없는 복잡한 문제이다. DBR을 가진 LED 구조에서 추출효율을 최대화하기 위해서 광선추적 컴퓨터소프트웨어를 사용한다.

선험적으로 일반적인 DBR을 사용하는 것이 추출효율을 극대화할지는 명확하지 않다. 추출효율을 최대화하기 위해서는 1/4 파장보다 더 얇거나 두꺼운 층 두께를 가지는 DBR을 또한 고려해야 한다. 이러한 두께변동 DBR은 1/4 파장 DBR에 비교해서 더 낮은 반사도를 가지나 더 넓은 차단밴드 폭을 가진다. 이러한 주기변동 DBR은 넓은 발광 스펙트럼을 가지는 활성영역에 대해서 장점이 될 수 있다.

이상적으로 DBR을 구성하는 층들은 투명하다. 투명한 DBR층들의 흡수손실은 무시할만하다. 그러나 투명물질을 항상 사용 가능하지 않을 수도 있으며 이러한 경우에는 흡수성 물질을 사용해야 한다. 이러한 흡수성 DBR은 비록 무한한 수의 층을 사용하더라도 최대반사도는 100% 보다 작다.

부분적으로 흡수성 Si/SiO_2 DBR의 예를 그림 10.8에 나타내었다. 실리콘은 $\lambda >$ 1.1 μm ($h\nu > E_g$)에 대해 빛을 흡수한다. 그러나 그림에 보여진 결과는 Si이 흡수하는 1.0 μm 파장에서 매우 높은 반사도를 얻을 수 있음을 보여준다. 이것은 Si과 SiO_2의 굴절률차이가 크기 때문이다.

GaAs에 격자 정합된 투명성 및 흡수성 DBR을 AlGaInP/GaAs 물질계에서 사용한다. 이 물질계는 $\lambda >$ 550 nm(녹색, 황색, 진황색, 오렌지, 적색)에서 발광하는 고효율 가시광 LED를 위해 사용된다. 이 물질계에서 사용된 투명성 및 흡수성 DBR의 특성을 Kish와 Fletcher(1997)가 정리하였으며 표 10.3에 요약하였다. 표를 보면 흡수성 $Al_{0.5}In_{0.5}P$/GaAs DBR은 굴절률 차이가 큰 장점을 가짐을 알 수 있다. 그러나 DBR의 흡수성 본질에 의해 최대 반사도는 상한선을 가진다. 고굴절률차이 DBR의 차단 대역 폭은 더 넓다. 투명한 $Al_{0.5}In_{0.5}P/(AlGa)_{0.5}In_{0.5}P$ DBR은 광손실이 무시할 만하다는 장점을 가진다. 그러나 반사도를 증가시키기 위해 많은 쌍이 필요하며 고굴절률차이 DBR보다 차단 대역폭은 더 좁다.

표 10.3 가시광 및 적외선 LED 응용을 위해 사용되는 분산 Bragg 반사경 물질의 특성. "lossy"로 표기된 DBR은 Bragg 파장에서 흡수성이다(Adachi, 1990; Adachi 외, 1994; Kish and Fletcher, 1997; Babic 외, 1999; Palik, 1998).

Material system	Bragg wavelength	$\bar{n}_{low}$	$\bar{n}_{high}$	$\Delta\bar{n}$	Transparency range
$Al_{0.5}In_{0.5}P/GaAs$	590 nm	3.13	3.90	0.87	〉870 nm(lossy)
$Al_{0.5}In_{0.5}P/Ga_{0.5}In_{0.5}P$	590 nm	3.13	3.74	0.61	〉649 nm(lossy)
$Al_{0.5}In_{0.5}P/(Al_{0.3}Ga_{0.7})_{0.5}In_{0.5}P$	615 nm	3.08	3.45	0.37	〉592 nm
$Al_{0.5}In_{0.5}P/(Al_{0.4}Ga_{0.6})_{0.5}In_{0.5}P$	590 nm	3.13	3.47	0.34	〉576 nm
$Al_{0.5}In_{0.5}P/(Al_{0.5}Ga_{0.5})_{0.5}In_{0.5}P$	570 nm	3.15	3.46	0.31	〉560 nm
AlAs/GaAs	900 nm	2.97	3.54	0.57	〉870 nm
SiO_2/Si	1,300 nm	1.46	3.51	2.05	〉1,106 nm

실제로는 투명한 층은 DBR의 상부와 상부 근처에서(에피층 면)에서 사용되는데 반해 흡수성 층은 DBR의 바닥에서(기판 면) 사용한다. 제조된 AlGaInP/GaAs LED에서 사용한 DBR의 경우 층의 수를 적게, 흡수를 작게, 반사도 스펙트럼을 넓게 유지하기 위해 층 각각을 다르게 하여 최적화하였다(Streubel, 2000).

표 10.3은 또한 AlAs/GaAs와 SiO_2/Si 물질계에서의 특성을 보여준다. SiO_2/Si 물질계는 고굴절률차이 DBR 시스템의 대표적인 예이다. 그러나 SiO_2는 절연특성을 가지므로 전류 전도를 위해서는 사용할 수 없다. 공진공동 LED와 880~980 nm 영역에서 발광하는 수직공동 표면발광레이저에서 AlAs/GaAs 물질계를 사용한다.

피크발광파장에서 공진하는 DBR은 흡수성 기판(AS) LED에 대해서 항상 최적의 반사경이라고 할 수 없다. 비록 DBR의 반사도가 수직입사에 대해서는 높더라도 수직이 아닌 입사각에 대해서는 급격히 감소한다. 수직입사의 경우 입사각이 $\theta = 0°$임을 가정하자. 입체각은 sine 함수에 의해 각 θ에 따라 증가하기 때문에 DBR의 수직입사공진 파장을 피크발광파장보다 장파장쪽으로 이동시키는 것이 유리하다.

투명성과 흡수성 DBR의 반사도를 파장과 입사각에 대해 계산한 결과를 그림 10.10에 나타내었다. 투명성 물질로 제조한 DBR의 반사도가 Bragg 파장에서 100%에 근접하는데 반해서 GaAs층을 포함하는 흡수성 DBR의 최대 반사도는 약 55%이다. 이 반사도는 DBR에 층을 추가하더라도 증가시킬 수 없는데 반사도의 한계가 DBR의 흡수하는 특성에 달렸기 때문이다. 그림은 또한 입사각에 대한 DBR의 반사도를 보여준다. 그림을 보면 DBR의 고반사도 대역이 작은 입사각에서만 얻을 수 있다는 큰 단점을 알 수 있다. 20°보다 큰 입사각에 대해서 반사도는 크게 감소해서 0에 근접한다. 따라서 경사진 입사각에 대해서(20° 〈 θ 〈 70°) DBR은 비반사성이 된다. 흡수성 GaAs 기판 위에 DBR을 위치시키고 상부에 활성층을 성장하는 AlGaInP LED에서 저하된 DBR의

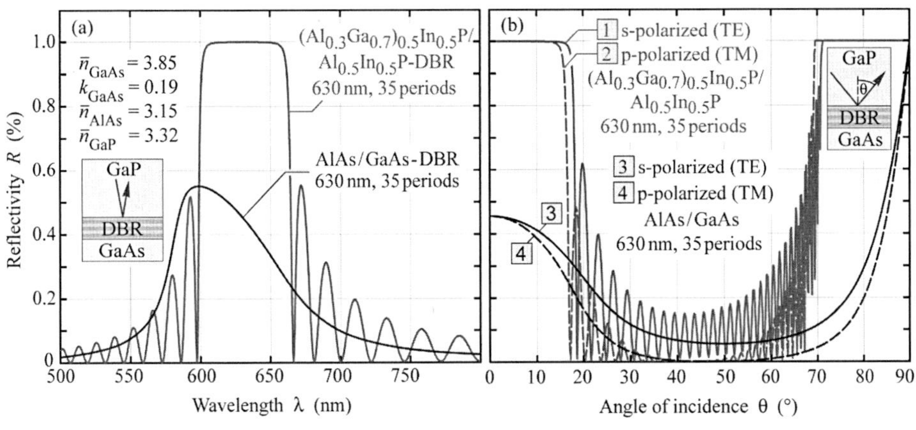

그림 10.10 투명성 AlGaInP/AlInP DBR과 흡수성 AlAs/GaAs DBR의 (a) 파장, (b) 입사각에 대해 계산한 반사도.

반사도는 주요한 손실기구이다.

다음으로 DBR의 반사도가 급속히 감소하는 임계각 Θ_c에 대한 공식을 유도한다. DBR의 구조와 임계각을 그림 10.11(a)와 (b)에 각각 나타내었다. 외부매질은 굴절률 $\bar{n}_0$를 가지는 반도체임을 주목하자. 수직입사에 대해서($\Theta = 0°$) 고반사도 차단 대역의 중앙에 위치한 Bragg 파장 λ_{Bragg}에서 Bragg 조건은 충족된다. Bragg 파장은 그림 10.11(c)에 보여준 바와 같이 입사각에 따라 이동한다. 그러나 입사각이 작은 경우 차단대역의 폭은 입사각에 의존하지 않는다. 따라서 임계각 Θ_c에 대해 다음 조건을 얻는다.

$$\Delta\lambda_{Bragg} = \lambda_{Bragg}(\Theta = 0°) - \lambda_{Bragg}(\Theta_c) = \frac{1}{2}\Delta\lambda_{stop\ band} \tag{10.26}$$

각-의존성 Bragg 파장에 대한 표현식과 본 장의 초반부에 얻은 차단 대역의 폭에 대한 표현식을 이용하면

$$\lambda_{Bragg}(\Theta = 0°)\left[1 - \cos\left(\frac{\bar{n}_0}{\bar{n}_1}\Theta_c\right)\right] = 2\lambda_{Bragg}(\Theta = 0°)\frac{\Delta\bar{n}}{\bar{n}_1 + \bar{n}_2}\frac{1}{\bar{n}_0} \tag{10.27}$$

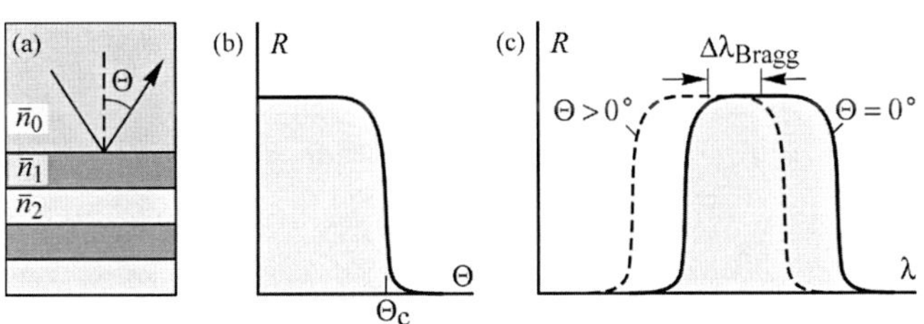

그림 10.11 (a) 계산에 사용한 DBR구조, (b) 입사각에 대한 반사도와 반사도가 감소하는 임계각, (c) 두 입사각의 파장에 따른 DBR 반사도.

식의 양측을 $\lambda_{Bragg}(\Theta = 0°)$로 나누고 Θ_c에 대해 식을 풀면

$$\Theta_c = \frac{\bar{n}_1}{\bar{n}_0} \arccos\left[1 - \left(\frac{2\Delta\bar{n}}{\bar{n}_1 + \bar{n}_2}\frac{1}{\bar{n}_0}\right)\right] \quad (10.28)$$

$\cos x \approx 1-(1/2)x^2$($x=0$ 근처에서 유효)와 $\arccos x \approx [2(1-x)]^{1/2}$($x=1$ 근처에서 유효)을 이용하면 다음 근사식을 얻는다.

$$\Theta_c \approx \frac{\bar{n}_1}{\bar{n}_0}\sqrt{\frac{2}{\bar{n}_0}\frac{2\Delta\bar{n}}{\bar{n}_1 + \bar{n}_2}} \quad (10.29)$$

방정식은 임계각이 $\Theta_c \propto (\bar{n}_0)^{-3/2}$의 관계를 가지며 외부매질의 굴절률($\bar{n}_0$)에 크게 의존함을 보여준다. 따라서 높은 굴절률을 가지는 외부매질에 대해서 임계각은 작다. 이러한 이유로 만약 외부매질이 고굴절률 반도체라면 전방위적 반사특성을 가진 DBR을 얻기가 어렵다.

수치해석적 예로서 GaP($\bar{n}_{GaP}=3.1$)을 외부매질로 하는 AlAs/GaAs DBR($\bar{n}_{AlAs}=3.0$; $\bar{n}_{GaAs}=3.5$)을 고려한다. 이러한 값들을 임계각에 대한 식에 대입하면 상대적으로 수직입사에 근접한 $\Theta_c = 20.5°$를 얻는다. 만약 외부매질이 고굴절률 반도체라면 SiO_2/Si DBR과 같은 고굴절률차이 DBR이라 할지라도 전방위 특성을 갖지 못한다.

DBR을 최적화하기 위해서 다른 전략을 채택하였다. Chiou 등(2000)은 AlGaInP LED에서 서로 다른 각층의 상부에 적층한 두 가지 형태의 복합 DBR, 즉 590 nm 피크발광파장에서 공진하는 비흡수성$(Al_{0.4}G_{0.6})_{0.5}In_{0.5}P/Al_{0.5}In_{0.5}P$ DBR과 더불어 고굴절률차이 흡수성 AlAs/GaAs DBR을 사용하였다. 이 DBR은 인화물 DBR 아래에 위치되었다. 수직 이외의 각으로 입사하는 빛을 반사하기 위해 비소화물 DBR은 피크발광파장보다 약 10% 더 긴 파장에서 공진하였다. 저자는 복합 DBR을 이용하여 광출력을 상당히 개선하였다.

비주기성 DBR은 차단 대역이 더욱 넓으므로 더욱 넓은 범위의 입사각에 대해서 높은 반사도를 가진다. 비주기성 DBR의 구조를 최적화하기 위해서 수치해석적 시뮬레이션 및 최적화 공정을 수행하였다(Li 외, 1999 참조).

위의 계산에 의해 보여진 바와 같이 굴절률 차이를 증가시키면 고반사도가 유지되는 입사각의 범위가 더욱 넓어진다. LED에서 AlGaAs/Al_xO_y DBR을 적용하여 보여주었던 Chiou 등(2003)은 이러한 고굴절률차이 DBR을 LED에 사용할 수 있음을 제안하였다. Al_2O_3는 약 1.75의 굴절률을 가지는데 반해서 Al이 많은 AlGaAs는 약 3.25의 굴절률을 가지므로 $\Delta n = 1.5$의 큰 굴절률 차이를 나타낸다. 에피성장한 AlAs를 수증기 분

위기, 400~450℃의 온도에서 산화 공정을 수행하여 DBR의 Al_xO_y층을 제조하였다. DBR의 Al_xO_y층은 전도성이 없으므로 기판과 활성층 사이에 전류경로를 생성하기 위해 Al_xO_y층으로부터 비산화된 AlAs 영역 개구부를 형성해야 한다.

수직 방향의 전류 흐름에 대해 DBR은 높은 전기적 저항을 일으킨다. LED와 레이저 구조에서 전기적 저항은 상당한 문제를 일으키는데 대표적으로 순전압을 증가시킨다. VCSEL 또는 수직공동 표면발광 레이저에 대한 초기 실험에서 30.0 V와 같이 높은 순전압을 보여주었고 이러한 소자들을 연속-파장모드에서 발진하는 것을 방해하였다(Jewell 외, 1989; Koyama 외, 1989). 이송자 이동에 대한 장벽을 형성시키는 급준한 이종접합 구조에 의해 저항은 높아진다. 다행히도 포물선 조성 경사구조(parabolic compositional grading)(Schubert 외, 1992a, 1992b)를 적용하면 이종접합구조 장벽을 완전히 제거할 수 있다. 이러한 조성적 경사는 현재 DBR에서 상용되고 있으며 저항은 더 이상 큰 문제는 아니다.

10.4 전방위 반사경(Omnidirectional reflectors)

전기적으로 전도성인 고반사도 전방위 반사경은 매우 유용하다. 공기를 외부매질로 하여 고굴절률차이 DBR을 이용하면 전방위성 반사특성을 구현할 수 있다. 고굴절률차이를 가지는 물질 Si($\bar{n} \approx 3.5$ at $\lambda = 1\ \mu$m)과 SiO_2($\bar{n} \approx 1.46$)는 이러한 ODR에 대한 자연스런 후보이다. Si/SiO_2 분산 Bragg 전방위 반사경(DB-ODRs)과 다른 물질계에서의 광학적 특성이 연구되었다(Chen 외, 1999; Bruyant 외, 2003).

DB-ODR에서 전방위성 TE 반사도는 쉽게 얻을 수 있는데 반해서, TM 파동은 TM 반사도가 0으로 감소하는 Brewster 각이 존재하므로 전방위 특성을 얻는 것이 어렵다. 공기와 같은 저굴절률 외부 물질에서 $0° \leq \Theta \leq 90°$의 외부각 범위는 DBR과 같은 물질 내부의 각 영역 $0° \leq \theta \ll 90°$를 일으킨다. DBR이 전방위적으로 반사성 있게 되는 상황에서 내부각 영역에 Brewster 각이 포함되지 않을 수도 있다.

또한 폴리스틸렌(polystyrene)과 Te층을 이용한 DB-ODRs로부터 강한 전방위 반사특성을 얻었다(Fink 외, 1998). $\bar{n}_{\text{polystyrene}} = 1.8$과 $\bar{n}_{\text{Te}} = 5$로 굴절률 차이가 매우 크기 때문에 계면의 Brewster 각 θ_B에서는 공기로부터 입사하는 빛이 접근할 수 없고 따라서 10~15 μm 영역의 파장에서 완전한 광밴드갭을 형성한다.

각 층의 면에 평행하고 또한 수직인 두 개의 다른 굴절률을 가지는 복굴절 고분자(birefringent polymers)를 사용하는 특이한 접근이 또한 시도되었다(Weber 외, 2000). 수직 방향과 면 방향(in-plane) 굴절률의 차이를 조정하여 Brewster 각을 조절할 수 있다. 접선입사의 경우 Brewster 각을 90°까지 조절할 수 있고 심지어 허수값까지 가능

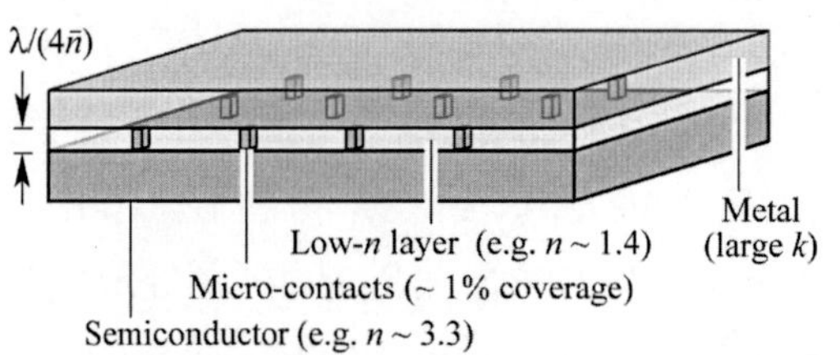

그림 10.12 반도체, 저굴절률 유전층, 금속층으로 구성한 전방위 반사경의 구조. 유전층은 전도성을 부여하기 위해 개구부를 배열시켜 마이크로접촉을 시도함(Gessmann 외, 2003).

하며 사실상 모든 입사각에 대에서 TM-편광된 빛에 대해 높은 반사도를 일으킨다.

불행하게도 위에서 언급한 DB-ODR을 구성하는 물질은 전기적으로 절연특성을 가지므로 LED에 대한 적용성은 제한된다.

금속층은 넓은 파장범위에 걸쳐서 자유전자기체의 플라즈마 진동수 이하의 고반사도 대역을 가지는 입사각에 대해서 빛을 반사할 수 있다(역사적 문헌참조 Drude, 1904; Lorentz 1909). 그러나 입사광파동에 의해 유도된 전자 진동은 반사를 일으킬 뿐만 아니라 또한 전자-포논 산란에 의한 흡수를 일으킨다. 따라서 순수한 금속 반사경은 반사 손실이 상당하며 특히 고굴절률 물질에 적용되었을 때 매우 크다.

고반사도, 전방위특성 및 전기적으로 전도성이 있는 반사경을 그림 10.12에 나타내었다(Schubert, 2001, 2004). 전방위 반사경은 반도체, 유전층, 금속층의 3개 층으로 구성된다(삼중층 ODR). 전기적 전도도를 위한 마이크로전극을 유전층에 개구부를 형성하여 배열하였다. 반도체와 금속의 굴절률 차이를 증가시키기 위해 유전층의 굴절률을 가능한 감소시켜야 한다. 금속은 큰 소멸계수(extinction coefficient)를 가진 복소굴절률을 가지고 있다.

행렬법에 의해 계산한 삼중층 ODR의 반사도를 두 DBR의 반사도와 함께 파장 및 각에 대한 함수로 그림 10.13에 나타내었다(Gessmann 외, 2003). 삼중층 ODR은 넓은 파장범위에서 높은 반사도와 전방위특성을 보여준다. TM 파동의 경우 약 30°의 입사각에서 반사도가 잠시 저하되는데 이는 Brewster 각에서 반도체/유전체 계면에서 반사도가 감소하기 때문이다. 삼중층 ODR의 각-적분 반사도(angle-integrated reflectivity)는 매우 높으며 99% 이상을 얻을 수 있다.

수직입사에서($\theta=0$) 삼중층 ODR의 반사도를 해석적으로 계산할 수 있으며 다음처럼 주어진다.

$$R_{\mathrm{ODR}}=\frac{[(\bar{n}_{\mathrm{s}}-\bar{n}_{\mathrm{li}})(\bar{n}_{\mathrm{li}}+\bar{n}_{\mathrm{m}})+(\bar{n}_{\mathrm{s}}+\bar{n}_{\mathrm{li}})k_{\mathrm{m}}]^2+}{[(\bar{n}_{\mathrm{s}}+\bar{n}_{\mathrm{li}})(\bar{n}_{\mathrm{li}}+\bar{n}_{\mathrm{m}})+(\bar{n}_{\mathrm{s}}-\bar{n}_{\mathrm{li}})k_{\mathrm{m}}]^2+}\frac{[(\bar{n}_{\mathrm{s}}-\bar{n}_{\mathrm{li}})k_{\mathrm{m}}+(\bar{n}_{\mathrm{s}}+\bar{n}_{\mathrm{li}})(\bar{n}_{\mathrm{li}}-\bar{n}_{\mathrm{m}})]^2}{[(\bar{n}_{\mathrm{s}}+\bar{n}_{\mathrm{li}})k_{\mathrm{m}}+(\bar{n}_{\mathrm{s}}-\bar{n}_{\mathrm{li}})(\bar{n}_{\mathrm{li}}-\bar{n}_{\mathrm{m}})]^2} \quad (10.30)$$

여기서 $\bar{n}_{\mathrm{li}}$와 $\bar{n}_{\mathrm{s}}$는 유전체와 반도체 각각의 굴절률이고 $N_{\mathrm{m}}=\bar{n}_{\mathrm{m}}+\mathrm{i}k_{\mathrm{m}}$은 금속

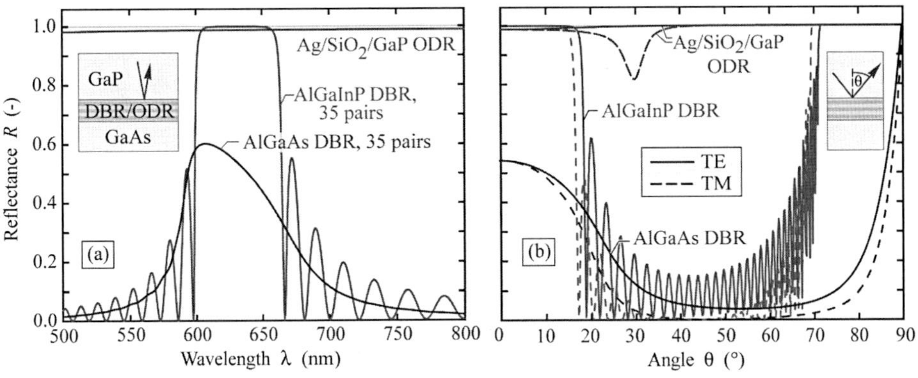

그림 10.13 전방위 반사경(ODR), 투명성 AlGaInP/AlInP DBR, 흡수성 AlGaAs/GaAs DBR의 파장에 대한 함수로 계산한 (a) 수직입사에 대한 반사도, (b) 입사각에 대한 반사도(Gessmann 외, 2003).

의 복소굴절률이다. 식은 저굴절률 유전층의 두께가 $\lambda_0/(4n_{li})$일 때, 즉 1/4 파장층일 때 적용할 수 있다. 630 nm에서 발광하는 AlGaInP/SiO_2/Ag 구조에서 수직입사 반사도 $R_{ODR}(\theta=0)$를 계산하면 유전층이 없는 경우 96.1%인데 비해 유전층이 있는 경우 98.8%임을 알 수 있다.

삼중층 ODR을 이용한 650 nm AlGaInP LED는 구현되었다. 마이크로전극 배열의 표면 접촉영역비율은 1%이었다. ODR-LED의 다이오드 전류 대비 광출력 특성과 몇 개의 참고용 소자들을 그림 10.14에 나타내었다(Gessmann 외, 2003). 광출력 특성을 비교해보면 ODR-LED의 광출력이 DBR-LED보다 더 높음을 알 수 있다.

GaInN 물질계(Kim 외, 2004)에서도 ODR-LED를 구현하였다. ODR은 RuO_2 p형 GaN 오믹전극, 개구부를 형성하여 마이크로전극이 배열된 1/4-파장-두께 SiO_2 저굴절률층, Ag층으로 구성되었다. $\lambda=450$ nm에서 각-평균 반사도를 계산하면 GaN/SiO_2/

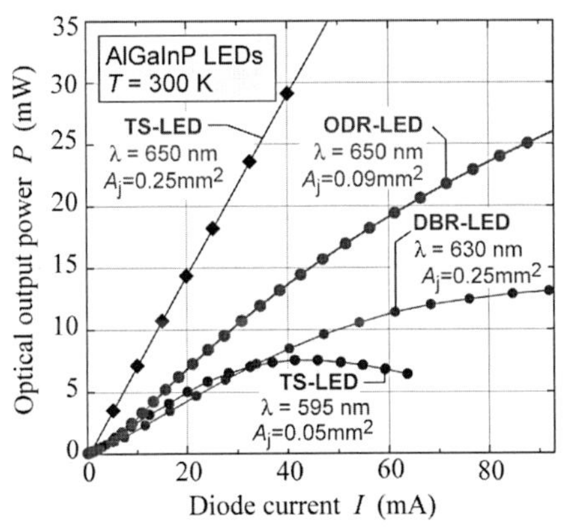

그림 10.14 여러 형태 LED의 주입 전류에 대한 광출력. ODR 소자는 DBR 소자보다 광출력이 더욱 높다(Gessmann 외, 2003).

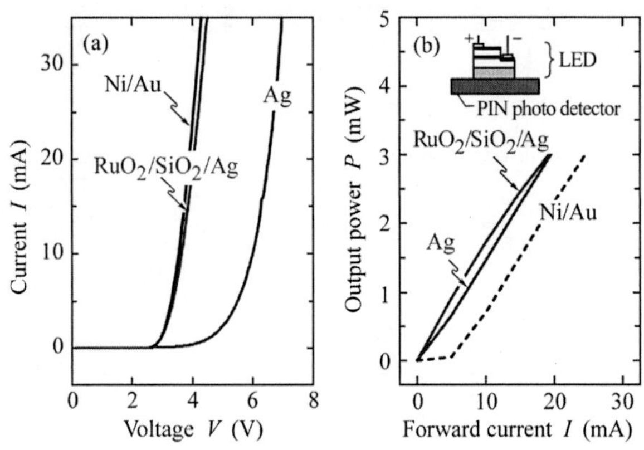

그림 10.15 GaInN/RuO_2/SiO_2/Ag 전방위 반사경을 가진 GaInN LED의 전류-전압 및 광출력-전류 특성(Kim 외, 2004).

Ag ODR가 98%로 $Al_{0.25}Ga_{0.75}N$/GaN 분산 Bragg 반사경(49%)이나 Ag(94%)보다도 훨씬 큼을 알 수 있다. 이러한 RuO_2/SiO_2/Ag ODR은 Ni/Au, 심지어는 Ag 반사경보다 훨씬 높은 반사도를 가지고 있어서 GaInN ODR-LED에서 광 추출효율을 크게 향상할 수 있다. ODR-LED의 전기적 특성은 종래의 Ni/Au 접촉을 사용한 LED 특성과 상응함이 밝혀졌다. GaInN ODR소자의 전기적 및 광학적 특성 비교 결과를 그림 10.15에 나타내었다.

10.5 정 반사경과 확산 반사경

정 반사경에서 반사된 광선의 각도는 입사광선의 각과 동등하다. 즉 정 반사경의 경우 입사각을 알면 광선의 반사각을 예측할 수 있다. 확산 반사경은 그림 10.16에 보는 바와 같이 매우 다르게 거동한다. 반사강도는 넓은 범위의 각에 걸쳐 분포하며 입사광선의 입사각에 독립적이다. 다음으로 람베르시안(lambertian) 광원과 람베르시안 반사경 및 LED와의 관련성에 대해 논의한다.

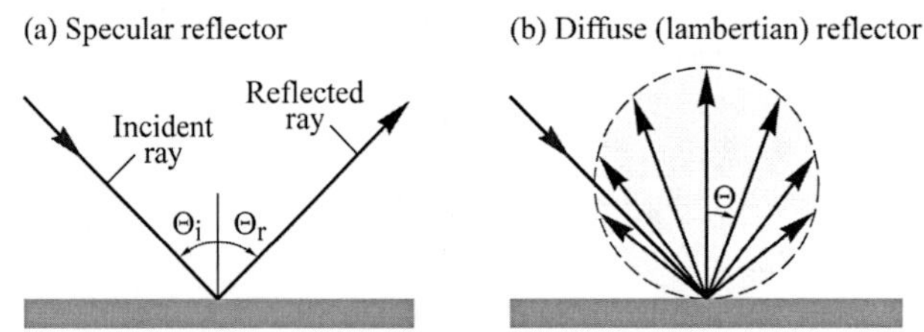

그림 10.16 정 반사경 및 확산 반사경(람베르시안)의 도식도. 람베르시안 반사경의 반사출력 분포는 $\cos\Theta$에 의존한다.

람베르시안표면 광원은 광원복사강도(즉, 광원의 단위 표면적당 스테라디안당 발광되는 광출력)는 관찰각에 독립적인 상수라는 종종 관찰되는 실험적인 사실로부터 흥미를 유발시킨다. 즉, 람베르시안 광원의 복사강도와 휘도는 관찰각에 독립적이다. 태양은 람베르시안 광원의 가장 적합한 예이다. 그림 10.17(a)에 보여진 바와 같이 태양의 표면은 관찰각에 관계없이 휘도가 동등하다. 즉, 태양표면에서 수직-입사 관찰각과 경사-입사 관찰각에 대한 휘도는 동등하다. 같은 이유로 그림 10.17(b)에 보여진 바와 같이 달은 람베르시안 반사경의 좋은 예이다. 광-확산 반사경은 들어오는 광자의 전파방향을 불규칙화시키므로 확산 또는 람베르시안 반사경으로 거론된다.

람베르시안 광원이 각 Θ로 주어지는 방향을 따라서 발광강도(intensity, 즉 스테라디안당 발광출력)를 가진다고 가정하면

$$\boxed{I = I_n \cos \Theta} \tag{10.31}$$

여기서 I_n은 반사경 표면에 수직으로 발광하는 강도이다. 식의 각 $\cos \Theta$ 의존성은 Lambert의 cosine 법칙으로 알려졌다.

다음으로 Lambert의 cosine 법칙이 광원 표면에 대해서 관찰각에 독립적인 광원 휘도를 일으킴을 보일 것이다. 면적 A를 가지는 람베르시안 표면 광원을 가정하자. 각 Θ에 위치한 관찰자로부터 보일 수 있는 투영된 면적은 $A \cos \Theta$로 주어진다. 따라서 관찰자에 의해 관찰되는 휘도는 다음과 같다.

$$\text{Luminance} = \frac{I_n\, A \cos\Theta}{A \cos\Theta} = I_n \tag{10.32}$$

여기서 $A \cos \Theta$는 관찰자에 의해 관찰되는 표면적이다. 따라서 휘도는 일정하고 관찰각에 독립적이다. 이러한 사실은 그림 10.17에 보여진 사진에 의해 입증된다.

정 반사경에 의해 덮힌 층에서 빛을 전파시키면 층 내에서 도파될 것이다. 그러나 람베르시안 반사경에 의해 덮힌 층에서 빛을 전파시키면 그림 10.18에 보여진 바와 같

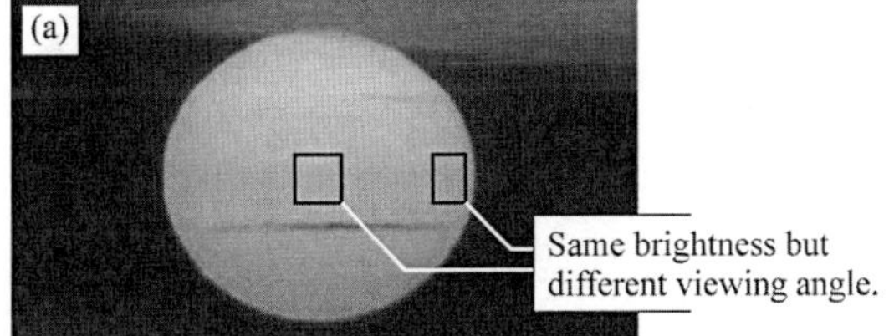

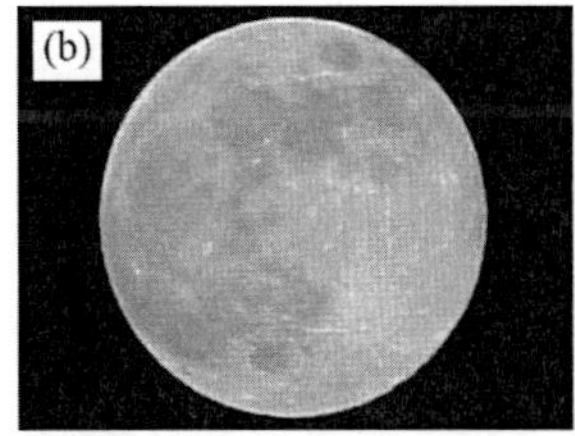

그림 10.17 (a) 태양의 표면 밝기는 태양표면에 대한 관찰각에 독립적이다. 이것은 람베르시안 광원의 좋은 예이다. (b) 달은 람베르시안 반사경의 좋은 예이다.

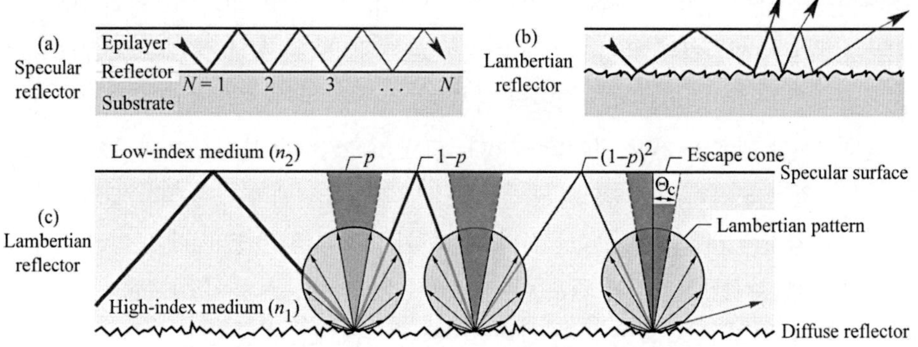

그림 10.18 (a) 정 반사 에피층/기판 계면 및 에피층/공기 계면에 의해 도파되는 광선, (b) 에피층/기판 계면, (c) 정 반사 에피층/공기 계면의 람베르시안 반사경에 의해 도파되는 광선.

이 자유 공간으로 이탈할 것이다. 완전 반사경은 cos Θ 의존성을 따르기 때문에 반사된 빛이 각 Θ_c로 정의되는 탈출 원뿔(escape cone) 내부로 들어올 확률은 다음과 같이 주어진다.

$$p=\frac{\int_0^{\Theta_c} I_n \cos\Theta\ 2\pi \sin\Theta\ d\Theta}{\int_0^{90^\circ} I_n \cos\Theta\ 2\pi \sin\Theta\ d\Theta}=\frac{\int_0^{\Theta_c} \sin\Theta\ 2\Theta\ d\Theta}{\int_0^{90^\circ} \sin\Theta\ 2\Theta\ d\Theta}=\frac{1-\cos\ 2\Theta_c}{2} \tag{10.33}$$

Snell 법칙($\bar{n}_1 \sin \Theta_c = \bar{n}_2$, 여기서 $\bar{n}_1$은 도파로의 굴절률이고 $\bar{n}_1 > \bar{n}_2$)을 이용하면 다음을 얻는다.

$$p=\frac{1-\cos\left[2\arcsin(\bar{n}_2/\bar{n}_1)\right]}{2}=\left(\frac{\bar{n}_2}{\bar{n}_1}\right)^2 \tag{10.34}$$

반사도 1을($R=1.0$) 가진 완전 반사경을 가정하면 반도체 내부에서의 발광강도는 기하급수적으로 감소한다. N회의 반사 후에 광선의 강도는 $(1-p)^N$으로 떨어질 것이다. N을 광도가 $1/e$로 떨어지는 반사 회수로 정의하면 다음처럼 정리할 수 있다.

$$(1-p)^N = 1/e \tag{10.35}$$

N에 대해서 식을 풀면 광선이 반도체를 둘러싼 자유공간 속으로 탈출하기 전의 평균반사회수를 계산할 수 있다.

$$N=-\left[\ln\left(1-n_2^2/n_1^2\right)\right]^{-1} \tag{10.36}$$

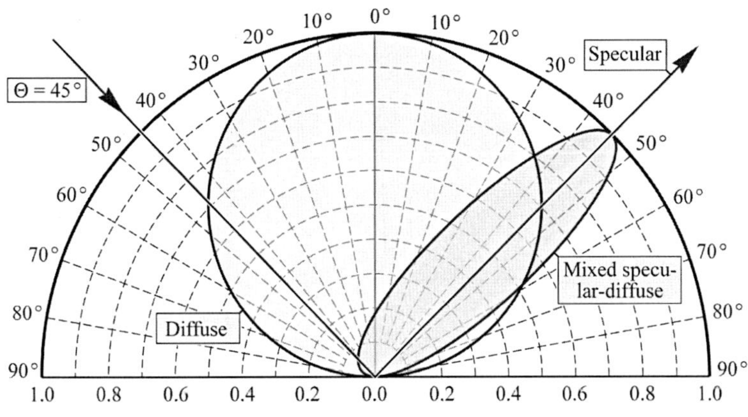

그림 10.19 45° 입사각에 대한 정 반사경, 확산 반사경, 혼합된 정–확산 반사경의 도식적 반사분포도.

예를 들어, $\bar{n}_1 = 2.5$(GaN)이고 $\bar{n}_2 = 1$(공기)을 고려하면 $N = 5.7$을 얻는다. 즉 빛은 약 여섯 번의 확산 반사 후에 광도파로로부터 탈출한다. 따라서 LED 구조에 확산 반사경을 적용하면 LED 칩 크기를 증대시킴에 따라 나타나는 일반적인 효율 저하를 방지할 수 있으므로 대면적 발광소자를 구현하는데 유용하다(Kim 외, 2006).

반사표면을 기계적으로 거칠게 하면 대개 정 반사에서 확산반사 특성을 가지도록 변화시킨다. 이러한 반사표면의 예로는 금속표면 또는 유전체표면이 있다. 또한 다공성 실리카(금속으로 선택적으로 코팅된)는 기공/실리카 계면에서 광자 전파방향을 불규칙화시키는 다중굴절, 반사, 산란과 같은 확산반사 특성을 가지는 것으로 알려졌다.

이상적인 람베르시안 반사경을 제조하기 위해서는 빛의 파장 λ보다 더 큰 거칠기를 표면에 형성시켜야 한다. 이러한 이상적인 람베르시안 반사경은 입사각에 독립적인 반사 특성을 가질 것이다. 대다수의 실제 표면-요철 반사경은 정 반사방향을 따라 우선적으로 배향되는 혼합된 정 반사-확산 반사 특성을 가진다. 그림 10.19는 확산 반사경, 혼합된 정 반사-확산 반사경 및 45°의 입사각에 대한 정 반사경의 도식적인 반사 굴곡도를 보여준다.

그림 10.20은 평면의 평활한 Ag 반사경과 표면-요철 Ag 반사경에서 반사각에 대해 측정한 반사 광도를 보여준다. 표면-요철 Ag 반사경의 경우 기판 위에 700 nm 직경의 폴리스틸렌 구를 사용하여 자연 리소그래피(natural lithography)를 수행한 후 이온빔 식각과 Ag 증착을 이용하여 표면 거칠기를 형성하였다. 그림은 평면 Ag 반사경에 비해 요철 반사경이 약 두 자리수 더 높은 강한 확산 정도를 보여준다. 그러나 요철 반사경은 여전히 정 반사 성분도 보여준다. 혼합된 정 반사-확산 반사경의 확산반사 및 정 반사 성분의 상대적인 강도는 Xi 등(2006)에 의해 제안된 모델을 이용하여 정량적으로 계산할 수 있다. 이 모델을 이용하여 그림 10.20에 보여진 혼합된 정 반사-확산

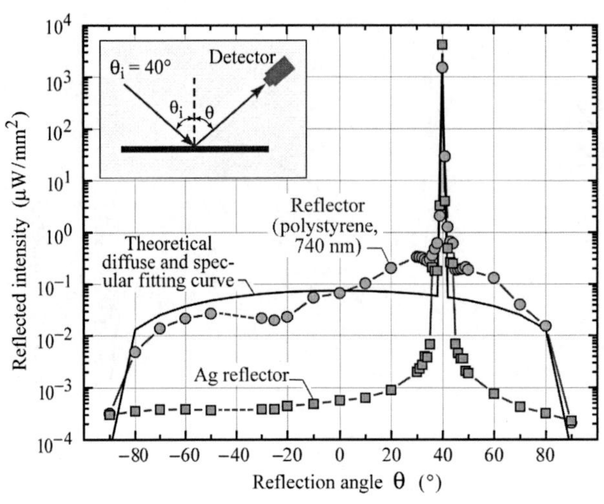

그림 10.20 평탄한 Ag 반사경과 700 nm 직경 폴리스틸렌 구와 이온빔 식각을 조합한 자연 리소그래피법을 이용해 형성한 요철된 Ag 반사경의 반사 강도(Xi 외, 2006).

반사경의 확산출력비를 계산하면 $P_{diff}/(P_{spec}+P_{diff}) = 42.8\%$이다. 그림 10.20에 보여진 부분적인 확산 반사경의 rms 거칠기(roughness)는 21.2 nm이다. rms 거칠기를 더욱 증가시킴으로써 100%의 확산출력비를 얻을 수 있다.

Exercise

LED에서 람베르시안 반사경

굴절률 3.5를 가지는 손실 없는 GaAs LED 구조에 적용된 1.0의 반사도를 가지는 람베르시안 반사경을 가정하자. 외부매질은 공기이다. 탈출 원뿔의 임계각과 반사광선이 탈출 원뿔 내부로 입사할 확률, 그리고 광자가 고굴절률 GaAs층으로부터 탈출하기 위한 평균 반사회수를 계산하라.

해답 $\Theta_c = 16.6°$; $p = 8.2\%$; $N = 11.7$.

어떤 입사방향에서 들어오는 빛이라도 표면에 수직으로 반사하는 가상적인 평활한 반사경은 유용할 것인가? 이러한 방식으로 빛을 반사하는 반사경을 방해하는 물리적인 원리는 무엇인가?

: 비록 이러한 반사경이 매우 유용할지라도 복사강도 보존이론을 위배할 것이다. 이는 L/n^2 값을 벗어나 있는 수동광학 시스템에 의해 빛의 복사강도를 증가시키는 것이 불가능하다는 것을 의미한다. 여기서 L은 진공에서의 복사강도이고 n은 빛이 전파하는 매질에서의 굴절률이다.

참고문헌

Adachi S. in *Properties of Gallium Arsenide* EMIS Datareview Ser. **2**, 513 INSPEC (IEE, New York, 1990)

Adachi S., Kato H., Moki A., and Ohtsuka K. "Refractive index of (AlxGa1 −)0.5In0.5P quaternary alloys" *J. Appl. Phys.* **75**, 478 (1994)

Babic D. I., Piprek L., and Bowers J. E. in *Vertical-Cavity Surface-Emitting Lasers* edited by C. W. Wilmsen, H. Temkin, and L. A. Coldren (Cambridge University Press, Cambridge, 1999)

Bell L. *The Telescope* this book discusses metal reflectors in a historical context; see pp. 220-27 (McGraw Hill, New York, 1922)

Bjork G., Yamamoto Y., and Heitmann H. "Spontaneous emission control in semiconductor microcavities" in *Confined Electrons and Photons* edited by E. Burstein and C. Weisbuch (Plenum Press, New York, 1995)

Born M. and Wolf E. *Principles of Optics* 6th edition (Pergamon Press, New York, 1989)

Bruyant A., Lerondel G., Reece P. J., and Gal M. "All-silicon omnidirectional mirrors based on onedimensional photonic crystals" *Appl. Phys. Lett.* **82**, 3227 (2003)

Chen K. M., Sparks A. W., Luan H.-C., Lim D. R., Wada K., and Kimerling L. C. "SiO_2/TiO_2 omnidirectional reflector and microcavity resonator via the sol-gel method" *Appl. Phys. Lett.* **75**, 3805 (1999)

Chiou S.-W., Lee C. P., Huang C. K., and Chen C. W. "Wide angle distributed Bragg reflectors for 590 nm amber AlGaInP light-emitting diodes" J. *Appl. Phys.* **87**, 2052 (2000)

Chiou S.-W., Chang H., Chen T.-P., and Chang C. S. "Light emitting diodes and fabrication method thereof" US Patent 6,552,369 (2003)

Coldren L. A. and Corzine S. W. *Diode Lasers and Photonics Integrated Circuits* (John Wiley and Sons, New York, 1995)

Drude P. "Optische Eigenschaften und Elektronen Theorie I" ("Optical properties and electron theory I") *Annalen der Physik* **14**, 677 (1904); see also "Optische Eigenschaften und Elektronen Theorie II" ("Optical properties and electron theory II") *Annalen der Physik* **14**, 936 (1904)

Gessmann Th., Schubert E. F., Graff J. W., Streubel K., and Karnutsch C. "Omni-directionally reflective contacts for light-emitting diodes" *IEEE Electron. Dev. Lett.* **24**, 683 (2003)

Fink Y., Winn J. N., Fan S., Chen C., Michel J., Joannopoulos J. D., Thomas E. L. "A dielectric omnidirectional reflector" *Science* **282**, 1679 (1998)

Hecht J. *Understanding Fiber Optics* (Pearson Education, Upper Saddle River NJ, 2001)

Horng R. H., Wuu D. S., Wei S. C., Huang M. F., Chang K. H., Liu P. H., and Lin K. C. "AlGaInP/AuBe/glass light-emitting diodes fabricated by wafer bonding technology" *Appl. Phys. Lett.* **75**, 154 (1999a)

Horng R. H., Wuu D. S., Wei S. C., Tseng C. Y., Huang M. F., Chang K. H., Liu P. H., and Lin K. C. "AlGaInP light-emitting diodes with mirror substrates fabricated by wafer bonding" *Appl. Phys. Lett.* **75**, 3054 (1999b)

Jewell J. L., Huang K. F., Tai K., Lee Y. H., Fischer R. J., McCall S. L., and Cho A. Y. "Vertical cavity single quantum well laser" *Appl. Phys. Lett.* **55**, 424 (1989)

Jewell J. L. personal communication (1992)

Kato T., Susawa H., Hirotani M., Saka T., Ohashi Y., Shichi E., and Shibata S. "GaAs/GaAlAs surface emitting IR LED with Bragg reflector grown by MOCVD" *J. Cryst. Growth* **107**, 832 (1991)

Kepler J. *Dioptrice* (1611)

Kim J. K., Gessmann T., Luo H., and Schubert E. F. "GaInN light-emitting diodes with $RuO_2/SiO_2/Ag$ omni-directional reflector" *Appl. Phys. Lett.* **84**, 4508 (2004)

Kim J. K., Luo H., Xi Y., Shah J. M., Gessmann T., and Schubert E. F. "Light extraction in GaInN lightemitting diodes using diffuse omnidirectional reflectors" *Journal of the Electrochemical Society* **153**, G105 (2006)

Kish F. A. and Fletcher R. M. "AlGaInP light-emitting diodes" in *High Brightness Light-Emitting Diodes* edited by G. B. Stringfellow and M. G. Craford, Semiconductors and Semimetals **48** (Academic, San Diego, 1997)

Koyama F., Kinoshita S., and Iga K. "Room temperature continuous wave lasing characteristics of a GaAs vertical-cavity surface-emitting laser" *Appl. Phys. Lett.* **55**, 221 (1989)

Li H., Gu G., Chen H., and Zhu S. "Disordered dielectric high reflectors with broadband from visible to infrared" *Appl. Phys. Lett.* **74**, 3260 (1999)

Lorentz H. A. *The Theory of Electrons and its Applications to the Phenomena of Light and Radiant Heat*(Teubner, Leipzig, Germany, 1909)

Margalith T., Buchinsky O., Cohen D. A., Abare A. C., Hansen M., DenBaars S. P., and Coldren L. A. "Indium tin oxide contacts to gallium nitride optoelectronic devices" *Appl. Phys. Lett.* **74**, 3930 (1999)

McCall S. L., Levi A. F. J., Slusher R. E., Pearton S. J., and Logan R. A. "Whispering-gallery mode microdisk lasers" *Appl. Phys. Lett.* **60**, 289 (1992)

Mergel D., Stass W., Ehl G., and Barthel D. "Oxygen incorporation in thin films of In_2O_3:Sn prepared by radio frequency sputtering" *J. Appl. Phys.* **88**, 2437 (2000)

Palik E. D. *Handbook of Optical Constants of Solids* (Academic Press, San Diego, 1998)

Ray S., Banerjee R., Basu N., Batabyal A. K., and Barua A. K. "Properties of tin doped indium oxide thin films prepared by magnetron sputtering" *J. Appl. Phys.* **54**, 3497 (1983)

Schubert E. F., Tu L.-W., Zydzik G. J., Kopf R. F., Benvenuti A., and Pinto M. R. "Elimination of heterojunction band discontinuities by modulation doping" *Appl. Phys. Lett.* **60**, 466 (1992a)

Schubert E. F., Tu L.-W., and Zydzik G. J. "Elimination of heterojunction band discontinuities" US Patent No. 5,170,407 (1992b)

Schubert E. F. "Light-emitting diode with omni-directional reflector" US Patent application 60/339,335 (2001)

Schubert E. F. "Light-emitting diode with omni-directional reflector" US Patent 6,784,462; issued Aug. 31 (2004)

Sheu J. K., Su Y. K., Chi G. C., Jou M. J., and Chang C. M. " Effects of thermal annealing on the indium tin oxide Schottky contacts of n-GaN" *Appl. Phys. Lett.* **72**, 3317 (1998)

Shin J. H., Shin S. H., Park J. I., and Kim H. H. "Properties of dc magnetron sputtered indium tin oxide films on polymeric substrates at room temperature" *J. Appl. Phys.* **89**, 5199 (2001)

Smith G. M., Forbes D. V., Coleman J. J., and Verdeyen J. T. "Optical properties of reactive ion etched corner reflector strained-layer InGaAs–aAs–lGaAs quantum-well lasers" *IEEE Photonics Technol. Lett.* **5**, 873 (1993)

Streubel K., personal communication (2000)

Tu L. W., Schubert E. F., Kopf R. F., Zydzik G. J., Hong M., Chu S. N. G., and Mannaerts J. P. "Vertical cavity surface emitting lasers with semitransparent metallic mirrors and high quantum efficiencies" *Appl. Phys. Lett.* **57**, 2045 (1990)

Weber M. F., Stover C. A., Gilbert L. R., Nevitt T. J., and Ouderkirk A. J. "Giant birefringent optics in multilayer polymer mirrors" *Science* **287**, 2451 (2000)

Xi Y., Kim J. K., Mont F., Gessmann Th., Luo H., and Schubert E. F. "Quantitative assessment of diffusivity and specularity of surface-textured reflectors for light extraction in light-emitting diodes" manuscript in preparation (2006)

Yariv A. *Quantum Electronics* 3rd edition (John Wiley and Sons, New York, 1989)

Chapter 11 패키지

11.1 저출력과 고출력 패키지

실제 모든 LED는 두 개의 입력전선과 빛을 뽑아내는 투명한 광학적 윈도우층이 있는 패키지에 고정되거나, 열분산을 위해 열 통로가 있는 고출력 패키지에 고정된다. 칩 봉지재는 높은 광투과도, 고굴절률, 내화학성, 고온 안전성 및 내습성의 장점을 가지고 있다. 봉지재 사용으로 반도체와 공기 사이의 굴절률 차이를 감소시킴으로써 광 추출효율을 증가시켰다. 실제로 모든 봉지재는 1.5~1.8 정도의 일반적인 굴절률을 가진 고분자다. 반도체표면에서 감소된 굴절률 차이는 내부 전반사 각도를 증가시켜 빛 탈출 원뿔에서 추출효율을 확대시킨다.

그림 11.1(a)는 저출력 패키지를 보여주고 있다. 구동소자는 반사컵의 바닥이나 리드선 중의 하나(일반적으로 음극 리드선)에 다이 본딩되거나 솔더를 이용하여 본딩된

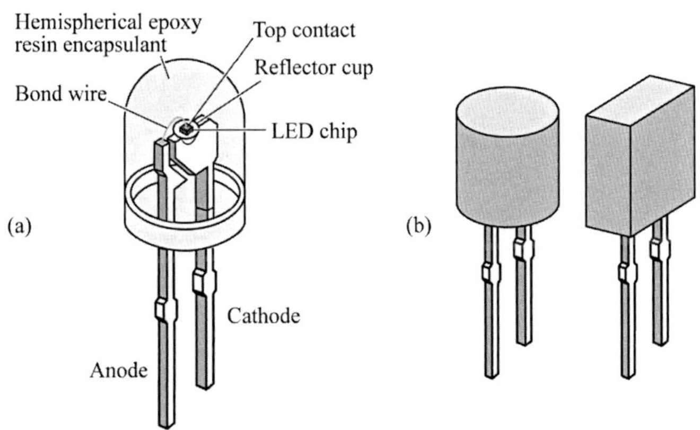

그림 11.1 대표적인 패키지, (a) 반구로 봉지된 LED, (b) 실린더와 직사각형 모양으로 봉지된 LED.

다. 본딩된 리드선은 다른 리드선(일반적으로 양극 리드선)과 본딩된 LED와 연결된다. 그림에 나타낸 LED 패키지는 흔히 "5 mm" 또는 "T1-3/4" 패키지라고 불린다.

저출력 패키지에서 봉지재는 그림 11.1에서 보는 것과 같이 반구 형태의 모양이다. 따라서 봉지재-공기 계면에 입사하는 빛의 각도는 항상 수직이다. 결과적으로 내부 전반사는 봉지재-공기 계면에서는 발생하지 않는다. 봉지 과정에서 반구 모양의 형태를 가지지 않는 LED 형태도 존재한다. 어떤 LED는 평탄한 앞면을 가진 직사각형이나 실린더 모양을 가지고 있다. 이러한 모양의 예를 그림 11.1(b)에 나타내었다. 흔히 의도한 시야각이 수직입사에 가깝거나 또는 LED가 평탄한 표면과 섞여서 사용되어야 하는 환경에서는 주로 평탄한 표면(planar surface) LED가 사용된다. 봉지재는 원치 않는 기계적 충격, 습기, 화학약품에 대한 보호를 위해 사용된다. 또한 봉지재는 음극과 양극의 리드선, LED 칩, 본딩 와이어를 고정한다.

그림 11.2는 일련의 LED 리드프레임 사진을 보여주고 있다. 각각의 리드프레임은 고정된 리드에 임시로 연결되어 있으며, 다이 본딩과 와이어 본딩, 그리고 에폭시 봉지재로 음극과 양극 리드선의 기계적 안정성이 확보한 후 고정 리드선은 제거된다. 일반적으로 다이 본딩 물질인 전기전도성 에폭시에는 은이 함유되어 있으며, 이러한 에폭시로 고반사율의 반사컵 바닥 평면에 LED 칩을 다이 본딩한다. 금속 기반의 솔더는 전도성 에폭시에 비해 열 저항이 더 낮기 때문에 고출력 칩에서의 다이 본딩 재료로서 더 적합하다.

그림 11.3은 고출력 패키지를 나타내고 있다. 고출력 패키지는 LED 칩으로부터 패키지를 통과해서 PCB(printed circuit board)같은 열 배출구(heat sink)까지 연결되는 직접적인 열전도 통로를 가지고 있다. 그림에서 보여진 고출력 패키지는 몇 가지 향상된 특징을 가지고 있다. 첫째, 금속 기반 솔더로 납땜되는 LED 서브마운트(submount)에 열 저항이 낮은 Al 또는 Cu 열 배출구가 고출력 패키지에는 포함되어 있다. 둘째,

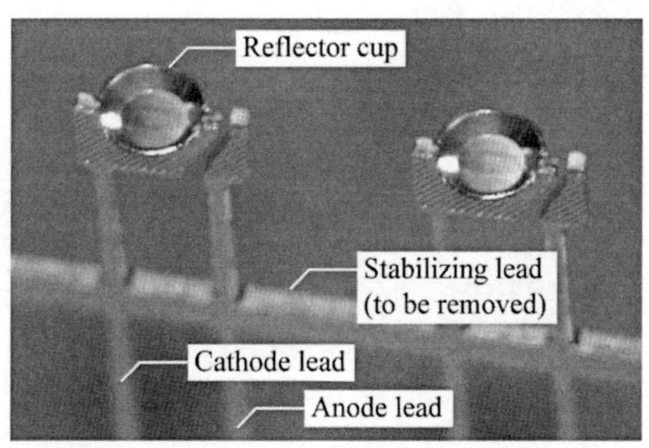

그림 11.2 LED와 연결되고 외장된 일반적인 5 mm 패키지의 리드프레임. 고정된 리드는 에폭시 봉지화에 의해서 음극과 양극 사이에 기계적 안전성이 확보되면 제거된다.

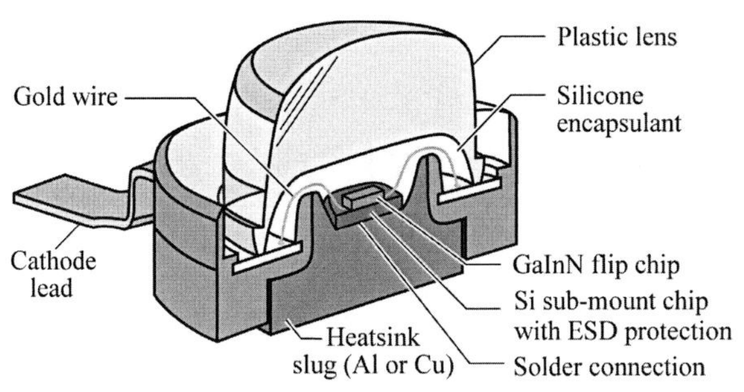

그림 11.3 고출력 패지지 단면도. 열 배출구 슬러그는 효율적인 열 제거를 위해 PCB에 결합된다. Barracuda 패키지라고 불리는 이러한 패키지는 Lumileds 그룹에 의해서 소개되었다(Krames, 2003).

칩은 실리콘과 함께 봉지된다. 표준 실리콘(silicone)은 경화상태에서 기계적으로 무른 특성을 가지고 있기 때문에 플라스틱으로 덮으며, 렌즈의 역할을 하기도 한다. 셋째, 칩은 정전기방전 보호 기능을 갖고 있는 Si 서브마운트에 직접 고정된다.

GaN 기반 LED의 깍지 낀 금속전극을 나타내는 그림 11.4(b)의 고배율의 현미경 사진을 포함한 고출력 패키지 사진이 그림 11.4에 나타나 있다. 그림 11.4(c)는 효과적인 냉각을 위해 높은 열전도도를 가진 PCB 위에 납땜된 패키지를 보여주고 있다. 하나의 패키지에 있는 몇 개의 LED는 소자의 구동전류를 낮추고 작동 전압을 증가시키기 위해 직렬로 서로 연결된다(Krames 외, 2002, 2003).

11.2 정전기 방전에 대한 보호

정전기 방전(electrostatic discharge; ESD)은 전기 및 광전자 부품들에 대한 주요 파괴 메커니즘이 될 수 있다(Voldman, 2004). 전하 $+Q$가 다이오드 전극 중 한 곳과 연결되어 이동한다고 생각해보자. 더 나아가 전하 $+Q$가 일정시간 Δt가 지난 후에 방전된다고 가정하면, 전류 $I = +Q/\Delta t$는 소자를 통해서 흐른다.

양극(anode)은 접지되어 있고, 전하가 LED의 음극에 연결되어 흐른다고 가정하자.

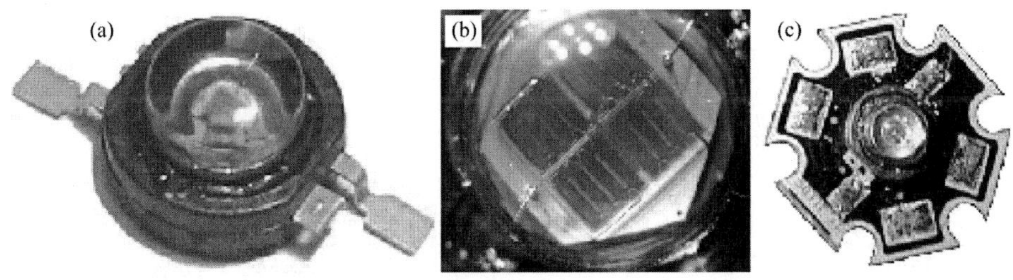

그림 11.4 (a) 고출력 패키지, (b) 패키지 속의 LED 다이, (c) 높은 열전도도를 가진 PCB 패키지((a) krames, 2003; (b), (c) LED Museum, 2003).

전류는 반대 극성에서 다이오드와 함께 방전될 것이다. 커패시터 C와 평행 병렬 저항 R_p를 사용하여 역바이어스 다이오드의 등가회로를 고려할 때 정상상태에서 p-n 접합을 가로지르는 전압은 IR_p로 증가할 것이다. 따라서 역방향 방전을 하는 동안 소자에서의 에너지 소비는 $I^2 R_p \Delta t$로 주어진다.

다음으로 전하가 LED의 양극과 접촉하여 흐르고 음극은 접지되었다고 가정하자. 전류는 순방향 극성에서 다이오드와 함께 방전될 것이다. 직렬 저항 R_s와 전압 V_{th}를 가진 전압원에서 순바이어스 다이오드의 등가회로를 고려하면, p-n 접합을 가로지르는 정상상태 전압은 $V_{th} + IR_s$이고 이는 고전류의 한계에서 IRs에 가까워질 수 있다. 따라서 순방향 방전을 하는 동안 소자에서 발산되는 에너지는 거의 $I^2 R_s \Delta t$이다.

$I^2 R_p \Delta t \gg I^2 R_s \Delta t$이기 때문에 이것은 역방향 방전이 일어나는 동안 발산된 에너지는 순방향으로 방전되는 동안 발산된 에너지보다 매우 더 크다는 증거가 된다. 따라서 역방향 방전은 순방향 방전보다 손상이 더 크다. 이와 같은 내용은 실험에 의해서 실제로 확인되었다(Wen 외, 2004).

GaN 기반 다이오드처럼 넓은 밴드갭 다이오드는 본질적으로 높은 R_p값 때문에(낮은 역방향 포화 전류와 높은 항복전압) 특히 ESD 고장에 특히 취약하다. 이것은 질화물 다이오드를 위한 ESD 보호회로 개발을 촉진했다(Steigerwald 외, 2002; Sheu, 2003).

그림 11.5에서 나타내었듯이, 정전기방전 보호회로는 직렬로 연결된 여러 개의 Si 다이오드, 또는 한 개의 Si 제너다이오드, 또는 두 개의 제너다이오드로 구성되나 두 개의 제너다이오드가 제일 많이 사용된다(Steigerwald 외, 2002; Lumileds, 2004). 특히, 역방향 방전의 경우에 ESD에 의해서 발생한 전류는 LED를 우회하고, ESD 보호회로를 통과하여 흐를 것이다. ESD 보호회로는 Si 서브마운트에도 함께 집적되었다(Steigerwald 외, 2002; Lumileds, 2004). 하나 또는 두 개의 제너다이오드 또는 직렬로 연결된 여러 개의 Si다이오드는 LED의 턴온(turn-on)전압 이상의 값으로 ESD 회로의

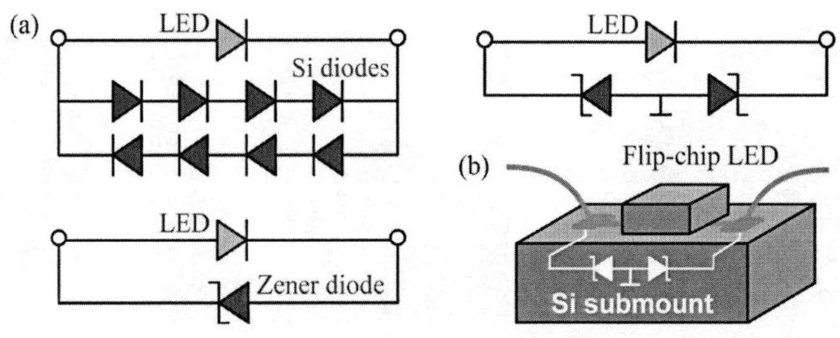

그림 11.5 (a) 다중 Si p–n 접합과 하나의 제너다이오드와 두 개의 제너다이오드를 사용한 ESD 방지회로, (b) Si 서브 마운트에 집적된 ESD 방지회로(Lumileds, 2004).

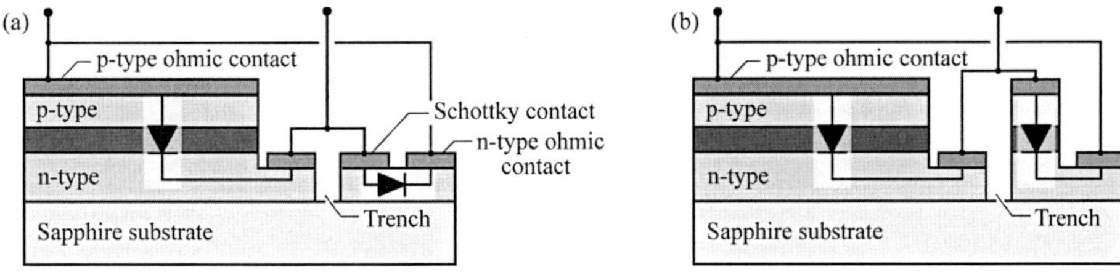

그림 11.6 (a) GaN 소자의 n형 완충층 위에 소면적 쇼트키 다이오드를 사용한 LED ESD 방지, (b) 소면적 p–n 접합을 사용한LED ESD 방지(쇼트키 다이오드 회로 2003년 이후).

문턱전압을 증가시킨다. 따라서 일반적인 구동조건에서 ESD 회로를 통과하는 전류는 거의 무시할 만큼 작다.

Sheu는 2003년 동일한 칩에서 LED와 함께 집적된 Schottky 다이오드를 제안하였다. 그림 11.6에서 나타낸 구조는 큰 면적의 p-n 접합 다이오드와 깊은 트렌치에 의해서 분리된 작은 면적의 Schottky 다이오드로 구성되어 있다. GaInN LED의 n형 완충층 위에 제작된 Schottky 다이오드는 LED가 역방향 극성으로 인가될 때 순방향으로 인가된다. 역방향 ESD의 경우 전류는 Schottky 다이오드를 통과해서 대부분 흐르고, 그 때문에 전류는 p-n 접합을 우회하고 p-n 접합의 피해를 방지한다. 순방향 ESD의 경우에 전류는 p-n 접합을 통해서 흐른다. 그림 11.6(b)에서 보여준 또 다른 구조에서 Schottky 다이오드는 p-n 접합 다이오드에 의해서 대체되었다(Cho, 2005).

11.3 패키지의 열 저항

최대 작동 온도와 함께 LED 패키징의 열 저항은 패키징에서 발산할 수 있는 최대 열출력을 결정한다. 최대 구동 온도는 내부 양자효율, 봉지재의 특성 저하 및 신뢰성 고려에 의해서 거의 결정된다. 몇 가지 LED 패키지 형태와 그들의 열 저항을 그림 11.7에 나타내었다. 1960년도 후반에 소개되고 현재까지 사용하고 있는 저출력 패키지인 초기 LED 패키지는 약 250 K/W의 높은 열 저항을 가지고 있다. 칩에서부터 PCB까지 직접 열을 이동시키는 Al 또는 Cu로 만들어진 열 배출구를 사용하는 패키지는 6~12 K/W의 열 저항을 가진다. 향상된 고출력 패키지는 냉각을 위해서 5 K/W 미만의 열 저항을 가져야 한다.

그림 11.7에 나타낸 패키지는 냉각팬과 같은 능동 냉각을 사용하지 않았다는 것에 주목해야 한다. 냉각핀이나 팬이 있는 열 배출구는 일반적으로 Si CMOS 마이크로프로세서를 포함한 전자 마이크로 칩을 냉각하기 위해서 일반적으로 사용된다. 그들은 0.5 K/W 미만의 열 저항을 가지고 있다. 능동 냉각소자의 사용은 LED 기반 조명시스템에

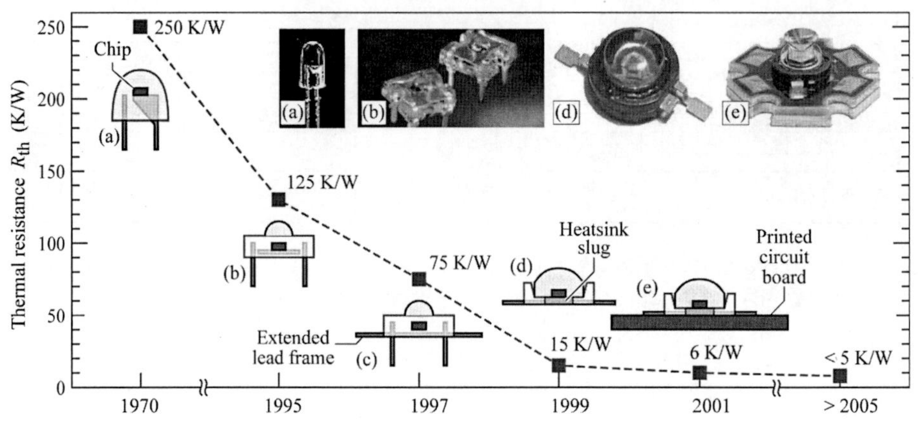

그림 11.7 LED 패키지의 열적 저항, (a) 5 mm, (b) 낮은 측면, (c) 확장된 리드 프레임을 가진 낮은 측면, (d) 열 배출구 슬러그, (e) PCB 위에 설치된 열 배출구 슬러그(Arik 외, 2002).

서 전력효율을 감소시킨다.

11.4 봉지재의 화학

봉지재(Encapsulants)는 밀폐성, 고온 안정성, 화학적 안정성, 고굴절계수, 고투과도 등을 포함한 여러 가지 요구사항을 가지고 있다. 모든 봉지재는 그림 11.8에서 보여지는 것과 같이 몇 가지의 고분자에 기반을 두고 있다. 탄화수소 사슬로 구성된 단순 고분자들은 그림 11.8(a)에 나타내었다. 고분자 분자들이 가지를 치고, 서로 연결이 되면 그림 11.8(b)과 같은 고무 화합물이 된다. 이와 같은 고무 화합물은 투과도가 떨어져서 LED 봉지재로서 사용할 수 없다. 그러나 흔히 산화물은 투명하다는 것은 잘 알려졌고 실제로 LED에 사용되는 모든 봉지재는 산소를 포함한다.

일반적인 봉지재는 에폭시라고 불리는 에폭시수지인데, 이는 투명하게 존재하며 장파장 가시광 스펙트럼과 적외선 LED에 있어서 수년에 걸쳐 열화를 나타내지 않았다. 그러나 단파장 즉 청색, 보라색, 자외선과 같은 LED에서 에폭시수지는 투과도를 잃는다고 보고되었다. 에폭시수지는 화학적으로 약 120℃ 온도까지 안정적이다. 120℃ 이상의 고온에서 노출되면 황색으로 변한다(투과도가 떨어짐).

그림 11.8(c)에서 있는 에폭시 그룹은 탄소 원자 2개에 산소 원자 1개가 결합되어 있음을 알 수 있다. 이러한 2개의 탄소와 1개의 산소 원자로 구성되어 있는 삼각링은 그림 11.8(d)에서 보여준 에폭시수지구조의 일부이다. 고체 에폭시수지는 두 개의 액체 화합물, 즉 수산기(hydroxyl) 2개를 가진 수지와 다른 성분인 에폭시드(epoxide)를 화학양론적으로 혼합하여 만든다. 수지는 흔히 페놀그룹을 가진 기름과 같은 물질이

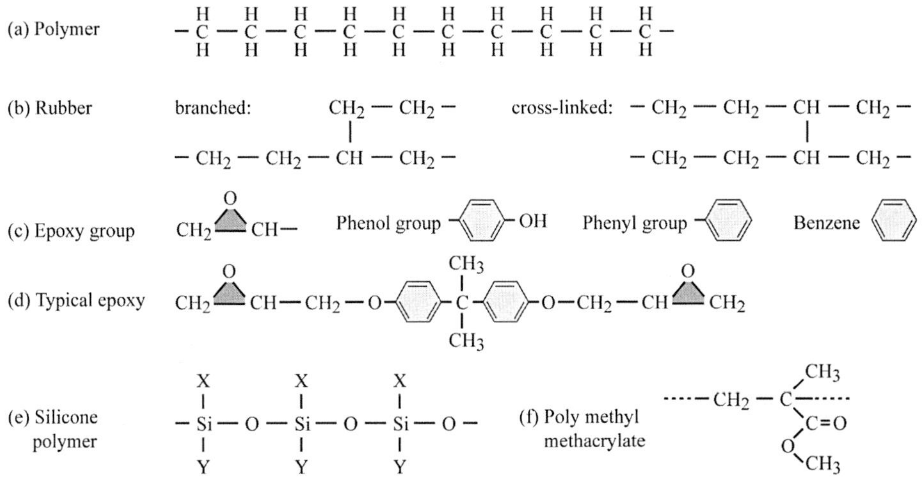

(a) Polymer —CH₂—CH₂—CH₂—CH₂—CH₂—CH₂—CH₂—CH₂—CH₂—CH₂—

(b) Rubber branched: $CH_2 — CH_2 —$ / $— CH_2 — CH_2 — CH — CH_2 —$ cross-linked: $— CH_2 — CH_2 — CH — CH_2 —$ / $— CH_2 — CH_2 — CH — CH_2 —$

(c) Epoxy group CH_2—O—$CH—$ Phenol group —C_6H_4—OH Phenyl group Benzene

(d) Typical epoxy CH_2—O—$CH—CH_2—O—C_6H_4—C(CH_3)_2—C_6H_4—O—CH_2—CH$—O—$CH_2$

(e) Silicone polymer $— Si(X)(Y) — O — Si(X)(Y) — O — Si(X)(Y) — O —$

(f) Poly methyl methacrylate $\cdots — CH_2 — C(CH_3)(C{=}O\text{—}O\text{—}CH_3) — \cdots$

그림 11.8 고분자의 화학구조. 에폭시수지, 실리콘 고분자, 그리고 PMMA는 LED 봉지재로 사용된다. 실리콘 구조에서 X와 Y는 H, CH_3(메틸), C_2H_5(페닐)과 같은 원자 또는 분자를 나타낸다.

다. 페놀그룹(-C_6H_4-OH)은 페닐그룹(-C_6H_5)에서 수소 원자 1개를 제거하고 수산기 그룹(-OH)으로 치환함으로써 합성된다. 페놀그룹은 수소 원자가 제거된 6개의 탄소링 C6H6인 잘 알려진 벤젠으로부터 유래한다. 열적 경화 공정에서 에폭시 그룹은 수지의 수산기 그룹(hydroxyl)과 함께 중합시킨다.

대표적인 봉지용 에폭시수지는 열적으로 경화되는 비스페놀 A(bisphenol-A)기반 또는 사이클로알패틱 에폭시드(cycloaliphatic epoxide)와 무수화물(anhydride)로 구성된 두 부분의 액체 시스템이다(Kumar 외, 2001). 에폭시수지 제작은 짧은 고온 경화를 필요로 한다. 두 부분은 화학양론적 특징을 가지고 있다. 많은 경화제 성분이 봉지재의 변색을 일으키는 동안에 수지가 많은 조성은 유리전이 온도를 낮추도록 유도한다. 에폭시수지의 굴절률은 거의 1.6이다. 투과도를 제외하고 에폭시수지는 좋은 기계적 특성과 좋은 열적 안정성을 가지고 있다는 것에 주목해야 한다. 그러나 최고 120도 온도에 장시간 노출된 에폭시는 변색이 일어나고 투과도가 떨어진다. 열경화(Thermo-setting) 에폭시수지 외에 추가적으로 자외선 경화와 마이크로 파장 경화 에폭시수지도 보고되었다(Kumar 외 2001; Gorczyk, 2001; Flick, 1993).

에폭시의 제한적인 열적 안전성을 극복하기 위해서 2000년대 초부터 실리콘 봉지재가 사용되고 있다. 실리콘은 에폭시보다 더 높은 약 190℃ 정도의 온도까지 열적으로 안정적이다. 더욱이 실리콘은 반도체 칩에서 기계적 응력을 감소시킬 수 있는 유연성이 있으며, 10년 동안 유연하다. 실리콘은 그림 11.8(e)에서 있는 것과 같은 기본적인 구조를 가진 고분자다. 실리콘은 Si과 O을 포함하고 있어 에폭시수지보다도 SiO_2와 비슷하다. 이러한 유사성은 실리콘 봉지재가 화학적 열적으로 안정적이고 에폭시수지처럼 초쉽게 투과도가 떨어지지 않는다는 것을 의미한다. SiO_2가 우수한 열적 화학적 안성성과 매우 높은 투과도를 가지고 있기 때문에 SiO_2와 같은 봉지재를 개발하는 것이 바람직할 것이다(Crivello, 2004). 한편 실리카는 실리콘이 갖고 있는 유연성은 없다.

폴리 메틸 메타크릴레이트(Poly methyl methacrylate) 즉 PMMA는 LED용으로 사용되는 일반적인 봉지재가 아니다. PMMA의 기본 단위인 메틸 메타크릴레이트(methyl methacrylate)의 화학적 구조는 그림 11.8(f)에 나타내었다. PMMA는 아크릴 유리로도 알려져 있고 플렉시글라스(Plexiglas)라는 상품명으로 알려졌다. 상대적으로 낮은 PMMA의 굴절률(500~600 nm 범위의 파장에서 $\bar{n}=1.49$)은 고굴절 반도체에 사용될 때 한정된 광 추출효율을 얻게 된다.

11.5 첨단 봉지재구조

다른 굴절률을 가진 몇 개의 층으로 구성된 경사굴절률 봉지재(Graded index encapsulants)는 2004년 Lee 그룹에 의해 보고되었다. 가장 큰 굴절률 층은 반도체 칩에 접하고 있다. 봉지재의 바깥층은 낮은 굴절률을 가지고 있다. 일정한 굴절률 가진 구조보다 더 향상된 추출효율은 경사굴절률 봉지재(refractive-index graded encapsulants)를 사용함으로써 달성할 수 있다.

무기물 확산재(mineral diffusers)를 포함한 봉지재는 빛을 반사, 굴절, 그리고 산란시킨다. 이 때문에 전파 방향을 무질서하게 하고 원거리장(far-field) 분포의 등방성을 갖게 한다. 다색소자(즉, 다중칩 백색 LED)의 경우, 무기물 확산재는 색분포를 균일하게 한다. 무기물 확산재는 봉지재의 굴절률과 다른 굴절률을 갖는 TiO_2, CaF_2, SiO_2, $CaCO_3$, $BaSO_4$와 같은 광학적으로 투명한 물질이다(Reeh 외, 2003).

고굴절률을 가진 나노 입자(예를 들면 titania, magnesia, yttria, zirconia, alumina, GaN, AlN, ZnO, ZnSe)를 포함한 봉지재는 1998년 Lester에 의해서 제안되었다. 기본 물질(일반적으로 고분자)에 박혀 있는 나노 입자는 그들이 균일하게 분포되거나 입자의 크기가 파장보다 매우 작다면 산란을 일으키지 않는다. 나노 입자가 들어 있는 봉지재의 굴절률은 다음과 같이 주어진다.

$$\bar{n} = \frac{\bar{n}_{host} V_{host} + \bar{n}_{nano} V_{nano}}{V_{host} + V_{nano}} \tag{11.1}$$

여기서, V_{host}와 V_{nano}은 기본 물질과 나노 입자의 부피를 각각 가리킨다. 높은 혼합비의 경우 봉지재 굴절률은 기본 물질의 굴절률을 크게 능가할 수 있다. 이 때문에 반도체 탈출 원뿔을 확대하고 광 추출효율을 증가시킨다.

참고문헌

Arik M., Petroski J., and Weaver S. "Thermal challenges in the future generation solid state lighting applications: light emitting diodes" *Eighth Intersociety Conference on Thermal and Thermomechanical Phenomena in Electronic Systems* (Cat. No.02CH37258) May 30–une 1 2002, p.113 (IEEE, Piscataway NJ, 2002)

Barton D. L., Osinski M., Perlin P., Helms C. J., and Berg N. H. "Life tests and failure mechanisms of GaN/AlGaN/InGaN light-emitting diodes" *Proc. SPIE* **3279**, 17 (1998)

Cho J., Samsung Advanced Institute of Technology, Suwon, Korea, personal communication (2005)

Crivello J. V., Rensselaer Polytechnic Institute, personal communication (2004)

Flick E. W. *Epoxy Resins, Curing Agents, Compounds, and Modifiers: An Industrial Guide* (Noyes Data Corporation/Noyes Publications, Park Ridge NJ, 1993)

Gorczyk J., Bogdal D., Pielichowski J., and Penczek P. "Synthesis of high molecular weight epoxy resins under microwave irradiation" *Fifth International Electronic Conference on Synthetic Organic Chemistry* (ECSOC-5), http://www.mdpi.org/ecsoc-5.htm, 1-30 (September 2001)

Krames M. R., Steigerwald D. A., Kish Jr. F. A., Rajkomar P., Wierer Jr. J. J., and Tan T. S. "III-nitride light-emitting device with increased light generating capability" US Patent 6,486,499 B1 (2002)

Krames M. R. "Overview of current status and recent progress of LED technology" *US Department of Energy Workshop "Solid State Lighting-Illuminating the Challenges"* Crystal City, VA, Nov. 13–4, 2003

Kumar R. N., Keem L. Y., Mang N. C., and Abubakar A. "Ultraviolet radiation curable epoxy resin encapsulant for light-emiting diodes" *4th International Conference on Mid-Infrared Optoelectronics Materials and Devices* (MIOMD) (2001)

LED Museum, http://ledmuseum.home.att.net/agilent.htm (2003)

Lee B. K., Goh K. S., Chin Y. L., and Tan C. W. "Light emitting diode with gradient index layering" US Patent 6,717,362 B1 (2004)

Lester S. D., Miller J. N., and Roitman D. B. "High refractive index package material and light emitting device encapsulated with such material" US Patent 5,777,433 (1998)

Lumileds Corporation *Luxeon reliability* Application Brief **AB25**, 11 (2004)

Reeh U., Hohn K., Stath N., Waitl G., Schlotter P., Schneider J., and Schmidt R. "Light-radiating semiconductor component with luminescence conversion element" US Patent 6,576,930 B2 (2003)

Sheu J.-K. "Group III–V element-based LED having ESD protection capacity" US Patent 6,593,597 B2 (2003)

Steigerwald D. A., Bhat J. C., Collins D., Fletcher R. M., Holcomb M. O.,

Ludowise M. J., Martin P. S., and Rudaz S. L. "Illumination with solid state lighting technology" *IEEE J. Sel. Top. Quantum Electron.* **8**, 310 (2002)

Voldman S. H. *ESD: Physics and Devices* (John Wiley and Sons, New York, 2004)

Wen T. C., Chang S. J., Lee C. T., Lai W. C., and Sheu J. K. "Nitride-based LEDs with modulationdoped AlGaN-GaN superlattice structures" *IEEE Trans. Electron Dev.* **51**, 1743 (2004)

Chapter 12 가시광 스펙트럼 LEDs

초기의 LED는 지시등과 같은 저휘도 응용부분에서만 제한적으로 사용되었다. 이 초기 응용분야에 있어서는 LED 효율과 전체적인 광출력은 크게 중요하지 않았었다. 그러나 최근 응용분야 중 하나인 교통신호 분야에서의 LED는 방출되는 빛이 밝은 태양하에서와 먼 거리에서 조차도 잘 보여야만 한다. 이런 응용분야에서 LED는 고효율 및 고휘도의 특성이 급격히 요구되고 있다.

본 장에서는 고휘도 LED뿐 아니라 저휘도 LED에 대해 설명할 것이다. GaAsP와 질소 도핑된 GaAsP LED는 단지 저휘도 응용분야에 적합하다. AlGaAs LED는 고휘도 응용분야뿐 아니라 저휘도 응용분야에 적합하다. AlGaInP와 GaInN LED는 고휘도 응용분야에 사용된다.

12.1 GaAsP, GaP, GaAsP:N와 GaP:N 물질계

$GaAs_{1-x}P_x$와 $GaAs_{1-x}P_x$:N 물질계는 적색, 오렌지색, 황색과 녹색 파장범위의 발광에 사용된다. GaAsP계는 GaAs 기판과 격자 불일치가 발생하여 상대적으로 낮은 내부 양자효율을 나타낸다. 따라서 GaAsP계 LED은 단지 저휘도 응용분야에 적합하다.

이런 $GaAs_{1-x}P_x$는 가시광 스펙트럼에 사용된 최초의 물질계 중 하나이다(Holonyak와 Bevacqua 1962; Holonyak 외 1963, 1966; Pilkuhn and Rupprecht 1965; Wolfe 외, 1965; Nuese 외 1966). GaAs 기판의 벌크성장은 1950년대에 시작되었고, LPE와 VPE에 의한 에피성장은 1960년대에 시작되었기 때문에 1960년대 초부터 GaAs 기판을 이용한 연구가 시작되었다. P가 GaAs에 첨가되므로 삼성분계 합금인 $GaAs_{1-x}P_x$(간단히, GaAsP)가 형성되었다. P의 첨가는 GaAs의 밴드갭을 증가시켜 870 nm의 적외선 발광을 가능하게 하였다. 가시광 파장영역은 대략 750 nm에서 시작되므로, 적은 양의 P는 가시광 스펙트럼의 발광소자를 얻기에 충분하다. 그러나 인간의 시감도는 가시광 스펙트럼의 경계부분에서 낮다는 사실을 인지해야 할 것이다.

GaAsP LED가 갖는 심각한 문제점은 GaAs 기판과 GaAsP 에피층 사이의 격자 불일치이다. GaAs와 GaP 사이에 약 3.6%의 격자 불일치가 존재하므로 GaAs 위에 성장된 GaAsP 박막은 임계 두께를 초과하였을 때 많은 불일치전위가 발생한다. 그러므로 GaAsP에서 P의 함량이 증가함에 의해 광효율은 실질적으로 감소한다. 따라서 GaAsP계 LED는 단지 저휘도 응용분야에 유용하다. GaAs 기판과 GaAsP 에피층 사이의 격자 불일치가 발광효율을 감소시킨다는 사실을 GaAsP 연구 초기에 알게 되었다. p-n 접합 활성층의 발광효율은 성장조건 중에 특히 GaAsP 완충층의 두께에 크게 의존한다는 사실 또한 밝혀졌다(Nuese 외, 1969). 두꺼운 완충층은 불일치전위의 소멸에 의해 전위밀도를 감소시킨다. 그러나 GaAs 기판만큼의 낮은 전위밀도를 얻을 수 없기 때문에 두꺼운 GaAsP 완충층 하에서도 박막 내 전위밀도는 상당히 높다.

GaAs, GaAsP와 GaP의 밴드구조를 그림 12.1에 나타내었다. 이 그림은 낮은 P의 몰분율에 대해 직접전이형 밴드갭을 갖는 반도체를 나타낸다. 직접-간접전이의 교차가 발생하는 45~50%의 P 몰분율영역 이상에서 이 반도체는 간접전이형 반도체로 되며 발광효율이 급격히 감소한다(Holonyak 외, 1963, 1966). GaP는 간접전이형 반도체이므로 효율적인 LED 제작하기 위한 물질로는 부적합하다.

GaAsP와 GaP LED는 종종 질소와 같은 등전자(isoelectronic) 불순물들을 도핑한다(Grimmeiss와 Scholz, 1964; Logan 외, 1967a, 1967b, 1971; Craford 외, 1972; Groves와 Epstein 1977; Groves 외 1978a, 1978b). 등전자 불순물들은 그림 12.1에 나타내었듯이 반도체의 금지대(forbidden gap) 내에 광학적으로 활성준위를 형성하여 이송자들이 질소준위를 통하여 발광 결합을 하게 한다.

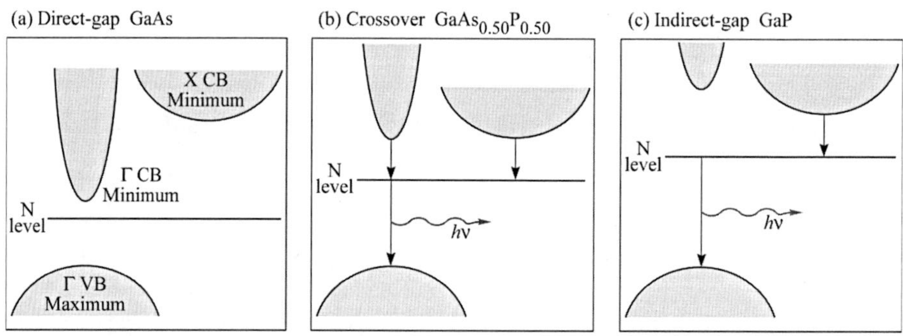

그림 12.1 GaAs, GaAsP와 GaP의 밴드구조 및 질소준위의 도식도. 45~50%의 P 몰분율에서 직접-간접전이형으로 교차가 발생한다.

등전자 도핑된 LED는 기초적인 관점에서 흥미롭다. 그들은 Heisenberg의 불확정성 원리가 최초로 실용화된 응용분야 중에 하나이다. 등전자수 불순물들은 공간 내에 강하게 구속된 전자의 파동함수를 갖는다(적은 Δx). 그러므로 이 파동함수는 운동량 공간에서는 제한되지 않는다(큰 Δp). 운동량 공간에서 준위가 제한되지 않기 때문에 발광을 나타내는 것들 중에 하나인 등전자 포획을 통하여 두 개의 수직전이들이 발생할 수 있다. 물리적으로 해석하면, 전도대의 간접 X 밸리(valley)로부터 가전자대의 중앙 Γ 밸리로 전자가 전이할 때 발생하는 운동량 변화는 등전자 불순물 원자에 의해 흡수된다는 것이다.

도핑되지 않은 GaAsP와 질소 도핑된 GaAsP의 발광파장을 그림 12.2에 나타내었다(Craford 외, 1972). 등전자 불순물인 질소가 도핑된 GaAsP와 GaP의 발광에너지는 반도체의 밴드갭 하부에 있다. 그림 12.2에서 발광에너지는 반도체의 밴드갭 하부쪽으로 대략 50~150 meV임을 나타내고 있다. 따라서 밴드 끝단(band-edge) 발광에 기초로 한 LED와 비교하였을 때 질소 도핑된 구조들에서 재흡수 효과는 더욱 약하다. 이는 등전자 불순물을 도핑한 LED의 큰 이점이다.

Groves 등(1978a, 1978b)은 활성층 영역에만 질소가 도핑되었을 경우, 이 장점이 명확하게 나타남을 확인하였다. 이 경우, p-n 접합면 영역과 접합면으로부터 이송자의 확산거리 내에 위치한 영역이 질소로 도핑되었다. 구속층 및 윈도우층과 같은 다른 영역의 층은 등전자 불순물로 도핑되지 않았기 때문에 등전자 불순물에 의한 빛의 재흡

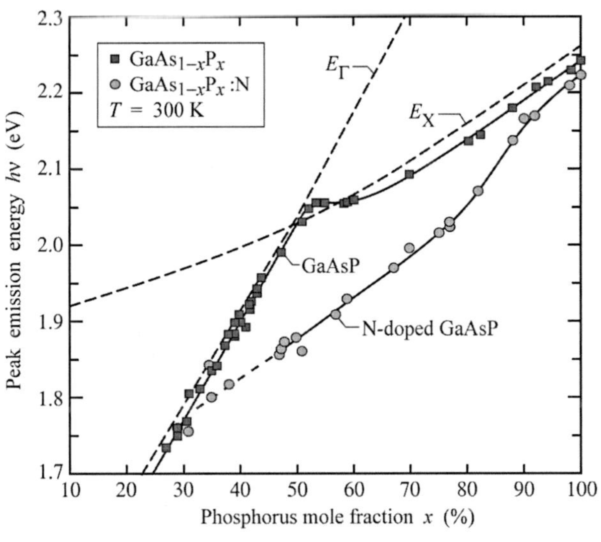

그림 12.2 5 A/cm^{2}의 전류밀도를 주입 시 도핑되지 않은 GaAsP와 질소 도핑된 GaAsP에 대한 상온 발광피크에너지 대 합금 조성. 직접-간접전이의 밴드갭을 나타냄. 직접-간접전이의 교차(E_Γ에서 Ex)는 약 x~50%에서 발생한다(Craford 외, 1972).

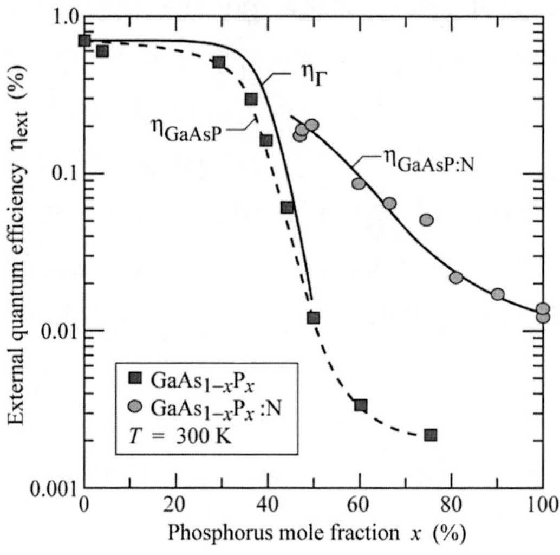

그림 12.3 도핑되지 않은 GaAsP와 N 도핑된 GaAsP의 실험적인 외부 양자효율 대 P 몰분율. 실선은 계산된 직접전이형 전이효율(η_Γ)과 계산된 질소 관련 전이효율(η_N)을 나타냄. $x>50\%$인 간접전이형 밴드갭 영역에서 질소와 관련된 효율이 직접형 밴드갭 효율보다 크다는 사실을 주목하자(Campbell, 외 1974).

수는 얇은 활성층 영역에 제한되었다. 질소 도핑이 활성층 영역에만 진행되었을 때 GaP:N LED에서 수 %의 양자효율이 얻어질 수 있다.

도핑되지 않은 GaAsP와 질소 도핑된 GaAsP의 외부 양자효율이 그림 12.3에 표시되었다(Campbell, 1974). 활성층 영역에만 질소가 도핑되었을 경우, 질소 도핑된 LED의 효율은 질소가 도핑되지 않은 GaAsP LED와 비교하였을 때 전체 조성영역에서 크게 향상되었다.

GaAsP LED 효율은 $x=40$~60% 조성영역에서 수백 배 이상으로 크게 감소함을 주목하자. 이 감소는 GaAsP에서 발생하는 직접-간접전이 교차와 더 높은 P 몰분율에서 발생되는 전위밀도의 증가에 기인한다. 75% P 몰분율에서 GaAsP 외부 양자효율은 단지 0.002%에 불과하다.

도핑되지 않은 GaAsP와 질소 도핑된 GaAsP의 발광파장에 따른 외부 양자효율을 그림 12.4에 나타내었다. 이 경우에도 활성층 영역에만 질소가 도핑되었다. 특히, 2~5배의 향상을 나타내는 오렌지색, 황색, 녹색 파장영역에서 질소 도핑된 GaAsP의 효율은 도핑되지 않은 GaAsP보다 더 크다. 적색 파장영역에서는 도핑되지 않은 GaAsP와 질소 도핑된 GaAsP LED는 유사한 효율을 갖는다.

도핑이 되지 않은 GaAsP와 질소 도핑된 GaAsP LED의 외부 양자효율의 비율을 그림 12.5에 나타내었다. 질소 도핑된 소자는 전체 조성범위에서 더 높은 효율을 나타내고 있음을 확인할 수 있다.

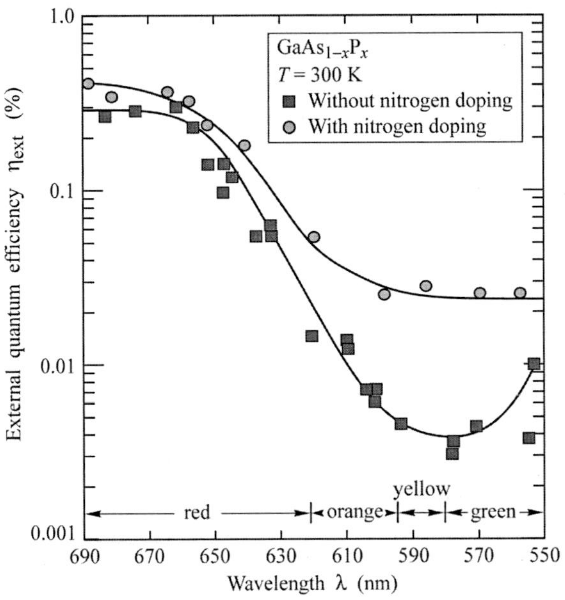

그림 12.4 도핑이 되지 않은 $GaAs_{1-x}P_x$와 질소 도핑된 $GaAs_{1-x}P_x$에서 발광파장에 따른 외부 양자효율을 나타낸다(Groves, 외 1978a, 1978b).

등전자 불순물 전이를 기초로 한 LED의 휘도는 질소의 한정된 용해도에 의해 제한된다. 예를 들어, GaP에 질소는 10^{20} cm^{-3}의 농도까지 도핑된다. 질소 준위를 경유하는 광학전이는 어떤 일정 수명시간을 갖기 때문에 최대 질소농도는 LED 효율이 감소되는 최대 전류를 제한한다.

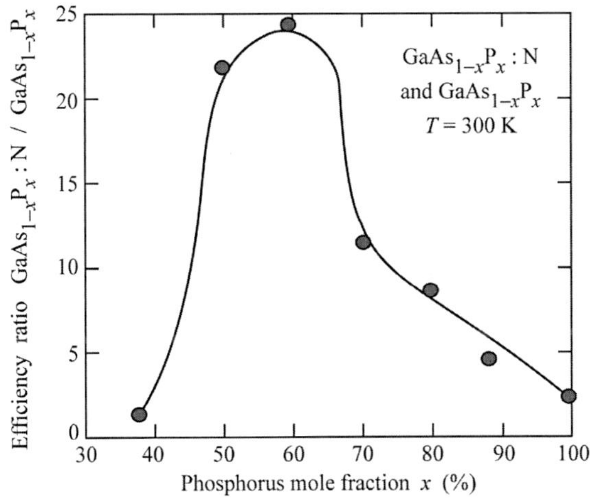

그림 12.5 300 K에서 도핑이 되지 않은 GaAsP와 질소 도핑된 GaAsP LED의 외부 양자효율 비(Groves 외, 1978a, 1978b).

상용화된 저휘도 녹색 LED는 질소 도핑된 GaP에 기초한다. GaP:N LED의 주요 응용분야는 지시 램프이다. 그러나 질소 도핑된 GaP LED는 태양광과 같은 밝은 분위기의 광 조건하에서 작동하는 고휘도 응용분야에 적합하지 않다.

12.2 The AlGaAs/GaAs 물질계

$Al_xGa_{1-x}As$/GaAs 물질계는 1970년대를 거쳐 1980년대 초에 개발되었고, 이는 고휘도 LED 응용분야에 적합한 최초의 물질계였다(Steranka, 1997 참조). Al(1.82Å)과 Ga(1.81Å)의 거의 동일한 원자 반경에 때문에 $Al_xGa_{1-x}As$(또는, 간단하게 AlGaAs) 물질계는 모든 Al 몰분율에 대해 GaAs와 격자가 일치한다. 이는 III-V족 화합물반도체의 삼성분계와 사성분계 합금의 에너지 갭과 격자상수를 나타내는 그림 12.6으로부터 $Al_xGa_{1-x}As$계는 Al 몰분율에 대한 격자상수의 낮은 의존성을 나타내고 있음을 확인할 수 있다(Tien, 1988).

Al 몰분율이 $x < 0.45$에 대하여 GaAs와 $Al_xGa_{1-x}As$는 직접전이형 반도체들이다. $Al_xGa_{1-x}As$ 대 Al 몰분율에 대한 에너지 갭을 그림 12.7에 나타내었다(Casey and Panish, 1978). $x < 45\%$인 Al 몰분율에 대해서 Γ 전도대 밸리는 최저값을 갖고 반도체는 직접전이형 에너지갭을 갖는다. $x > 45\%$에 대해서 X 밸리는 가장 낮은 전도대 최저점이고, 반도체

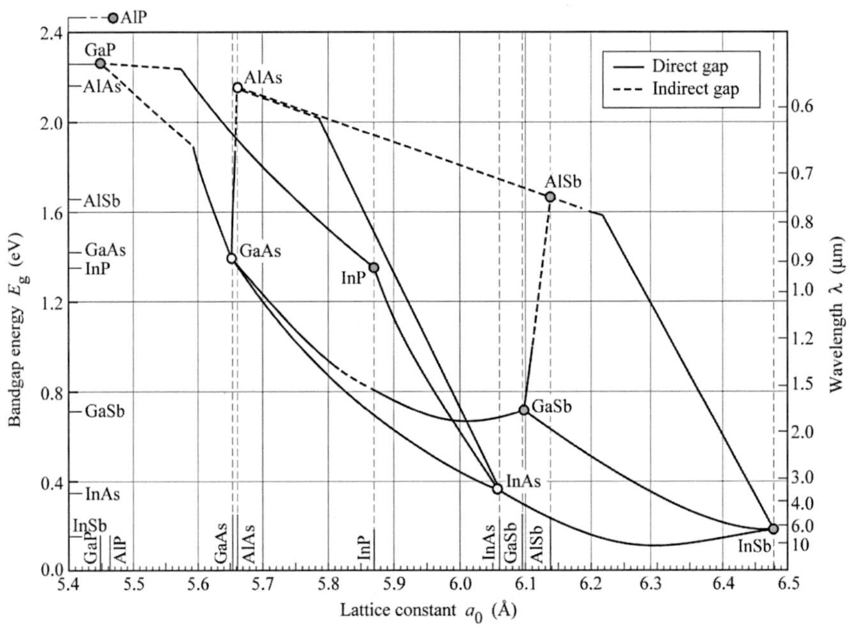

그림 12.6 상온에서 여러 III–V 반도체의 밴드갭 에너지와 격자상수(Tien, 1988).

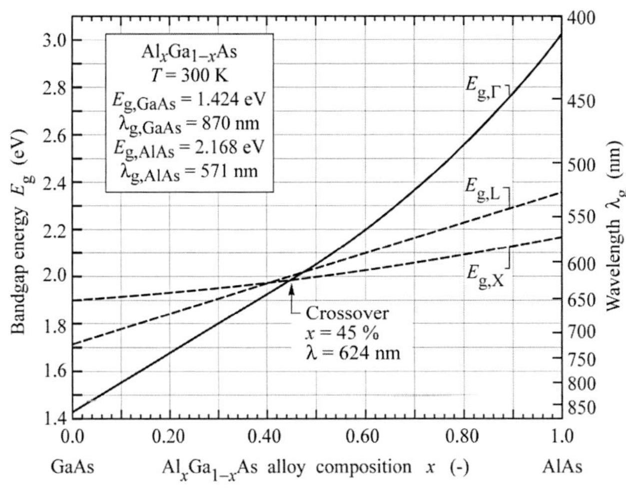

$E_{g,\Gamma}$ /eV = 1.424 + 1.247 x ($0 \le x \le 0.45$)
$E_{g,\Gamma}$ /eV = 1.424 + 1.247x + 1.147(x − 0.45) ($0.45 \le x \le 1.0$)
$E_{g,L}$ /eV = 1.708 + 0.642 x ($0 \le x \le 1.0$)
$E_{g,X}$ /eV = 1.900 + 0.125 x + 0.143 x^2 ($0 \le x \le 1.0$)

그림 12.7 상온에서 AlGaAs의 밴드갭 에너지와 발광파장. E_Γ는 Γ점에서 직접형 갭을 표시하고, E_L과 E_X는 Brillounin 영역의 L과 X점에서 간접전이형 갭을 각각 표시한다(Casey와 Panish, 1978).

는 간접전이형이 된다.

AlGaAs 물질계는 적색 파장영역에서 발광하는 고휘도 가시광 스펙트럼 LED에 적합하다. 직접-간접전이 교차는 621 nm의 파장에서 발생한다. 이 파장에서, AlGaAs계의 발광효율이 직접-간접전이에 의해 매우 낮다. 높은 효율을 유지하기 위해서 발광에너지는 직접-간접전이 교차점에서의 밴드갭 보다 수 kT 낮아야만 한다.

$Al_xGa_{1-x}As$ 벌크 활성층 영역, $Al_xGa_{1-x}As$/GaAs 양자우물 활성층 영역 및 $Al_xGa_{1-x}As$/$Al_yGa_{1-y}As$($x > y$) 이중 이종구조의 활성층 영역을 포함한 AlGaAs계 적색 LED에 대해 몇 가지 가능한 구조가 존재한다. 첫 번째 가능한 구조인 $Al_xGa_{1-x}As$ 벌크 활성층 영역에 있어서 이종구조의 장점이 없기 때문에 이 접근법은 고휘도 LED에서 사용되지 않는다. 두 번째로 가능한 다른 구조는 이종구조로 적용되기 때문에 더욱 흥미를 끈다. 양자우물과 이중 이종구조 활성층 영역은 고효율 적색 LED에서 사용되고 있고, 이 두 구조를 그림 12.8에 도식화하였다. 그림 12.8(a)에 나타낸 $Al_xGa_{1-x}As$/GaAs 양자우

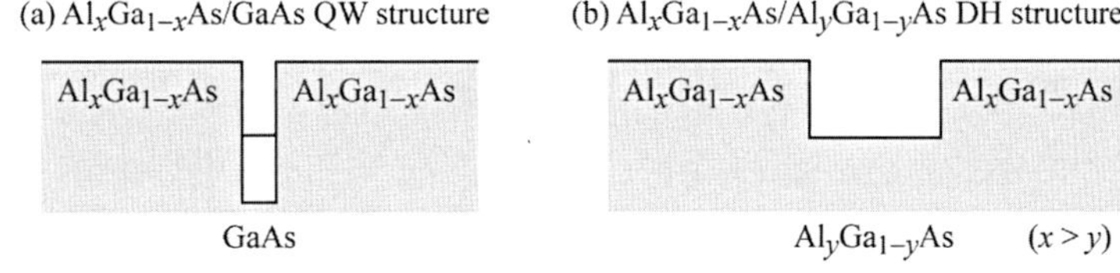

그림 12.8 가시광 스펙트럼의 적색영역에서 발광에 적합한 AlGaAs/GaAs 구조의 밴드다이어그램, (a) 얇은 GaAs 우물을 갖는 AlGaAs/GaAs 양자우물구조, (b) AlGaAs 활성층을 갖는 AlGaAs/AlGaAs 이중 이종구조(double heterostructure, DH).

물에 있어서 크기의 양자화는 발광에너지를 증가하기 위해 사용되었다. 그림 12.8(b)에 나타낸 $Al_xGa_{1-x}As/Al_yGa_{1-y}As$ 이중 이종구조의 경우에는 AlGaAs는 장벽층과 우물층 영역에 사용되었다. $Al_xGa_{1-x}As/GaAs$ 양자우물 활성층 영역의 단점은 $Al_xGa_{1-x}As$ 장벽층에 의해 쌓여진 얇은 GaAs 양자우물층이 필요하다는 것이다. 다중양자우물(multi-quantum well; MQW) 구조에서 수직이동은 장벽층이 매우 얇지 않다면, 다중양자우물 구조의 활성층 내의 이송자 분포가 균일하지 못할 수 있다. 따라서 $Al_xGa_{1-x}As/Al_yGa_{1-y}As$ 이중 이종구조의 접근법이 일반적으로 선호된다.

AlGaAs/GaAs LED는 동종구조, 단일 이종구조와 이중 이종구조로서 제작되고 있다(Nishizawa 외, 1983). 가장 높은 효율의 AlGaAs 적색 LED는 이중 이종구조 투명 기판(double-heterostructure transparent-substrate, DH-TS) 소자이다(Ishiguro 외, 1983; Steranka 외 1988; Ishimatsu and Okuno, 1989). AlGaAs DH-TS LEDs는 GaAs 기판 위에서 성장된다. 이 구조의 LED는 두껍고(예를 들어, 약 125 μm) $x > 60\%$인 Al 몰분율을 갖는 $Al_xGa_{1-x}As$ 하부 구속층, $Al_xGa_{1-x}As$ 활성층($x = 35\%$, 적색소자 경우) 및 두껍고(예를 들어, 125 μm) $x > 60\%$인 Al 몰분율을 갖는 $Al_xGa_{1-x}As$ 상부 구속층으로 구성된다. 적외선을 발광하는 소자의 경우, 활성층과 구속층의 Al 몰분율은 더 낮아질 수 있다. 에피성장 후에, 빛을 흡수하는 GaAs 기판은 폴리싱과 선택적 화학적 습식 식각에 의해 제거된다. AlGaAs DH-TS LED는 이중 이종구조 흡수기판(double-heterostructure absorbing-substrate, DH-AS) 소자 보다 2배 더 밝다(Steranka 외, 1988).

1980년대, AlGaAs DH-TS LED에 대한 선택 성장법은 액상 에피성장법(liquid-phase epitaxy, LPE)법이다. 이 성장법은 빠른 성장 속도로 매우 두껍고 높은 Al 조성을 갖는 고품질의 AlGaAs층의 성장을 가능하게 하였다. LPE법은 고생산성을 위해 확대될 수 있다(Ishiguro 외, 1983; Steranka 외, 1988; Ishimatsu와 Okuno, 1989). AlGaAs/GaAs DH-AS LED는 또한 MOCVD법에 의해 성장되었다(Bradley 외, 1986). 그러나 MOCVD법의 성장 속도은 LPE법의 성장 속도 보다 낮다. 따라서 DH-TS에 요구되는 두꺼운 층의 박막성장은 MOCVD법에서는 어렵다. 역사적으로 AlGaAs DH-TS LED는 밝은 휘도의 조건에서 명확히 볼 수 있어야만 하는 자동차 제동등 및 신호등과 같은 응용분야에 적합한 최초의 고휘도 LED이다.

AlGaAs소자의 신뢰성은 어떤 AlGaAs을 포함하지 않는 AlGaInP의 신뢰성보다 더 낮다는 사실이 알려졌다. 높은 Al 조성의 AlGaAs층은 산화와 부식되기 쉽기 때문에 소자의 수명이 낮다. Dallesasse 등(1990)은 AlGaAs/GaAs 이종구조가 가수분해에 의해 붕괴되는 현상을 보고하였다. 특히, 85% 정도의 높은 Al 조성을 갖는 두꺼운(>0.1 μm) AlGaAs층에 대하여 일반적인 환경조건에서 장시간 노출되었을 때 균열, 갈라짐 및 핀홀들이 관찰되었다. 하지만, 이 책의 저자는 매우 얇은(예를 들어, 20 nm) AlGaAs층이 심지어 100% Al 조성에 대해서도 안정함을 발견하였다. 그러나 일반적으로 AlGaAs층의 산화와 가수분해를 막을 수 있도록 밀봉 패키지(hermetic packaging)의 기술이 요구되고 있다. Steranka 등(1988)은 상용화된 AlGaAs 소자가 심각하게 퇴화되는 것을 발표하였다. 그러나 55℃에서 주입 전류 30 mA에서 가속화된 시효 자료는 1,000시간 동안 응력을 가한 후에도 전혀 열화되지 않음을 보였다. 이와 같은 실험 결과는 소자 제조와 패키지 공정의 탁월한 이해와 제어가 요구된다.

12.3 The AlGaInP/GaAs 물질계

AlGaInP 물질계는 1980년대 후반에서 1990년대 초에 개발되었고, 오늘날 가시광 스펙트럼인 적색, 오렌지색 및 황색 파장범위를 나타내는 장파장영역에서 발광하는 고휘도 LED에 있어서 매우 중요한 물질계이다. AlGaInP 물질계와 AlGaInP LED는 Stringfellow와 Craford(1997), Chen 등(1997)과 Kish와 Fletcher(1997)에 의해 연구되었다. Mueller (1999, 2000)와 Krames 등(2002)은 최근 더 많은 연구 성과들을 발표하였다.

그림 12.9는 에너지갭과 관련된 파장과 AlGaInP의 격자상수의 관계를 나타내었다 (Chen 외, 1997). AlGaInP는 GaAs와 격자가 일치될 수 있다. GaAs 격자에서 모든 As 원자를 더 작은 P 원자로 교체하고 GaAs 격자에서 Ga 원자들의 일부를 더 큰 In 원자로 교체하면 특정 조성인 $Ga_{0.5}In_{0.5}P$에서 GaAs와 격자가 일치한다. 또한, Al과 Ga은 매우 유사한 원자 반경을 갖기 때문에 $(Al_xGa_{1-x})_{0.5}In_{0.5}P$ 물질은 GaAs와 격자가 일치된다.

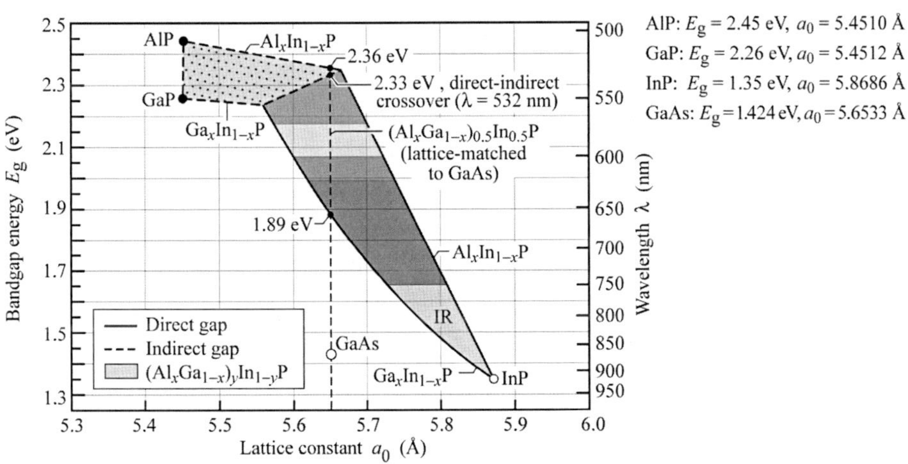

그림 12.9 300 K에서 밴드갭 에너지와 관련된 파장 대 $(Al_xGa_{1-x})_yIn_{1-y}P$의 격자상수. 수직 점선은 GaAs와 격자 일치된 $(Al_xGa_{1-x})_{0.5}In_{0.5}P$를 나타내고 있다(Chen 외, 1997).

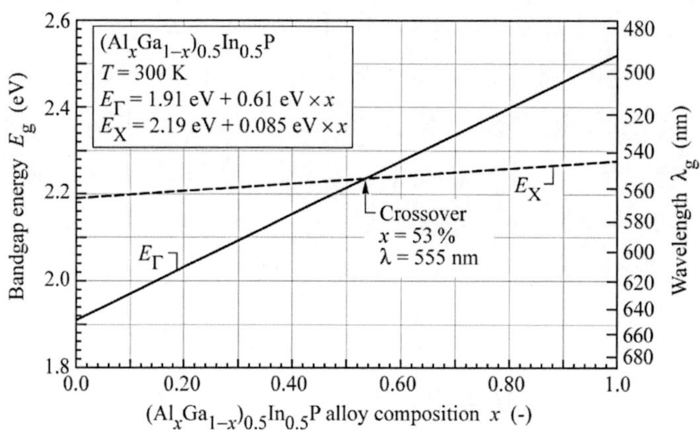

그림 12.10 상온에서 GaAs와 격자 일치된 AlGaInP의 밴드갭과 발광파장. E_Γ는 Γ점에서 직접전이형 갭을 표시하고, E_X는 Brillounin 영역의 X점에서 간접전이형 갭을 각각 표시한다(Prins 외, 1995와 Kish 및 Fletcher, 1997).

Chen 등(1997)에 따르면 $(Al_xGa_{1-x})_{0.5}In_{0.5}P$는 $x<0.5$일 때 직접전이형 밴드갭을 갖고, $x>0.5$일 때 간접전이형 밴드갭을 갖는다. $x=0.5$인 교차점에서 밴드갭 에너지는 2.33 eV이고, 이는 532 nm 파장과 같다. Kish와 Fletcher(1997)은 Prins 등(1995)의 결과를 인용하여 $(Al_xGa_{1-x})_{0.5}In_{0.5}P$는 $x<0.53$인 Al 몰분율에 대해 직접전이형 반도체라는 결론을 내렸다. 밴드갭 에너지 대 Al 몰분율을 그림 12.10에 나타내었다(Prins 외, 1995; Kish와 Fletcher, 1997). $x<53\%$인 Al 몰분율에서 Γ 전도대 밸리는 가장 낮은 최소값이며, 반도체는 직접전이형 밴드갭을 갖는다. $x>53\%$에 대해서는 X 밸리들이 가장 낮은 전도대의 최소점이고 반도체는 간접전이형이 된다. 직접-간접전이 교차점에

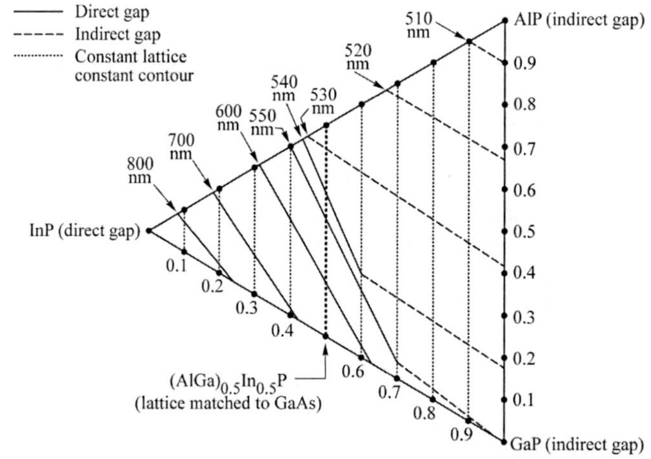

그림 12.11 AlGaInP 물질계의 일정 격자상수 등고선(수직선)과 일정 발광 등고선(Chen 외, 1997).

서 발광파장은 대략 555 nm이다. 교차점에서 발광하는 정확한 파장은 어떤 물질에 존재하는 원자 정렬(ordering) 정도에 의존할 것이다(Kish와 Fletcher, 1997).

AlGaInP 물질계의 격자상수와 밴드갭을 등고선 표시를 사용하여 그림 12.11에 나타내었다(Chen 외, 1997). 그림 12.11에 표시된 밴드갭 에너지 값과 직접-간접전이 교차점의 조성이 AlGaInP에서 원자 정렬에 의해 그림 12.10에서 보여준 자료와는 약간 다르게 나타났다. 이는 원자 정렬이 밴드갭 에너지를 190 meV까지 낮출 수 있기 때문이다(Kish와 Fletcher, 1997).

AlGaInP 물질계는 적색, 오렌지색, 황색, 노란색 파장범위에서 발광하는 고휘도 가시광 스펙트럼 LED에 적합하다. 직접-간접 교차점에서 AlGaInP계의 발광효율은 직집-간접전이에 기인하여 매우 낮다. 높은 효율을 유지하기 위해서 발광에너지는 직접-간접전이 교차점에서 밴드갭 에너지 보다 수 kT만큼 더 적어야만 한다.

12.4 GaInN 물질계

GaInN 물질계는 1990년대 초에 개발되었다. 청색과 녹색 파장범위에서 발광하는 GaInN LED는 1990년 후반에 상용화되었다. 최근, 고휘도 청색과 녹색 LED로 각광을 받고 있는 물질계는 GaInN계이다. Nakamura와 Fasol(1997) 및 Strite와 Morkoc(1992)는 GaInN 물질계와 GaInN LED소자에 대해 세부적으로 정리하였다.

GaInN 물질계의 가장 놀란 만한 특징들 중에 하나는 GaInN/GaN 에피층에 매우 높은 관통전위밀도가 존재함에도 불구하고 높은 발광효율을 나타낸다는 것이다. 일반적으로 이들 물질의 기판으로 사용되는 사파이어 및 SiC 기판과 GaN 및 GaInN 에피층 사이의 격자 불일치에 기인하여 많은 관통전위들이 발생한다. 일반적으로 사파이어 기판 위에 성장된 GaN 에피층의 관통전위의 밀도는 10^7~$10^9 cm^{-2}$ 범위에 있다.

III-V족 비소화물과 III-V족 인화물계에서는 불일치전위들은 발광효율에 있어서 효율 저하를 나타내고 있다. 하지만, GaInN 물질계에서 그런 낮은 발광효율 감소가 나타나지 않는 사실은 아직까지 완전히 이해되지 않고 있다. 이 사실은 정공의 짧은 확산 거리와 GaN과 GaInN에서 전위의 낮은 전기적 활성화도가 높은 발광효율을 나타내는 이유라고 믿고 있다.

또한, GaInN에서 In 조성의 요동이 이송자가 포텐셜 최소영역에 제한되어 이송자가 전위에 도달하지 못하게 한다는 가설이 있다. 포텐셜 최소영역에 구속된 이송자가 발광 재결합을 할 것이다. GaInN의 높은 발광효율의 물리적 기구가 아직까지 확실하게 이해되고 있지 않음에도 불구하고, 질화물계의 광학적 특성들은 III-V족 비소화물과 인화물계의 광학적 특성보다 전위에 의한 영향을 훨씬 덜 받는다는 것은 확실하다.

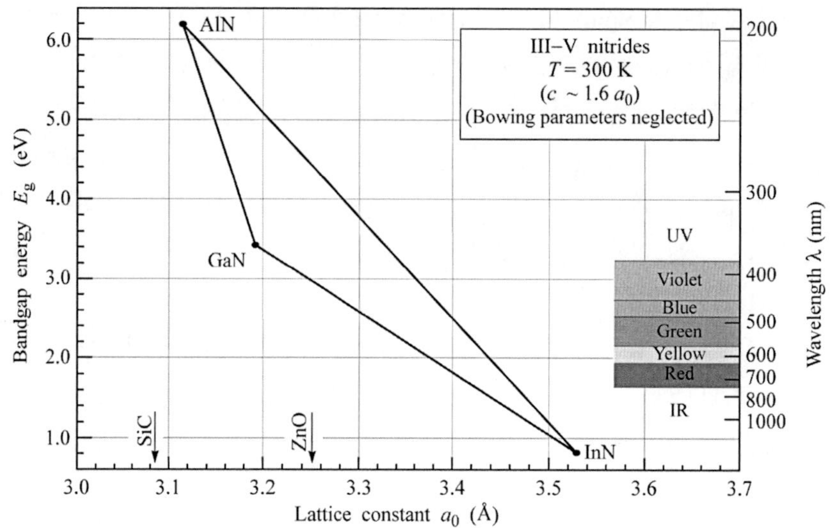

그림 12.12 상온에서 III–V 질화물반도체의 밴드갭 에너지 대 격자상수.

그림 12.12는 질화물계 반도체의 밴드갭 에너지 대 격자상수를 나타내었다. 이 그림으로부터 이론적으로 GaInN는 전체 가시광 스펙트럼을 포함하는데 적합한 물질임을 알 수 있다. 그러나 In 조성이 증가함에 따라서 성장표면으로부터 In의 재증발 현상에 발생하기 때문에 고품질 GaInN의 성장이 더욱 더 어렵다. 따라서 현재 GaInN 물질계는 자외선, 청색, 녹색 LED에만 사용되고, 더 장파장에 대해서는 좀처럼 사용되지 못하고 있다.

2002년 이전에는 InN 밴드갭 에너지에 대해 일반적으로 수용되는 값은 1.9 eV였다. 그러나 Wu 등(2002a, 2002b)은 발광측정을 사용하여 InN의 밴드갭이 더 낮은 값인 0.7~0.8eV 사이임을 확인하였다. 또한, 이 발광측정으로부터 InN 밴드갭이 온도 증가에 따라 비정상적으로 발광파장이 짧아지는 것을 확인하였다.

12.5 고휘도 LED의 일반적인 특성

가시광 스펙트럼 LED의 발광효율의 향상은 실로 놀랄만하였다. Si IC 반도체의 성능 향상에 따른 소자 개발시간에 대한 무어의 법칙과 LED 효율의 향상 속도가 비교될 정도로 빠른 진보가 이루어졌다. 이 무어의 법칙은 Si IC의 성능이 18개월마다 대략 2배로 향상된다는 것을 나타낸다.

가시광 스펙트럼 LED의 발광효율의 역사적 발전을 그림 12.13에 표시하였다(Craford, 1997, 1999). 이 그림은 1960년에 연구가 시작된 초기 단계에서는 가시광 스펙트럼 LED

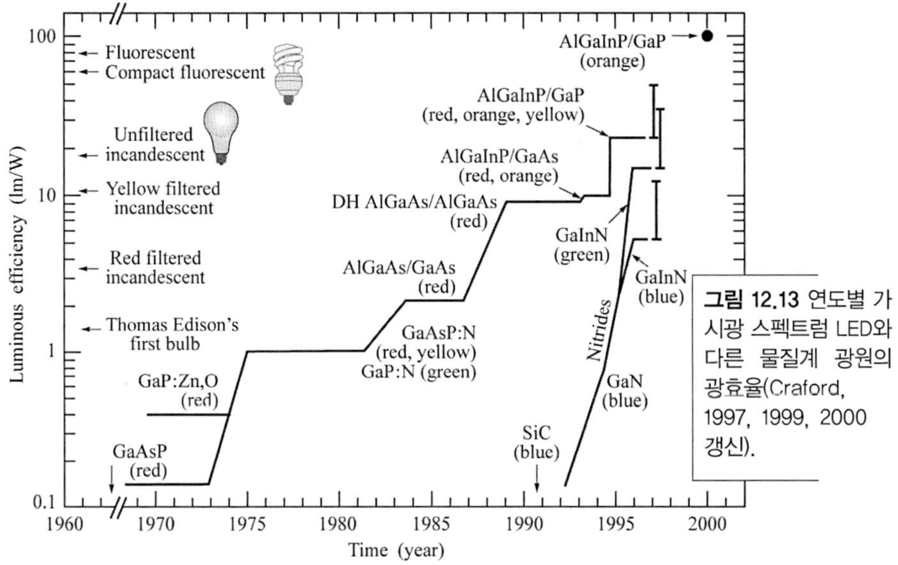

그림 12.13 연도별 가시광 스펙트럼 LED와 다른 물질계 광원의 광효율(Craford, 1997, 1999, 2000 갱신).

기술의 발전 속도는 크지 않은 것을 나타내고 있다. 하지만, 1960년대에서 2000년까지 LED의 발전이 연속적이었다고 가정한다면, LED의 발광효율은 4년마다 2배로 향상되고 있다. 또한, 이 그림에 표시된 여러 LED들에 대해 특성을 다음과 같이 요약하였다.

- GaAs 기판 위에 성장된 GaAsP LED. GaAsP/GaAs 물질계는 격자 불일치가 존재하기 때문에 많은 불일치전위가 GaAsP 에피층에 발생한다. 따라서 이 LED들은 낮은 발광효율을 갖는다(단지 0.1 lm/W 수준). 하지만, 적색 GaAsP LED는 간단한 에피성장법과 낮은 제조 단가에 의해 인하여 여전히 제작되고 있음.
- 발광 재결합 센터가 도핑된 GaP LED. 순수한 GaP는 간접전이형 반도체이기 때문에 낮은 발광효율을 갖는다. 그러나 N 또는 Zn와 O을 동시 도핑과 같은 등전자 불순물을 도핑을 하였을 때 적색과 녹색 스펙트럼 영역에서 이들 불순물 센터를 경유하여 발광전이가 발생함.
- 적색에서 발광하는 N 도핑된 GaAsP/GaAs LED. 많은 불일치전위에 기인하여 낮은 효율을 갖는 불일치 물질계임.
- 적색에서 발광하는 AlGaAs/GaAs LEDs. 이 LED들은 GaAs 양자우물 활성층이 사용됨.
- AlGaAs 활성층과 AlGaAs 장벽층을 사용하여 적색영역에서 발광하는 AlGaAs/AlGaAs 이중 이종구조 LEDs임.
- AlGaInP/GaAs LED는 흡수 GaAs 기판을 사용함.
- AlGaInP/GaP LED는 웨이퍼 결합된 투명 GaP 기판을 갖음.

- 이 그림은 역-피라미드 형태의 다이를 갖는 AlGaInP/GaP LED 사용하여 100 lm/W를 초과하는 효율을 갖는 LED를 보고한 Krames 등(1999)의 연구 결과를 포함함.
- GaInN LED는 청색과 녹색 파장범위에서 발광함.

그림 12.13은 에디슨의 최초 전구(1.4 lm/W)와 적색/노란색 필터를 갖는 백열 램프를 포함한 기존의 광원의 발광효율을 나타내었다. 이 그림에서 LED가 필터를 갖는 적색과 노란색 백열 광원을 크게 능가함을 알 수 있다.

파장에 따른 고휘도 LED와 저가의 LED의 발광효율을 그림 12.14에 나타내었다(United Epitaxy Corp., 1999). 이를 통하여 황색(590 nm)과 오렌지색(605 nm) AlGaInP와 녹색(525 nm) GaInN LED는 높은 발광효율소자임을 확인할 수 있다.

호박색과 오렌지색 AlGaInP LED는 우수한 발광효율을 나타내는데 이는 이 파장 범위에서 시 감도가 높기 때문이다. 최대 시감도는 녹색파장의 범위인 555 nm에서 발생함을 주목하자. 따라서 이 파장에서 발광하는 녹색 LED는 다른 파장에서 발광하는 동일 광출력을 갖는 LED보다 더 밝게 보인다.

녹색 GaInN LED와 비교하였을 때 상대적으로 높은 발광효율과 낮은 제작비용 때문에 호박색 AlGaInP LED는 고휘도 및 저전력 소모를 요구하는 도로 신호등 분야에 사용된다. 1980년대의 교통 신호등은 전력 소모형 백열 램프에 의해 제작되었지만, 오늘날 교통 신호등는 태양전지와 축전지에 의해 에너지를 공급받는 에너지 절약형 호박색 LED를 사용하고 있다.

그림 12.13과 12.14는 매우 낮은 발광효율을 갖는 GaAsP 및 GaP:N와 같은 저출력,

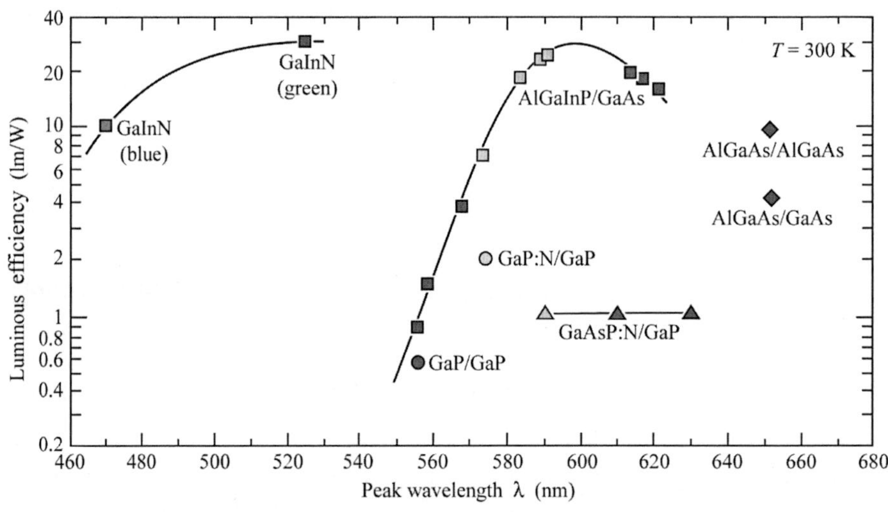

그림 12.14 III-V족 인화물, 비소화물 및 질화물계로부터 얻어진 가시광 LED의 발광효율의 개략도 (United Epitaxy Corporation, 1999).

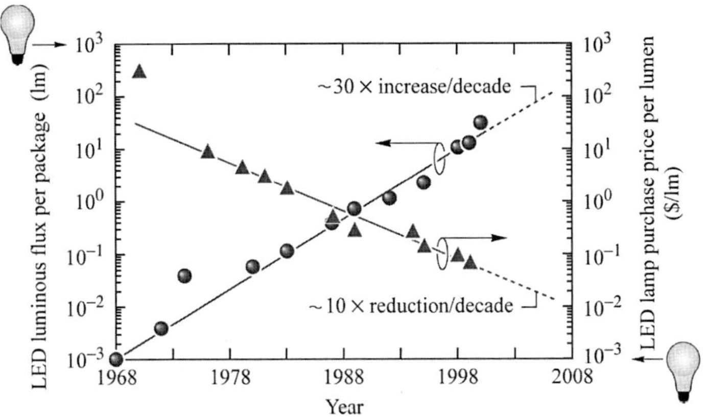

그림 12.15 패키지당 LED 광선속와 연도별 루멘당 LED 램프의 구매 가격. 또한, 17 lm/W 발광효율을 갖는 60 W 텅스텐-필라멘트 전구에 대한 가치와 대략 1US$를 갖는 1000 lm의 광선속을 나타낸다 (Krames 외, 2000).

저가의 LED를 나타내고 있다. 이 LED들은 일반적으로 낮은 양자효율 나타내기 때문에 고휘도 응용분야에 적합하지 않다. GaAsP LED들은 GaAs 기판과 격자가 불일치하므로 결함 발생에 의한 낮은 내부효율을 갖는다. 또한, GaP:N LED는 발광전이의 질소-불순물에 의한 기본적 특성에 기인하여 낮은 효율을 갖는다.

LED의 발광효율뿐 아니라 전체 출력은 많은 응용분야 중 특히 높은 광선속(luminous flux)을 요구하는 응용분야에서 더욱 중요하다. 예를 들어, 신호계, 교통 신호등 및 조명 분야의 경우일 것이다. 백열등과 같은 전통적인 광원은 높은 광출력을 공급하기 위해 쉽게 확장될 수 있는 반면에 개별 LED들은 낮은 출력소자이다. 루멘으로 측정된 LED 패키지당 광선속의 발전이 그림 12.15에 표시되었다(Krames 외, 2000). 이 그림은 패키지당 광선속는 지난 30년 동안 약 4배 증가하였다.

비교를 위하여 그림 12.15는 패키지당 LED의 광선속과 1000 lm 광선속을 갖는 60 W 백열전구의 대략적인 구매가격을 연도별로 나타내었다. 이는 LED를 일반적인 조명 시장으로 진입할 수 있도록 지속적인 성능 발전과 낮은 제조가격이 요구됨을 나타내고 있다. 그림에 표시한 가격은 단지 램프의 구매가격이고 램프의 수명을 고려하여 사용되는 전력에 대한 비용을 포함하지 않은 것을 주목해야 한다. 백열전구를 작동하는데 요구되는 전력 비용은 램프의 구매가격보다 훨씬 크므로 효율적인 광원은 초기 구매가격이 높다하더라도 백열 광원에 대한 가격적인 장점을 가질 수 있기 때문이다.

12.6 고휘도 LED의 광학적 특성

적색 AlGaInP와 녹색 및 청색 GaInN LED의 광학적 발광 스펙트럼을 그림 12.16에

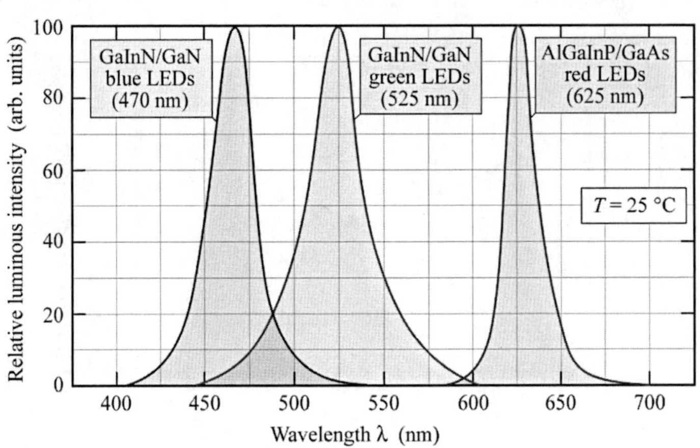

그림 12.16 상온에서의 GaInN/GaN 청색, GaInN/GaN 녹색 및 AlGaInP/GaAs 적색 LED의 일반적인 발광 스펙트럼(Toyoda Gosei Corp., 2000).

표시하였다(Toyoda Gosei, 2000). 발광 스펙트럼의 비교를 통하여 녹색 LED가 청색 및 적색 LED 보다 더 넓은 발광 스펙트럼을 갖는다는 것을 알 수 있다. 이는 높은 In 조성을 갖는 GaInN 박막을 성장 시 발생하는 In 조성의 불균일성에 기인될 수 있다. 고농도의 In 클러스터 또는 양자점 등이 특히 높은 In 조성을 갖는 GaInN의 성장 중에 형성되는 것이 확인되었다. 이런 In 클러스터의 형성은 성장 조건에 매우 민감하다는 사실은 아주 잘 알려졌다.

그림 12.16에서 보여주는 모든 LED는 반도체 합금(semiconductor alloy)으로 구성된 활성층 영역을 갖는다. 활성층 물질의 화학적 조성의 임의의 요동에 기인하여 발광 밴드가 열적으로 확장되는 합금 퍼짐(alloy-broadening) 현상은 발광 밴드에 의해 예측

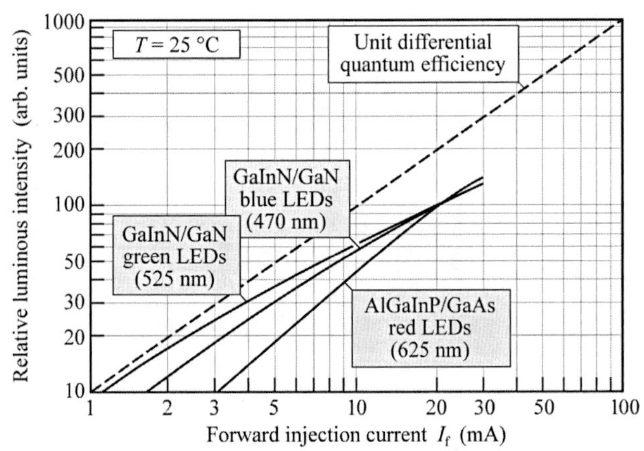

그림 12.17 상온에서 GaInN/GaN 청색, GaInN/GaN 녹색 및 AlGaInP/GaAs 적색 LED의 주입 전류에 따른 광출력(Toyoda Gosei Corp., 2000).

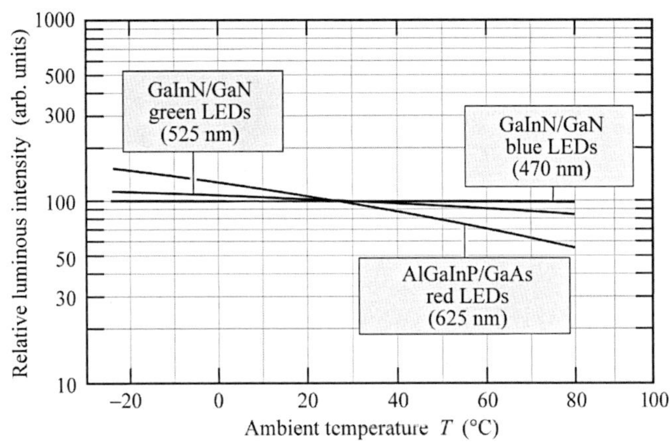

그림 12.18 분위기 온도에 따른 GaInN/GaN 청색, GaInN/GaN 녹색 및 AlGaInP/GaAs 적색 LED의 일반적인 광출력 세기(Toyoda Gosei Corp., 2000).

되는 $1.8\,kT$의 선폭 이상으로 스펙트럼을 확장시킨다.

주입 전류에 따른 광출력을 그림 12.17에 나타내었다. 미분양자효율 단위를 갖는 기울기의 선형 의존성은 이상적인 LED의 광-전류 곡선으로 예상할 수 있다. 단위 기울기선은 그림 12.17에서 점선으로 표시되었다. 고성능의 AlGaInP LED는 단위 기울기선을 매우 잘 따른다. 그러나 녹색 LED는 높은 In 조성을 갖는 GaInN 물질계의 낮은 성숙도에 기인하여 단위 미분양자효율 기울기로부터 큰 변위를 갖는다.

광학적 발광 세기의 온도 의존성을 그림 12.18에 나타내었다. 이 그림은 질화물 다이오드가 AlGaInP LED보다 훨씬 낮은 온도 의존성을 가짐을 나타낸다. 질화물계 LED 소자의 낮은 온도 의존성은 2가지 요소에 의해 설명될 수 있다. 첫 번째는 다른 III-V족 물질계보다 질화물계에서는 활성층-구속장벽층 사이의 밴드갭의 차이가 더 크다. 따라서 GaInN 활성층에서 이송자는 아주 잘 구속될 수 있다. 그러므로 GaInN LED에서 활성층에서 빠져나가는 이송자의 누설 현상과 이송자 넘침 현상은 적게 나타난다. 두 번째는 AlGaInP는 약 555 nm에서 밴드갭의 직접-간접전이를 갖는다. 높은 온도에서 간접 밸리가 크게 증가되므로 발광효율이 감소된다.

12.7 고휘도 LED의 전기적 특성

GaInN/GaN 청색, GaInN/GaN 녹색 및 AlGaInP/GaAs 적색 LED의 순전류-전압(I-V) 특성을 그림 12.19에 나타내었다. 순방향 턴온(turn-on)전압은 발광에너지에 따라 증가하는데 이는 LED소자에 있어서 일반적인 특성이다. 녹색 LED($V_{f,green}=2.65$ V)의 1 mA에서 순전압은 심지어 청색과 녹색 LED의 발광에너지가 아주 다름($\lambda_{blue}=$

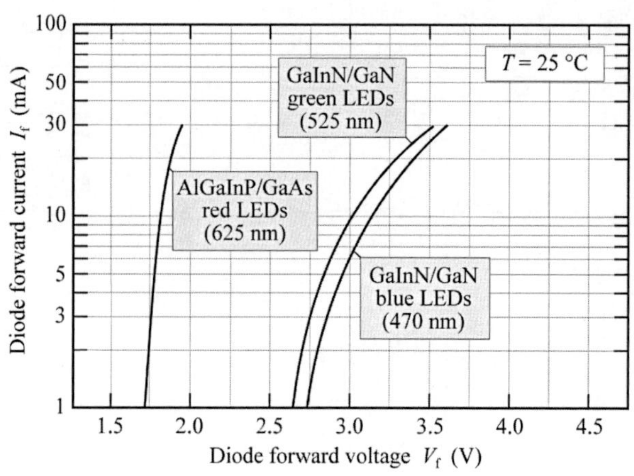

그림 12.19 상온에서 GaInN/GaN 청색, GaInN/GaN 녹색 및 AlGaInP/GaAs 적색 LED의 일반적인 순전류-전압(I-V) 특성(Toyoda Gosei Corp., 2000).

470 nm, $h\nu_{blue}=2.64$ eV; $\lambda_{green}=525$ nm, $h\nu_{green}=2.36$ eV)에도 불구하고 청색 LED($V_{f,blue}=2.75$ V)와 아주 유사함을 나타낸다. 순전압의 작은 차이는 GaN 장벽층으로부터 GaInN 활성층으로 이송자가 주입될 때 포논 방출에 의해 이송자가 에너지를 잃을 수 있음을 나타낸다. 녹색 LED에서 In이 더 많은 활성층 영역으로 주입될 때 이송자는 GaN 장벽층에서 더 많은 에너지를 잃는다. 따라서 포논 방출에 의해 발산되는 에너지는 LED에 인가된 외부 전압에 의해 공급된다.

다이오드 직렬 저항은 I-V 특성의 기울기로부터 유추될 수 있다. 청색과 녹색 다이오드는 적색 AlGaInP 다이오드보다 더 높은 직렬 저항을 갖는다. GaInN LED에서 더 큰 저항은 사파이어 기판 위에 성장된 소자에 있어서 n형 완충층에서의 측면 저항, 질화물계에서 발생하는 강한 극성 효과, 클래딩층에서 낮은 p형 전도도 및 높은 p형 접

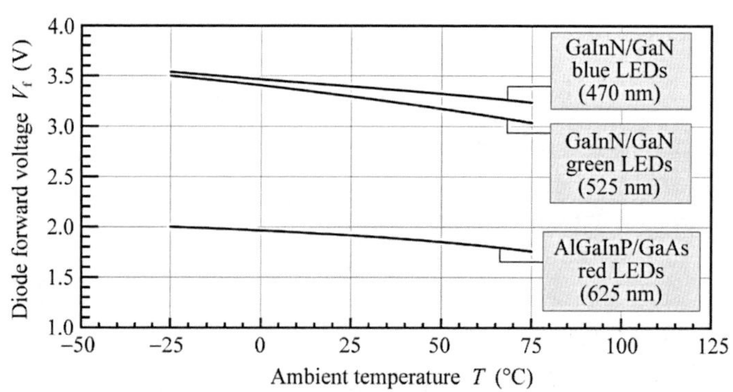

그림 12.20 GaInN/GaN 청색, GaInN/GaN 녹색 및 AlGaInP/GaAs 적색 LED에서 30 mA의 주입 전류를 인가 시 온도에 변화 따른 일반적인 순전압(Toyoda Gosei Corp., 2000).

촉 저항 등의 몇 가지 요소에 설명될 수 있다. 낮은 p형 전도도는 GaN과 GaInN에서 억셉터의 높은 활성화에너지(약 200 meV)에 의해 단지 억셉터의 적은 부분만이 활성화되기 때문이다.

주입 전류 30 mA에서 여러 LED 소자의 순전압의 온도 의존성을 그림 12.20에 나타내었다. 모든 다이오드에서 순전압은 온도가 증가함에 따라서 감소된다. 순전압의 감소는 밴드갭 에너지의 감소에 기인한다. 또한, 청색 및 녹색 GaInN 다이오드에서 낮은 순전압은 온도가 증가함에 따라서 직렬 저항이 감소하기 때문이다. 이 저항 감소는 온도 증가에 따라 억셉터의 활성화를 증가하여 p형 GaN과 GaInN층의 전도도를 향상했기 때문이다.

참고문헌

Bradley R. R., Ash R. M., Forbes N. W., Griffiths R. J. M., Jebb D. P., and Shepard H. E. "Metalorganic chemical vapor deposition of junction isolated GaAlAs/GaAs LED structures" *J. Cryst. Growth* **77**, 629 (1986)

Campbell J. C., Holonyak Jr. N., Craford M. G., and Keune D. L. "Band structure enhancement and optimization of radiative recombination in GaAsP (and InGaP:N)" *J. Appl. Phys.* **45**, 4543 (1974)

Casey Jr. H. C. and Panish M. B. *Heterostructure Lasers, Part A* and *Heterostructure Lasers, Part B* (Academic Press, San Diego, 1978)

Chen C. H., Stockman S. A., Peanasky M. J., and Kuo C. P. "OMVPE growth of AlGaInP for highefficiency visible light-emitting diodes" in *High Brightness Light Emitting Diodes* edited by G. B. Stringfellow and M. G. Craford, *Semiconductors and Semimetals* **48**, (Academic Press, San Diego, 1997)

Craford M. G., Shaw R. W., Herzog A. H., and Groves W. O. "Radiative recombination mechanisms in GaAsP diodes with and without nitrogen doping" *J. Appl. Phys.* **43**, 4075 (1972)

Craford M. G. "Overview of device issues in high-brightness light-emitting diodes" in *High Brightness Light Emitting Diodes* edited by G. B. Stringfellow and M. G. Craford, *Semiconductors and Semimetals* **48** (Academic Press, San Diego, 1997)

Craford M. G. "The bright future of light-emitting diodes" Plenary talk on light emitting diodes at the MRS Fall Meeting, Boston Massachusetts December (1999)

Dallesasse J. M., El-Zein N., Holonyak Jr. N., Hsieh K. C., Burnham R. D., and Dupuis R. D. "Environmental degradation of AlGaAs–aAs quantum-well heterostructures" *J. Appl. Phys.* **68**, 2235 (1990)

Grimmeiss H. G. and Scholz H. "Efficiency of recombination radiation in GaP" *Phys. Lett.* **8**, 233 (1964)

Groves W. O. and Epstein A. S. "Epitaxial deposition of III– compounds containing isoelectronic impurities" US Patent 4,001,056 (1977)

Groves W. O., Herzog A. H., and Craford M. G. "Process for the preparation of electroluminescent III–V materials containing isoelectronic impurities" US Patent Re. 29,648 (1978a)

Groves W. O., Herzog A. H., and Craford M. G. "GaAsP electroluminescent device doped with isoelectronic impurities" US Patent Re. 29,845 (1978b)

Holonyak Jr. N. and Bevacqua S. F. "Coherent (visible) light emission from Ga(AsP) junctions" *Appl. Phys. Lett.* **1**, 82 (1962)

Holonyak Jr. N., Bevacqua S. F., Bielan C. V., and Lubowski S. J. "The "direct–ndirect" transition in Ga(AsP) p-n junctions," *Appl. Phys. Lett.* **3**, 47 (1963)

Holonyak Jr. N., Nuese C. J., Sirkis M. D., and Stillman G. E., "Effect of donor impurities on the direct-indirect transition in Ga(AsP)" *Appl. Phys. Lett.* **8**, 83 (1966)

Ishiguro H., Sawa K., Nagao S., Yamanaka H., and Koike S. "High efficient GaAlAs light emitting diodes of 660 nm with double heterostructure on a GaAlAs substrate" *Appl. Phys. Lett.* **43**, 1034 (1983)

Ishimatsu S. and Okuno Y. "High efficiency GaAlAs LED" *Optoelectron. Dev. Technol.* **4**, 21 (1989)

Kish F. A. and Fletcher R. M. "AlGaInP light-emitting diodes" in *High Brightness Light Emitting Diodes* edited by G. B. Stringfellow and M. G. Craford, *Semiconductors and Semimetals* 48 (Academic Press, San Diego, 1997)

Krames M. R. et al., "High-power truncated-inverted-pyramid $(Al_xGa_{1-x})_{0.5}In_{0.5}P$/GaP light emitting diodes exhibiting > 50% external quantum efficiency" *Appl. Phys. Lett.* **75**, 2365 (1999)

Krames M. R. et al., "High-brightness AlGaInN light emitting diodes" *Proc. SPIE* **3938**, 2 (2000)

Krames M. R., Amano H., Brown J. J., and Heremans P. L. "High-efficiency light-emitting diodes" Special Issue of *IEEE J. Sel. Top. Quantum Electron.* **8**, 185 (2002)

Logan R. A., White H. G., and Trumbore F. A. "P-n junctions in compensated solution grown GaP" *J. Appl. Phys.* **38**, 2500 (1967a)

Logan R. A., White H. G., and Trumbore F. A. "P-n junctions in GaP with external electrolumi-nescence efficiencies ~ 2% at 25 C" *Appl. Phys. Lett.* **10**, 206 (1967b)

Logan R. A., White H. G., and Wiegmann W. "Efficient green electroluminescent junctions in GaP" *Solid State Electron.* **14**, 55 (1971)

Mueller G. (editor) *Electroluminescence I, Semiconductors and Semimetals* **64** (Academic Press, San Diego, 1999)

Mueller G. (editor) *Electroluminescence II, Semiconductors and Semimetals* **65** (Academic Press, San Diego, 2000)

Nakamura S. and Fasol G. *The Blue Laser Diode* (Springer, Berlin, 1997)

Nishizawa J., Koike M., and Jin C. C. "Efficiency of GaAlAs heterostructure red light emitting diodes" *J. Appl. Phys.* **54**, 2807 (1983)

Nuese C. J., Stillman G. E., Sirkis M. D., and Holonyak Jr. N., "Gallium arsenide-phosphide: crystal, diffusion, and laser properties" *Solid State Electron.* **9**, 735 (1966)

Nuese C. J., Tietjen J. J., Gannon J. J., and Gossenberger H. F. "Optimization of electroluminescent efficiencies for vapor-grown GaAsP diodes" *J. Electrochem. Soc.: Solid State Sci.* **116**, 248 (1969)

Pilkuhn M. and Rupprecht H. "Electroluminescence and lasing action in GaAsP" *J. Appl. Phys.* **36**, 684 (1965)

Prins A. D., Sly J. L., Meney A. T., Dunstan D. J., O'Reilly E. P., Adams A. R., and Valster A. J. *Phys. Chem. Solids* **56**, 349 (1995)

Steranka F. M., DeFevre D. C., Camras M. D., Tu C.-W., McElfresh D. K., Rudaz S. L., Cook L. W., and Snyder W. L. "Red AlGaAs light emitting diodes" *Hewlett-Packard Journal* p. 84 August (1988)

Steranka F. M. "AlGaAs red light-emitting diodes" in *High Brightness Light Emitting Diodes* edited by G. B. Stringfellow and M. G. Craford, *Semiconductors and Semimetals* **48** (Academic Press, San Diego, 1997)

Stringfellow G. B. and Craford M. G. (Editors) *High Brightness Light Emitting Diodes, Semiconductors and Semimetals* **48** (Academic Press, San Diego, 1997)

Strite S. and Morkoc H., "GaN, AlN, and InN: A review" *J. Vac. Sci. Technol.* **B 10**, 1237 (1992)

Tien P. K. Original version of the graph is courtesy of P. K. Tien of AT&T Bell Laboratories (1988)

Toyoda Gosei Corporation, Japan, LED product catalog (2000)

United Epitaxy Corporation, Taiwan, General LED and wafer product catalog (1999)

Wolfe C. M., Nuese C. J. and Holonyak Jr. N. "Growth and dislocation structure of single-crystal Ga(AsP)" *J. Appl. Phys.* **36**, 3790 (1965)

Wu J., Walukiewicz W., Yu K. M., Ager III J. W., Haller E. E., Lu H., Schaff W. J., Saito Y., and Nanishi Y. "Unusual properties of the fundamental bandgap of InN" *Appl. Phys. Lett.* **80**, 3967 (2002a)

Wu J., Walukiewicz W., Yu K. M., Ager III J. W., Haller E. E., Lu H., and Schaff W. J. "Small bandgap bowing in $In_{1-x}Ga_xN$ alloys" *Appl. Phys. Lett.* **80**, 4741 (2002b)

Chapter 13

AlGaInN 물질계와 자외선 발광소자

13.1 자외선 스펙트럼 범위

자외선-가시광 경계영역은 대략 390 nm 파장으로 이 부근에서는 1978 CIE 시감도 곡선은 최대값에서 약 0.1% 수준에 불과하다. 13장에서는 질화물계 물질의 이슈인, 자외선영역을 나타내는 소자(UV, $\lambda < 390$ nm) 및 자외선-가시광 경계영역(390~410 nm)을 나타내는 소자에 초점을 맞추고 있다. 후자에 언급한 소자는 가시광 스펙트럼을 방출함에도 불구하고, 자외선 소자로 종종 불리고 있다. 자외선소자의 경우, GaInN 활성층 영역($\lambda > 360$nm)을 갖는 소자와 AlGaN 활성층 영역($\lambda < 360$ nm)을 갖는 소자로 구별된다.

그림 13.1에서 보여주듯이 자외선 스펙트럼은 세 가지로 분류되고 있다. 자외선-A (315~390 nm), 자외선-B(280~315 nm) 및 자외선-C(〈 280 nm)로의 분류는 1932년 2차 세계 광학회(Second International Congress on Light in 1932)에서 설립된 규정에 기초하였다. 태양으로부터 자외선-A 방출은 자외선 광자의 높은 에너지 때문에 지구의 대기(구름을 포함하여)를 통과하여 피부표면 및 깊은 부분까지 손상을 준다. 또한, 자외선-A 방출은 시력 전체를 잃을 수 있는 백내장을 발생시킨다. 부분적으로 지구의 오존층에 흡수되는 자외선-B와 오존층에서 대부분 흡수되는 자외선-C의 방출은 피부와

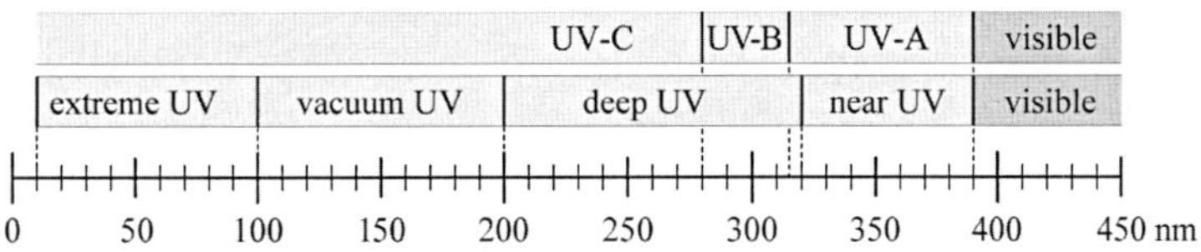

UV-C | UV-B | UV-A | visible
extreme UV | vacuum UV | deep UV | near UV | visible
0 50 100 150 200 250 300 350 400 450 nm

그림 13.1 파장에 따른 자외선 방출 명명법(International Congress on Light, 1932).

눈에 심각한 손상을 일으키고 있다. 지구표면에 280 nm 이하의 파장(즉, 자외선-C 영역)을 갖는 자연 빛이 존재하지 않기 때문에 이 파장 범위는 솔라-블라인드(solar-blind) 범위라고 불린다. 자외선 방출의 다른 분류는 지속적으로 전개되고 있다. 이 다른 분류는 다음의 범주를 가진다: 극자외선(Extreme UV, 10~100 nm); 진공 자외선(vacuum UV, 100~200 nm); 심자외선(deep UV, 200~320 nm); 근자외선(near UV, 320~390 nm).

13.2 AlGaInN 밴드갭

AlGaInN 물질계의 격자상수에 따른 밴드갭 에너지를 그림 13.2에 나타내었다. AlGaInN 물질계는 심자외선, 근자외선, 가시광 및 심지어 근적외선 스펙트럼 영역까지를 포함하는 매우 넓은 파장범위를 형성할 수 있다.

InN, GaN와 AlN의 세 가지 이원계 반도체 중에서 에피성장된 GaN이 가장 고품질의 특성을 갖도록 형성할 수 있음이 지금까지 보고되고 있다. 일반적으로, 높은 내부

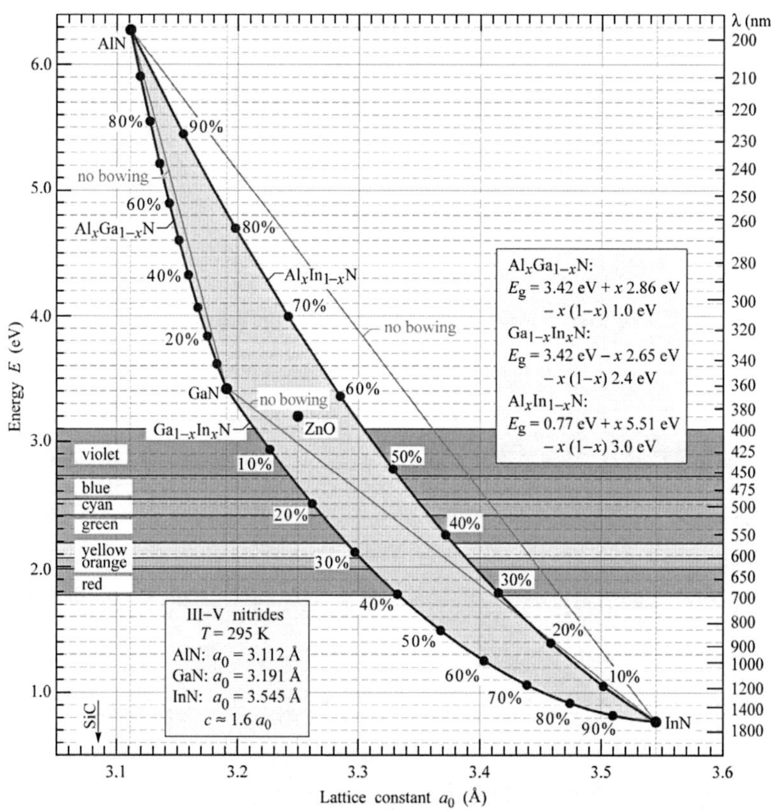

그림 13.2 상온에서의 AlGaInN 물질계의 격자상수에 따른 밴드갭 에너지(휨 변수는 Siozade 외, 2000; Yun 외, 2002; Wu 외, 2003).

양자효율을 갖는 높은 In 조성의 GaInN 박막과 높은 Al 조성을 갖는 AlGaN 박막을 형성하기가 어렵다고 알려졌다. 초기에 약 1.9 eV로 알려진 InN의 밴드갭 에너지에 대해서는 약간의 논란이 되고 있다. 더욱이 최근에는 이 물질의 밴드갭은 훨씬 더 작은 0.77 eV로 밝혀졌다. 에너지갭 휨은 아래 식에 따라서 상수, 직선항(x에 비례) 및 비선형항($x(1-x)$에 비례)으로 표현할 수 있다.

$$E_g^{AB} = E_g^A + \left(E_g^B - E_g^A\right)x + x(1-x)E_b \tag{13.1}$$

E_b는 휨 에너지(bowing energy) 또는 휨 변수(bowing parameter)라 한다. AlGaN, GaInN와 AlInN에 있어서 그림 13.2에서 사용된 휨 변수들은 Siozade(2000), Yun(2002) 및 Wu 등(2002; 2003)에서 발표한 자료를 기초로 하였다. 최근 연구결과로부터, 휨 에너지(bowing energy)에 대한 추가적인 자료를 확인할 수 있다(Walukiewicz 외, 2004).

13.3 질화물계에서의 분극 효과(polarization effects)

질화물반도체들의 가장 일반적인 에피성장 방향은 육방정계 wurtzite 구조의 c-면이다. c-면 위에 성장된 질화물반도체의 박막층의 두 표면에 각각 위치한 극성 전하를 가진다. 질화물반도체에서는 이러한 전하들에 의해 내부 전계가 발생하여 광학적, 전기적 특성에 큰 효과를 나타낸다. 내부 전계에는 응력에 의한 압전분극전하(piezoelectric polarization charges)뿐 아니라 자발분극(spontaneous polarization)이 존재한다(Bernardini 외, 1997; Ambacher 외, 1999; 2000; 2002). 그림 13.3에서 두 가지 다른 경우를 보여주듯이 내부 전계의 방향은 응력과 성장 방향(Ga면 또는 N면)에 의존한다.

에피층에 응력은 압축 또는 인장응력이 될 것이다. 압축변형의 경우, 관련된 에피층은 측면으로 압축응력을 받을 것이다("측면"은 "웨이퍼의 면"을 의미). 예를 들어, GaInN은 두꺼운 GaN 완충층 위에 성장되었을 때 압축변형을 받는다. 인장변형의 경우, 관련된

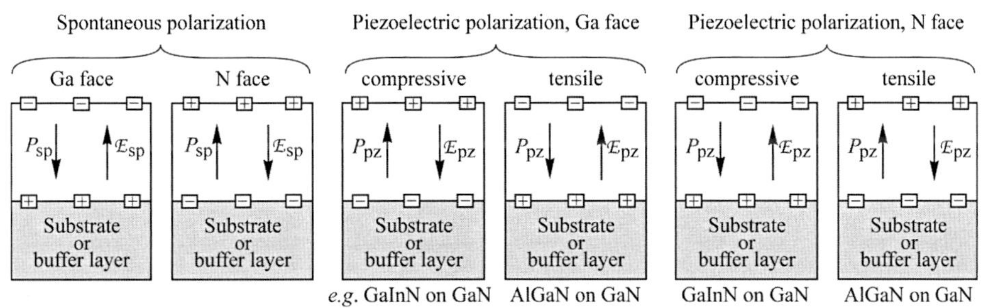

그림 13.3 질화물반도체에서 Ga면과 N면 방향에 대한 자발 극성과 압전 극성에 전계와 분극장의 표면 전하와 방향.

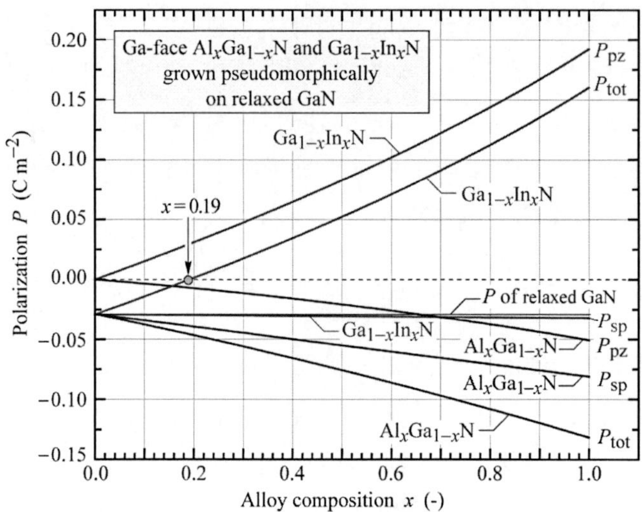

그림 13.4 GaN층 위에 부정규형(pseudomorphic)으로 성장된 GaInN와 AlGaN에서 자발 극성(spontaneous polarization)과 압전 극성(piezoelectric polarization)의 값과 방향(Gessmann 외, 2002).

에피층은 측면 방향을 따라서 팽창될 것이다. 예를 들어, AlGaN은 두꺼운 GaN 완충층 위에 성장되었을 때 인장변형을 받는다. 응력이 제거된 GaN 박막 위에 성장된 대부분의 질화물반도체에 대한 전계를 계산한 값을 그림 13.4에 나타내었다(Gessmann 외 2002).

양자우물구조에서 합금조성에 따른 분극장(polarization field)의 결과를 그림 13.5에 나타내었다. 양자우물층은 내부 전계 효과에 의해 전자와 정공을 공간적으로 분리시키므로 효과적인 발광 재결합을 억제한다. 이는 예를 들어 100 Å 이상의 두께를 갖는 두꺼운 양자우물구조에서 확실하게 나타난다. 이러한 발광효율을 저해하는 효과를 없애기 위하여 양자우물층의 두께가 아주 얇게 유지하여야 하는 것이 필수적이다. 일반적으로 20~30 Å 두께의 양자우물층이 전자-정공의 분리효과를 최소화하기 위해 사용된다.

분극효과에 의해 발생된 큰 전계는 (i) 활성층 영역에 도핑을 높게 하거나 (ii) 높은

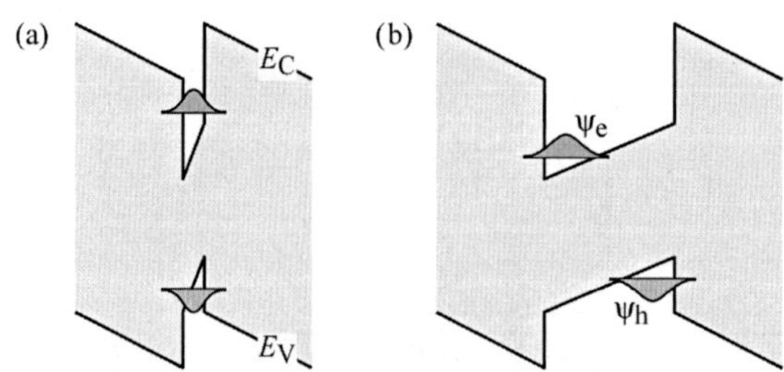

그림 13.5 Ga면 성장에 대한 분극장을 갖는 (a) 얇고, (b) 두꺼운 AlGaN/GaN 활성층 영역에서의 밴드 다이어그램의 도식도.

주입전류를 통하여 얻어질 수 있는 자유이송자의 농도를 증가시킴에 의해 상쇄될 수 있다. 내부 전계의 상쇄는 주입 전류가 증가함에 따라서 GaInN LED에서 종종 관찰되는 발광피크의 단파장화가 발생한다.

분극 효과는 GaN소자들에서 오믹 접촉 저항을 낮추는 데에도 유용하게 사용될 수 있다. p형 GaN에 분극-향상 접촉(polarization-enhanced contact)은 p형 GaN 위에 증착된 얇고 압축 변형된 GaInN 상부층을 형성한다. GaInN 캡층 안에 전계는 정공의 터널링 확률이 증가시키는 방식으로 분극화되었다(Li 외, 2000; Gessmann 외, 2002). 1.1×10^{-6}에서 $2 \times 10^{-7}\ \Omega\text{cm}^2$ 정도로 낮은 접촉 저항이 p형 GaN의 비열처리와 열처리 분극-향상 오믹 접촉 저항으로 각각 보고 되었다(Kumakura 외, 2001; 2003). 분극-향상 접촉과 아주 낮은 고유 접촉 저항의 개념은 기존의 접촉기술 보다 수백 배 향상을 보여주었기 때문에 주목할 만하다. 분극-향상 접촉을 갖는 질화물계 LED소자의 순전압은 일반적으로 기존의 GaN 접촉을 갖는 LED의 순전압보다 낮다(Su, 2005).

13.4 질화물계에서의 도핑 활성화

질화물반도체에서 또 다른 문제점은 두 가지 원인에 의한 낮은 도핑 활성화율이다. 첫 번째는 (i) 억셉터와 결합하는 수소 원자에 의해 억셉터의 화학적 불활성이다. 억셉터들이 포획하려고 하는 잃어버린 전자를 수소 원자에 의해 공급받는다. 에피성장 동안 박막 성장 원료의 공급원으로서 사용되는 유기금속 가스의 메틸(-CH_3), 에틸기(-C_2H_5), 암모니아(NH_3)와 H_2 수송가스로부터 많은 수소가 공급되어 수소 비활성화를 일으킨다. 두 번째로는 (ii) 질화물계에서 억셉터는 300 K에서 kT 값보다 매우 높은 열적 활성화 에너지를 가진다. 그 결과 억셉터의 아주 적은 퍼센트만이 상온에서 이온화된다.

Exercise

GaN 안에서 Mg 억셉터의 활성화

GaN에서 Mg 억셉터는 $E_a = 200$ meV의 활성화 에너지를 갖는다. (a) $p = (g^{-1} N_{Mg} N_v)^{1/2} \exp(-E_a/2kT)$ 식을 사용하고 억셉터의 농도가 $N_{Mg} = 10^{18}\text{cm}^{-3}$일 때 300 K에서 이온화된 억셉터의 분율을 계산하라(여기에서, g는 억셉터 기저상태의 축퇴($g = 4$)이고 N_v는 GaN의 가전자대에서 유효상태 밀도임). (b) 수소 원자가 각 억셉터와 결합하고 있다면 억셉터의 활성화는 어떻게 될 것인가?

해답 (a) 상기 주어진 식을 사용하여 억셉터의 대략 6%만이 이온화될 것임을 얻을 수 있다. (b) 억셉터가 비활성화되었다면 p형 전도도는 형성될 수 없다.

Amano 등(1989)은 억셉터 도판트가 저에너지 전자빔 조사법(low-energy-electron-beam irradiation, LEEBI)에 의해 활성화될 수 있음을 발견하였다. Nakamura 등(1991; 1992)은 억셉터를 쉽게 형성할 수 있는 방법이 저에너지 전자빔 조사법뿐 아니라 열처리법에 의해서도 활성화됨을 보였다. MOCVD법로 성장된 p형 GaN에 대한 일반적인 열처리조건은 질소분위기에서 675~725℃에서 약 5분 정도이다. 일반적으로 p형 $Al_{0.30}Ga_{0.70}N$은 더 높은 온도인 약 850℃에서 1~2분 정도 열처리를 진행한다. 열처리과정 동안, 상대적으로 약한 억셉터-수소 결합이 깨지고, 수소 원자들이 에피층 박막에서 빠져 나오는 것으로 여겨지고 있다. 일반적으로 수소 원자들은 작고 결정질 물질 내에서 침입형 자리들을 통하여 쉽게 확산된다. 따라서 저에너지 전자빔 조사법에 의한 가열도 열처리 과정과 유사한 효과를 나타낸다고 여겨진다.

GaN 또는 AlGaN 벌크 물질에 비해 AlGaN/GaN과 AlGaN/AlGaN 초격자의 도핑은 Mg과 같은 깊은 준위 억셉터의 전기적 활성화를 크게 증가시키는 것으로 보고되고 있다(Schubert 외, 1996). 이 초격자 도핑기술을 이용하여 10배 이상의 전도도의 증가를 몇몇 연구 그룹에서 보고하였다(Goepfert 외, 1999, 2000; Kozodoy 외 1999a, b; Kipshidze 외, 2002, 2003). 그림 13.6은 GaN과 AlGaN에서의 도핑 활성화에 대한 문제점과 해결책을 요약하였다.

13.5 질화물계에서 전위들

GaN 에피성장에 있어서 일반적으로 사용되고 있는 기판인 사파이어는 열적, 화학적, 기계적 특성이 매우 안정된 기판이다. 하지만, 사파이어는 복잡한 corundum 구조를 갖는 반면에 III-V 질화물계 결정들은 wurtzite 구조를 가진다. 또한, 사파이어와 GaN의 격자상수의 차이가 크기 때문에 GaN 에피층은 일반적으로 10^8~10^9 cm^{-2} 수준의 격자 부정합전위(관통전위와 칼날전위)를 갖는다.

사파이어 기판 위에서 성장되는 GaN 박막의 초기단계의 개략도를 그림 13.7에 나타내었다(Nakamura와 Fasol, 1997). 완충층은 낮은 온도(~500℃)에서 성장되고 이후 연속적으로 열처리가 진행되는 초기층(결함영역(faulted zone)이라고 함)은 높은 전위를 갖는다. 그러나 전위들은 열처리가 진행되는 동안 자기-소멸(self-annihilation)을 겪고,

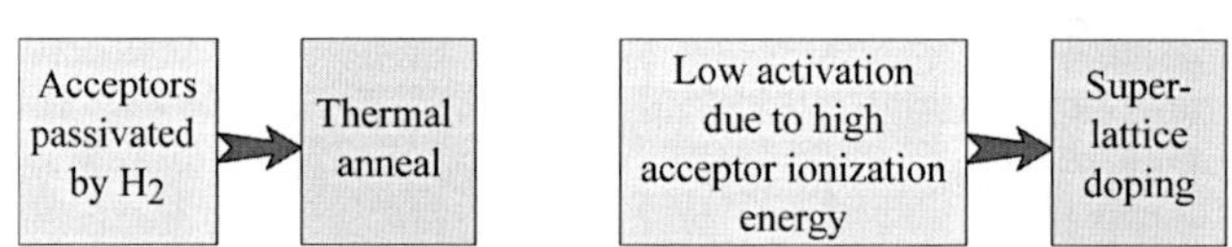

그림 13.6 GaN과 그 화합물에서 p형 도핑의 구체적인 문제점들.

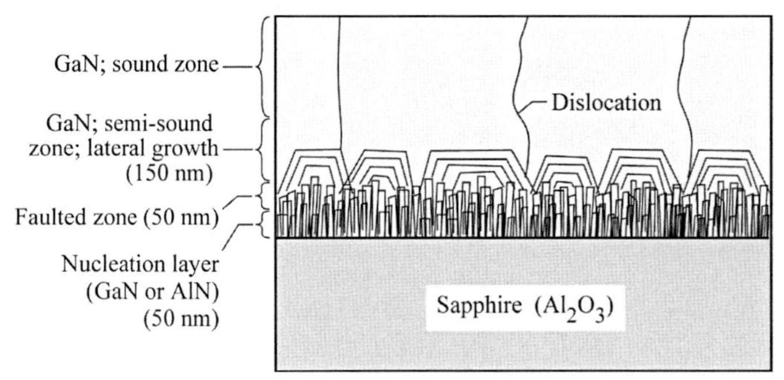

그림 13.7 Amano 등에 의해 개발된 GaN 또는 AlN 핵 생성층에 의해 사파이어 기판 위에서 성장된 GaN 에피층의 전위구조(1986). 핵 생성층은 일반적으로 GaN 에피층이 성장되는 온도보다 낮은 약 500℃ 부근에서 성장된다(Nakamura와 Fasol, 1997).

이후 성장된 박막층(준안정영역과 안정영역, semi-sound zone & the sound zone)은 낮은 전위밀도를 갖는다. Koleske 등(2004)은 사파이어 기판 위에서의 GaN 에피성장의 초기 단계의 세부적인 연구를 원자힘 현미경(atomic force microscopy)과 광반사 측정법(optical reflectometry)을 사용하여 보고하였다.

일반적으로, 전위선은 전기적으로 대전되어 있기 때문에, 전위선 주변 지역은 자유 이송자에 대해 전기적인 인력 또는 척력을 나타낸다. 쿨롱 상호작용(인력 또는 척력)의 특성은 전위선과 이송자의 전기적 극성에 의존한다. 예로서, 그림 13.8은 정공에 대해서는 인력이 작용하고, 전자에 대해서는 척력이 작용하는 음으로 하전된 전위선을 보이고 있다.

그림 13.9는 양으로 하전된 전위선에 시간에 따른 이송자 동역학적인 전개과정이다. 초기, 전자들이 양으로 하전된 전위선으로 끌려오지만, 정공들은 전위에 의해 생성된 포텐셜에 의해 쫓겨난다. 그러나 연속적인 전자의 모임은 정공에 대한 척력장을 감소시킴으로 전위의 포텐셜을 상쇄한다. 그 결과, 전자와 정공은 전위선의 전자준위를 경

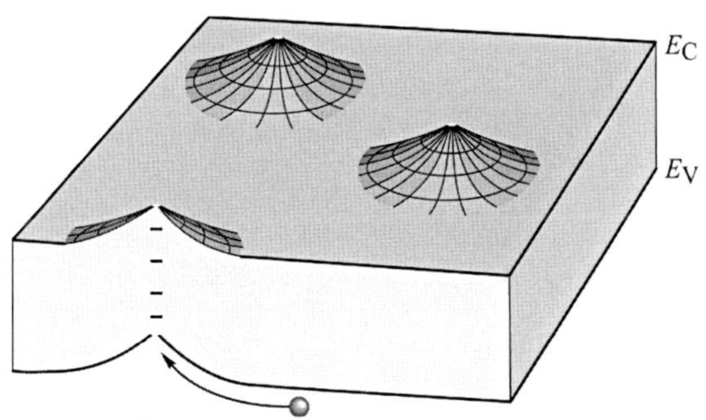

그림 13.8 음으로 하전된 전위를 갖는 반도체의 밴드 다이어그램. 정공들은 전자와 재결합을 하여야 하므로 전위선으로 끌려 들어온다.

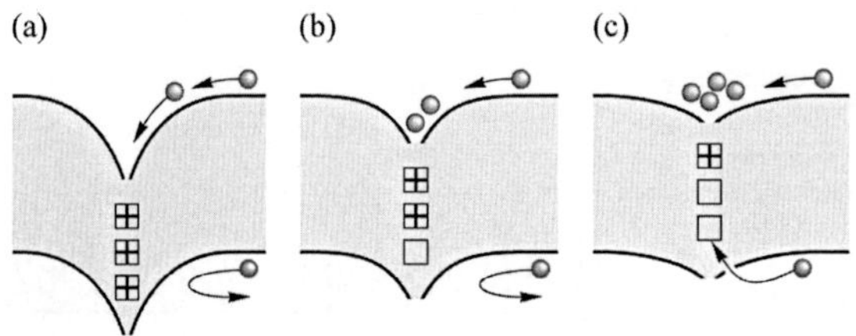

그림 13.9 양으로 하전된 전위 내에서의 재결합. (a)–(c) 순서는 전위 포텐셜에 상쇄되고, 정공이 재결합됨에 의해 포텐셜 최소점에 전자가 축적되는 것을 나타낸다.

유하여 비발광 재결합이 진행될 것이다. 그림 13.9는 전위의 전자준위들이 밴드갭 내에 위치함을 보이고 있다.

질화물계에서 높은 전위밀도에도 불구하고 발광 재결합효율이 높은 이유는 여전히 의문으로 남아 있다. 이에 대해 몇 가지 가능한 설명을 아래에 기술하였다. 그러나 이 설명들 중 어느 하나도 일반적인 사실로 인정받지는 못하고 있다.

질화물계반도체에서 높은 발광효율에 대한 설명으로 가능한 하나의 이론은 그림 13.10(c)와 (d)에 보여주듯이 전위의 전자준위가 금지대갭 밖에 즉, 허용 밴드 내에 놓여 있다. 이 설명은 음극발광(cathodeluminescence) 실험에서 관찰하였듯이 전위 주위에 어두운 영역들과 상충되지 않는다(Rosner 외, 1997; Albrecht 외, 2002). 그런 어두운 영역들은 확실하게 발광 재결합이 발생하지 않는 영역을 나타내지만, 비발광 재결합의 존재를 정확히 증명하지는 못한다. 음극발광에서 관찰된 어두운 영역은 전자나 정공의 척력을 발생되어 발광 재결합의 발생하지 않게 하는 전위의 포텐셜을 불완전하게 상쇄함에 의해 설명될 수 있다.

질화물계에서 높은 발광효율을 나타내는 또 하나의 가능한 설명은 밴드갭 에너지의 변화시켜 이송자들을 끌어 들일 수 있고 구속할 수 있는 국부적 포텐셜 최소점을 형성할 수 있는 합금의 조성적 요동, 클러스터링 효과 및 상편석 현상들이다(Nakamura와 Fasol, 1997; Chichibu 외, 1996; Narukawa 외, 1997a, b). 이 이론들은 특히 GaInN와

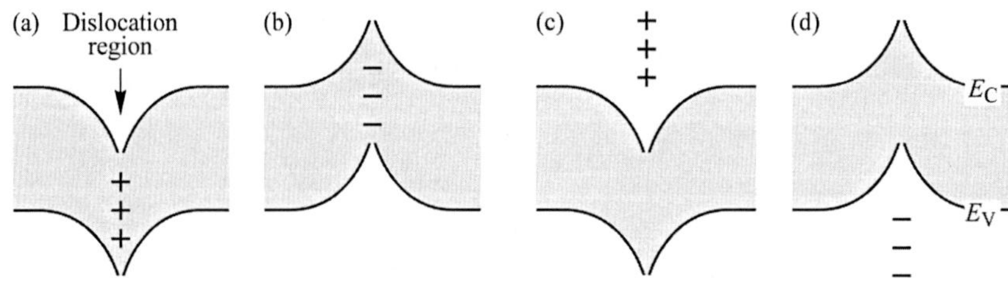

그림 13.10 전위의 밴드 다이어그램, (a) 갭 내 도너준위들, (b) 갭 내 억셉터준위들, (c) 전도대의 도너준위들, (d) 가전자대의 억셉터준위들, (a)와 (b)는 비발광 재결합을 나타내는 반면, (c)와 (d)는 발광 재결합을 나타낸다.

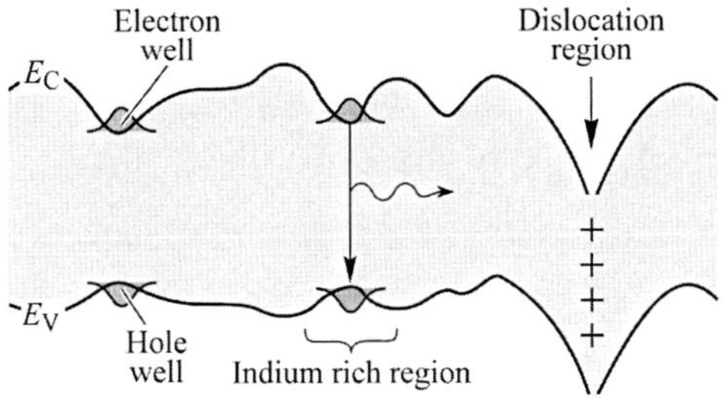

그림 13.11 공간적으로 이송자를 국소화하여 전위로 확산되는 것을 막는 In이 많은 영역의 클러스터를 갖는 GaInN의 밴드 다이어그램.

AlGaInN와 같은 삼원계와 사원계 합금반도체에 적용될 수 있을 것이다. 포텐셜 최소점은 이송자를 끌어들이고 구속하며 전위선으로 확산되는 것을 막는다. 에너지갭 요동과 이송자 국소화를 보여주는 밴드 다이어그램이 그림 13.11에 도식화하였다.

투과전자현미경을 사용하여 GaInN 내에 In 조성의 요동 현상을 직접적으로 관찰하는 것은 투과전자현미경의 높은 에너지 전자빔에 의해 GaInN 박막의 일부가 손상되어 모호하게 관찰될 수 있기 때문에 GaInN에서 인듐 요동의 양은 여전히 연구 중이다(Smeeton 외, 2003).

최근에 Hangleiter 등(2005)은 GaInN/GaN 양자우물의 두께 감소가 질화물계 에피층 내에 V 형태의 결함영역을 발생시킨다는 것을 보고하였다. 저자들은 더욱 얇은 GaInN 양자우물과 관련된 더 높은 밴드갭 에너지가 전위선 결함을 두껍고 평평한 GaInN에 위치한 이동 가능한 이송자로부터 막는다고 제안하였다. 이 결과, 전위선결함들의 존

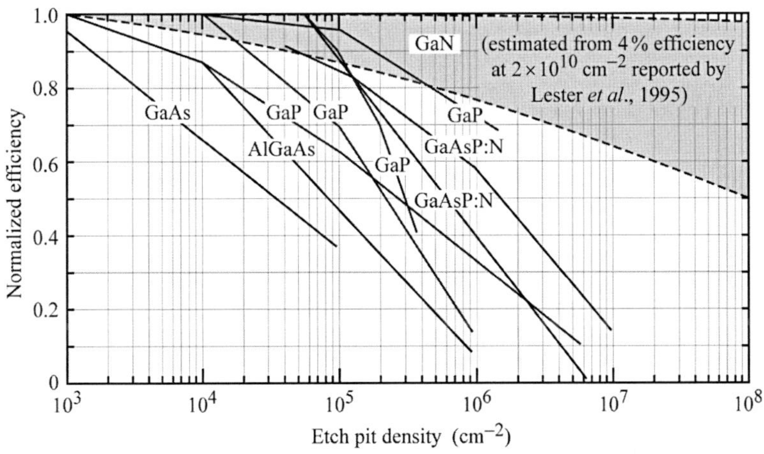

그림 13.12 식각 피트밀도에 대한 발광효율의 의존성(1995년 Lester 등에 의해 얻어진 III–V 비소화물과 인화물에 대한 자료; Lester 외(1995) 이 출판 자료를 기초로 하여 이 책의 저자가 추정한 III–V 질화물계의 자료임).

재에도 불구하고 양자우물구조에서 높은 발광효율이 유지될 수 있을 것이다. 그러나 이 모델은 얇은 GaN 박막의 높은 발광효율을 설명할 순 없다.

일반적으로 수용되고 있는 명확한 이론이 아직까지 없음에도 불구하고, 질화물계, 특히 GaInN/GaN 청색 발광소자에서 발광효율에 대한 낮은 전위 의존성을 나타내고 있다. 즉, 높은 결함밀도에도 불구하고 GaInN/GaN 청색 발광소자에서 높은 발광효율이 얻어지고 있다. 그림 13.12는 GaAs, AlGaAs, GaP와 GaAsP에서 전위밀도에 따른 기타 III-V족 화합물반도체의 표준화된 효율을 비교한 것이다. Lester 등(1995)은 10^{10} cm^{-2}의 결함밀도를 갖는 GaN에 대하여 약 4%의 발광효율을 예상하였다. 그림에서 어두운 영역은 청색 GaInN/GaN 발광소자를 기본으로 한 이 책 저자의 추정치이다. 그림에서 보여준 자료는 질화물계가 III-V족 비소화물 및 인화물계와 비교하였을 때 전위에 대해 더 높은 허용오차를 가짐을 나타내고 있다.

13.6 360 nm 보다 더 긴 파장에서 발광하는 자외선소자

360 nm 보다 긴 파장에서 발광하는 자외선소자는 일반적으로 GaN 또는 GaInN 활성층 영역을 갖는다. 400 nm~410 nm까지의 영역의 발광파장을 갖는 GaInN LED가 1993년에 보고되었다(Nakamura 외, 1993a, b, 1994). 370 nm에서 발광하는 초기 GaInN 자외선 LED의 구조를 그림 13.13에 나타내었다. 이 소자는 GaInN/AlGaN 이중 이종접합 구조의 활성층 영역, AlGaN 전자 및 정공 차단층을 가졌다(Mukai 외, 1998). 활성층과 이송자 차단층은 p형과 n형 GaN층에 의해 둘러싸였다.

그림 13.14는 펄스와 연속 주입조건에서 375 nm 자외선 LED의 발광 스펙트럼을 나타내고 있다. 이 그림을 살펴보면 펄스 주입에서 연속 전류 주입이 진행되었을 때 발광파장이 장파장 쪽으로 약간 이동하였다. 이 파장 변화는 접합 가열에 의해 더 작은 밴드갭을 형성하여 발광파장이 장파장으로 이동된 것이다.

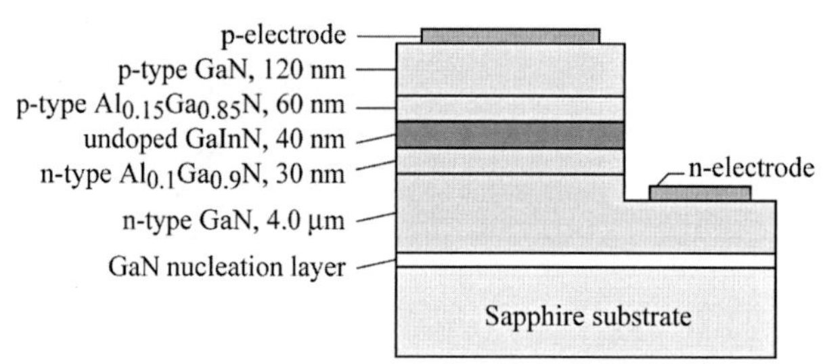

그림 13.13 370 nm에서 발광하는 사파이어 기판 위에 성장된 GaInN 자외선 LED 구조(Mukai 외, 1998.)

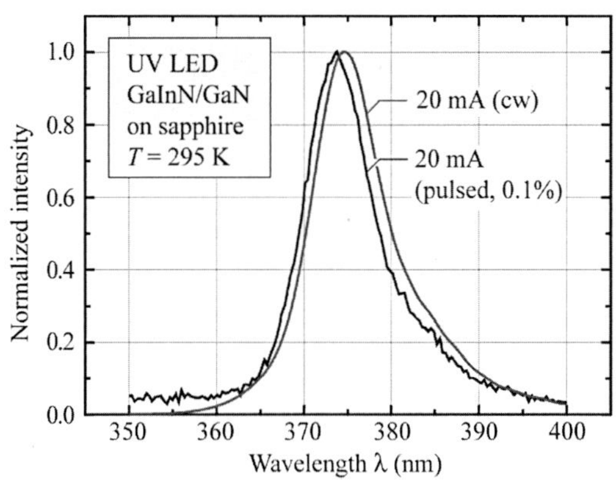

그림 13.14 연속 및 펄스 전류 주입조건에서 기존의 375 nm 자외선 LED(니치아 사)의 상온 발광 스펙트럼.

그림 13.15는 활성층의 두께에 따른 375 nm 자외선 LED의 발광강도를 나타내고 있다. 이 그림으로부터 최적화된 출력은 30~50 nm 두께의 활성층에서 얻어짐을 확인할 수 있다. 질화물반도체에서 발생되는 분극장을 상쇄하기 위해 활성층에 고농도의 도핑이 되었음을 가정할 수 있다. 5 nm 이하의 두께를 갖는 양자우물을 갖는 양자우물 활성층 영역은 공간적으로 전자-정공 분리 효과 및 분극장의 감소를 위해 양자우물 활성층 영역이 이중 이종접합구조로 대체되었다.

그림 13.16은 파장에 따른 광출력의 의존성을 나타내었다. 발광파장이 감소함에 따라서 발광세기의 급격한 감소가 관찰되었다. 이는 활성층 내의 인듐 혼합에 있어서 내부 양자효율에 대한 우수한 효과를 나타냄을 알 수 있다. 이 긍정적인 효과는 전혀 이득을 갖지 못하는 순수한 GaN 활성층 영역($\lambda \approx 360$ nm)을 갖는 활성층 영역에 인듐이 혼합됨에 따라서 더욱 크게 증가되었다.

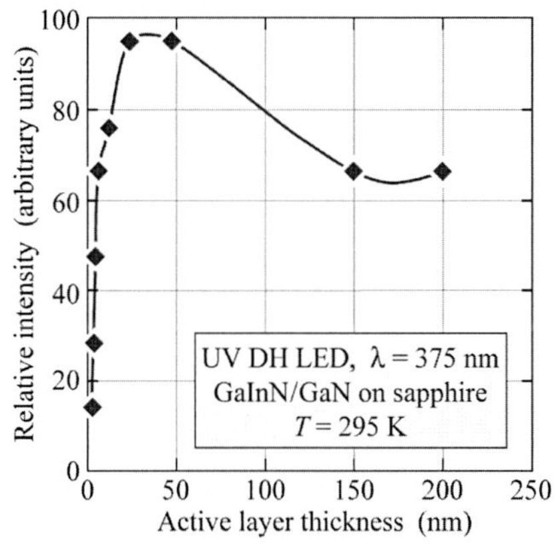

그림 13.15 375 nm 발광파장을 나타내는 이중 이종접합구조 자외선 LED에 있어서 GaInN 활성층 두께에 따른 상온 발광 세기(Mukai 외, 1998).

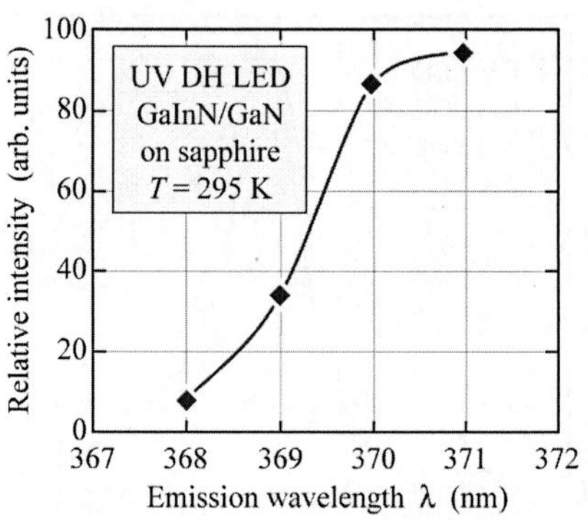

그림 13.16 GaInN 다중 이종구조 자외선 LED에 있어서 발광파장에 따른 상온 발광 세기(Mukai 외, 1998).

13.7 360 nm 보다 짧은 파장에서 발광하는 자외선소자

360 nm 미만의 파장에서 발광하는 다이오드는 AlGaN 활성층 또는 $Al_xGa_{1-x}N$/ $Al_yGa_{1-y}N$ 다중 양자우물구조(multiple-quantum well, MQW)의 활성층 구조를 갖는다. 이 소자들의 출력효율은 최근 상당한 발전이 있었음에도 불구하고 일반적으로 1%보다 낮은 값을 나타내고 있다(Zhang 외, 2002a, 2003; Yasan 외, 2002; Kipshidze 외, 2003; Fischer 외, 2004; Kim 외, 2004; Oder 외, 2004; Razeghi와 Henini, 2004; Shakya 외, 2004;).

그림 13.17은 깍지 낀 전극구조를 갖는 AlGaN/AlGaN 심자외선 LED에 대해 주입전류에 따른 발광 스펙트럼을 나타내었다(Fischer 외, 2004). 이 소자의 활성층 영역은 290 nm의 발광파장을 나타내는 3주기의 $Al_{0.36}Ga_{0.64}N$ 양자우물과 $Al_{0.48}Ga_{0.52}N$ 장벽층으로

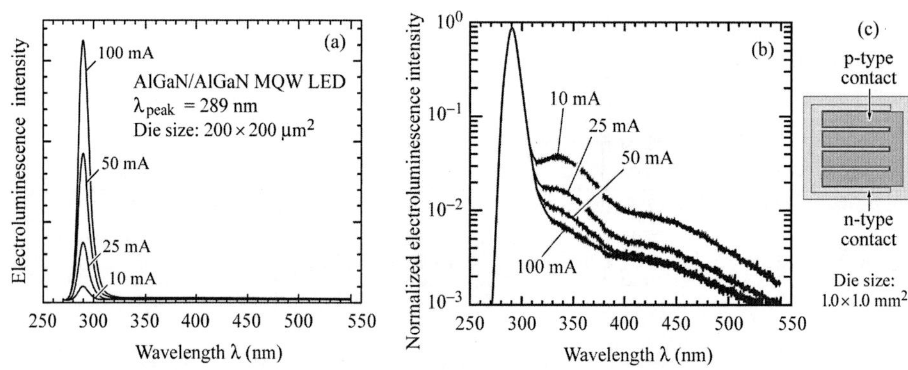

그림 13.17 각기 다른 주입 전류에 대한 심자외선 AlGaN/AlGaN 다중양자우물 LED의 발광 스펙트럼을 (a) 선형, (b) 로그단위로 표시, (c) 깍지 낀 전극구조의 형태가 넓은 면적의 다이에 사용되었다(Fischer 외, 2004).

구성되었다. 이 스펙트럼은 289 nm 피크파장을 가진 하나의 발광선을 나타내고 있다. 330 nm 근처에 약한 준밴드갭(sub-bandgap) 발광이 로그 눈금 단위로 스펙트럼을 그렸을 경우 나타나고 있다. $200 \times 200\ \mu m^2$와 $1 \times 1\ mm^2$ 크기의 소자들의 순전압은 주입 전류 20 mA에서 약 7.0 V와 6.0 V로 각각 보고되었다. 다음은 AlGaN/AlGaN 자외선 LED 분야에서 중요한 이슈들이다.

- **산소에 대한 알루미늄의 친화도**: 알루미늄은 산소에 대해 매우 높은 친화도를 가짐으로, Al 조성이 증가함에 따라서 AlGaN 내로 산소의 혼합이 증가하게 된다. 산소는 높은 Al 조성의 AlGaN에서 깊은 DX와 같은 준위를 형성한다(McCluskey 외, 1998; Wetzel 외, 2001).
- **AlGaN의 전도도**: AlGaN의 p형과 n형 전도도 모두 Al의 몰분율이 증가함에 따라서 감소한다. 특히, 30% 이상의 Al 몰분율의 경우 급격한 전도도의 감소를 나타내고 있다(Katsuragawa 외, 1998; Goepfert 외, 2000; Jiang and Lin, 2002). 이는 AlGaN 구속층에서 높은 저항을 나타내고 이 저항층을 갖는 소자에서 높은 직렬저항을 발생한다. 특히, AlGaN에서 p형의 전도도가 큰 문제로 대두되고 있다. 이 문제를 해결하기 위해 $Al_xGa_{1-x}N/Al_yGa_{1-y}N$ 초격자구조를 사용하여 p형 도핑 문제를 최소화하는 기술이 채택되고 있다.
- **측면 전도도**: 절연체 기판 위에서 성장된 표준 측면 접촉구조를 갖는 소자에 있어서 n형 AlGaN층은 측면 전도도에 영향을 준다. Si 도핑된 n형 AlGaN에서 Al 조성에 따라 증가함에 따라 n형 AlGaN의 저항이 증가하고, 소자는 일반적으로 더 높은 저항을 나타내게 된다. 이 효과를 상쇄시키기 위해 n형 측면 전도층에서 전자 전류가 측면으로 흐르는 평균거리가 감소시킬 필요가 있을 것이다. 이는 마이크로 LED 배열(Kim 외, 2003; Khan, 2004) 또는 깍지 낀 전극구조에서 제작된 손가락 모양의 금속전극의 간격을 줄임으로 해결될 수 있다.
- **접촉 저항**: AlGaN의 큰 밴드갭에 기인하여 접촉-장벽 높이가 일반적으로 더 높으므로 Al 조성이 증가함에 따라서 낮은 접촉 저항을 얻는 것이 더욱 어렵다.
- **억셉터의 확산**: 맨 위의 덮개층의 에피성장 시, Mg 억셉터는 활성층으로 확산될 수 있으므로, 활성층의 발광효율을 감소시킬 수 있을 것이다. 억셉터 확산과 관련된 발광효율의 감소는 p형 덮개층의 최대 두께에 따라 제한될 것이다.
- **이종접합 장벽**: 큰 밴드갭 에너지에 기인한 이종접합의 전도대와 가전자대의 불연속성은 일반적으로 작은 밴드갭을 갖는 반도체보다 더욱 크다. 이종접합 계면에서 조성의 점차적인 변화는 이종접합 장벽층의 저항을 감소시킨다.
- **광추출**: 재흡수 효과를 감소시키기 위하여 모든 소자 내 각 층들은 방출되는 빛이 투과될 정도로 충분히 높은 Al 조성을 가져야만 한다.

- **균열** : 응력이 완화된 GaN 위에 성장된 AlGaN 박막은 GaN보다 더 적은 격자상수에 의해 인장 응력상태를 나타낸다. 이때 박막이 충분이 두껍다면 균열이 발생할 것이다. 그러나 균열은 Al 조성이 높은 AlGaN과 GaN층을 사용한 응력보상 초격자구조를 의해 많이 감소되거나 심지어 억제할 수 있다(Hearne 외, 2000; Han 외, 2001; Zhang 외, 2002b). 이런 응력보상 초격자구조는 격자상수를 감소시켜 이후 성장되는 에피층이 더욱 낮은 인장 응력상태 또는 심지어 압축 응력상태를 가질 수 있게 할 수 있다. Hearne 등(2000)은 인장 응력상태에서 균열이 발생하지 않는 층의 최대 두께에 대해 정량적인 분석에 대한 연구를 발표하였다.

그림 13.18(a)와(b)는 응력보상 초격자구조를 형성하지 않은 것과 형성한 0.9 μm 두께의 $Al_{0.15}Ga_{0.85}N$ 박막에 있어서 광학 현미경 사진이다. 그림 13.18(b)는 응력보상 10주기 100 Å AlN/100Å $Al_{0.45}Ga_{0.55}N$ 초격자구조 위에서 성장된 균열이 없는 AlGaN 박막층의 모습이다.

Exercise

균열

2축 인장 응력상태에 있는 에피층에서 균열이 왜 발생하고 2축 압축 응력상태에 있는 에피층에서는 균열이 발생하지 않는가?

해답 2축 인장 응력 하에서의 웨이퍼의 휨과 에피층에서 균열발생 현상은 박막에 저장된 변형 에너지를 해소한다. 압축 응력상태에서의 에피박막층은 웨이퍼의 휨, 깨짐 및 박리에 의해 변형 에너지가 해소될 수 있을 것이다. 압축 응력 때문에 갈라짐 또는 균열 현상이 발생하지 않음으로 균열은 압축 응력이 걸려 있는 박막에서는 발생하지 않는다. 기판과 격자 불일치에 의한 동종 에피층 내에 저장된 변형에너지는 박막의 두께에 비례한다. 변형된 박막의 두께가 증가함에 따라서 각 위치에서 격자 불일치전위와 균열이 발생함에 의하여 변형에너지를 더욱 쉽게 감소할 수 있게 된다. 따라서 어떤 두께에서 박막은 변형에너지를 해소하기 위해 격자 불일치전위들을 형성할 것이다. 동종 에피박막에서 불일치전위를 형성하는 임계 두께는 Matthews-Blakeslee 법칙(Matthews와 Blakeslee, 1976)에 의해 주어졌다. 박막 두께가 증가함에 따라서 불일치전위들은 변형에너지를 해소할 수 있을 만큼 충분하게 발생하지 못하기 때문에 일정 두께에서 박막은 균열이 발생하기 시작한다. 2축 인장 응력상태 하에서 박막이 균열이 발생하기 시작하는 임계 두께에 대한 식은 Hearne 등(2000)에 의해 주어졌다.

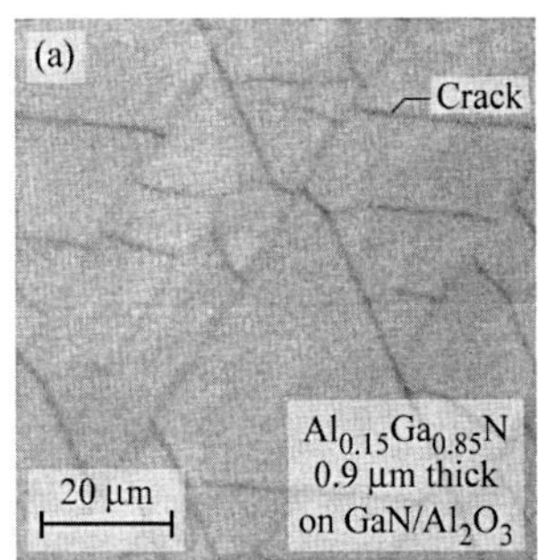

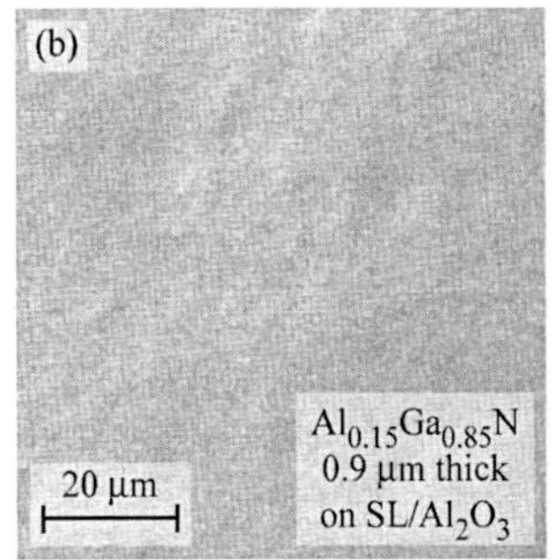

그림 13.18 응력보상층인 $AlN/Al_{0.45}Ga_{0.55}N$ 초격자구조가 없이 성장된 $Al_{0.15}Ga_{0.85}N$층 (a)과 초격자구조 위에 성장된 $Al_{0.15}Ga_{0.85}N$층 (b)의 광학 현미경 사진. 초격자는 10주기이고 우물층과 장벽층의 두께는 10 nm로 동일하다. 균열선들 사이의 각도들은 보통 60° 또는 120°이다.

AlGaN 자외선 LED는 종종 $V_f \gg h\nu/e$의 순전압을 갖는다. 추가 순전압은 소자의 구조인 p형 접촉, p형 AlGaN 구속층 및 측면 전도도를 나타내는 n형 AlGaN층 또는 단극 이종접합들에 영향을 받는다.

고출력소자뿐 아니라 저출력/저효율을 나타내는 소자의 경우, 낮은 열 저항을 갖는 소자 패키지가 바람직하다. 추가 순전압과 낮은 양자효율에 기인하여 발생된 열은 과도하게 접합온도를 증가시키기 때문에 제거되어야만 한다. Morita 등(2004)은 매우 효과적인 열 흡수원(heat sink)을 갖는 소자를 보고하였는데, 이는 레이저 리프트-오프(lift off) 방식에 의해 사파이어 기판을 제거한 후 AuSn 합금을 사용하고, 에피층을 CuW 열 흡수원에 직접 결합시킨 LED 구조이다.

참고문헌

Albrecht M., Strunk H. P., Weyher J. L., Grzegory I., Porowski S., and Wosinski T. "Carrier recombination at single dislocations in GaN measured by cathodoluminescence in a transmission electron microscope" *J. Appl. Phys.* **92**, 2000 (2002)

Amano H., Kito M., Hiramatsu K., and Akasaki I. "P-type conduction in Mg-doped GaN treated with low-energy electron beam irradiation (LEEBI)" *Jpn. J. Appl. Phys.* **28**, L2112 (1989)

Ambacher O., Smart J., Shealy J. R., Weimann N. G., Chu K., Murphy M., Schaff W. J., Eastman L. F. Dimitrov R., Wittmer L., Stutzmann M., Rieger W. and Hilsenbeck J. "Two-dimensional electron gases induced by spontaneous and piezoelectric polarization charges in N- and Ga-face AlGaN/GaN heterostructures" *J. Appl. Phys.* **85**, 3222 (1999)

Ambacher O., Foutz B., Smart J., Shealy J. R., Weimann N. G., Chu K., Murphy M., Sierakowski A. J., Schaff W. J., Eastman L. F., Dimitrov R., Mitchell A., and Stutzmann M. "Two dimensional electron gases induced by spontaneous and piezoelectric polarization in undoped and doped AlGaN/GaN heterostructures" *J. Appl. Phys.* **87**, 334 (2000)

Ambacher O., Majewski J., Miskys C., Link A., Hermann M., Eickhoff M., Stutzmann M., Bernardini F., Fiorentini V., Tilak V., Schaff W. J, and Eastman L. F. "Pyroelectric properties of Al(In)GaN/GaN hetero- and quantum well structures" *J. Phys.: Condens. Matter* **14**, 3399 (2002)

Bernardini F., Fiorentini V., and Vanderbilt D. "Spontaneous polarization and piezoelectric constants of III–V nitrides" *Phys. Rev. B* **56**, R10 024 (1997)

Chichibu S., Azuhata T., Sota T., and Nakamura S. "Spontaneous emission of localized excitons in InGaN single and multiquantum well structures" *Appl. Phys. Lett.* **69**, 4188 (1996)

Fischer A. J., Allerman A. A., Crawford M. H., Bogart K. H. A., Lee S. R., Kaplar R. J., Chow W. W., Kurtz S. R., Fullmer K. W., and Figiel J. J. "Room-temperature direct current operation of 290nm light-emitting diodes with milliwatt power levels" *Appl. Phys. Lett.* **84**, 3394 (2004)

Gessmann T., Li Y.-L., Waldron E. L., Graff J. W., Schubert E. F., and Sheu J. K. "Ohmic contacts to ptype GaN mediated by polarization fields in thin InxGa1–xN capping layers" *Appl. Phys. Lett.* **80**, 986 (2002)

Goepfert I. D., Schubert E. F., Osinsky A., and Norris P. E. "Demonstration of efficient p-type doping in AlGaN/GaN superlattice structures" *Electron. Lett.* **35**, 1109 (1999)

Goepfert I. D., Schubert E. F., Osinsky A., Norris P. E., and Faleev N. N. "Experimental and theoretical study of acceptor activation and transport properties in p-type AlxGa1-xN/GaN superlattices" *J. Appl. Phys.* **88**, 2030 (2000)

Hangleiter A., Hitzel F., Netzel C., Fuhrmann D., Rossow U., Ade G., and Hinze P. "Suppression of nonradiative recombination by V-shaped pits in GaInN/GaN quantum wells produces a large increase in the light emission efficiency" *Phys. Rev. Lett.* **95**, 127402 (2005)

Han J., Waldrip K. E., Lee S. R., Figiel J. J., Hearne S. J., Petersen G. A., and Myers S. M. "Control and elimination of cracking of AlGaN using low-temperature AlGaN interlayers" *Appl. Phys. Lett.* **78**, 67 (2001)

Hearne S. J., Han J., Lee S. R., Floro J. A., Follstaedt D., Chason M. E., and Tsong I. S. T. "Brittleductile relaxation kinetics of strained AlGaN/GaN heterostructures" *Appl. Phys. Lett.* **76**, 1534 (2000)

International Congress on Light, Copenhagen, Denmark (1932)

Jiang H. X. and Lin J. Y. "AlGaN and InAlGaN alloys ¬epitaxial growth, optical and electrical properties, and applications" *Opto-Electron. Rev.* **10**, 271 (2002)

Katsuragawa M., Sota S., Komori M., Anbe C., Takeuchi T., Sakai H., Amano H., and Akasaki I. "Thermal ionization energy of Si and Mg in AlGaN" *J. Cryst. Growth* **189/190**, 528 (1998)

Khan M. A. "Deep-ultraviolet LEDs fabricated in AlInGaN using MEMOCVD" *Proc. SPIE* **5530**, 224 (2004)

Kim K. H., Li J., Jin S. X., Lin J. Y., and Jiang H. X. "III-nitride ultraviolet light-emitting diodes with delta doping" *Appl. Phys. Lett.* **83**, 566 (2003)

Kim K. H., Fan Z. Y., Khizar M., Nakarmi M. L., Lin J. Y., and Jiang H. X. "AlGaN-based ultraviolet light-emitting diodes grown on AlN epilayers" *Appl. Phys. Lett.* **85**, 4777 (2004)

Kipshidze G., Kuryatkov V., Borisov B., Holtz M., Nikishin S., and Temkin H. "AlGaInN-based ultraviolet light-emitting diodes grown on Si 9111:" *Appl. Phys. Lett.* **80**, 3682 (2002)

Kipshidze G., Kuryatkov V., Zhu K., Borisov B., Holtz M., Nikishin S., and Temkin H. "AlN/AlGaInN superlattice light-emitting diodes at 280 nm" *J. Appl. Phys.* **93**, 1363 (2003)

Koleske D. D., Coltrin M. E., Cross K. C., Mitchell C. C., and Allerman A. A. "Understanding GaN nucleation layer evolution on sapphire" *J. Cryst. Growth* **273**, 86 (2004)

Kozodoy P., Hansen M., DenBaars S. P., and Mishra U. K. "Enhanced Mg doping efficiency in $Al_{0.2}Ga_{0.8}N$/GaN superlattices" *Appl. Phys. Lett.* **74**, 3681 (1999a)

Kozodoy P., Smorchkova Y. P., Hansen M., Xing H., DenBaars S. P., Mishra U. K., Saxler A. W., Perrin R., and Mitchel W. C. "Polarization-enhanced Mg doping of AlGaN/GaN superlattices" *Appl. Phys. Lett.* **75**, 2444 (1999b)

Kumakura K., Makimoto T., and Kobayashi N. "Low resistance non-alloy ohmic contact to p-type GaN using Mg-doped InGaN contact layer" *Phys. Stat. Sol. (a)* **188**, 363 (2001)

Kumakura K., Makimoto T., and Kobayashi N. "Ohmic contact to p-GaN using a strained InGaN contact layer and its thermal stability" *Jpn. J. Appl. Phys.* **42**, 2254 (2003)

Lester S. D., Ponce F. A., Craford M. G., and Steigerwald D. A. "High dislocation densities in high efficiency GaN-based light-emitting diodes" *Appl.*

Phys. Lett.* **66**, 1249 (1995)

Li Y.-L., Schubert E. F., Graff J. W., Osinsky A., and Schaff W. F. "Low-resistance ohmic contacts to ptype GaN" *Appl. Phys. Lett.* **76**, 2728 (2000)

Matthews J. W. and Blakeslee A. E. "Defects in epitaxial multilayers -III. Preparation of almost perfect multilayers" *J. Cryst. Growth* **32**, 265 (1976)

McCluskey M. D., Johnson N. M., Van de Walle C. G., Bour D. P., Kneissl M., and Walukiewicz W. "Metastability of oxygen donors in AlGaN" *Phys. Rev. Lett.* **80**, 4008 (1998)

Morita D., Yamamoto M., Akaishi K., Matoba K., Yasutomo K., Kasai Y., Sano M., Nagahama S.-I., and Mukai T. "Watt-class high-output-power 365 nm ultraviolet light-emitting diodes" *Jpn. J. Appl. Phys.* **43**, 5945 (2004)

Mukai T., Morita D., and Nakamura S. "High-power UV GaInN/AlGaN double-heterostructure LEDs" *J. Cryst. Growth* **189**, 778 (1998)

Nakamura S., Senoh M., and Mukai T. "Highly p-type Mg doped GaN films grown with GaN buffer layers" *Jpn. J. Appl. Phys.* **30**, L1708 (1991)

Nakamura S., Mukai T., Senoh M., and Iwasa N. "Thermal annealing effects on p-type Mg-doped GaN films" *Jpn. J. Appl. Phys.* **31**, L139 (1992)

Nakamura S., Senoh M., and Mukai T. "P-GaN / N-InGaN / N-InGaN double heterostructure blue-lightemitting diodes" *Jpn. J. Appl. Phys.* **32**, L8 (1993a)

Nakamura S., Senoh M., and Mukai T. "High-power InGaN/GaN double-heterostructure violet light emitting diodes" *Appl. Phys. Lett.* **62**, 2390 (1993b)

Nakamura S. "Growth of InGaN compound semiconductors and high-power InGaN/AlGaN double heterostructure violet-light-emitting diode" *Microelectron. J.* **25**, 651 (1994)

Nakamura S. and Fasol G. *The Blue Laser Diode* (Springer, Berlin, 1997). The authors discuss carrier localization effects on page 305 of the book. The authors discuss the initial stages of epitaxial growth on page 13 of the book.

Narukawa Y., Kawakami Y., Fujita S., Fujita S., and Nakamura S. "Recombination dynamics of localized excitons in In0.20Ga0.80N - In0.05Ga0.95N multiple quantum wells" Phys. Rev. B 55, R 1938 (1997a)

Narukawa Y., Kawakami Y., Funato M., Fujita S., Fujita S., and Nakamura S. "Role of self-formed InGaN quantum dots for exciton localization in the purple laser diode emitting at 420 nm" *Appl. Phys. Lett.* **70**, 981 (1997b)

Oder T. N., Kim K. H., Lin J. Y., and Jiang H. X. "III-nitride blue and ultraviolet photonic crystal light emitting diodes" *Appl. Phys. Lett.* **84**, 466 (2004)

Razeghi M. and Henini M. "Optoelectronic devices: III-itrides" (Elsevier, Amsterdam, 2004)

Rosner S. J., Carr E. C., Ludowise M. J., Girolami G., and Erikson H. I. "Correlation of cathodoluminescence inhomogeneity with microstructural defects in epitaxial GaN grown by metalorganic chemical-vapor deposition" *Appl. Phys. Lett.* **70**, 420 (1997)

Schubert E. F., Grieshaber W., and Goepfert I. D. "Enhancement of deep acceptor activation in semiconductors by superlattice doping" *Appl. Phys. Lett.* **69**, 3737

(1996)

Shakya J., Kim K. H., Lin J. Y., and Jiang H. X. "Enhanced light extraction in III-nitride ultraviolet photonic crystal light-emitting diodes" *Appl. Phys. Lett.* **85**, 142 (2004)

Siozade L., Leymarie J., Disseix P., Vasson A., Mihailovic M., Grandjean N., Leroux M., and Massies J. "Modelling of thermally detected optical absorption and luminescence of (In,Ga)N/GaN heterostructures" *Solid State Commun.* **115**, 575 (2000)

Smeeton T. M., Kappers M. J., Barnard J. S., Vickers M. E., and Humphreys C. J. "Electron-beaminduced strain within InGaN quantum wells: False indium "cluster" detection in the transmission electron microscope" *Appl. Phys. Lett.* **83**, 5419 (2003)

Su Y. K., personal communication at the *Second Asia-Pacific Workshop on Widegap Semiconductors* (APWS), Hsinchu, Taiwan, March 7–9 (2005)

Walukiewicz W., Li S. X., Wu J., Yu K. M., Ager III J. W., Haller E. E., Lu K., and Schaff W. J. "Optical properties and electronic structure of InN and In-rich group III-nitride alloys" *J. Cryst. Growth* **269**, 119 (2004)

Wetzel C., Amano H., Akasaki I., Ager III J. W., Grzegory I., and Meyer B. K. "DX-like behavior of oxygen in GaN" *Physica B* **302–03**, 23 (2001)

Wu J., Walukiewicz W., Yu K. M., Ager J. W., Haller E. E., Lu H., and Schaff W. J. "Small band gap bowing in In1–Ga_xN alloys" *Appl. Phys. Lett.* **80**, 4741 (2002)

Wu J, Walukievicz W., Yu K. M., Ager III J. W., Li S. X., Haller E. E., Lu H., and Schaff W. J. "Universal bandgap bowing in group-III nitride alloys" *Solid State Commun.* **127**, 411 (2003)

Yasan A., McClintock R., Mayes K., Darvish S. R., Kung P., and Razeghi M. "Top-emission ultraviolet light-emitting diodes with peak emission at 280 nm" *Appl. Phys. Lett.* **81**, 801 (2002)

Yun F., Reshchikov M. A., He L., King T., Morkoc H., Novak S. W., and Wei L. "Energy band bowing parameter in $Al_xGa_{1-x}N$ alloys" *J. Appl. Phys.* **92** , 4837 (2002)

Zhang J. P., Chitnis A., Adivarahan V., Wu S., Mandavilli V., Pachipulusu R., Shatalov M., Simin G., Yang J. W., and Khan M. A. "Milliwatt power deep ultraviolet light-emitting diodes over sapphire with emission at 278 nm" *Appl. Phys. Lett.* **81**, 4910 (2002a)

Zhang J. P., Wang H. M., Gaevski M. E., Chen C. Q., Fareed Q., Yang J. W., Simin G., and Khan M. A. "Crack-free thick AlGaN grown on sapphire using AlN/AlGaN superlattices for strain management" *Appl. Phys. Lett.* **80**, 3542 (2002b)

Zhang J. P., Wu S., Rai S., Mandavilli V., Adivarahan V., Chitnis A., Shatalov M., and Khan M. A. "AlGaN multiple-quantum-well-based deep ultraviolet light-emitting diodes with significantly reduced long-wave emission" *Appl. Phys. Lett.* **83**, 3456 (2003)

Chapter 14 공진공동으로부터의 자발발광

14.1 자발발광의 변형

초기 양자상태로부터 최종상태로의 전자의 발광전이와 동시에 일어나는 광양자를 발광시키는 발광전이는 광전소자에서 가장 기본적인 과정 중의 하나이다. 광자의 발광이 일어날 수 있는 방법은 크게 두 가지로 구별되는데, 자발발광과 유도발광이 그것이다. 이 두 과정은 아인슈타인(1917)에 의해 최초로 제안되었다.

유도발광은 반도체 레이저와 초고휘도 발광다이오드에서 나타난다. 발광특성을 급격히 바꾸기 위해 유도발광모드를 반도체 구조에서 사용할 수 있다는 것이 1960년대에 입증되었다. 유도발광을 이용하려는 노력은 최초 반도체 레이저의 상온 동작(Hayashi 외, 1970)과 최초의 초고휘도 발광다이오드의 구현으로 귀착된다(Hall 외, 1962).

자발발광은 재결합과정이 자발적으로 일어난다는 개념을 의미한다. 사실, 자발발광은 오랫동안 조절할 수 없다고 믿어졌다. 그러나 공간 크기가 빛의 파장 수준인 마이크로 광학 공진기(resonator)에 대한 연구로부터 발광 매질의 자발발광 특성은 조절이 가능하다는 것을 알 수 있었다. 이러한 발광 특성의 변화는 자발발광 속도, 스펙트럼 순도(spectral purity), 그리고 발광 형태를 포함한다. 이 변화는 더 효율적이고, 더 빠르고, 더 밝은 반도체소자를 만드는데 사용될 수 있다. 이러한 공진공동(resonant cavity)과 광결정(photonic crystal) 구조에서의 자발발광 특성의 변화는 Joannopoulos(1995)에 의해 정리되었다.

마이크로공동구조는 여러 활성 매질과 마이크로공동구조로 구현되었다. 최초의 마이크로공동구조는 RF영역 내의 발광 진동수를 위한 구조로 Purcell에 의해 제안되었다. 금속으로 만든 작은 원구가 공진 매질로 제안되었다. 그러나 Purcell의 이론 논문을 뒷받침하는 어떠한 실험 결과도 뒤따르지 못했다. 1980~1990년대에 여러 형태의 광학 활성 매질을 가진 몇 가지 마이크로 공동이 구현되었다. 유기 염료(De Martini 외, 1987, Suzuki 외, 1991)), 반도체(Yablonovitch 외, 1988, Yokoyama 외, 1990)와 희토류 도핑된 실리카(Schubert 외, 1992b; Hunt 외, 1995b)) 그리고 유기 고분자(Nakayama 외, 1993;, Dodabalapur 외, 1994) 등의 여러 발광 매질이 사용되었다. 이러한 논문들에서 파장적, 공간적, 시간적 발광특성의 변화와 같은 확실한 자발적 발광의 변화가 증명되었다

1990년대 초에 전류 주입 공진공동 발광다이오드(resonant-cavity light- emitting diodes; RCLED)가 최초로 GaAs 재료시스템(Schubert 외, 1992a)에서 구현되었고 뒤이어 유기 발광다이오드(Nakayama 외, 1993)에서도 구현되었다. 이 두 논문은 공진공동에 의해 좁혀진 발광 선폭에 대해 보고하였다. RCLED는 일반 LED에 비해 높은 밝기, 향상된 스펙트럼 순도, 향상된 효율 등의 많은 장점을 가진다. 예를 들면, RCLED에서의 스펙트럼 출력밀도(power density)는 10배 이상 향상된 것으로 알려졌다(Hunt 외, 1992, 1995a).

VCSEL에서의 자발발광의 향상에 의한 이러한 광 이득의 변화는 Deppe와 Lei에 의해 분석되었다(1992). 공동이 발광파장보다 훨씬 큰($\lambda \ll L_{cav}$) 매크로공동(Macrocavity)에 비해 마이크로공동($\lambda \approx L_{cav}$)은 상온에서 일반적인 선폭(50 nm)을 갖는 GaAs 발광에 대하여 이득이 2~4배 향상될 수 있다는 것을 보여준다. 그러므로 레이저 임계 전류는 마이크로공동구조에서 더 높은 이득 때문에 낮춰질 수 있다.

공동 내부에서의 발광과 공동 외부로의 발광을 구별하는 것은 중요하다. 공동 내의 자발발광의 향상과 거울 중의 하나를 통한 공동 외부로의 발광은 매우 다를 수 있다. 적절한 공동 피네스 값에서 공동 내부와 외부로의 자발발광은 향상된다. 그러나 공동의 피네스(finesse)가 매우 높은 경우(예를 들면 Jewell 외, 1988) 공동 외부로의 총괄적인 발광은 감소한다(Schubert 외, 1996). 반사경의 반사도가 극단적으로 높은 극한의 경우($R_1 = R_2 \to 100\%$), 공동 외부로의 발광은 “0”이 된다. 이 효과는 나중에 자세히 논의할 것이다.

모든 자발발광이 단일 광모드로 일어나는 소자가 Kobayashi에 의해 제안되었다(1982, 1985). 이 소자는 제로 문턱 레이저(zero-threshold laser(Yokoyama, 1992))와 단일모드 LED(Yablonovitch, 1994)로 명명되었다. 종래의 레이저에서는 오직 자발발광의 일부만이 레이저 공동에 의하여 조절되는 전자기장의 단일상태와 연동된다. 나머지는 레이저의 측면으로부터 방출하는 자유 공간 모드로 손실된다. 문턱 없는(Thresholdless) 레이저의 개념은 간단하다. 파장크기의 공동으로 그 안에 광모드가 오직 하나만 존재하게 하면 된다. 그러므로 자발발광은 물론 유도발광도 이 광모드와 연동된다. 문턱

없는 레이저는 일반적인 레이저의 광출력과 전류특성에서 관찰되는 자발발광과 발진(lasing)영역의 명확한 구분지점, 즉 문턱이 없어야 한다. 확실히, 이러한 소자의 관점은 흥미롭다. 비록 여러 문턱 없는 레이저를 구현하려는 여러 시도가 보고되어 왔지만(Yokoyama 외, 1990; Yokoyama 1992; Numai 외, 1993), 문턱 없는 레이저는 아직 구현되지 못했다.

14.2 Fabry-Perot 공진기

광공동의 가장 간단한 형태는 L_{cav} 거리만큼 떨어진 두 개의 평행한(coplanar) 거울로 구성된다. 1세기 전에, Fabry와 Perot가 최초로 평행한 평면거울을 가진 광공동을 제작하고 분석하였다. 이 공동에서 두 반사경 사이의 거리는 매우 컸다($L_{cav} \gg \lambda$). 그러나 만약 두 반사경 사이의 거리가 빛의 파장범위라면, 공동 내부 활성영역으로부터 광발광의 향상과 같은 새로운 물리적 현상이 일어난다. 공동의 크기가 $L_{cav} \approx \lambda$인 매우 작은 공동을 마이크로공동이라고 한다.

가장 간단한 형태의 광마이크로공동은 평형 마이크로공동이고 그 특성은 아래에 요약되어 있다. Fabry-Perot 공동의 광특성을 자세히 논의하기 위해서는 다음의 문헌을 참고하기 바란다(Coldren와 Corzine, 1995; Saleh와 Teich, 1991). 반사도 R_1과 R_2의 두 반사경을 가진 Fabry-Perot 공동이 그림 14.1(a)와 (b)에 그려져 있다. 공동 내부에서 전파되는 평면파는 보강 또는 상쇄간섭을 할 수 있고 이로 인해 안정한(허용된) 광모드와 감쇠된(허용되지 않은) 광모드가 생긴다(광자파장은 마이크로공동 길이보다 훨씬 길다는 것을 유념하라). 손실 없는 즉 비흡수성 반사경에 대하여, 두 반사경을 통한 투과도는 $T_1 = 1 - R_1$과 $T_2 = 1 - R_2$로 주어진다. 공동 내의 다중 반사를 고려하면, Fabry-Perot 공동을 통한 투과도는 기하급수(geometric series)로 표현할 수 있다. 즉 투과된 빛 세기(투과도)는 다음과 같이 주어진다.

$$\boxed{T = \frac{T_1 T_2}{1 + R_1 R_2 - 2\sqrt{R_1 R_2}\cos 2\phi}} \tag{14.1}$$

여기서 ϕ는 두 반사경 사이에서 단일 투과에 대한 광파동의 위상변화이다. 반사경에서의 위상변화는 무시된다. 보강간섭조건이 만족되면($2\phi = 0,\ 2\pi,\ \ldots$) 투과도는 최대가 된다. 이 값들을 식 (14.1)에 대입하면 최대 투과도는 다음과 같다.

$$T_{\max} = \frac{T_1 T_2}{\left(1 - \sqrt{R_1 R_2}\right)^2} \tag{14.2}$$

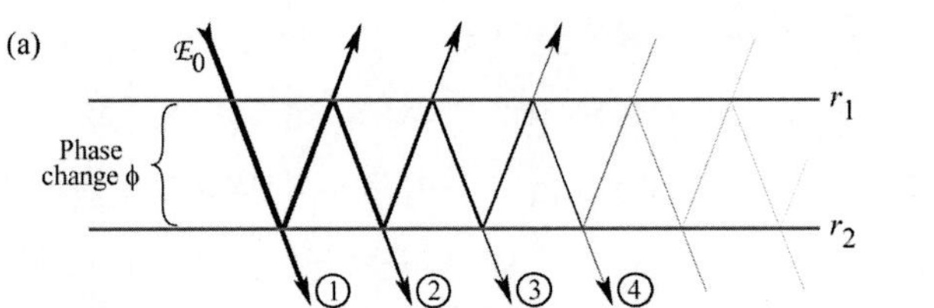

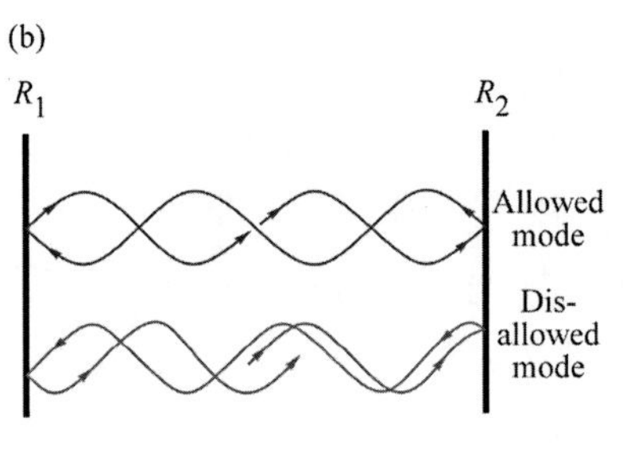

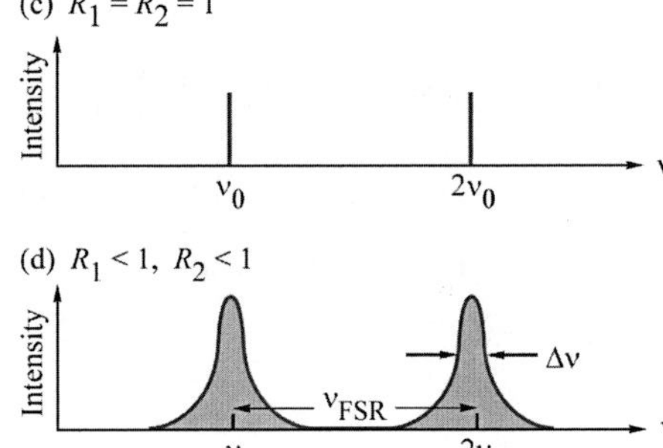

그림 14.1 (a) 전기장 진폭 E_0를 가진 광파동의 Fabry-Perot 공동에서 투과도, (b) 두 개의 평면 반사경으로 이루어진 Fabry-Perot 공동에서 허용된 광모드가 허용되지 않은 광모드의 (c) 거울손실이 없는 공진기와($R_1 = R_2 = 100\%$), (c) 거울 손실 있는 공진기의 광모드밀도.

비대칭 공동에 대해($R_1 \neq R_2$), $T_{\max} < 1$이다. 대칭 공동에 대해($R_1 = R_2$), 최대 투과도는 1이다($T_{\max} = 1$).

Exercise

Fabry-Perot 공동을 통한 투과

그림 14.1(a)에 묘사되어 있는 기하급수를 이용하여 식 (14.1)의 투과 파동강도를 유도하라.

$\phi = 0,\ 2\pi,\ 4\pi,\ \dots$근처에서, 식 (14.1)의 cosine 항은 멱급수($\cos 2\phi \approx 1 - 2\phi^2$)로 확장될 수 있다. 따라서

$$T = \frac{T_1\, T_2}{\left(1 - \sqrt{R_1 R_2}\right)^2 + \sqrt{R_1 R_2}\, 4\,\phi^2} \tag{14.3}$$

식 (14.3)은 최대치 근처에서 투과도는 lorentzian 함수로 근사될 수 있다는 것을 보여준다. 식 (14.3)의 투과도 T는 $\phi = 0$에서 최대값을 가진다. $\phi_{1/2} = [1 - (R_1 R_2)^{1/2}] / [4(R_1 R_2)^{1/2}]^{1/2}$일 때 투과도의 최대값은 절반으로 감소한다. R_1과 R_2가 매우 클

때, 즉, $R_1 \approx 1$과 $R_2 \approx 1$이면, $\phi_{1/2} = (1/2)[1-(R_1 R_2)^{1/2}]$이다.

공동 피네스 F는 투과도 반가폭(full-width at half-maximum)에 대한 투과도 피크 간격의 비율로 정의된다.

$$F = \frac{\text{peak separation}}{\text{peak width}} = \frac{\pi}{2\phi_{1/2}} = \frac{\pi\sqrt[4]{R_1 R_2}}{1-\sqrt{R_1 R_2}} \approx \frac{\pi}{1-\sqrt{R_1 R_2}} \tag{14.4}$$

식 (14.1)로부터 R_1과 R_2가 증가하면 피네스 F는 매우 증가함을 알 수 있다. 빛의 파장과 진동수는 실질적으로 위상보다 다루기가 쉽다. 식 (14.1)~(14.4)는 다음 식을 이용하여 파장과 진동수로 변환할 수 있다.

$$\phi = 2\pi\frac{\bar{n}L_{cav}}{\lambda} = 2p\frac{\bar{n}L_{cav}\nu}{c} \tag{14.5}$$

여기서 L_{cav}는 공동의 길이, λ는 진공에서 빛의 파장, ν는 빛의 진동수, n는 공동 내부의 굴절률이다. 그림 14.1(c)와 (d)는 각각 $R=1$과 $R<1$일 경우 공동을 통한 투과도를 보여준다. 그림 14.1(d)에 보여진 바와 같이 진동수영역에서 투과도 피크 간 거리를 자유 스펙트럼 범위(free spectral range) ν_{FSR}라고 불린다. 진동수영역에서 공동의 피네스 $F=\nu_{FSR}/\Delta\nu$로 주어진다.

종종 피네스 대신 공동 품질인자(cavity quality factor) Q를 사용한다. 따라서 공동 Q인자는 투과한 피크 폭에 대한 투과 피크 진동수의 비로 정의된다. 이 정의와 식 (14.4)를 이용하면 다음과 같은 식을 얻는다.

$$Q = \frac{\text{peak frequency}}{\text{peak width}} = \frac{2\bar{n}L_{cav}}{\lambda} = \frac{\pi\sqrt[4]{R_1 R_2}}{1-\sqrt{R_1 R_2}} \approx \frac{2\bar{n}L_{cav}}{\lambda}\frac{\pi}{1-\sqrt{R_1 R_2}} \tag{14.6}$$

여기서 피크 폭은 진동수의 단위로 측정된다.

그림 14.2는 Si 기판 위에 증착된 네 쌍의 Si/SiO_2 분산 Bragg 반사경(DBR; distributed Bragg reflector), SiO_2 중심영역, 2.5쌍의 Si/SiO_2 DBR 상부 반사경으로 구성된 마이크로공동의 반사도 스펙트럼의 한 예를 보여준다. 그 공동의 공진파장은 약 1.0 μm이다. 공진파장에서 두 반사경의 반사도가 같지 않기 때문에 공동의 반사도는 0에 근접하지는 않는다.

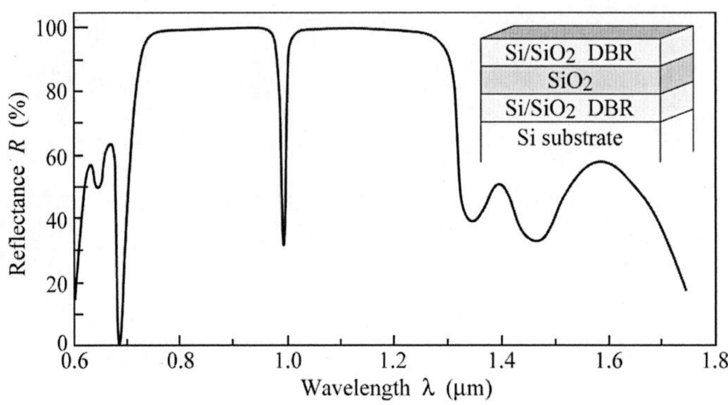

그림 14.2 두 개의 Si/SiO_2 반사경과 SiO_2 중심영역으로 구성된 Fabry-Perot 공동의 반사도. 공진파장에서(λ=1000 nm), 반사도는 가파르게 움푹한 곳을 보여준다.

14.3 1차원 공진기에서의 광모드밀도

이 단원에서는 1차원 공진기, 즉 평행 Fabry-Perot 마이크로공동에서 광모드 밀도의 변화로부터 자발발광의 향상을 계산할 것이다. 먼저 마이크로공동 내부에 위치한 광활성 매질로부터의 자발발광의 변화를 일으키는 기본 물리법칙에 대해 먼저 토론한 다음 스펙트럼과 적분발광 향상에 대한 공식을 유도할 것이다. 광활성 균일 매질 내에서의 자발발광 전이 속도는 다음과 같이 주어진다(예를 들면, Yariv, 1982).

$$W_{spont} = \tau_{spont}^{-1} = \int_0^\infty W_{spont}^{\ell}\, \rho(\nu_\ell)\, d\nu_\ell \tag{14.7}$$

여기서 W_{spont}^{ℓ} 는 광모드 l 로의 자발전이 속도, $\rho(\nu_\ell)$는 광모드밀도이다. 광매질이 균일하다고 가정하면, 자발발광 수명, τ_{spont},는 자발발광 속도의 역수이다. 그러나 만약 소자의 광모드밀도가 공동 구조의 경우처럼 공간 방향에 의존한다면, 식 (14.7)로 주어진 발광 속도는 방향에 의존한다. 식 (14.7)은 예를 들면 Fabry-Perot 공동의 반사경에 수직한 방향처럼 어떤 특정 방향을 따라 작은 범위의 입체각에 대해 적용될 수 있다. 그러므로 식 (14.7)은 특정 방향, 특히 공동의 광축에 대한 발광 속도를 계산하기 위해 사용된다.

광모드 ℓ 로의 자발발광 속도, W_{spont}^{ℓ} 는 전이에 수반된 두 전자준위의 쌍극자 행렬요소를 포함한다(Yariv, 1982). 그러므로 광공동 내에 광활성 매질을 집어넣는다고 해도 W_{spont}^{ℓ} 은 변하지 않을 것이다. 그러나 광모드밀도 $\rho(\nu_\ell)$는 공동에 의해 강하게 수정된다. 다음으로, 자발발광 속도의 변화를 계산하기 위해 광모드밀도의 변화를 사용할 것이다.

먼저 자유공간에서의 광모드밀도를 마이크로공동 내에서의 광모드밀도와 비교한다. 단순화하기 위해 평행 Fabry-Perot 마이크로공동과 같은 1차원 경우만 고려한다. 또한, 공동의 광축 방향으로의 발광만 고려한다.

일차원 균질 매질에서 단위길이, 단위 진동수당 광모드밀도는 다음과 같다.

$$\rho^{ID}(\nu) = \frac{2\bar{n}}{c} \tag{14.8}$$

여기서 $\bar{n}$은 매질의 굴절률이다. 식 (14.8)은 자유공간에서 광모드밀도를 유도하기 위해 일반적으로 사용되는 유사한 공식을 사용하여 유도할 수 있다. 식 (14.8)에 의한 주어진 상수값의 광모드밀도를 그림 14.3(a)에서 나타내었다.

Exercise

광모드밀도

식 (14.8), 즉 1차원 공간에서의 광모드밀도를 유도하라.

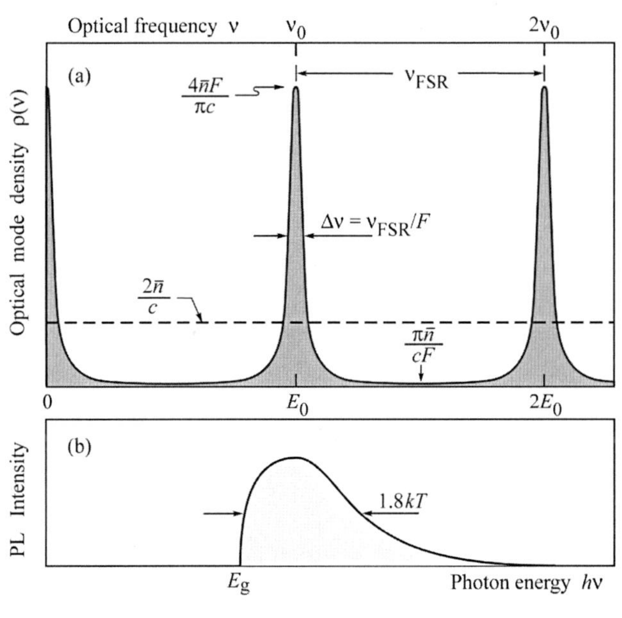

그림 14.3 (a) 일차원 평면 마이크로공동(실선)과 균질한 일차원 공간의 광모드밀도, (b) 벌크 반도체 발광 스펙트럼의 이론적인 모양.

평면 마이크로공동에서 광모드는 불연속적(discrete)이고 이러한 모드의 진동수는 기본 모드 진동수의 정수배이다. 평면 마이크로공동의 광모드밀도를 그림 14.3(a)에 모식적으로 나타내었다. 기본모드와 1차 여기모드는 각각 ν_0와 $2\nu_0$의 진동수에서 발생한다. 두 개의 금속 반사경(DBR이 아님)과 반사 직후 광파동이 π의 위상 변이를 하는 공동에 대하여 기본 진동수는 $\nu_0 = c\,/\,(2\bar{n}\,L_{cav})$가 되며, 여기서 c는 진공 내 빛의 속도, L_{cav}는 공동의 길이이다. 공진 마이크로공동에서 공동 내에 위치한 활성매질의 발광 진동수는 공동모드 중 하나의 진동수와 같다.

공동 축 방향에 대해 광모드밀도는 공동 내의 모드밀도와 공동을 통한 광투과도 $T(\nu)$ 사이의 관계를 이용해서 유도될 수 있다.

$$\rho(\nu) = KT(\nu) \tag{14.9}$$

여기서 K는 상수이다. 이 상수값은 정규화조건, 즉 단일 광모드를 고려함으로써 결정될 것이다. 식 (14.1)을 이용하여 Fabry-Perot 공동을 통한 투과도는 다음과 같이 쓸 수 있다.

$$T(\nu) = \frac{T_1\,T_2}{1 + R_1\,R_2 - 2\sqrt{R_1\,R_2}\,\cos\,(4\pi\,\bar{n}\,L_{cav}\,\nu/c)} \tag{14.10}$$

투과도는 $\nu = 0$, ν_0, $2\nu_0$에서 최대값을 갖고, $\nu = \nu_0/2$, $3\nu_{0}/2$, $5\nu_{0}/2$에서 최소값을 갖는다.

식 (14.10)에서 cosine 항을 $\cos x \approx 1 - (x^2/2)$의 멱급수를 이용하여 확장하며 $\nu = 0$에서의 최대 투과도를 Lorentzian 근사시켜서 다음 식을 얻는다.

$$T(\nu) = \frac{\dfrac{T_1\,T_2\,(\sqrt{R_1\,R_2}\,)^{-1}\,(4\pi\,\bar{n}\,L_{cav}\,/c)^{-2}}{(1 - \sqrt{R_1\,R_2}\,)^2}}{(\sqrt{R_1\,R_2}\,)^{-1}\,(4\pi\,\bar{n}\,L_{cav}\,/c)^{-2}} + \nu^2 \tag{14.11}$$

모든 진동수와 공동길이에 대해 $\rho(\nu)$를 적분하면 단일 광모드를 얻는다. 즉,

$$K\int_0^{L_c}\int_{-\infty}^{\infty}\rho(\nu)\,d\nu\,dL = 1 \tag{14.12}$$

진동수 적분의 하한과 상한은 $\pm\infty$로 선택될 수 있는데, 이는 식 (14.11)의 lorentzian 근사가 $\nu = 0$에서 오직 하나의 최대값을 갖기 때문이다. 식 (14.9), (14.11)을 사용하고, 적분 공식 $\int_{-\infty}^{\infty}(a^2 + x^2)^{-1}\,dx = \pi/a$를 사용하면 다음 식을 얻을 수 있다.

$$K = \frac{(R_1 R_2)^{3/4}}{T_1 T_2} \frac{4\bar{n}}{c} \left(1 - \sqrt{R_1 R_2}\right) \tag{14.13}$$

식 (14.9)를 사용하면, 공동 축 방향 발광하는 1차원 공동의 광모드밀도는 다음과 같이 주어진다.

$$\boxed{\rho(\nu) = \frac{(R_1 R_2)^{3/4}}{T_1 T_2} \frac{4\bar{n}}{c} \left(1 - \sqrt{R_1 R_2}\right) T(\nu)} \tag{14.14}$$

식 (14.14)로부터 최대값과 최소값에서의 광모드의 밀도를 계산할 수 있다. 최대값에서 모드밀도는 다음과 같다.

$$\rho_{\max} = \frac{(R_1 R_2)^{3/4}}{1 - \sqrt{R_1 R_2}} \frac{4\bar{n}}{c} \tag{14.15}$$

$(R_1 R_2)^{3/4} \approx 1$ 관계식과 피네스로부터 유도된 식(식 14.4)을 사용하여 최대값에서의 모드밀도의 근사식을 다음과 같이 얻는다.

$$\rho_{\max} = \frac{4}{\pi} \frac{\bar{n} F}{c} \tag{14.16}$$

즉, 최대값에서의 모드밀도는 공동의 피네스에 비례한다. 최소값에서는 모드밀도는 다음과 같이 주어진다.

$$\rho_{\min} = \frac{(R_1 R_2)^{3/4} \left(1 - \sqrt{R_1 R_2}\right)}{1 + \sqrt{R_1 R_2}} \frac{4\bar{n}}{c} \tag{14.17}$$

$(R_1 R_2)^{3/4} \approx 1$ 관계식과 피네스로부터 유도된 식(식 14.4)을 이용하여 최소값에서의 모드밀도의 근사값을 다음과 같이 얻을 수 있다.

$$\rho_{\min} \approx \pi \frac{\bar{n}}{c F} \tag{14.18}$$

즉, 최소값에서의 모드밀도는 공동의 피네스에 반비례한다.

1차원 자유 공간과 1차원 평면 공동의 광모드밀도를 그림 14.3에 비교하였다. 모드밀도는 보존된다는, 즉 1차원 모드밀도와 1차원 공동모드밀도 아래 영역은 같다는 것에 주목해야 한다.

14.4 스펙트럼 발광 향상

주어진 파장에서의 발광률은 광모드밀도에 직접적으로 비례하기 때문에(식 14.7), 발광률 강화 스펙트럼은 1차원 자유 공간모드에 대한 1차원 공동모드밀도의 비율로 주어진다. 이전에 계산된 대로, 공동 강화 스펙트럼은 Lorentzian형 라인 모양을 가진다. 그러므로 공진파장에서의 강화 인자는 공동이 있을 때와 없을 때의 광모드밀도의 비율로 주어진다. 즉,

$$G_e = \frac{\rho_{\max}}{\rho^{1D}} \approx \frac{2}{\pi}F \approx \frac{2}{\pi}\frac{\pi(R_1 R_2)^{1/4}}{1-\sqrt{R_1 R_2}} \tag{14.19}$$

이 식은 공동 축 방향의 자발발광률을 마이크로공동으로 크게 강화시킬 수 있다는 것을 보여준다.

식 (14.19)는 공동의 두 반사경 밖으로 평균 발광률 강화를 나타낸다. 한 방향에서의 강화를 알아보기 위해 공동 내를 한 번 왕복할 때 두 거울의 평균손실(즉, $(1/2)[(1-R_1)+(1-R_2)]$)로 나누어진 반사도 R_1을 가진 거울을 탈출하는 빛의 비율을 식 (14.19)에서 나타내는 강화에 곱한다. R_1과 R_2가 클 경우, 이것은 R_1을 탈출하는 발광의 향상을 나타낸다.

$$G_e \approx \frac{2(1-R_1)}{2-R_1-R_2}\frac{2F}{\pi} \approx \frac{1-R_1}{1-\sqrt{R_1 R_2}}\frac{2F}{\pi} \approx \frac{2}{\pi}\frac{\pi(R_1 R_2)^{1/4}(1-R_1)}{(1-\sqrt{R_1 R_2})^2} \tag{14.20}$$

여기서 $1-(R_1 R_2)^{1/2} \approx (1/2)(1-R_1 R_2) \approx (1/2)(2-R_1-R_2)$근사를 사용하였다. 식 (14.20)은 반사도 R_1의 단일 반사경으로부터의 발광률 강화를 나타낸다.

다음으로 우리는 정상파 효과, 즉 광파의 마디(node)와 배(antinode)에 대한 광학적으로 활성화된 재료의 분포를 고려한다. 만약 활성영역이 공동 내에서의 정상파의 배(antinode)에 정확히 위치한다면, 배 향상 인자 ξ는 2의 값을 갖는다. 만약 활성영역이 정상파의 많은 주기 이상으로 증가한다면 ξ는 1이다. 마지막으로, 만약 활성영역이 마디에 위치하면 ξ는 0이다.

발광률 강화는 그렇다면 다음과 같이 주어진다.

$$G_e = \frac{\xi}{2}\frac{2}{\pi}\frac{\pi(R_1 R_2)^{1/4}(1-R_1)}{(1-\sqrt{R_1 R_2})^2}\frac{\tau_{cav}}{\tau} \tag{14.21}$$

이때 R_1은 광추출은 거울의 반사도이므로 $R_1 < R_2$이다. 식 (14.21)은 또한 공동이

없을 때의 수명 τ과 공동이 있을 때의 수명 τ_{cav}에 관한 자발발광 수명의 변화를 고려한 것이다. 만약 공동의 결과로 인해 공동의 수명이 줄어든다면 τ_{cav}/τ인자의 증가가 감소한다는 것을 확인시켜 준다. 평면 마이크로공동에 대하여 공동이 있을 때의 자발 수명 τ_{cav}과 공동이 없을 때의 수명 τ의 비율은 $\tau_{cav}/\tau \geq$ 0.9(Vredenberg)이다. 그러므로 발광 수명은 평면 마이크로공동에서 오직 작은 양만큼만 변한다.

14.5 적분된 발광 강화

공진파장에서의 강화보다는 파장에 대해 적분한 전체 강화가 많은 실제 소자에 연관된다. 공진 상황에서, 발광은 공동 축 방향을 따라 향상된다. 그러나 충분히 먼 비공진에서, 발광은 억제된다. (공동이 없는) 활성 매질의 자연발광 스펙트럼은 공동공진보다 훨씬 넓을 수 있기 때문에 적분된 발광이 조금이라도 향상되었는지는 연역적으로 확실하지 않다.

벌크 반도체의 발광 스펙트럼의 이론적 폭은 1.8 kT(Schubert, 1993)인데, 이때 k는 볼츠만 상수이고, T는 절대온도이다. 상온에서, 1.8 kT는 900 nm 발광파장에 대하여 $\Delta\lambda_n = 31$ nm의 발광 선폭에 해당한다. 5~10 nm의 공동공진 폭에 대하여 스펙트럼의 일부분은 강하게 향상된 반면에 스펙트럼의 나머지는 억제된다. 적분된 향상 비율(또는 억제 비율)은 Gaussian 자연발광 스펙트럼을 가정함으로써 분석적으로 계산될 수 있다. 300 K의 반도체에 대하여 자연발광의 선폭은 높은 피네스 공동의 경우에 공동공진 폭보다 크다. Gaussian 발광 스펙트럼은 $\Delta\lambda_n = 2\sigma(2\ln 2)^{1/2}$의 폭과 $(\sigma(2\pi)^{1/2})^{-1}$의 피크값을 갖는데, 여기서 σ는 Gaussian 함수의 표준편차다. 적분된 향상 비율(또는 억제 비율)은 그렇다면 다음과 같이 주어진다(Hunt 외 1993).

$$G_{int} = \frac{\pi}{2} G_e \, \Delta\lambda \frac{1}{\sigma\sqrt{2\pi}} = G_e \sqrt{\pi \ln 2} \, \frac{\Delta\lambda}{\Delta\lambda_n} \tag{14.22}$$

여기서 $\pi/2$ 인자는 강화 스펙트럼의 loreztzian 선모양 때문이다. 그러므로 적분된 발광 강화는 활성 물질의 자연발광 두께에 의존한다. G_{int}값은 광학적으로 서로 다른 활성화된 재료의 형태에 따라 매우 다를 수 있다. 좁은 원자발광 스펙트럼의 크기는 여러 등급으로 향상될 수 있다(Schubert 외, 1992b). 다른 한편, 염료나 고분자(de Martini 외, 1987; Suzuki 외, 1991) 같은 넓은 발광 스펙트럼을 가지는 재료들은 전혀 적분 향상을 나타내지 않을지도 모른다. 또한 식 (14.22)는 공진의 폭이 적분 향상에 중요한 영향을 준다는 것을 보여준다. 좁은 공진 스펙트럼 폭, 즉 높은 피네스 값 또는 긴 공동(Hunt)은 적분 강화값을 감소시킨다.

Exercise

공진공동구조의 스펙트럼 향상과 적분 강화

예로써, 우리는 식 (14.21)과 (14.22)를 사용하여 반도체 공진공동구조의 스펙트럼 향상과 파장 적분 향상값을 계산한다. R_1 =90%와 R_2 =97%의 반사도, 배(antinode) 강화 인자 ξ=1.5, τ_{cav}/τ =1에 대해 우리는 F=46을 구할 수 있고, 식 (14.21)을 이용해 peak 향상 인자 G_e =68을 구할 수 있다. 이 값을 공동공진 두께 $\Delta\lambda$ =6.5 nm(Schubert)와 이론적인 300 K 자연발광 두께 $\Delta\lambda$ =31 nm를 사용하여 식 (14.22)에 대입하면, 우리는 이론적인 적분 향상 인자 G_{int} =13을 얻는다. 실험적인 향상 인자 5가 위에서 가정된 반사도 값에 대해 증명되었다(Schubert 외 1994). 낮은 실험 강화는 부분적으로 더 넓은 자연발광 두께 때문이고, 이것은 이론적인 1.8 kT 값을 뛰어 넘는다.

벌크 반도체의 자발발광 스펙트럼은 그림 14.3(b)에 그려져 있다. 공동 축 방향의 최대 강화에 대해 공동은 자연발광 스펙트럼과 공진을 이뤄야 한다. 합금 퍼짐(alloy broadening) 같은 추가적인 확장(broadening) 메커니즘이 자연발광 스펙트럼을 이론치인 1.8 kT 이상으로 넓힐 것이라는 것을 인지해야 한다. 양자우물구조는 선천적으로 더 얇은 스펙트럼(0.7 kT)을 갖는데, 이는 계단 함수와 유사한 상태밀도 때문이다. 낮은 온도와 여기자(exciton)의 효과는 자연발광 두께를 더 줄일 수 있다. 그러므로 높은 향상이 낮은 온도와 양자우물 활성영역에 대해 기대된다.

14.6 시험적인 발광 향상과 각 의존성

특히 높은 자발발광 향상이 자연적으로 얇은 발광 선을 가진 발광체에서 달성될 수 있다. 희토류 원소에서와 같은 원자전이는 그런 얇은 발광 선을 가진다. 그 이유로 인해서, 희토류가 도핑된 공동은 발광 향상을 연구하기 위한 훌륭한 시스템이다. 높은 피네스의 Er가 도핑된 SiO_2 활성층을 가진 Si/SiO_2 공동의 발광 스펙트럼이 그림 14.4 (Schubert 외, 1992b)에 있다. Er 발광 스펙트럼의 확연한 좁아짐과 발광의 상당한 강화가 발견되었다. 강화 인자는 비-공동구조와 비교해서 50보다 컸다.

99.8% 반사도로 설계된 4쌍의 Si/SiO_2 하부 DBR와 Er 도핑된 $\lambda/2$ 두께의 SiO_2 활성층, 그리고 98.5%의 반사도로 설계된 2.5쌍의 Si/SiO_2 상부 DBR로 공동은 구성되었다. SiO_2 활성층은 7.7×10^{15} cm^{-2} 정도로 Er 도핑되었다. 측정된 공동 피네스는 계산값인 370보다 약간 낮은 F=310이었다.

피크발광파장은 발광 각에 의존한다. 각 의존성은 수직파 벡터 $k_\perp$가 k 전파 방향에 무관하게 상수여야 한다는 조건으로부터 유도될 수 있다. 이 조건은 다음과 같이 쓰일 수 있다.

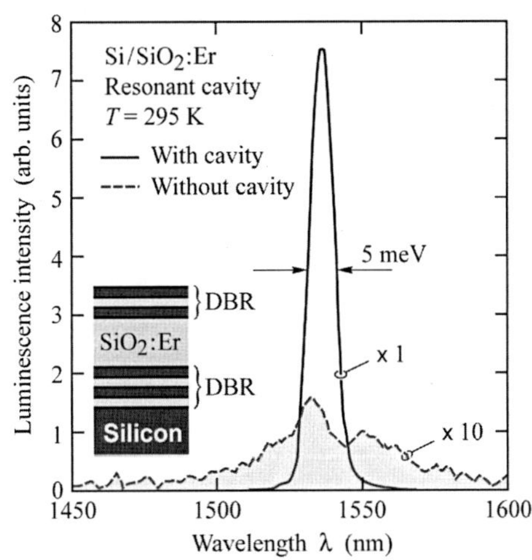

그림 14.4 Er 도핑된 SiO_2의 광여기발광 스펙트럼. 스펙트럼 중 하나는 1540 nm에서 공진을 일으키는 공동 내에 위치한 Er 도핑된 SiO_2에 대한 것이고, 다른 하나는 공동이 없을 때의 스펙트럼이다. 50보다 큰 발광 강화 인자가 발견되었다(Schubert 외, 1992b).

$$k \cos\theta = k_{\perp} \tag{14.23}$$

또는

$$\frac{2\pi}{\lambda_e(\theta)}\cos\theta = \frac{2\pi}{\lambda_{res}} \tag{14.24}$$

여기에서 그림 14.5에 있는 바와 같이 λ_{res}와 λ_e는 각각 공진파장과 발광파장이고, θ는 표면 수직방향(polar angle)에 대한 공동 내의 각도이다.

식 (14.24)와 Snell 법칙($\bar{n}\sin\theta = \sin\Theta$)을 이용하여 발광파장은 다음과 같이 주어진다.

$$\lambda_e = \lambda_{res}\cos\left[\arcsin\left(\frac{1}{\bar{n}}\sin\Theta\right)\right] \tag{14.25}$$

작은 각의 경우에, 이 식은 다음과 같이 근사된다.

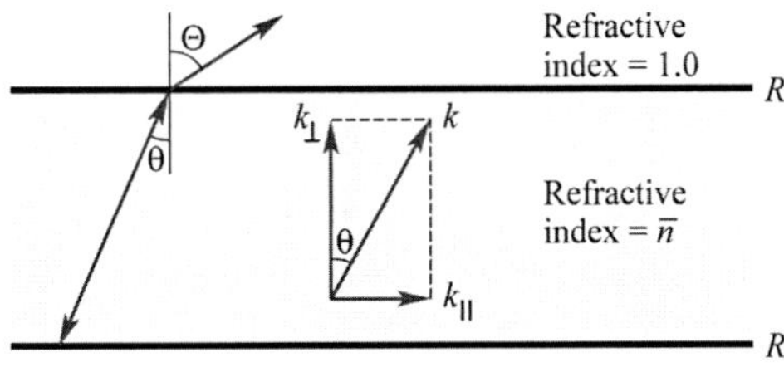

그림 14.5 공진공동 내에서 전파되는 빛에 대한 파 벡터 k의 수직 및 수평성분.

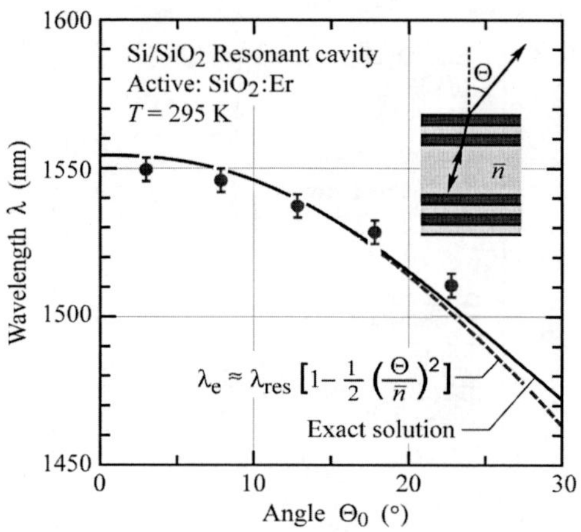

그림 14.6 평면 Si/SiO₂:Er 공진공동에 대한 각(polar angle)의 함수인 피크발광파장(Schubert 외, 1992b).

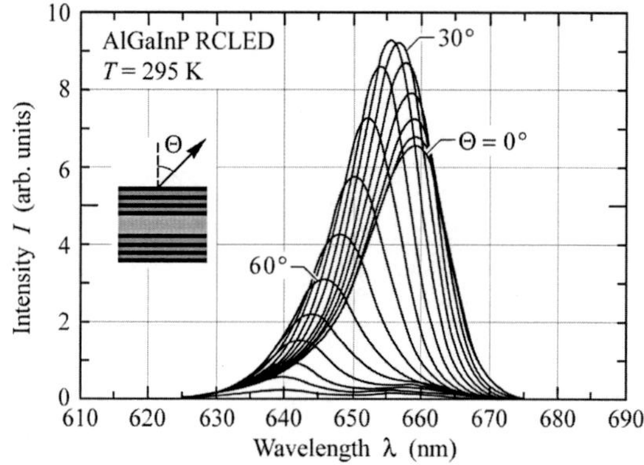

그림 14.7 서로 다른 극각에 대한 AlGaInP RCLED의 발광 스펙트럼. QW 발광의 장파장 부분은 순방향(0도)으로 발광되었다. 단파장은 광축 밖으로(off-axis) 발광되었다. 적분구로 측정하였을 때, 19 nm 폭의 스펙트럼이 발견되었다(Streubel 외, 2002).

$$\lambda_e \approx \lambda_{res}\left(1 - \frac{\Theta^2}{2\bar{n}^2}\right) \tag{14.26}$$

피크발광파장의 각 의존성은 그림 14.6에 나타내었다. 실선과 점선은 정확한(식 14.25), 근사값(식 14.26)에 해당하고, 1.5의 굴절률이 계산에 사용되었다.

유사한 각 의존성이 반도체에서도 발견된다. 서로 다른 발광 각(Streubel 외, 2002)에 대해 AlGaInP 공동의 발광 스펙트럼을 그림 14.7에 나타내었다. 최대 강도는 30°의 발광각에서 발견되는데, 이것은 공동의 공진파장이 반도체 자연발광 스펙트럼의 장파장 끝쪽에 위치해 있음을 알려준다. 이것은 각 적분 최대 발광출력을 일으킨다(Streubel 외, 2002).

참고문헌

Coldren L. A. and Corzime S. W. *Diode Lasers and Photonic Integrated Circuits* (John Wiley and Sons, New York, 1995)

De Martini F., Innocenti G., Jacobovitz G. R., and Mataloni P. "Anomalous spontaneous emission time in a microscopic optical cavity" *Phys. Rev. Lett.* **59**, 2955 (1987)

Deppe D. G. and Lei C. "Spontaneous emission and optical gain in a Fabry-erot microcavity" *Appl. Phys. Lett.* **60**, 527 (1992)

Dodabalapur A., Rothberg L. J., and Miller T. M. "Color variation with electroluminescent organic semiconductors in multimode resonant cavities" *Appl. Phys. Lett.* **65**, 2308 (1994)

Einstein A. "On the quantum theory of radiation" (translated from German) *Z. Phys.* **18**, 121 (1917)

Fabry G. and Perot A. "Theory and applications of a new interference method for spectroscopy"(translated from French) *Ann. Chim. Phys.* **16**, 115 (1899)

Hall R. N., Fenner G. E., Kingsley J. D., Soltys T. J., and Carlson R. O. "Coherent light emission from GaAs junctions" *Phys. Rev. Lett.* **9**, 366 (1962)

Hayashi I., Panish M. B., Foy P. W., and Sumski S. "Junction lasers which operate continuously at room temperature" *Appl. Phys. Lett.* **17**, 109 (1970)

Hunt N. E. J., Schubert E. F., Logan R. A., and Zydzik G. J. "Enhanced spectral power density and reduced linewidth at 1.3 m in an InGaAsP quantum well resonant cavity light emitting diode" *Appl. Phys. Lett.* **61**, 2287 (1992)

Hunt N. E. J., Schubert E. F., Kopf R. F., Sivco D. L., Cho A. Y., and Zydzik G. J. "Increased fiber communications bandwidth from a resonant cavity light emitting diode emitting at. $\lambda = 940$ nm" *Appl. Phys. Lett.* **63**, 2600 (1993)

Hunt N. E. J., Schubert E. F., Sivco D. L., Cho A. Y., Kopf R. F., Logan R. A., and Zydzik G. J. "High efficiency, narrow spectrum resonant cavity light-emitting diodes" in *Confined Electrons and Photons* edited by E. Burstein and C. Weisbuch (Plenum Press, New York, 1995a)

Hunt N. E. J., Vredenberg A. M., Schubert E. F., Becker P. C., Jacobson D. C., Poate J. M., and Zydzik G. J. "Spontaneous emission control of Er3+ in Si / SiO2 microcavities" in *Confined Electrons and Photons* edited by E. Burstein and C. Weisbuch (Plenum Press, New York, 1995b)

Jewell J. L., Lee Y. H., McCall S. L., Harbison J. P., and Florez L. T. "High-finesse AlGaAs interference filters grown by molecular beam epitaxy" *Appl. Phys. Lett.* **53**, 640 (1988)

Joannopoulos J. D., Meade R. D., and Winn J. N. *Photonic Crystals* (Princeton University Press, Princeton, 1995)

Kobayashi T., Segawa T., Morimoto A., and Sueta T. *Meeting of the Jpn. Soc. of Appl. Phys.* Tokyo (1982); see also Yokoyama (1992)

Kobayashi T., Morimoto A., and Sueta T. *Meeting of the Jpn. Soc. of Appl. Phys.* Tokyo (1985); see also Yokoyama (1992)

Nakayama T., Itoh Y., and Kakuta A. "Organic photo- and electroluminescent devices with double mirrors" *Appl. Phys. Lett.* **63**, 594 (1993)

Numai T., Kosaka H., Ogura I., Kurihara K., Sugimoto M., and Kasahara K. "Indistinct threshold laser operation in a pnpn vertical to surface transmission electrophotonic device with a vertical cavity" *IEEE J. Quantum Electron.* **29**, 403 (1993)

Purcell E. M. "Spontaneous emission probabilities at radio frequencies" *Phys. Rev.* **69**, 681 (1946)

Saleh B. E. A. and Teich M. C. *Fundamentals of Photonics* (John Wiley and Sons, New York, 1991)

Schubert E. F., Wang Y. H., Cho A. Y., Tu L. W., and Zydzik G. J. "Resonant cavity light emitting diode" *Appl. Phys. Lett.* **60**, 921 (1992a)

Schubert E. F., Vredenberg A. M., Hunt N. E. J., Wong Y. H., Becker P. C., Poate J. M., Jacobson D. C., Feldman L. C., and Zydzik G. J. "Giant enhancement in luminescence intensity in Er-doped Si / SiO_2 resonant cavities" *Appl. Phys. Lett.* **61**, 1381 (1992b)

Schubert E. F. Doping in III– Semiconductors p. 512 (Cambridge University Press, Cambridge UK, 1993)

Schubert E. F., Hunt N. E. J., Micovic M., Malik R. J., Sivco D. L., Cho A. Y., and Zydzik G. J. *Science* **265**, 943 (1994)

Schubert E. F., Hunt N. E. J., Malik R. J., Micovic M., and Miller D. L. "Temperature and modulation characteristics of resonant cavity light-emitting diodes" *IEEE J. Lightwave Technol.* **14**, 1721 (1996)

Streubel K., Linder N., Wirth R., and Jaeger A. "High brightness AlGaInP light-emitting diodes" *IEEE J. Sel. Top. Quantum Electron.* **8**, 321 (2002)

Suzuki M., Yokoyama H., Brorson S. D., and Ippen E. P. "Observation of spontaneous emission lifetime change of dye-containing LangmuirBlodgett films in optical microcavities" *Appl. Phys. Lett.* **58**, 998 (1991)

Vredenberg A. M., Hunt N. E. J., Schubert E. F., Jacobson D. C., Poate J. M., and Zydzik G. J. *Phys. Rev, Lett.* **71**, 517 (1993)

Yablonovitch E., Gmitter T. J., and Bhat R. "Inhibited and enhanced spontaneous emission from optically thin AlGaAs/GaAs double heterostructures" *Phys. Rev. Lett.* **61**, 2546 (1988)

Yablonovitch E. personal communication (1994)

Yariv A. *Theory and Applications of Quantum Mechanics* (John Wiley and Sons, New York, 1982) p. 143

Yokoyama H., Nishi K., Anan T., Yamada H., Boorson S.D., and Ippen E. P. "Enhanced spontaneous emission from GaAs quantum wells in monolithic microcavities" *Appl. Phys. Lett.* **57**, 2814 (1990)

Yokoyama H. "Physics and device applications of optical microcavities" *Science* **256**, 66 (1992)

Chapter 15
공진공동 발광다이오드

15.1 도입 및 역사

공진공동 발광다이오드(RCLED)는 광공동 내에 발광영역을 가지는 발광다이오드이다. 광공동은 일반적으로 LED 발광파장의 반 또는 1배에 해당하는 두께를 가진다. 따라서 가시광 또는 적외선 발광소자의 경우 마이크로미터 또는 이하의 두께를 가진다. 공동의 공진파장은 LED 활성영역의 발광파장과 일치하거나 공진한다. 따라서 공동을 공진공동이라 한다. 공진공동 내부에 위치한 발광영역의 자발발광 특성은 공진공동 효과에 의해 강화된다. RCLED는 마이크로공동에서 발생하는 자발발광의 강화를 이용한 첫 번째 실용적 소자이다.

공진공동 내부에 활성영역을 두면 소자 특성을 여러모로 개선할 수 있다. 첫째, RCLED의 발광강도는 반도체표면에 수직인 공동의 축에 대해 종래 LED보다 2~10배 더욱 높다. 둘째, 종래 LED에 비해 RCLED의 발광 스펙트럼 순도는 더욱 높다. 종래 LED의 발광 스펙트럼 폭은 열에너지 kT에 의해 결정된다. 그러나 RCLED의 발광 스펙트럼 폭은 광공동의 Q 인자(Q factor)에 의해 결정된다. 따라서 RCLED의 발광 스펙트럼 폭은 종래 LED에 비해 2~5배 더욱 좁다. 같은 이유로 온도에 따른 파장 변동은 활성영역 물질의 에너지갭에 의해서가 아니라 광공동의 온도계수에 의해 결정된다. 이것은 종래 LED에 비해 RCLED의 발광파장에 대한 온도안정성이 상당히 우수함을 의미한다. 셋째, RCLED의 원거리장 발광 형태는 종래 LED에 비해 더욱 지향적이다. 종래 LED는 cosine 함수와 유사한 람베르시안 형태의 발광 형태를 가지나 RCLED는 공동의 광축에 대해 더욱 지향적인 발광 형태를 가진다.

이러한 RCLED의 특성들은 근거리, 중간전송률 광통신 시스템에 대해 이상적이다.

LED는 근거리(〈 5 km) 중간전송률(〈 1 Gbit/s) 광통신네트워크에서 중요한 역할을 한다. 특히, 근거리 광통신을 위해 플라스틱 광섬유의 사용이 증가하고 있다. RCLED의 더욱 높은 발광강도와 지향적인 발광특성은 광섬유 속으로 결합되는 출력을 증가시킨다. 그 결과 RCLED를 이용한 원거리 데이터 전송이 가능하다. 게다가 RCLED의 스펙트럼 순도는 높아서 색분산을 감소시킬 수 있기 때문에 전송률을 더욱 높일 수 있다.

5 km보다 짧은 거리에 대한 중간전송률 광통신에서 발광다이오드는 송신용 소자로 적합하다. LED는 레이저에 비해 저렴하고 더욱 안정적이며 온도에 덜 민감하다. RCLED는 LED의 본질적 장점을 유지하는 반면에 종래 LED에 비해 개선된 특성을 가진다. RCLED에서 반사경의 반사도는 수직공동 표면발광레이저(VCSEL)에 비해 더욱 낮은데 이는 VCSEL에 비해 RCLED의 제조비용을 더욱 감소시키는 요소이다. 플라스틱 광섬유에서 선호되는 통신파장인 650 nm에서는 적합한 고반사도 반사경이 존재하지 않으므로 VCSEL을 제조하기 어렵다.

RCLED는 또한 고휘도 응용을 위해 사용된다(Streubel 등, 1998; Wirth 등, 2001, 2002). 이러한 소자들의 공진파장은 반도체 자발발광 스펙트럼의 장파장 끝에 위치하도록 설계한다. 공진공동 발광다이오드는 1992년에 GaAs 물질계에서 처음으로 구현되었다(Schubert 등, 1992b). 약 1년 후에 RCLED는 유기물에서도 구현되었다(Nakayama 등, 1993).

강화된 자발발광을 가진 공진공동 구조에는 Er 도핑된 마이크로공동도 포함된다(Schubert 등, 1992b). 원자간 Er 복사전이는 본질적으로 좁은 발광선을 가지므로 Er 발광선은 공동 광모드에 매우 훌륭하게 중첩된다. 현재 Er 도핑된 전류 주입소자는 존재하지 않는다. 그러나 Er 도핑된 공진공동의 잠재성은 매우 크므로 미래에 Er 도핑된 RCLED의 구현이 가능하게 될 것이다.

15.2 RCLED 설계법칙

반사도 R_1과 R_2의 두 개의 거울(mirror)로 구성된 RCLED의 기본구조를 그림 15.1에 나타내었다. 두 거울의 반사도를 서로 다르게 선택함으로써 빛이 거울의 하나를 통해서 주도적으로 공동으로부터 빠져나가게 한다. 이 거울을 광출구거울이라 한다. 여기에서는 반사도 R_1을 가지는 거울을 광출구거울로 지정한다. 활성영역은 그림 15.1에 보여진 것과 같이 거울들 사이에 공동의 정상 광파동의 마루에 우선적으로 위치한다. 그림 15.1에서 금속거울이라고 가정하면 금속거울들의 위치에서 파동의 진폭은 0이다.

다음으로 공진공동구조에서 자발발광을 최대한 강화하기 위한 몇 가지 설계법칙을 요약한다(Schubert 외, 1994, 1996; Hunt 외, 1995a, 1995b). 이러한 설계법칙들로부터

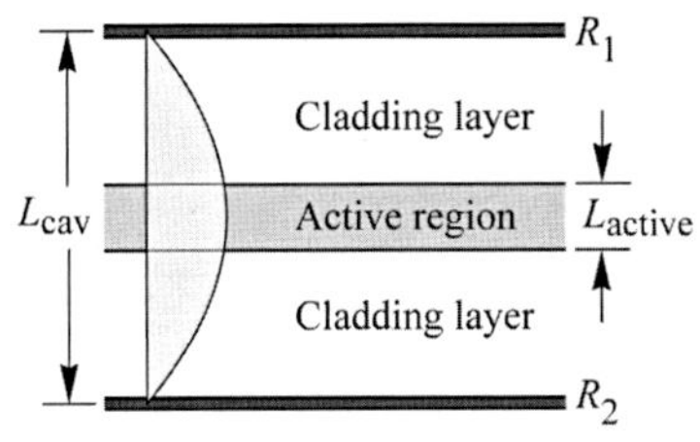

그림 15.1 반사도 R_1과 R_2를 가진 두 금속거울로 구성된 공진공동의 도식도. 활성영역은 L_{active}의 두께를 가지고 흡수계수는 α이다. 또한 정상광파동이 그려져 있다. 공동길이 L_{cav}는 $\lambda/2$와 일치한다.

RCLED의 근본적인 구동원리 및 VCSEL과의 차이점에 대한 심도 있는 고찰이 가능하다.

RCLED에 대한 첫 번째 설계 기준은 광출구 반사경의 반사도 R_1이 후면반사경의 반사도보다 훨씬 작아야 한다는 것이다. 즉,

$$R_1 \ll R_2 \tag{15.1}$$

이 조건은 빛이 반사도 R_1을 가지는 반사경을 통하여 주로 소자에서 나와야 한다는 것을 보여준다. 식 (15.1)은 빛이 다중모드섬유의 작은 코어 속으로 집광되는 통신용 RCLED나 빛이 관찰자를 향해서 방출되어야 하는 디스플레이 RCLED에 적용된다.

두 번째 설계 기준은 최단 공동길이 L_{cav}에 대한 조건이다. 이 기준은 앞 장에서 논의된 적분 강화에 대한 공동 피네스(finesse) F와 공동 품질인자(quality factor) Q에 대한 표현을 이용하여 다음처럼 다시 쓸 수 있다.

$$G_{int} = \frac{\xi}{2}\,\frac{2}{\pi}\,\frac{1-R_1}{1-\sqrt{R_1 R_2}}\,\sqrt{\pi \ln 2}\,\frac{\lambda}{\Delta\lambda_n}\,\frac{\lambda_{cav}}{L_{cav}}\,\frac{\tau_{cav}}{\tau} \tag{15.2}$$

여기서 λ와 λ_{cav}는 진공과 공동 내부에서의 활성영역 발광파장이다. 발광파장 λ와 활성매질의 자연발광폭 $\Delta\lambda_n$값은 주어지기 때문에 식 (15.2)로부터 공동길이 L_{cav}를 최소화하면 적분강도를 최대화할 수 있음을 알 수 있다.

이미 규명되어진 짧은 공동길이의 중요성을 그림 15.2에 나타내었다. 두 개의 다른 공동의 광모드밀도, 즉 짧은 공동과 긴 공동을 그림 15.2(a)와 (b)에 각각 나타내었다. 두 공동은 같은 거울 반사도와 피네스를 가지고 있다. 활성영역의 자연발광 스펙트럼을 그림 15.2(c)에 나타내었다. 최단 공동일 때 공진 광모드와 활성영역 발광스펙트럼 사이에서 최적으로 중첩됨을 알 수 있다.

공동이 최단일 때 최대로 강화되고 그것은 결국 기본적인 공동모드가 활성 매질로부터의 발광과 공진할 때 얻어진다. 또한 굴절률 차이가 큰 두 물질로 구성된 짧은 투과깊이를 가지는 DBR을 사용함으로써 공동길이를 감소시킬 수 있다.

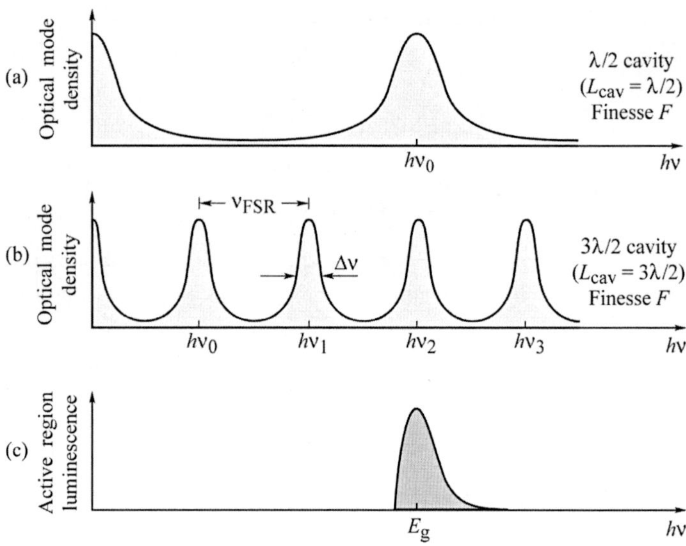

그림 15.2 동일한 피네스 F를 가지는 경우 (a) 짧은 공동, (b) 긴 공동에서의 광모드밀도, (c) LED 활성영역의 자발 자유공간 발광 스펙트럼. 자발발광 스펙트럼은 긴 공동모드 스펙트럼보다 짧은 공동모드와 더욱 잘 중첩된다.

세 번째 설계 기준은 활성영역의 자기흡수를 최소화하는 것이다. 이 기준은 다음과 같이 언급할 수 있다: 활성영역으로부터 방출된 광자의 공동모드 속으로의 재흡수확률은 반사경들 중 하나를 통한 광자의 탈출확률보다 훨씬 작아야 한다. $R_2 \approx 1$이라고 가정하면 이 기준은 다음과 같이 쓸 수 있다.

$$2\,\xi\,\alpha\,L_{active} < (1 - R_1) \tag{15.3}$$

여기서 α와 L_{active}는 각각 활성영역의 흡수계수와 두께이다. 만약 식 (15.3)의 기준이 만족되지 않는다면 광자는 활성영역에 의해 대부분 재흡수될 것이다. 또한 어느 정도의 확률을 가지고 공동모드 속이 아닌 측면방향(도파로모드)을 따라 재발광이 일어날 것이다. 또 다른 가능성으로 재흡수에 의해 생성된 전자-정공쌍은 비발광 재결합할 것이다. 어떤 경우더라도 높은 피네스공동에서 일어나는 재흡수과정은 공동외부로의 공동모드발광을 감소시킬 것이다. 따라서 만약 식 (15.3)의 조건이 만족되지 않는다면 공진공동의 발광강도는 강화되기 보다는 오히려 감소될 것이다.

식 (15.3) 조건은 RCLED에서 만족되는 반면에 VCSEL에서는 명확하게 만족되지 않는다. Schubert 등(1996)은 RCLED와 VCSEL의 자발발광강도를 비교하였다. 이때 VCSEL의 문턱 전류 I_{th} =7 mA보다 낮은 2 mA의 주입 전류에서 VCSEL과 RCLED를 구동하였다. RCLED와 VCSEL의 자발발광 스펙트럼을 그림 15.3에 나타내었다. VCSEL은 850 nm에서 발광하는 AlGaAs/GaAs 양자우물 활성영역을 가진다. VCSEL의 양 반사경은

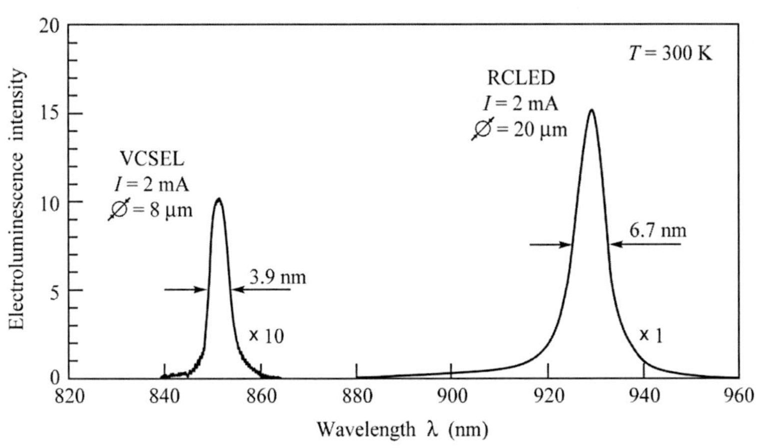

그림 15.3 850 nm에서 발광하는 수직공동 표면발광레이저(VCSEL)와 공진공동 발광다이오드(RCLED)의 자발전기발광 스펙트럼. 양 소자에 대한 구동전류는 2 mA이다. VCSEL 스펙트럼은 10배 곱한 결과이다. VCSEL의 문턱 전류는 7 mA이다(Schubert 외, 1996).

AlGaAs/AlAs DBR이다. 그림 15.3은 자발발광영역에서 VCSEL의 발광강도가 RCLED의 발광강도보다 15배 이상 작음을 보여준다.

반도체에서 최대 이득의 양은 펌핑되지 않은 반도체 ($|g| < |\alpha|$)에서 흡수계수의 양보다 언제나 낮기 때문에 만약 식 (15.3) 조건이 만족되지 않는다면 VCSEL은 발진할 수 없을 것이다. 따라서 VCSEL에서 자발발광강도는 낮고 또한 소자를 발진시키기 위해 낮아야 한다. 또한 그림 15.3으로부터 VCSEL의 발광 스펙트럼 선폭이 RCLED 보다 더욱 좁다는 것을 알 수 있다. VCSEL의 스펙트럼 순도는 더욱 높은데 이는 VCSEL의 R_1과 R_2 값이 RCLED보다 높기 때문이다.

RCLED에 대한 식 (15.3)을 만족시킨다는 것은 즉 이러한 소자들을 발진시킬 수 없다는 것을 의미한다. 위에서 언급되었듯이 항상 $|g| < |\alpha|$이다. 따라서 거울손실 $(1 - R_1)$은 최대로 얻을 수 있는 왕복이득은 $(2\xi g L_{active})$보다 항상 더 크다. RCLED의 발진에 대한 근원적인 어려움은 실제 발진에 대해 어떠한 증거도 찾지 못했던 펄스주입 전류를 과도하게 인가한 실험으로부터 검증되었다. 이러한 고찰로부터 RCLED와 VCSEL의 소자물리가 근원적으로 다르다는 것을 알 수 있다.

위에서 언급된 주장은 VCSEL 구조에서 활성영역에 의한 광자의 재흡수에 기인해 기본 공동모드 속으로의 자발발광이 매우 낮다는 것을 의미한다. 반사도 증가를 통한 문턱 전류의 감소는 문턱 이하에서 자발발광의 더 큰 감소를 수반할 것이다. 따라서 소위 제로(zero)-문턱 레이저(Kobayashi 외 1982; Yokoyama, 1992)는 평면 공진공동구조로 구현할 수 없다고 결론지을 수 있다.

15.3 930 nm에서 발광하는 GaInAs/GaAs RCLEDs

GaInAs 활성영역을 가진 RCLED 구조를 그림 15.4(a)에 나타내었다. 공동은 한 개의 분산 Bragg 반사경과 한 개의 금속 반사경으로 구성된다. 또한 두 개의 구속영역과 네 개의 양자우물 활성영역을 포함한다. 고농도로 도핑된 n형 기판은 ZrO_2 반사방지층으로 코팅하였다(Schubert 외, 1994). 첫 번째로 구현된 RCLED 사진을 그림 15.4(b)에 나타내었다.

금속 반사경을 적용한 이유는 두 가지이다. 첫째, 금속계 Ag 반사경은 고농도로 도핑된 p형 GaAs($N_A \approx 5\times10^{19}$ cm^{-3}) 상부층에 비합금 오믹전극을 형성할 수 있고 따라서 전극 아래 면적에 펌핑된 영역을 효과적으로 구속하게 한다. 둘째, 앞에서 언급된 바와 같이 발광 강화를 최대화하기 위해서는 공동길이를 가능한 짧게 해야 한다. 금속 반사경의 침투깊이는 얕기 때문에 공동길이를 짧게 만든다. 두 개의 금속 반사경을 구비한 공동들에 대한 결과는 Willkinson 등(1995)에 의해 보고되었다. 그러나 이중금속 거울구조에서 매우 얇은 금속 반사경을 광출구거울로 적용하지 않는다면 광흡수손실은 더 커질 수 있다(Tu 외, 1990). 또한 적합한 p형 DBR이 존재하지 않으므로 잘 알려진 p형 DBR의 높은 저항 문제를 피할 수 있다(Schubert 등, 1992c; Lear and Schneider, 1996). 포물선 경사구조를 적용하면 DBR의 오믹 저항을 최소화할 수 있음을 보여주었다. 이러한 포물선 경사형구조는 이종접합 밴드 불연속을 제거하는데 적합하다(Schubert 외, 1992c).

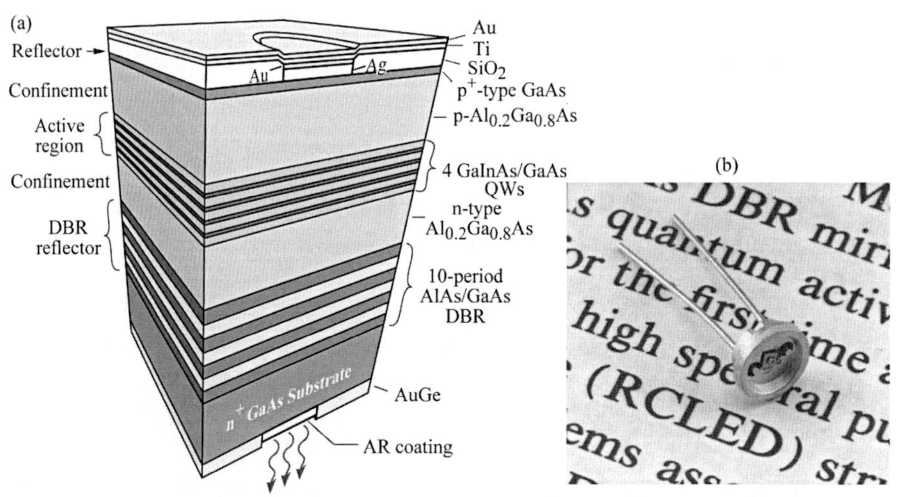

그림 15.4 (a) 금속상부 반사경과 바닥 분산 Bragg 반사경(DBR)로 구성된 기판발광 GaInAs/GaAs RCLED의 도식적 구조. RCLED는 930 nm에서 발광한다. 반사경은 AlAs/GaAs DBR과 Ag 상부 반사경이다. (b) 첫 번째로 보고된 RCLED 사진(Schubert 외, 1994).

DBR의 반사도 수준은 식 (15.1) 및 (15.3)과 일관성이 있어야 한다. Ag 바닥면 거울은 대략 96%의 반사도를 가진다. 식 (15.1)에 의하면 DBR의 반사도는 96%보다 적어야 한다. 식 (15.3)의 두 번째 기준은 $2\xi\alpha L_{active} < 1 - R_1$ 이다. $\xi = 1.3$, $\alpha = 10^4$ cm^{-1}, $L_{active} = 400$Å임을 가정하면 $R_1 < 90\%$의 조건을 얻을 수 있다. 따라서 RCLED의 거울반사도는 VCSEL의 거울반사도보다 훨씬 더 적어야 한다. 반사도가 높으면 자기흡수를 증가시킬 것이고 앞에서 논의된 것처럼 소자의 광출력을 감소시킬 것이다. De Neve 등 (1995)은 거울반사도를 계산하기 위해서 광범위한 이론적 모델을 적용하였다. 계산으로부터 반사도 $R_1 = 50$-60%에서 최대효율을 얻을 수 있었다.

RCLED의 반사와 발광 특성을 그림 15.5(a)와 (b)에 나타내었다. RCLED의 반사스펙트럼(그림 15.5(a))에서 파장 >900 nm일 때 반사도의 급감(dip)영역이 있음을 알 수 있다. 공동공진의 스펙트럼 폭은 6.3 nm이다. 전기적으로 펌핑된 소자의 발광 스펙트럼은 그림 15.5(b)에 보여진 바와 같이 공동공진과 거의 같은 모양과 폭을 가지고 있다.

종래 LED에서 소자의 스펙트럼 특성은 전도대와 가전자대에서 전자와 정공의 열적 분포를 반영한다. 마이크로공동의 발광 스펙트럼 특성은 매우 복잡하기 때문에 흥미롭다. 그러나 공동의 광축에 대해 한정하면 공동의 물리적 현상을 상당히 단순화할 수

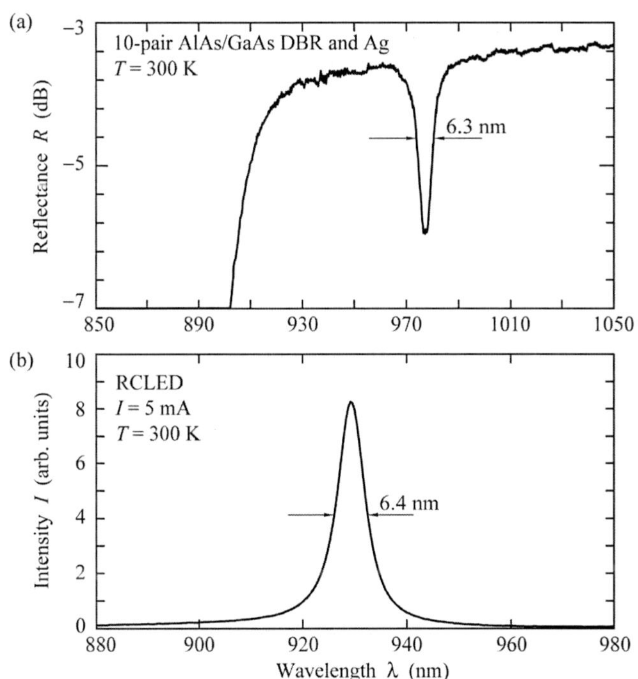

그림 15.5 (a) 10층 AlAs/GaAs 분산 Bragg 반사경과 Ag 반사경으로 구성된 공진공동의 반사도, (b) 10층 AlAs/GaAs 분산 Bragg 반사경과 Ag 반사경으로 구성된 RCLED의 발광 스펙트럼(Schubert 외, 1994).

있다. 만약 공동공진이 반도체의 자연발광 스펙트럼보다 훨씬 작다고 가정하면 비공진 발광은 억제되는데 반해서 공진발광은 강화된다. 따라서 광축으로의 발광 스펙트럼은 강화되어 공동의 공진 스펙트럼을 반영해야 한다. 그림 15.5에 나타낸 실험적 결과들은 이러한 예상을 증명한다.

공동 때문에 RCLED의 발광 스펙트럼은 표준 LED의 발광 스펙트럼보다 훨씬 더 좁다(Schubert 외 1992a; Hunt 외, 1992, 1993). 어떤 방향으로 발광하는 RCLED의 스펙트럼 폭은 공동의 광특성에 의해 결정된다. 반대로 표준 LED의 스펙트럼 폭은 대략 $1.8kT$로 RCLED에 비해 훨씬 더 넓다. 표준 GaAs LED와 GaInAs RCLED의 발광 스펙트럼을 그림 15.6에 비교하였다. 스펙트럼을 비교해보면 RCLED의 스펙트럼폭이 GaAs LED에 비해 약 10배 더 좁음을 알 수 있다.

표준 LED의 발광 스펙트럼은 각 의존성이 매우 작거나 전무하다. 그러나 DBR과 DBR로 구성된 공동의 반사특성은 각에 의존적이다. 결과적으로 특정 방향에 대해서 RCLED의 발광 스펙트럼 폭은 표준 LED보다 더 좁다. 모든 방향에 대해 적분하면 RCLED는 넓은 발광 스펙트럼을 보인다.

광섬유통신 시스템에서 사용되는 LED의 장점은 주어진 전류와 파장에서 발광하는 광자선속밀도를 스테라디안당 마이크로와트 단위로 특징지을 수 있다는 것이다. 섬유 속으로 결합되는 광출력은 광자선속밀도에 직접적으로 비례한다.

RCLED의 발광강도를 주입 전류의 함수로 그림 15.7에 나타내었다. 비교를 위해 가상적인 소자인 이상적인 등방성 발광소자의 강도를 계산하여 나타내었다. 이상적인 등방성 발광소자는 100%의 내부 양자효율을 가지며 소자는 활성영역으로부터 방출된 모

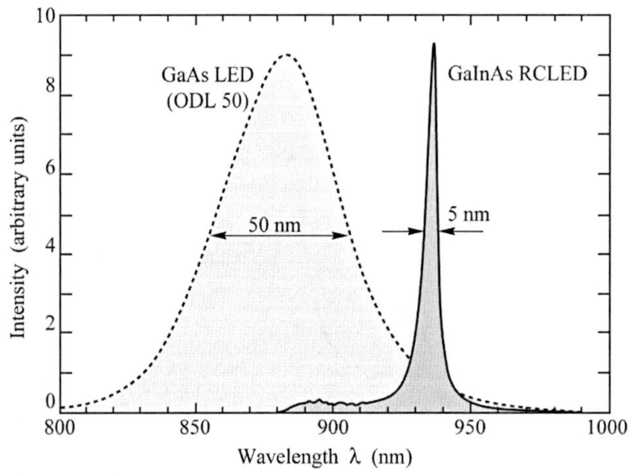

그림 15.6 870 nm에서 발광하는 GaAs LED와 930 nm에서 발광하는 GaInAs RCLED의 발광 스펙트럼 비교(Hunt 외, 1993).

든 파장에 대해 제로(zero) 반사도($R=0$)를 부여하는 무반사 코팅에 의해 덮힌다고 가정한다. 만약 반도체 내부에서 광자발광이 등방성이라고 가정하면 단위 전류 및 평면반도체 표면에 수직인 단위 입체각당 광출력은 다음과 같이 주어진다.

$$\frac{P_{optical}}{\Omega} = \frac{1}{4\pi \bar{n}^2} \frac{hc}{e\lambda} \tag{15.4}$$

여기서 Ω는 단위 입체각, $\bar{n}$은 반도체의 굴절률, c는 빛의 속도, e는 전하, λ는 진공에서의 발광파장을 나타낸다. 식 (15.4)를 그림 15.7에서 점선으로 나타내었다. 근원적으로는 실제 내부 양자효율이 100%이지 않거나 가상적인 무반사 코팅을 구현할 수 없다. 따라서 이상적인 등방성 발광소자의 발광강도는 종래 LED에서 얻을 수 있는 발광강도의 상한선을 의미한다. 즉 최고 수준의 종래 LED라도 이상적인 등방성 발광소자보다는 강도가 낮다. 또한 그림 15.7에 광섬유통신에 가장 널리 사용되는 ODL 50 GaAs LED가 포함되어 있다. 그림 15.7에 나타낸 모든 소자들의 발광표면은 평면이며 렌즈를 사용하지 않았다.

그림 15.7으로부터 RCLED는 발광강도의 절대값과 기울기효율의 양 측면에서 전례 없는 결과를 보여줌을 알 수 있다. 기울기효율은 종래 최고 수준 LED의 7.3배이며 이상적인 등방성 발광소자로부터 계산된 효율의 3.1배이다. 5 mA의 전류에서 RCLED의 발광강도는 ODL 50을 포함하는 종래 최고 수준 LED에 비해 3.3배 우월하다. 이러한 RCLED의 높은 효율은 광상호접속(optical interconnect)과 광통신 시스템에 더욱 적합

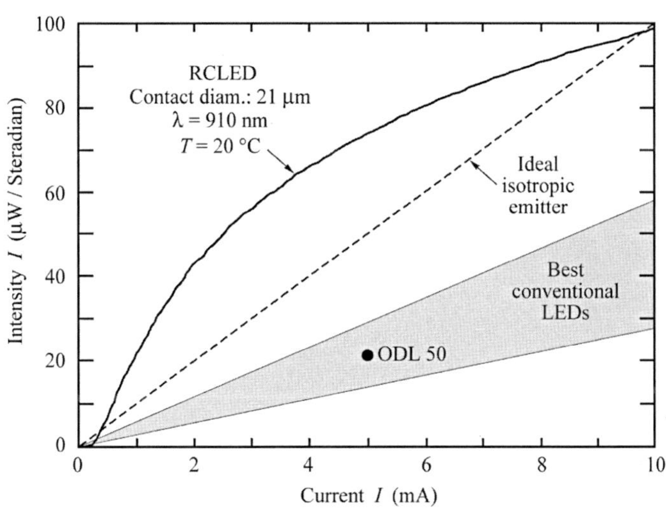

그림 15.7 GaInAs/GaAs RCLED와 이상적인 등방성 발광소자의 광출력-전류 곡선. 이상적인 등방성 발광소자는 양자효율 100%를 가지는 가상적인 소자이다. 그늘진 영역은 종래 LED의 최고 수준 결과이다. ODL 50은 상용화된 LED 제품이다(Schubert 외, 1994).

하게 만드는 요소이다.

RCLED의 높은 스펙트럼 순도는 광섬유통신에서 색분산을 감소시킨다(Hunt 외, 1993). 색분산은 광원의 선폭에 직접적으로 비례한다. RCLED는 종래 LED에 비해 5~10배 더 좁은 폭을 가지고 있기 때문에 800~900 nm의 파장에서 주도적인 색분산 효과는 역시 감소된다. Hunt 등(1993)은 RCLED의 대역폭이 종래 LED보다 5~10배 더 높다는 것을 보여주었다. 전송실험을 통한 RCLED와 LED 비교결과를 그림 15.8에 나타내었다. 5 m와 3.4 km의 전송실험 후에 수신된 두 소자에 대한 시그널을 보면 5 m의 전송실험 후에 주목할 만한 차이는 보이지 않는다. 그러나 3.4 km의 전송실험 후에는 상당한 차이가 발견된다. 그림 15.8은 종래 LED에 비해서 RCLED의 펄스가 넓어지는 현상이 훨씬 작음을 보여준다. 이러한 차이는 RCLED의 재료분산(material dispersion)이 작기 때문이다.

Schubert 등(1996)은 RCLED의 고속변조 능력을 보여주었다. 불규칙 비트 형태생성기(random bit pattern generator)를 가진 눈다이어그램(eye diagram) 측정으로부터 622 Mbit/s에서 넓은 눈의 개구(wide-open eye)를 보여주었다. 전류 주입영역이 작기 때문에 통신용 RCLED의 기생 전기용량은 작다. RCLED는 1 Gbit/s를 초과하는 변조진동수에 대해 적합할 것으로 예상된다.

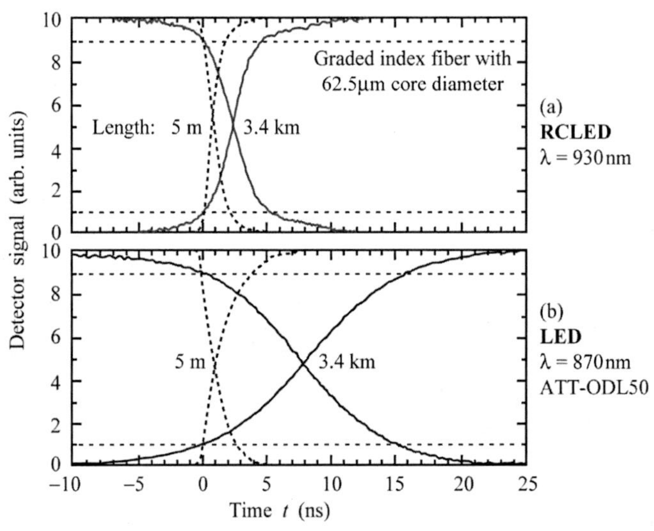

그림 15.8 (a) GaInAs RCLED, (b) GaAs LED 광원을 이용한 62.5 μm 코어직경을 가지는 경사형 굴절률 다중모드 섬유 끝단 수신기에서 검출된 신호. 짧은 5 m의 전송거리 후에 신호의 차이점은 없다. 3.4 km의 전송거리 후에는 RCLED 위 펄스 퍼짐 현상이 훨씬 작음을 알 수 있다(Hunt 외, 1993).

15.4 650 nm에서 발광하는 AlGaInP/GaAs RCLEDs

또한 AlGaInP 물질계를 이용하여 가시광 파장영역에서 RCLED를 구현하였다(Streubel 등, 1998; Whitaker, 1999; Wirth 외, 2001, 2002). AlGaInP 물질계는 고휘도 적색, 오렌지 및 황색 발광소자로 흔히 사용되며 GaAs 기판에 격자 정합되어 성장될 수 있다. RCLED의 활성영역은 650 nm에서 발광하는 AlGaInP/GaInP 다중 양자우물구조이다. RCLED는 플라스틱 광섬유를 이용하여 통신용 시스템에서 사용하기에 적합하다. 이 파장에서는 굴절률 차이가 큰 격자 정합된 투명한 DBR 재료가 존재하지 않으므로 VCSEL를 제조하기 어렵다.

650 nm에서 발광하는 상부발광 AlGaInP RCLED의 기본구조를 그림 15.9에 나타내었다. 소자는 AlGaInP/GaInP MQW 활성영역과 AlGaInP 덮개층으로 구성된다. DBR은 AlAs/AlGaAs층으로 구성된다. 활성영역에서 발광된 빛으로부터 DBR에 대한 투명성을 높이기 위해 DBR AlGaAs층의 Al 성분을 충분히 높인다. 그 결과 AlAs/AlGaAs DBR 층의 굴절률 차이는 어느 정도 낮은 편이다.

RCLED는 링 형태의 상부전극구조를 가진다. 링 형태 금속전극 하부에 이온주입법을 이용하여 절연영역을 형성함으로써 전류를 링의 중심영역 속으로 흐르게 한다. 수소 및 산소주입법은 반도체의 저항성을 크게 높이기 위해 사용된다. 이온주입된 영역은 p형 영역 내에만 위치하고 활성영역 속으로는 전파되지 않기 때문에 활성영역 내에 발광킬러 역할을 하는 결함의 형성을 피할 수 있다.

렌즈를 단 TO 패키지와 돼지꼬리(pig-tailed) 패키지(Mitel Corporation, 1999)로 구성한 RCLED를 그림 15.10(a)와 (b)에 각각 나타내었다. 빔 집속(collimation)을 위한 렌즈를 사용하여 광섬유로의 결합효율(coupling efficiency)을 강화한다.

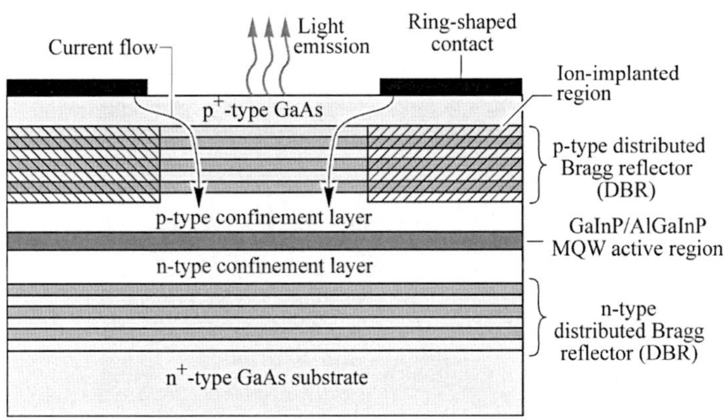

그림 15.9 플라스틱 광섬유 응용을 위해 사용된 650 nm 발광 GaInP/AlGaInP/GaAs MQW RCLED의 구조(Whitaker, 1999).

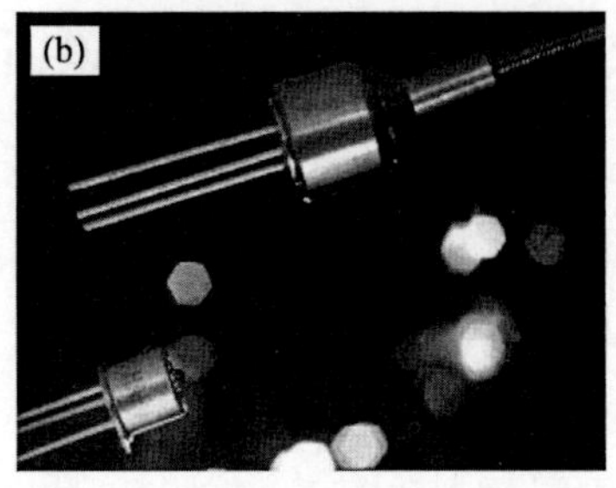

그림 15.10 (a) 플라스틱 광섬유 응용에 적합한 패키지된 650 nm 발광 RCLED, (b) 돼지꼬리 RCLED (courtesy of Mitel Corporation, Sweden, 1999).

전류 주입조건에서 세 개의 RCLED를 그림 15.11(Osram Opto Semiconductor Corporation)에 나타내었다. 그림은 소자 표면에 수직방향으로 향하는 발광 형태를 보여준다. 발광파장은 650 nm이다.

여러 전류수준을 주입한 650 nm RCLED와 종래 LED의 광 스펙트럼을 그림 15.12에 나타내었다. 빛이 플라스틱 광섬유 속으로 결합된 후의 스펙트럼을 측정하였다. 따라서 스펙트럼의 강도는 소자효율과 결합효율의 직접적인 척도이다. 그림을 보면 몇 가지 특징을 알 수 있다. 첫째, RCLED는 LED보다 더 높은 적분출력을 가질 뿐만 아니라 더 높은 결합피크출력(coupled peak power)을 가진다. 둘째 RCLED는 LED보다 더 높은 스펙트럼 순도를 가진다.

Streubel 등(1998)은 또한 상온에서 RCLED 광출력의 온도안정성을 개선하기 위해 공동공진에 대해 발광 스펙트럼을 의도적으로 단파장화하다. 이러한 공동 조정(tuning)은 상온에서 심장 형태의(이중 돌출구조) 발광 형태를 일으키는데 공동의 공진파장이 수직이 아닌 발광방향에 대해서는 감소하기 때문이다. 온도가 증가함에 따라 활성영역으로부터의 자연발광 스펙트럼은 장파장쪽으로 이동함으로써 수직방향에 대한 공동공

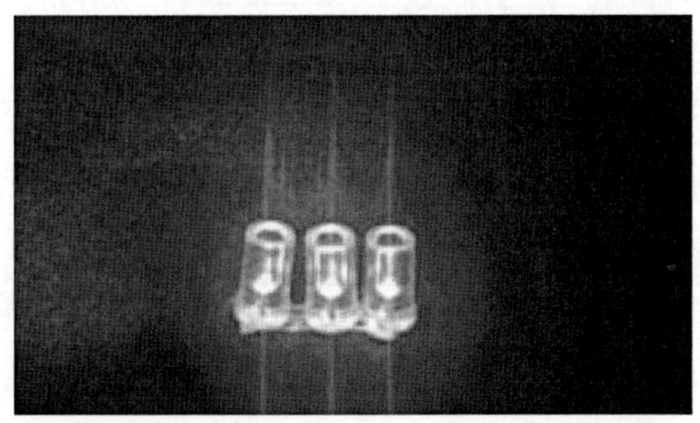

그림 15.11 650 nm에서 발광하는 AlGaInP/GaAs RCLED. 순방향 발광 형태는 반도체 레이저와 유사함을 주목하라(courtesy of Osram Opto Semiconductor Corporation, Germany, 1999).

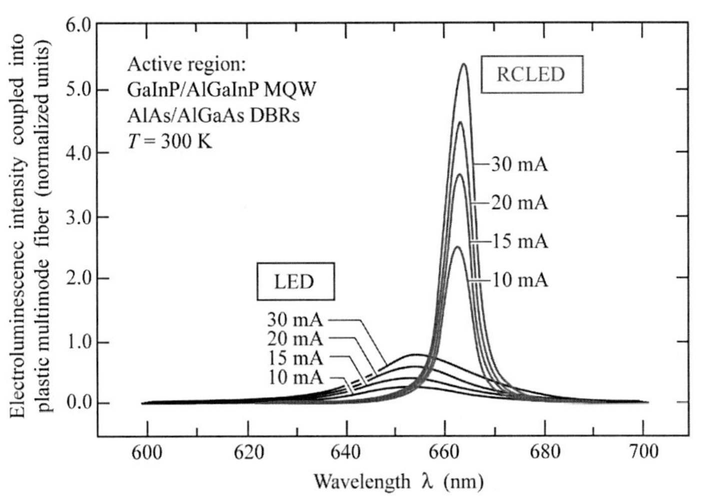

그림 15.12 플라스틱 광섬유로 결합되는 GaInP/AlGaInP MQW RCLED와 종래의 GaInP/AlGaInP LED의 여러 전류에서의 광 스펙트럼. RCLED는 스펙트럼이 더 좁고 더 잘 결합됨을 주목하라(Streubel 외, 1998).

진은 자연발광 스펙트럼과 더 잘 중첩된다. 따라서 RCLED의 온도 민감도는 감소한다. 자연발광 스펙트럼은 0.5 nm/℃의 속도로 장파장 쪽으로 이동하는 반면에 공동공진은 단지 약 1/10의 속도로 이동한다.

15.5 대면적 광자 재사용 LED

측면발광을 감소시키기 위한 방법을 고안하는 대신 측면발광을 재사용함으로써 소자의 상부로 빛을 재전송시키는 방법을 고안할 수 있을 것이다. 측면발광을 재흡수함으로서 활성영역 속으로 에너지를 재포획할 수 있고 원하는 방향으로 발광시킬 수 있는 또 다른 기회를 가질 수 있다.

이러한 소자의 첫 번째 예는 Schnitzer 등(1993)이 보고한 광학적으로 펌핑된 반도체 구조이다. 그림 15.13(a)에 보여진 구조를 고려하자. 얇은 반도체 층의 후면은 금으로 코팅되었다. 만약 낮은 강도에서 시편을 광학적으로 펌핑하면 활성영역은 흡수상태로 남아 있다. 반도체-공기 계면을 부딪치는 대부분의 발광(약 95%)은 내부 전반사될 것이고 반도체 내부에 머무를 것이다. 금은 적외선파장에서 좋은 반사경이다. 활성영역을 형성하는 반도체는 발광파장에서 흡수하므로 어떤 평균 흡수길이 L_{abs} 후에 포획된 빛은 재발광할 기회를 가진다. 이러한 구조는 72%의 외부효율을 보여주었고 내부 양자효율은 99.7%이었다. 이 구조를 제작하기 위해서 활성에피층을 식각하고 기판으로부터 분리해야 했다. 이 구조는 전기적 접촉이 없다는 사실에 주목하자. 무전극구조의

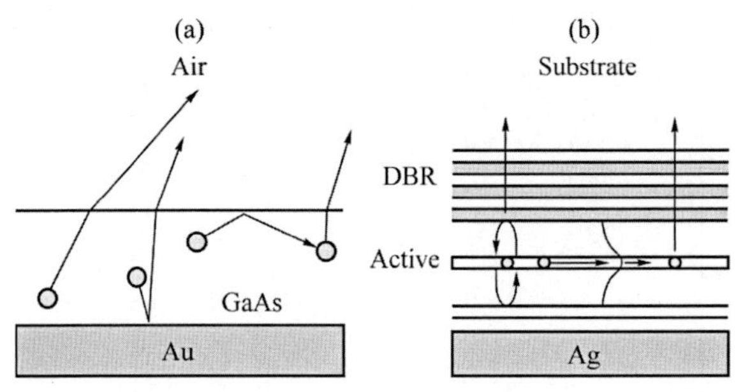

그림 15.13 광자 재사용 LED의 두 가지 접근. (a) 금 상부에 위치한 벌크 에피층. 공기 중으로 탈출하지 못하는 대부분의 자발발광은 재흡수되며 재발광할 기회를 가진다. (b) 도파 활성영역을 가지도록 설계한 마이크로 공동. 도파된 빛은 수십 마이크로미터 후에 재흡수되고 소자의 상부로 방출할 기회를 가진다.

추출효율은 전극을 가진 전류 주입된 소자에 비해 항상 더 높다. 이러한 지지되지 않은 에피층으로 제조한 전기적 소자는 깨지기 쉬워서 신뢰성 문제가 발생할 수 있다. 유사하지만 더욱 현실적인 광자 재사용 소자는 Blondelle 등(1995)에 의해 제조되었다.

De Neve 등(1995)은 GaInAs/GaAs/AlGaAs RCLED에서 광자 재사용의 개념을 사용하였다. 이들 구조의 단순화된 도식도를 그림 15.13(b)에 나타내었다. 만약 경사형조성을 가진 이송자 구속층이 양자우물 주위에서 충분히 두껍다면 그것은 또한 경사굴절률 도파로(graded-index waveguide)로서 역할을 할 수 있다. De Neve 등은 활성영역에 의해 방출된 30%의 빛이 이러한 도파로모드 속으로 들어간다고 계산하였다. 이러한 도파로모드 속으로 들어온 빛은 수십 마이크로미터 전파 후에 재흡수되는데 이것은 구조의 상부를 통해 광자를 재방출할 수 있는 또 다른 기회를 부여한다. 이러한 방식으로 외부 양자효율을 약 30% 향상했다. 양자우물 RCLED의 활성영역은 강한 광도파모드를 형성하기에는 충분히 두껍지 않다. 강한 도파로모드는 수직발광출력을 감쇠시킬 수 있다고 생각할지 모르나 실제로는 그렇지 않다. 즉 도파로모드를 변경하더라도 외부효율에 거의 변화를 주지 않는다. 도파로 발광에 의한 광자 재사용으로 얻은 높은 각도의 빛을 이용하는 것은 매력적이다.

광자 재사용의 한 가지 단점은 소자의 발광영역 내부에서 다중 재흡수가 일어날 수 있도록 소자의 직경이 충분히 커야 하는 것이다. 이것은 소자의 직경이 작은 경우 섬유속으로 더욱 잘 결합되고 특히 결합렌즈를 사용할 때 더욱 잘 결합되는 섬유광통신을 위해서는 광자 재사용 소자들이 덜 매력적으로 만드는 요소이다. 또 다른 단점은 자기흡수가 자발발광의 수명을 필수적으로 증가시켜서 소자의 최대변조속도를 늦추는 것이다.

De Neve 등(1995)은 소자의 직경이 큰 경우에서 가장 높은 효율을 보고하였다. 이러한 RCLED 연구는 섬유광통신을 목적으로 한 것은 아니었다. 높은 전류밀도에서 양자우물의 이송자 구속은 감소하여 효율도 감소하므로 더 큰 소자는 더욱 효율적인 경향을 보여준다. 또한 이러한 소자는 자연발광피크의 장파장 쪽에서 공진한다. 이것은 주발광 돌출부의 최대 강도를 광축이 아니라 비수직 각으로 이동시키지만 주 돌출부 속으로의 전체 발광량을 최대화시킨다. Blondelle 등(1995)과 De Neve 등(1995)의 소자는 섬유결합을 의해서라기 보다는 소자의 상부로부터 전체 발광을 최대화하기 위해 설계되었다. 이러한 접근은 디스플레이 소자와 자유공간 통신소자에 장점이 있다. 같은 굴절률을 가지는 이상적인 평면발광소자(planar emitter)의 이론적인 외부 양자효율은 2%에 비해 이러한 접근을 통해 16%의 외부 양자효율을 얻었다.

15.6 문턱 없는 레이저(Thresholdless lasers)

가능한 통신용 소자(De Martini 외, 1987)의 하나인 문턱 없는 레이저에 대해 수많은 논문들이 보고되었다. 이것은 본질적으로 대부분 또는 모든 빛을 기본 공간 공동 속으로 방출하는 발광소자이다. 이러한 방식으로 한 개의 광자가 공동 속에서 거의 이득 없이 발진할 수 있는 조건을 얻을 수 있을 것이다. 빛이 기본 공간공동모드 속으로 발광할 수 있는 확률을 β라고 하자. 만약 LED의 β가 1에 근접한다면 소자의 빛-전류 곡선은 선형일 것이고 문턱 없는 레이저와 구별할 수 없을 것이다. 종래 레이저, 높은 β 레이저, 문턱 없는 레이저의 빛-전류 곡선을 그림 15.14에 비교하였다. 만약 공진공동 기둥(pillar)으로부터 제작된 문턱 없는 레이저를 가상했다면 소자 제조 문제뿐만 아니라 수많은 다른 문제들이 발생할 수 있다. 단순히 우수한 준문턱 강도를 가지는 것

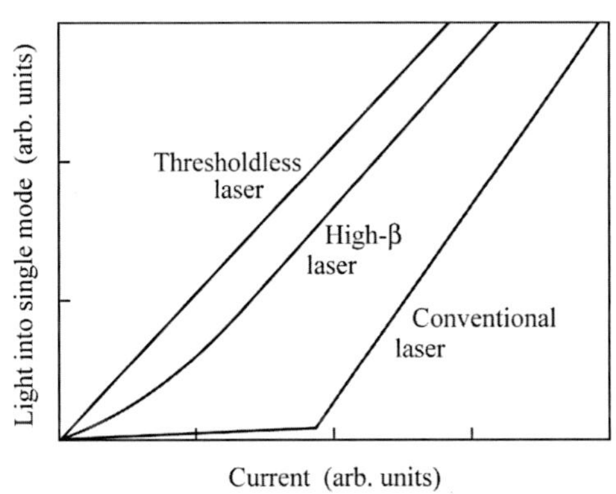

그림 15.14 (i) 종래의 레이저 (ii) 고 β인자 레이저 (iii) 문턱 없는 레이저로부터 단일 공간모드 방출에 대한 광출력-전류 곡선. 종래 레이저는 명확한 문턱 전류를 보여준다. 고 β인자 레이저는 문턱 전류가 불명확해진다. 스펙트럼과 소자 변조 속도에서 주목할 수 있을 것이다. 가상적인 문턱 없는 레이저는 1에 근접한 β를 가질 것이며 어떻게든 이송자밀도가 이득을 얻기 전까지(또는 투명해지기 전까지) 모든 다른 손실발광을 억제할 것이다.

은 준문턱과 발진 사이의 L-I 곡선에서 작은 킹크(kink)를 일으키므로 문턱 없는 레이저로는 적합하지 않다. 이러한 소자의 출력변조는 발진영역에 비해 문턱 이하로 극히 늦을 것이다. β는 1일수 없기 때문에 발진이 가능하기 위해서는 이득이 있어야 한다. 펌핑하지 않은 조건에서는 흡수하기 때문에 이득이 존재하기 위해서는 활성영역을 펌핑해서 우선 투명하게 해야 한다. 이러한 이득조건은 실제 문턱을 결정하는 어떤 이송자 밀도를 필요로 한다.

기본모드에 비해 모든 광모드가 강하게 억제되며 내부 양자효율은 거의 완벽한 소자를 상상할 수 있다. 이러한 경우 작은 전류수준에서도 활성영역이 투명해질 때까지 이송자밀도는 소자 내부에서 천천히 축적될 것이고, 소수의 빛은 기본 광모드를 통하여 방출될 수 있을 것이다. 이러한 소자는 문턱이 매우 작을 것이나 투명도를 위한 공간전하를 축적하기 위해 긴 시간이 필요하기 때문에 문턱 이하에서 소자를 잠시라도 구동하지 않도록 주의해야 한다. 또한 만약 낮은 이송자밀도에서 기본 발광이 억제되었더라도 더 높은 이송자밀도에서 다른 모드는 억제되지 않을 것이다. 실제로 측면발광을 억제하는 것은 어려워서 문턱 없는 반도체 레이저를 만드는 것은 현실적으로 어렵다.

물론 매우 작은 레이저를 제작하여 매우 작은 문턱을 가진 레이저를 만들 수 있다. 문제는 이러한 소자가 매우 작은 출력만을 낼 수 있다는데 있다. 이득에 의존하지 않고 β가 1에 근접한 가상적인 4주기 양자우물 단일모드 LED에서 전류밀도는 50 μA/μm^2 또는 5 kA/cm^2 이상일 수 없다. 유전체 기둥구조(β 〉 0.5)에 대한 β 및 전류 밀도에 대한 공식을 이용하면 2 μW보다 작은 수준으로 단일모드로 발광할 수 있다. 이것은 10 μW 최소 출력을 필요로 하는 100~650 Mbit/s 영역의 고속통신용에서는 너무 작은 수준이다. 이송자 수명이 매우 짧은 RCLED는 극단적인 발광강화에 기인하여 더 높은 펌핑 전류를 가질 수 있으나 반도체 설계를 통한 구현은 불가능하다. 만약 소자가 레이저라면 감소된 이송자 수명 때문에 더 높은 출력을 유도할 수 있으나 소자 크기는 실제 제작을 위해서 또는 열 발산을 위해서는 극단적으로 작아진다.

결론적으로 반도체 RCLED의 직경은 약 5 또는 10 μm보다 더 커야 하고 다중모드 발광소자여야 한다. 반도체 수직공동레이저는 자발발광의 β 계수를 고려하지 않고 기술적으로 의미가 있는 크기에서 제작하는 것이 적합하다. 고β 레이저는 자발발광이 과도한 노이즈를 유도할 수 있어서 그다지 바람직하지 않을 수 있다.

15.7 다른 RCLED 소자

RCLED와 구속된 광자 발광소자의 미래는 현재 사용되는 통신 및 디스플레이 시스템으로부터 새로운 물질 및 응용과 관련될 것이다. 자발적으로 발광하는 구속된 광자

소자는 레이저, 종래 LED 그리고 다른 형태의 소자와 경쟁할 것이다. 이것은 단지 시간의 문제이며 적합한 응용, 파장 및 물질의 조합 이전에 상용화 소자가 구현될 것이다. 따라서 다른 구속된 광자 LED 물질계를 언급하는 것은 의미가 있다.

Wilkinson 등(1995)은 880 nm에서 발광하는 Si 기판 위의 금속거울을 가진 AlGaAs/GaAs 박막 발광소자를 제조하였다. Pavesi 등(1996)은 750 nm 파장에서 발광하는 다공성 실리콘 RCLED를 제작하였다. Fisher 등(1995)은 650 nm 발광을 위해 설계된 공액 고분자 RCLED를 연구하였다. Hadji 등(1995)은 3.2 μm의 파장에서 동작하는 CdHgTe/HgTe RCLED를 구현하였다.

특히 950 nm에서 동작하는 GaAs/AlxOy RCLED(Huffaker 등, 1995) 구조는 주목할 만한데 AlAs를 산화시켜 알루미늄 산화물의 출구거울을 형성하였다. 이 출구거울의 조성은 유효 공동길이가 작게 유지되도록 해주며 RCLED에서 출구 강화를 극대화한다. 구조의 후면거울은 Ag이다. 또 다른 흥미로운 소자는 Larson과 Harris(1995)이 보고한 광대역주파수가변(broadly tunable) RCLED이다. 상부거울은 정전기력(electrostatic force)에 의해 이동될 수 있는 변형성 막이다. 가변발광은 938~970 nm까지 구현되었다.

15.8 또 다른 새로운 구속된 광자 발광소자(novel confined-photon emitters)

광자를 구속하는 또 다른 발광구조에 대해 모두 논의하는 것은 본 장의 범위를 넘어선다. 그러나 몇 개의 구속된 광자 발광소자의 특성을 논의하는 것은 의미가 있다. 광결정 또는 광밴드갭 구조는 발광활성영역 또는 활성영역에 인접한 물질의 주기적 패터닝에 의한 2차원 또는 3차원적 광자구속과 관련이 있다. Joannopoulos 등(1995), Baba and Matsuzaki(1996), Fan 등(1997)은 광결정 구조의 예를 보여 주었다. Erchak 등(2001)은 광결정 LED에서 표면에 수직인 방향을 따라 광추출이 6배 강화되는 매우 주목할 만한 결과를 보고하였다.

광결정구조는 육방조밀 배열과 같은 규칙적인 형태로 배열된 막대 또는 구멍의 연속으로 구성할 수 있다. 배열의 주기성은 어떤 발광에너지에서 그리고 하나 또는 두개의 분극에서 측면발광에 대해 광밴드갭을 생성시킬 수 있다. 측면발광을 억제함으로써 막대로 구성된 구조는 TM 발광에 대해 큰 밴드갭을 가질 것이고 TE 발광에 대해서는 더 작은 밴드갭을 가질 것이다. 그러나 만약 발광영역이(양자우물에서 전자-빛-정공 재결합과 같은) 막대를 따라 주로 배열된 쌍극자(oriented dipole)를 가지고 있었다면 측면발광을 효율적으로 억제할 수 있을 것이다. 구멍 형태로 구성된 구조는 막대 구조보다 더 작은 밴드갭을 가질 것이지만 빛의 두 분극에 대해 진정한 광밴드갭을 가질 수 있다는 장점이 있다. 광결정구조는 그것 자체에 의해서든 또는 평면공진공동과의 조합에 의해서든 강한 종적 발광 강화를 가능하게 한다.

또 다른 구속된 광자 발광소자는 디스크의 가장자리 밖으로 빛을 모으는 얇은 유전체 디스크로 제조되는 마이크로디스크 레이저(microdisk laser)(McCall 외, 1992)이다. 발진모드는 모드 수 M에 의해 설명될 수 있고, 여기서 $\exp(iM\phi)$는 원형 디스크 주위의 전기장의 형태이다. 파동은 양 방향으로 전파할 수 있기 때문에 M은 양수 또는 음수일 수 있다. 디스크에 수직인 발광을 억제시킬 수 있는 두께로 디스크를 제작할 수 있다. 작은 디스크는 몇 개의 모드만 단지 지지할 것이고 따라서 높은 자발발광 계수 β를 가질 수 있다. 이러한 모드의 Q-인자 또한 발진을 할 수 있을 정도로 높다. 이러한 디스크의 발진발광은 매우 작은 소자의 면에서 발생한다는 점이 매력적이다. 이것은 다수의 광소자를 한 개의 웨이퍼에 집적하는데 유용할 수 있다. 그러나 디스크의 출력은 분산되기 때문에 출력을 도파로와 섬유 속으로 효율적으로 결합하기가 쉽지 않다. 이러한 소자들의 수명, 구동 온도범위 및 소자들의 활성영역 보호막 형성 공정(passivation)은 많이 개선되었다(Mohideen 외, 1993). 그러나 상온 연속 전기적 펌핑에 의한 구동은 여전히 문제로 남아 있다.

참고문헌

Baba T. and Matsuzaki T., "GaInAsP/InP 2-dimensional photonic crystals" in *Microcavities and Photonic Bandgaps* edited by J. Rarity and C. Weisbuch, p. 193 (Kluwer Academic Publishers, Netherlands, 1996)

Blondelle J., De Neve H., Demeester P., Van Daele P., Borghs G., and Baets R. "16% external quantum efficiency from planar microcavity LED's at 940 nm by precise matching of the cavity wavelength" *Electron. Lett.* **31**, 1286 (1995)

De Martini F., Innocenti G., Jacobovitz G. R., and Mataloni P. "Anomalous spontaneous emission time in a microscopic optical cavity" *Phys. Rev. Lett.* **59**, 2955 (1987)

De Neve H., Blondelle J., Baets R., Demeester P., Van Daele P., and Borghs G. "High efficiency planar microcavity LEDs: Comparison of design and experiment" *IEEE Photonics Technol. Lett.* **7**, 287 (1995)

Erchak A. A., Ripin D. J., Fan S., Rakich P., Joannopoulos J. D., Ippen E. P., Petrich G. S., and Kolodziejski L. A. "Enhanced coupling to vertical radiation using a two-dimensional photonic crystal in a semiconductor light-emitting diode" *Appl. Phys. Lett.* **78**, 563 (2001)

Fan S., Villeneuve P. R., Joannopolous J. D., and Schubert E. F. "High extraction efficiency of spontaneous emission from slabs of photonic crystals" *Phys. Rev. Lett.* **78**, 3294 (1997)

Fisher T. A., Lidzey D. G., Pate M. A., Weaver M. S., Whittaker D. M., Skolnick M. S., and Bradley D. D. C. "Electroluminescence from a conjugated polymer microcavity structure" *Appl. Phys. Lett.* **67**, 1355 (1995)

Hadji E., Bleuse J., Magnea N., and Pautrat J. L. "3.2 m infrared resonant cavity light emitting diode" *Appl. Phys. Lett.* **67**, 2591 (1995)

Huffaker D. L., Lin C. C., Shin J., and Deppe D. G. "Resonant cavity light emitting diode with an AlxOy/GaAs reflector" *Appl. Phys. Lett.* **66**, 3096 (1995)

Hunt N. E. J., Schubert E. F., Logan R. A., and Zydzik G. J. "Enhanced spectral power density and reduced linewidth at 1.3 m in an InGaAsP quantum well resonant-cavity light-emitting diode" *Appl. Phys. Lett.* **61**, 2287 (1992)

Hunt N. E. J., Schubert E. F., Kopf R. F., Sivco D. L., Cho A. Y., and Zydzik G. J. "Increased fiber communications bandwidth from a resonant cavity light-emitting diode emitting at λ=940nm" *Appl. Phys. Lett.* **63**, 2600 (1993)

Hunt N. E. J., Schubert E. F., Sivco D. L., Cho A. Y., Kopf R. F., Logan R. A., and Zydzik G. J. "High efficiency, narrow spectrum resonant cavity light-emitting diodes" in *Confined Electrons and Photons* edited by E. Burstein and C. Weisbuch (Plenum Press, New York, 1995a)

Hunt N. E. J., Vredenberg A. M., Schubert E. F., Becker P. C., Jacobson D. C., Poate J. M., and Zydzik G. J. "Spontaneous emission control of Er^{3+} in Si/SiO_2 microcavities" in *Confined Electrons and Photons* edited by E. Burstein and C. Weisbuch (Plenum Press, New York, 1995b)

Joannopoulos J. D., Meade R. D., and Winn J. N. *Photonic Crystals* (Princeton

University Press, Princeton NJ, 1995)

Kobayashi T., Segawa T., Morimoto A., and Sueta T., paper presented at the 43rd fall meeting of the Japanese Society of Applied Physics, Tokyo, Sept. (1982)

Larson M. C. and Harris Jr. J. S. "Broadly tunable resonant-cavity light emission" *Appl. Phys. Lett.* **67**, 590 (1995)

Lear K. L. and Schneider Jr. R. P. "Uniparabolic mirror grading for vertical cavity surface emitting lasers" *Appl. Phys. Lett.* **68**, 605 (1996)

McCall S. L., Levi A. F. J., Slusher R. E., Pearton S. J., and Logan R. A. "Whispering-gallery mode microdisk laser" *Appl. Phys. Lett.* **60**, 289 (1992)

Mitel Corporation, Sweden. Photograph of RCLED is gratefully acknowledged (1999)

Mohideen U., Hobson W. S., Pearton J., Ren F., and Slusher R. E. "GaAs/AlGaAs microdisk lasers" *Appl. Phys. Lett.* **64**, 1911 (1993)

Nakayama T., Itoh Y., and Kakuta A. "Organic photo- and electroluminescent devices with double mirrors" *Appl. Phys. Lett.* **63**, 594 (1993)

Osram Opto Semiconductors Corp., Germany. RCLED photograph is gratefully acknowledged (1999)

Pavesi L., Guardini R., and Mazzoleni C. "Porous silicon resonant cavity light emitting diodes" *Solid State Comm.* **97**, 1051 (1996)

Schnitzer I., Yablonovitch E., Caneau C., and Gmitter T. J. "Ultra-high spontaneous emission quantum efficiency, 99.7% internally and 72% externally, from AlGaAs/GaAs/AlGaAs double heterostructures" *Appl. Phys. Lett.* **62**, 131 (1993)

Schubert E. F., Wang Y.-H., Cho A. Y., Tu L.-W., and Zydzik G. J. "Resonant cavity light-emitting diode" *Appl. Phys. Lett.* **60**, 921 (1992a)

Schubert E. F., Vredenberg A. M., Hunt N. E. J., Wong Y. H., Becker P. C., Poate J. M., Jacobson D. C., Feldman L. C., and Zydzik G. J. "Giant enhancement of luminescence intensity in Er-doped Si/SiO_2 resonant cavities" *Appl. Phys. Lett.* **61**, 1381 (1992b)

Schubert E. F., Tu L. W., Zydzik G. J., Kopf R. F., Benvenuti A., and Pinto M. R. "Elimination of heterojunction band discontinuities by modulation doping" *Appl. Phys. Lett.* **60**, 466 (1992c)

Schubert E. F., Hunt N. E. J., Micovic M., Malik R. J., Sivco D. L., Cho A. Y., and Zydzik G. J. "Highly efficient light-emitting diodes with microcavities" *Science* **265**, 943 (1994)

Schubert E. F., Hunt N. E. J., Malik R. J., Micovic M., and Miller D. L. "Temperature and modulation characteristics of resonant cavity light-emitting diodes" *IEEE J. Lightwave Technol.* **14**, 1721 (1996)

Streubel K., Helin U., Oskarsson V., Backlin E., and Johanson A. "High-brightness visible (660nm) resonant-cavity light-emitting diode" *IEEE Photonics Technol. Lett.* **10**, 1685 (1998)

Tu L. W., Schubert E. F., Zydzik G. J., Kopf R. F., Hong M., Chu S. N. G., and Mannaerts J. P. "Vertical cavity surface emitting lasers with semitransparent metallic mirrors and high quantum efficiencies" *Appl. Phys. Lett.* **57**, 2045 (1990)

Whitaker T. "Resonant cavity LEDs" *Compound Semiconductors* **5**, 32 (1999)

Wilkinson S. T., Jokerst N. M., and Leavitt R. P. "Resonant-cavity-enhanced thin-film AlGaAs/GaAs/AlGaAs LED's with metal mirrors" *Appl. Opt.* **34**, 8298 (1995)

Wirth R., Karnutsch C., Kugler S., and Streubel K. "High-efficiency resonant-cavity LEDs emitting at 650 nm" *IEEE Photonics Technol. Lett.* **13**, 421 (2001)

Wirth R., Huber W., Karnutsch C., and Streubel K. "Resonators provide LEDs with laser-like performance" *Compound Semiconductors* **8**, 49 (2002)

Yokoyama H. "Physics and device applications of optical microcavities" *Science* **256**, 66 (1992)

Chapter 16

시감도와 광도계

현재 사용되고 있는 LED 중에는 자외선, 적외선 빛을 내는 것도 있지만 대부분은 가시광 영역의 빛을 낸다. 그리고 많이 알려졌듯이 인간의 눈은 가시광 영역의 빛으로 구성된 시각정보만 받아들일 수 있다. 따라서 보다 정확한 시각정보를 전해주는 LED 제품을 구현하기 위해서는 먼저 인간의 눈에 대한 이해가 필요하다. 이번 장에서는 인간의 눈과 시각의 특징, 특히 인간의 시감도와 광도계(photometry)에 대하여 살펴보도록 하자.

16.1 인간의 빛 감각기관

그림 16.1(a)은 인간의 눈에 대한 모식도이다(Encyclopedia Britannica, 1994). 안구

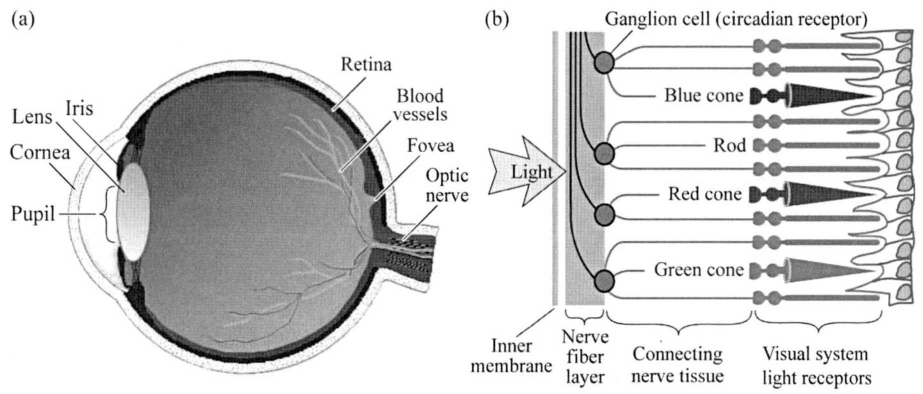

그림 16.1 (a) 인간의 눈의 단면도, (b) 빛의 감각기관인 간상세포와 원추세포를 나타낸 망막의 모식도 (Encyclopedia Britannica, 1994).

의 안쪽은 망막(retina)으로 덮여 있어 빛을 감지하는데, 바로 이곳에 원추세포(cone)가 밀집되어 있는 중심와(fovea)가 있다. 중심와는 외부광선이 모아져 초점이 형성되는 곳이기 때문에 빛을 매우 예민하게 감지하는 곳으로서 이곳의 시력을 중심시력이라 부른다. 그림 16.1(b)은 빛을 감지하는 간상세포(rod)와 원추세포, 뇌로 시각정보를 전달해 주는 신경절 세포(ganglion cell), 그리고 신경섬유(nerve fiber)에 대한 모식도이다. 간상세포는 원추세포보다 훨씬 많이 존재할 뿐만 아니라 빛에 훨씬 더 민감하며 전체 가시광 영역에 걸쳐 매우 민감한 특성을 보여준다. 반면에 원추세포에는 세 종류가 있는데 적색, 녹색, 청색 스펙트럼 영역에 각각 민감한 원추세포를 간단히 적색, 녹색, 청색 원추세포라고 부른다.

그림 16.2에는 세 가지의 다른 시각 영역과 그와 관련된 빛 감각기관을 표시해 놓았다(Osram Sylvania, 2000). 주간시(photonic vision)는 낮과 같이 주위가 밝을 때 원추세포를 통하여 빛의 감각이 이루어지는 것을 말하는데, 휘도가 3 cd/m^2 이상인 경우에 적용된다. 야간시(scotopic vision)는 밤과 같이 주위가 어두워 휘도가 0.003 cd/m^2 이하인 경우에 간상세포를 통하여 빛의 감각이 이루어지는 것을 말하는데, 간상세포는 원추세포보다 훨씬 더 빛에 민감하지만 간상세포로 감각하는 야간시의 경우에 본질적으로 색은 감지할 수 없다. 따라서 달빛조차 없는 어두운 밤에는 물체의 색이 사라지고 회색조의 단계별 회색 명도차로 감지된다. 박명시(mesopic vision)는 주간시와 야간시 사이의 밝기수준에서 빛의 감각이 이루어지는 것을 말한다(0.003~3 cd/m^2).

그림 16.3에는 인간의 망막에 있는 간상세포 및 세 종류의 원추세포의 대략적인 스펙트럼 감도함수가 정규화되어 표시되어 있다(Dowling, 1987). 이 그래프를 보면 알 수 있듯이 야간 시간대의 경우에는 주간 시간대와 비교해서 적색 부근에서 민감도가 낮고 청색 부근의 민감도가 더 높다. 그러면 지금부터는 주간시영역에 대하여 자세히 살펴보도록 하자.

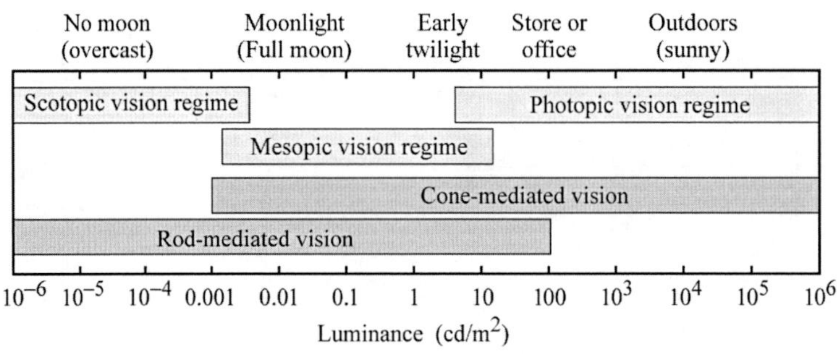

그림 16.2 다양한 휘도에서의 대략적인 시각영역과 수용체영역(Osram Sylvania, 2000).

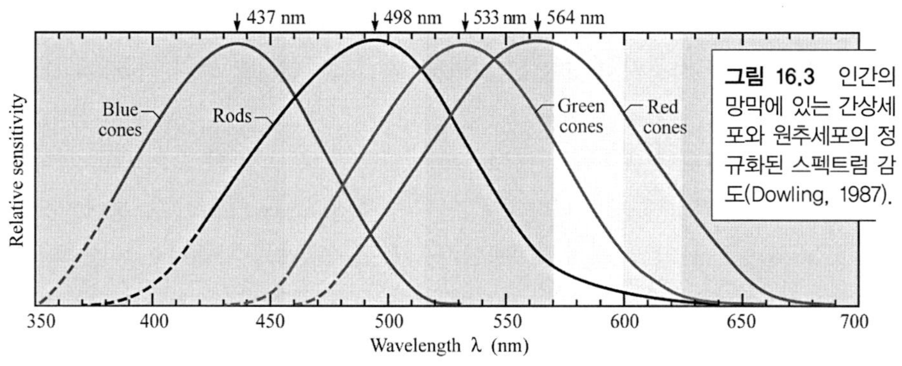

그림 16.3 인간의 망막에 있는 간상세포와 원추세포의 정규화된 스펙트럼 감도(Dowling, 1987).

16.2 기본적인 복사계 단위 및 광도계 단위

전자기 복사선(electromagnetic radiation)의 물리적인 특성은 복사계 단위(radiometric unit)인 광자의 수, 광자 에너지, 광출력(조명 연합에서는 주로 복사선속(radiant flux)으로 불린다)에 의해서 표현된다. 그러나 적외선 복사가 인간의 눈에서 감지되지 않는 것처럼 복사계 단위는 빛 자체의 특성을 표현하고 있기 때문에 인간의 시각과는 무관하게 사용되는 것이 일반적이다. 따라서 인간의 눈에 의하여 빛과 색을 감각하는 경우에는 인간의 시감도를 고려한 광도계 단위(photometric unit)가 사용되어야 한다.

광도계 단위 중 하나인 광도(luminous intensity)는 인간의 눈에 의해서 빛을 받아들이는 상황에서의 광원의 강도를 나타내고 국제단위계(SI unit)의 기본 단위인 칸델라(candela, cd) 수치로 측정된다. 현재 1cd의 광도는 1스테라디안(steradian, sr)의 입체각 내에서 555 nm 파장의 단색광원이 1/68 W의 광출력을 낼 때의 빛의 강도로 정의된다.

모든 빛 강도의 측정은 칸델라로부터 시작되기 때문에, 칸델라 단위는 역사적으로 매우 중요하다. 칸델라는 오래 전부터 사용되어 왔던 단위인 촉광(candlepower), 즉 양초로부터 생겨났는데, 1 cd의 원래 정의는 그림 16.4와 같이 배관공이 늘 가지고 다니던 특정한 형태와 치수의 양초 하나로부터 나오는 빛의 강도였다.

정규화된 양초 한 개의 광도는 1.0 cd이다.

그림 16.4 19세기에 배관공이 물의 배관을 연결할 때 납땜용 납을 녹이기 위해서 사용한 양초.

따라서 광원의 광도는 동일한 광도를 가지는 정규화된 양초의 개수로 표현될 수 있었다. 그러나 촉광과 양초의 개수는 SI 단위가 아니므로 현재는 거의 사용되고 있지 않다.

또 다른 광도계 단위 중 하나인 광선속(luminous flux)은 인간의 눈에 빛을 받아들이는 상황에서의 광원의 출력을 나타내며, 단위는 루멘(lumen, lm)이다. 루멘은 SI단위이며, 1 lm은 555 nm의 파장의 단색광원이 내는 1/683 W의 광출력으로 정의된다. 칸델라와 루멘의 정의를 비교해 보면, 1 cd는 1 sr당 1 lm과 같다(cd=lm/sr)는 점을 알 수 있다. 따라서 1 cd의 광도를 내는 광원이 모든 방향으로 빛을 내고 있을 때, 모든 방향의 입체각에 해당하는 4π를 곱하면 총 광선속은 4π lm, 즉 12.57 lm이 된다.

조도(illuminance)는 단위면적당 입사되는 광선속을 말하는데, 조도의 단위는 lux (=l m/m^2)이며 빛의 조명상태를 표현하는데 사용되는 SI 단위이다. 표 16.1은 다양한 환경에서의 전형적인 조도 수치가 주어져 있다.

휘도(luminance)는 표면광원(디스플레이나 LED와 같이 표면의 발광면적이 0이 아닌 광원)의 경우에 주로 사용되는데, 특정 방향으로 발광된 광도(cd 단위)를 그 방향으로 빛이 비춰진 특정 표면의 면적(m^2 단위)으로 나눈 값을 말하고 단위는 cd/m^{2}이다. 예를 들어 LED의 경우에 대부분은 LED 칩 표면에 수직한 방향으로 빛이 나가기 때문에, 이 경우에 휘도는 칩의 수직 방향으로 발광된 광도를 칩 면적으로 나눈 값에 해당한다. 물론 수직하지 않은 다른 방향에 대하여 휘도를 알고 싶다면 위와 같이 간단히 계산되지는 않는다.

특정 방향이 표면의 수직 방향과 이루는 각도를 Θ라고 할 때, 빛이 비춰진 곳의 면적은 $A_{projected} = A_{surface} \cos \Theta$와 같이 기본적으로 cosine 법칙을 따르고, $A_{surface}$와 $A_{projected}$는 그림 16.5에 나타내었다. 그러나 람베르시안 방출 형태(lambertian emission pattern)를 보여주는 LED의 광도 또한 cosine 법칙에 따라서 각도 Θ의 영향을 받기 때문에 람베르시안 LED의 휘도는 각도와는 무관하게 일정한 값을 가진다. 따라서 고휘도 LED를 얻기 위해서는 LED의 칩 면적을 최소로 유지하고 광도와 광선속

표 16.1 다양한 환경에서의 전형적인 조도.

Illumination condition	Illuminance
Full moon	1 lux
Street lighting	10 lux
Home lighting	30 to 300 lux
Office desk lighting	100 to 1,000 lux
Surgery lighting	10,000 lux
Direct sunlight	100,000 lux

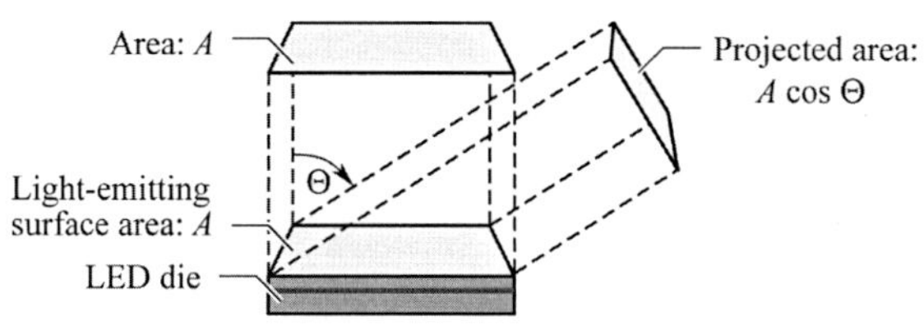

그림 16.5 LED의 조도를 정의하기 위하여 사용된 LED의 표면면적(A)과 빛이 비춰진 곳의 표면면적 ($A\cos\Theta$).

을 최대화시키는 것이 가장 좋다. 그래서 LED의 휘도란 주어진 주입 전류와 반도체 웨이퍼의 유효면적으로부터 정해진 광도를 얼마나 효율적으로 날성하는지를 측정하여 나타낸 것으로 이해하면 된다.

광원의 휘도를 나타내는데 사용되는 단위로는 몇 가지가 있는데, 자주 사용되는 단위들을 표 16.2에 디스플레이, 유기 LED, 무기 LED의 전형적인 휘도를 표 16.3에 정리해 놓았다. 이 표에서 알 수 있듯이, 디스플레이는 사람이 가까운 거리에서 직접 바라보기 때문에 상대적으로 휘도가 낮아야 하지만, 교통신호등과 조명기구에 많이 사용되는 무기 LED의 경우에는 휘도가 상당히 높아야 한다. 광도계 단위와 이에 대응되는 복사계 단위를 표 16.4에 정리해 놓았다.

표 16.2 휘도에 대한 SI 단위와 비 SI 단위 간의 변환표.

Unit	Common name
1 cd/cm^2	1 stilb
$(1/\pi)$ cd/cm^2	1 lambert
1 cd/cm^2	1 nit

Unit	Common name
$(1/\pi)$ cd/m^2	1 apostilb
$(1/\pi)$ cd/ft^2	1 foot-lambert

표 16.3 디스플레이, 유기 LED, 무기 LED의 전형적인 휘도.

Device	Luminance(cd/m^2)
Display	100 (operation)
Display	250-750 (max. value)

Unit	Common name
Organic LED	100-10,000
III-V LED	1,000,000-10,000,000

표 16.4 광도계 단위와 이에 대응되는 복사계 단위.

Photometric	Dimension	Radiometric unit	Dimension
Luminous flux	lm	Radiant flux(optical power)	W
Luminous intensity	lm/sr = cd	Radiant intensity	W/sr
Illuminance	lm/m^2 = lux	Irradiance(power density)	W/m^2
Luminance	lm/(sr m^2) = cd/m^2	Radiance	W/(sr m^2)

Exercise

광도계 단위

60 W의 백열등 전구의 광선속은 1000 lm이고, 빛이 전구로부터 모든 방향으로 동일하게 방출된다고 가정하자.

(a) 전구의 발광효율(즉, 주입된 전력의 단위 W당 나오는 광선속)은 어떻게 되는가?
(b) 몇 개의 정규화된 양초가 비슷한 광도를 내는가?
(c) 전구 밑 1.5 m에 위치한 책상 위의 조도(E_{lum}, lux)는 얼마인가?
(d) (c)에서 얻은 조도수준은 책을 읽는데 충분히 높은가?
(e) 전구의 광도(I_{lum}, cd)는 얼마인가?
(f) 전구로부터 거리 r에서의 조도(lux)와 광도(cd) 간의 관계식을 구하라.
(g) 전구로부터 거리 r에서의 조도(lux)와 광선속(lm) 간의 관계식을 구하라.
(h) 칸델라의 정의에서 광원의 광출력은 1/683 W이다. 이 특정한 출력 수준을 정하게 된 근거는 무엇이라고 생각하는가?

해답
(a) 16.7 lm/W (b) 80 candles
(c) E_{lum} = 35.4 lm/m^2=35.4 lux. (d) 그렇다.
(e) 79.6 lm/sr = 79.6 cd (f) $E_{lum} r^2 = I_{lum}$
(g) $E_{lum} 4\pi r^2 = \Phi_{lum}$
(h) 원래 광도의 단위는 실제 양초로부터 나오는 빛의 강도로 정의되어 왔었지만, 최근에는 이를 근거로 하여 특정한 파장과 광출력을 가지는 광원의 강도로 정의되었다. 광원의 출력이 1/683 W일 때 빛의 강도가 양초와 똑같아지므로, 이 특정한 출력은 역사적으로 근거를 가지고 있으며 광도 정의의 연속성을 유지고자 하는 노력으로 판단된다.

16.3 시감도 함수

복사계 단위와 광도계 단위 간의 변환은 시감도 함수, $V(\lambda)$라는 광효율 함수를 통해 이루어진다. CIE(Commission Internationale de l' Eclairage)에서는 1924년에 관찰자가 2°의 각도로 바라보고 있는 점광원에 대한 광도계 시감도 함수, $V(\lambda)$를 도입하였다(CIE, 1931). 이 함수를 일컬어 CIE 1931 $V(\lambda)$ 함수라 하며, 미국에서 사용되는 현행 광도계 표준이다.

그 이후 수정된 $V(\lambda)$가 1978년 Judd와 Vos에 의해 도입되었고(Vos, 1978; Wyszecki와 Stiles, 1982, 2000), 이 함수를 CIE 1978 $V(\lambda)$ 함수라 부른다. CIE 1931 V(λ) 함수에서는 청색과 보라색 부근에서 인간의 시감도를 실제보다 낮게 보았기 때문에 CIE 1978 $V(\lambda)$ 함수에서는 이를 수정하였다. 따라서 460 nm 이하의 스펙트럼 영역에서 수정된 함수 $V(\lambda)$는 기존보다 더 높은 값을 가진다. 이에 대하여 CIE는 다음과 같이 말하면서 CIE 1978 $V(\lambda)$ 함수를 높이 평가하였다. "점광원의 파장에 따른 광효율 함

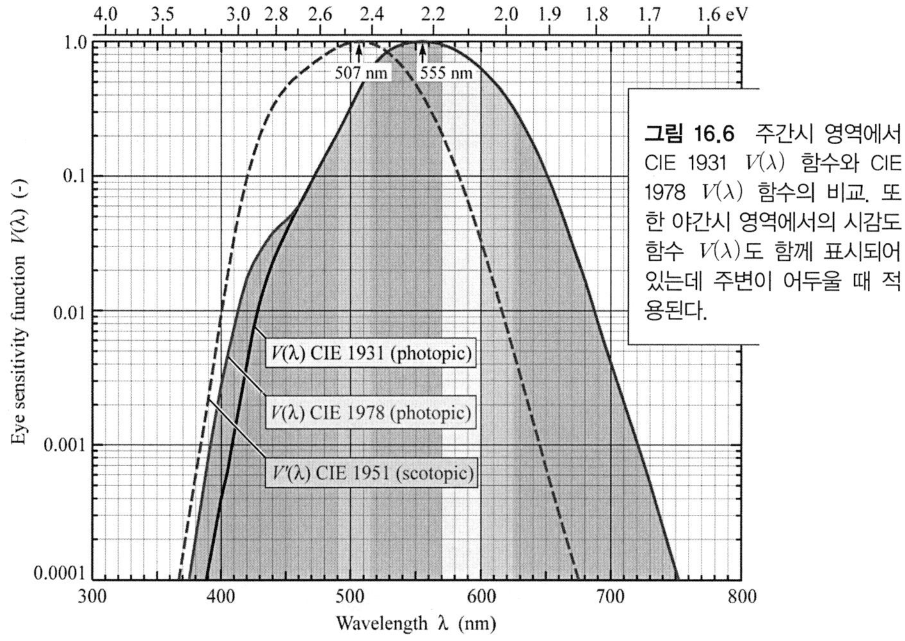

그림 16.6 주간시 영역에서 CIE 1931 $V(\lambda)$ 함수와 CIE 1978 $V(\lambda)$ 함수의 비교. 또한 야간시 영역에서의 시감도 함수 $V(\lambda)$도 함께 표시되어 있는데 주변이 어두울 때 적용된다.

수는 Judd에 의해 수정된 $V(\lambda)$에 의해 충분히 대표되며(CIE, 1988), 단파장의 휘도를 측정할 때 정상적으로 이 부근의 색을 인지하는 사람이라면 Judd의 수정된 $V(\lambda)$ 함수가 더 적합하다(CIE, 1990)."

그림 16.6은 CIE 1931 $V(\lambda)$ 함수와 CIE 1978 $V(\lambda)$ 함수의 그래프를 보여주고 있다. 광도계 시감도 함수는 녹색 스펙트럼 영역인 555 nm에서 최대의 민감도를 가지며 이때의 $V(\lambda)$는 1의 값을 가진다(V(555 nm)=1). 또한 그래프에서도 알 수 있듯이 CIE 1931 $V(\lambda)$ 함수는 460 nm 이하의 청색 스펙트럼 영역에서의 시감도를 다소 낮게 보고 있다. 파장에 따른 CIE 1931과 CIE 1978 $V(\lambda)$ 함수의 정확한 수치는 부록 16.1에 별도로 표로 정리해 놓았다.

그림 16.6에는 야간시의 민감도 함수 $V(\lambda)$도 함께 표시되어 있는데, 야간시의 경우에는 주간시의 555 nm보다 더 짧은 507 nm에서 최대의 민감도를 보여주고 있다. 마찬가지로 파장에 따른 CIE 1951 $V(\lambda)$ 함수의 수치도 부록 16.2에 표로 정리해 놓았다.

그림 16.6에 나타낸 바와 같이 CIE 1978 $V(\lambda)$ 함수가 CIE 1931보다 인간의 시감도에 더 정확한 건 사실이지만, 기존에 뿌리 깊게 자리잡고 있었던 CIE 1931 표준을 변경하게 되면 현장에서 매우 많은 문제점이 발생할 것이라는 이유로 CIE 1978 함수는 아직 시감도의 표준으로 받아들여지고 있지는 않다. 그러나 그림 16.7의 CIE 1978 $V(\lambda)$ 함수는 주간시 영역에서 시감도를 가장 정확하게 표현하는 것으로 받아들여지고 있기 때문에, 비록 CIE 1978 $V(\lambda)$ 함수가 표준은 아니지만 시각적 연구에는 일정 부분 사

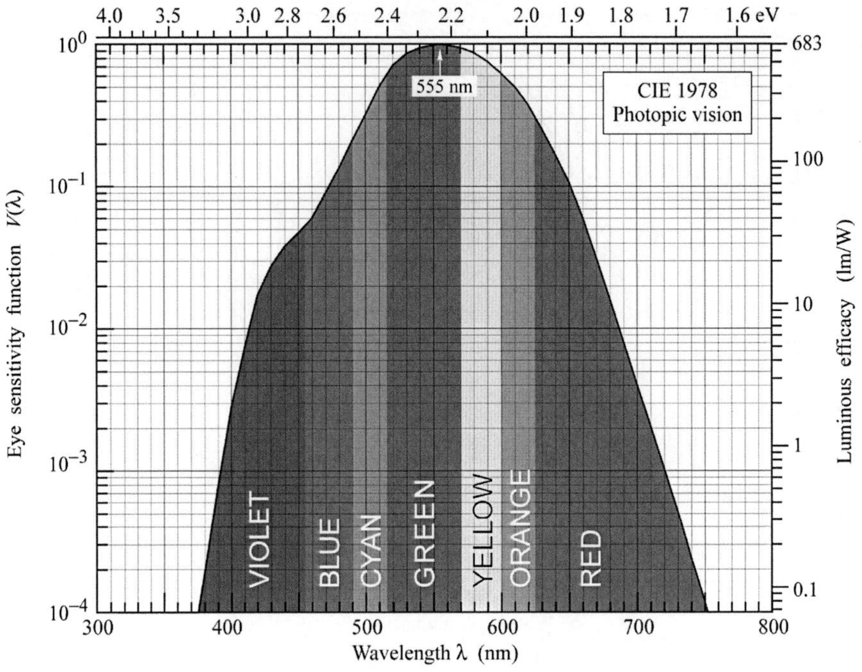

그림 16.7 555 nm에서 최대인 시감도 함수 $V(\lambda)$(좌측 세로축)와 lm/W로 표시되는 광원효율(우측 세로축).

용되고 있다(Wyszecki와 Stiles, 2000).

시감도 함수는 최소 플리커법(minimum flicker method)에 의해서 결정되는데, 이 방법은 휘도를 비교하고 $V(\lambda)$를 결정하기 위하여 사용되는 비교적 고전적인 방법이다. 원형의 작은 발광체를 사용하여 표준색과 비교색을 15 Hz의 빈도로 번갈아 가면서 비춘다. 인간의 눈은 색조를 15 Hz 보다 느리게 감지하기 때문에 15 Hz의 빈도로 색이 바뀌면 눈에서 혼합된 색조로 감지된다. 그러나 밝기는 15 Hz보다 빠르게 감지하기 때문에 만약 두 색을 비추는 휘도에 차이를 둔다면 두 색조의 차이가 있는 경우에 시각적으로 깜빡임이 느껴질 것이다. 따라서 이와 같은 인간의 특성을 고려하여 깜빡임이 최소가 될 때까지 목표 색을 조정해 나가는 것이다.

원하는 색도(chromaticity)는 무수히 다양한 종류의 출력분포 P(λ)로부터 얻을 수 있다. 그 중 하나로 달성 가능한 최대의 광원효율을 나타내는 방법이 있는데, 이 최대효율 값은 단지 두 가지 단색광원의 발광강도를 적절히 혼합하는 방법으로 통해 얻을 수 있다. 그림 16.8에는 한 쌍의 단색광 발광체로 달성할 수 있는 최대의 광원효율을 보여주고 있다(MacAdam, 1950). 백색광의 최대 광원효율은 색온도에 따라 변하는데, 색온도가 6500 K일 때는 약 420 lm/W이고 더 낮은 색온도에서는 500 lm/W를 넘는데, 정확한 값은 색도 다이어그램의 백색광영역 안에서의 위치에 따라 변한다.

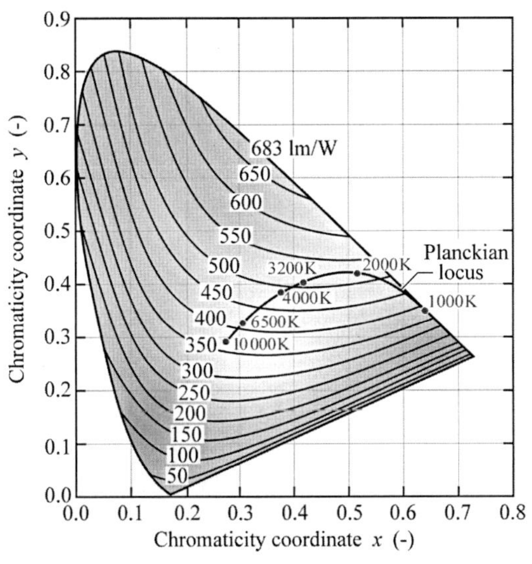

그림 16.8 최대의 가능한 광원효율(lm/W)과 CIE 1931(x, y) 색도 다이어그램의 색도와의 관계. (MacAdam, 1950)

16.4 단색광에 가까운 발광체의 색

390~720 nm의 파장대에서 시감도 함수 $V(\lambda)$는 10^{-3}보다 큰 값을 가진다. 비록 어떤 사람의 눈이 390 nm보다 짧거나 720 nm보다 긴 파장의 빛에 대해서 아무리 민감하다 하더라도 역시 가시광 영역의 민감도에 비해서는 극히 낮기 때문에 390~720 nm의 스펙트럼 영역을 눈으로 볼 수 있다 하여 가시광 파장영역이라 부르는 것이다. 표 16.5에는 가시광 영역의 색과 파장과의 관계가 정리되어 있고, 이는 LED와 같이 단색광원이거나 단색광에 가까운 광원에 적용될 수 있다. 그런데 색을 판단한다는 것은 일정 부분 주관적이고 또한 이웃하는 두 색을 명확하게 파장으로 구분할 수는 없기 때문에 이 표에서는 편의상 여러 색들의 파장영역을 연속적으로 이어놓았다는 점을 알아두자.

표 16.5 여러 색과 그와 관련된 LED 발광피크의 파장범위.

Color	Wavelength
Ultraviolet	< 390 nm
Violet	390-455 nm
Blue	455-490 nm
Cyan	490-515 nm
Green	515-570 nm

Color	Wavelength
Yellow	570-600 nm
Amber	590-600 nm
Orange	600-625 nm
Red	625-720 nm
Infrared	> 720 nm

16.5 광원효율과 발광효율

출력 스펙트럼밀도(단위 파장에서 내는 광출력)를 $P(\lambda)$라 할 때, 광선속(Φ_{lum})은 다음의 복사계 광출력의 식을 사용하여 얻을 수 있다.

$$\Phi_{lum} = 683\frac{\text{lm}}{\text{W}}\int_{\lambda} V(\lambda)\, P(\lambda)\, d\lambda \tag{16.1}$$

이 식에서 683 lm/W의 값은 정규화 인자(normalization factor)이다. 광원에서 나온 광출력은 다음과 같이 출력밀도를 모든 파장에 대하여 적분함으로써 얻을 수 있다.

$$P = \int_{\lambda} P(\lambda)\, d\lambda \tag{16.2}$$

고성능의 가시광 LED 칩 하나의 경우 100~1000 mA로 전류를 주입시켰을 때 광선속은 약 10~100 lm 정도에 달한다.

광도함수(luminosity function)라고도 불리는 광원효율(luminous efficacy)은 단위 광출력 W에 대한 lm 값으로 나타내며 광출력이 광선속으로 바뀌는 전환효율을 의미한다. 따라서 광원효율은 다음과 같이 정의된다.

$$\text{Luminous efficacy} = \frac{\Phi_{lum}}{P} = \left[683\frac{\text{lm}}{\text{W}}\int_{\lambda} V(\lambda)\, P(\lambda)\, d\lambda\right]\left[\int_{\lambda} P(\lambda)\, d\lambda\right] \tag{16.3}$$

거의 단색광에 가까운 광원($\Delta\lambda \to 0$)의 경우에 광원효율은 시감도 함수 $V(\lambda)$의 값에 683 lm/W를 곱한 값과 같으며, 가시광 파장에서 단색광의 광원효율을 그림 16.4의 우측 세로축에 표시해 놓았다. 그러나 다원색의 광원, 특히 백색광원의 경우에 광원효율은 모든 파장에 대한 적분을 통해 계산할 필요가 있다. 광원의 발광효율(luminous efficiency)은 광원효율과 동일한 단위(lm/W)를 사용하며, 광원의 광선속을 소자에 공급한 전력(IV)으로 나눈 값으로 정의된다.

$$\text{Luminous efficacy} = \frac{\Phi_{lum}}{IV} \tag{16.4}$$

식 (16.3)과 (16.4)를 살펴보면 공급 전력을 광출력으로 변환시키는 전환효율에 광원효율을 곱하면 발광효율이 된다는 점을 알 수 있다. 많이 사용되는 광원에 대한 발광효율을 표 16.6에 정리해 놓았다. 발광효율은 가시광 LED와 깊은 관련이 있는 성능지수이다. LED의 발광효율은 감지된 광출력 대신에 LED를 구동할 때 들어가는 전력

표 16.6 다양한 광원의 발광효율, (a) 백열등, (b) 형광등, (c) 고강도 방전등(high-intensity discharge lamp, HID).

Light source		Luminous efficiency
Edison's first light bulb(with C filament)	(a)	1.4 lm/W
Tungsten filament light bulbs	(a)	15~20 lm/W
Quartz halogen light bulbs	(a)	20~25 lm/W
Fluorescent light tubes and compact bulbs	(b)	50~80 lm/W
Mercury vapor light bulbs	(c)	50~60 lm/W
Metal halide light bulbs	(c)	80~125 lm/W
High-pressure sodium vapor light bulbs	(c)	100~140 lm/W

을 사용하여 정규화시킨 값이므로, 전력을 광출력으로 완전히 전환시키는 광원이 있다면 이 광원의 발광효율은 광원효율과 동일할 것이다. 따라서 편의상 발광효율을 광원효율과 동일하게 간주하는 경우도 있다.

Exercise

LED의 광원효율과 발광효율

625 nm와 590 nm에서 각각 빛을 내는 적색 LED와 주황색 LED가 있다. 이 LED의 방출 스펙트럼이 단색광에 가깝다고 가정하면($\Delta\lambda \to 0$), 이 두 광원의 광원효율은 얼마인가? 적색과 주황색 LED가 50%의 외부 양자효율을 가지고 있다고 가정할 때, LED의 발광효율을 계산하여라. 이때 LED 전압은 $V = E_g/e = h\nu/e$로 가정하라.

다음으로 온도 상승으로 인한 열에 의해서 LED의 발광 스펙트럼이 넓어졌을 때, 발광 스펙트럼이 가우시안 분포(Gaussian distribution) 모양이고 그 선폭이 1.8 kT임을 가정하자. 이 경우 두 광원의 광원효율과 발광효율을 계산하여라. 단색광원임을 가정하였을 때 얻은 결과는 얼마나 정확한가?

2002년 Schmid 등에 의해 작은 발광면적(좁은 칩 면적으로 전류를 주입)과 개선된 광출력 결합구조(light-output-coupling structure)를 통해 우수한 LED 효율을 보여주었다(Schmid 외, 2002). 그러나 이 소자는 단지 칩 면적의 일부에만 전류를 주입하고 있기 때문에 휘도가 낮았다. 표 16.7에는 LED에서 자주 사용되는 성능지수가 정리되어 있다.

표 16.7 LED에 대한 광도계, 복사계, 양자 성능의 측정 지수 정리표.

Figure of merit	Explanation	unit
Luminous efficacy	Luminous flux per optical unit power	lm/W
Luminous efficiency	Luminous flux per input electrical unit power	lm/W
Luminous intensity efficiency	Luminous flux per sr per input electrical unit power	cd/W
Luminance	Luminous flux per sr per chip unit area	cd/m^2
Power efficiency	Optical output power per input electrical unit power	%
Internal quantum efficiency	Photons emitted in active region per electron injected	%
Extrnal quantum efficiency	Photons emitted from LED per electron injected	%
Extraction efficiency	Escape probability of photons emitted in active region	%

16.6 밝기와 시각의 선형성

일상적으로 '밝기'라는 용어는 자주 사용되고 있지만, 과학적으로 정의되어 있는 용어는 아니다. 그럼에도 불구하고 '밝기'라는 용어가 자주 사용되고 있는 이유는 일반 사람들이 휘도나 광도와 같은 어려운 광도계 용어보다는 '밝기'라는 용어를 보다 쉽게 받아들이고 있다는 사실 때문일 것이다. 이 '밝기'라는 용어는 시각 속성의 표현이지만, 많은 경우에 휘도나 또는 복사계 용어인 복사강도(radiance)의 동의어로 사용되곤 한다.

광원의 밝기를 정량화시키기 위해서는 점광원과 표면광원을 구분할 필요가 있는데, 주간시 영역에서 밝기는 점광원의 경우 광도(cd)에, 표면광원의 경우 휘도(cd/m^2)에 가까운 의미로 이해할 수 있다. 하지만 '밝기'에 대한 공식 정의가 없기 때문에 기술관련 출판물에서는 보통 사용을 피하는 것이 일반적이다.

표준 CIE 광도계에서는 주간시 영역에서 인간의 시각이 선형적인 특성을 보인다고 가정한다. 예를 들어 모든 방향으로 동일하게 5 lm의 광선속의 빛을 내는 청색 점광원과 적색 점광원이 있다고 할 때, 두 광원의 광도는 동일하다. 여기에 주간시의 선형성을 가정하면, 두 광원의 광선속이 예를 들어 5~5000 lm으로 증가해도 두 광원의 광도는 여전히 같다고 본다.

그러나 박명시나 야간시 영역에서와 같이 두 광원의 광선속이 줄어든다면, 야간시 영역에서는 더 짧은 파장쪽으로 시감도 함수가 이동하기 때문에 청색 빛이 적색 빛 보다 더 밝게 보일 것이다.

즉 시각의 선형성은 분명 광도계를 단순화시키는데 큰 도움을 주지만, 주간시 영역에서 시각의 선형성은 어디까지나 가정임을 기억해 두는 것이 중요하다. 어느 정도는 선형성에 가까운 특성을 보이지만 정확하게는 선형성에서 약간 벗어나 있기 때문에 자신이 느낀 밝기와 측정된 광원의 휘도 간에 차이가 나는 현상을 특히 광선속이 크게 변하는 경우에 자주 경험하게 된다.

16.7 생체주기와 생체민감도

인간의 기상과 수면의 리듬은 약 24시간의 주기를 가지고 있으므로, 이 리듬을 1일 생체주기(circadian rhythm or circadian cycle)라고 부른다. 이 용어는 라틴어에서 나온 말로 대략을 의미하는 circa와 하루를 의미하는 dies로부터 만들어졌다. 오랜 기간 동안 빛은 인간의 생체주기에 동조화된 시계(zeitgeber)로서 일려져 왔다. Pittendrigh (1993)와 Sehgal(2004)가 작성한 논문들을 보면 생체주기에 대한 이해를 높일 수 있는데, 내생적 생체시계, 즉 사람 몸에 내재되어 있는 생체시계에 주된 영향을 미치는 요인으로서 빛을 거론하고 있고 이 빛을 생체시계와 일체화시키는 내용에 대하여 설명하고 있다.

이처럼 인간의 기상과 수면의 리듬은 빛의 강도 및 스펙트럼 조성(spectral composition)과 동조되어 있고, 바로 태양이 자연의 대표적인 생체시계이다. 한 낮의 태양빛은 강하며 색온도도 높고 청색의 비율이 높다. 그러나 저녁 시간대에는 태양빛의 강도와 색온도, 그리고 청색의 비율이 크게 감소하는데, 사람은 이러한 변화를 생체시계로서 받아들이고 있다. 즉, 사람의 생체주기는 빛의 강도, 색온도, 그리고 청색비율의 세 가지 요인에 의해서 거의 대부분 동조화되어 있다.

따라서 늦은 오후나 저녁 때 부적절하게 높은 강도의 빛에 노출된 경우에는 규칙적인 기상과 수면 리듬이 흐트러지게 되고 그 결과 불면증과 암과 같은 심각한 질병에까지도 이르게 할 수 있다(Brainard 외, 2001; Blask 외, 2003). 그러므로 오후 늦게나 저녁 시간에는 되도록이면 높은 강도의 빛에 노출되는 것을 피하고 자연적인 생체주기에 역행하지 않는 것이 좋다(Schubert, 1997).

오랜 기간 간상세포와 세 종류의 원추세포는 단지 인간의 눈에서 빛을 감지하는 세포로만 여겨져 왔다. 그러나 Brainard 등(2001)은 인간의 눈에 존재하지만 아직 알려지지 않은 빛 수용체가 사람의 생체주기를 조절하고 있다고 주장하였다. 이에 대하여 Berson 등(2002)과 Hattar 등(2002)에 의해 제시된 증거로부터 망막의 신경절 세포 역시 광학적인 민감도를 가지고 있음을 보여주었다. 신경절 세포는 그림 16.1에 도식적으로 나타내었는데, 포유류의 신경절 세포의 파장에 따른 민감도를 측정하여 그 반응도 곡선을 그림 16.9에 나타내었다. 이 그림으로부터 신경절 세포는 청색 스펙트럼 영역인 484 nm에서 가장 민감하다는 점을 알 수 있다.

또한 Berson 등(2002)은 빛을 감지하는 신경절 세포가 생체주기를 조절하는 기능을

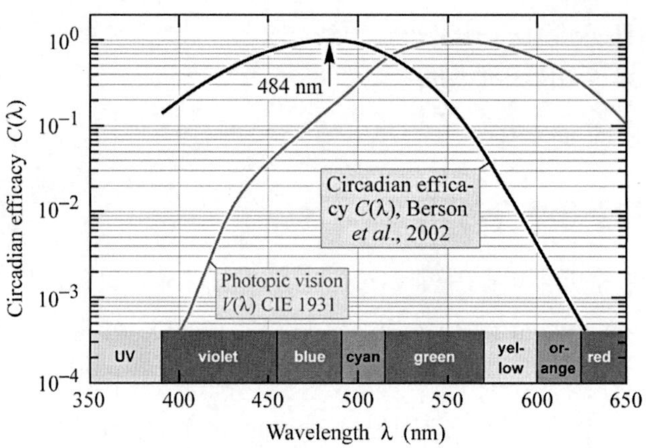

그림 16.9 파장에 따른 망막의 신경절 세포의 빛에 대한 반응도로부터 유도된 생체주기 효율 곡선. 측정에 사용된 신경절 세포는 포유류로부터 얻은 것이다. 이 그림은 생체 민감도와 시감도 간의 차이가 매우 크다는 점을 보여준다(Berson 외, 2002).

갖고 있다는 증거도 제시하였는데, 신경절 세포는 484 nm의 청색파장대에서 높은 민감도를 보여주기 때문에 한 낮의 푸른 하늘이 내생적 생체주기를 동조화시키는 주된 요소라고 주장하였다. 그러므로 빛을 감지하는 신경절 세포를 푸른 하늘 수용체(blue-sky receptor)라고도 부른다.

그림 16.9에 나타난 신경절 세포의 민감도를 보면 생체주기에 미치는 효율의 관점에서 붉은 빛과 푸른 빛 간에 큰 차이가 있음을 알 수 있다. 생체주기를 동조화시키는데 있어 푸른빛의 효율은 붉은빛의 효율보다 수천 배 더 클 수 있으므로 소비자들은 조명 디자인과 인공조명에 있어서 이러한 푸른빛의 특정 역할을 고려해야만 한다.

참고문헌

Berson D. M., Dunn F. A., and Takao M. "Phototransduction by retinal ganglion cells that set the circadian clock" *Science* **295**, 1070 (2002)

Brainard G. C., Hanifin J. P., Greeson J. M., Byrne B., Glickman G., Gerner E., and Rollag M. D. "Action spectrum for melatonin regulation in humans: Evidence for a novel circadian photoreceptor" *J. Neuroscience* **21**, 6405 (2001)

Blask D. E., Dauchy R. T., Sauer L. A., Krause J. A., Brainard G. C. "Growth and fatty acid metabolism of human breast cancer (MCF-7) xenografts in nude rats: Impact of constant light-induced nocturnal melatonin suppression" *Breast Cancer Research and Treatment* **79**, 313 (2003)

CIE *Commission Internationale de l'Eclairage Proceedings* (Cambridge University Press, Cambridge, 1931)

CIE *Proceedings* 1, Sec. 4; 3, p. 37; Bureau Central de la CIE, Paris (1951)

CIE data of 1931 and 1978 available at http://cvision.ucsd.edu and http://www.cvrl.org (1978). The CIE 1931 V(λ) data were modified by D. B. Judd and J. J. Vos in 1978. The JuddVos-modified eyesensitivity function is frequently referred to as $V_M(\lambda)$; see J. J. Vos "Colorimetric and photometric properties of a 2-deg fundamental observer" *Color Res. Appl.* **3**, 125 (1978)

CIE publication 75-1988 *Spectral Luminous Efficiency Functions Based Upon Brightness Matching for Monochromatic Point Sources with 2° and 10° Fields* ISBN 3900734119 (1988)

CIE publication 86-1990 *CIE 1988 2° Spectral Luminous Efficiency Function for Photopic Vision* ISBN 3900734232 (1990)

Dowling J. E. *The retina: An Approachable Part of the Brain* (Harvard University Press, Cambridge, Massachusetts, 1987)

Encyclopedia Britannica, Inc. Illustration of human eye adopted from 1994 edition of the encyclopedia (1994)

Hattar S., Liao H.-W., Takao M., Berson D. M., and Yau K.-W. "Melanopsin-containing retinal ganglion cells: Architecture, projections, and intrinsic photosensitivity" *Science* **295**, 1065 (2002)

MacAdam D. L. "Maximum attainable luminous efficiency of various chromaticities" *J. Opt. Soc. Am.* **40**, 120 (1950)

Osram Sylvania Corporation *Lumens and mesopic vision* Application Note FAQ0016-0297 (2000)

Pittendrigh C. S. "Temporal organization: Reflections of a Darwinian clock-watcher" *Ann. Rev. Physiol.* **55**, 17 (1993)

Schmid W., Scherer M., Karnutsch C., Plobl A., Wegleiter W., Schad S., Neubert B., and Streubel K. "High-efficiency red and infrared light-emitting diodes using radial outcoupling taper" *IEEE J. Sel. Top. Quantum Electron.* **8**, 256 (2002)

Schubert E. F. The author of this book noticed in 1997 that working after 8 PM under bright illumination conditions in the office allowed him to fall asleep only very late, typically after midnight. The origin of sleeplessness was traced back to high-intensity office lighting conditions. Once the high intensity of the office lighting was reduced, the sleeplessness vanished (1997)

Sehgal A., editor *Molecular Biology of Circadian Rhythms* (John Wiley and Sons, New York, 2004)

Vos J. J. "Colorimetric and photometric properties of a 2-deg fundamental observer" *Color Res. Appl.* **3**, 125 (1978)

Wyszecki G. and Stiles W. S. *Color Science -Concepts and Methods, Quantitative Data and Formulae* 2nd edition (John Wiley and Sons, New York, 1982)

Wyszecki G. and Stiles W. S. *Color Science -Concepts and Methods, Quantitative Data and Formulae* 2nd edition (John Wiley and Sons, New York, 2000)

Appendix 16.1

Tabulated values of the 2° degree CIE 1931 photopic eye sensitivity function and the CIE 1978 Judd–Vos-modified photopic eye sensitivity function for point sources (after CIE, 1931 and CIE, 1978).

λ (nm)	CIE 1931 $V(\lambda)$	CIE 1978 $V(\lambda)$
360	3.9170 E–6	0.0000E–4
365	6.9650 E–6	0.0000E–4
370	1.2390 E–5	0.0000E–4
375	2.2020 E–5	0.0000E–4
380	3.9000 E–5	2.0000E–4
385	6.4000 E–5	3.9556E–4
390	1.2000 E–4	8.0000E–4
395	2.1700 E–4	1.5457E–3
400	3.9600 E–4	2.8000E–3
405	6.4000 E–4	4.6562E–3
410	1.2100 E–3	7.4000E–3
415	2.1800 E–3	1.1779E–2
420	4.0000 E–3	1.7500E–2
425	7.3000 E–3	2.2678E–2
430	1.1600 E–2	2.7300E–2
435	1.6840 E–2	3.2584E–2
440	2.3000 E–2	3.7900E–2
445	2.9800 E–2	4.2391E–2
450	3.8000 E–2	4.6800E–2
455	4.8000 E–2	5.2122E–2
460	6.0000 E–2	6.0000E–2
465	7.3900 E–2	7.2942E–2
470	9.0980 E–2	9.0980E–2
475	0.11260	0.11284
480	0.13902	0.13902
485	0.16930	0.16987
490	0.20802	0.20802
495	0.25860	0.25808
500	0.32300	0.32300
505	0.40730	0.40540
510	0.50300	0.50300
515	0.60820	0.60811
520	0.71000	0.71000
525	0.79320	0.79510
530	0.86200	0.86200
535	0.91485	0.91505
540	0.95400	0.95400
545	0.98030	0.98004
550	0.99495	0.99495
555	1.00000	1.00000
560	0.99500	0.99500
565	0.97860	0.97875
570	0.95200	0.95200
575	0.91540	0.91558
580	0.87000	0.87000
585	0.81630	0.81623
590	0.75700	0.75700
595	0.69490	0.69483
600	0.63100	0.63100
605	0.56680	0.56654
610	0.50300	0.50300
615	0.44120	0.44172
620	0.38100	0.38100
625	0.32100	0.32052
630	0.26500	0.26500
635	0.21700	0.21702
640	0.17500	0.17500
645	0.13820	0.13812
650	0.10700	0.1.0700
655	8.1600 E–2	8.1652E–2
660	6.1000 E–2	6.1000E–2
665	4.4580 E–2	4.4327E–2
670	3.2000 E–2	3.2000E–2
675	2.3200 E–2	2.3454E–2
680	1.7000 E–2	1.7000E–2
685	1.1920 E–2	1.1872E–2
690	8.2100 E–3	8.2100E–3
695	5.7230 E–3	5.7723E–3
700	4.1020 E–3	4.1020E–3
705	2.9290 E–3	2.9291E–3
710	2.0910 E–3	2.0910E–3
715	1.4840 E–3	1.4822E–3
720	1.0470 E–3	1.0470E–3
725	7.4000 E–4	7.4015E–4
730	5.2000 E–4	5.2000E–4
735	3.6110 E–4	3.6093E–4
740	2.4920 E–4	2.4920E–4
745	1.7190 E–4	1.7231E–4
750	1.2000 E–4	1.2000E–4
755	8.4800 E–5	8.4620E–5
760	6.0000 E–5	6.0000E–5
765	4.2400 E–5	4.2446E–5
770	3.0000 E–5	3.0000E–5
775	2.1200 E–5	2.1210E–5
780	1.4990 E–5	1.4989E–5
785	1.0600 E–5	1.0584E–5
790	7.4657 E–6	7.4656E–6
795	5.2578 E–6	5.2592E–6
800	3.7029 E–6	3.7028E–6
805	2.6078 E–6	2.6076E–6
810	1.8366 E–6	1.8365E–6
815	1.2934 E–6	1.2950E–6
820	9.1093 E–7	9.1092E–7
825	6.4153 E–7	6.3564E–7

Appendix 16.1

Tabulated values of the CIE 1951 eye sensitivity function of the scotopic vision regime, $V'(\lambda)$ (after CIE, 1951).

λ (nm)	CIE 1951 $V'(\lambda)$	λ (nm)	CIE 1951 $V'(\lambda)$
380	5.890e-004	585	8.990e-002
385	1.108e-003	590	6.550e-002
390	2.209e-003	595	4.690e-002
395	4.530e-003	600	3.315e-002
400	9.290e-003	605	2.312e-002
405	1.852e-002	610	1.593e-002
410	3.484e-002	615	1.088e-002
415	6.040e-002	620	7.370e-003
420	9.660e-002	625	4.970e-003
425	1.436e-001	630	3.335e-003
430	1.998e-001	635	2.235e-003
435	2.625e-001	640	1.497e-003
440	3.281e-001	645	1.005e-003
445	3.931e-001	650	6.770e-004
450	4.550e-001	655	4.590e-004
455	5.130e-001	660	3.129e-004
460	5.670e-001	665	2.146e-004
465	6.200e-001	670	1.480e-004
470	6.760e-001	675	1.026e-004
475	7.340e-001	680	7.150e-005
480	7.930e-001	685	5.010e-005
485	8.510e-001	690	3.533e-005
490	9.040e-001	695	2.501e-005
495	9.490e-001	700	1.780e-005
500	9.820e-001	705	1.273e-005
505	9.980e-001	710	9.140e-006
510	9.970e-001	715	6.600e-006
515	9.750e-001	720	4.780e-006
520	9.350e-001	725	3.482e-006
525	8.800e-001	730	2.546e-006
530	8.110e-001	735	1.870e-006
535	7.330e-001	740	1.379e-006
540	6.500e-001	745	1.022e-006
545	5.640e-001	750	7.600e-007
550	4.810e-001	755	5.670e-007
555	4.020e-001	760	4.250e-007
560	3.288e-001	765	3.196e-007
565	2.639e-001	770	2.413e-007
570	2.076e-001	775	1.829e-007
575	1.602e-001	780	1.390e-007
580	1.212e-001		

Chapter 17
색측정

색측정(colorimetry)이란 "색의 과학"이라 일컬어지며 색을 평가하고 정량화하는 것을 말한다. 색측정은 색을 보고 느끼는 주체인 인간의 색체시각과 깊은 관련이 있기 때문에, 인간의 시각과 더불어 수 세기에 걸쳐 매우 높은 관심을 받았다. 일찍이 색을 이해하고자 했던 여러 시도들이 있었는데, 이와 같은 색측정에 대한 역사에 대하여 흥미 있게 살펴보고자 한다면 역사적인 자료들이 많이 정리되어 있는 MacAdam(1993)의 저서를 읽어보길 바란다.

인간의 시각은 청각과 매우 다르다. 만약에 악기들의 연주를 들을 때 두 가지의 음파를 동시에 듣는다면 분명히 두 종류의 다른 음으로 구성된 음색을 느낄 수 있지만, 시각의 경우에는 그렇지 않다. 두 가지 단색광의 광학신호를 섞는다면 우리는 한 가지의 혼합된 색으로 감지할 수밖에 없어 이 두 가지 색에 대한 원래의 조성비를 알아차릴 수가 없다.

17.1 색일치함수와 색도 다이어그램

눈으로 어떤 빛스펙트럼이 들어오면, 이 빛은 적색, 녹색, 청색 원추세포를 각각 다른 수준으로 자극한다. 물론 개개인에 따라서 특정한 광원에 의해서 발생된 색과 광선속에 대해서 약간 다르게 감지할 수는 있고, 더구나 색을 감지하는 것도 어느 정도는 주관적일 수밖에 없다. 이러한 이유로 CIE에서는 1931년에 색일치함수와 색도 다이어그램을 통해 색의 측정법을 어느 정도 규격화시켰다.

그러면 어떻게 색일치함수를 얻게 되는지 살펴보도록 하자. 먼저 나란히 있는 두 개의 광원을 생각해보자. 그림 17.1과 같이 하나는 임의의 단색광원이며, 나머지 하나에는 적색, 녹색, 청색의 삼원색의 광원이 있어 이들을 독립적으로 조절할 수 있도록 하

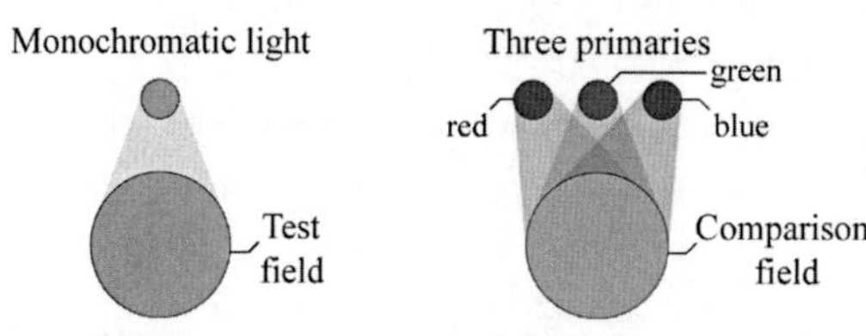

그림 17.1 색 일치의 원리: 특정영역을 단색 시험광원에 의해 비추었을 때 나타난 색을 삼원색광원의 강도를 조절하여 일치시킨다.

였다. 그러면 시험자가 적색, 녹색, 청색광원의 상대적인 강도를 조절함으로써 두 광원에서부터 나온 빛을 동일하게 일치시킬 수 있을 것이다. 그래서 시험자는 삼원색의 광원의 강도비율을 조절함으로써 가시광 전 영역의 빛을 모두 일치시킬 수 있어, 이에 해당하는 세 가지의 상대적인 색일치함수를 얻을 수 있다. 그런 다음 수학적으로 녹색의 색일치함수 $\bar{y}(\lambda)$를 시감도함수 $V(\lambda)$와 동일하도록 측정된 색일치함수를 인간의 눈에 맞는 색일치함수로 변환시켜 놓는다.

$$\bar{y}(\lambda) = V(\lambda) \tag{17.1}$$

그러면 모든 색도에 대하여 측정한 상대비율로 적색과 청색에 해당하는 색일치함수를 얻을 수 있다. 그림 17.2에는 CIE 1931 및 CIE 1978에 해당하는 색일치함수 $\bar{x}(\lambda)$, $\bar{y}(\lambda)$, $\bar{z}(\lambda)$를 그래프로 나타내었다. 이 그림으로부터 인간의 색체 시각은 세 종류의 색에 대한 감지에 기초하고 있고, 따라서 어떤 광원의 색도 오직 세 개의 색일치함수로써 표현할 수 있다는 점을 확인할 수 있다. 이 색일치함수들에 대한 값은 부록 17.1

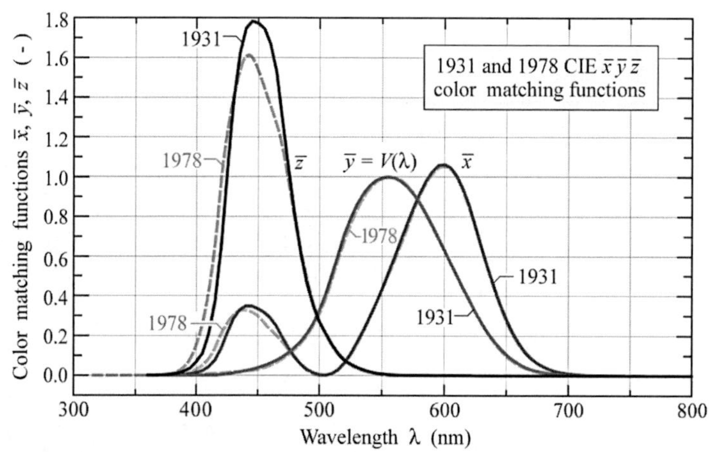

그림 17.2 CIE 1931 및 CIE 1978 $\bar{x}$, $\bar{y}$, $\bar{z}$ 색일치함수. $\bar{y}$ 색일치함수는 인간의 시감도 함수 $V(\lambda)$와 동일하다. CIE 1931 색일치함수는 현재 미국의 공식 표준으로 사용되고 있다.

과 17.2에 표로 정리해 놓았다. 이 표에서는 색일치함수의 값은 단위가 없으며 또한 세 개의 색일치함수와 색도 다이어그램 모두 상대적인 값이라는 점을 기억할 필요가 있다(Judd, 1951 or Vos, 1978). 실제로 이와는 다른 여러 가지의 색일치함수와 색도 다이어그램도 보고되어 있다.

임의의 빛에 대한 출력 스펙트럼밀도($P(\lambda)$)가 주어졌을 때, 그 색을 일치시키는데 필요한 광원의 세기는 색일치함수를 곱한 뒤에 모든 파장에 대하여 적분한 것이므로 다음과 같이 나타낼 수 있다.

$$X = \int_{\lambda} \bar{x}(\lambda) P(\lambda) d\lambda \tag{17.2}$$

$$Y = \int_{\lambda} \bar{y}(\lambda) P(\lambda) d\lambda \tag{17.3}$$

$$Z = \int_{\lambda} \bar{z}(\lambda) P(\lambda) d\lambda \tag{17.4}$$

여기서 X, Y, Z는 삼자극치(tristimulus value)로서, 각각 $P(\lambda)$의 색을 일치시키는데 필요한 적색, 녹색, 청색 기본광원의 자극의 정도, 즉 출력으로 주어지는데 X, Y, Z의 값이 크면 $P(\lambda)$의 색이 각각 적색, 녹색, 청색에 가까운 색임을 의미한다. 망막의 세 원추세포의 민감도 함수와 세 색일치함수 모두 세 개의 함수들로 구성되어 있기 때문에, 하나의 삼자극치는 $P(\lambda)$의 출력을 내는 광원으로 비추었을 때 하나의 원추세포가 감지하는 대략적인 자극의 정도를 의미하게 된다.

식 (17.2)에서부터 식 (17.4)를 살펴보면 삼자극치의 단위는 와트(W)로 나온다. 그러나 삼자극치는 보통 단위가 없는 수치로 주어지기 때문에 적분기호의 앞에 W의 역수에 해당하는 계수를 추가한다. 따라서 단지 삼자극치의 비율로만 표시한다면 계수와 단위는 소멸되어 단위에 무관한 값이 되므로, 다음 식과 같이 삼자극치로부터 x, y 색도 좌표를 계산할 수 있다.

$$x = \frac{X}{X+Y+Z} \tag{17.5}$$

$$y = \frac{Y}{X+Y+Z} \tag{17.6}$$

이렇게 색도 좌표는 하나의 원추세포 또는 하나의 원색에 대한 자극치를 전체의 자극치$(X+Y+Z)$로 나눈 값이다. 비슷한 방법으로 z 색도 좌표도 다음과 같이 계산된다.

$$z = \frac{Z}{X+Y+Z} = 1 - x - y \tag{17.7}$$

이처럼 색도 좌표 z는 x와 y로부터 얻을 수 있는 값이기 때문에, 불필요한 값으로 굳이 사용할 필요는 없다.

그림 17.3은 (x, y) 색도 다이어그램으로서 x값이 큰 곳에는 적색 계열의 색이, y값이 큰 곳에는 녹색 계열의 색이 있음을 알 수 있다. 청색 계열의 색은 z값이 큰 곳에서 찾을 수 있는데, 즉 식 (17.7)로부터 x와 y의 값이 모두 작은 색도 다이어그램의 원점 부근에 해당한다. 그림 17.4에는 1977년에 Gage 등에 의하여 색도 다이어그램의 위치에 따라 지정되었던 구체적인 색을 보여주고 있고, 그림 17.5의 색도 다이어그램에서는 자주 사용되는 색의 영역을 나눠 놓았다. 여기에서 순수한 색은 색도 다이어그램의 외곽에서, 백색은 색도 다이어그램의 중심에서 찾을 수 있다. 이처럼 모든 색은 색도 다이어그램의 위치로 표현될 수 있다. 또한 $(x, y, z)=(1/3, 1/3, 1/3)$ 좌표는 색도 다이어그램의 중심으로서 삼원색의 에너지가 동일한 등에너지점(equal-energy point)에 해당한다. 이 위치의 빛스펙트럼은 파장 $d\lambda$ 당 광에너지가 전 스펙트럼에 걸쳐 일정하고, 삼자극치 역시 $X=Y=Z$로 동일하다.

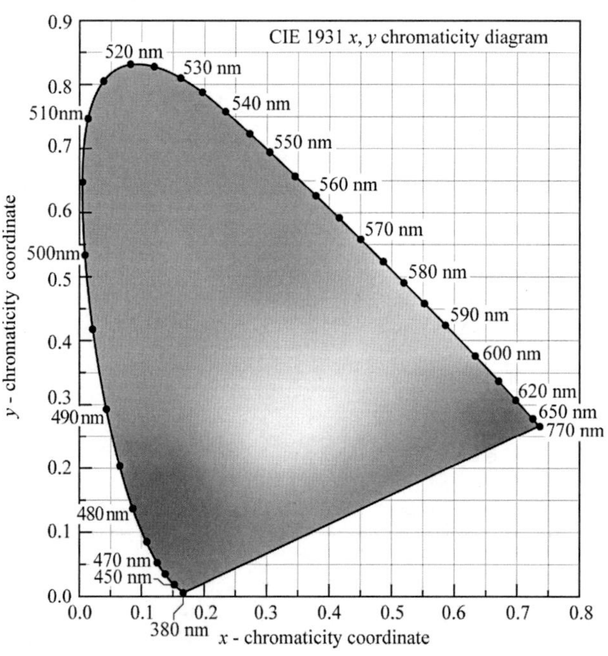

그림 17.3 CIE 1931 색도 다이어그램. 단색광의 색도는 색도 다이어그램의 외곽에 위치하고 있으며 백색은 중심에 있다.

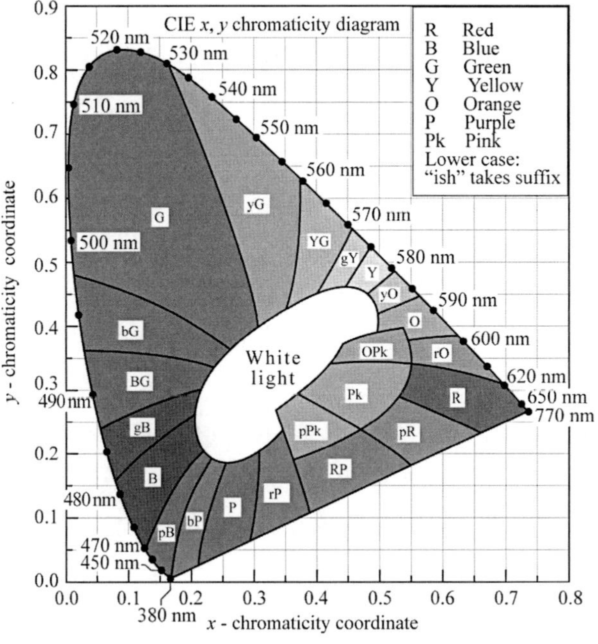

그림 17.4 위치에 따라 색을 지정한 1931 CIE 색도 다이어그램(Gage 외, 1977).

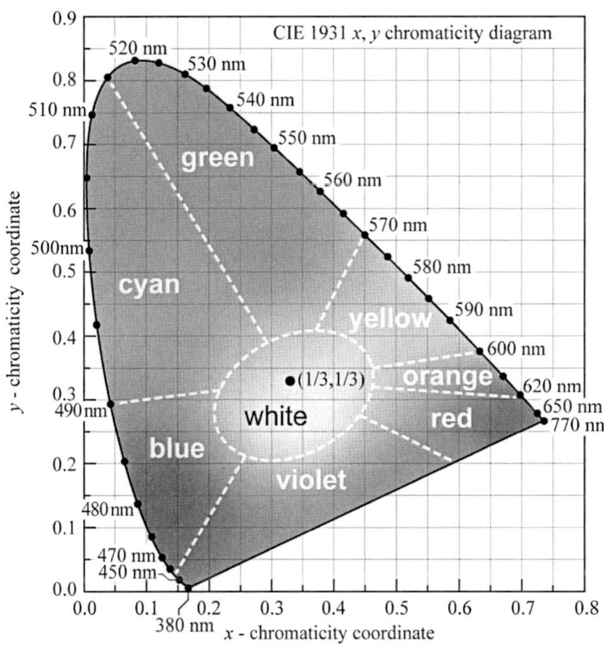

그림 17.5 CIE 1931 $(x,\ y)$색도 다이어그램. 단색광의 색은 색도 다이어그램의 외곽에 위치하고 있고, 중심에는 백색이 있다. 그리고 중심에 가까워질수록 색의 채도는 줄어든다. 또한 자주 사용되는 색에 해당하는 영역을 나눠 놓았다. 삼원색의 에너지가 동일한 위치는 중심 부근에 있으며 좌표는 $(x,\ y)$=(1/3, 1/3)이다.

1943년에 MacAdam은 CIE 1931 색도 다이어그램에서 서로 가깝게 위치한 지점들 간의 색 차이를 분석했는데, 그 결과 두 지점의 색 차이를 인지하는데 필요한 최소 기하학적 거리(minimum geometrical distance)가 존재함을 발견하였다. 다시 말해서 색도 다이어그램에서 일정크기의 미소영역 내의 색은 인간의 눈에는 모두 동일한 색으로 인지된다. MacAdam은 이러한 영역이 타원형임을 보여주었는데, 이를 그림 17.6에 나타내었다(MacAdam, 1943, 1993; Wright, 1943). 그런데 이 그림에서 알 수 있듯이 청색영역의 타원이 녹색영역의 타원에 비하여 크기가 훨씬 작은데, 결국 MacAdam은 CIE 1931 (x, y)색도 다이어그램에서 두 지점 간의 기하학적 거리가 색의 차이를 선형적으로 반영하고 있지는 않다는 점을 보여주었다. 눈으로 구분될 수 있는 색도의 총 개수는 대략적으로 색도 다이어그램의 면적을 MacAdam 타원의 평균 면적으로 나누면 얻을 수 있는데, 그 결과 존재하고 있는 색도의 개수는 약 5만 개 정도에 달한다. 만약에 색의 밝기에도 변화가 있다는 점을 고려한다면 색의 수는 백만 개를 넘어서게 될 것이다.

색도 다이어그램이 색의 물리적인 의미를 제대로 반영하기 위해서는 역시 색의 차이가 기하학적 거리에 비례하는 것이 바람직하므로, 균등 색도 다이어그램의 필요성이 제기되었다. 1960년 CIE에서는 균등 색도 좌표로서 (u, ν)를, 1976년에는 (u', ν')를 제시하였고(Wyszecki and Stiles, 2000), 이러한 좌표로부터 균등 색도 다이어그램이

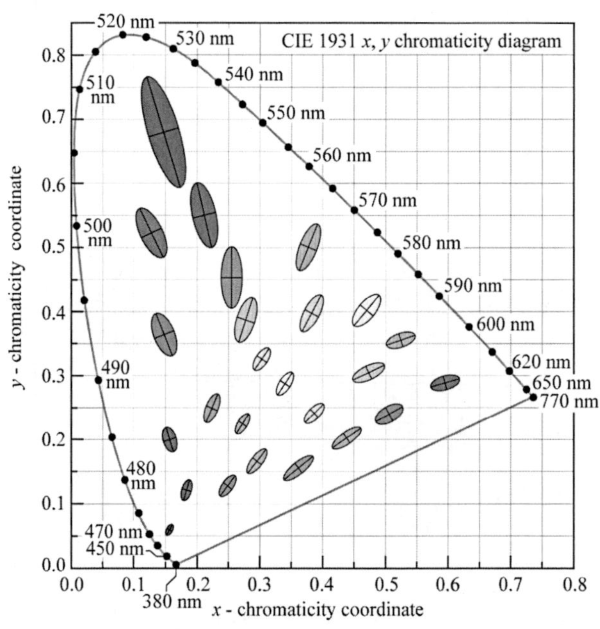

그림 17.6 CIE 1931 (x, y)색도 다이어그램에 표시한 MacAdam 타원. 타원에 표시된 직교 축의 길이는 실제 길이보다 10배 크게 표시하였다(MacAdam, 1943; Wright, 1943; MacAdam 1993).

만들어졌다. 균등 색도 좌표는 삼자극치로부터 다음과 같이 계산되었다.

$$u = \frac{4X}{X+15Y+3Z} \quad \nu = \frac{6Y}{X+15Y+3Z} \quad \text{(CIE, 1960)} \tag{17.8}$$

$$u' = \frac{4X}{X+15Y+3Z} \quad \nu' = \frac{9Y}{X+15Y+3Z} \quad \text{(CIE, 1976)} \tag{17.9}$$

(u, ν)와 (u', ν') 균등 색도 좌표는 다음과 같이 (x, y) 색도좌표로부터 계산된다.

$$u = u' = \frac{4x}{-2x+12y+3} \tag{17.10}$$

$$\nu' = \frac{6y}{-2x+12y+3} \quad \nu' = \frac{9y}{-2x+12y+3} \tag{17.11}$$

그림 17.7은 CIE 1931 (x, y) 색도 다이어그램을 식 (17.8)과 식 (17.9)를 사용해 변환시킨 CIE 1976 (u', ν') 균등 색도 다이어그램을 보여주고 있다. 위 식으로부터 역으로 변환한다면 x, y는 다음과 같다.

$$x = \frac{9u'}{6u'-16\nu'+12} \quad y = \frac{2\nu'}{3u'-8\nu'+6} \tag{17.12}$$

$$x = \frac{3u}{2u-8\nu+4} \quad y = \frac{2\nu}{2u-8\nu+4} \tag{17.13}$$

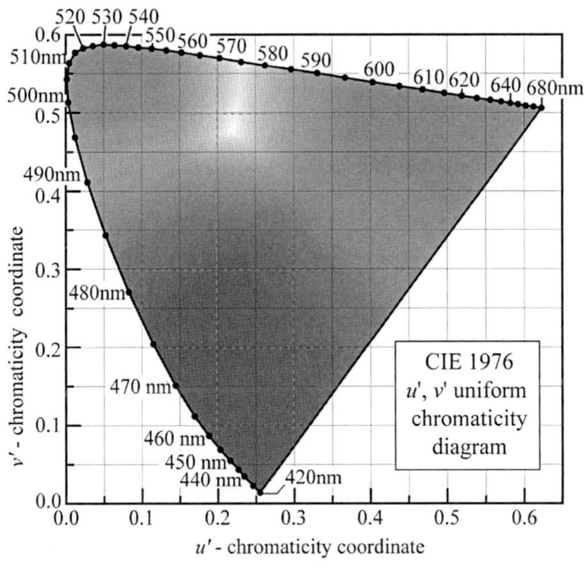

그림 17.7 CIE 1931의 2° 표준관찰자를 통하여 계산된 CIE 1976(u', ν') 균등 색도 다이어그램.

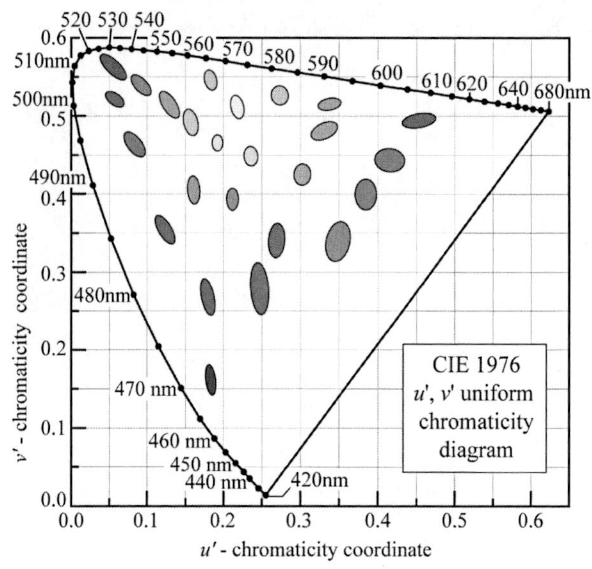

그림 17.8 CIE 1976 (u', ν') 균등 색도 좌표로 변환시킨 MacAdam 타원. 변화를 명확히 보여주기 위하여 실제 크기보다 10배 크게 표시하였다. 변형된 타원영역은 수학적으로 엄밀히 말하면 타원은 아니다. 그러나 그 모양은 여전히 타원형에 가깝다. (u', ν') 색도 다이어그램의 변환된 타원영역들은 (x, y) 색도 다이어그램의 MacAdam 타원들보다 훨씬 더 서로 비슷해졌다.

(x, y) 색도 다이어그램에서는 두 지점 간의 색의 차이가 공간적으로 균등하지 않아서, y 방향에 비해서 x 방향으로 훨씬 더 빠르게 색이 변한다. 이에 비하여 (u, ν)와 (u', ν') 균등 색도 다이어그램을 도입하면 두 지점 간의 색 차이는 두 지점 간의 기하학적 거리에 거의 비례하게 되어 (x, y) 색도 다이어그램이 가지고 있는 이러한 결점을 크게 줄일 수 있다.

(x, y) 색도 다이어그램의 1943 MacAdam 타원은 (u', ν') 균등 색도 다이어그램으로 변환시킬 수 있는데, 이를 그림 17.8에 나타내었다. 이 그림에서 알 수 있듯이 색이 동일하게 인식되는 영역은 (x, y) 색도 다이어그램의 MacAdam 타원보다 훨씬 더 균일한 모양과 면적을 갖게 되었다. (x, y)에서 (u', ν') 좌표 체계로 변환시키는 것은 수학적으로 선형적이지 않으므로, (x, y) 색도 다이어그램의 타원형이 (u', ν') 좌표 체계에서도 바로 타원형으로 바뀌지는 않는다. 그러나 만약 (x, y) 색도 다이어그램의 타원이 충분히 크기가 작다면 비선형적인 변형도 역시 작게 되어, 변형된 영역 역시 거의 타원형에 가까울 것으로 생각할 수 있다.

17.2 색순도

빛스펙트럼의 선폭이 0에 가까워질수록 빛은 단색광에 가깝다고 할 수 있는데, 이러한 단색광의 색도 좌표는 색도 다이어그램의 외곽에 위치한다. 광원의 파장너비가 커지면 색도 다이어그램에서 색의 위치는 그만큼 안쪽으로 이동한다. 그리고 파장의 너비가 전 가시광 영역만큼 커지면 광원은 백색이 되고 그 색도 좌표는 색도 다이어그램의 중심에 가까워진다. 광원을 측정할 때는 기본적으로 주 파장과 색순도를 측정하게 되는데, 우선 주 파장이란 색도 다이어그램에서 시험 광원의 색도 좌표에 가장 가까운 위치의 단색광의 파장을 말한다. 등에너지점(1/3, 1/3)과 시험 광원의 색도 좌표를 잇고 이 직선을 색도 다이어그램의 외곽까지 연장하면 외곽과 만나게 되는데 그 지점의 파장이 시험광원의 주 파장에 해당한다. 이 과정은 그림 17.9에 도식적으로 나타내었다.

광원의 색포화도라고도 불리는 색순도는 색도 다이어그램에서 시험광원의 색 좌표 지점과 등에너지점 간의 거리(a)를 등에너지점과 주 파장 지점까지의 거리($a+b$)로 나눈 값으로 정의된다. 따라서 시험광원, 등에너지점의 표준 발광체, 주 파장에 해당하는 색도 좌표를 각각 $(x,\ y)$, $(x_{ee},\ y_{ee})$, $(x_d,\ y_d)$라 할 때 색순도는 다음과 같은 식으로 표현된다.

$$\text{color purity} = \frac{a}{a+b} = \frac{\sqrt{(x-x_{ee})^2 + (y-y_{ee})^2}}{\sqrt{(x_d-x_{ee})^2 + (y_d-y_{ee})^2}} \tag{17.14}$$

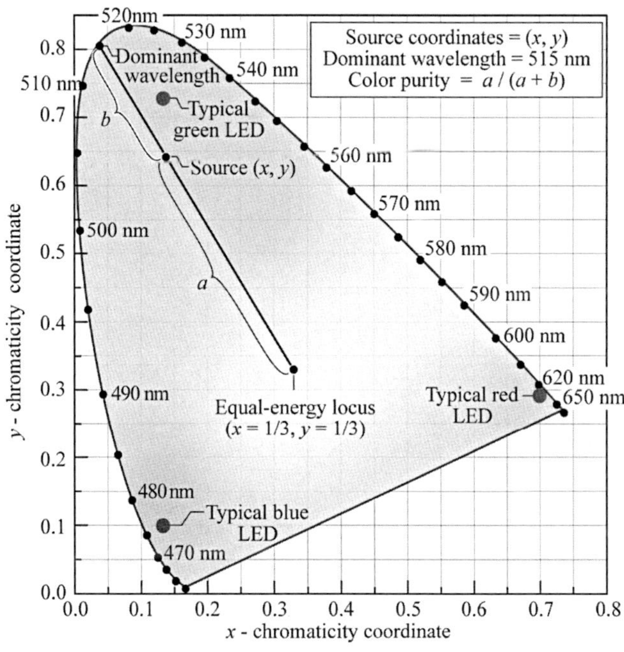

그림 17.9 백색광원의 표준인 등에너지점($x=1/3$, $y=1/3$)과 광원의 색도 좌표를 통하여 광원의 주 파장과 색순도를 결정하는 과정을 보여주는 색도 다이어그램. 그와 더불어 통상적인 청색, 녹색, 적색 LED의 색도 좌표도 함께 나타내었다.

이처럼 색순도는 색도 다이어그램의 중심으로부터 시험광원 좌표까지의 상대적 거리를 말하는데, 색도 다이어그램의 외곽에 위치한 단색광원의 색순도는 100%이며 등에너지점의 백색 조명은 0%이다. 주 파장과 색순도는 색도 다이어그램에서 발광체의 고유한 특성을 보여주는 표현 방법 중 하나인데, 수치상의 $(x,\ y)$ 색도 좌표에 비해서 상당히 직관적으로 이해가 가능한 수치이므로 많이 사용된다.

17.3 LED의 색도 좌표

LED로부터 발광되는 빛은 보통 인간의 눈에는 단색광원으로 보이기 때문에 색도 좌표가 색도 다이어그램의 외곽에 위치할 것으로 생각하기 쉽다. 그러나 아무리 완벽한 LED라 하더라도 열에너지에 해당하는 약 $1.8\,kT$ 정도의 파장너비를 가지고 있기 때문에 물리적으로 엄격히 말하면 단색광원은 아니다. 이처럼 LED로부터 나오는 빛은 일정 크기의 파장너비를 가지고 있기 때문에 색도 다이어그램의 외곽에 있지는 않지만 비교적 외곽에 가까운 곳에 위치한다.

물론 LED가 그보다 더 넓은 파장너비의 빛을 내고 있다면 색도 좌표의 위치는 색도 다이어그램의 중심쪽으로 이동할 것이다. 여러 종류의 LED의 색도 좌표를 그림 17.10의 색도 다이어그램에 나타내었다. 이 그림을 보면 적색과 청색의 LED는 색도 다이어그램의 외곽에 가까이 있으므로 색순도는 100%에 가까울 것이다. 그러나 청록색과 녹색 LED의 경우에는 방출 스펙트럼의 파장너비가 넓고 녹색파장 근처에서 색도 다이어그램의 곡선이 크게 꺾이고 있기 때문에 색도 다이어그램의 중심 쪽으로 외곽에서 어느 정도 떨어진 곳에 위치하고 있다.

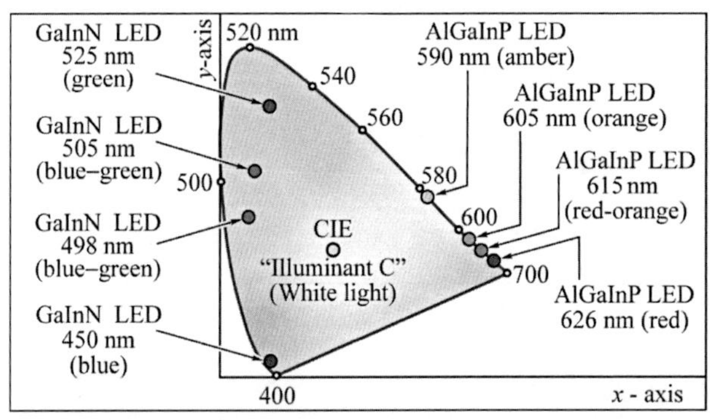

그림 17.10 색도 다이어그램에서 LED 발광소자의 색도 좌표(Schubert와 Miller, 1999).

17.4 색도와 색의 관계

색도에 대한 이야기를 마무리하다 보면 결국 '색이란 무엇인가'라는 질문에 다시 부딪히게 된다. 물론 색도 좌표로 정해지는 색도로 색을 정의할 수도 있지만, 1986년에 CIE에서는 '색'이란 용어에 대해서 색도 다이어그램의 위치를 넘어서 보다 일반적인 정의를 채택하였다. CIE에서 제안한 색의 광범위한 정의에는 색도뿐만 아니라 밝기 역시 포함되어 있다. 즉 CIE는 동일한 색도에서도 휘도(밝기)가 다른 경우라면 광원의 색이 달라진 것으로 보고 있다. 색의 밝기수준을 고정했다면 '색도'와 '색'은 같은 뜻의 용어로 쓰일 수 있을 것이다. 그리고 색도 지점의 위치는 주 파장과 색순도로 표현될 수 있다. 그러므로 CIE가 정의한 광원의 '색'은 주 파장과 색순도, 그리고 휘도에 의해서 정의되고, 물체의 '색'은 주 파장과 순도, 그리고 밝기로 정의된다.

참고문헌

CIE *Commission Internationale de l'Eclairage Proceedings* (Cambridge University Press, Cambridge, 1931)

CIE data of 1931 and 1978 available at http://cvision.ucsd.edu and http://www.cvrl.org (1978)

CIE data of 1960 relating to the (u, v) chromaticity coordinates can be found in CIE, 1986

CIE data of 1976 relating to the (u', v') chromaticity coordinates can be found in CIE, 1986

CIE publication No. 15 (E.1.3.1) 1971: *Colorimetry* this publication was updated in 1986 to CIE Publication 15.2 *Colorimetry* (CIE, Vienna, Austria, 1986)

Gage S., Evans D., Hodapp M. W., and Sorensen H. *Optoelectronics Applications Manual* 1st edition (McGraw Hill, New York, 1977)

Judd D. B. "Report of US Secretariat Committee on Colorimetry and Artificial Daylight" in *Proceedings of the 12th Session of the CIE* **1**, p. 11 (Bureau Central de la CIE, Paris, 1951)

MacAdam D. L. "Specification of small chromaticity differences" *J. Opt. Soc. Am.* **33**, 18 (1943)

MacAdam D. L. (Editor) *Colorimetry -Fundamentals* (SPIE Optical Engineering Press, Bellingham, Washington, 1993)

Schubert E. F. and Miller J. N "Light-emitting diodes - An introduction" *Encyclopedia of Electrical Engineering*, edited by John G. Webster, Vol. **11**, p. 326 (John Wiley and Sons, New York, March 1999)

Vos J. J. "Colorimetric and photometric properties of a 2-degree fundamental observer" *Color Res. Appl.* **3**, 125 (1978)

Wyszecki G. and Stiles W. S. *Color Science-Concepts and Methods, Quantitative Data and Formulae* 2nd edition (John Wiley and Sons, New York, 2000)

Wright W. D. "The graphical representation of small color differences" *J. Opt. Soc. Am.* **33**, 632 (1943)

Appendix 17.1

Tabulated values of the CIE 1931 two-degree color-matching functions and eye sensitivity function for point sources (after CIE, 1931).

λ (nm)	$\bar{x}(\lambda)$ *red*	$\bar{y} = V(\lambda)$ *green*	$\bar{z}(\lambda)$ *blue*
360	1.2990 E–4	3.9170 E–6	6.0610 E–4
365	2.3210 E–4	6.9650 E–6	1.0860 E–3
370	4.1490 E–4	1.2390 E–5	1.9460 E–3
375	7.4160 E–4	2.2020 E–5	3.4860 E–3
380	1.3680 E–3	3.9000 E–5	6.4500 E–3
385	2.2360 E–3	6.4000 E–5	1.0550 E–2
390	4.2430 E–3	1.2000 E–4	2.0050 E–2
395	7.6500 E–3	2.1700 E–4	3.6210 E–2
400	1.4310 E–2	3.9600 E–4	6.7850 E–2
405	2.3190 E–2	6.4000 E–4	0.11020
410	4.3510 E–2	1.2100 E–3	0.20740
415	7.7630 E–2	2.1800 E–3	0.37130
420	0.13438	4.0000 E–3	0.64560
425	0.21477	7.3000 E–3	1.03905
430	0.28390	1.1600 E–2	1.38560
435	0.32850	1.6840 E–2	1.62296
440	0.34828	2.3000 E–2	1.74706
445	0.34806	2.9800 E–2	1.78260
450	0.33620	3.8000 E–2	1.77211
455	0.31870	4.8000 E–2	1.74410
460	0.29080	6.0000 E–2	1.66920
465	0.25110	7.3900 E–2	1.52810
470	0.19536	9.0980 E–2	1.28764
475	0.14210	0.11260	1.04190
480	9.5640 E–2	0.13902	0.81295
485	5.7950 E–2	0.16930	0.61620
490	3.2010 E–2	0.20802	0.46518
495	1.4700 E–2	0.25860	0.35330
500	4.9000 E–3	0.32300	0.27200
505	2.4000 E–3	0.40730	0.21230
510	9.3000 E–3	0.50300	0.15820
515	2.9100 E–2	0.60820	0.11170
520	6.3270 E–2	0.71000	7.8250 E–2
525	0.10960	0.79320	5.7250 E–2
530	0.16550	0.86200	4.2160 E–2
535	0.22575	0.91485	2.9840 E–2
540	0.29040	0.95400	2.0300 E–2
545	0.35970	0.98030	1.3400 E–2
550	0.43345	0.99495	8.7500 E–3
555	0.51205	1.00000	5.7500 E–3
560	0.59450	0.99500	3.9000 E–3
565	0.67840	0.97860	2.7500 E–3
570	0.76210	0.95200	2.1000 E–3
575	0.84250	0.91540	1.8000 E–3
580	0.91630	0.87000	1.6500 E–3
585	0.97860	0.81630	1.4000 E–3
590	1.02630	0.75700	1.1000 E–3
595	1.05670	0.69490	1.0000 E–3
600	1.06220	0.63100	8.0000 E–4
605	1.04560	0.56680	6.0000 E–4
610	1.00260	0.50300	3.4000 E–4
615	0.93840	0.44120	2.4000 E–4
620	0.85445	0.38100	1.9000 E–4
625	0.75140	0.32100	1.0000 E–4
630	0.64240	0.26500	5.0000 E–5
635	0.54190	0.21700	3.0000 E–5
640	0.44790	0.17500	2.0000 E–5
645	0.36080	0.13820	1.0000 E–5
650	0.28350	0.10700	0.0000 E–5
655	0.21870	8.1600 E–2	0.0000 E–5
660	0.16490	6.1000 E–2	0.0000 E–5
665	0.12120	4.4580 E–2	0.0000 E–5
670	8.7400 E–2	3.2000 E–2	0.0000 E–5
675	6.3600 E–2	2.3200 E–2	0.0000 E–5
680	4.6770 E–2	1.7000 E–2	0.0000 E–5
685	3.2900 E–2	1.1920 E–2	0.0000 E–5
690	2.2700 E–2	8.2100 E–3	0.0000 E–5
695	1.5840 E–2	5.7230 E–3	0.0000 E–5
700	1.1359 E–2	4.1020 E–3	0.0000 E–5
705	8.1109 E–3	2.9290 E–3	0.0000 E–5
710	5.7903 E–3	2.0910 E–3	0.0000 E–5
715	4.1065 E–3	1.4840 E–3	0.0000 E–5
720	2.8993 E–3	1.0470 E–3	0.0000 E–5
725	2.0492 E–3	7.4000 E–4	0.0000 E–5
730	1.4400 E–3	5.2000 E–4	0.0000 E–5
735	9.9995 E–4	3.6110 E–4	0.0000 E–5
740	6.9008 E–4	2.4920 E–4	0.0000 E–5
745	4.7602 E–4	1.7190 E–4	0.0000 E–5
750	3.3230 E–4	1.2000 E–4	0.0000 E–5
755	2.3483 E–4	8.4800 E–5	0.0000 E–5
760	1.6615 E–4	6.0000 E–5	0.0000 E–5
765	1.1741 E–4	4.2400 E–5	0.0000 E–5
770	8.3075 E–5	3.0000 E–5	0.0000 E–5
775	5.8707 E–5	2.1200 E–5	0.0000 E–5
780	4.1510 E–5	1.4990 E–5	0.0000 E–5
785	2.9353 E–5	1.0600 E–5	0.0000 E–5
790	2.0674 E–5	7.4657 E–6	0.0000 E–5
795	1.4560 E–5	5.2578 E–6	0.0000 E–5
800	1.0254 E–5	3.7029 E–6	0.0000 E–5
805	7.2215 E–6	2.6078 E–6	0.0000 E–5
810	5.0859 E–6	1.8366 E–6	0.0000 E–5
815	3.5817 E–6	1.2934 E–6	0.0000 E–5
820	2.5225 E–6	9.1093 E–7	0.0000 E–5
825	1.7765 E–6	6.4153 E–7	0.0000 E–5

Appendix 17.2

Tabulated values of the CIE 1978 two-degree color-matching functions and eye sensitivity function for point sources (after CIE, 1978). The functions are also called the Judd–Vos-modified color-matching functions.

λ (nm)	$\bar{x}(\lambda)$ ***red***	$\bar{y} = V(\lambda)$ ***green***	$\bar{z}(\lambda)$ ***blue***
380	2.6899E–3	2.0000E–4	1.2260E–2
385	5.3105E–3	3.9556E–4	2.4222E–2
390	1.0781E–2	8.0000E–4	4.9250E–2
395	2.0792E–2	1.5457E–3	9.5135E–2
400	3.7981E–2	2.8000E–3	1.7409E–1
405	6.3157E–2	4.6562E–3	2.9013E–1
410	9.9941E–2	7.4000E–3	4.6053E–1
415	1.5824E–1	1.1779E–2	7.3166E–1
420	2.2948E–1	1.7500E–2	1.0658
425	2.8108E–1	2.2678E–2	1.3146
430	3.1095E–1	2.7300E–2	1.4672
435	3.3072E–1	3.2584E–2	1.5796
440	3.3336E–1	3.7900E–2	1.6166
445	3.1672E–1	4.2391E–2	1.5682
450	2.8882E–1	4.6800E–2	1.4717
455	2.5969E–1	5.2122E–2	1.3740
460	2.3276E–1	6.0000E–2	1.2917
465	2.0999E–1	7.2942E–2	1.2356
470	1.7476E–1	9.0980E–2	1.1138
475	1.3287E–1	1.1284E–1	9.4220E–1
480	9.1944E–2	1.3902E–1	7.5596E–1
485	5.6985E–2	1.6987E–1	5.8640E–1
490	3.1731E–2	2.0802E–1	4.4669E–1
495	1.4613E–2	2.5808E–1	3.4116E–1
500	4.8491E–3	3.2300E–1	2.6437E–1
505	2.3215E–3	4.0540E–1	2.0594E–1
510	9.2899E–3	5.0300E–1	1.5445E–1
515	2.9278E–2	6.0811E–1	1.0918E–1
520	6.3791E–2	7.1000E–1	7.6585E–2
525	1.1081E–1	7.9510E–1	5.6227E–2
530	1.6692E–1	8.6200E–1	4.1366E–2
535	2.2768E–1	9.1505E–1	2.9353E–2
540	2.9269E–1	9.5400E–1	2.0042E–2
545	3.6225E–1	9.8004E–1	1.3312E–2
550	4.3635E–1	9.9495E–1	8.7823E–3
555	5.1513E–1	1.0000	5.8573E–3
560	5.9748E–1	9.9500E–1	4.0493E–3
565	6.8121E–1	9.7875E–1	2.9217E–3
570	7.6425E–1	9.5200E–1	2.2771E–3
575	8.4394E–1	9.1558E–1	1.9706E–3
580	9.1635E–1	8.7000E–1	1.8066E–3
585	9.7703E–1	8.1623E–1	1.5449E–3
590	1.0230	7.5700E–1	1.2348E–3
595	1.0513	6.9483E–1	1.1177E–3
600	1.0550	6.3100E–1	9.0564E–4
605	1.0362	5.6654E–1	6.9467E–4
610	9.9239E–1	5.0300E–1	4.2885E–4
615	9.2861E–1	4.4172E–1	3.1817E–4
620	8.4346E–1	3.8100E–1	2.5598E–4
625	7.3983E–1	3.2052E–1	1.5679E–4
630	6.3289E–1	2.6500E–1	9.7694E–5
635	5.3351E–1	2.1702E–1	6.8944E–5
640	4.4062E–1	1.7500E–1	5.1165E–5
645	3.5453E–1	1.3812E–1	3.6016E–5
650	2.7862E–1	1.0700E–1	2.4238E–5
655	2.1485E–1	8.1652E–2	1.6915E–5
660	1.6161E–1	6.1000E–2	1.1906E–5
665	1.1820E–1	4.4327E–2	8.1489E–6
670	8.5753E–2	3.2000E–2	5.6006E–6
675	6.3077E–2	2.3454E–2	3.9544E–6
680	4.5834E–2	1.7000E–2	2.7912E–6
685	3.2057E–2	1.1872E–2	1.9176E–6
690	2.2187E–2	8.2100E–3	1.3135E–6
695	1.5612E–2	5.7723E–3	9.1519E–7
700	1.1098E–2	4.1020E–3	6.4767E–7
705	7.9233E–3	2.9291E–3	4.6352E–7
710	5.6531E–3	2.0910E–3	3.3304E–7
715	4.0039E–3	1.4822E–3	2.3823E–7
720	2.8253E–3	1.0470E–3	1.7026E–7
725	1.9947E–3	7.4015E–4	1.2207E–7
730	1.3994E–3	5.2000E–4	8.7107E–8
735	9.6980E–4	3.6093E–4	6.1455E–8
740	6.6847E–4	2.4920E–4	4.3162E–8
745	4.6141E–4	1.7231E–4	3.0379E–8
750	3.2073E–4	1.2000E–4	2.1554E–8
755	2.2573E–4	8.4620E–5	1.5493E–8
760	1.5973E–4	6.0000E–5	1.1204E–8
765	1.1275E–4	4.2446E–5	8.0873E–9
770	7.9513E–5	3.0000E–5	5.8340E–9
775	5.6087E–5	2.1210E–5	4.2110E–9
780	3.9541E–5	1.4989E–5	3.0383E–9
785	2.7852E–5	1.0584E–5	2.1907E–9
790	1.9597E–5	7.4656E–6	1.5778E–9
795	1.3770E–5	5.2592E–6	1.1348E–9
800	9.6700E–6	3.7028E–6	8.1565E–10
805	6.7918E–6	2.6076E–6	5.8626E–10
810	4.7706E–6	1.8365E–6	4.2138E–10
815	3.3550E–6	1.2950E–6	3.0319E–10
820	2.3534E–6	9.1092E–7	2.1753E–10
825	1.6377E–6	6.3564E–7	1.5476E–10

Chapter 18

흑체복사 광원과 색온도

백색의 빛은 고유한 색으로서 다양한 스펙트럼을 갖는 여러 종류의 백색을 만들 수 있다. 이 스펙트럼 중에 플랑키안 흑체복사(planckian black-body radiation)는 색온도(color temperature, CT)라는 단 하나의 변수로서 고유한 스펙트럼을 표현할 수 있고 게다가 태양빛에서 나오는 자연광 역시 이러한 흑체복사 스펙트럼에 매우 닮아 있기 때문에 표준 스펙트럼으로 매우 유용하게 사용된다.

18.1 태양광 스펙트럼

백색광의 스펙트럼은 보통 전 가시광 영역에 걸쳐 넓게 피져 있는데, 백색광을 연구하는데 매우 유용한 모델 중 하나가 바로 태양광이다. 그림 18.1은 시간과 장소에 따른 태양의 다양한 스펙트럼을 보여주고 있는데, 태양이 제일 높이 떠올랐을 때 해수면

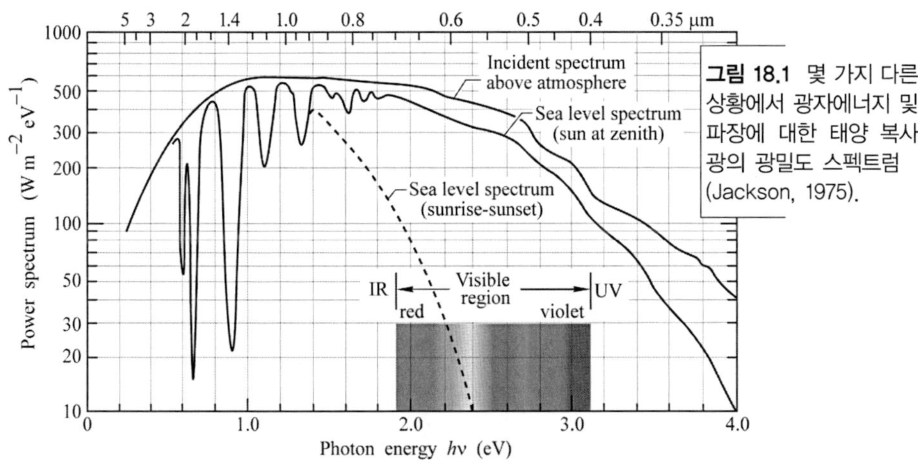

그림 18.1 몇 가지 다른 상황에서 광자에너지 및 파장에 대한 태양 복사광의 광밀도 스펙트럼 (Jackson, 1975).

위에서 측정한 빛스펙트럼, 지구 대기권 밖에서 측정한 스펙트럼, 그리고 일출 때와 일몰 때 측정한 스펙트럼을 함께 보여주고 있다(Jackson, 1975). 태양광의 스펙트럼은 전 가시광 영역에 걸쳐 퍼져 있으나, 낮 시간대와 계절, 고도, 날씨, 그 외의 다른 요인들로 인하여 바뀐다.

태양광 스펙트럼에는 가시광선 이외에 넓은 범위에 걸쳐 적외선(IR)과 자외선(UV)이 있기 때문에 백색광 조명을 위하여 태양의 빛스펙트럼과 동일한 광원을 제작하는 것은 그다지 효율적이지 않다. 다시 말해 태양과 같은 백색광원은 효율적인 백색광원의 예로는 그다지 적합하지는 않다. 비록 스펙트럼에서 IR과 UV 성분을 차단했다 하더라도 여전히 시감도가 낮은 IR 및 UV 영역에 가까운 파장의 가시광의 강도가 여전히 높기 때문에 태양광 스펙트럼은 최적이라고 할 수 없다.

18.2 흑체복사 스펙트럼

백색광원에 대하여 알아보기 이전에 먼저 표준 백색광을 규정할 필요가 있는데, 흑체복사 스펙트럼이 그러한 표준 백색광으로서 적합하다. 흑체복사 스펙트럼은 물체의 온도라는 단 하나의 변수에 의해서 결정되는데, 1990년 Max Planck에 의해서 처음으로 유도되었으며 파장에 따른 빛의 강도는 다음의 식으로 계산할 수 있다.

$$I(\lambda) = \frac{2hc^2}{\lambda^5\left[\exp\left(\frac{hc}{\lambda kT}\right) - 1\right]} \tag{18.1}$$

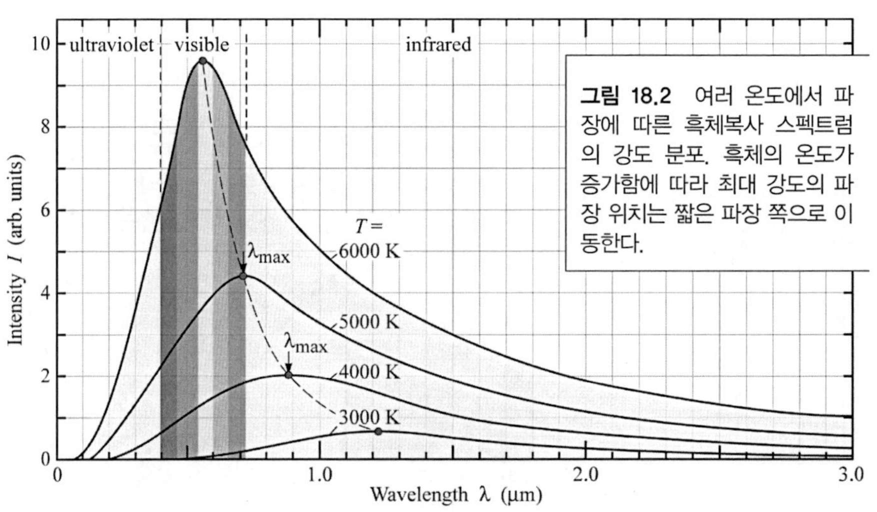

그림 18.2 여러 온도에서 파장에 따른 흑체복사 스펙트럼의 강도 분포. 흑체의 온도가 증가함에 따라 최대 강도의 파장 위치는 짧은 파장 쪽으로 이동한다.

위 식을 사용하여 얻은 몇 가지의 흑체온도에 대한 스펙트럼을 그림 18.2에 나타내었다. 그리고 흑체의 온도가 T일 때, 흑체로부터 나오는 스펙트럼에서 강도가 최대가 되는 파장은 Wien의 법칙에 의해서 다음과 같이 주어진다.

$$\lambda_{max} = \frac{2880 \mu \mathrm{mK}}{T} \tag{18.2}$$

3000 K와 같이 흑체의 온도가 낮은 경우에는 적외선의 복사 성분이 대부분을 차지하지만, 그림 18.2에서와 같이 흑체의 온도가 증가함에 따라서 최대 강도의 파장 위치는 가시광 영역으로 이동한다. 이러한 변화를 (x, y) 색도 다이어그램에서 플랑키안 궤적(planckian locus)으로 그림 18.3에 나타내었다. 색도 다이어그램에서 백색영역의 색온도는 2500 K에서 10000 K에 걸쳐 있는데, 흑체의 온도가 증가함에 따라 색도의 위치는 붉은 스펙트럼 영역에서 색도 다이어그램의 중심쪽으로 이동한다. 또한 그림 18.3에는 CIE에서 표준광원으로 정한 다섯 개의 조명광원, A, B, C, D_{65}, E의 위치도 함께 표시되어 있다. 그림 18.4에는 (u', ν') 균등 색도 다이어그램에서의 플랑키안 궤적이 나타내었다. 흑체복사체의 (x, y) 및 (u', ν') 색도 좌표는 부록 18.1에 표로 정리해 놓았다.

(x, y)와 (u', ν') 색도 다이어그램 모두 플랑키안 궤적은 적색 부근에서 시작하

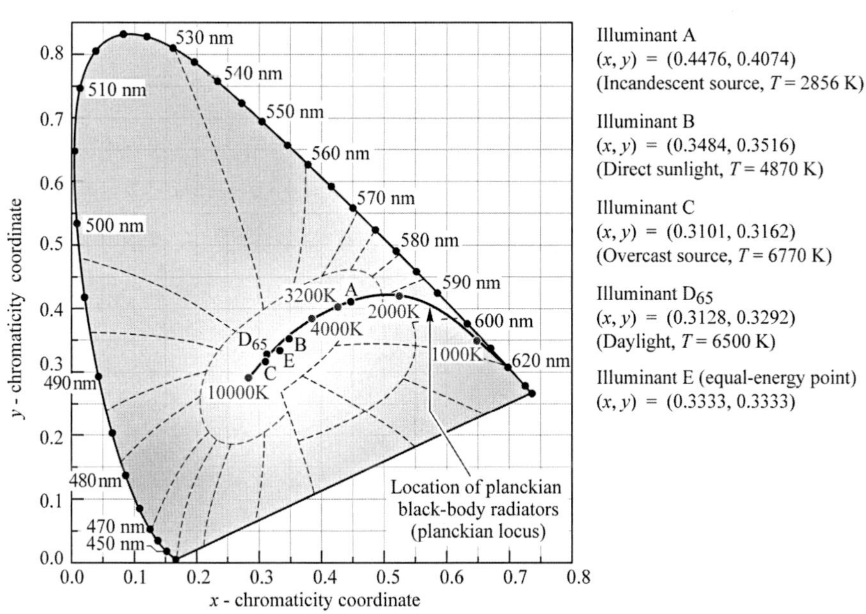

그림 18.3 플랑키안 궤적과 표준 백색광원 A, B, C, D_{65}, E의 위치와 색온도를 보여주는 색도 다이어그램(CIE, 1978).

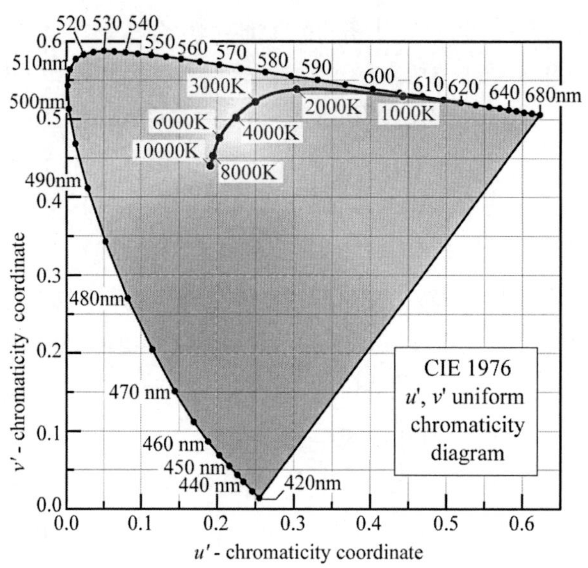

그림 18.4 CIE 1931의 2° 표준관찰자를 통하여 계산된 CIE 1976 (u', v') 균등 색도 다이어그램과 플랑키안 궤적.

여, 주황색, 노란색을 거쳐 백색영역에서 끝난다. 이러한 색의 변화는 금속 조각과 같은 실제 물체를 고온으로 가열할 때 마찬가지로 관찰되는데, 이는 실제 물체가 가열되었을 때 색도의 변화가 이상적인 흑체복사에 거의 일치하고 있음을 말해준다.

18.3 색온도와 상관 색온도

색온도는 색과 온도, 즉 서로 직접적인 연관성이 보이지 않는 두 용어를 결합해 놓았기 때문에 아무래도 어느 정도는 놀라움을 주는 수치로 보이곤 한다. 그러나 두 용어간의 연관성은 흑체복사 광원으로부터 얻어진 것으로, 온도가 증가함에 따라 흑체는 적색, 주황색, 노란 계통의 백색, 순수한 백색, 최종적으로 푸른 계통의 백색으로 빛을 낸다. 켈빈(kelvin, K)의 단위로 나타내는 백색광원의 색온도는 색도 다이어그램에서 광원의 위치와 동일한 흑체복사 광원의 온도를 말한다.

그런데 만약 백색광원의 색도 좌표가 플랑키안 궤적에 있지 않고 벗어나 있다면, 켈빈의 단위로 나타내는 상관 색온도(correlated color temperature; CCT)가 사용된다. 백색광원의 상관 색온도는 광원의 색과 가장 유사한 흑체복사 광원의 온도로 정의되는데, 다음과 같은 과정으로 정해진다.

우선 (u', v') 균등 색도 다이어그램에서 플랑키안 궤적을 찾고, 그 궤적에서 광원의 색도 좌표와 가장 가까운 지점, 즉 기하학적으로 거리가 가장 가까운 지점을 찾으

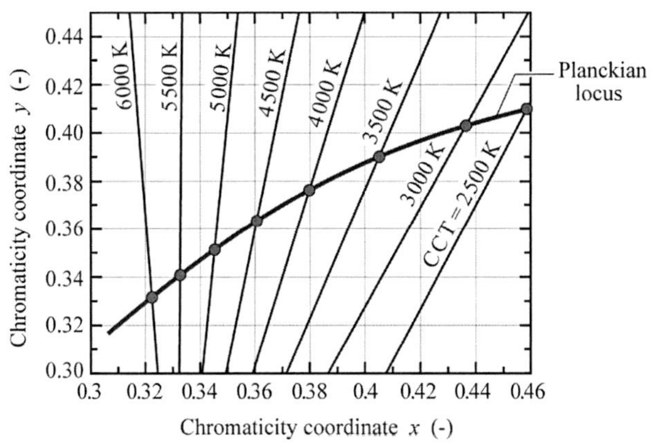

그림 18.5 (x, y) 색도 다이어그램에서 동일한 상관 색온도를 나타내는 직선을 온도 별로 나타낸 그래프. (u', ν') 색도 다이어그램에서는 상관 색온도가 가장 짧은 거리에 있는 흑체의 온도를 말하지만, (x, y) 색도 다이어그램에서는 그렇지 않다(Duggal, 2005).

면, 상관 색온도는 그 지점에 해당하는 흑체복사체의 온도로 정해진다. 상관 색온도를 결정하는 것은 1987년에 CIE에서 출판된 국제조명용어집과 1968년에 나온 Robertson의 논문에 잘 나와 있다. (x, y) 색도 다이어그램은 기하학적으로 불균등한 특성을 가지기 때문에 CIE 1931 색도 다이어그램에서는 상관 색온도를 위와 같이 정할 수는 없다. 그림 18.5에는 (x, y) 색도 다이어그램에서 플랑키안 궤적과 동일한 상관 색온도를 나타내는 직선을 함께 나타내었다(Duggal, 2005).

표 18.1 자연의 백색광원과 많이 사용되고 있는 인공 백색광원의 상관 색온도.

Light source	Correlated color temperature (K)
Wax candle flame / CIE standard candle flame	1,500 to 2,000 / 2,000
W filament household lamp: 60 W / 100 W	2,800 / 2,850
W filament halogen lamp	2,800 to 3,200
"Warm white" fluorescent tube	3,000
"Cool daylight white" fluorescent tube	4,300
"True daylight" color match fluorescent tube	6,500
Carbon arc white flame	5,000
Xenon arc (unfiltered)	6,000
Summer sunlight (before 9.00 or after 15.00h)	4,900 to 5,600
Summer sunlight (9.00 to 15.00h)	5,400 to 5,700
Direct sun	5,700 to 6,500
Overcast daylight	6,500 to 7,200
Clear blue sky	8,000 to 27,000

일반적으로 백열등의 색도 좌표는 정확히 플랑키안 궤적에 있지는 않지만 그 궤적에 매우 가깝기 때문에(Ohno, 2001), 백열등의 경우에는 색온도로 나타낼 수 있다. 표준 백열등의 색온도는 2000~2900 K 정도인데, 보통 많이 사용되는 따뜻한 느낌의 백열등은 색온도가 2800 K이다. 석영 할로겐(quartz halogen) 백열등의 색온도는 2800 K와 3200 K 사이에 있다(Ohno, 1977). 메탈 할라이드(metal-halide) 광원의 경우에는 플랑키안 궤적에서부터 멀리 떨어져 있는데, 이런 광원의 경우에는 상관 색온도가 사용되고, 푸른 계통 광원의 상관 색온도는 약 8000 K 정도이다. 자연의 백색광원과 많이 사용되고 있는 인공 백색광원의 색온도 또는 상관 색온도를 표 18.1에 정리해 놓았다.

참고문헌

CIE publication No. 17.4 *International Lighting Vocabulary* see http://www.cie.co.at (CIE, Vienna, Austria, 1987)

Duggal A. R. "Organic electroluminescent devices for solid-state lighting" in Organic *Electroluminescence* edited by Z. H. Kafafi (Taylor & Francis Group, Boca Raton, Florida, 2005)

Jackson J. D. *Classical Electrodynamics* (John Wiley and Sons, New York, 1975)

Ohno Y. "Photometric standards" Chapter 3 in *OSA/AIP Handbook of Applied Photometry*, 55 (Optical Society of America, Washington DC, 1997)

Ohno Y. "Photometry and radiometry" Chapter 14 in *OSA Handbook of Optics, Volume III Review for Vision Optics, Part 2, Vision Optics* (McGraw-Hill, New York, 2001)

Planck M. "On the theory of the law on energy distribution in the normal spectrum (translated from German)" *Verhandlungen der Deutschen Physikalischen Gesellschaft* **2**, 237 (1900)

Robertson R. "Computation of correlated color temperature and distribution temperature" *J. Opt. Soc. Am.* **58**, 1528 (1968)

Appendix 18.1

Color temperature T and (x, y) and (u', v') chromaticity coordinates of a planckian emitter.

T	x	y	u'	v'
1 000 K	0.649	0.347	0.443	0.533
1 200 K	0.623	0.370	0.402	0.538
1 400 K	0.597	0.389	0.369	0.541
1 600 K	0.572	0.402	0.342	0.542
1 800 K	0.549	0.412	0.321	0.542
2 000 K	0.527	0.417	0.303	0.540
2 200 K	0.506	0.420	0.288	0.538
2 400 K	0.487	0.419	0.276	0.535
2 600 K	0.470	0.417	0.266	0.531
2 800 K	0.454	0.414	0.257	0.528
3 000 K	0.439	0.409	0.250	0.524
3 200 K	0.425	0.404	0.243	0.520
3 400 K	0.413	0.399	0.237	0.516
3 600 K	0.402	0.393	0.233	0.512
3 800 K	0.392	0.388	0.228	0.508
4 000 K	0.383	0.382	0.225	0.504
4 200 K	0.374	0.376	0.221	0.500
4 400 K	0.367	0.371	0.218	0.497
4 600 K	0.360	0.366	0.216	0.494
4 800 K	0.353	0.361	0.213	0.490
5 000 K	0.347	0.356	0.211	0.487
5 200 K	0.342	0.351	0.209	0.484
5 400 K	0.337	0.347	0.208	0.481
5 600 K	0.332	0.343	0.206	0.479
5 800 K	0.328	0.339	0.205	0.476
6 000 K	0.324	0.335	0.203	0.473
6 200 K	0.321	0.332	0.202	0.471
6 400 K	0.317	0.328	0.201	0.469
6 500 K	0.315	0.327	0.201	0.468
6 600 K	0.314	0.325	0.200	0.466
6 800 K	0.311	0.322	0.199	0.464
7 000 K	0.308	0.319	0.198	0.462
7 200 K	0.306	0.317	0.198	0.460
7 400 K	0.303	0.314	0.197	0.459
7 600 K	0.301	0.312	0.196	0.457
7 800 K	0.299	0.309	0.196	0.455
8 000 K	0.297	0.307	0.195	0.454
8 500 K	0.292	0.301	0.194	0.450
9 000 K	0.289	0.297	0.193	0.447
9 500 K	0.285	0.293	0.192	0.444
10 000 K	0.282	0.290	0.191	0.441

Chapter 19

색혼합과 연색성

19.1 추가적인 색혼합

여러 응용분야에서 둘 또는 그 이상의 광원을 혼합하여 사용하고 있다. LED 디스플레이에서는 일반적으로 적색, 녹색, 청색의 빛을 내는 세 종류의 LED를 사용하는데, 이 세 가지 색의 혼합으로 관찰자는 넓은 색범위를 경험할 수 있다. 색조합의 또 다른 유용한 응용은 둘, 셋 또는 그 이상의 보색을 이용하여 백색광을 만드는 것이다. 추가적인 색 조합과 그에 해당하는 실험의 구조도가 그림 19.1에 나타나 있다.

다음으로 세 개의 불연속적인 발광밴드를 혼합하여 색도 좌표를 결정하는 방법에 대해서 알아보자. 3개의 방출 발광밴드의 스펙트럼의 파워밀도가 $P_1(\lambda)$, $P_2(\lambda)$, $P_3(\lambda)$이고 각각 λ_1, λ_2, λ_3의 피크파장을 가지고 있다고 가정하자. 각각의 발광밴드는 삼색조화함수의 어떤 발광밴드보다도 좁다고 가정하자. 또한 3개의 광원은 색도 좌표 (x_1, y_1), (x_2, y_2)와 (x_3, y_3)을 가지고 있다고 가정하자. 그러면 삼자극(tristimulus) 값은 다음과 같이 주어진다.

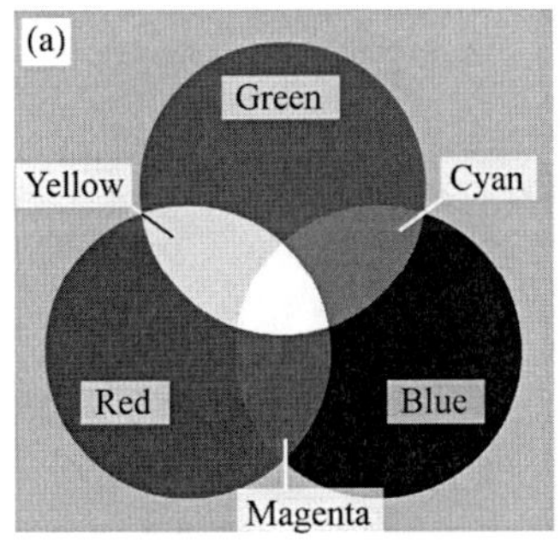

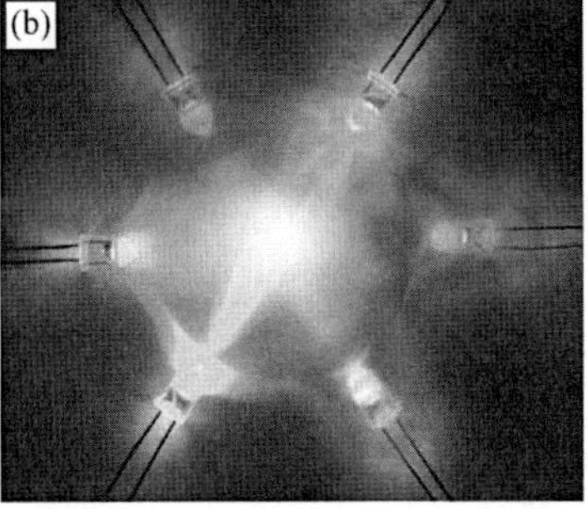

그림 19.1 (a) 주요 삼색의 추가 색조합도, (b) LED를 이용한 추가 색조합.

$$X = \int_\lambda \bar{x}(\lambda) P_1(\lambda) d\lambda + \int_\lambda \bar{x}(\lambda) P_2(\lambda) d\lambda + \int_\lambda \bar{x}(\lambda) P_3(\lambda) d\lambda \approx \bar{x}(\lambda_1) P_1 + \bar{x}(\lambda_2) P_2 + \bar{x}(\lambda_3) P_3 \quad (19.1)$$

$$Y = \int_\lambda \bar{y}(\lambda) P_1(\lambda) d\lambda + \int_\lambda \bar{y}(\lambda) P_2(\lambda) d\lambda + \int_\lambda \bar{y}(\lambda) P_3(\lambda) d\lambda \approx \bar{y}(\lambda_1) P_1 + \bar{y}(\lambda_2) P_2 + \bar{y}(\lambda_3) P_3 \quad (19.2)$$

$$Z = \int_\lambda \bar{z}(\lambda) P_1(\lambda) d\lambda + \int_\lambda \bar{z}(\lambda) P_2(\lambda) d\lambda + \int_\lambda \bar{z}(\lambda) P_3(\lambda) d\lambda \approx \bar{z}(\lambda_1) P_1 + \bar{z}(\lambda_2) P_2 + \bar{z}(\lambda_3) P_3 \quad (19.3)$$

여기서 P_1, P_2, P_3는 3개 광원에 의해 발출된 광출력이다. 그리고 L_1, L_2, L_3를 다음과 같다고 하자.

$$L_1 = \bar{x}(\lambda_1) P_1 + \bar{y}(\lambda_1) P_1 + \bar{z}(\lambda_1) P_1 \quad (19.4)$$

$$L_2 = \bar{x}(\lambda_2) P_2 + \bar{y}(\lambda_2) P_2 + \bar{z}(\lambda_2) P_2 \quad (19.5)$$

$$L_3 = \bar{x}(\lambda_3) P_3 + \bar{y}(\lambda_3) P_3 + \bar{z}(\lambda_3) P_3 \quad (19.6)$$

그러면 혼합된 빛의 색도 좌표는 삼자극 값으로부터 계산될 수 있다.

$$x = \frac{x_1 L_1 + x_2 L_2 + x_3 L_3}{L_1 + L_2 + L_3} \quad (19.7)$$

$$y = \frac{y_1 L_1 + y_2 L_2 + y_3 L_3}{L_1 + L_2 + L_3} \quad (19.8)$$

따라서 다중성분 광원의 색도 좌표는 각 색도 좌표의 L_i인자에 의해서 가감된 1차 결합으로 나타낼 수 있다.

색도 다이어그램에서 혼합색의 원리는 그림 19.2에 나타내었다. 그림은 색도 좌표 (x_1, y_1)와 (x_2, y_2)를 가진 두 색의 혼합을 보여준다. $L_3 = P_3 = 0$인 두 색의 경우에 혼합색은 두 광원의 색도 좌표와 연결된 직선상에 위치한다. 따라서 두 색의 혼합에 의해서 백색을 포함한 두 색도점 사이에 위치한 어떠한 색도 만들어질 수 있다.

또한 그림 19.2는 색도 도형에서 빨강, 녹색, 청색의 범위에 위치한 삼색의 혼합을 보여주고 있다. 점선으로 연결된 삼색도점은 빨강, 녹색, 그리고 청색 LED 경우에 해당하는 대표적인 색도점이다. 색구현영역(color gamut)이라고 불리는 점선 내에 위치한 지역은 적색, 녹색, 청색의 혼합에 의해서 만들어질 수 있는 모든 색을 나타낸다. 다양한 색을 만드는 능력은 디스플레이에서 중요한 특성이다. 화려하고 순수한 색을 보여줄 수 있는 디스플레이를 만들려면 세 개의 광원에 의해서 마련되는 색구현영역이 그만큼 넓어야 한다.

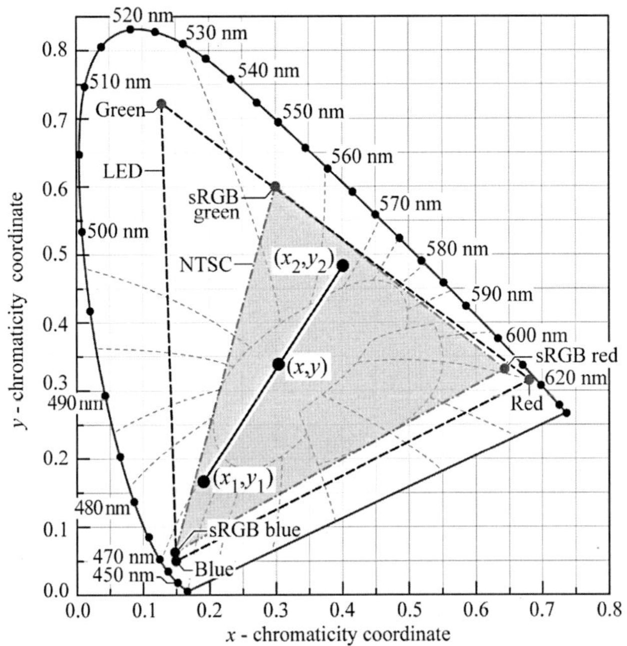

그림 19.2 색혼합의 원리는 색자표 (x_1, y_1)과 (x_2, y_2)를 가진 두 광원으로 나타낸다. 최종 색은 좌표 (x, y)를 가진다. 또한 적색, 녹색, 청색 LED의 추가적인 혼합으로 볼 수 있는 색도 다이어그램(색구현영역)의 삼각형 면적을 나타낸다. sRGB 디스플레이 표준에 대한 적색, 녹색, 청색 형광체의 위치 또한 나타내고 있다(x_r=0.64, y_r=0.33, x_g=0.30, y_g=0.60, x_b=0.15, y_b=0.06). sRGB 표준은 NTSC 표준과 유사하다.

색구현영역은 주요 광원의 배치로부터 만들어질 수 있는 전체 색의 범위를 나타낸다. 색구현영역은 색도 다이어그램 내에 있는 다각형으로 표현되는데, 주요 삼색의 경우에 색구현영역은 그림 19.2에서 보는 것처럼 삼각형이다. 색구현영역의 꼭지점, 즉 주요색의 추가적인 혼합에 의해서 만들어지는 모든 색은 색구현영역 내부에 위치한다.

이처럼 색혼합에 대한 기본적인 지식은 색도 다이어그램에서 다른 LED의 위치를 이해하는 것을 가능하게 한다. 적색 스펙트럼 지역에서 색도 다이어그램의 주변은 거의 직선이고 그래서 발광피크가 열에 의해서 넓어짐에도 불구하고 적색 LED는 색도 다이어그램의 거의 외각에 위치한다. 그와는 반대로 녹색영역에서는 경계선이 크게 휘기 때문에 스펙트럼 확장에 의해서 녹색 LED는 색도 다이어그램의 안쪽에 표시된다.

19.2 연색성

백색광원의 또 다른 중요한 특징은 광원에 의해서 빛나는 장난감, 식물, 과일 등 물체의 진정한 색을 보여주는 능력이다. 물체의 색을 나타내는 능력은 연색지수(color-rendering index) 또는 CRI의 항으로 측정된다(Wyszecki와 Stiles, 1982, 2000; MacAdam, 1993; Berger-Schunn, 1994; CIE, 1995). 광원에 의해서 빛나는 물리적 물체의 색을 충실히 나타내는 것으로 백색광원의 성능을 측정하는 것이다.

그림 19.3은 낮은 CRI와 높은 CRI를 가진 광원 아래에 있는 물체의 예를 보여주고 있다. 높은 CRI을 가진 광원 아래에서 색은 풍부하고 더 선명하게 나타난다. 박물관, 가정, 사물실과 같은 지역에서는 높은 연색성이 중요하지만 주차장과 거리 같은 지역에서는 그렇지 않다. 그래서 CRI는 지시등이나 신호등과 같은 응용분야에 사용되는 백색광원에서는 중요하지 않다.

시험 중인 광원의 연색성 기능은 기준 광원과의 연색성 기능 비교에 의해서 평가된다. CRI의 계산의 경우 기준광원은 다음과 같이 선택된다. (i) 시험광원의 색도점이 플랑키안(planckian) 궤적에 존재한다면, 기준광원은 시험광원처럼 같은 색온도를 가진 플랑키안 흑체복사체이다. (ii) 만약 시험광원의 색도점이 플랑키안 궤적 밖에 존재한다면 기준광원은 시험광원처럼 같은 상관관계에 있는 색온도를 가진 플랑키안 흑체 복사체이다. (iii) 표준 CIE 광원 중 하나인 Illuminant D_{65}는 기준광원으로 사용될 수 있다. 이상적으로 시험광원과 기준광원은 같은 색도 좌표와 광선속(luminous flux)을 가진다.

관례에 의하면, 플랑키안 흑체 기준광원이 완벽한 연색성의 특성을 가지고 있다고 가정하기 때문에 연색지수 CRI는 100이다. 이러한 관행은 자연의 일광이 엄밀히 플랑키안 흑체광원과 닮았기 때문에 기준광원으로서 받아들여지고 있다. 기준광원과 다른 발광체는 필수적으로 100보다 낮은 연색지수를 가진다.

CRI가 기준광원의 선택에 의해서 민감하게 변하기 때문에 기준광원의 선택은 시험광원의 CRI의 계산 시 결정적인 중요성을 가진다. 백열등의 발광 스펙트럼이 밀접하게 플랑키안 흑체 복사체의 스펙트럼을 따르기 때문에 이러한 램프는 가능한 가장 높은 CRI를 가진다. 따라서 백열등은 모든 인공광원 중에서 최고의 연색특성을 가진다. 석

그림 19.3 삽화 제목 "Fleurs dans un vase"를 (a) 높은 CRI 광원, (b) 낮은 CRI 광원으로 나타내고 있다(Auguste Renoir, French impressionist, 1841~1919).

영-할로겐 램프는 연색성이 아주 중요한 박물관 미술관, 옷가게와 같은 장소에 사용된다. 석영-할로겐 램프의 단점은 높은 전력소비이다.

시험광원과 기준광원에 추가하여 시험 색견본은 시험광원의 CRI를 결정하는 수단이 된다. 시험 색견본은 과일, 꽃, 나무, 가구와 옷 같은 실제 물체로부터 찾을 수 있다. 그러나 국제표준에서 흥미로운 것에는 14개 시험 색견본의 특별 세트가 CRI를 결정하는 목적으로 정해져 있다는 것이다. 이러한 14개 시험 색견본은 1800년 후반과 1900년대 초 Rochester Institute of Technology의 교수였던 Albert. H Munsell에 의해 도입된 초기에 큰 규모의 시험 색견본의 부분집합이다. Munsell은 매우 넓은 범위의 색을 정의하기 위한 방안인 Munsell 색 시스템이라는 색 표기법을 도입했다.

CRI의 계산은 Wyszecki와 Stiles(1982; 2000) 그리고 CIE(1995)에 의해서 자세히 소개되었다. CIE 일반 CRI는 다음에 따라 계산된 평균이다.

$$CRI_{general} = \frac{1}{8}\sum_{i=1}^{8} CRI_i \tag{19.9}$$

여기서 CRI_i는 8개 시험 색견본 세트에 해당하는 특정 CRI이다. 특정 연색지수는 다음과 같이 계산된다.

$$CRI_i = 100 - 4.6\,\Delta E_i^* \tag{19.10}$$

ΔE_i^*는 첫째 기존광원으로 시험 색견본을 비출 때 나타나는 정량적인 색변화를 나타내고 다음 시험광원과 함께 나타낸다. 특정 연색지수는 색표출에 차이가 없다면 100의 값을 가지는 방법으로 계산된다. 정량적 색변화 ΔE_i^*는 CRI의 계산에서 중요한 역할을 하고, ΔE_i^*의 결정은 플랑키안 궤적 위와 플랑키안 궤적 밖 광원 사이에 구분할 수 있는 다음 두 절에서 상세히 설명할 것이다.

식 19.10이 확립될 당시에 표준 전구색(warm white)인 형광램프가 시험광원으로 사용되고 플랑키안 흑체복사체가 기준 광원으로 사용되던 때 사전인자(pre-factor) 4.6은 일반적인 CRI가 60 정도가 되는 방법으로 선택되었다. 현재 형광광원은 대표적으로 60~85 범위의 높은 CRI를 가진다(Kendall와 Scholand, 2001).

위에서 언급된 시험 색견본은 스펙트럼 반사율의 항으로 정의된다. 국제적으로 동의한 8개의 시험 색견본의 반사율 곡선은 그림 19.4에서 보여주고 있다. 8개 시험 색견본의 반사율 수치는 부록 19.1에 나타내었다. 일반적인 연색지수는 8개 시험 색견본(i =1-8)로부터 산출된다.

일반적인 연색지수를 산출하기 위하여 사용된 시험 색견본 이외에(번호 1-8), 6개의

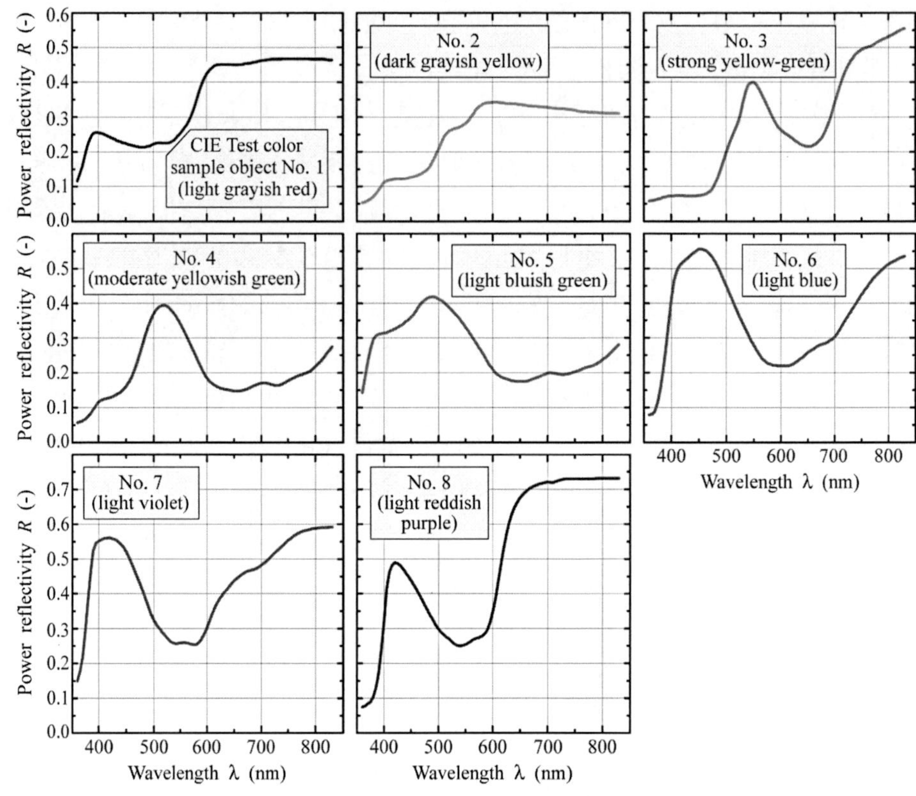

그림 19.4 일반적인 연색지수 계산에 사용되는 CIE 시험 색견본의 출력 반사율(power reflectivity)(CIE, 1995).

추가 시험 색견본(번호 9-14)은 시험광원의 연색 성능을 더 평가하기 위하여 사용된다. 이와 같은 추가 시험 색견본에는 다음과 같은 색이 있다: 9-강한 적색; 10-강한 황색; 11-강한 녹색; 12-강한 자줏빛을 띠는 청색; 13-백인의 안색; 14-나뭇잎. 추가적인 시험 색견본에 대한 반사 스펙트럼과 반사율의 값은 그림 19.5와 부록 19.2에서 각각 나타내었다. 시험 색견본 9-14의 색은 비교적 좁은 피크의 강한 색을 가진다는 것을 반사율 곡선의 검사를 통해 알 수 있었다. CRI 9에서 CRI 14까지는 특성 연색지수(special color-rendering indices) 9-14로 불린다.

시험광원과 기준광원이 함께 빛을 낼 때, 시험광원과 기준광원의 색도 차이의 의미와 시험 색견본의 재현된 색을 그림 19.6에 나타내었다. 그림에서 보여준 예처럼, 시험광원은 플랑키안 궤적을 약간 벗어난 위치에 존재한다. 기준광원은 시험광원 색도점으로부터 최소거리에 있는 플랑키안 광원이다. 결과적으로 기준광원의 색온도는 시험광원의 교정된 색온도와 같다. 그림 19.6에서 보여준 4개의 색도점은 CRI의 계산에 포함된다.

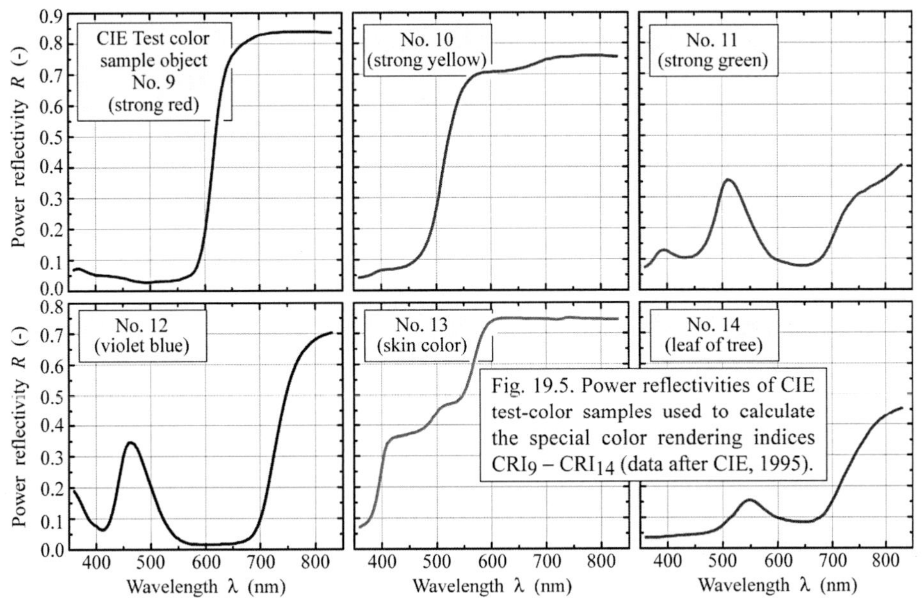

그림 19.5 시험 색견본에 대한 반사 스펙트럼(CIE, 1995).

그러나 CIE에 의해 사용된 것처럼 "색"이 "색도"와 같지 않다는 것에 주의해야 한다. 색에 대한 확장된 CIE 정의는 색상, 채도, 그리고 추가적으로 휘도(빛의 경우) 또는 명도(물리적인 물체의 경우)를 포함한다. 색상과 색도가 전적으로 색도 좌표계 위

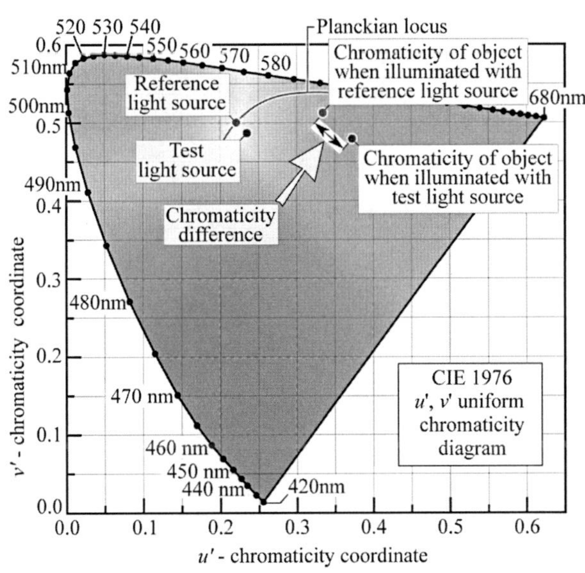

그림 19.6 기존광원과 시험광원에 따라 물체의 조명으로부터 나타난 색도 차이. CIE 1976년에 u', v' 균일한 색도 다이어그램에서 색도 차이는 기하학적 거리에 직접적으로 비례한다. 기준광원은 시험광원과 연관된 색온도에서 플랑키안 궤적 위에 위치한다.

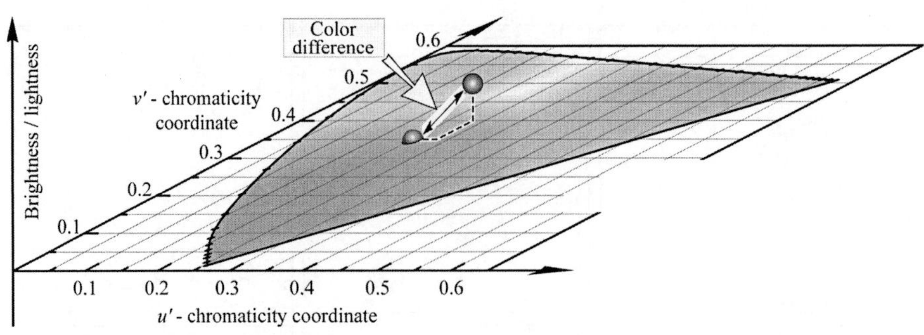

그림 19.7 수평 색도면과 수직 휘도/명도 축으로 구성된 색 차이에 대한 설명.

치에 의해서 정의되지만 휘도와 명도는 그렇지 않다. 물체의 명도(또는 광원의 명도)를 그래픽적으로 나타내기 위하여 그림 19.7에서 설명한 것처럼 3개축을 색도 도표에 추가되어야 한다. 먼저 기준광원과 함께 나타내고 다음으로 테스트광원과 함께 나타낼 때, 물체의 색 차이는 그림 19.7에서 2개 점의 기하학적인 거리로 나타낸 것과 같이 색도차이와 밝기 차이로 구성된다. 그림 19.7에서 나타낸 표현은 교육적 목적으로 표현한 것이므로 표준화된 CIE 표시 방법이 아니라는 것에 주의해야 한다.

색도와 휘도/명도를 포함하는 많은 양의 색공간(color space)에 필요하기 때문에 균일한 색공간(uniform color space, CIE 1986년)이 만들어졌다. 균일한 색공간은 색 차이와 기하학적 거리 사이에 직접적인 비례관계를 제공하였다. 따라서 색 차이는 균일한 색공간에서 두 점 사이의 기하학적 거리에 직접적인 관련이 있을 수 있다. CIE는 2,3차원의 균일한 색공간 즉 (L^*의 u^*, ν^*)와 (L^*의 a^*, b^*) 공간(CIE, 1986; Wyszecki와 Stiles, 2000)을 제시했다. 본 절의 목적을 위해, 균일한 색공간 (L^*, u^*, ν^*)를 충분히 검토해야 하며, 할 수 있는 부분만 검토할 것이다. CIE (L^*, u^*, ν^*) 균일한 색공간은 3차원 공간으로 첫 번째 좌표는 직교좌표이고 두 번째는 색도(u^*, ν^*)와 연관된 좌표이며, 마지막 세 번째 좌표는 휘도(소스) 또는 명도(물리적 물체)를 나타내는 좌표 L^*이다. 균일한 색공간은 특히 양적 색 차이를 정하기에 적합하다.

예로써 CIE(L^*, u^*, ν^*) 색공간에 익숙해지기 위해서 백색기준광원과 함께 나타내는 시험 색견본 i를 고려해야 한다. 물체의 색과 기준광원 색 사이의 색 차이를 나타내는 좌표 L^*, u^*와 ν^*은 다음과 같이 정의된다.

$$L^*|_{ref} = 116(Y_{ref,i}/Y_{ref})^{1/3} - 16 \tag{19.11a}$$

$$u^*|_{ref} = 13L^*(u_{ref,i} - u_{ref}) \tag{19.11b}$$

$$\nu^*|_{ref} = 13L^*(\nu_{ref,i} - \nu_{ref}) \tag{19.11c}$$

여기서 $Y_{ref,i}$, $u_{ref,i}$와 $\nu_{ref,i}$은 기준광원을 비출 때 시험 색견본 i의 색자극(color stimulus)을 기술하고, Y_{ref}, u_{ref}와 ν_{ref}은 백색 기준광원의 색자극을 설명한다.

다음은 백색시험 광원을 비출 때 시험 색견본을 고려하자. 물체색과 시험광원색 사이의 색 차이 좌표 L^*, u^*와 v^*는 다음과 같이 주어진다.

$$L^*|_{test} = 116(Y_{test,i}/Y_{test})^{1/3} - 16 \quad (19.12a)$$

$$u^*|_{test} = 13L^*(u_{test,i} - u_{test}) \quad (19.12b)$$

$$\nu^*|_{test} = 13L^*(\nu_{test,i} - \nu_{test}) \quad (19.12c)$$

여기서 $Y_{test,i}$, $u_{test,i}$와 $\nu_{test,i}$은 기준광원을 비출 때 시험 색견본 i의 색 자극을 기술하고, Y_{test}, u_{test}와 ν_{test}은 백색 기준광원의 색자극을 나타낸다.

식 19.11과 19.12에 의해 주어진 (L^*, u^*, v^*) 공간상에 위치한 두 점 사이의 색 차이는 두 점 사이의 기하학적인 거리와 같다.

$$\Delta E^* = \sqrt{(\Delta L^*)^2 + (\Delta u^*)^2 + (\Delta \nu^*)^2} \quad (19.13)$$

여기서

$$\Delta L^* = L^*|_{test} - L^*|_{ref} \quad (19.14a)$$

$$\Delta u^* = u^*|_{test} - u^*|_{ref} \quad (19.14b)$$

$$\Delta \nu^* = \nu^*|_{test} - \nu^*|_{ref} \quad (19.14c)$$

CRI의 계산은 두 연속 장에서 자세히 나타내었다.

보통 광원에서 일반적인 연색지수의 총람은 표 19.1에 나타내었다. 표에는 두 색을 가지는 백색 LED와 삼색의 백색 LED, 그리고 형광체기반의 백색 LED를 포함하는 여러 종류의 LED 광원이 포함되어 있다. 90~100 사이의 CRI는 실질적인 모든 조명 응용분야에 적합하다. 70~90 사이의 CRI는 많은 기본적인 조명 응용분야에 적합하다. CRI 70 미만의 광원은 저품질 광원으로 평가된다.

19.3 플랑키안 궤적 조명광원을 위한 연색지수

다음의 계산은 식 (19.10)에 따라 시험광원의 CRI를 결정하는데 필요한 ΔE_i^*값을 알 수 있게 해준다. 이와 같은 계산은 시험광원이 플랑키안 궤적에 존재하거나 또는

표 19.1 다른 광원에 대한 일반적인 연색지수(CRI), (a) 기준광원으로 햇빛을 사용, (b) 기준광원으로 동일한 색온도를 가진 백열등을 사용, (c) 기준광원으로 광원 D_{65} 사용(Kendall과 Scholand, 2001).

Light source	Color-rendering index	
Sunlight	100	(a)
Quartz halogen W filament incandescent light	100	(b)
W filament incandescent light	100	(b)
Fluorescent light	60~95	(b)
Trichromatic white LED	60~95	(b, c)
Tetrachromatic white LED	70~95	(b, c)
Phosphor-based LED	55~95	(b, c)
Broadened dichromatic white LED	10~60	(b, c)
Hg vapor light coated with phosphor	50	(b)
Hg vapor light	33	(b)
Low and high-pressure Na vapor light	10 and 22	(b)
Green monochromatic light	50	(c)

플랑키안 궤적에 상당히 가까운 경우에 적합하다. 여기에 기술된 계산은 Wyszecki 및 Stiles(1982년, 2000년)와 CIE(1995년) 기준에 따른다. 시험광원과 기준광원을 조명으로 사용할 때, 시험 색견본의 외관 차이 $\Delta E_i{}^*$는 다음에 따라 계산된다.

$$\Delta E_i{}^* = \sqrt{(\Delta L^*)^2 + (\Delta u^*)^2 + (\Delta \nu^*)^2} \tag{19.15}$$

여기서

$$\Delta L^* = L_{ref}{}^* - L_{tes}{}^* = \left[116\left(\frac{Y_{ref,i}}{Y_{ref}}\right)^{1/3} - 16\right] - \left[116\left(\frac{Y_{test,i}}{Y_{test}}\right)^{1/3} - 16\right] \tag{19.16}$$

$$\Delta u^* = u_{ref}{}^* - u_{tes}{}^* = 13L_{ref}{}^*(u_{ref,i} - u_{ref}) - 13L_{test}{}^*(u_{test,i} - u_{ref}) \tag{19.17}$$

$$\Delta \nu^* = \nu_{ref}{}^* - \nu_{tes}{}^* = 13L_{ref}{}^*(\nu_{ref,i} - \nu_{ref}) - 13L_{test}{}^*(\nu_{test,i} - \nu_{ref}) \tag{19.18}$$

그리고

$$u = \frac{4X}{X + 15Y + 3Z} \quad \text{그리고} \quad \nu = \frac{6Y}{X + 15Y + 3Z} \tag{19.19}$$

기준광원 스펙트럼의 삼자극치에서(첨자 "ref"), 시험 색견본을 반사한 기준광원 스펙트럼으로부터(첨자 "ref") 그리고 시험 색견본을 반사한 시험광원의 스펙트럼으로부터(첨자 "i") u와 ν가 계산된다는 것에 주의해야 한다.

위에 주어진 식을 사용하여 CRI를 계산할 때 시험광원의 경우 가능한 가장 높은 CRI를 얻기 위하여 시험광원과 기준광원의 색도 좌표와 발광선속(flux)은 동일하여야 한다. 즉 조건은 $u_{test} = u_{ref}$, $\nu_{test} = \nu_{ref}$,와 $Y_{test} = Y_{ref}$가 만족되어야 한다.

식 (19.5)-(19.19)의 항에서 연색지수의 계산은 (Δu^*와 $\Delta \nu^*$을 고려하는) 물체의 색도를 연출하는 시험광원의 능력으로부터 계산될 뿐만 아니라 (ΔL^*을 고려하는) 물체의 빛을 연출하는 테스트광원의 능력으로부터도 계산될 수 있다. CRI 계산은 기준광원이 진정한 색도와 명도, 즉 물체의 진정한 색을 나타낸다는 전제에 기반을 두고 있다. 식 (19.16)~(19.19)에 있는 많은 사전인자(pre-factor)의 선택은 다소 임의적이다. 이러한 사전 인사는 인간에 내한 광범위한 실험을 통해서 결정되었다. 그러나 현재의 사전인자가 최적이 아닐 수도 있다는 증거가 있다(Wyszecki와 Stiles, 1982, 2000).

19.4 비 플랑키안 궤적 광원을 위한 연색지수

$\Delta E_i{}^*$의 다음 계산은 플랑키안 궤적에서 벗어난 시험광원의 경우 적용된다. 여기에 기술된 계산은 CIE(1995년)가 개발한 절차를 따르고, 인간의 색채 적응 능력에 따른 대해서는 적응 색변이(adaptive color shift)를 고려한다. 예를 들면, 반도체 크린룸에서 사용되는 노란색 조명광원은 저품질의 광원을 제공한다. 이렇게 노란색 광원은 단파장 빛(보라, 파랑, 청록)을 포함하지 않고 플랑키안 궤적에서 확실하게 벗어나 있다. 그러나 크린룸 조명 조건에 적응한 이후에 색은 꽤 자연스러우며 색채 적응전과 비교해서 확실히 더 자연스럽게 보인다.

플랑키안 궤적에서 벋어난 광원의 경우 앞장에서 설명한 방법에 따라 CRI를 계산할 때, CRI는 매우 낮다. 그러나 그런 낮은 CRI 값은 인체에 대한 실험주제가 되지는 못한다. 색채 적응 때문에 색은 플랑키안 궤적에서 약간 벗어난 조명광원의 경우에서 조차도 생생하고 자연스럽게 나타낼 수 있다. 이러한 불일치를 극복하기 위해서 그리고 CRI를 더 현실적으로 계산하기 위해서 CIE(1995)는 CRI를 계산하기 위한 한 가지 방법을 소개하였다. 이 대안은 플랑키안 기준광원쪽으로 시험광원의 적합한 색변이를 소개함으로써 색체 적응에 대한 인간 능력을 고려한다.

경험적인 방법처럼 조명광원에 대한 색도점이 x, y 색도계에서 0.01보다 더 큰 거리로 플랑키안 궤적으로부터 벋어난다면 백색광원에 대한 호감과 품질은 빠르게 감소한다. 이것은 대략 4개의 머케덤(MacAdam) 타원의 거리와 경공업(Duggal, 2005)에서 채택된 기준에 해당한다. 그러나 0.01의 경험규칙이 필요한 것이지 고품질의 조명광원을 위한 충분한 조건이 필요한 것은 아니다라는 것에 주의해야 한다.

계산은 균일한 기준광원과 시험광원에 대한 균일한 색도 좌표와 기준광원과 시험광원이 빛을 낼 때 시험광원의 색도 좌표, 즉 (u_{ref}, ν_{ref}), (u_{test}, ν_{test}), $(u_{ref,i}, \nu_{ref,i})$와 $(u_{test,i}, \nu_{test,i})$를 가지고 시작한다. 적응된 색변이를 설명하기 위해 (u_{ref}, ν_{ref}), (u_{test}, ν_{test}), $(u_{ref,i}, \nu_{ref,i})$와 $(u_{test,i}, \nu_{test,i})$의 (u, ν)의 좌표는 공식을 사용하여 (c, d)로 변환된다.

$$c = (4 - u - 10\nu)/\nu \tag{19.20}$$

$$d = (1.708 + 0.404 - 1.481u)/\nu \tag{19.21}$$

(u_{ref}, ν_{ref}), (u_{test}, ν_{test})와 $(u_{test,i}, \nu_{test,i})$가 (c_{ref}, d_{ref}), (c_{test}, d_{test})와 $(c_{test,i}, d_{test,i})$로 변환될 때 이러한 두 식은 6개 공식에 해당한다는 것에 주의해야 한다. 그 다음에 시험 색견본 적합한 색변이 색도 좌표는 다음에 따라 계산된다.

$$u^{**}_{test,i} = \frac{10.872 + 0.404\dfrac{c_{ref}}{c_{test}}c_{test,i} - 4\dfrac{d_{ref}}{d_{test}}d_{test,i}}{16.518 + 1.481\dfrac{c_{ref}}{c_{test}}c_{test,i} - \dfrac{d_{ref}}{d_{test}}d_{test,i}} \tag{19.22}$$

$$\nu^{**}_{test,i} = \frac{5.520}{16.518 + 1.481\dfrac{c_{ref}}{c_{test}}c_{test,i} - \dfrac{d_{ref}}{d_{test}}d_{test,i}} \tag{19.23}$$

유사하게 시험광원의 적합한 색변이 색도 자료는 다음에 따라 계산된다.

$$u^{**}_{test,i} = \frac{10.872 + 0.404\,c_{ref} - 4\,d_{ref}}{16.518 + 1.481\,c_{ref} - d_{ref}} = u_{ref} \tag{19.24}$$

$$\nu^{**}_{test,i} = \frac{5.520}{16.518 + 1.481\,c_{ref} - d_{ref}} = \nu_{ref} \tag{19.25}$$

u^{**}_{test}와 ν^{**}_{test}의 값은 적합한 색변이(주의 $u^{**}_{test} = u_{ref}$ 그리고 $\nu^{**}_{test} = \nu_{ref}$)가 실행된 후에 시험되는 광원의 색도 좌표이다. 끝으로 색 차이는 균일한 색공간 좌표의 항에서 계산된다.

$$\Delta E_i^{\,*} = \sqrt{(\Delta L^{**})^2 + (\Delta u^{**})^2 + (\Delta \nu^{**})^2} \tag{19.26}$$

여기서

$$\Delta L^{**} = L^{**}_{ref,i} - L^{**}_{test,i} = \left[25(Y_{ref,i})^{1.3} - 17\right] - \left[25(Y_{test,i})^{1.3} - 17\right] \quad (19.27)$$

$$\Delta u^{**} = u^{***}_{ref,i} - u^{***}_{test,i} = 13\,L^{**}_{ref,i}\left(u_{ref,i} - u_{ref}\right) - 13\,L^{**}_{test,i}\left(u^{**}_{test,i} - u^{**}_{test}\right) \quad (19.28)$$

$$\Delta \nu^{**} = \nu^{***}_{ref,i} - \nu^{***}_{test,i} = 13\,L^{**}_{ref,i}\left(\nu_{ref,i} - \nu_{ref}\right) - 13\,L^{**}_{test,i}\left(\nu^{**}_{test,i} - \nu^{**}_{test}\right) \quad (19.29)$$

계산은 $Y_{ref} = Y_{test} = 100$(CIE, 1995)을 필요로 한다는 것에 주의해야 한다. ΔE_i^*의 계산된 값을 사용하며, 일반적인 CRI는 식 (19.9)와 식 (19.10)을 사용하여 계산된다. $i = 9$에서 14의 경우 특별한 CRI는 하나의 조명광원에 대한 완벽한 연색성 평가를 위해 홍미로울지 모른다.

Exercise

연색성

인간이 볼 수 있는 것과 같이 물체의 색은 물체의 단지 함수일뿐만 아니라 물체를 빛나게 하는 광원의 함수이다. 실제로 물체의 색은 물체를 빛나게 하는 광원에 매우 강하게 의존한다. 어떤 광원은 물체의 자연색(정확한 연색성)을 나타내는 반면 어떤 광원은 그렇지 못하다(부정확한 연색성).

(a) 붉은색 LED로 비출 때 노란색 바나나의 색은 무엇인가?
(b) 노란색 LED로 비출 때 녹색 바나나의 색은 무엇인가?
(c) 식료품 상인이 오렌지 LED로 오렌지를 노란색 LED로 바나나를 적색 LED로 고기를 비추는 것이 유익하다고 할 수 있나?
(d) 다른 색을 가진 두 개의 물리적 물체가 어떤 조명 조건에서 같은 색을 가지게 보이는 것이 가능한가?
(e) 낮은 연색지수에도 불구하고 저압 Na 증기압 등이 사용되는가?
(f) 조명에서 녹색 LED를 사용하는 장점과 단점이 무엇인가?

해답 (a) 적색. (b) 노란색. (C) 예-그러나 과일을 전시하는 상인의 정식성은 문제가 될 것이다. (d) 예, (e) 높은 발광효율 때문에(따라서 낮은 전력 소모) (f) 높은 발광효율은 장점이다. 그러나 낮은 연색특성은 단점이다.

참고문헌

Berger-Schunn A. *Practical Color Measurement* (John Wiley and Sons, New York, 1994)

Billmeyer Jr. F. W. "Survey of color order systems" *Color Res. Appl.* **12**, 173 (1987)

CIE publication No. 15 (E.1.3.1) 1971: *Colorimetry* this publication was updated in 1986 to CIE Publication 15.2 *Colorimetry* (CIE, Vienna, Austria, 1986)

CIE publication No. 13.3 *Method of Measuring and Specifying Color-Rendering of Light Sources* (see also www.cie.co.at) (CIE, Vienna, Austria, 1995)

Duggal A. R. "Organic electroluminescent devices for solid-state lighting" in *Organic Electroluminescence* edited by Z. H. Kafafi (Taylor and Francis Group, Boca Raton, Florida, 2005)

Kendall M. and Scholand M. *Energy Savings Potential of Solid State Lighting in General Lighting Applications* available to the public from National Technical Information Service (NTIS), US Department of Commerce, 5285 Port Royal Road, Springfield, Virginia 22161 (2001)

Long J. and Luke J. T. *The New Munsell Student Color Set* 2nd ring-bound edition (Fairchild Books and Visuals, New York, 2001)

MacAdam D. L. (Editor) *Colorimetry –Fundamentals* (SPIE Optical Engineering Press, Bellingham, Washington, 1993)

Munsell A. H. A *Color Notation –An Illustrated System Defining All Colors and Their Relations by Measured Scales of Hue, Value, and Chroma* (G. H. Ellis, Boston, 1905)

Munsell *Munsell Book of Color, Matte Edition* is available through GretagMacbeth Corporation, gretagmacbeth.com and munsell.com (Regensdorf, Switzerland, 2005)

Wyszecki G. and Stiles W. S. *Color Science –Concepts and Methods, Quantitative Data and Formulae* 2nd edition (John Wiley and Sons, New York, 1982)

Wyszecki G. and Stiles W. S. *Color Science –Concepts and Methods, Quantitative Data and Formulae* 2nd edition "Wiley Classics Library" (John Wiley and Sons, New York, 2000)

Appendix 19.1

Spectral reflectivity $R_i(\lambda)$ of the CIE 1974 Test-Color Samples (TCS) Nos. 1–8 to be used in calculating the General Color-Rendering Index (General CRI) (after CIE, 1995)

λ (nm)	R_1 (-)	R_2 (-)	R_3 (-)	R_4 (-)	R_5 (-)	R_6 (-)	R_7 (-)	R_8 (-)
360	0.116	0.053	0.058	0.057	0.143	0.079	0.150	0.075
365	0.136	0.055	0.059	0.059	0.187	0.081	0.177	0.078
370	0.159	0.059	0.061	0.062	0.233	0.089	0.218	0.084
375	0.190	0.064	0.063	0.067	0.269	0.113	0.293	0.090
380	0.219	0.070	0.065	0.074	0.295	0.151	0.378	0.104
385	0.239	0.079	0.068	0.083	0.306	0.203	0.459	0.129
390	0.252	0.089	0.070	0.093	0.310	0.265	0.524	0.170
395	0.256	0.101	0.072	0.105	0.312	0.339	0.546	0.240
400	0.256	0.111	0.073	0.116	0.313	0.410	0.551	0.319
405	0.254	0.116	0.073	0.121	0.315	0.464	0.555	0.416
410	0.252	0.118	0.074	0.124	0.319	0.492	0.559	0.462
415	0.248	0.120	0.074	0.126	0.322	0.508	0.560	0.482
420	0.244	0.121	0.074	0.128	0.326	0.517	0.561	0.490
425	0.240	0.122	0.073	0.131	0.330	0.524	0.558	0.488
430	0.237	0.122	0.073	0.135	0.334	0.531	0.556	0.482
435	0.232	0.122	0.073	0.139	0.339	0.538	0.551	0.473
440	0.230	0.123	0.073	0.144	0.346	0.544	0.544	0.462
445	0.226	0.124	0.073	0.151	0.352	0.551	0.535	0.450
450	0.225	0.127	0.074	0.161	0.360	0.556	0.522	0.439
455	0.222	0.128	0.075	0.172	0.369	0.556	0.506	0.426
460	0.220	0.131	0.077	0.186	0.381	0.554	0.488	0.413
465	0.218	0.134	0.080	0.205	0.394	0.549	0.469	0.397
470	0.216	0.138	0.085	0.229	0.403	0.541	0.448	0.382
475	0.214	0.143	0.094	0.254	0.410	0.531	0.429	0.366
480	0.214	0.150	0.109	0.281	0.415	0.519	0.408	0.352
485	0.214	0.159	0.126	0.308	0.418	0.504	0.385	0.337
490	0.216	0.174	0.148	0.332	0.419	0.488	0.363	0.325
495	0.218	0.190	0.172	0.352	0.417	0.469	0.341	0.310
500	0.223	0.207	0.198	0.370	0.413	0.450	0.324	0.299
505	0.225	0.225	0.221	0.383	0.409	0.431	0.311	0.289
510	0.226	0.242	0.241	0.390	0.403	0.414	0.301	0.283
515	0.226	0.253	0.260	0.394	0.396	0.395	0.291	0.276
520	0.225	0.260	0.278	0.395	0.389	0.377	0.283	0.270
525	0.225	0.264	0.302	0.392	0.381	0.358	0.273	0.262
530	0.227	0.267	0.339	0.385	0.372	0.341	0.265	0.256
535	0.230	0.269	0.370	0.377	0.363	0.325	0.260	0.251
540	0.236	0.272	0.392	0.367	0.353	0.309	0.257	0.250
545	0.245	0.276	0.399	0.354	0.342	0.293	0.257	0.251
550	0.253	0.282	0.400	0.341	0.331	0.279	0.259	0.254
555	0.262	0.289	0.393	0.327	0.320	0.265	0.260	0.258
560	0.272	0.299	0.380	0.312	0.308	0.253	0.260	0.264
565	0.283	0.309	0.365	0.296	0.296	0.241	0.258	0.269
570	0.298	0.322	0.349	0.280	0.284	0.234	0.256	0.272
575	0.318	0.329	0.332	0.263	0.271	0.227	0.254	0.274
580	0.341	0.335	0.315	0.247	0.260	0.225	0.254	0.278
585	0.367	0.339	0.299	0.229	0.247	0.222	0.259	0.284
590	0.390	0.341	0.285	0.214	0.232	0.221	0.270	0.295
595	0.409	0.341	0.272	0.198	0.220	0.220	0.284	0.316

600	0.424	0.342	0.264	0.185	0.210	0.220	0.302	0.348
605	0.435	0.342	0.257	0.175	0.200	0.220	0.324	0.384
610	0.442	0.342	0.252	0.169	0.194	0.220	0.344	0.434
615	0.448	0.341	0.247	0.164	0.189	0.220	0.362	0.482
620	0.450	0.341	0.241	0.160	0.185	0.223	0.377	0.528
625	0.451	0.339	0.235	0.156	0.183	0.227	0.389	0.568
630	0.451	0.339	0.229	0.154	0.180	0.233	0.400	0.604
635	0.451	0.338	0.224	0.152	0.177	0.239	0.410	0.629
640	0.451	0.338	0.220	0.151	0.176	0.244	0.420	0.648
645	0.451	0.337	0.217	0.149	0.175	0.251	0.429	0.663
650	0.450	0.336	0.216	0.148	0.175	0.258	0.438	0.676
655	0.450	0.335	0.216	0.148	0.175	0.263	0.445	0.685
660	0.451	0.334	0.219	0.148	0.175	0.268	0.452	0.693
665	0.451	0.332	0.224	0.149	0.177	0.273	0.457	0.700
670	0.453	0.332	0.230	0.151	0.180	0.278	0.462	0.705
675	0.454	0.331	0.238	0.154	0.183	0.281	0.466	0.709
680	0.455	0.331	0.251	0.158	0.186	0.283	0.468	0.712
685	0.457	0.330	0.269	0.162	0.189	0.286	0.470	0.715
690	0.458	0.329	0.288	0.165	0.192	0.291	0.473	0.717
695	0.460	0.328	0.312	0.168	0.195	0.296	0.477	0.719
700	0.462	0.328	0.340	0.170	0.199	0.302	0.483	0.721
705	0.463	0.327	0.366	0.171	0.200	0.313	0.489	0.720
710	0.464	0.326	0.390	0.170	0.199	0.325	0.496	0.719
715	0.465	0.325	0.412	0.168	0.198	0.338	0.503	0.722
720	0.466	0.324	0.431	0.166	0.196	0.351	0.511	0.725
725	0.466	0.324	0.447	0.164	0.195	0.364	0.518	0.727
730	0.466	0.324	0.460	0.164	0.195	0.376	0.525	0.729
735	0.466	0.323	0.472	0.165	0.196	0.389	0.532	0.730
740	0.467	0.322	0.481	0.168	0.197	0.401	0.539	0.730
745	0.467	0.321	0.488	0.172	0.200	0.413	0.546	0.730
750	0.467	0.320	0.493	0.177	0.203	0.425	0.553	0.730
755	0.467	0.318	0.497	0.181	0.205	0.436	0.559	0.730
760	0.467	0.316	0.500	0.185	0.208	0.447	0.565	0.730
765	0.467	0.315	0.502	0.189	0.212	0.458	0.570	0.730
770	0.467	0.315	0.505	0.192	0.215	0.469	0.575	0.730
775	0.467	0.314	0.510	0.194	0.217	0.477	0.578	0.730
780	0.467	0.314	0.516	0.197	0.219	0.485	0.581	0.730
785	0.467	0.313	0.520	0.200	0.222	0.493	0.583	0.730
790	0.467	0.313	0.524	0.204	0.226	0.500	0.585	0.731
795	0.466	0.312	0.527	0.210	0.231	0.506	0.587	0.731
800	0.466	0.312	0.531	0.218	0.237	0.512	0.588	0.731
805	0.466	0.311	0.535	0.225	0.243	0.517	0.589	0.731
810	0.466	0.311	0.539	0.233	0.249	0.521	0.590	0.731
815	0.466	0.311	0.544	0.243	0.257	0.525	0.590	0.731
820	0.465	0.311	0.548	0.254	0.265	0.529	0.590	0.731
825	0.464	0.311	0.552	0.264	0.273	0.532	0.591	0.731
830	0.464	0.310	0.555	0.274	0.280	0.535	0.592	0.731

Appendix 19.2

Spectral reflectivity $R_i(\lambda)$ of the CIE 1974 Test-Color Samples (TCS) Nos. 9–14 (after CIE, 1995)

λ (nm)	R_9 (-)	R_{10} (-)	R_{11} (-)	R_{12} (-)	R_{13} (-)	R_{14} (-)
360	0.069	0.042	0.074	0.189	0.071	0.036
365	0.072	0.043	0.079	0.175	0.076	0.036
370	0.073	0.045	0.086	0.158	0.082	0.036
375	0.070	0.047	0.098	0.139	0.090	0.036
380	0.066	0.050	0.111	0.120	0.104	0.036
385	0.062	0.054	0.121	0.103	0.127	0.036
390	0.058	0.059	0.127	0.090	0.161	0.037
395	0.055	0.063	0.129	0.082	0.211	0.038
400	0.052	0.066	0.127	0.076	0.264	0.039
405	0.052	0.067	0.121	0.068	0.313	0.039
410	0.051	0.068	0.116	0.064	0.341	0.040
415	0.050	0.069	0.112	0.065	0.352	0.041
420	0.050	0.069	0.108	0.075	0.359	0.042
425	0.049	0.070	0.105	0.093	0.361	0.042
430	0.048	0.072	0.104	0.123	0.364	0.043
435	0.047	0.073	0.104	0.160	0.365	0.044
440	0.046	0.076	0.105	0.207	0.367	0.044
445	0.044	0.078	0.106	0.256	0.369	0.045
450	0.042	0.083	0.110	0.300	0.372	0.045
455	0.041	0.088	0.115	0.331	0.374	0.046
460	0.038	0.095	0.123	0.346	0.376	0.047
465	0.035	0.103	0.134	0.347	0.379	0.048
470	0.033	0.113	0.148	0.341	0.384	0.050
475	0.031	0.125	0.167	0.328	0.389	0.052
480	0.030	0.142	0.192	0.307	0.397	0.055
485	0.029	0.162	0.219	0.282	0.405	0.057
490	0.028	0.189	0.252	0.257	0.416	0.062
495	0.028	0.219	0.291	0.230	0.429	0.067
500	0.028	0.262	0.325	0.204	0.443	0.075
505	0.029	0.305	0.347	0.178	0.454	0.083
510	0.030	0.365	0.356	0.154	0.461	0.092
515	0.030	0.416	0.353	0.129	0.466	0.100
520	0.031	0.465	0.346	0.109	0.469	0.108
525	0.031	0.509	0.333	0.090	0.471	0.121
530	0.032	0.546	0.314	0.075	0.474	0.133
535	0.032	0.581	0.294	0.062	0.476	0.142
540	0.033	0.610	0.271	0.051	0.483	0.150
545	0.034	0.634	0.248	0.041	0.490	0.154
550	0.035	0.653	0.227	0.035	0.506	0.155
555	0.037	0.666	0.206	0.029	0.526	0.152
560	0.041	0.678	0.188	0.025	0.553	0.147
565	0.044	0.687	0.170	0.022	0.582	0.140
570	0.048	0.693	0.153	0.019	0.618	0.133
575	0.052	0.698	0.138	0.017	0.651	0.125
580	0.060	0.701	0.125	0.017	0.680	0.118
585	0.076	0.704	0.114	0.017	0.701	0.112
590	0.102	0.705	0.106	0.016	0.717	0.106
595	0.136	0.705	0.100	0.016	0.729	0.101
600	0.190	0.706	0.096	0.016	0.736	0.098

605	0.256	0.707	0.092	0.016	0.742	0.095
610	0.336	0.707	0.090	0.016	0.745	0.093
615	0.418	0.707	0.087	0.016	0.747	0.090
620	0.505	0.708	0.085	0.016	0.748	0.089
625	0.581	0.708	0.082	0.016	0.748	0.087
630	0.641	0.710	0.080	0.018	0.748	0.086
635	0.682	0.711	0.079	0.018	0.748	0.085
640	0.717	0.712	0.078	0.018	0.748	0.084
645	0.740	0.714	0.078	0.018	0.748	0.084
650	0.758	0.716	0.078	0.019	0.748	0.084
655	0.770	0.718	0.078	0.020	0.748	0.084
660	0.781	0.720	0.081	0.023	0.747	0.085
665	0.790	0.722	0.083	0.024	0.747	0.087
670	0.797	0.725	0.088	0.026	0.747	0.092
675	0.803	0.729	0.093	0.030	0.747	0.096
680	0.809	0.731	0.102	0.035	0.747	0.102
685	0.814	0.735	0.112	0.043	0.747	0.110
690	0.819	0.739	0.125	0.056	0.747	0.123
695	0.824	0.742	0.141	0.074	0.746	0.137
700	0.828	0.746	0.161	0.097	0.746	0.152
705	0.830	0.748	0.182	0.128	0.746	0.169
710	0.831	0.749	0.203	0.166	0.745	0.188
715	0.833	0.751	0.223	0.210	0.744	0.207
720	0.835	0.753	0.242	0.257	0.743	0.226
725	0.836	0.754	0.257	0.305	0.744	0.243
730	0.836	0.755	0.270	0.354	0.745	0.260
735	0.837	0.755	0.282	0.401	0.748	0.277
740	0.838	0.755	0.292	0.446	0.750	0.294
745	0.839	0.755	0.302	0.485	0.750	0.310
750	0.839	0.756	0.310	0.520	0.749	0.325
755	0.839	0.757	0.314	0.551	0.748	0.339
760	0.839	0.758	0.317	0.577	0.748	0.353
765	0.839	0.759	0.323	0.599	0.747	0.366
770	0.839	0.759	0.330	0.618	0.747	0.379
775	0.839	0.759	0.334	0.633	0.747	0.390
780	0.839	0.759	0.338	0.645	0.747	0.399
785	0.839	0.759	0.343	0.656	0.746	0.408
790	0.839	0.759	0.348	0.666	0.746	0.416
795	0.839	0.759	0.353	0.674	0.746	0.422
800	0.839	0.759	0.359	0.680	0.746	0.428
805	0.839	0.759	0.365	0.686	0.745	0.434
810	0.838	0.758	0.372	0.691	0.745	0.439
815	0.837	0.757	0.380	0.694	0.745	0.444
820	0.837	0.757	0.388	0.697	0.745	0.448
825	0.836	0.756	0.396	0.700	0.745	0.451
830	0.836	0.756	0.403	0.702	0.745	0.454

Chapter 20

LED 기반 백색광원

고효율 LED에 대한 경향이 지속됨에 따라, 활용 가능한 응용분야의 수 또한 증가하고 있다. 매우 큰 규모의 잠재적인 시장을 가진 매우 흥미로운 응용분야는 가정과 사무실의 일반 일광 조명이다. 고체조명 분야는 조명응용을 위해 고체광원 개발에 관련되어 있다. LED는 본래 단색의 발광소자이다. 그러나 LED를 사용하여 백색광을 만드는 몇 가지 방법이 있다. LED 기반 백색광 발생에 대한 접근법이 본 장에 포함될 것이지만, LED에 기초한 접근과 파장 변환 물질은 다음 장에서 다룰 것이다. 고체조명의 전망에 대한 중요한 내용이 Bergh 외(2001)의해 제시되었고, Zukauskas 외(2002)는 고체 광원을 이용한 조명기술에 대해 포괄적으로 소개하였다.

일반적인 일광 조명의 분야에서 소자는 (i) 고효율, (ii) 고성능, (iii) 고연색성, (iv) 고신뢰성, (v) 낮은 제조공정 비용, (vi) 친환경적 특성을 가져야만 한다. 이러한 특성들은 LED가 전통적인 조명광원 특히 백열등이나 형광등과 경쟁을 가능하게 하였다.

20.1 LED를 이용한 백색광 발생

육안의 망막에 있는 세 가지 유형의 원추체가 특정한 비율, 즉 유사한 세기에 의해 자극을 받는다면 빛은 백색광으로 감지된다. 백색광의 경우, 삼자극 값은 색도점의 위치가 색도 다이어그램의 중심 부근에 있다는 것이다.

백색광의 발생은 가능한 많은 수의 스펙트럼으로 얻을 수 있다. 단색 가시광 스펙트럼 소자로부터 생성된 백색광은 그림 20.1에서 나타냈듯이 이색, 삼원색, 또는 사색 접근법이나 또는 더 높은 색도 접근법에 근거를 둘 수 있다. 광원(optical source)은 그들의 복사 광효율, 광원효율과 연색성에 대해서 분류될 수 있다. 높은 광원효율과 발광

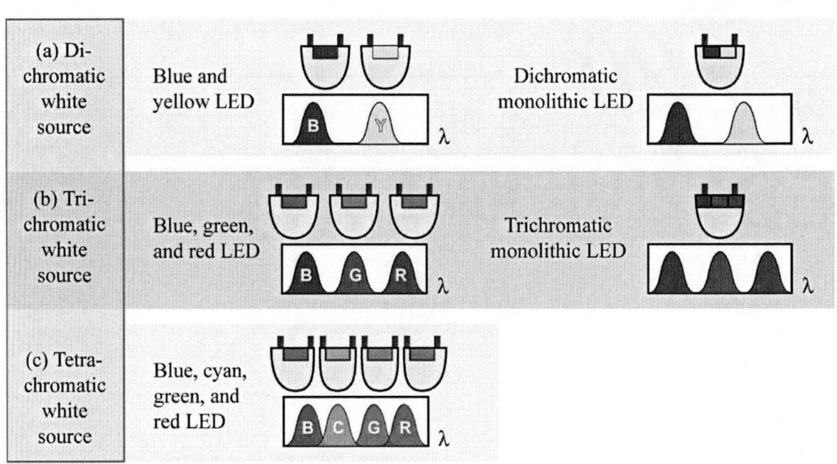

그림 20.1 단일칩과 다중칩 그리고 이색, 삼색, 사색 접근법을 포함한 백색광원용 LED 기반 접근법.

효율은 항상 고출력광원의 바람직한 특성인 반면에 연색성은 응용분야에 크게 의존된다. 일반적으로 고품위 일광 조명 응용분야, 즉 박물관, 가정, 사무실, 상점의 조명은 높은 연색성을 요구한다.

그러나 거리조명, 주차장, 계단 벽등과 같은 많은 응용분야에서는 연색성이 낮은 광원을 사용하고 있다. 마지막으로 신호계 응용분야에서는 연색성과 크게 관련이 없다. 이러한 신호계 응용분야에는 백색 보행자 교통등, 디스플레이 및 지시등이 포함된다.

광원의 복사 광원효율과 연색 능력 사이에는 기본적인 상반관계(Trade-off)가 존재한다. 일반적으로 이색 백색광은 가장 높은 조명효율과 가장 낮은 연색성을 가지고 있다. 삼색 백색광원은 매우 만족할만한 연색성(CRI >80)과 300 lm/W 이상의 광원효율을 나타낼 수 있다. 사색광원은 90 이상의 연색지수를 가질 수 있다.

20.2 이색광원을 사용한 백색광 발생

백색등은 몇 가지 다른 방법으로 만들어질 수 있다. 백색광을 만드는 방법 중 하나는 보색 파장 또는 보색으로 불리는 두개의 좁은 발광밴드를 사용하는 것이다. 어떤 특정한 출력 비율에서 두 개의 보색은 백색광으로 인식되는 삼자극 값을 나타난다. 보색의 파장은 그림 20.3에서 보여주고 있다.

단색의 보색파장에 대한 수치를 표 20.1에 나타내었다. 또한 표는 광원 D_{65}로써의 동일 색좌표를 얻기 위해 요구되는 출력비율을 보여주고 있다.

다음으로, 우리는 두 개의 보색 발광선을 가지는 광원의 복사 광원효율을 분석한다. 두 개의 선은 ΔE의 반치폭으로 열에 의해 확대된다고 가정한다. 상온 GaInN계의 경

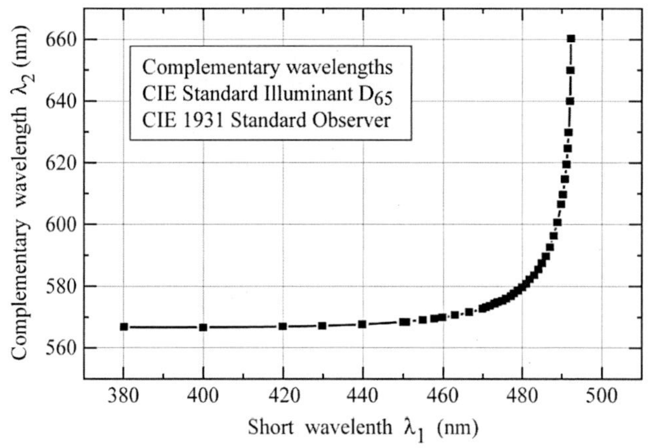

그림 20.2 특정 출력비율에서 백색광의 인지 결과인 단색의 보색파장(Wyszecki와 Stiles, 1982).

우(300 K에서 $kT=25.9$ meV)에 $\Delta E=2kT$에서 10 kT까지 발광선이 실험적으로 발견되었다. 가우시안 분포는 두 개의 방출선에 대해 가정되었고 스펙트럼의 출력(power) 밀도가 다음과 같이 주어진다.

$$P(\lambda)=P_1\frac{1}{\sigma_1\sqrt{2\pi}}e^{-\frac{1}{2}\left(\frac{\lambda-\lambda_1}{\sigma_1}\right)^2}+P_2\frac{1}{\sigma_2\sqrt{2\pi}}e^{-\frac{1}{2}\left(\frac{\lambda-\lambda_2}{\sigma_2}\right)^2} \tag{20.1}$$

여기서 P_1과 P_2는 두 개 발광선의 광출력이고, λ_1와 λ_2는 광원의 최대 피크의 파장이다. 가우시안 표준편차 σ는 발광 스펙트럼의 반치폭 $\Delta\lambda$와 관련되어 있다.

$$\sigma=\Delta\lambda/\left[2\sqrt{2\ln 2}\,\right]=\Delta\lambda/2.355 \tag{20.2}$$

표 20.1 CIE 발광체 D_{65}와 CIE 1964 표준관찰자에 관해서 단색 보색의 파장 λ_1과 λ_2. 또한 요구되는 출력비율. 광원 D_{65}는 색도 좌표 $X_{D65}=0.3138$과 $Y_{D65}=0.3310$를 가진다.

Complementary wavelengths		Power ratio	Complementary wavelengths		Power ratio
λ_1(nm)	λ_2(nm)	$P(\lambda_2)/P(\lambda_1)$	λ_1(nm)	λ_2(nm)	$P(\lambda_2)/P(\lambda_1)$
380	560.9	0.000642	460	565.9	1.53
390	560.9	0.00955	470	570.4	1.09
400	561.1	0.0785	475	575.5	0.812
410	561.3	0.356	480	584.6	0.562
420	561.7	0.891	482	591.1	0.482
430	562.2	1.42	484	602.1	0.440
440	562.9	1.79	485	611.3	0.457
450	564.0	1.79	486	629.6	0.668

피크 방출파장 λ_1와 λ_2는 표 20.1로부터 선택되었다. 이 표는 또한 두 개의 광원이 요구되는 출력비율을 나타낸다. 이 표가 엄격하게 단색광원($\Delta\lambda \rightarrow 0$)에 적용되었더라도 이 자료는 우수한 근사값으로써 LED와 같이 적당한 스펙트럼의 확장을 나타내는 광원을 위해 사용될 수 있다. 이색광원의 복사 광원효율은 그림 20.3에 나타내었다. 그림은 440 lm/W의 최대 광원효율이 $\Delta E = 2kT$ 경우 $\lambda_1 = 445$ nm의 1차 파장에서 발생한다는 것을 나타내고 있다. 매우 높은 효율값은 이색광원의 큰 잠재력을 보여주고 있다.

두 가지 보색의 혼합으로 백색광원을 만들기 위한 몇 가지 접근법이(Guo 외, 1999; Sheu 외, 2002; Dalmasso 외, 2002; Li 외, 2003) 입증되었다. 그 중 한 가지 가능성은 두 개의 LED에 의해서 발광되는 빛을 혼합하여 사용하는 것인데 하나는 청색의 발광이고 다른 하나는 노란색 스펙트럼 영역이다.

Guo 외(1999)에 의해서 증명된 다른 가능성은 GaN 기반 청색 LED와 파장 변환체로써 2차 반도체인 AlGaInP를 사용하여 백색광원을 만드는 것이다. Sheu 등(2002)은 활성층에 Si과 Zn 두 가지를 함께 도핑한 단일 활성층 양자우물 백색 LED을 발표하였다. 청색파장의 발광은 양자우물의 밴드 대 밴드 전이로부터 발생하는 반면에 넓은 황색의 발광은 도너-억셉터 쌍(donor-acceptor-pair) 전이로부터 발생한다.

D-A 전이는 스펙트럼이 넓기 때문에 동시에 두 가지 물질을 도핑하는(co-doped) 접근법은 좋은 연색성을 가지는 장점을 가지고 있다. 또한 p-n 접합영역에서 두 개의 근접한 공간에 GaInN 활성영역을 적용한 이색 일체형(monolithic) LED를 Dalmasso 등

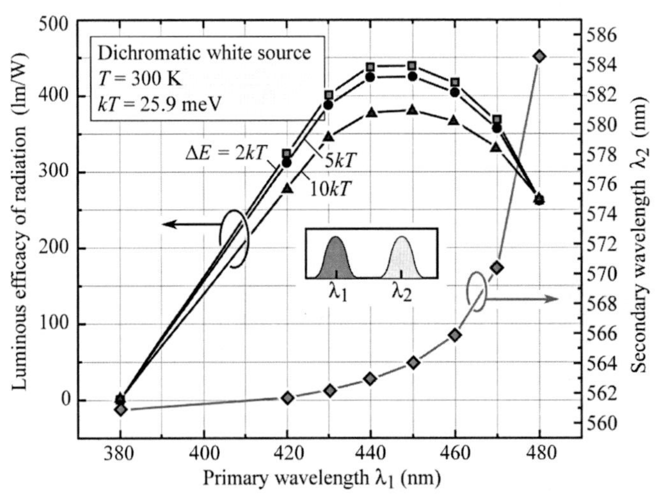

그림 20.3 주요 파장의 함수로써 여러 가지 선폭 ΔE_2에 대한 이색 백색광원의 계산된 광원효율(D_{65} 표준광원의 색도점을 가진 백색광원). 또한 그림은 보색의 두 번째 파장을 보여준다(Li 외, 2003).

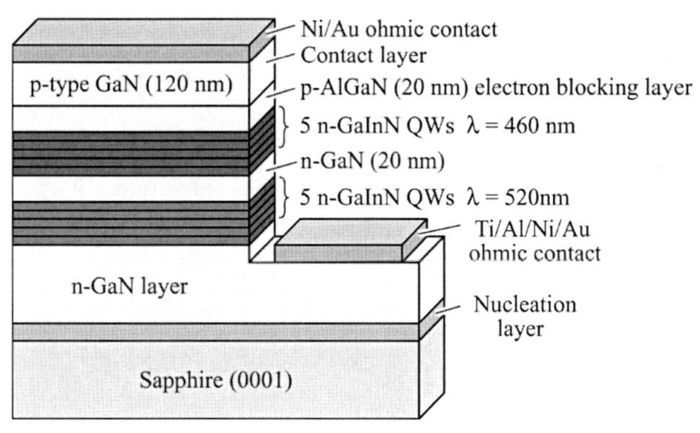

그림 20.4 두 개이 활성영역을 가진 단일(monolithic) LED 구조(Li 외 2003 이후).

(2002)은 보고하였고, 인가 전류에 대한 발광 스펙트럼의 강한 의존성이 발견되었다.

Li 등(2003)은 얇은 GaN층에 의해서 분리된 두 활성영역 가진 단일(monolithic) GaInN 기반 LED를 보고하였다. 소자는 465와 525 nm에서 발광되게 설계되었으며, 소자의 구조는 그림 20.4에 나타내었다. 광여기발광(photoluminescence) 결과는 그림 20.5(a)에서 보여주고 있다. 스펙트럼은 중심이 약 465 nm와 525 nm인 두 개의 발광 밴드를 나타낸다. 여기 밀도가 변화되지만 두 피크 위치는 변하지 않는다. 그러나 두 피크의 세기비는 레이저의 여기 파워밀도에 따라 변화한다.

여기 밀도에 의존하는 발광비율은(Li 외, 2003) 다른 재결합 경로의 경쟁에 의해 설명될 수 있다. 비발광 재결합을 무시한다면, 청색 양자우물에서 전자의 가능한 재결합 경로는 청색 QW에서 직접발광 재결합이거나 또는 연속적인 발광 재결합을 하는 녹색 QW에서 터널링이다. 전자와 정공은 청색 QW에서 녹색 QW로 터널링할 수 있고 발광 재결합이 발생한다. 그러나 일단 이송자가 녹색 QW로 이동한 경우에는 청색 QW

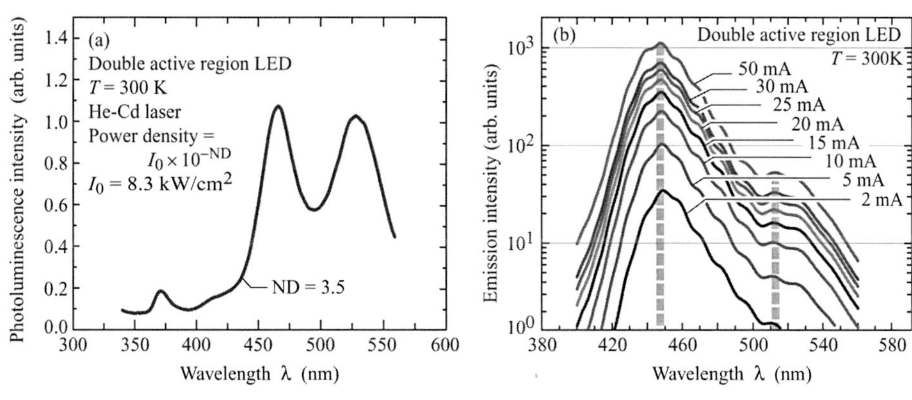

그림 20.5 두 개의 활성영역을 가진 이색 단일 LED의 상온, (a) 광여기발광(photoluminescence), (b) 전기발광(electroluminescence) 스펙트럼(Li 외, 2003).

이 더 높은 에너지를 갖기 때문에 이송자는 청색 QW로 터널링하여 지나갈 수 없다.

소자의 전기발광(EL) 스펙트럼은 그림 20.5(b)에서 보여주고 있다. 두개의 발광피크는 약 450 nm와 520 nm에서 중심파장이 명확히 관찰되었다. 녹색 QW과 비교된 청색 QW의 더 높은 양자효율로 인해서 청색 피크는 녹색 피크보다 더 강하다. 게다가 정공은 청색 측면(즉, 더 높은 에너지인 청색발광 QW)으로부터 주입된다. 반면 전자는 녹색 측면으로부터 주입된다. 정공은 낮은 이동도와 큰 유효질량을 가지기 때문에 녹색 QW에 거의 도착하지 못한다. 이것은 청색발광 세기가 더 높다는 것을 설명할 수 있다.

전류 주입의 경우, 정공은 청색 QW에 주입된다. 반면 전자는 녹색 QW로 주입된다. 이것은 두 종류의 이송자가 활성층의 양 측면으로부터 주입되는 광학적 여기와 매우 다르다. 여기서 설명된 구조의 경우, 광학적 흡수 길이는 활성층과 표면 사이의 거리보다 더 길다. 이것은 광여기발광과 전기발광에 대한 결과들 사이에 표시된 차이를 설명할 수 있다(Li 외, 2003).

두 개의 활성영역을 가진 LED의 상온 I-V의 곡선은 양질의 오믹전극을 나타내는 100 μm의 작은 전극 지름에서 3.0 V 이하의 우수한 순전압을 나타낸다. 큰 지름을 가진 전극의 경우 순전압의 증가는 n형 완충층에서 증가된 전압 강하에 기인된다. 그 이유는 주어진 전류밀도에서 완충층의 전류는 전극 A의 면적과 함께 측정되나 n형 완충층을 통과한 저항은 원주 $A^{-1/2}$와 함께 측정되기 때문이다. 더욱이 전류 집중 효과(current crowding effect)는 특별히 큰 지름의 전극에서 불균일한 전류 주입을 나타나게 하고, 따라서 순전압을 증가시킨다.

20.3 삼색광원에 의한 백색광 생성

조명 분야 응용을 위해 적합한 고품질의 백색광원은 두 보색의 추가적인 혼합에 의해서 생성될 수 없기 때문에 고품질 백색광원은 주요 삼색 또는 그 이상의 색 혼합에 의해서 만들어질 수 있다. 더 상세한 분석으로 Thornton(1971)은 450, 540, 610 nm 부근의 피크파장을 가진 불연속적 발광밴드의 혼합은 양질의 광원을 만들 수 있다는 것을 보였다.

Thornton(1971)은 외관, 야채, 고기에 대한 연색 능력에 대해서 삼색광원의 품질을 판단하는 주제를 가지고 60명의 사람이 참여하는 실험을 보고하였다. 또한 삼색 광원의 고품질 연색성을 위해서 500 nm, 580 nm 부근의 발광체는 사용을 피해야 하다고 Thornton은 보고하였다.

비록 Thornton이 삼색광원으로 고품질 연색성을 실현할 수 있다는 것을 규명했을지라도, 실험에서 사용된 각각의 발광밴드는 넓은 스펙트럼 폭을 가지고 있다. 연구에서 사용된 형광체 발광체의 반치폭은 50 nm을 초과했다. 50 nm 미만의 일반적인 스펙트럼을 가진 반도체는 형광체보다 매우 얇은 발광선을 가지고 있다.

455 nm, 525 nm, 605 nm에서 발광하는 3종류의 LED로 제작된 백색광원의 삼색 발광 스펙트럼을 그림 20.6(a)에 나타내었다. GaInN 청색, GaInN 녹색, 그리고 AlGaInP 오렌지색 발광체의 경우 실험적으로 결정된 상온 스펙트럼의 반치폭은 각각 5.5 kT, 7.9 kT와 2.5 kT였으며, 여기서 kT = 25.25 meV이다.

kT의 항목으로 반치폭을 표현하는 것은 반도체에서 열적으로 확대된 발광밴드의 이론적 반치폭(1.8 kT)과 쉽게 비교할 수 있기 때문에 매우 유용하다. 그림에서 주어진 반치폭을 사용할 때 청색, 녹색, 오렌지색 광원의 반치폭은 각각 23.2 nm, 44.3 nm, 18.6 nm이다. 특히, 녹색 발광선은 폭이 넓다는 것에 주의해야 한다. 이것은 많은 In을 함유한 GaInN 내에서 InN-rich 지역과 같은 양자점의 형성과 합금 퍼짐(alloy broadening)에 기인한다.

$$\Delta\lambda = \frac{\lambda^2}{hc}\Delta E = \frac{(\lambda/nm)^2}{1239.8}(\Delta E/e\,V) \tag{20.3}$$

또한, 그림에서 보여주는 것은 실험적인 스펙트럼에 대한 가우시안 곡선이다. 가우시안 곡선은 실험적인 스펙트럼하고 잘 일치한다. 가우시안 곡선(본 장의 초기에 주어진 식)은 파장의 대해서 대칭적이라는 것에 유의해야 한다. 더 뚜렷한 장파장의 꼬리를 가진 비대칭성 가우시안분포는 형광체의 경우 적용되었다(Ivey, 1963). 반도체의 스펙트럼 출력분포를 파장에 대하여 그렸을 때 대칭성이 크기 때문에 이와 같은 비대칭

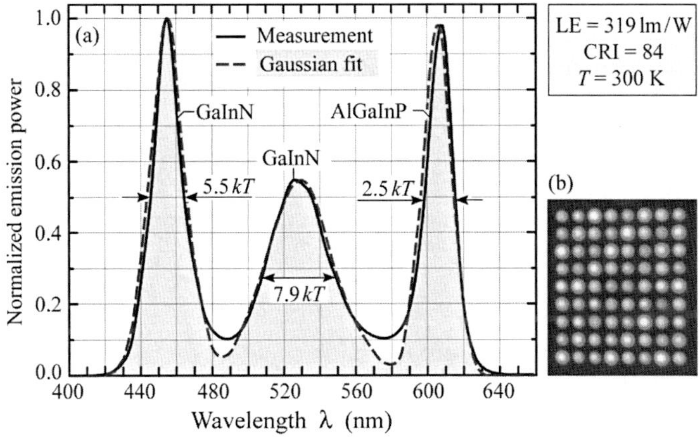

그림 20.6 (a) 가우시안분포에 맞고(점선) 6500 K 색온도를 가진 삼색 백색 다중 LED 광원의 발광 스펙트럼. 광원은 319 lm/W의 복사체 광효율과 84의 연색지수를 가지고 있다. (b) 표준 상용화 소자의 광원 사진(Chhajed 외, 2005).

가우시안분포는 반도체의 경우 사용할 수 있는 근거는 없다.

그림 20.6(b)에서 많은 LED로 조합된 광원 사진을 보여주고 있다. 오렌지, 녹색, 청색 발광체의 출력비율은 6500 K의 색온도를 가진 플랑키안 복사체의 색도와 맞도록 조절된다. 기본적인 상용소자로 조합된 LED 광원은 319 lm/W의 복사광원효율, 32 lm/W의 발광광원효율, 84의 연색지수를 가진다(Chhajed 외, 2005).

삼색광원의 경우 가능한 많은 수의 파장 결합이 존재한다. 높은 복사효율을 얻기 위해, 가시광 스펙트럼의 가장자리 광원, 즉 원 자외선과 원 적외선 부분의 파장은 피한다. 각 발광 선의 반치폭이 5 kT인 경우 6500 K의 색온도를 가진 삼색의 광원의 연색지수와 복사광원효율에 대한 등고선 도면은 그림 20.7에 나타내었다. $\lambda_1 = 455$ nm, $\lambda_2 = 530$ nm와 $\lambda_3 = 605$ nm의 파장은 연색지수의 관점에서 적합하다는 것이 알려졌다. 약 320 lm/W의 복사 광원효율을 가지는 파장을 배합한 경우 CIE, 일반적인 CRI는 약 85이다.

또한 그림은 CRI가 정확한 피크 위치에 매우 민감하게 의존한다는 것을 나타낸다. 예를 들면, 605 nm~620 nm로 적색 피크파장이 변하면 CRI는 85에서 65로 감소한다. 유사하게 530 nm~550 nm로 녹색 파장이 변하면 CRI는 60 미만의 값으로 감소한다.

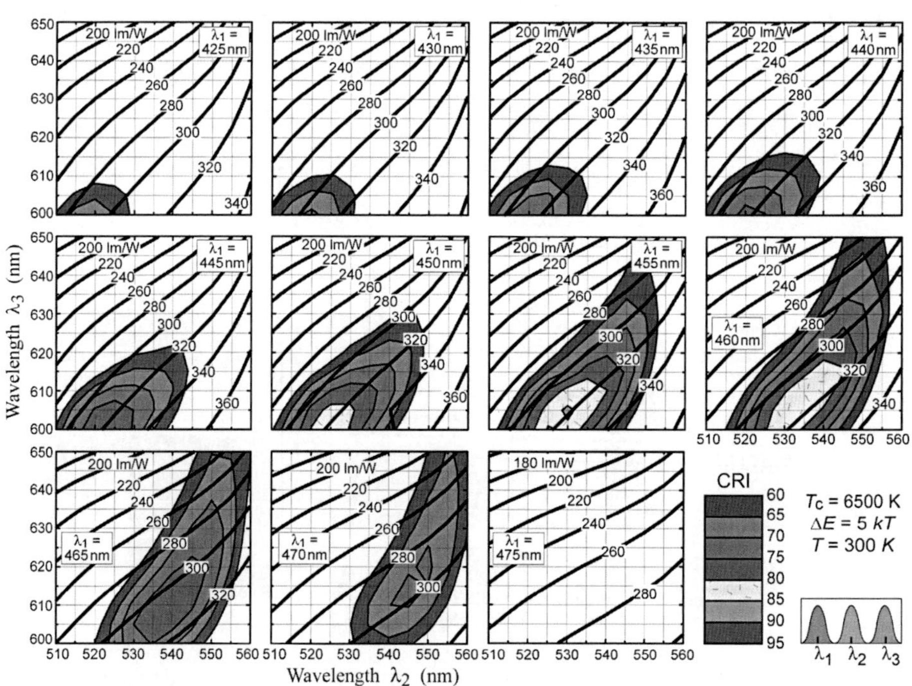

그림 20.7 5 kT 선폭의 경우 세 파장의 함수로써 6500 K의 색온도를 가진 삼색 백색 LED 광원에 대한 복사 광원효율과 CIE 연색지수에 대한 등고선 도면(Chhajed 외, 2005).

반치폭이 8 kT인 각각의 발광선의 경우, 6500 K의 색온도를 가진 삼색광원의 연색지수와 복사광원효율에 대한 등고선 도면은 그림 20.8에 나타내었다. 더 높은 CRI는 더 넓은 발광선에 기인한다. 높은 CRI를 얻을 수 있는 매우 적절한 조합은 90~95 범위의 CRI가 가능한 $\lambda_1 = 450$~455 nm, $\lambda_2 = 525$~535 nm, 그리고 $\lambda_3 = 600$~615 nm의 파장을 조합한 경우에 얻어진다.

20.4 3원색 LED 기반 백색광원의 온도 의존성

높은 연색 능력을 가능한 비교적 작은 파장범위는 접합과 주위온도에 내해서 삼색광원의 안정성에 문제가 있다. 발광 출력(p), 피크파장(λ_{peak}) 및 스펙트럼 폭($\Delta\lambda$)은 여러 온도계수를 가진 각각의 양에 따라 온도에 의존한다. LED의 광학적 출력은 지수함수와 특성온도 T_1의해 기술될 수 있는 온도 의존성을 가지고 있다. 따라서 LED 한 개의 광출력은 다음과 같은 식으로 주어진다.

$$P = P\Big|_{300K} \exp\frac{T - 300K}{T_1} \tag{20.4}$$

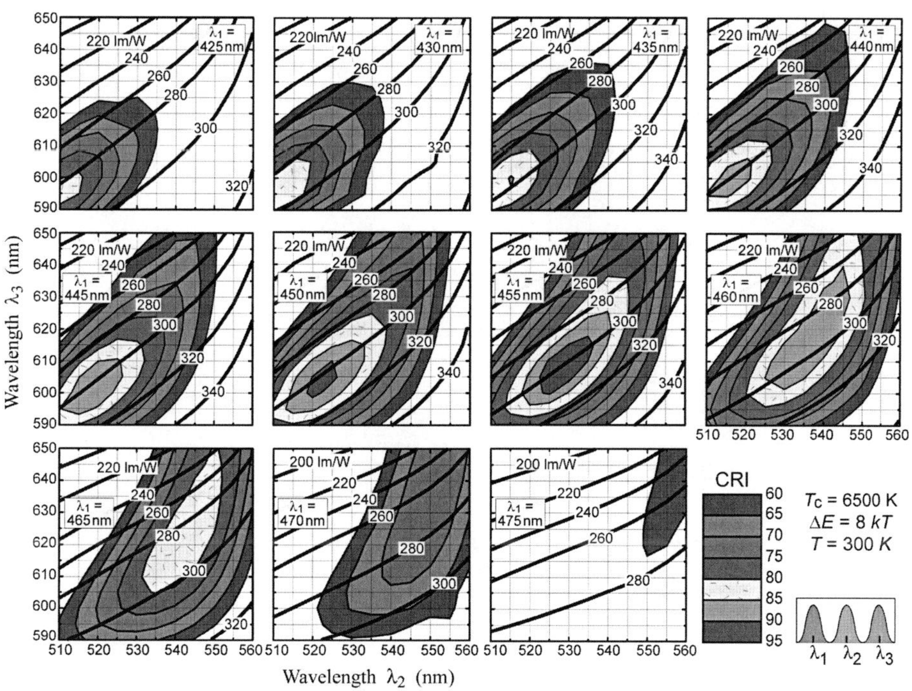

그림 20.8 선폭이 8 kT 경우 세 파장의 함수로써 6500 K의 색온도를 가진 삼색광원의 백색 LED에 대한 복사 광원효율과 CIE 연색지수의 등고선 도면(Chhajed 외, 2005).

표 20.2 청색, 녹색, 그리고 적색 LED에서 피크파장, 스펙트럼 폭, 발광 출력에 대해 실험적으로 결정된 온도계수.

	Blue	Green	Red
$d\lambda_{peak}/dT$	0.0389 nm/℃	0.0308 nm/℃	0.156 nm/℃
$d\Delta\lambda/dT$	0.0466 nm/℃	0.0625 nm/℃	0.181 nm/℃
$T_{characteristic}$	493 K	379 K	209 K

이러한 온도 의존성의 결과로써 다중 LED 백색광원의 색도점은 온도와 함께 변한다. 적색, 녹색, 청색에서 발광하는 세 종류의 발광체로 구성된 백색광원을 생각해보자. 이러한 LED의 경우 피크발광파장, 스펙트럼 폭, 발광 출력에 대한 온도계수를 측정하여 표 20.2에 나타내었다(Chhajed 외, 2005).

소자온도가 20℃일 때 적색, 녹색, 청색 LED에 주입하는 3가지 전류는 색도점 결과가 광원 D_{65}의 결과와 같게 하는 방식으로 조정된다는 것을 더욱 더 고려해야 한다. 이러한 3원색 백색광원의 광학적 스펙트럼은 그림 20.9에 나타내었다.

그러나 소자온도가 증가함에 따라 발광 출력, 피크파장, 스펙트럼 폭이 온도 의존성 때문에 삼색광원의 색도점은 변한다. 색도점의 이러한 이동을 그림 20.10에 나타내었다. 그림에서 색도점은 더 높은 색온도를 향해 이동한다는 것이 나타난다. 이것은 적색 LED의 발광 출력이 더 강한 온도 의존성을 가진다는 것으로 설명될 수 있다. 더 높은 온도에서 낮은 T_1의 값 때문에 광원의 적색 성분은 녹색성분, 안정적인 청색 성분보다 더 크게 감소한다.

그림 20.11은 플랑키안 궤적을 따르는 균일한 색도 좌표계 CIE 1976 (u', v') 뿐만

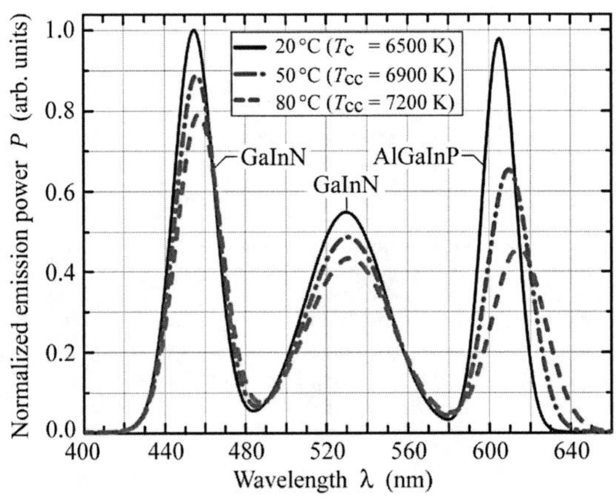

그림 20.9 여러 주위 온도에서 삼색 LED 백색광원의 발광 스펙트럼(접합의 온도는 무시). 온도에 대한 광출력, 선폭, 그리고 피크파장 변화. 이러한 변화의 결과로 광원의 색온도는 증가한다(Chhajed 외, 2005).

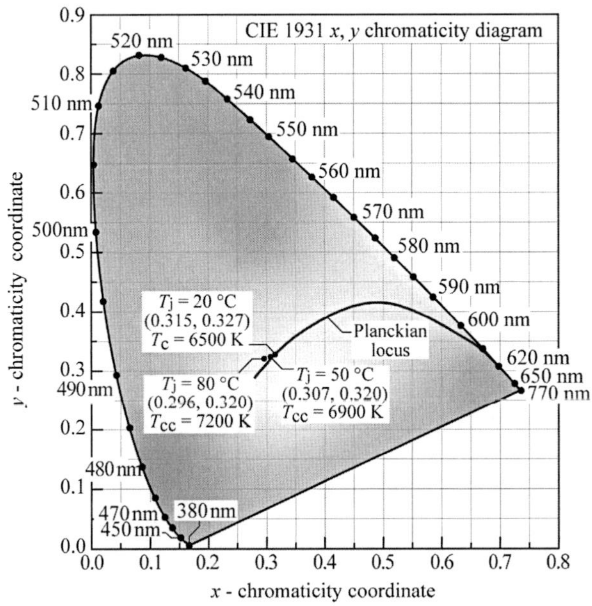

그림 20.10 삼색 백색 LED 기반 광원의 색도 변화. 소자가 상온일 때 광원의 색온도는 6500 K이다. 발광 출력, 피크파장, 그리고 선폭에 대한 온도 의존성 때문에 색도점은 소자온도가 증가함에 따라서 플랑키안 궤적을 벗어난다(Chhajed 외, 2005).

아니라 CIE 1931 (x, y)색도 좌표계의 확장된 눈금에서 삼색광원의 색도 이동을 보여준다. $T_j = 50$℃에서, 색도점은 원점에서 0.009 단위 떨어져 있고, 80℃에서는 원점으로부터 0.02 단위 이동한다. 이러한 이동은 색 외관에 분명히 눈에 띄는 변화를 일으키는 원인이고, 조명산업에서 일반적으로 사용되는 0.01 단위("0.01 규칙")의 달신한계(deviation limit)를 초과한다(Duggal, 2005).

색도 이동은 3개의 LED 광원의 상대적인 출력비를 조절하여 제거될 수 있다. 출력

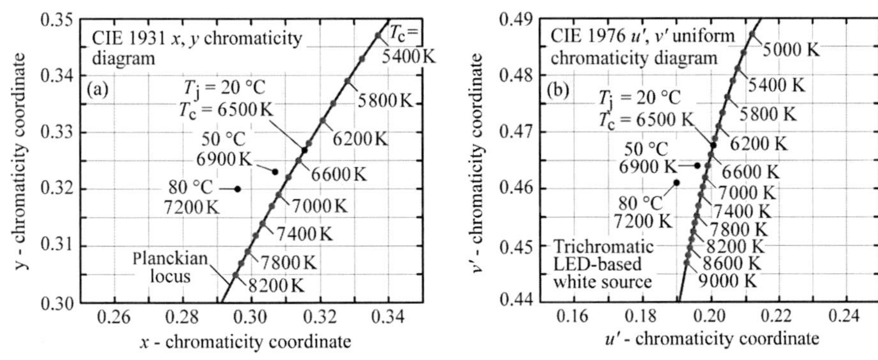

그림 20.11 삼색 백색 LED 광원의 색좌표, (a) x, y, (b) u', v'에서의 변화. p–n 접합이 상온일 때 T_c = 6500 k(Chhajed 외, 2005).

비 조절은 다음과 같은 두 가지 방법으로 가능하다. 첫 번째 방법으로, 광원의 스펙트럼을 계속 측정하면서 3개 성분의 광출력을 조절하기 위해서 피드백 제어를 사용하는 것이다.

또 다른 방법으로 소자의 온도를 관찰하면서 발광체에서 알려진 여러 종류의 온도 의존성을 이용하여 세 성분의 광출력을 조절하는 것이다. 두 번째 방법은 온도측정의 간편성 때문에 더 수월하다. 그러나 두 번째 방법은 소자의 노화 효과에 대해서는 보정을 할 수가 없다.

20.5 사색과 오색광원에 의한 백색광의 발생

사색과 오색의 백색광원은 각각 4가지나 5가지의 LED를 사용한다(Zukauskas 외, 2002a; Schubert와 Kim, 2005). 다색광원의 연색지수는 일반적으로 광원의 수와 함께 증가한다.

그러나 일반적으로 광원효율은 광원의 수가 증가하면 감소한다. 따라서 사색광원의 연색지수는 삼색광원보다 더 높고 발광효율은 낮다. 그러나 상세특성은 발광파장의 정확한 선택에 의존한다. 많은 파장을 선택할 수 있기 때문에 광원의 연색 능력을 절충하지 않고 광원의 색온도를 자유롭게 조절할 수 있다.

참고문헌

Bergh A., Craford G., Duggal A., and Haitz R. "The promise and challenges of solid-state lighting" *Physics Today* p. 42 (December 2001)

Chhajed S., Xi Y., Li Y.-L., Gessmann Th., and Schubert E. F. "Influence of junction temperature on chromaticity and color rendering properties of trichromatic white light sources based on lightemitting diodes" *J. Appl. Phys.* **97**, 054506 (2005)

Duggal A. R. "Organic electroluminescent devices for solid-state lighting" in *Organic Electroluminescence* edited by Z. H. Kafafi (Taylor & Francis Group, Boca Raton, Florida, 2005)

Dalmasso S., Damilano B., Pernot C., Dussaigne A., Byrne D., Grandjean N., Leroux M., and Massies J. "Injection dependence of the electroluminescence spectra of phosphor free GaN-based white light emitting diodes" *Phys. Stat. Sol. (a)* **192**, 139 (2002)

Guo X., Graff J. W., and Schubert E. F. "Photon-recycling semiconductor light-emitting diodes" *IEDM Technol. Dig.,* **IEDM-99**, 600 (1999)

Ivey H. F. "Color and efficiency of luminescent light sources" *J. Opt. Soc. Am.* **53**, 1185 (1963)

Li Y.-L., Gessmann Th., Schubert E. F., and Sheu J. K. "Carrier dynamics in nitride-based light-emitting p-n junction diodes with two active regions emitting at different wavelengths" *J. Appl. Phys.* **94**, 2167 (2003)

Schubert E. F. and Kim J. K. "Solid-state light sources becoming smart" *Science* **308**, 1274 (2005)

Sheu J. K., Pan C. J., Chi G. C., Kuo C. H., Wu L. W., Chen C. Chang H., S. J., and Su Y. K. "Whitelight emission from InGaN-GaN multiquantum-well light-emitting diodes with Si and Zn co-doped active well layer" *IEEE Photonics Technol. Lett.*, **14**, 450 (2002)

Thornton W. A. "Luminosity and color rendering capability of white light" *J. Opt. Soc. Am.* **61**, 1155 (1971)

Wyszecki G. and Stiles W. S. *Color Science -Concepts and Methods, Quantitative Data and Formulae* 2nd edition (John Wiley and Sons, New York, 1982)

Zukauskas A., Shur M. S., and Gaska R. *Introduction to Solid-State Lighting* (John Wiley and Sons, New York, 2002a)

Zukauskas A., Vaicekauskas R., Ivanauskas F., Gaska R., and Shur M. S. "Optimization of white polychromatic semiconductor lamps" *Appl. Phys. Lett.* **80**, 234 (2002b)

Chapter 21

파장 변환 물질에 기초한 백색광원

한 개 또는 몇 개의 형광 물질을 광학적으로 여기시켜 얻어진 반도체 LED에 의한 백색광 발생은 일반적인 조명 응용분야에서 백색광을 발생시키기 위한 일반적이며 실용적인 방법이다. 그림 21.1에 나타내었듯이, 반도체 LED에 의해 여기된 형광체를 기반으로 한 백색광을 발생시키는 몇 가지 접근법이 존재한다. 이들은 이색, 삼색 및 사색 접근법으로 분류될 수 있다. 이러한 접근법들은 자외선-여기원 또는 가시광-스펙트럼-여기원(대부분 청색 반도체 LED)을 사용한다.

일반적으로 조명원의 효율은 광원의 다중 색도(multi-chromaticity)가 증가함에 따라서 감소한다. 따라서 이색 백색광원들은 가장 높은 발광효율 및 광원효율(luminous efficacy)을 나타낼 뿐 아니라 발광원의 가장 높은 잠재효율을 가진다. 반면에 연색 능

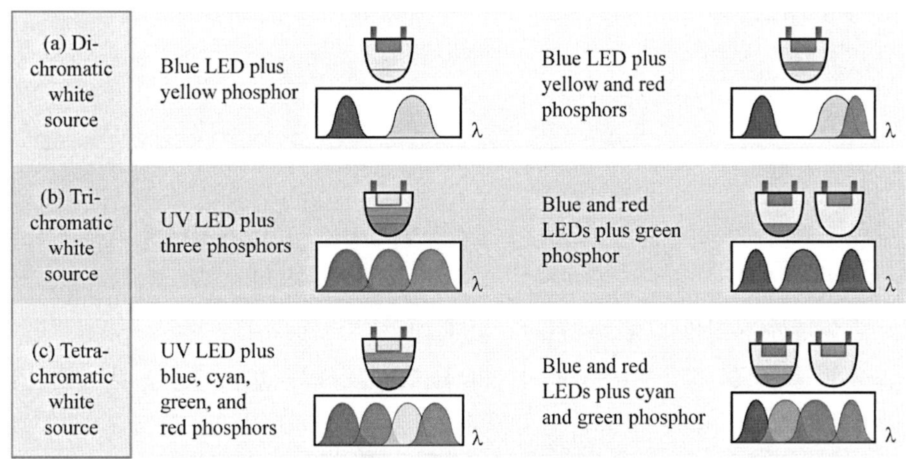

그림 21.1 자외선 또는 청색 LED에 의해 광학적 여기된 형광체를 이용한 백색광원들.

력은 이색광원에서 가장 낮고 광원의 다중 색도에 따라 증가한다. 연색지수(color rendering index, CRI)는 사색광원에 있어서 CRI = 100에 근접한 값에 도달할 수 있다.

21.1 파장 변환체의 효율

파장 변환(λ-변환) 물질에 의해 단파장 빛에 대한 장파장 빛의 변환효율은 두 개의 구분된 요소들 즉, (i) λ-변환의 외부 양자효율과 (ii) 파장 변환에 의한 고유양자역학적 에너지손실에 의해 결정된다. 변환 물질의 외부 양자효율, η_{ext}은 다음과 같이 주어진다.

$$\eta_{ext} = \frac{\text{초당 } \lambda - \text{변환체에 의해 자유공간으로 방출되는 광자수}}{\text{초당 } \lambda - \text{변환체에 의해 흡수된 광자수} } \tag{21.1}$$

외부효율은 $\eta_{ext} = \eta_{internal} \times \eta_{extraction}$에 따라 변환 물질의 내부효율과 추출 효율로 나타낼 수 있다. 내부 양자효율은 물질의 고유특성에 의존하지만 추출효율은 λ-변환 물질의 공간적 분포에 의존함을 주목해야 한다. 일반적으로, 박막은 높은 추출효율을 나타내지만, 변환 물질의 덩어리 집합체에 의한 재흡수로 인해 더욱 낮은 추출효율을 가진다. 따라서 얇은층 형태로의 λ-변환 물질의 적용이 바람직하다.

λ_1 파장을 갖는 광자가 λ_2 파장($\lambda_1 < \lambda_2$)을 갖는 광자로 변화 시 발생하는 고유 파장-변환손실(양자 결손(quantum deficit) 또는 스토크스 이동(stokes shift)이라고 불림)은 다음과 같이 주어진다.

$$\varDelta E = h\nu_1 - h\nu_2 = \frac{hc}{\lambda_1} - \frac{hc}{\lambda_2} \tag{21.2}$$

따라서 파장 변환효율은 다음과 같이 주어진다.

$$\eta\lambda_{conversion} = \frac{h\nu_2}{h\nu_1} = \frac{\lambda_1}{\lambda_2} \tag{21.3}$$

여기서, λ_1은 형광체에 의해 흡수된 광자의 파장이고, λ_2는 형광체에 의해 방출되는 광자의 파장이다. 파장-변환 손실은 자연법칙에 기초함을 명심해야 한다. 손실은 일반적인 λ-변환 물질에 의해 해결될 수 없다.

그러나 양자분할 형광체(quantum-splitting phosphors)는 짧은 파장을 갖는 하나의 광자에서 긴 파장을 갖는 두 개의 광자로 변환할 수 있게 하므로, $h\nu_1 = h\nu_2 + h\nu_3$로 나타낼 수 있다. 여기서, $h\nu_1$은 형광체에 의해 흡수되는 광자의 에너지고, $h\nu_2$와

$h\nu_3$는 형광체에 의해 방출되는 광자들의 에너지이다. 몇 개의 양자분할 형광체들이 보고되고 있다(Justel 외, 1998; Wegh 외, 1999; Srivastava와 Ronda, 2003; Srivastava, 2004). Eu^{3+}이 도핑된 LiGdF4의 경우 200%에 가까운 양자효율의 가능성이 제안되었다(Wegh 외, 1999). 상온에서 양자분할 형광체인 $YF_3:Pr^{3+}$은 185 nm 파장을 사용한 여기에 대해 약 140%의 양자효율을 가진다(Justel 외, 1998). 그러나 상업적 응용분야에 적합한 양자 형광체들은 아직까지 확인되지 못하고 있다.

파장 변환 물질의 출력-변환효율은 식 (21.1)과 (21.3)의 곱으로 나타낼 수 있다.

$$\eta_{\lambda-converter} = \eta_{\lambda-conversion}\ \eta_{ext} \tag{21.4}$$

고유 파장-변환손실이 발생되는 이유는 형광체와 같은 λ-변환을 기반으로 한 백색 LED는 기본적으로 다색광 LED의 백색광원보다 더 낮은 효율의 제한성을 갖기 때문이다. 파장 변환의 손실은 자외선에서 적색으로 파장이 변화할 경우에 가장 크다.

예를 들어, 자외선(405 nm)에서 적색(625 nm)으로의 변환은 약 65%의 λ-변환효율을 가질 수 있다. 이 낮은 λ-변환효율로 인하여 고효율의 조명 시스템에서는 적색 형광체의 사용보다는 적색 LED를 채택한다.

대부분의 백색 발광소자는 단파장(예를 들어, 청색)에서 발광하는 LED와 파장 변환체를 사용한다. 청색 LED에 의해 방출되는 빛의 일부분이 변환 물질에 흡수된 후 더 긴 파장을 갖는 빛으로 재방출된다. 이 결과 램프는 최소 두 가지 다른 파장들을 방출한다. 파장 변화 물질의 형태와 특성은 다음에 설명될 것이다.

백색광이 여러 방식으로 형성될 수 있다는 가능성은 어떤 방법이 백색광을 발생시킬 수 있는 최적의 방식인지에 대한 궁금점을 증가시킨다. 이때 고려되어야 할 두 가지 변수가 있다. 첫째는 발광효율이고, 두 번째로는 연색지수이다. 신호계 등의 응용분야에 대해서는 발광효율이 매우 중요하지만, 연색지수는 중요하지 않다. 하지만, 조명 관련 응용분야에 있어서는 발광효율과 연색지수 모두가 중요하다.

두 개의 보색을 적용한 백색광원은 가장 높은 광원효율을 나타낸다. 하지만, 이색광원의 연색지수는 넓은 밴드 발광소자의 연색지수에 비하여 더 낮다. MacAdam (1950)은 두 개의 상보성 단색에 의해 생성되는 백색광에 대해 얻을 수 있는 발광을 사용하여 최대 광원효율을 계산하였다. MacAdam은 400 lm/W를 능가하는 광원효율을 이색광원을 사용하여 백색광을 얻을 수 있음을 보고하였다. MacAdam(1950)의 연구는 Ivey (1963)와 Thornton(1971)에 의해 더욱 세부적으로 연구되었다. 이 책의 저자는 이색 백색광원은 높은 광원효율을 갖지만 낮은 연색특성을 나타냄을 확인하였다. 즉, 이는 백색광원이 디스플레이 응용분야에는 매우 적합하지만, 조명 분야에 대해서는 적합하지 않음을 의미한다. 더욱이, Thornton(1971)은 예를 들어 세 가지의 구별되는 색의 추가적인 혼합에 의해 백색광을 생성하는 광원인 삼색 백색광원이 대부분의 응용분야에 적합한 연색지수를 나타냄을 확인하였다. Thornton은 450, 540, 610 nm 파장을 갖는 삼색광원으로 고기, 야채, 꽃 및 얼굴 피부 등에 비추었을 때 60명의 관찰자들에게 색 번역을 판단하게 하는 실험에 대해 보고하였다. 이 실험에서 관찰자들로부터 얻은 색 번역은 "훌륭하지 않지만 아주 좋음"이라는 사실을 발견하였고, 이는 잠재적 일광 조명원으로서 삼색성 백색광원이 안정하다는 사실을 증명한 것이다.

태양 스펙트럼을 복제한 백색광원은 훌륭한 연색 능력을 가지고 있다. 하지만, 이 광원의 복사효율은 삼색광원의 분포처럼 다른 스펙트럼 분포를 가질 수 있는 광원 보다 더 낮다. 태양의 스펙트럼은 시감도가 아주 낮은 가시광 스펙트럼의 경계 근처(390 nm와 720 nm)에서 강한 방출을 가지고 있다. 그러므로 태양 스펙트럼과 동일한 고효율광원을 만들어내는 것은 실용적인 전략이 아니다.

21.2 파장 변환 물질

형광체, 반도체 및 염료를 포함한 몇 가지 형태의 변환 물질이 존재한다. 변환 물질은 흡수파장, 발광파장 및 양자효율을 포함한 몇 가지 흥미로운 변수의 특성을 나타내고 있다. 우수한 변환 물질은 거의 100% 양자효율을 나타낸다. 파장 변환의 전체 출력-변환효율은 다음과 같이 주어진다.

$$\eta = \eta_{ext}(\lambda_1/\lambda_2) \tag{21.5}$$

여기서, η_{ext}는 변환과 관련되는 외부 양자효율이며, λ_1은 형광체에 흡수된 광자의 파장이고, λ_2는 형광체에 의해 방출되는 광자의 파장이다. 심지어 외부 양자효율이 1이라 하더라도 파장 변환 과정과 관련된 에너지손실이 항상 존재하므로, 파장 변환의 출력 변환효율은 항상 1보다 적다.

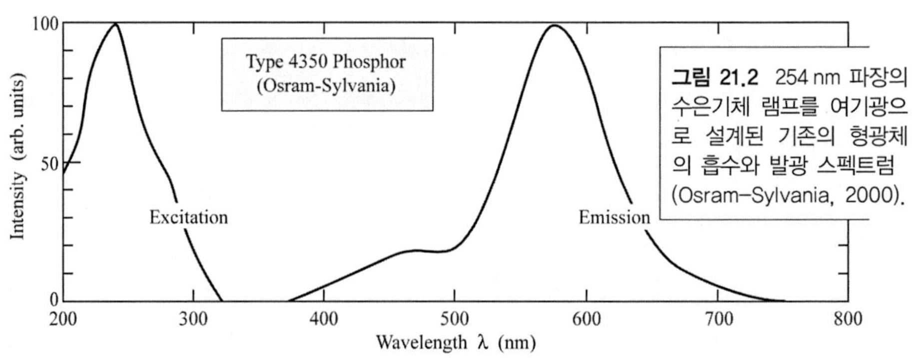

그림 21.2 254 nm 파장의 수은기체 램프를 여기광으로 설계된 기존의 형광체의 흡수와 발광 스펙트럼 (Osram–Sylvania, 2000).

대부분의 파장 변환 물질들은 형광체고, 이에 대해서 21.3절에서 더 자세히 설명될 것이다. 광학 흡수와 상용화된 형광체의 발광 스펙트럼을 그림 21.2에 나타내었다. 형광체는 흡수밴드와 더 낮은 에너지 발광밴드를 나타낸다. 이 발광밴드는 다소 넓기 때문에 백색광 발광에 적합한 형광체임을 나타낸다. 형광체들은 매우 안정된 물질이며 양자효율을 100%에 가깝게 가져갈 수 있다. 백색 LED에 사용되는 대부분의 형광체는 세륨(Ce) 도핑된 YAG(yttrium aluminum garnet) 형광체이다(Nakamura와 Fasol, 1997). Ce이 도핑된 형광체의 경우 75%의 양자효율이 보고되고 있다(Schlotter 외, 1999).

염료는 또 다른 형태의 파장 변환체이다. 현재 여러 가지 많은 염료들이 상업적으로 이용 가능하다. 염료의 광학 흡수와 발광 스펙트럼의 예를 그림 21.3에 나타내었다. 염료들은 양자효율이 거의 100% 근접하게 할 수 있다. 그러나 유기 분자로서 염료는 형광체와 반도체에서 사용할 수 있을 만큼의 장시간의 안정성이 부족한 편이다.

끝으로, 반도체도 또 다른 형태의 파장 변환체로 사용 가능하다는 것이다. 반도체는 $2kT$ 정도의 선폭을 갖는 얇은 발광선에 의해 특성화된다. 반도체의 스펙트럼 선폭은 여러 형광체나 염료보다 더 얇다. 따라서 반도체는 훌륭한 정밀도를 갖는 반도체 파장 변환체의 발광 스펙트럼을 만들 수 있다. 형광체와 염료에 대해 반도체는 거의 100%에 가까운 내부 양자효율을 가질 수 있다. 반도체 변환체가 빛의 방출을 막을 수 있는 전기적 접촉이 필요하지 않기 때문에 반도체 변환체에서의 광추출 문제는 LED 내에서 보다는 덜 심한 편이다.

형광체 및 염료와 유사하게 반도체 변환체도 그 다양성에 기인하여 여러 분야에 이용 가능하다. 그림 21.4는 기본적인 이원계 화합물반도체를 격자상수에 따라 표시하였다. 삼원계 또는 사원계 합금을 사용하여 실제적으로 어떤 가시광 파장에서도 작동하는 파장 변환체로 제조될 수 있다.

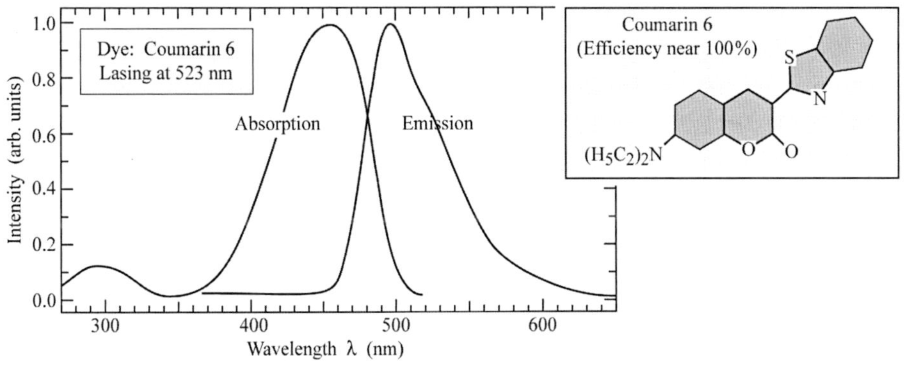

그림 21.3 상용화된 염료 "쿠머린 6(Coumarin 6)"의 흡수 및 발광 스펙트럼. 삽입된 그림은 염료 분자의 화학구조이다.

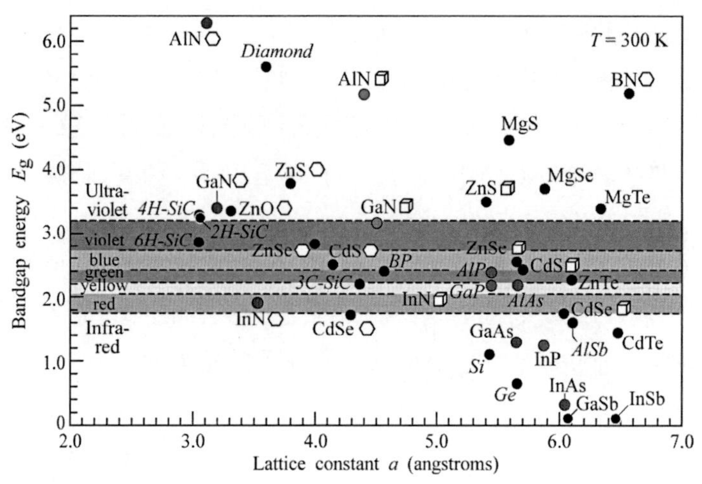

그림 21.4 대부분의 기본적인 이원계 화합물반도체의 상온 격자상수와 밴드갭 에너지.

21.3 형광체

형광체는 광학적으로 활성화된 요소를 도핑한 무기물 수용체 물질로 구성된다. 대부분의 수용체들은 화학식이 $A_3B_5O_{12}$를 가진 가넷이다. 여기서 A와 B는 화학적 요소들이고 O는 산소이다. 큰 가넷의 그룹들 사이에서, 특히 이트륨-알루미늄-가넷(yttrium aluminum garnet, YAG), $Y_3Al_5O_{12}$은 가장 흔히 사용되는 수용체 물질이다. 수용체 물질로 YAG를 가진 형광체들을 YAG 형광체라 한다. 광학적 활성화된 도판트는 희토류 요소, 희토류 산화물 또는 희토류 화합물들이다. 대부분의 희토류 원소들은 광학적으로 활성화될 수 있다. 희토류 발광체들은 백색광 YAG 형광체에 사용되는 세륨(Ce), 레이저(Nd-도핑된 YAG 레이저)에 사용되는 네오디뮴(Nd), 광학 증폭기에 사용되는 에르븀(Er) 및 가스광 틀덮개에 사용되는 토륨(Th)산화물 등이 있다.

YAG 형광체의 광학적 특성은 Y에 Gd의 부분적 치환과 Al에 Ga의 부분적 치환에 의해 변경 가능하므로 형광체 수용체는 $(Y_{1-x}Gd_x)3(Al_{1-y}Ga_y)_5O_{12}$의 조성을 갖는다. 다른 조성을 갖는 세륨(Ce) 도핑된 $(Y_{1-x}Gd_x)3(Al_{1-y}Gay)_5O_{12}$ 형광체에 대한 발광스펙트럼을 그림 21.5에 나타내었다(Nakamura와 Fasol, 1997). 이 그림은 Gd의 첨가가 발광스펙트럼을 더 긴 파장으로 변화시켰고, Ga의 첨가에 따라 발광 스펙트럼을 더 짧은 파장으로 변화되는 것을 확인할 수 있다.

YAG:Ce 형광체의 색도점을 그림 21.6에 나타내었다. 그림에서 어두운 영역은 YAG:Ce의 빛과 청색 LED 광원으로부터 혼합된 광에 의해 얻어질 수 있는 색도들을 나타내고 있다. 이 그림은 백색 발광소자들이 아주 높은 색온도를 나타낼 수 있음을 나타내고 있다. YAG 형광체의 대체로는 테르븀-알루미늄-가넷(terbium aluminum garnet) $Tb_3Al_5O_{12}$을

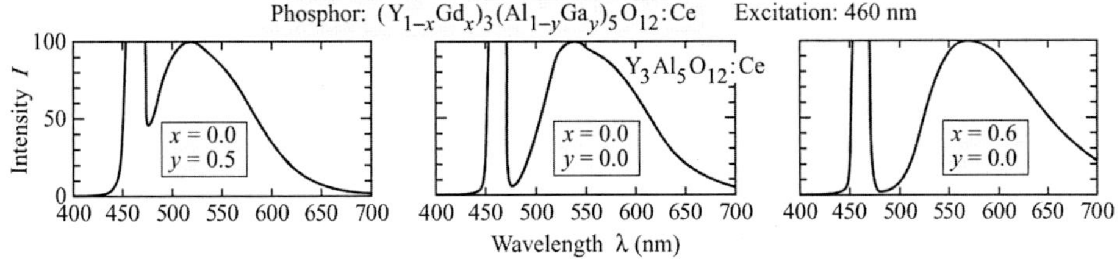

그림 21.5 각기 다른 화학적 조성들에 대한 세륨 도핑된 이트륨–알루미늄–가넷(YAG:Ce)의 발광 스펙트럼. 여기 파장은 460 nm이다(Nakamura와 Fasol, 1997).

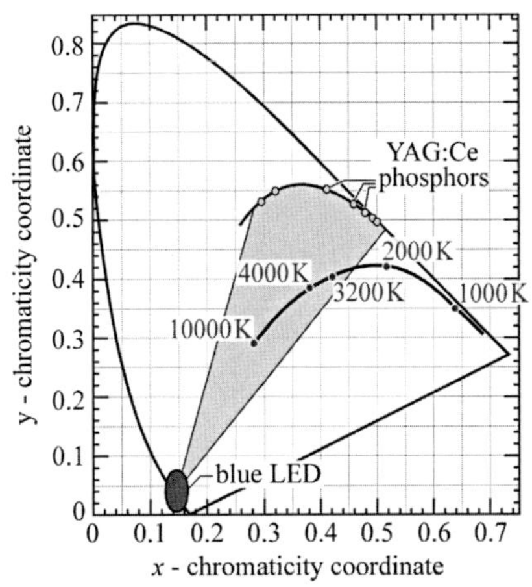

그림 21.6 YAG:Ce 형광체의 색도점(chromaticity points)과 청색 LED와 YAG:Ce 형광체로 구성된 백색 발광소자로 가능한 영역(어두운 영역). 색온도를 갖는 플랑키안 궤적을 나타낸다(Nakamura와 Fasol, 1997).

기초로 한 TAG 형광체가 있다. YAG와 TAG 모두 가넷 구조의 결정화 형태를 가진다. 더욱이, Y^{3+}와 Tb^{3+} 이온 반경은 매우 유사하다($r_{Y3+} = 1.02$Å and $r_{Tb3+} = 1.04$Å). 따라서 YAG 내에 Y를 Tb로 치환 시 Tb의 몰분율 30%까지 변화할 때까지 YAG의 X-선 회절 형태는 크게 변화하지 않는다(Potdevin 외, 2005). TAG 형광체가 YAG 형광체보다 약간 낮은 발광효율을 나타냄에도 불구하고, TAG 형광체는 YAG 형광체를 실질적으로 대체할 수 있을 것이다(Kim, 2005).

21.4 형광체 변환 물질에 기초한 백색 LED

형광체 파장 변환 물질과 청색 GaInN/GaN LED를 사용한 백색 LED 램프가 Bando 등(1996)에 의해 최초로 보고되었고, Nakamura와 Fasol(1997)에 의해 다시 정리되었다. 광학적 여기("광학적 펌핑")에 사용된 GaInN/GaN LED는 Nakamura 등(1995)에

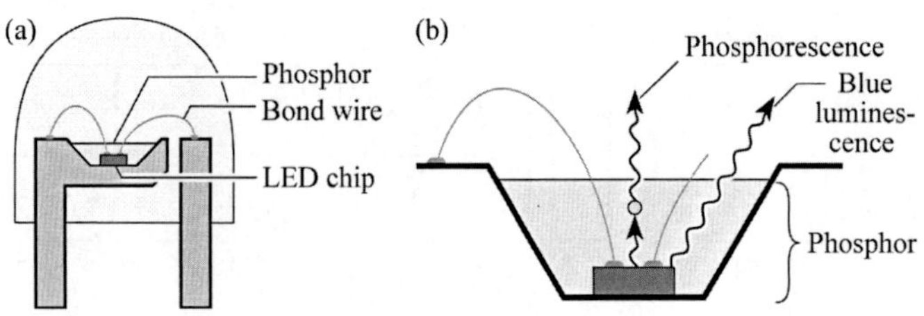

그림 21.7 (a) GaInN 청색 LED 다이와 형광체로 구성되는 백색 LED 램프의 구조, (b) 파장 변화되는 형광과 청색 발광(Nakamura와 Fasol, 1997).

의해 보고된 소자이다. 파장 변환체로 사용된 형광체는 세륨 도핑된 YAG이고 화학식은 $(Y_{1-a}Gd_a)_3(Al_{1-b}Ga_b)_5O_{12}$: Ce이다. 수용체(YAG)와 도판트(예를 들어 Ce)의 정확한 화학적 조성은 독점적인 특허성을 가지고 있기 때문에 일반적으로 이용되지 못하고 있다.

백색 LED 램프의 단면구조를 그림 21.7(a)에 나타내었다. 이 그림은 청색 발광 LED 다이와 다이 주위에 YAG 형광체를 나타낸다. YAG 형광체는 분말형태로 제작되고 에폭시수지 내에 분포시킨다. 제조 공정 동안 그림 21.7(b)에 나타내었듯이 에폭시 내에 분산시킨 YAG 형광체를 LED 다이 위에 도포하고, 수지는 LED 다이가 위치한 컵 모양으로 파여진 부분을 채운다. 그림에서 보여주듯이 청색광의 일부는 형광체에 흡수되고 장파장의 빛으로서 재발광한다.

형광체 기반의 백색 램프의 발광 스펙트럼은 반도체 LED에서 나오는 청색 발광밴드와 이보다 더 장파장의 형광파장으로 구성되는 것을 그림 21.8에 나타내었다. 형광체를 함유한 에폭시의 두께와 에폭시에 분포된 형광체의 농도는 두 발광밴드의 상대적 강도를 결정한다. 이 두 밴드는 LED의 발광효율과 연색특성을 최적화하여 조절될 수 있다.

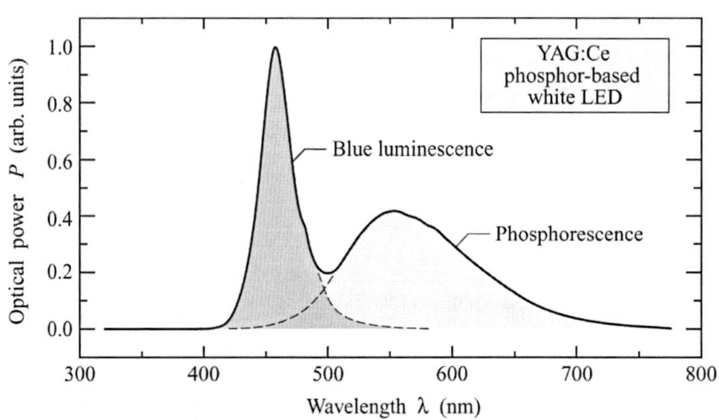

그림 21.8 니치아사에서 제작된 형광체를 기반으로 한 백색 LED의 발광 스펙트럼(Anan, Tokushima, Japan).

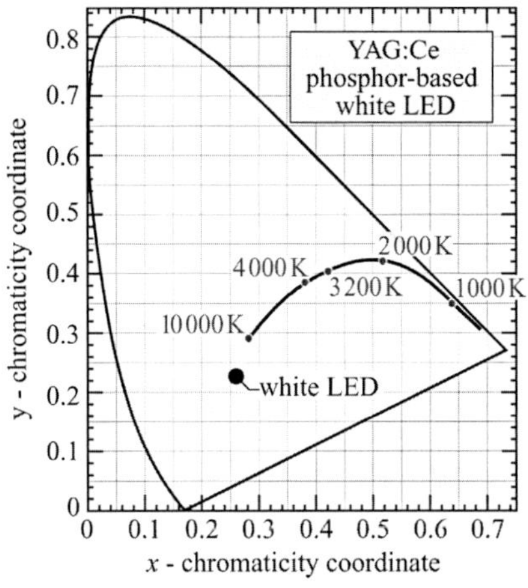

그림 21.9 니치아사에서 2001년에 제작된 기존의 형광체를 기반으로 한 백색 LED의 색도 좌표(Anan, Tokushima, Japana). 플랑키안 궤적과 관련된 색온도를 나타내고 있다.

색도 다이어그램에서 백색 램프의 위치를 그림 21.9에 나타내었다. 이 위치를 갖는 발광 색은 엷고 푸르스름한 색을 나타내는 백색이다. 램프를 보았을 때 푸르스름한 백색이 실제로 확인되었다.

니치아사에서 최초로 개발된 백색 LED는 460 nm 청색광으로 여기 되었을 때 형광 스펙트럼이 655 nm에서 110 nm의 반치폭을 갖는 발광피크를 나타낼 수 있는 형광체를 첨가함에 의해 연색지수 특성이 향상되었다(Narukawa, 2004). 이 결과, 그림 21.10에서 보여주듯이 발광은 적색영역에서 향상될 수 있다. 더욱이, 최적화된 형광체의 혼합을 사용함으로 최초로 개발된 백색 LED에서는 500 nm 부근의 비발광 파장영역의 강도가 향상되었다. 니치아사에서 두 번째로 개발된 백색 LED는 최초로 개발된 LED에 비하여 적색영역이 더욱 향상되었고, 형광체의 적절한 혼합을 통하여 2800 K(따뜻

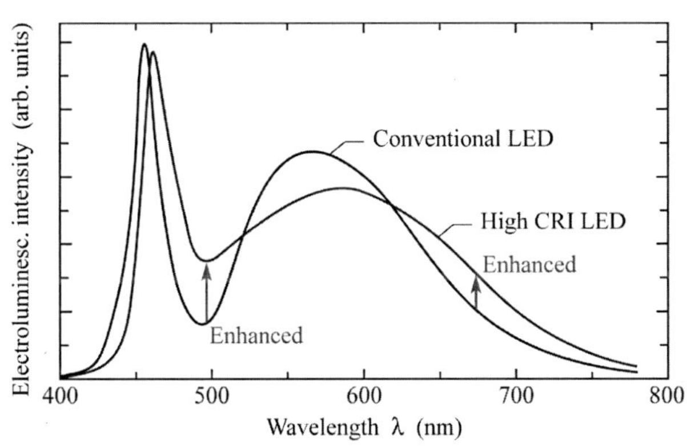

그림 21.10 높은 연색지수의 백색 LED와 일반적으로 기존의 백색 LED의 전기발광 스펙트럼. 높은 연색지수는 넓은 발광 스펙트럼과 발광 감소영역의 축소를 나타냈다(Narukawa, 2004).

한 백색광)와 4700 K 사이의 범위의 낮은 색온도를 나타내었다.

적색 형광체 첨가의 부정적인 면은 발광효율이 감소된다는 사실이다. 적색 형광체의 큰 스토크스 이동은 효율을 감소시킨다(460 nm 여기; 655 nm 발광). 더욱이, 460 nm에서 여기될 수 있는 적색 형광체는 상대적으로 비효율적이다. 따라서 연색 성능은 향상될 수 있음에도 불구하고, 발광효율을 희생하여야 연색지수는 향상될 수 있다.

백색광원에 관련된 또 하나의 중요한 사항은 공간적 색 균일도이다. 백색광의 색도는 발광 방향에 의존해서는 안 된다. 색 균일도는 발광 방향에 독립적인 형광체에서 등광학 경로거리를 제공하는 형광체의 분포에 의해 얻어질 수 있다(Reeh 외, 2003).

공간적인 균일도는 봉지재에 무기물 확산재를 첨가함에 의해 확보할 수 있다(Reeh 외, 2003). 이 무기물 확산재들은 봉지재와 다른 굴절률을 갖는 TiO_2, CaF_2, SiO_2, $CaCO_3$, 및 $BaSO_4$와 같은 광학적으로 투명한 물질이다. 확산재는 색도(즉, 스펙트럼 조성) 측면에서 광을 반사, 굴절, 산란시키므로 빛의 전파 방향을 일정하지 않게 하고, 원거리 분포를 균일화시킬 수 있다.

21.5 형광체의 공간적 분포

백색 LED 램프에서 형광체의 공간적 분포는 램프의 색 균일도와 효율에 크게 영향을 준다. 근접하여 있는 형광체와 멀리 떨어진 형광체의 분포로 구별할 수 있다(Goetz, 2003; Holcomb 외, 2003; Kim 외, 2005; Luo 외, 2005; Narendran 외, 2005). 근접 형광체 분포를 그림 21.11(a)와 (b)에 나타내었고, 원거리 형광체의 분포는 그림 21.11(c)에 나타내었다. 원거리 형광체 분포는 형광체를 반도체 다이로부터 공간적으로 분리시킨 구조이다.

각기 다른 형광체 분포에 대한 사진을 그림 21.12에 나타내었다. 그림 21.12(a)에 보여진 근접한 형광체 분포는 1990년대에 니치아사에 의해 소개되었다. 반사경 컵 속으로 분배된 봉지재 물질에서 형광체 입자들은 분리된다. 중력, 부양력 및 마찰력은 일반적으로 큰 형광체 입자들이 하부방향으로 이동시켜 다이표면에 더 가깝게 위치하

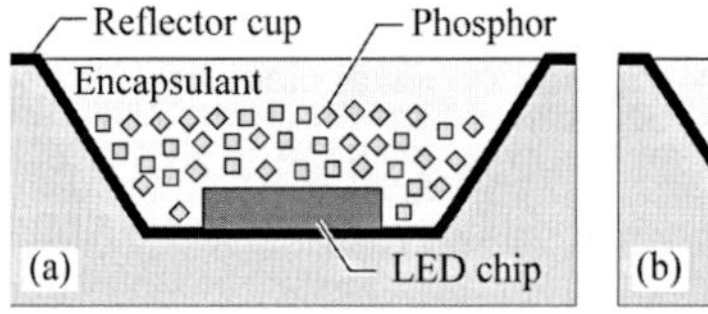

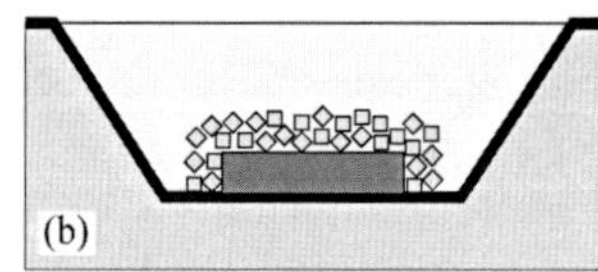

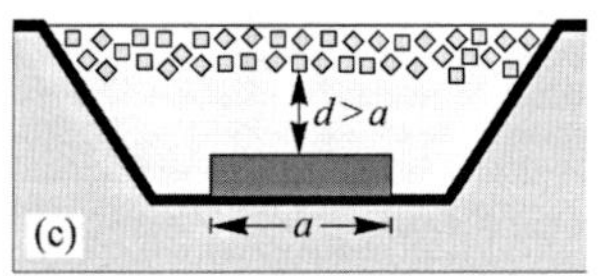

그림 21.11 (a) 근접 형광체 분포, (b) 근접하고 균일한 두께의 형광체 분포, (c) 형광체와 다이 사이의 거리가 다이의 측면 치수에 최소 1배 이상 분리되어 있는 원거리 형광체 분포(Kim 외, 2005).

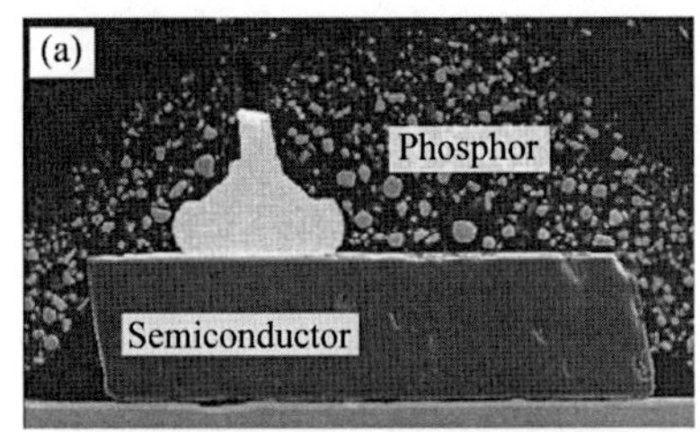

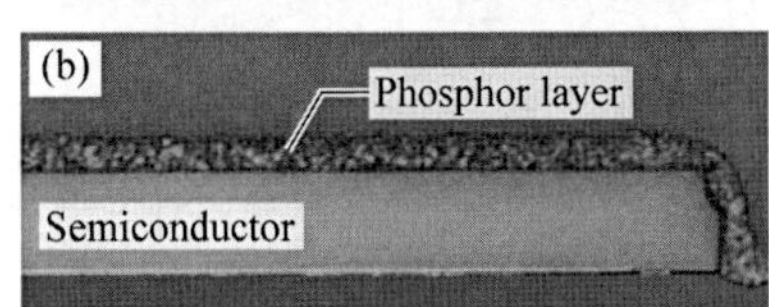

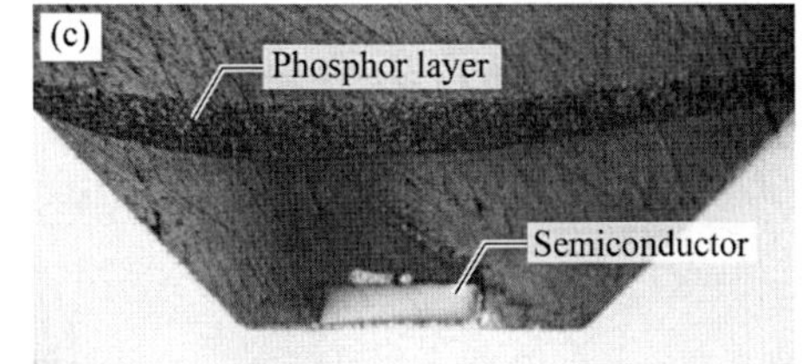

그림 21.12 백색 LED에서 형광체 분포, (a) 근접 형광체 분포, (b) 균일한 두께의 근접 형광체 분포, (c) 원거리 형광체 분포((a)와 (b) Goetz, 2003의 연구 결과; (c) Kim 외, 2005의 연구 결과).

는 형광체의 분포를 형성시킬 수 있다.

소위 균일한 두께의 형광체 분포라 하는 또 다른 근접 형광체 분포가 그림 21.12에 나타내었다. 균일한 두께의 형광체 분포는 램프수준의 형광체 분배와 비교하였을 때 제조비용을 낮추기 때문에 웨이퍼-수준 형광체 분배에 의해 얻어진다. 균일한 두께의 형광체 분포는 이미지-광학 응용분야에 있어서 적은 발광영역과 높은 휘도를 제공한다. 이미지-광학 응용분야(예를 들어 자동차 헤드램프)에서는 종종 렌즈를 사용해야 한다. 광학설계를 고려한 점광원 즉, 작은 발광영역을 갖는 광원은 이 응용분야에 바람직하다.

일반적으로 근접 형광체 분포의 단점은 반도체 다이에 의한 형광의 흡수이다. 반도체 다이로부터 발광된 형광은 다이를 덮고 있는 금속 접촉에 의해 다시 흡수될 수 있다. 반도체 다이와 금속전극의 반사율은 일반적으로 매우 높지 않기 때문이다.

이러한 단점은 형광체가 반도체 다이로부터 공간적으로 멀리 위치시키는 원거리 형광체 분포에 의해 해소할 수 있다(Kim 외, 2005; Luo 외, 2005; Narendran 외, 2005). 이런 원거리 형광체 구조에 있어서 형광은 주 발광체(반도체 다이)와 부 발광체(형광체) 사이의 공간적 분리에 의하여 저반사율 반도체 다이에 미미한 영향을 준다. 그림 21.11(c)에서 보여주듯이 다이와 형광체 사이의 거리가 다이의 측면 치수보다 같거나 크다면($d > a$) 형광이 반도체 다이에 영향을 주는 확률은 크게 감소할 것이다. 따라서 더욱 높은 형광효율이 가능할 것이다. GaInN 발광체에 의해 펌핑된 원거리 청색 형광체를 사용한 선 추적 시뮬레이션과 실험은 실제적으로 각각 75%와 25%의 형광 효율 향상을 나타내었다(Kim 외, 2005; Luo 외, 2005). Narendran 등(2005)은 “산란된 광자추출(scattered photon extraction; SPE)”을 사용하여 빛이 출력면에 있어서 평균

61% 정도 향상된다고 보고하였다. 이는 낮은 전류 하에서 일반적인 패키지법에 의해 얻을 수 있는 광출력인 54 lm/W와 비교하였을 때 SPE 패키지는 이보다 더 큰 80 lm/W를 능가하였다.

21.6 자외선으로 펌핑된 형광체 기반의 백색 LED

백색 LED는 자외선 파장영역에서 형광체의 광학적 여기에 의해 제작될 수 있다(Karlicek, 1999). 근자외선(320~390 nm)과 가시광 스펙트럼의 경계부근에 있는 자색(390~410 nm)영역에서 발광하는 반도체광원이 종종 백색광원으로 사용되었다. 상당히 높은 효율을 나타내는 400 nm 파장 부근의 반도체 다이오드가 보고되었다(Morita 외, 2004).

심자외선 반도체광원(200~320 nm)의 경우, 형광등에서 사용하듯이 일반적인 형광체가 파장 변환을 위해 사용될 수 있다. 그러나 심자외선 광원과 관련된 큰 스토크스 이동은 이런 광원에 있어서 중요한 문제점이 존재한다. 더욱이, 높은 Al 조성을 갖는 AlGaN에서 p형과 n형의 낮은 도핑효율과 낮은 전위와 결함밀도를 갖는 고품질 AlGaN 에피성장에 있어서 어려움이 존재하기 때문에 심자외선 LED의 개발이 어려움을 겪고 있다.

심자외선으로 펌핑된 백색 LED에서 전체 가시광발광은 형광체에서 발생한다. 이 자외선으로 여기된 형광체는 1950년대 형광등 튜브와 1980년대 소형 형광램프(campact fluorescent lamp; CFL)에 사용된 이후 계속 사용되고 있다. 형광등에서 사용되는 형광체는 튜브 안에서 발생하는 저압 수은증기 전하로부터 발생한 자외선 발광에 의해 펌핑된다. 저압 수은증기 전하 램프(Hg lamps)의 주요한 발광은 254 nm의 파장을 갖는 자외선이다. 이 파장영역에서 강한 흡수를 나타내는 형광체들은 쉽게 찾을 수 있다. 이런 형광체의 연색특성은 대부분의 응용분야에 대해 아주 적합하다.

자외선 AlGaInN LED 광원에 삼색 형광체를 혼합하여 도포한 백색 LED가 Kaufmann 등(2001)에 의해 보고되었다. LED 펌핑원은 가시광과 자외선 스펙트럼 사이의 경계 근처인 380~400 nm에서 발광한다. 형광체 혼합은 스펙트럼의 적색, 녹색, 청색영역에서 발광하는 세 가지 형광체로 구성되었다. 이 램프의 연색지수는 78로 보고되었다.

자외선으로 여기된 형광체 혼합의 연색지수는 60~100 사이의 범위를 나타낸다. 97 정도의 훌륭한 연색지수가 400 nm 부근의 파장으로 여기된 형광체 혼합을 사용하여 Radkov 등(2003)이 연구결과를 보고하였다. 더욱이 가시광발광은 형광체에 의해 단독적으로 발광하기 때문에 자외선 LED 광원은 정확한 자외선 여기파장에 대해 형광체-발광 스펙트럼이 크게 의존하지 않는다. 따라서 자외선으로 펌핑된 백색 램프들은 높은 재현성을 갖는 광학 스펙트럼을 나타낼 수 있으므로, “분류(binning)”은 요구되지 않을 것이다. Radkov 등(2004)에 의해 보고된 몬테칼로 시뮬레이션은 실제적으로 400 nm와 410 nm 사이의 범위의 피크파장을 갖는 다이로부터 발생한 다양한 LED에 의해 여기된 형광체는 매우 낮은 색도점의 변화를 나타내었다. 색도 변화는 청색 LED/형광체원보다 자외선 LED/형광체원에서 더욱 낮음을 나타내었다.

자외선으로 펌핑된 백색 LED의 기본적인 문제점은 자외선이 백색광으로 변환 시 발생되는 에너지손실(스토크스 이동)이다. 따라서 자외선으로 펌핑된 백색 LED 램프의 잠재적 발광효율은 황색 형광체를 여기하는 청색 LED에 기반을 둔 백색광원의 발광효율보다 훨씬 낮다.

21.7 반도체 변환체에 기초한 백색 LED(PRS-LED)

반도체 파장 변환체를 사용한 LED가 Guo 등(1999)에 의해 보고되었다. 광자 재사용 반도체 LED(photon-recycling semiconductor LED, PRS-LED)의 도식화된 구조를 그림 21.13에 나타내었다. 이 그림은 청색 GaInN LED에 의해 방출된 빛의 일부분은 AlGaInP의 이차 활성층에 의해 흡수되고 낮은 에너지 광자로서 재방출되는 것을 나타낸다. 백색광을 얻기 위해 두 개의 광원의 강도는 아래 계산된 일정한 비를 가져야 한다. 소자의 도식적인 출력 수지를 그림 21.14에 나타내었다. 입력 전력을 P_0, 청색과 호박색의 스펙트럼 영역에서 출력 전력을 각각 P_1과 P_2라 가정하였다. 또한 청색 LED와 광자 재사용 반도체의 출력 변환효율을 각각 η_1와 η_2라 가정하였을 때, 이 소자의 전력효율과 발광효율을 아래와 같이 계산하였다.

광자 재사용 과정 동안 발생하는 에너지손실은 가장 높은 효율에 대하여 최적화된 파장을 선택하여야만 한다. 재사용 과정이 1의 양자효율을 나타낸다 하더라도 에너지가

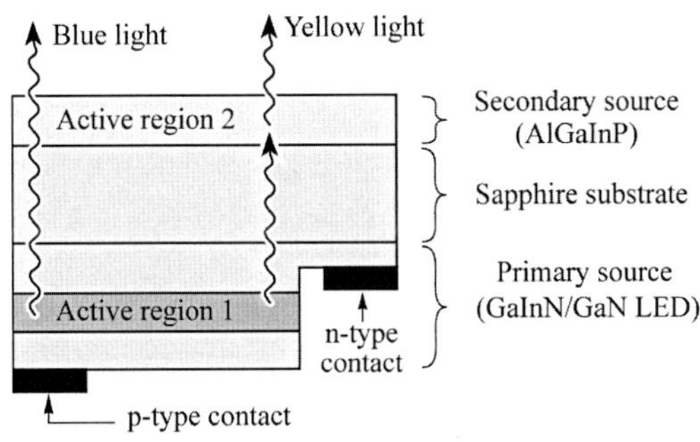

그림 21.13 전류 주입된 활성층(활성층 영역 1)과 광학적 여기된 활성층(활성층 영역)을 갖는 광자 재사용 반도체 LED 구조(Guo 외, 1999).

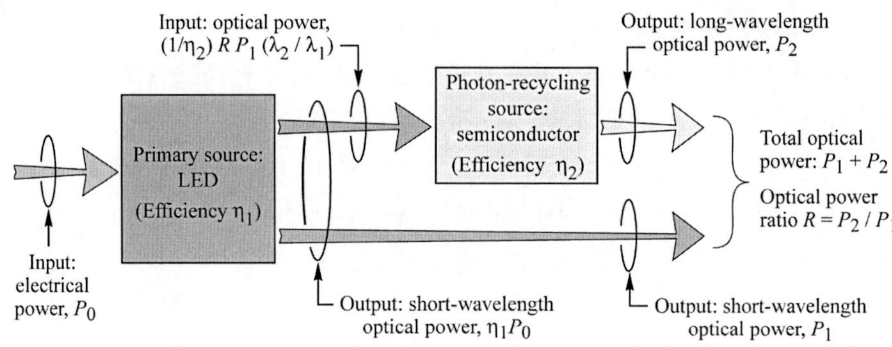

그림 21.14 입력 전력 P_0와 광학 출력 전력 P_1와 P_2를 갖는 광자 재사용 반도체 LED 출력 수지도.

손실됨을 주목해야만 한다. 최적의 동작파장을 계산하기 위해서 색도 좌표 $x_c=0.3101$, $y_c=0.3163$, $z_c=0.3736$인 발광체 표준 C(Illuminant C standard)에 의한 백색광을 나타내었다. 이 색도 좌표를 사용하여 상호 보완적인 파장의 쌍이 결정될 수 있다.

21.8 광자 재사용 반도체 LED의 출력비 계산

다음으로, 우리는 백색광의 발광과 광자 재사용 반도체 LED의 발광효율에 있어서 두 개의 광원 사이의 광출력비를 계산한다. 주(짧은)파장과 부(긴)파장을 각각 λ_1와 λ_2라 하였다. 백색광에 대하여 λ_1와 λ_2은 상호 보완적인 파장의 쌍이다. 여기서, 두 광의 색 질량을 다음과 같이 정의하였다.

$$m_1 = \bar{x}_1 + \bar{y}_1 + \bar{z}_1,\ m_2 = \bar{x}_2 + \bar{y}_2 + \bar{z}_2 \tag{21.6}$$

두 개의 발광파장 λ_1과 λ_2에서 각각 $\bar{x}_1$, $\bar{y}_1$, $\bar{z}_1$, $\bar{x}_2$, $\bar{y}_2$, $\bar{z}_2$는 색 일치가 된다(Judd, 1951; Vos, 1978; MacAdam, 1950, 1985). 또한, 두 개의 광원 출력비를 다음과 같이 정의하였다.

$$R = P_2/P_1 \tag{21.7}$$

여기서, P_1와 P_2는 각각 짧은 파장광원(λ_1)와 긴 파장(λ_2) 광원의 광출력들이다. 새로이 발생된 색의 색도 좌표들은 다음과 같이 주어진다.

$$y_{new} = \frac{P_1\bar{y}_1 + P_2\bar{y}_2}{P_1 m_1 + P_2 m_2} = \frac{\bar{y}_1 + R\bar{y}_2}{m_1 + Rm_2} \tag{21.8}$$

$$x_{new} = \frac{\overline{x}_1 + R\overline{x}_2}{m_1 + Rm_2} \tag{21.9}$$

백색발광체에 대해 x_{new}와 y_{new}는 발광체 표준 $C(x_c = 0.3101,\ y_c = 0.3162$; CIE, 1932; Judd, 1951)의 색좌표와 일치하게 선택될 수 있다. 즉, $x_{new} = x_c = 0.3101$과 $y_{new} = y_c$ 0.3162의 색도와 일치하게 선택될 수 있다.

출력비 R에 대한 식 (21.9)를 풀면 다음과 같다.

$$R = \frac{\overline{y}_1 - y_c m_1}{y_c m_2 - \overline{y}_2} \tag{21.10}$$

식 (21.10)으로부터 계산된 출력비가 그림 21.15에 파장에 함수로서 표시되었다.

21.9 광자 재사용 반도체 LED의 발광효율 계산

파장 λ_1을 갖는 주광원로부터 광자의 재사용을 통하여 λ_1의 파장에서 광출력 P_2를 얻기 위해서는 주광원에서 요구되는 광출력은 다음과 같다.

$$\frac{P_2}{\eta_2}\frac{\lambda_2}{hc}\frac{hc}{\lambda_1} = \frac{P_2\lambda_2}{\eta_2\lambda_1} \tag{21.11}$$

여기서, η_2는 광자 재사용 광원의 광학 대 광학적 변환효율이다. P_0를 입력 전력이라 하면, 이때 주 LED 광원에서 방출되는 출력은 $\eta_1 P_0$이고, η_1은 주 LED의 전기 대

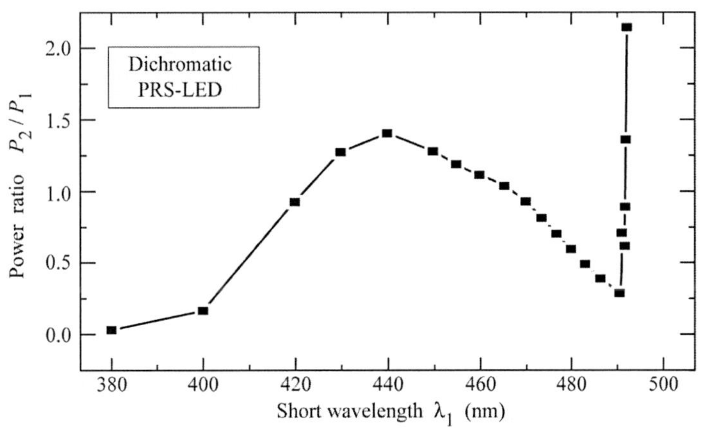

그림 21.15 백색광을 얻기 위해 요구되는 두 개의 광출력 P_1와 P_2 사이의 계산된 출력비(Guo 외, 1999).

광학적 출력 변환효율이다. 따라서 주 LED 광원에 의해 방출된 광출력은 다음과 같이 주어진다.

$$P_1 + \frac{P_2 \lambda_2}{\eta_2 \lambda_1} = \eta_1 P_0 \tag{21.12}$$

$P_2 = RP_1$를 사용하고 입력 전력에 대한 식을 풀면 다음 식을 얻을 수 있다.

$$P_0 = P_1 \left(\frac{1}{\eta_1} + \frac{R \lambda_2}{\eta_1 \eta_2 \lambda_1} \right) \tag{21.13}$$

광자 재사용 반도체 LED의 전체 광출력은 다음과 같이 주어진다.

$$P_{out} = P_1 + P_2 = (1 + R) P_1 \tag{21.14}$$

따라서 광자 재사용 이색광원의 전체적인 전기 대 광학적 출력효율은 다음과 같이 주어진다.

$$\eta = \frac{P_{out}}{P_0} = \frac{P_1 (1 + R)}{P_1 \left(\frac{1}{\eta_1} + \frac{R}{\eta_1 \eta_2} \frac{\lambda_2}{\lambda_1} \right)} = \frac{1 + R}{\frac{1}{\eta_1} + \frac{R}{\eta_1 \eta_2} \frac{\lambda_2}{\lambda_1}} \tag{21.15}$$

그리고 소자의 광속 Φ_{lum}은 다음과 같이 주어진다.

$$\Phi_{lum} = 683 \frac{\text{lm}}{\text{W}} (\bar{y}_1 P_1 + \bar{y}_2 P_2) = 683 \frac{\text{lm}}{\text{W}} (\bar{y}_1 + \bar{y}_2 R) P_1 \tag{21.16}$$

따라서 광자 재사용 반도체 LED의 발광(광학 전력당 루멘으로 측정된) 광원효율은 다음과 같이 주어진다.

$$\frac{\Phi_{lum}}{P_{out}} = 683 \frac{\text{lm}}{\text{W}} \frac{\bar{y}_1 + \bar{y}_2 R}{1 + R} \tag{21.17}$$

그러므로 광자 재사용 반도체 LED의 광원(전기 전력당 루멘으로 측정된)의 발광효율은 다음과 같이 주어진다.

$$\frac{\Phi_{lum}}{P_0} = 683 \frac{\text{lm}}{\text{W}} \eta \frac{\bar{y}_1 + \bar{y}_2 R}{1 + R} \tag{21.18}$$

이 식을 사용하여 주파장의 함수로서 발광효율을 계산한다. $\eta_1 = \eta_2 = 100\%$인 이상적인 광원에 대하여 계산된 결과를 그림 21.16에 나타내었다.

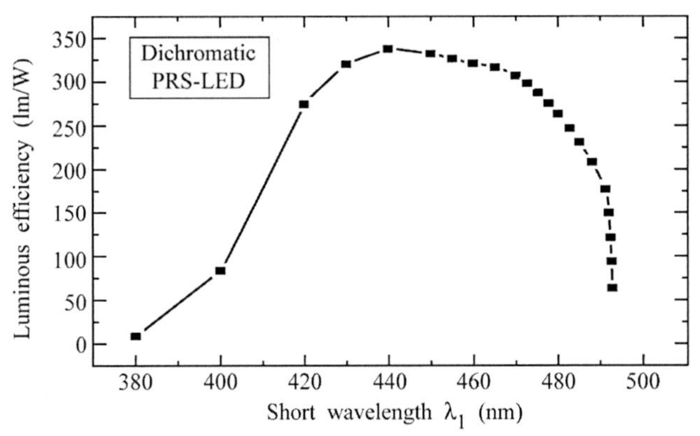

그림 21.16 이색 광자 재사용 반도체 LED의 주발광파장에 대해 계산된 발광효율(Guo 외, 2000).

440 nm의 파장에서 주광원이 발광할 때 최대 발광효율이 발생한다. 이 파장에서 이론적인 발광효율은 336 lm/W까지 얻어졌다. 이 계산에서 두 개의 광원이 단색성의 광을 방출한다고 가정한 것을 주목해야 한다. 그러나 반도체로부터의 자발발광은 $1.8\,kT$의 스펙트럼의 반치폭을 갖는다. 따라서 이 유한한 선폭을 고려하면 기대되는 발광효율은 약간 더 낮을 수 있다.

21.10 광자 재사용 반도체 LED(PRS-LED)의 스펙트럼

광자 재사용 반도체 LED(PRS-LED)는 청색 발광하는 GaInN/GaN LED와 적색 부분의 스펙트럼을 방출하는 전기적으로 수동적인 AlGaInP 광자 재사용 반도체를 사용하여 나타내었다. 그림 21.17에 나타낸 소자의 발광 스펙트럼은 470 nm에서 주 LED의

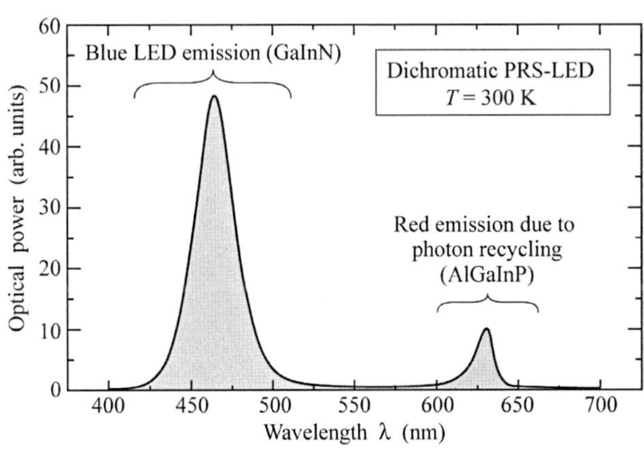

그림 21.17 전류 주입된 주광원으로 GaInN 청색 LED와 적색을 발광하는 AlGaInP 광자 재사용 웨이퍼(부광원)를 갖는 이색성 광자 재사용 반도체 LED(PRS-LED)의 발광 스펙트럼(Guo 외, 2000).

표 21.1 저항성 출력손실이 없고 양자효율을 1로 가정할 때 여러 형태의 백색 LED의 근사적인 이론 발광효율값.

형태	발광효율(lm/W)	색도 좌표(x, y)
이색 PRS LED	300~360	(0.31, 0.32)
넓은 이색 PRS LED	280~350	(0.31, 0.32)
삼색 LED	240~340	(0.31, 0.32)
인광체 기반 LED	200~280	(0.31, 0.32)

발광선과 AlGaInP층에서 470 nm 파장의 흡수와 630 nm에서 광의 재방출에 의해 630 nm 파장의 부방출선을 나타나고 있다. 이 실험에서 사용된 광자 재사용 반도체는 AlGaInP/GaAs 이중 이종구조이다. 광자 재사용 반도체는 평면 형태이고 표면의 요철이 형성되지 않았다.

GaAs 기판에서 빛의 흡수를 억제하기 위해서 AlGaInP 에피층의 GaAs 기판이 제거되었다. 우선, AlGaInP/GaAs 광자 재사용 반도체가 유리 슬라이드 위에 고정한 후, GaAs 기판이 폴리싱과 선택적 화학적 식각에 의해 제거되었다. 이후, 주LED 웨이퍼와 광자 재사용 반도체 웨이퍼가 함께 결합되었다.

백색 램프의 몇 가지 형태의 근사적인 발광효율의 이론값을 표 21.1에 나타내었다. 이 자료는 이색광원인 넓은 스펙트럼의 반치폭을 갖는 발광체와 비교하였을 때 가장 높은 발광효율을 보이고 있다.

일반적으로 이색 백색 LED는 더 높은 광원효율을 갖지만, 삼색 백색 LED와 비교하였을 때 낮은 연색지수를 갖는다. 이는 LED 소자의 연색특성과 광원효율 사이의 기본적으로 상반되는 특성을 나타냄을 알 수 있다(Walter, 1971). 광자 재사용 반도체 LED와 같은 이색 백색광소자의 일반적인 연색지수를 향상하기 위해서는 두 가지 가능한 방법이 고려될 수 있다. 첫째로, 발광 선폭을 조성의 차이를 주어 인위적으로 넓게 할 수 있다. 두 번째는 이차 광자 재사용 반도체가 첨가되어 삼색 광자 재사용 반도체 LED를 형성할 수 있을 것이다. 그러나 두 발광파장의 선폭 증가 또는 발광 선의 추가는 소자의 발광효율과 광원효율을 감소시킬 것이다.

21.11 염료 변환체에 기초한 백색 LED

백색 LED는 파장 변환체로서 유기 염료 분자를 사용하여 제작될 수 있다. 염료는 에폭시 봉지재에 혼합될 수 있다(Schlotter 외, 1997). 염료는 광학적으로 투명한 고분자에도 혼합될 수 있다.

유기 염료의 단점은 짧은 수명이다. 염료 분자는 광자의 흡수 현상이 몇 회 발생한 후에는 광학적으로 비활성된 상태의 "탈색"이 된다. 일반적으로 하나의 염료 분자는 약 104~106회의 광학적 전이에 대해서만 안정하다(Jones, 2000). 이러한, 염료 분자의 낮은 안정성이 가장 심각한 문제점이다. 염료의 수명은 반도체 또는 파장 변환체인 형광체의 수명보다 현저히 짧다.

염료는 흡수와 발광밴드 사이의 차(스토크스 이동)가 상대적으로 적다. 예를 들어, 21장의 서두에서 언급하였듯이 염료 쿠머린 6에 대한 스토크스 이동은 약 50 nm 정도이다. 이 이동은 상보성파장의 분리에 의한 것으로 추측되기 때문에 보통 약 100 nm 또는 그 이상의 파장 변화가 필요한 이색 백색 LED에서 필요한 스토크스 이동보다 적다.

참고문헌

Bando K., Noguchi Y., Sakano K., and Shimizu Y. (in Japanese) *Tech. Digest, Phosphor Res. Soc., 264th Meeting*, November 29 (1996)

CIE *Commission Internationale de l'Eclairage Proceedings, 1931* (Cambridge University Press, Cambridge, 1932)

Goetz W. "White lighting (illumination) with LEDs" *Fifth International Conference on Nitride Semiconductors*, Nara, Japan, May 25–0 (2003)

Guo X., Graff J. W., and Schubert E. F. "Photon-recycling semiconductor light-emitting diode" *IEDM Technical Digest*, **IEDM-99**, 600 (1999)

Guo X., Graff J. W., and Schubert E. F. "Photon-recycling for high brightness LEDs" *Compound Semiconductors* **6**, May/June (2000)

Holcomb M. O., Mueller-Mach R., Mueller G. O., Collins D., Fletcher R. M., Steigerwald D. A., Eberle S., Lim Y. K., Martin P. S., and Krames M. "The LED light bulb: Are we there yet? Progress and challenges for solid-state illumination" *Conference on Lasers and Electro-Optics (CLEO)*, Baltimore, Maryland, June 1–6 (2003)

Ivey H. F. "Color and efficiency of luminescent light sources" *J. Opt. Soc. Am.* **53**, 1185 (1963)

Jones G., personal communication (2000)

Judd D. B. "Report of US secretariat committee on colorimetry and artificial daylight" in *Proceedings of the Twelfth Session of the CIE, Stockholm* Vol. **1**, p. 11 (Bureau central de la CIE, Paris, 1951)

Justel T., Nikol H., and Ronda C. R. "New developments in the field of luminescent materials for lighting and displays" *Angewandte Chemie (International Edition)* **37**, 3084 (1998)

Karlicek Jr. R. F., personal communication (1999)

Kaufmann U., Kunzer M., Kohler K., Obloh H., Pletschen W., Schlotter P., Schmidt R., Wagner J., Ellens A., Rossner W., and Kobusch M. "Ultraviolet pumped tricolor phosphor blend white emitting LEDs" *Phys. Stat. Sol. (a)* **188**, 143 (2001)

Kim J. K., personal communication (2005)

Kim J. K., Luo H., Schubert E. F., Cho J., Sone C., and Park Y. "Strongly enhanced phosphor efficiency in GaInN white light-emitting diodes using remote phosphor configuration and diffuse reflector cup" *Jpn. J. Appl. Phys. –Express Letter* **44**, L 649 (2005)

Luo H., Kim J. K., Schubert E. F., Cho J., Sone C., and Park Y. "Analysis of high-power packages for phosphor-based white-light-emitting diodes" *Appl. Phys. Lett.* **86**, 243505 (2005)

MacAdam D. L. "Maximum attainable luminous efficiency of various chromaticities" *J. Opt. Soc. Am.* **40**, 120 (1950)

MacAdam D. L. *Color Measurement: Theme and Variations* (Springer, New York, 1985)

Morita D., Yamamoto M., Akaishi K., Matoba K., Yasutomo K., Kasai Y., Sano M., Nagahama S.-I., and Mukai T. "Watt-class high-output-power 365 nm ultraviolet light-emitting diodes" *Jpn. J. Appl. Phys.* **43**, 5945 (2004)

Nakamura S., Senoh M., Iwasa N., Nagahama S., Yamada T., and Mukai T. "Superbright green InGaN single-quantum-well-structure light-emitting diodes" *Jpn. J. Appl. Phys. (Lett.)* **34**, L1332 (1995)

Nakamura S. and Fasol G. *The Blue Laser Diode* (Springer, Berlin, 1997)

Narendran N., Gu Y., Freyssinier-Nova J. P., and Zhu Y. "Extracting phosphor-scattered photons to improve white LED efficiency" *Phys. Stat. Sol. (a)* **202**, R60 (2005)

Narukawa Y. "White light LEDs" *Optics & Photonics News* **15**, No. 4, p. 27 (2004)

Osram-Sylvania Corporation. Data sheet on type 4350 phosphor (2000)

Potdevin A., Chadeyron G., Boyer D., Caillier B., and Mahiou R. "Sol-gel based YAG:Tb^{3+} or Eu^{3+} phosphors for application in lighting sources" *J. Phys. D: Appl. Phys.* **38**, 3251 (2005)

Radkov E., Setlur A., Brown Z., and Reginelli J. "High CRI phosphor blends for near UV LED lamps" *Proc. SPIE* **5530**, 260 (2003)

Radkov E., Bompiedi R., Srivastava A. M., Setlur A. A., and Becker C. "White light with UV LEDs" *Proc. SPIE* **5187**, 171 (2004)

Reeh U., Hohn K., Stath N., Waitl G., Schlotter P., Schneider J., and Schmidt R. "Light-radiating semiconductor component with luminescence conversion element" US Patent 6,576,930 B2 (2003)

Schlotter P., Schmidt R., and Schneider J. "Luminescence conversion of blue light emitting diodes" *Appl. Phys. A* **64**, 417 (1997)

Schlotter P., Baur J., Hielscher C., Kunzer M., Obloh H., Schmidt R., and Schneider J. "Fabrication and characterization of GaN/InGaN/AlGaN double heterostructure LEDs and their application in luminescence conversion LEDs" *Materials Sci. Eng.* **B59**, 390 (1999)

Srivastava A. M. "Phosphors" *Encyclopedia of Physical Science and Technology* 3rd edition **11**, 855 (2004)

Srivastava A. M. and Ronda C. R. "Phosphors" *Interface (The Electrochemical Society)* **12** (2), p. 48 (2003)

Thornton W. A. "Luminosity and color-rendering capability of white light" *J. Opt. Soc. Am.* **61**, 1155 (1971)

Vos, J. J. "Colorimetric and photometric properties of a 2-degree fundamental observer" *Color Res. Appl.* **3**, 125 (1978)

Walter W. "Optimum phosphor blends for fluorescent lamps" *Appl. Opt.* **10**, 1108 (1971)

Wegh R. T., Donker H., Oskam K. D., and Meijerink A. "Visible quantum cutting in $LiGdF_4$:Eu^{3+} through downconversion" *Science* **283**, 664 (1999)

Chapter 22
광통신

LED는 광통신에서 광신호를 주는 광원으로서 사용될 수 있는데, 주로 10 km 미만의 멀지 않은 거리에서 데이터 전송률이 1 Gbit/s 미만의 중저속 용도로 사용된다. 이러한 광통신 시스템은 기본적으로 유도 광파(guided light wave)(Keiser, 1999; Neyer 외, 1999; Hecht, 2001; Mynbaev and Scheiner, 2001; Kibler 외, 2004)나 자유공간파(free-space wave)(Carruthers, 2002; Heatley 외, 1998; Kahn and Barry, 2001)를 기초로 하여 구성되어 있다. 유도 광파를 기초로 한 광통신에서는 광섬유 하나 또는 광섬유 다발이 전달 매질로 사용되며, LED를 이용하는 광통신에서는 사용 가능한 거리가 수 km로 제한된다. 그리고 광섬유로는 주로 이산화규소인 실리카(silica, SiO_2)나 플라스틱(plastic) 소재로 된 것을 사용한다. 자유공간통신은 좀 더 먼 거리까지 사용될 수는 있지만 기본적인 특성상 일반적인 환경에서는 보통 한군데의 실내공간에서만 사용되는 것이 일반적이다. 그러면 이번 장에서는 LED 광통신에 사용되는 광섬유 등의 전달 매질에 대한 특성을 살펴보도록 하겠다.

22.1 광섬유의 종류

광섬유의 단면을 보면 안쪽에 원형의 코어영역과 그를 감싸고 있는 덮개층으로 구성되어 있다. 코어영역은 덮개층보다 1% 정도 더 높은 굴절률을 가지고 있는데 이러한 코어와 덮개의 굴절률 차이로 인하여 광섬유 내부의 빛은 전반사를 통해 광섬유 외부로 빠져나가지 못하고 코어 내부로만 한정되어 먼 곳까지 전파된다. 내부의 전반사 조건은 Snell 법칙으로부터 얻어낼 수 있는데 이 조건을 만족하면 빛이 코어와 덮개의 계면에서부터 모두 내부로 전반사되고, 이 빛은 지그재그 방향으로 코어 내부를 통해 전파된다.

광통신 시스템으로 사용되는 광섬유에는 (1) 계단굴절률의 다중모드 섬유(step-index multimode fiber), (2) 경사굴절률의 다중모드 섬유(graded-index multimode fiber), (3) 단일모드 섬유(single-mode fiber)의 세 가지 종류가 있다. 그림 22.1에는 이 세 종류의 광섬유에 대한 모식도와 굴절률 변화그래프가 나와 있다.

계단굴절률 섬유는 상대적으로 코어영역의 지름이 큰데, 광통신 시스템에 사용되는 실리카 섬유의 경우에는 그 지름이 보통 50, 62.5, 100 μm이고 플라스틱 광섬유의 경우에는 더 굵은 1000 μm 정도이다. 다중모드의 광섬유가 가지는 중요한 장점은 광섬유에 광원을 쉽게 결합(coupling)할 수 있다는 것인데, 코어의 지름이 50 μm인 다중모드 섬유의 경우에는 일반적으로 ± 5 μm의 정확도면 충분하다. 하지만 다중모드 광섬유의 주된 단점은 모드분산(modal dispersion)이 일어난다는 점이다.

다중모드 광섬유의 지름은 보통 사용되는 파장보다 훨씬 더 크기 때문에, 도파로(waveguide)를 통해 몇 가지의 광학모드로 전파될 수 있다. 이 각각의 광학모드에서 전파상수가 각기 다르기 때문에 동시에 광신호를 주입해도 광섬유의 끝까지 도착하는데 걸리는 시간은 모두 다르다. 이 때문에 on/off 펄스(pulse)신호를 정확히 주입해도 도착한 신호는 앞뒤로 늘어지는 모양을 띠게 되는데 이를 모드분산이라 말한다. 그로 인하여 다중모드 광섬유의 경우에는 길이에 따라 전달할 수 있는 최고 전송률이 제한

(a) ***Step-index multimode fiber***
Simple coupling; large modal dispersion

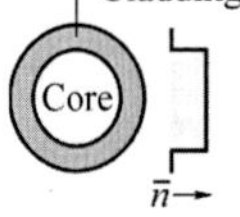

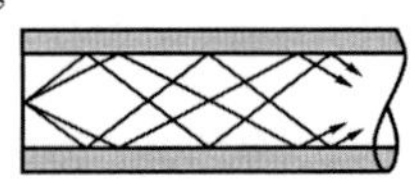

Typical diameters and refractive indices

Core/cladding diameter	62.5/125, 100/140, ... , 1000/1200 μm
Core index	1.45
Index difference	1–2%

(b) ***Parabolically-graded-index multimode fiber***
Simple coupling; difficult fabrication; low or zero modal dispersion

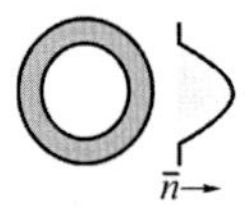

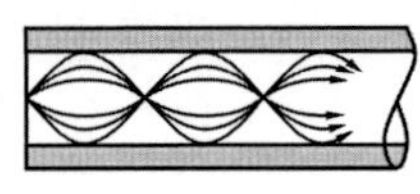

Core/cladding diameter	50/125, 62.5/125, 85/125
Core index at center	1.45
Index difference	1–2% in graded index profile

(c) ***Step-index single-mode fiber***
Difficult coupling; difficult fabrication; no modal dispersion

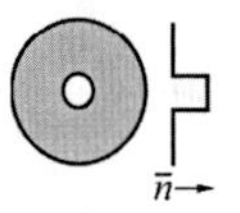

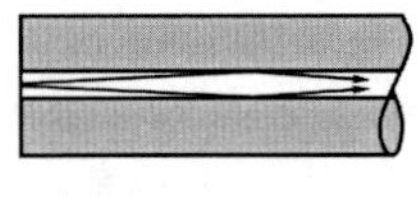

Core/cladding diameter	9/125
Core index	1.45
Index difference	1–2%

그림 22.1 (a) 계단굴절률의 다중모드 섬유는 몇 가지의 광학모드로 전송될 수 있고, (b) 포물선 모양으로 변화하는 경사굴절률의 다중모드 섬유는 전파상수가 비슷한 몇 가지의 모드로 전송될 수 있다. 경사굴절률의 다중모드 섬유는 계단굴절률의 다중모드 섬유보다 광학모드분산 정도가 낮다. (c) 계단굴절률의 단일모드 섬유는 코어영역의 지름이 작고 모드가 분산되지 않는다.

받게 된다는 단점이 있다. 이와 같은 모드분산 현상은 경사굴절률의 다중모드 섬유를 사용함으로써 줄일 수 있는데, 이 경우에는 코어의 굴절률이 포물선 형태로 변하기 때문에 모드분산 현상을 줄일 수 있다.

단일모드 섬유의 경우에 코어의 지름은 보통 5~10 μm 정도로 매우 작기 때문에 단 하나의 광학모드로만 전파될 수 있다. 단일모드 섬유의 주된 장점은 모드분산 현상이 나타나지 않는다는 점이지만, 코어의 지름이 매우 작기 때문에 광원을 정확히 전반사 각도에 맞게 결합하기가 상당히 어렵다. 레이저와 같이 고휘도 광원인 경우에는 코어의 지름이 작아야 하는데, 측면발광 LED나 고휘도 LED와 같은 경우에 단일모드 섬유가 종종 사용되기도 한다. 단일모드 섬유에 광원을 결합할 때는 반드시 2~3 μm 수준의 허용오차로 정확히 정렬시켜야만 한다.

광섬유로 충분한 광출력을 전송하는 것이 주된 관심사라면, 코어는 가능한 한 두꺼워야 하며 코어와 덮개의 굴절률 차이 역시 가능한 한 커야 한다. 따라서 코어의 지름이 1 mm를 넘는 특수 광섬유도 있는데, 이러한 광섬유는 모드분산 현상이 크기 때문에 광통신에는 적합하지 않다.

22.2 실리카 섬유와 플라스틱 섬유의 광감쇠 현상

실리카는 장기간 사용할 수 있을 정도로 안정성이 매우 높고 광특성 또한 우수해서 다양한 유리제품이나 광섬유로 현재 매우 다양하게 활용되고 있는 유용한 재료이다. 그림 22.2에는 실리카 섬유의 광감쇠 현상(attenuation)이 나와 있는데, 1.55 μm의 파장에서 광감쇠 현상이 킬로미터당 0.2 dB로 가장 작게 나타났다.

이처럼 실리카 섬유는 광통신에서 광감쇠 현상이 작고 장거리 통신에도 활용될 수 있는 0.85, 1.3, 1.55 μm의 광학적 "윈도우(window)"를 가지고 있다. 0.85 μm의 광통신 윈도우는 GaAs계의 LED 및 레이저를 사용한 광통신에 적합하다. 그러나 이 윈도우는 재료분산 현상의 영향이 크고 비교적 광감쇠 현상이 크기 때문에 주로 짧은 거리에만 적용되고 있다. 1.3 μm의 광통신 윈도우는 LED와 레이저를 사용한 광통신에 역시 적합한데, 상대적으로 광 손실이 적고 분산 현상도 적어 고속으로 전송하는 경우, 특히 경사굴절률의 섬유와 단일모드의 섬유의 경우에 많이 사용된다. 1.55 μm의 광통신 윈도우는 위의 세 윈도우 중에서 가장 손실이 적기 때문에 주로 고속으로 먼 거리를 전송하는 광통신에 사용되는데, 고속 전송률을 위해서 단일모드 광섬유를 사용해야 한다. 레이저와는 다르게 LED에서 나온 빛은 단일모드 섬유에 효과적으로 주입시키기가 매우 힘들기 때문에 1.55 μm 파장의 경우에는 LED보다는 레이저가 보다 적합하다.

플라스틱 광섬유는 최근에 단거리 광통신용 부품으로서 그 관심이 증가하고 있다

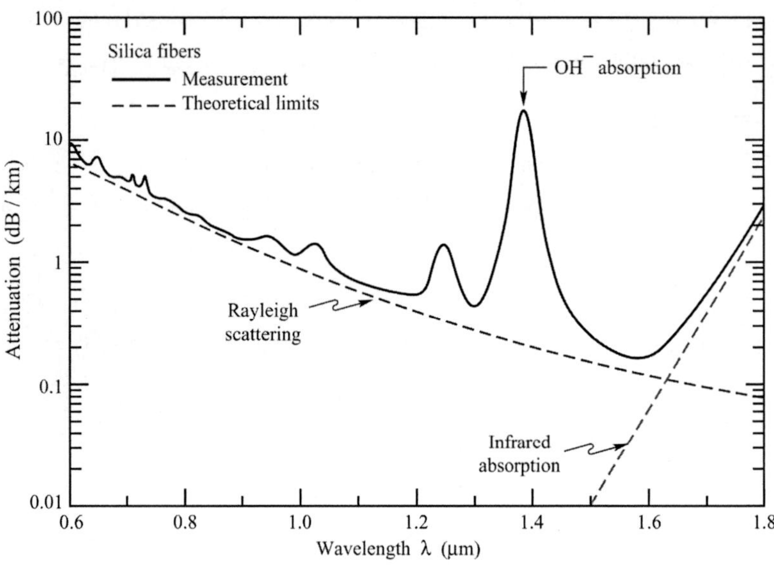

그림 22.2 실리카 섬유에서 측정한 파장에 따른 광감쇠 현상(실선)과 짧은 스펙트럼 영역에서의 Rayleigh 산란 및 적외선 영역에서의 분자 진동(적외선 흡수)에 의하여 얻은 이론적인 제한치(점선).

(Neyer 외, 1999; Kibler 외, 2004). 그러나 플라스틱 섬유는 실리카 섬유에 비해서 광손실이 약 1,000배 정도 더 크기 때문에 전송거리가 수 미터에서 수백 미터로 제한되고, 따라서 자동차 내에서나(Kibler 외, 2004) 비행기 내에서와 같이 제한된 공간에서의 광통신용으로 사용된다.

그림 22.3에는 플라스틱 섬유의 광감쇠 현상이 나타나 있는데, 플라스틱 섬유에서 선호되는 통신 윈도우는 650 nm에 있고 손실률은 미터당 01~0.2 dB 수준이다. 더 짧은 파장에서 광감쇠 정도가 줄어들긴 하지만, 상대적으로 재료분산 현상의 영향이 커지기 때문에 플라스틱 광섬유를 사용한 광통신에는 주로 650 nm의 파장을 사용한다.

22.3 광섬유의 모드분산

광학모드가 다르다는 것은 광섬유로 주입된 광선이 코어에서 다른 각도로 전파된다는 것을 말하는데, 모드분산 현상은 코어의 지름이 큰 경우에 그리고 단일모드 섬유보다는 코어와 덮개 간의 굴절률 차이가 더 큰 다중모드 섬유에서 그 영향이 크다. 보통 다중모드 섬유의 코어 지름은 50~1000 μm이지만, 단일모드 섬유인 경우에는 5~10 μm로 훨씬 가늘다. 다중모드의 섬유에서 전파각을 계산하는 것은 이번 장에서 다룰 내용에서 벗어나므로, 여기에서는 모드분산 현상을 알아보기 위하여 대략적으로만 계산해 보도록 하겠다.

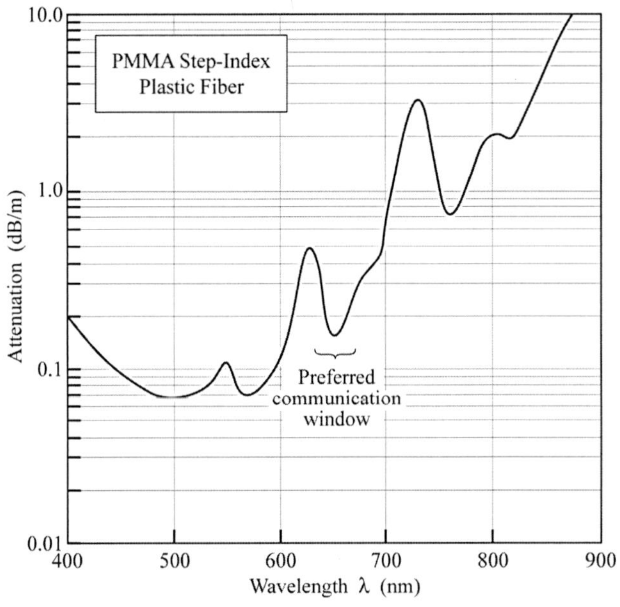

그림 22.3 계단굴절률의 PMMA 플라스틱 광섬유의 광감쇠 현상. 광통신에서 선호되는 파장인 650 nm에서 광감쇠 현상은 약 150 dB/km이다(Toray Industries Ltd., 2002).

우선 코어와 덮개의 굴절률이 각각 $\bar{n}_1$, $\bar{n}_2$인 광섬유를 생각해보자. 이 광섬유가 하나 이상의 광학모드로 빛을 전파할 수 있다고 가정할 때, 이 모드 중 두 개를 그림 22.4에 나타내었다. 이 그림에서 알 수 있듯이 두 모드 간에는 광학 경로의 길이 차이가 분명히 있으며, 전파각 θ가 작은 모드가 섬유의 반대편에 더 일찍 도착한다. 이와 같이 모드분산 현상이란 광섬유의 길이를 L로 정했을 때 가장 빠른 모드와 가장 느린 모드 간의 시간차가 생기는 것을 말한다.

이를 계산하기 위해서 우선 위상 속도(phase velocity)와 군 속도(group velocity)가 $\nu_{ph} = c/\bar{n}_1 \approx \nu_{gr}$의 조건을 만족하고 있다고 가정하자. 가장 빠른 모드는 전파각이 가장 작을 것이기 때문에 최소 전파각은 $\theta_{m=0} \approx 0°$에 가까울 것이다. 반면에 가장 느

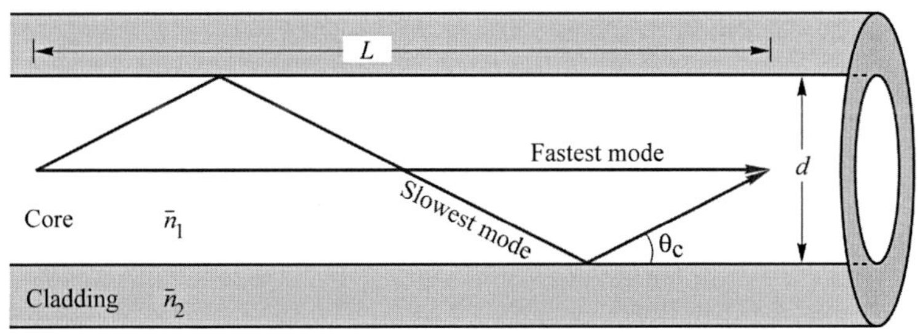

그림 22.4 다중모드 광섬유에서 모드분산 현상을 계산하는데 사용되는 평면도.

린 모드는 전파각이 가장 클 것이기 때문에 이때의 전파각 θ_m은 내부 전반사의 임계각 θ_c와 거의 같은 값을 가질 것이다($\theta_m \approx \theta_c$). 많은 모드가 일어나는 다중모드 섬유의 경우에 이와 같은 가정이 어느 정도는 실제 값에 가까운 계산치를 얻는데 도움을 줄 수 있기 때문에 자주 적용되고 있다.

광섬유의 단위길이당 가장 빠른 모드와 가장 느린 모드의 전파시간은 다음과 같다.

$$\tau_{fast} = \frac{L}{c/\bar{n}_1} \qquad \tau_{slow} = \frac{L/\cos\theta_c}{c/\bar{n}_1} \tag{22.1}$$

여기서 내부 전반사 각도는 Snell 법칙으로부터 다음과 같이 유도할 수 있다.

$$\theta_c = \arccos(\bar{n}_2/\bar{n}_1) \tag{22.2}$$

따라서 모드분산에 의한 단위 길이 당 전달시간의 차이, 즉 지연시간(time delay)은 다음과 같이 주어진다.

$$\frac{\Delta\tau}{L} = \frac{\tau_{slow} - \tau_{fast}}{L} = \frac{n_1}{c}\left(\frac{1}{\cos\theta_c} - 1\right) \tag{22.3}$$

많은 모드가 가능한 광섬유에서는 가장 빠른 모드와 가장 느린 모드 간에 전달시간의 차이가 더욱 크기 때문에 광섬유에서 가능한 광학모드의 수가 증가함에 따라서 모드분산 현상의 영향은 더욱 커진다.

Exercise

광섬유에서의 모드분산

코어의 굴절률이 $\bar{n}_1 = 1.45$, 덮개의 굴절률이 $\bar{n}_2 = 1.4$인 다중모드 광섬유 1 km에서 가장 빠른 모드와 가장 느린 모드 간에 생기는 지연시간과 이 섬유에서 가능한 최고 전송률을 계산하라.

해답 우선 식 (22.2)의 Snell 법칙을 사용하여 $\theta_c \approx 15°$임을 얻고, 식 (22.3)으로부터 지연시간을 계산하여 $\Delta\tau = 170$ ns를 얻는다. 그러면 1 bit의 정보를 전송하는데 필요한 최소의 시간은 $\Delta\tau$과 같기 때문에 가능한 최고 전송률은 $f_{max} = 1/170$ ns $= 5.8$ Mbit/s이다. 이 계산으로부터 알 수 있듯이 모드분산 현상은 광통신에서 매우 심각한 문제이므로, 고속 광통신 시스템에서는 경사굴절률의 다중모드 섬유나 단일모드 섬유가 사용된다.

22.4 광섬유의 재료분산

광섬유의 용량을 제한하는 또 하나의 원인으로 재료분산(material dispersion) 현상이 있는데, 재료의 굴절률이 파장에 따라서 다르기 때문에 일어나는 현상이다. 그림 22.5에는 실리카 재료의 파장에 따른 위상굴절률(phase refractive index)과 군굴절률(group refractive index)이 나와 있는데, 실리카의 위상속도와 군속도를 각각 ν_{ph}와 ν_{gr}이라고 할 때 각각의 굴절률은 다음과 같이 정의된다.

$$\bar{n} = \frac{c}{\nu_{ph}} \quad (\text{위상굴절률}) \tag{22.4}$$

$$\bar{n}_{gr} = \frac{c}{\nu_{gr}} \quad (\text{군굴절률}) \tag{22.5}$$

그리고 위상굴절률과 군굴절률 다음과 같은 관계를 가지고 있다.

$$\bar{n}_{gr} = \bar{n} - \lambda \frac{d\bar{n}}{d\lambda} = \bar{n} - \lambda_0 \frac{d\bar{n}}{d\lambda} \tag{22.6}$$

광섬유에서 분산 현상이 일어난다면, 광신호의 스펙트럼 선폭을 $\Delta\lambda$이라 할 때 광

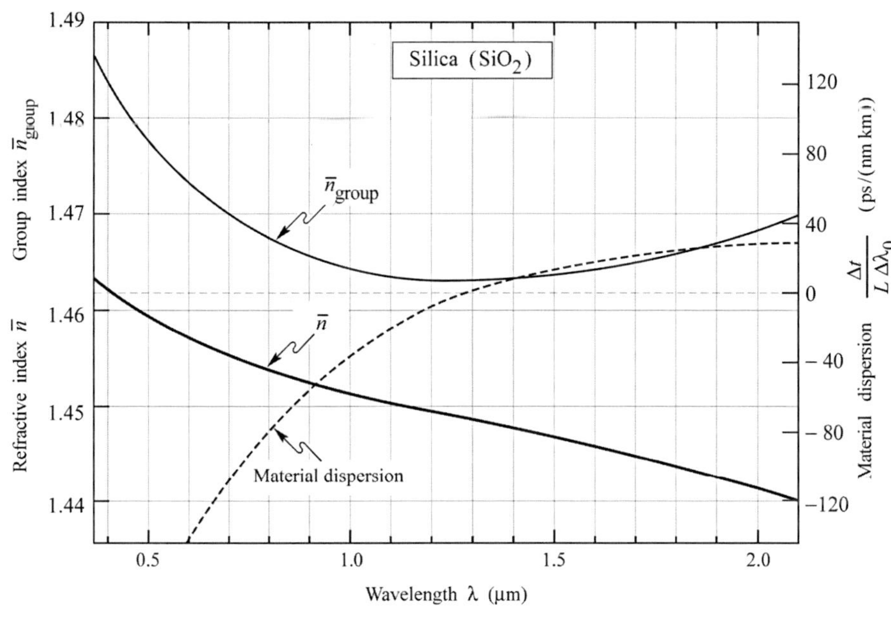

그림 22.5 진공상태에서 광신호의 선폭이 $\Delta\lambda 0$일 때 실리카 광섬유의 위상굴절률과 군굴절률, 그리고 재료분산에 의한 단위길이당 지연시간. 보통 사용되는 실리카 섬유의 경우 재료분산에 의해 지연시간이 생겨나는 현상은 λ=1.3 μm에서 없어진다.

신호에서 "가장 느린 색"과 "가장 빠른 색" 간의 군속도 차이는 다음과 같이 주어진다.

$$|\Delta\nu_{gr}| = \frac{c}{\bar{n}_{gr}^{2}}\frac{d\bar{n}_{gr}}{d\lambda}\Delta\lambda \tag{22.7}$$

광신호가 섬유 내에서 L의 거리를 이동한 뒤에는 재료분산 현상에 의해서 광신호의 앞단과 뒷단 간의 지연시간(time delay)이 생기는데 이는 다음과 같이 계산할 수 있다.

$$\Delta\tau = \frac{L}{\nu_{gr}^{2}}\Delta\nu_{gr} = \frac{L}{c}\frac{d\bar{n}_{gr}}{d\lambda}\Delta\lambda = \frac{L}{c}\frac{d\bar{n}_{gr}}{d\lambda_0}\Delta\lambda_0 \tag{22.8}$$

재료분산에 의한 지연시간은 ps/(nm · km)의 단위로 측정하는데, 그림 22.5에 실리카 섬유에 대하여 파장에 따른 지연시간의 변화를 나타내었다. LED는 레이저에 비해서 비교적 넓은 선폭의 빛을 방출하기 때문에 모드분산과 더불어 재료분산은 LED로 구동되는 광섬유 통신 시스템에서 최대 대역폭을 결정하는 주요 요소가 된다.

Exercise

도파로에서의 재료분산

식 (22.6)과 식 (22.7)을 유도하여라. 그리고 재료분산이 LED에 비해서 반도체 레이저의 경우에 그 영향이 훨씬 적은 이유는 무엇인가?

플라스틱 광섬유에서도 광통신으로 사용되는 전 파장영역에서 매우 큰 재료분산 현상이 나타나는데, 650 nm에서 국부적인 손실이 최소이고 500~600 nm에서 손실이 비교적 적다. 표 22.1에는 PMMA 플라스틱 섬유에 525 nm, 560 nm, 650 nm 파장의 빛을 주입하였을 때 재료분산 현상에 의하여 발생되는 지연시간 값이 나와 있다. 이 표에서 나와 있듯이 650 nm에서 가장 최소의 분산 현상이 일어나므로 플라스틱 광섬유를 이용한 광통신에서는 650 nm의 파장이 가장 많이 사용된다.

표 22.1 PMMA 플라스틱 광섬유에서 재료분산 현상(R. Marcks von Wurtemberg, Mitel Corporation, 2000).

Wavelength	525 nm	560 nm	650 nm
Material dispersion	700 ps/(nm km)	500 ps/(nm km)	320 ps/(nm km)

Exercise

재료분산과 모드분산

코어의 지름이 62.5 μm인 경사굴절률의 다중모드 섬유가 있다고 생각해보자. 이 섬유의 길이는 3 km이고 코어와 덮개의 굴절률은 각각 $\bar{n}_1=1.45$, $\bar{n}_2=1.4$이다. 850 nm에서 발광하는 LED와 레이저 중 하나를 택하여 광섬유에 광신호를 입력하였고, LED와 레이저에서 나오는 빛의 선폭이 각각 50 nm와 5 nm라고 가정하자. 각각의 경우에 재료분산과 모드분산을 계산하고 그 결과를 설명하라.

22.5 광섬유의 조리개수

광섬유에서는 전반사 조건에 의해서 전반사의 임계각보다 더 낮은 전파각으로 들어간 빛만이 코어 내부를 통해 손실 없이 전파될 수 있다. 광섬유의 한쪽 끝 면은 매끈하게 연마되어 있는데, 그 표면은 그림 22.6에서와 같이 광섬유의 광축에 수직이다. 그러면 LED로부터 광섬유로 빛이 주입되는 경우를 생각해보면, 전반사조건에 의해서 일정 범위의 각도 이내의 빛만이 광섬유 안으로 손실 없이 들어갈 수 있고, 수용각 범위를 벗어나는 빛은 덮개층 외부로 굴절되어 나가버린다. Snell 법칙으로부터 광섬유 내부로 수용되어 들어가는 입사각의 범위를 도출해낼 수 있는데, 그림 22.6에 나타낸 바와 같이 광섬유에서 최대 수용각은 다음과 같이 주어진다.

$$\bar{n}_{air}\sin\theta_{air}=\bar{n}_1\sin\theta_c \tag{22.9}$$

공기의 굴절률은 거의 1이므로, 공기 중에 광섬유가 있는 경우의 최대 수용각은 나

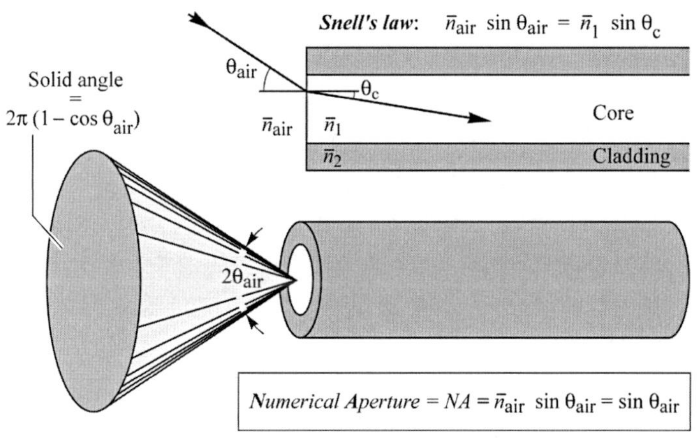

그림 22.6 광섬유의 조리개수(NA)의 모식도. 예를 들어 공기 중에서 빛의 수용각은 $NA=0.2$의 조리개수의 경우에 $\theta_{air}=11.5°$이다.

음과 같다.

$$\theta_{air} = \arcsin(\bar{n}_1 \sin\theta_c) \tag{22.10}$$

그림 22.6에 나타낸 바와 같이 위에서 얻은 최대 수용각을 통해 손실 없이 빛이 주입될 수 있는 원뿔 모양의 공간을 규정할 수 있고, 이 원뿔 공간의 안쪽에 해당하는 전파각으로 빛이 주입되면 손실 없이 광섬유의 코어로 주입될 수 있다. 이 원뿔 공간의 크기를 조리개수(numerical aperture, NA)로 표현하는데, θ_{air}가 작을 때에는 $\sin\theta_{air} \approx \theta_{air}$을 만족하므로 조리개수는 다음과 같이 정의된다.

$$\boxed{NA = \bar{n}_1 \sin\theta_c = \bar{n}_{air} \sin\theta_{air} = \sin\theta_{air} \approx \theta_{air}} \tag{22.11}$$

일반적으로 단일모드의 실리카 광섬유는 NA가 0.1이고, 다중모드의 실리카 광섬유는 NA가 0.15~0.25이다. 그리고 플라스틱 광섬유는 이보다 더 큰 NA 값을 가지며 보통 0.2~0.4이다. 특정한 NA에 해당하는 입체각(solid angle) Ω는 NA가 작은 경우에 $\sin\theta_{air} \approx \theta_{air}$이고 $\cos\theta_{air} \approx 1-(1/2)\theta_{air}^2$이므로 다음과 같이 주어진다.

$$\text{Solid angle} = \Omega = 2\pi(1-\cos\theta_{air}) = 2\pi[1-\cos(\arcsin NA)] \approx \pi NA^2 \tag{22.12}$$

LED 빛을 광섬유를 통하여 공기 중으로 방출시키는 경우에는 LED의 광출력이 광섬유의 입체각에 비례하게 되므로, 최대 수용각이 작은 경우에 광섬유를 통해 전달되는 LED의 광출력은 광섬유의 조리개수의 제곱에 비례한다.

Exercise

LED에 광섬유의 한쪽 면이 결합되었을 때의 효율

점광원에 가까운 LED가 반구 형태로 1 mW의 광출력을 낸다고 생각해보자. 간단한 계산을 위해서 LED로부터 나오는 빛의 강도는 모든 각도에서 동일하다고 가정하자. NA=0.1의 단일모드 광섬유와 NA=0.25의 다중모드 광섬유의 최대 수용각은 각각 얼마인가? 그리고 두 섬유로 주입될 수 있는 광출력은 얼마인가?

해답 공기 중에서 단일모드와 다중모드의 광섬유의 최대 수용각 θ_{air}는 각각 5.7°와 14.5°이다. 따라서 수용각 θ_{air}로 정해지는 입체각 Ω는 단일모드와 다중모드의 경우에 각각 0.031과 0.20으로 주어진다. 반구 전체의 입체각은 2π이므로 따라서 단일모드와 다중모드의 광섬유에 결합된 LED의 광출력은 각각 0.0049 mW와 0.032 mW이 된다.

22.6 렌즈를 통한 광섬유 결합

광섬유에 LED를 직접 결합하는 경우에는 보통 빛의 결합효율이 그다지 높지 않다. 그런데 만약 LED의 발광영역을 광섬유의 코어보다 더 좁게 할 수 있다면 LED와 광섬유 사이에 볼록렌즈를 넣음으로써 결합효율을 크게 향상할 수 있다. 이 경우에는 볼록렌즈에 의해서 LED의 발광영역에 해당하는 상이 광섬유의 코어에 비춰지는데, 이렇게 되면 광섬유로 주입되는 빛의 입사각을 더 줄일 수 있다. 이러한 방법은 볼록렌즈를 통하여 광원에서 나오는 빛의 경로를 광섬유의 NA에 맞도록 바꾸는 것으로 "조리개수 일치(*NA*-matching)"라 부르는데, 이에 대하여 자세히 살펴보자. 볼록렌즈에 의한 결합효율 향상의 원리는 그림 22.7이 보여주고 있는데, 볼록렌즈에 의해서 높이 O의 발광체가 광섬유에 높이 I의 상으로 맺히게 된다. 그림에서와 같이 발광체보다 맺힌 상의 크기가 더 크다면 발광체에서 렌즈로 들어오는 빛의 발산각에 비해서 렌즈로부터 광섬유로 들어가는 빛의 입사각이 더 작아지기 때문에 빛의 발산이 줄어드는 효과를 주어 광섬유로 들어가는 빛의 결합효율을 높여줄 수 있다.

광섬유에 맺히는 상의 크기를 가장 작게 만들어주기 위해서는 초점이 잘 맞는 위치에 렌즈를 놓아야 하는데, 그러기 위해서는 다음의 렌즈방정식을 통해서 최적의 위치를 구할 수 있다.

$$\frac{1}{d_O} + \frac{1}{d_1} = \frac{1}{f} \tag{22.13}$$

이 식에서 d_O와 d_1은 각각 렌즈로부터 LED까지의 거리와 LED에서부터 광섬유까지의 거리이고, f는 렌즈의 초점거리를 가리킨다. LED 광원의 상이 광섬유의 코어에서 얼마나 확대되는지를 나타내는 배율은 다음의 식으로 정해진다.

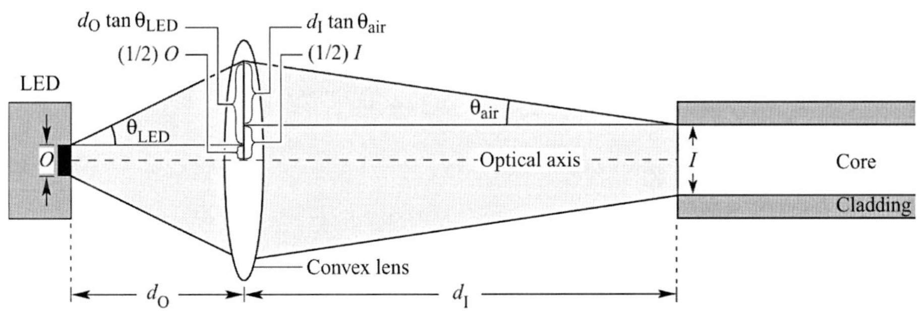

그림 22.7 렌즈를 통해 LED의 발광영역의 상이 광섬유의 코어에 맺히게 함으로써 빛의 결합효율을 향상시키는 방식에 대한 도식적인 설명. LED의 발광영역은 지름이 O인 원 형태인데, LED로부터 나온 빛은 초점거리가 f인 볼록렌즈를 통하여 광섬유의 코어에 지름이 I인 상으로 맺힌다.

$$M = \frac{I}{O} = \frac{d_1}{d_0} \tag{22.14}$$

그리고 그림 22.7에 나타낸 바와 같이 볼록렌즈에 의하여 변하는 빛의 경로에 의하면 다음 조건을 만족한다.

$$\frac{1}{2}O + d_0 \tan\theta_{LED} = \frac{1}{2}I + d_1 \tan\theta_{air} \tag{22.15}$$

LED와 광섬유의 코어가 렌즈의 지름에 비해서 매우 가늘다면 θ_{LED}와 θ_{air}는 상당히 작은 값이기 때문에, 식 (22.15)는 다음과 같이 바꿀 수 있다.

$$\theta_{LED} = \frac{d_I}{d_O}\theta_{air} = \frac{I}{O}\theta_{air} \tag{22.16}$$

여기서 d_1이 d_O보다 더 크기 때문에 LED로부터 나오는 빛의 발산각에 비해서 광섬유의 수용각이 더 작아지고 따라서 광섬유로의 결합효율이 증가한다. 다시 말해 LED를 광섬유에 직접 결합하였을 때에는 LED로부터 나오는 반구 형태의 빛 중에 광섬유의 수용각(θ_{air}) 이내의 빛만이 광섬유로 주입될 수 있었지만, 중간에 볼록렌즈를 넣음으로써 그보다 더 큰 발산각(θ_{LED})의 빛이 광섬유의 수용각(θ_{air}) 안으로 들어갈 수 있어 결합효율은 향상된다. 그러므로 LED로부터 퍼져 나온 빛 중에서 광섬유로 주입되어 들어갈 수 있는 각도를 LED의 조리개수, NA_{LED}로 정의할 수 있다. NA에서 수용각이 작다는 점과 식 (22.14)를 이용하면 NA_{LED}는 다음과 같은 식으로 나타낼 수 있다.

$$NA_{LED} = \frac{I}{O}NA \tag{22.17}$$

식 (22.12)에서 알 수 있듯이 광섬유로의 결합효율은 NA^2에 비례하기 때문에 렌즈를 사용하면 다음 식에서와 같이 결합효율은 증가한다.

$$\text{Conpling efficiency} \propto NA_{LED}^2 = [(I/O)NA]^2 \tag{22.18}$$

이 결과로부터 발광영역의 지름이 작은 LED를 사용하고 코어가 두껍고 NA가 큰 광섬유를 사용하면 결합효율이 높아진다는 사실을 알 수 있다.

LED에 렌즈를 조합하는 방식은 광통신 시스템에서 자주 적용되고 있다. 그림 22.8에는 LED 바로 위에 렌즈를 직접 형성시킨 경우의 현미경 사진을 보여주는데, 이 사진에서 LED의 발광영역의 지름은 20 μm이고 그 위에 형성된 렌즈의 지름은 약 80 μm이다.

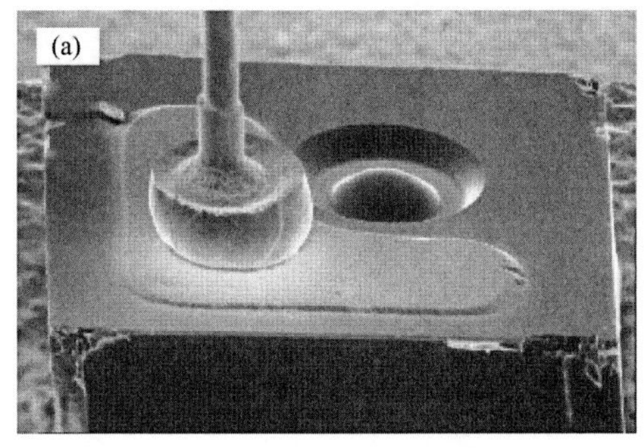

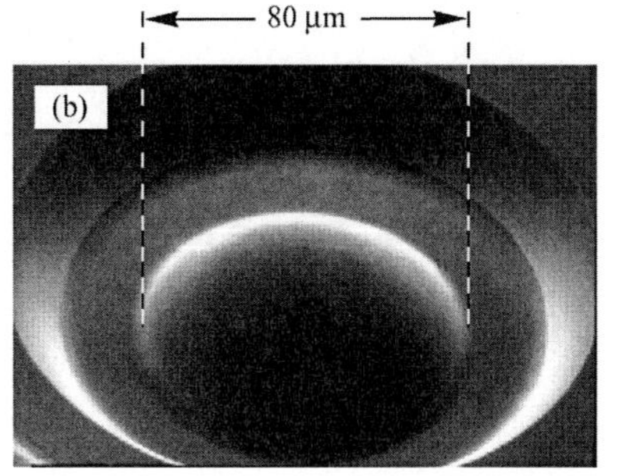

그림 22.8 (a) 현재 판매되고 있는 렌즈 집적식 광통신 LED 칩, (b) GaAs 기판에 광화학적인 과정을 통해 식각한 렌즈의 상세 사진(AT&T ODL product line, 1995).

Exercise

LED 위에 렌즈를 형성시켰을 때 광섬유로의 결합효율

방출영역의 지름이 20 μm인 원형의 LED가 $NA=0.2$이고 코어의 지름이 62.5μm인 실리카 다중모드 광섬유에 결합되어 있다. 평면 LED 표면 위에 반구 형태로 방출하는 LED의 광출력은 1 mW이다. 간단한 계산을 위하여 LED가 모든 방향으로 동일한 강도의 빛을 내고 있다고 가정하자. 이때 다중모드 광섬유에 주입될 수 있는 최대의 광출력은 얼마인가?

해답 렌즈를 사용하여 LED의 방출영역의 상을 광섬유의 코어에 비춤으로써 결합효율을 향상할 수 있다. 최대로 주입될 수 있는 광출력을 계산하기 위해서는 볼록렌즈를 통해 얼마나 확대되는지를 계산해야 하는데, 그 배율은 $M=$ 62.5 μm/20 μm=3.125이므로 광섬유로의 수용각 역시 θ_{air}=11.5°에서 $\theta_{\leq D}=$ 35.9°로 증가한다. LED의 수용각, $\theta_{\leq D}$로 정의되는 입체각은 $\Omega=1.19$로 주어지는데, LED는 입체각이 $\Omega=2\pi$인 반구 전체로 1 mW의 빛을 내고 있기 때문에 광섬유로 주입되는 광출력은 1 mW×(1.19/2π)=0.189 mW로 계산될 수 있다.

22.7 자유공간을 통한 광통신

자유공간을 통한 광통신은 중저속의 전송 속도에 적합한 것으로 알려졌는데(Carruthers, 2002; Heatley 외, 1998; Kahn and Barry, 2001), 일반적으로 대부분 TV나 오디오 등의 원격조종에 많이 적용되고 있다. 다른 용도로는 자동차 도어록의 원격 조정기에 사용되거나 컴퓨터에 마우스나 키보드, 프린터와 같은 주변 기기를 무선으로 연결할 때 사용된다. 자유공간을 통한 광통신은 기본적으로 빛이 직접 전달될 수 있도록 직접 보이도록 놓는 경우에 제한되고, 벽이나 바닥, 가구와 같은 장애물에 의해 가려지는 경우에는 적용할 수 없다. 그러나 천정이나 기타 물체들에 의해 일부는 반사될 수도 있기 때문에 송신기와 수신기 사이에 장애물이 놓여 있어도 광통신이 가능할 수도 있다.

자유공간 광통신에서는 보통 근적외선의 파장을 사용하는데, 효율이 우수한 GaAs LED가 주로 사용된다. 게다가 적외선 빛은 가시광선과는 달리 사람의 눈에는 보이지 않기 때문에 주변에 있는 사람에게 아무런 방해도 주지 않는다는 이점이 있다. 그러나 아무리 사람의 눈에는 보이지 않는다 하더라도 눈에 영향을 주지 않는 것은 아니기 때문에, 사람의 눈을 보호하기 위해서 광송신기의 최대출력은 일정 수준으로 제한된다. 870 nm 파장의 경우에는 광출력이 보통 수 mW로 제한되나, 이보다 긴 1500 nm 파장에서는 더 높은 광출력이 허용되기도 한다. 이는 눈의 각막이 1500 nm의 빛을 흡수해서 시신경이 모여 있는 망막으로는 빛이 전달되지 않아 눈을 보호할 수 있기 때문이다. 그래서 1500 nm 파장대를 흔히 "eye safe" 구간으로 부르기도 한다.

가까운 거리의 광통신에서는 공기 중이라 하더라도 광손실은 거의 무시할 수 있다고 생각할 수 있다. 그러나 공기 중에서는 광신호가 일직선으로 나가지 않고 일정부분 공간적으로 퍼져 나가는 성질이 있으므로 거리에 따라서 상대적으로 그 강도가 감소하게 된다. 모든 방향으로 동일한 강도의 빛이 나오는 등방성(isotropic) 발광체의 경우에 빛의 강도는 거리의 제곱에 비례하여 감소한다. 따라서 광원으로부터 나오는 광출력을 P라 하고 광원으로부터의 거리를 r이라 할 때, 빛의 강도는 다음과 같은 수식으로 나타낼 수 있다.

$$I = P/(4\pi r^2) \tag{22.19}$$

이처럼 자유공간 광통신에서 광신호의 강도가 감소하는 현상은 광섬유를 통한 통신과 비교했을 때와 전혀 다르다는 점을 알 수 있다. 이처럼 거리에 따라서 광신호의 강도가 빠르게 감소하기 때문에 광통신의 최대 허용거리는 일정 수준으로 제한된다. 반대로 빛이 퍼지지 않고 평행하게 나아간다면 이러한 문제는 해결될 수 있는데, 비가 오지 않고 안개도 껴있지 않는 대기 상태라면 광신호를 큰 손실 없이 수 km의 거리까지 전송하는 것이 가능하다. 이와는 다르게 반도체 레이저는 공간적으로 거의 빛이 퍼지지 않는 성질을 지니고 있기 때문에 자유공간에서의 광통신에 매우 적합하다.

자유공간 광통신 시스템에서는 전송 속도가 다중경로 왜곡(multipath distortion), 즉 다중경로에 의하여 신호의 도달시간이 달라지는 현상에 의해서 크게 제한을 받는다. 그림 22.9는 다중경로 왜곡을 그림으로 나타낸 것인데, 광송신기로부터 나온 빛은 몇 개의 다른 경로를 통해 수신기에 도달한다. 특히 실내가 하얀 천정이나 벽, 그리고 거울과 같이 반사도가 높은 표면이 많은 경우에 더욱 그렇다. 간단한 계산을 위해서 송신기와 수신기 간의 가장 먼 경로의 거리가 가장 가까운 경로의 거리의 두 배라고 가정하자. 그렇다면 송신기와 수신기 간의 최단거리를 L이라 하고 빛의 속도를 c라고 할 때, 다중경로 왜곡에 의한 지연시간은 다음과 같다.

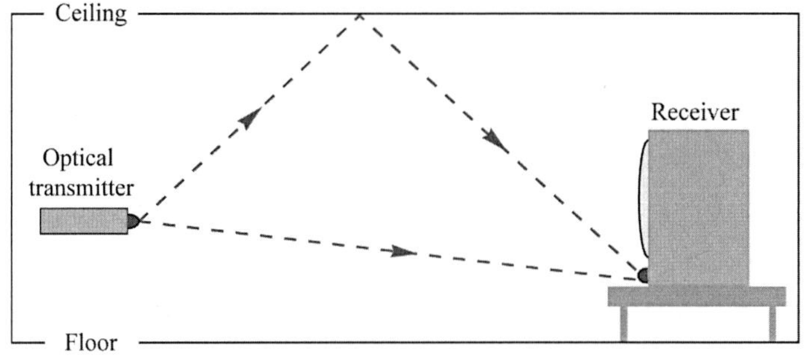

그림 22.9 자유공간에서 광신호의 최고 전송 속도를 제한하는 다중경로 왜곡에 대한 모식도.

$$\Delta\tau = L/c \tag{22.20}$$

이때 최고 전송률은 다음과 같이 주어진다.

$$f_{\max} \approx 1/\Delta\tau \tag{22.21}$$

따라서 방의 크기가 5 m일 때, 다중경로에 의한 지연시간은 약 $\Delta\tau = 17$ ns이므로 전송 속도는 약 60 MHz로 제한된다.

자유공간 광통신을 제한하는 또 다른 요인으로는 검출기의 잡음이 있다. 기본적으로 자유공간 광통신은 근적외선 파장을 이용하고 있다. 그런데 태양과 백열등으로부터 나오는 빛에는 강한 적외선 성분이 상당히 많이 포함되어 있기 때문에 검출기가 직사광선을 받는 경우라면 검출기에는 많은 광전류가 생성되어 잡음으로 연결된다. 이러한 검출기 잡음 현상은 수신기 시스템의 대역폭을 일정 수준으로 낮추어 시스템의 전송 속도를 줄임으로써 그 영향을 억제할 수 있다. 즉, 수신기 시스템의 대역폭을 줄이면, 시스템의 대역폭에 비해서 잡음 스펙트럼이 훨씬 더 넓어지므로 잡음과 신호를 구분할 수 있게 되고, 그 결과 검출기 잡음을 줄일 수 있다. 주변 광원에 의한 잡음은 또한 광학 대역통과 필터(optical band-pass filter)나 장파장통과 필터(long-wavelength-pass filter), 또는 두 필터를 조합하여 사용함으로써 줄일 수 있는데, 이 필터들은 원하지 않는 주변 빛이 검출기로 들어가지 않도록 하여 광신호의 신호대잡음비(signal-to-noise ratio, S/N)를 높여 준다.

참고문헌

Carruthers J. B. "Wireless infrared communications" in *Wiley Encyclopedia of Telecommunications* edited by J. G. Proakis (John Wiley and Sons, New York, 2002)

Heatley D. J. T., Wisely D. R., Neild I., and Cochrane P. "Optical wireless: the story so far" *IEEE Comm. Mag.* **36**, 72 (1998)

Hecht J. *Understanding Fiber Optics* (Prentice Hall, Upper Saddle River, New Jersey, 2001)

Kahn J. M. and Barry J. R. "Wireless infrared communications" *Proc. IEEE* **85**, 265 (2001)

Keiser G. *Optical Fiber Communications* 3rd edition (McGraw-Hill, New York, 1999)

Kibler T., Poferl S., Bock G., Huber H.-P., and Zeeb E. "Optical data buses for automotive applications" *IEEE J. Lightwave Technol.* **22**, 2184 (2004)

Mynbaev D. K. and Scheiner L. L. *Fiber-Optic Communications Technology* (Prentice Hall, Upper Saddle River, New Jersey, 2001)

Neyer A., Wittmann B., and Johnck M. "Plastic-optical-fiber-based parallel optical interconnects" *IEEE J. Sel. Top. Quantum Electron.* **5**, 193 (1999)

Chapter 23
통신 LED

LED는 자유공간통신 또는 섬유통신의 응용분야에 사용될 수 있다. 자유공간통신의 응용분야는 텔레비전 세트와 스테레오와 같은 전기 제품의 원격 제어 및 컴퓨터와 주변 디바이스 사이의 데이터통신을 포함한다. 광섬유통신의 응용분야에 사용된 LED는 수 km의 거리와 약 1 Gbit/s까지의 비트 전송률에 적합하다. LED를 사용한 대부분의 섬유들은 다중모드(계단굴절률과 경사굴절률)이다. 그러나 어떤 응용분야들은 단일모드 섬유를 적용할 수 있다.

23.1 자유공간통신용 LED

자유공간통신 LED는 일반적으로 GaAs 또는 GaInAs 활성층 영역으로 만들어지고 GaAs 기판 위에 성장된다. GaInAs층은 부정규형으로, 즉 일정하게 변형되어 전위가 발생되지 않을 정도로 충분히 얇게 박막이 성장된다. GaAs와 일정하게 변형된 GaInAs LED의 발광파장은 870 nm(GaAs 활성층 영역에 대해)에서부터 950 nm(GaInAs 활성층 영역에 대해)까지 적외선범위의 파장으로 제한된다.

자유공간통신 LED의 파장은 적외선영역이므로 방출된 빛은 사람의 눈에 보이지 않을 뿐 아니라 구별되지도 않는다. 자유공간통신은 보통 100 m보다 적은 투과 거리를 나타내기 때문에 투과 매질(공기)에 분산되지 않고 손실이 없도록 고려되어야 한다.

전체 광출력은 자유공간통신 LED에서 중요한 장점이 있으므로, 내부효율과 추출효율이 극대화될 필요가 있다. 발광 형태는 또 다른 중요한 변수 중에 하나이다. 발광부에서 수신부로 빛을 향하게 해야 하므로 쉬운 수신을 위해서는 큰 발광 형태가 요구된다.

23.2 섬유-광통신용 LED

발광다이오드는 상대적으로 중간 또는 낮은 형태의 광통신 전송률을 갖게 선택된 광원이다. 높게 여기된 반도체에서 약 1 ns 정도의 자발발광수명에 의하여 LED로 얻을 수 있는 최대 전송률은 1 Gbit/s로 제한된다. 따라서 수 Gbit/s의 전송률은 LED 광원에서 가능하지 않다. 많은 일부 영역의 통신과 관련된 응용분야에서는 수백 Mbit/s의 전송률이면 충분하다.

섬유통신 응용분야에 사용되는 LED는 램프 응용분야에서 사용되는 LED와는 매우 다르다. 통신 LED에서는 LED에서 섬유로 발산하는 빛의 높은 결합효율이 필수적이다. 광섬유에 인접한 LED의 표면으로부터 발산하는 빛은 섬유 속으로 결합된다. 그러므로 LED의 한쪽 면에서 방출된 빛을 최대화하는 것이 필수적이다. 섬유통신에서 사용되는 LED는 단위 면적당 방출하는 출력이 하나의 큰 특성이다. 이는 LED에서 방출된 전체 출력이 장점인 자유공간통신 LED와는 반대의 특성을 나타낸다.

LED와 섬유의 결합효율을 극대화하기 위해 발광점은 광섬유의 코어의 직경보다 작아야 할 것이다. 일반적으로 다중모드 섬유에 사용되는 소자의 경우 20~50 μm의 직경을 갖는 원형 발광영역을 나타낸다. 실리카 다중모드 섬유들은 일반적으로 50~100 μm의 코어직경을 갖는다. 반면에, 플라스틱 광섬유는 1 mm 정도로 큰 코어직경을 가질 수 있다. 따라서 더 큰 발광 면적을 갖는 LED는 플라스틱 섬유에 사용될 수 있다.

23.3 870 nm에서 발광하는 표면발광 Burrus 형태의 통신 LEDs

광통신에 적합한 최초의 LED 구조 중에 하나가 AT&T 벨 연구소의 Charles Burrus (Burrus와 Miller, 1971; Saul 외, 1985)에 의해 개발되었다. Burrus 형태의 LED를 그림 23.1(a)에 나타내었고, 이는 GaAs 기판 위에 격자일치 형태로 성장된 GaAs 활성층 영역을 갖는 다중 이종접합구조로 구성되었다. Burrus에 의해 제안되고 증명된 기본구조는 동종접합이었다. 그러나 동종접합 LED는 활성층에 접한 층에 의해 원하지 않는 빛의 재흡수가 발생하기 때문에 더 이상 사용되지 않고 있다.

Burrus 형태의 구조는 광통신 응용분야에 적합한 몇 개의 다른 형태를 갖는다. 첫째로는, 빛은 활성층의 좁은 면적으로부터 발생된다. 활성층의 측면에서 발광하는 면적은 LED의 p형 오믹 접촉에 의해 결정된다. 만약 p형 구속층이 충분이 얇다면, 전류의 퍼짐 현상이 발생하지 않고 발광 지역의 측면 면적이 접촉 크기와 동일하다. 디자인 측면에서 활성층의 측면 면적은 접촉효율을 극대화하기 위해 광섬유의 코어 직경보다 적다. 둘째로는 그림 23.1에서 나타내었듯이 기판에 광의 흡수를 최소화하기 위해

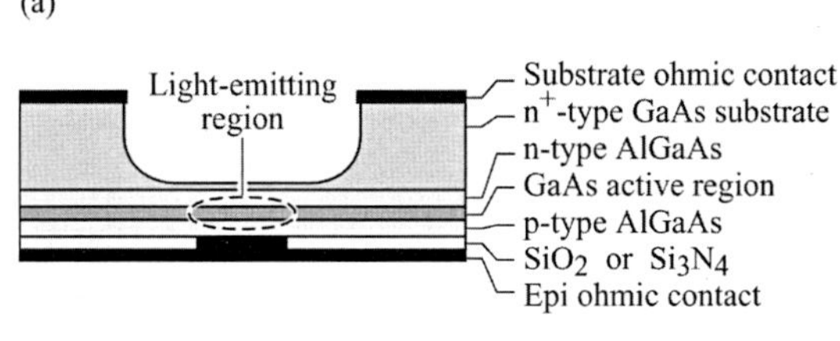

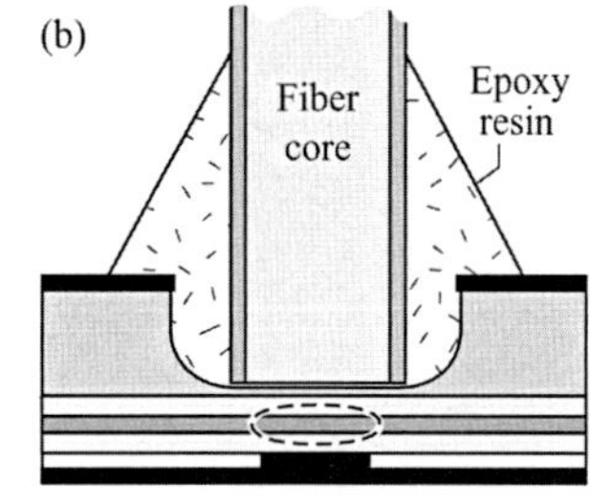

그림 23.1 (a) Burrus 형태의 화학적 습식 에칭에 의해 활성층 상부가 제거되고 불투명한 GaAs 기판을 가진 $Al_xGa_{1-x}As$/GaAs 이중 이종접합 LED 구조임. Burrus 형태의 LED는 기판의 옆 부분이 위로 올라간 형태임. (b) Burrus 형태의 LED에 결합된 광섬유를 나타낸다.

불투명한 GaAs 기판이 부분적으로 제거되었다. 기판은 약 150 μm 두께까지 기계적 연마를 진행한 후 화학적 습식 에칭에 의해 얇게 형성할 수 있다. 만일 에칭에 의해 형성된 GaAs 막이 너무 얇다면, 이는 섬유 결합을 하는 동안 쉽게 부서질 수 있다. 반면에, 두꺼운 막은 흡수에 의한 발광효율이 감소될 수 있다.

그림 23.1(b)는 일반적으로 광섬유에 부착된 Burrus 형태의 LED 결합 배열을 나타내고 있다. 에폭시는 LED에 섬유를 영구적으로 붙이는데 사용된다. P형 전극은 활성층에서 발생되는 열에 대한 흡수원으로 사용될 수 있다. P형 전극이 전기도금된 두꺼운 금(Au)층을 포함한다면 열 흡수원은 아주 효과적일 것이다.

23.4 1300 nm에서 발광하는 표면발광 통신 LED

경사굴절률(graded-index)을 갖는 실리카 섬유를 사용하였을 때 1300 nm에서 발광하는 통신 LED는 고속 자료전송에 대해 적합하다. 1300 nm에서 발광하는 통신 LED의 구조는 그림 23.2에 나타내었다(Saul 외, 1985). 광은 1300 nm에서 투명한 InP 기판을 통하여 방출된다. 따라서 소자는 LED 패키지에서 에피쪽이 아래로 향하게 고정된다. 소자는 InP 기판에 격자일치된 GaInPAs 활성층을 가진다. 전류 퍼짐층이 사용되지 않으므로 발광영역은 접촉층 상부에 바로 위치한다. 광의 방출구에서 광학 렌즈는 LED 대 섬유 결합효율을 향상하기 위해 빛과 평행하게 하여야 한다. 렌즈는 광-전기화학 공정에 의해 InP 기판 안쪽으로 식각된다(Ostermayer 외, 1983).

소자의 표면과 끝 부분에서 측정된 발광 스펙트럼을 그림 23.3에 나타내었다. 그림에 나타난 두 개의 발광 스펙트럼은 아주 다른 형태를 나타낸다. 자기흡수 과정에서 스펙트럼의 높은 에너지 부분의 광자가 재흡수된다.

GaInPAs/InP LED 웨이퍼의 주사전자 현미경 사진을 그림 23.4에 나타내었다. 전극

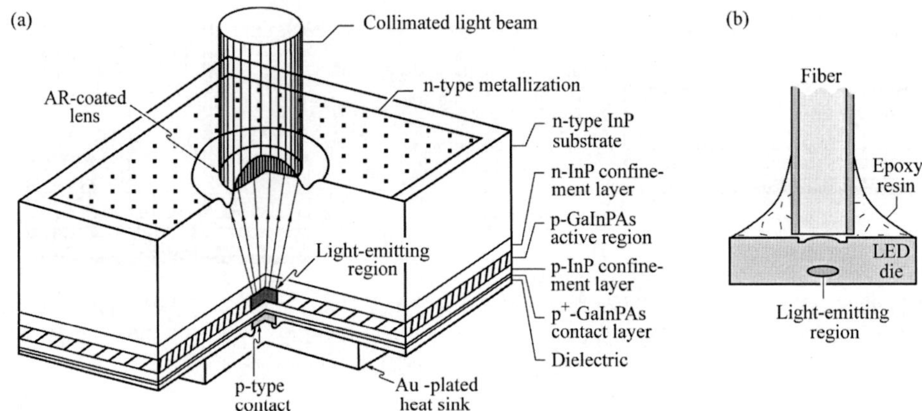

그림 23.2 (a) InP와 격자일치된 GaInPAs 활성층을 갖는 1300 nm에서 발광하는 통신 LED의 구조임. 활성층에서 발생된 빛은 투명한 InP 기판을 통과하여 투과된다. 발광영역의 측면 면적은 직경 20 μm을 갖는 원형 오믹전극 하에서 전류 주입으로 정의된다. 기판에 식각된 반사방지 코팅된 렌즈는 빛의 광속을 평행하게 한다. (b) 에폭시수지를 사용하여 LED 대 섬유 결합을 나타낸다.

표면은 접촉 금속 증착 이후 열처리 과정에 의해 거칠어진 모습을 나타낸다. 반도체-공기 경계부분에서 Fresnel 반사 손실을 최소화하기 위해 렌즈는 반사방지 코팅이 되었다.

1500 nm 파장은 장거리 실리카 섬유통신에 있어서 흥미로운 사실이 있음을 주목하여야 한다. 장거리통신 섬유는 모드분산을 피하고 단일모드를 형성하기 위해 적은 코어 직경을 가져야만 한다. 따라서 1500 nm에서 발광하는 LED는 실리카 섬유통신에 대한 광원으로 사용되지 못한다.

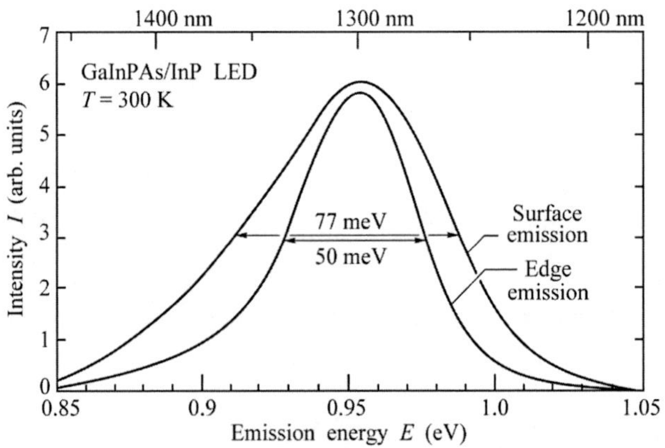

그림 23.3 1300 nm에서 발광하는 GaInPAs/InP 통신 LED의 표면과 경계면을 따라 발생하는 발광 스펙트럼. LED의 경계부분을 따라서 발광하는 스펙트럼은 자기흡수에 의하여 더 적은 반치폭을 나타낸다.

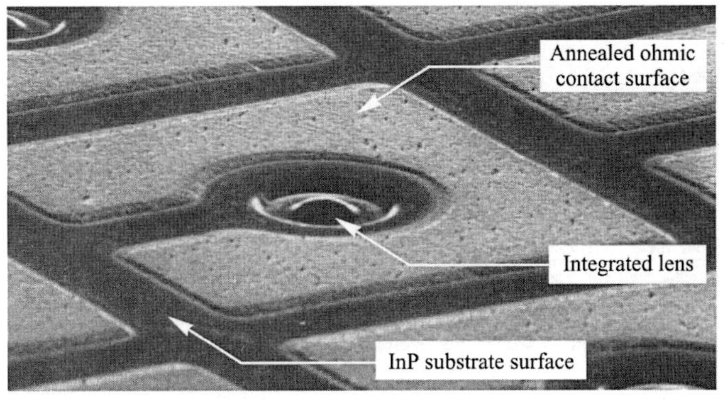

그림 23.4 InP 웨이퍼에 성장된 GaInPAs 통신 LED. LED는 통합된 반도체 렌즈를 갖는다. 오믹 접촉 금속 표면은 열처리 공정에 기인하여 요철이 형성된 모습을 갖는다(Ostermeyer 외, 1983).

23.5 650 nm에서 발광하는 통신 LED

650 nm에서 발광하는 LED는 플라스틱 광섬유통신 분야에 있어서 유용하다. 이 섬유들은 650 nm 파장에 대해 상대적으로 낮은 분산과 최소의 손실을 갖는다. 600~650 nm 범위에서 발광하는 통신 LED는 650 nm 가시광 스펙트럼 LED 램프에서와 같이 $(AlGa)_{0.5}In_{0.5}P$ 물질계를 사용한다.

그림 23.5(a)와 (b)는 650 nm 플라스틱 광통신 응용분야에 사용되는 일반적인 LED 구조들을 나타내었다. 두 LED들은 GaAs 기판의 불투명성 때문에 상부 발광소자의 형태를 나타낸다. LED는 전류를 활성층으로 보내는 전류 차단층을 갖는다. 이 층으로부터 발생하는 빛은 금속 전극 링에 의해 차단되지 않는다.

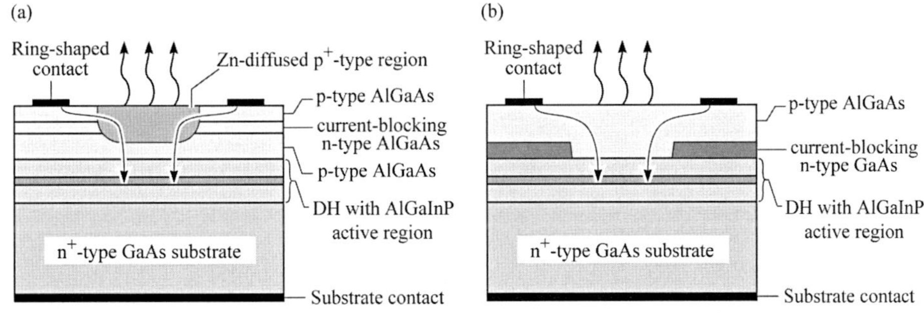

그림 23.5 플라스틱 광섬유통신을 위한 650 nm에서 발광하는 AlGaInP/GaAs LED 구조. 두 LED 구조는 발광된 빛이 상부 금속전극 링에 의해 방해되지 않게 활성층의 중심부로 깔대기 모양으로 형성되었다. (a) n형 AlGaAs 전류 차단층과 P^+형 확산영역을 사용한 구조, (b) n형 GaAs 전류 차단층을 사용한 에피 재성장에 의해 제작된 구조.

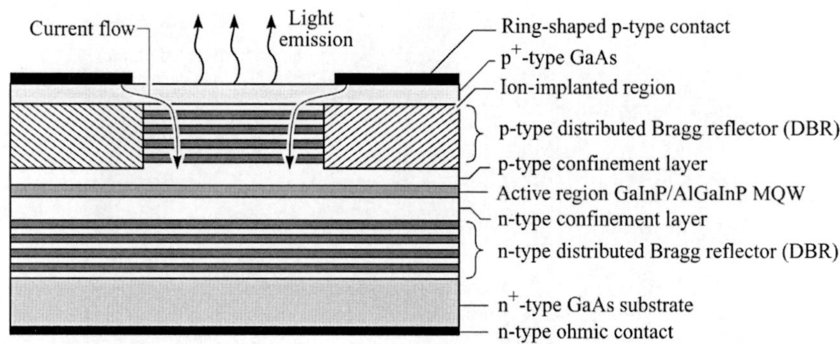

그림 23.6 650 nm에서 발광하는 공진공동 LED 구조임. 두 개의 분산 Bragg 반사경(distributed Bragg reflectors, DBRs)이 공동을 형성한다. 활성층은 GaInP/AlGaInP 다중 양자우물구조이다(Whitaker, 1999).

그림 23.5는 두 가지 형태의 전류 차단 지역을 나타낸다. 그림 23.5(a)는 투명한 상부층에 전류 차단 p-n-p 구조이다. LED의 중앙부에서 Zn 확산영역은 전류 차단층에서 도너를 모두 상쇄시켜 p형을 형성할 수 있다. 따라서 전류는 단지 Zn 확산층을 통하여 흐른다. 그림 23.5(b)는 에피재성장에 의해 제작된 전류 차단층을 나타낸다. P형 구속층의 상부에 n형 차단층을 성장하고 웨이퍼를 성장 시스템에서 꺼낸 후 패터닝과 식각을 진행한다. 이후 웨이퍼는 에피성장을 재개하기 위해 성장 시스템으로 다시 장입된다. 에피 재성장은 고비용의 공정이고 재성장이 적용된 구조의 소자는 수율도 감소하게 된다. 투명한 윈도우층은 그림 23.5에서 보여주듯이 AlGaAs, GaP 및 다른 투명한 반도체로 구성될 수 있다.

공진공동 LED(Resonant-cavity LED, RCLEDs)는 일반적인 LED에 대해 높은 휘도와 좁은 스펙트럼 폭을 포함한 몇 가지 장점을 갖는다(Schubert 외, 1992, 1994; Schubert와 Hunt, 1999). 650 nm에서 발광하는 공진공동 LED를 그림 23.6에 나타내었다(Streubel and Stevens, 1998; Streubel 외, 1998; Whitaker, 1999; Mitel, 2000). 이전의 두 구조들에서 상부전극은 링 형태이고 전류는 링의 가운데 부분의 열린 부분으로 이동한다. 이온 주입된 영역은 전류 차단영역으로 사용된다. 수소와 산소는 주입된 영역을 절연화 시키는데 사용되고 있다. 적은 수소 원자가 적당한 열처리 온도에서 반도체로부터 쉽게 확산되어 나가기 때문에 산소 주입은 수소 주입에 비해 더욱 안정적이다.

그림 23.7은 일반적인 LED와 공진공동 LED의 발광 스펙트럼을 나타내었다. 이 스펙트럼은 섬유-결합된 광의 스펙트럼이다. 스펙트럼은 두 가지 형태를 나타낸다. 첫째로는 공진공동 LED는 색분산을 감소시킴으로 더 높은 스펙트럼의 순도를 나타낸다. 두 번째로는 더욱 방향성을 갖는 발광 패턴에 의하여 공진공동 LED의 섬유 결합된 세기가 더욱 크다. 플라스틱 광섬유를 통한 250 Mbit/s의 고속 전송률이 650 nm 공진공

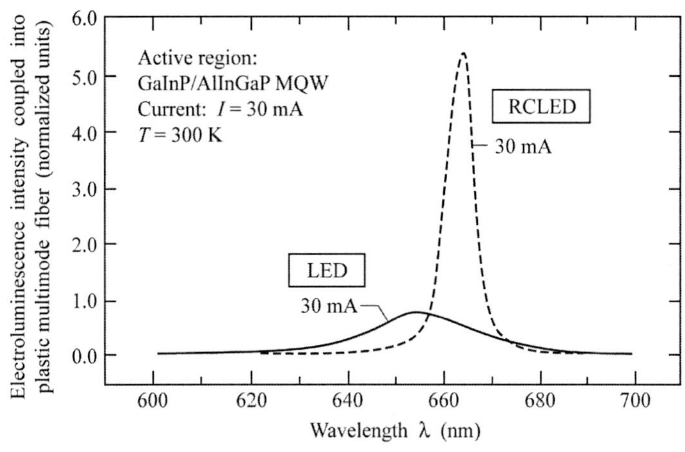

그림 23.7 30 mA의 주입 전류 하에서 일반적인 LED와 공진공동 LED의 섬유-결합된($NA = 0.275$) 발광 스펙트럼. 공진공동 LED의 마이크로 공동 효과는 특히 낮은 NA 섬유에 대해 발광 세기를 향상하고 발광 선폭을 감소시킨다(Whitaker, 1999).

동 LED를 사용하여 증명되었다(Streubel와 Stevens, 1998).

23.6 측면발광 초고휘도 다이오드(Edge-emitting superluminescent diodes, SLDs)

측면발광 LED는 광섬유에 고효율 결합을 허용하는 고휘도 LED의 사용에 의해 시작되었다. 측면발광 LED는 전체 내부 반사를 통해 도파로를 따라 방출되는 빛을 유도하는 광도파로 영역을 포함한다. 초고휘도 LED 또는 초고휘도 다이오드(SLDs)는 결맞지 않는 빛을 방출하는 넓은 밴드의 고강도 발광원이다. 결맞지 않는 빛은 레이저와 같은 결맞음 광원으로 얻어지는 "작은 반점 형태(speckle pattern)"를 나타내지 않는다. 초고휘도 다이오드는 단일모드를 사용한 통신소자와 광학 요소의 분석을 위한 고강도 발광원으로 적합하다(Liu, 2000).

광은 도파로의 코어영역 안에서 유도된다. 내부 전반사는 그림 23.8에서 보여주듯이 코어영역과 상하부 덮개층 사이의 경계 지역에서 발생한다. 도파를 가능하게 하기 위

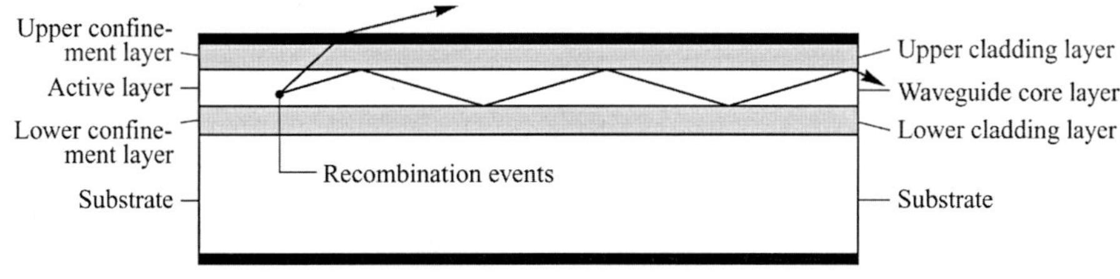

그림 23.8 낮은 입사각을 갖는 코어층에서 유도된 광선을 나타내는 도파로 구조.

해서는 코어층은 덮개층 보다 더 높은 굴절률을 가져야만 한다. 그림 23.8에 나타냈듯이, 코어-덮개층 계면에서 충분히 적은 입사각을 갖는 광자는 도파층에 의해 유도될 것이다. 광이 도파로에 의해 유도되기 때문에 소자에서 방출된 빛은 도파로의 길이에 따라 직선적으로 증가한다. 그러므로 측면발광 LED의 길이의 증가는 더 높은 광출력을 나타내게 한다. 그러나 LED의 구동에 필요한 전류 또한 소자길이 따라 증가한다.

초고휘도 다이오드는 유도방출이 발생하는 높은 전류수준에서 펌핑되는 측면발광 LED이다. 유도방출 과정에서 하나의 광자는 전자-정공 쌍의 재결합과 다른 광자의 발광을 유도한다. 유도방출 과정에서 발생된 광자는 유도된 광자와 동일 전파방향, 위상 및 파장을 갖는다. 따라서 초고휘도 다이오드는 LED와 비교하였을 때 더 큰 결맞음을 갖는다. 유도방출영역에서 LED의 상부표면으로 향하는 자발방출은 감소되고 도파로모드 속으로 발광은 향상된다.

초고휘도 다이오드는 반도체 레이저와 비교하였을 때 하나의 중요한 차이점을 갖지만 그 구조는 매우 유사하다. 하지만, 초고휘도 다이오드는 반도체 레이저의 반사면에 의한 광학적 피드백이 존재하지 않는다. 두 개의 일반적인 초고휘도 다이오드의 구조를 그림 23.9에 나타내었다. 초고휘도 다이오드 구조에서 이면은 반사면을 갖는 반면에 전면은 반사방지 코팅에 의해 처리된다. 발진을 막기 위하여 전면은 10^{-6} 이하의 반사율을 갖게 한다(Liu, 2000; Saul 외,1985). 고품질의 반사방지 코팅조건 때문에 반사방지 코팅을 갖는 초고휘도 다이오드는 제작측면에서 고가이다.

그림 23.9(b)는 대안으로 저가 초고휘도 다이오드 구조를 나타내었다. 이 구조는 다이오드의 이면 부분에 손실영역을 형성한다. 손실영역은 상부 금속전극에 의해 덮이지 않기 때문에 주입 전류에 의해 펌핑되지 않는다. 손실영역의 길이가 코어 지역의 흡수 길이보다 훨씬 길다면 특별한 피드백은 발생하지 않는다.

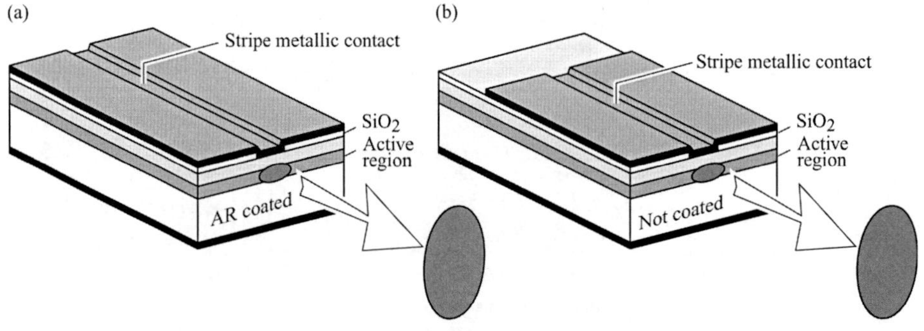

그림 23.9 초고휘도 다이오드(superluminescent diodes, SLDs)의 일반적인 구조, (a) 반사방지(anti-reflection, AR) 코팅을 갖는 면을 갖는 초고휘도 다이오드, (b) 반사면과 소자의 일부 길이 부분만 전극을 형성하여 전류를 주입하는 초고휘도 다이오드의 구조.

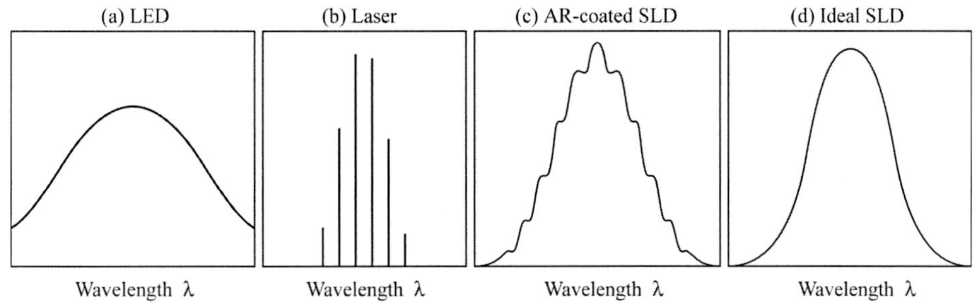

그림 23.10 (a) 이론적인 선폭 $1.8kT$를 갖는 일반적인 LED, (b) 다중모드 반도체 레이저, (c) 다중모드 레이저의 반사방지 코팅에 의해 제작된 초고휘도 다이오드(SLD), (d) kT보다 적은 선폭을 갖는 이상적인 초고휘도 다이오드의 스펙트럼(Liu, 2000).

$$\text{length of lossy region} \gg \alpha^{-1} \tag{23.1}$$

여기서, α는 코어영역에서의 흡수계수이다. 밴드 끝단 근처에서 III-V족 화합물반도체의 흡수계수는 $\alpha \approx 10^4\text{cm}^{-1}$이다. 그러므로 수십 마이크로미터를 초과하는 손실영역의 길이에 대해서 후면으로부터 광학적 피드백은 무시할 정도로 작다.

더욱이 흡수손실 면에서 회절손실은 전류에 의해 펌핑되지 않는 영역에서 발생한다. 유도이득는 전류 주입영역에서 발생하지만 손실지역에서는 발생하지 않는다. 그러므로 흡수와 회절손실은 이러한 형태의 초고휘도 다이오드의 발진을 막을 수 있다.

LED, 초고휘도 다이오드와 레이저의 발광 스펙트럼을 그림 23.10에 나타내었다. LED는 넓은 자발발광을 스펙트럼을 갖는다. 남아 있는 벽개면의 작은 반사율을 갖는 초고휘도 다이오드의 스펙트럼은 Fabry-Perot 공동 향상에 의해 발광 스펙트럼에서 주기적인 진동을 나타낸다. 이상적인 초고휘도 다이오드는 부드러운 스펙트럼을 갖고 어떤 진동도 나타내지 않는다. 초고휘도 다이오드의 스펙트럼 선폭은 유도발광에 의해 발생된 결맞음을 증가시키기 때문에 LED의 선폭보다 적다.

LED, 초고휘도 다이오드 및 레이저의 광-전류(L-I) 곡선의 비교를 그림 23.11에 나타

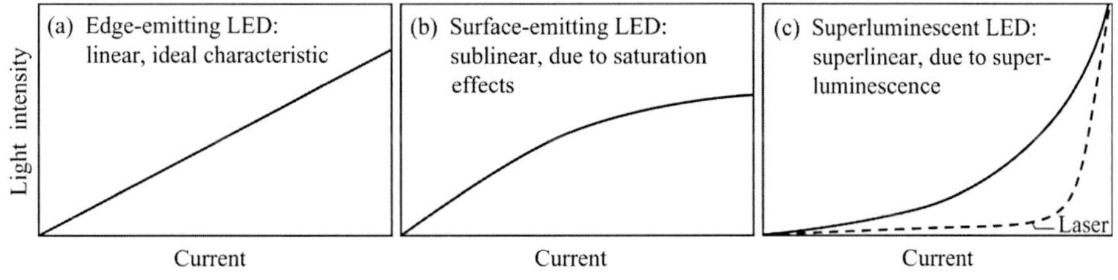

그림 23.11 각기 다른 LED의 광-전류(Light-current, L-I) 특성, (a) 포화 효과가 존재하지 않거나 약간 있는 측면발광 LED, (b) 이송자의 넘침에 의해 포화 효과를 나타내는 작은 활성층 영역을 갖는 표면발광 LED, (c) 초고휘도 LED. 또한, 다른 문턱 전류를 나타내는 레이저의 L-I특성을 나타낸다.

내었다. 작은 발광영역의 직경을 갖는 표면발광 LED는 준선형(sublinear) L-I 특성을 갖는다. 높은 주입 전류밀도에서 표면발광 LED는 적은 활성층의 부피에 상대적으로 많은 이송자의 이동에 의해 포화된다. 자발발광영역에서 작동하는 측면발광 LED는 이상적인 LED에서 예상하였듯이 선형적인 L-I 특성을 갖는다. 초고휘도 다이오드는 유도발광이기 때문에 초선형(superlinear) L-I 특성을 갖는다. 유도발광영역에서 증가한 광자들은 도파로에 의해 전달된다. 유도 발광이 우세하게 되므로 도파로모드 속으로 방출되는 광자의 수는 주입 전류에 따라 증가한다. 초고휘도 다이오드에 대해서 반도체 레이저는 초선형 발광특성을 갖는다. 하지만, 레이저의 L-I 곡선은 초고휘도 다이오드보다 더욱 구별되는 문턱 전류를 나타내고 있다.

참고문헌

Burrus C. A. and Miller B. I. "Small-area double heterostructure AlGaAs electroluminescent diode sources for optical fiber transmission lines" *Opt. Commun.* **4**, 307 (1971)

Liu Y. "Passive components tested by superluminescent diodes" February issue of *WDM Solutions* p. 41 (2000)

Mitel Corporation. RCLEDs were first manufactured by the Mitel Corporation. RCLED emitting at 650 nm has Part # 1A466 (2000). Large-scale production of RCLEDs was started in 2001 by Osram Optosemiconductors Corporation, see Wirth R., Huber W., Karnutsch C., and Streubel K. "Highefficiency resonant-cavity LEDs emitting at 650 nm" *Compound Semiconductors* **8**, 49 (2002)

Ostermayer Jr. F. W., Kohl P. A., and Burton R. H. "Photoelectrochemical etching of integral lenses on GaInPAs/InP light-emitting diodes" *Appl. Phys. Lett.* **43**, 642 (1983)

Saul R. H., Lee T. P., and Burrus C. A. "Light-emitting-diode device design" in *Lightwave Communications Technology* edited by W. T. Tsang, *Semiconductors and Semimetals* **22** Part C, (Academic Press, San Diego, 1985)

Schubert E. F. and Hunt N. E. J. "Enhancement of spontaneous emission in microcavities" in *Vertical Cavity Surface Emitting Lasers* edited by C. Wilmsen, H. Temkin, and L. A. Coldren (Cambridge University Press, Cambridge, UK, 1999)

Schubert E. F., Wang Y.-H., Cho A. Y., Tu L.-W., and Zydzik G. J. "Resonant-cavity light-emitting diode" *Appl. Phys. Lett.* **60**, 921 (1992)

Schubert E. F., Hunt N. E. J., Micovic M., Malik R. J., Sivco D. L., Cho A. Y., and Zydzik G. J. "Highly efficient light-emitting diodes with microcavities" *Science* **265**, 943 (1994)

Streubel K. and Stevens R. "250 Mbit/s plastic fibre transmission using 660 nm resonant cavity light emitting diode" *Electron. Lett.* **34**, 1862 (1998)

Streubel K., Helin U., Oskarsson V., Backlin E., and Johansson A. "High brightness visible (660 nm) resonant-cavity light-emitting diode" *IEEE Photonics Technol. Lett.* **10**, 1685 (1998)

Whitaker T. "Resonant cavity LEDs" *Compound Semiconductors* **5** (4), 32 (May 1999)

Chapter 24

LED 변조 특성

LED는 초단거리(〈 1 m)부터 5 km 거리까지 작동하는 지역통신 시스템에 가장 널리 쓰이는 광원으로, 일반적인 전송률은 초당 수십 Mbit부터 1 Gbit까지이다. LED는 비선형(non-linear) 소자로써 보통 말하는 직렬 저항, 션트(shunt) 저항, 커패시턴스(capacitance)와 마찬가지로 인가된 전압에 많은 영향을 받는다. 따라서 완전한 분석을 위해서는 이러한 비선형 특성을 반드시 고려해야 한다. 그러나 비록 LED 변조의 일부 중요한 측면은 선형 모델로부터 유추될 수 없지만, 대부분의 것은 LED를 선형소자로 가정함으로써 이해될 수 있다. 본 장에서는 우선 LED를 선형소자로써 분석하고, 그 뒤에 일부 비선형 특성을 포함한 변조특성에 대해 다루도록 하겠다.

24.1 (상하)파동운동시간, 3 dB 주파수, 선형회로 이론에서의 대역폭

간단한 RC 회로를 그림 24.1(a)에 나타내었다. 이 회로에 계단함수 입력 펄스를 걸어주면, 출력 전압은 다음 식에 따라 증가한다.

$$V_{out}(t) = V_0[1 - \exp(-t/\tau_1)] \tag{24.1}$$

이때 $\tau_1 = RC$는 RC 회로의 시간상수이다. 입력 전압이 0으로 돌아오면, 출력 전압은 다음 식에 따라 감소한다.

$$V_{out}(t) = V_0 \exp(-t/\tau_2) \tag{24.2}$$

RC 회로에서는 $\tau_1 = \tau_2$이다. 파동시간은 그림 24.1(b)에서 보는 바와 같이 전압의 10%와 90% 지점 사이의 시간 차이로 정의된다. 이러한 신호의 파동운동시간은 다음

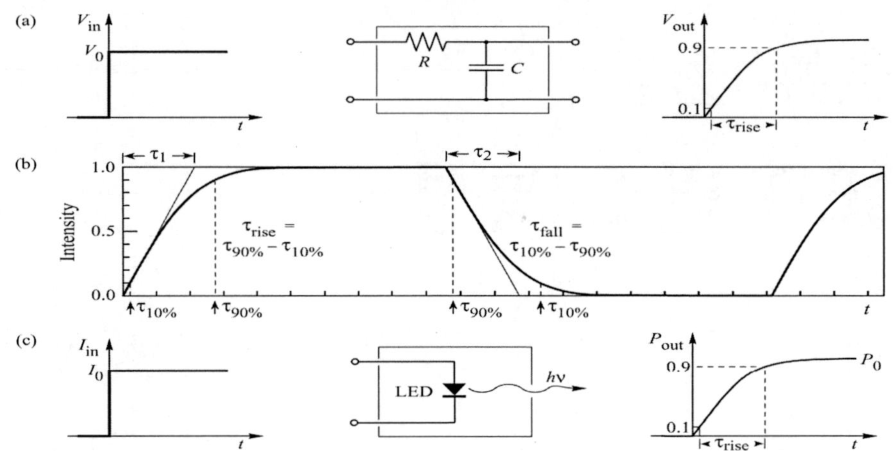

그림 24.1 (a) 증가시간 τ_r의 선형 RC 시스템의 시스템 반응도, (b) 지수함수적 시간 의존성과 시간 상수 τ_1과 τ_2를 가진 신호의 파동운동시간, (c) 증가시간 τ_r의 LED에 대한 시간의 함수인 광출력 그림.

식에 의해서 시간상수 τ_1과 τ_2에 관련이 되어 있다.

$$\tau_r = (\ln 9)\tau_1 \approx 2.2\tau_1 \quad \text{그리고} \quad \tau_f = (\ln 9)\tau_2 \approx 2.2\tau_2 \tag{24.3}$$

전압 전달함수 $H(\omega)$는 다음과 같이 주어진다.

$$H(\omega) = (1 + i\,\omega\,\tau)^{-1} \tag{24.2}$$

시스템의 대역폭 Δf는 시스템을 통과한 파워가 저주파수 값의 절반으로 감소하였을 때의 주파수에 해당한다. 이 조건은 다음과 같이 쓰여질 수 있다: $|H(2\pi f)|^2 = 1/2$. 따라서 RC 회로의 대역폭은 다음과 같다.

$$\Delta f = f_{3dB} = \frac{1}{2\pi\tau} = \frac{\ln 9}{2\pi\tau_r} = \frac{\ln 9}{\pi(\tau_r + \tau_f)} \approx \frac{0.70}{\tau_r + \tau_f} \tag{24.5}$$

이 대역폭은 또한 3 dB 주파수라고 부르는데, 그 이유는 이 주파수에서 전송된 파워는 저주파수 값에 비해 3 dB 감소되기 때문이다. 다음으로, 그림 24.1(c)에 묘사되어 있는 바와 같이 증가시간이 τ_r인 LED를 고려해보자. 계단함수(step-function) 입력 전류가 LED에 인가되면, 다음 식과 같이 광출력은 증가한다.

$$P_{out}(t) = P_0\left[1 - \exp(-t/\tau_r)\right] \tag{24.6}$$

식 (24.1), (24.4)와 유사하게 전력 전달함수는 다음과 같이 주어진다.

$$H_{LED}^2(\omega) = (1 + i\omega\tau)^{-1} \tag{24.7}$$

전력 전달함수의 절대값은 LED의 3 dB 주파수에서 절반으로 감소한다. 따라서 LED의 3 dB 주파수는 다음과 같이 주어진다.

Exercise

방정식 유도

식 (24.3), (24.4), (24.5), (24.6)을 유도하라.

Exercise

파동운동시간과 3 dB 주파수

1.75 ns 상승시간을 가진 LED에 대해 LED의 감소시간이 상승시간과 같다고 가정하자. 이 소자의 3 dB 주파수는 왜 식 (24.8)에서는 3 dB 주파수의 근사값만을 얻을 수 있는지 물리적 이유를 설명하라.

해답 식 (24.8)에 의하면 343 MHz의 3 dB 주파수가 예상된다. 실제로는 3 dB 주파수는 계산값보다 더 낮을 수도 있고 높을 수도 있는데, 이는 파동운동이 종종 지수함수 형태가 아니기 때문이다. 실질적으로, 식 (24.8)의 분자 숫자 1.2는 1.0과 1.5사이에서 변할 수 있다.

24.2 대형 다이오드 커패시턴스 제약 조건에서의 파동운동시간

고체 상태 램프 응용을 위해 사용되는 다이오드에서 전류가 주입된 p-n 접합 면적은 보통 넓다. 어떤 경우에는 전체 LED 다이만큼 큰데, 이러한 다이오드는 큰 커패시턴스를 가진다. 다이오드 커패시턴스를 C, 구동회로와 다이오드 전체의 직렬 저항을 R로 나타내면, 다이오드의 상승시간(rise time)과 하강시간(fall time)은 서로 같고 그 값이 RC 시간상수로 주어진다.

통신용 LED에서는 전류가 주입된 활성영역이 훨씬 더 좁아서 다이오드 커패시턴스보다는 자발 수명(spontaneous lifetime)이 최대 변조 주파수를 결정한다. 결과적으로 통신용 LED는 변조될 수 있다. 엄격히 말해서 LED는 광출력이 지수함수적으로 변화하지 않기 때문에 식 (24.6)에서 예견된 바와 같이 식 (24.8)은 오직 근사식일 뿐이다.

p-n 접합영역이 다이 전체영역인 LED를 생각해보자. LED는 발광영역의 크기를 결정하는 전극의 크기가 작은데 이러한 LED는 통신용으로 사용된다. 제로 바이어스(zero bias)에서 LED의 커패시턴스는 다이오드의 공핍(depletion) 커패시턴스로 주어

진다. 다이오드의 면적은 넓기 때문에(즉, 250 μm×250 μm), 커패시턴스 또한 크고 그 값은 200~300 pF에 이른다.

다이오드가 켜지면 전류는 전극 아래쪽에 몰리는데, p-n 접합에 순바이어스가 걸리면, LED의 커패시턴스는 확산 커패시턴스로 주어진다. 그러나 관계된 영역은 전체 LED 다이가 아니라 단지 다이오드에서 전류가 주입된 영역일 뿐이다.

다이오드 커패시턴스가 줄어든다면 LED의 변조 대역폭은 증가한다. 공핍 커패시턴스는 메사(mesa) 식각에 의해 감소될 수 있지만, 메사는 표면 재결합 효과를 피하기 위해 전극 크기보다 커야 한다.

확산 커패시턴스를 줄이기 위한 확실한 방법은 없지만, 발광 킬러(luminescence killer)로 작용하는 결함을 의도적으로 도입함으로써 확산 커패시턴스는 감소시킬 수 있다. 이러한 결함은 소수이송자 수명을 줄이게 되고, 그로 인해서 확산 커패시턴스도 감소시킨다. 이러한 LED는 수 GHz에서 변조될 수 있지만, 광출력 세기 또한 감소해서 전반적으로 이득이 된다고 판단하기 어렵다.

24.3 작은 다이오드 커패시턴스 제약 조건에서의 파동운동시간

다음으로, 작은 다이오드 커패시턴스에서의 파동운동시간에 대해 살펴보자. 이 경우는 작은 면적의 활성영역을 가진 표면발광 통신용 LED에 해당한다. 일정 전류에 의해 구동되는 LED를 생각해보자. 이때 전자는 활성영역으로 주입되어 이송자농도는 상승하고, 동시에 LED의 광출력 세기는 증가한다. 단분자 재결합 모델의 경우, 광출력 세기는 직접적으로 주입된 소수이송자농도에 비례한다.

단분자 속도방정식(monomolecular rate equation)은 다음과 같다.

$$\frac{I}{e\,A\,d} = \frac{dn_a}{dt} = \frac{n_a}{\tau} \tag{24.9}$$

이때 n_a는 활성영역 내의 이송자농도, A는 활성영역의 전류 주입 면적, 그리고 d는 활성영역의 두께이다. 크기 I인 정상상태(steady-state)의 전류 흐름에 의해서 정상상태의 소수이송자농도 $n_a = I\tau/(e\,A\,d)$가 생겨나는데, 이때 이송자의 평균 수명은 자발적 재결합 수명 τ이다.

다음으로, 다이오드가 초기에 "off" 상태이고, $t=0$부터 다이오드에 일정 전류 I를 주입하는 경우를 생각해보자. 다이오드가 "off" 상태일 때 활성영역 내의 소수이송자농도는 매우 낮기 때문에 우리는 농도를 $n_a \approx 0$로 가정할 수 있다.

미분방정식 (24.9)을 일정 주입 전류에 대한 초기조건 $t=0$에서 $n_a \approx 0$에 대하여 풀면, 다음 식과 같이 활성영역의 이송자농도가 증가하는 결과를 얻을 수 있다.

$$n_a(t) = n_a(1-e^{-t/\tau}) = \frac{I\tau}{e\,A\,d}(1-e^{-t/\tau}) \tag{24.10}$$

이 방정식은 정상상태 이송자농도로 활성영역을 채우기 위해서는 자발적 재결합 시간 τ가 필요하다는 것을 나타낸다. 광출력 세기는 직접적으로 소수이송자 농도를 따라가기 때문에 상승시간은 자발적 재결합시간으로 주어진다.

이와 유사한 고려사항이 다이오드의 하강시간에도 적용된다. 일단 다이오드가 꺼지면, 발광에 대한 감쇠상수는 당연히 자발적 재결합 수명이 된다. 그러므로 LED의 하강시간은 자발적 재결합 수명에 해당한다.

활성영역에 도핑을 하지 않은 경우에 단분자(monomolecular) 재결합방정식은 더 이상 적용되지 않고 이분자(bimolecular) 재결합방정식이 이송자 동역학을 묘사하기 위해 사용되어야 한다. 또한 이 경우에 이송자 수명은 더 이상 상수가 아니고, 그 대신에 가장 짧은 수명 즉, 이송자농도가 가장 높을 때 적용되는 수명이 사용될 수 있다.

주의할 것은 상승시간과 하강시간 둘 모두를 자발적 재결합 수명 이하로 줄일 수 있는 방법이 있다는 것이다. 상승시간은 전류 신호의 모양 변화로 감소될 수 있다. 하강시간은 남아 있는 이송자를 빠르게 밖으로 이동시킴(sweep-out)으로써 감소시킬 수 있다. 이 두 방법은 추후에 다룰 것이다.

24.4 파동운동시간의 전압 의존성

LED의 상승시간과 하강시간을 측정한 결과를 그림 24.2에 나타내었다(Schubert 외, 1996). 그림에 나타난 바와 같이 파동운동시간은 광학 신호의 10~90% 사이의 값으로 측정되는데, 이 측정에는 p-n 접합 수광소자(photodetector)의 광전류가 사용된다. 펄스 생성기와 광다이오드(photodiode)의 파동운동시간이 LED의 파동운동시간보다 훨씬 빠르다는 것이 측정에 앞서 먼저 확인되어야 한다. 측정된 파동운동시간은 펄스 생성기, LED, 검출기(detector), 검출기 증폭회로, 그리고 오실로스코프의 시간상수를 포함한다. 그러나 이 중에서 LED의 시간상수가 가장 길기 때문에 주된 시간상수이다. 그림 24.2에 보여진 시간상수는 LED의 실제 시간상수의 상한선이다(upper limit).

그림 24.2를 유심히 관찰하면 상승시간이 하강시간보다 훨씬 길다는 것을 알 수 있다. 그림 24.2에 나타난 상승시간과 하강시간의 큰 차이는 위에서 언급된 이론 모델에 의해서는 예상되지 않는다.

상승시간과 하강시간의 차이에 대해 더 잘 이해하기 위해서 다이오드 바이어스상태

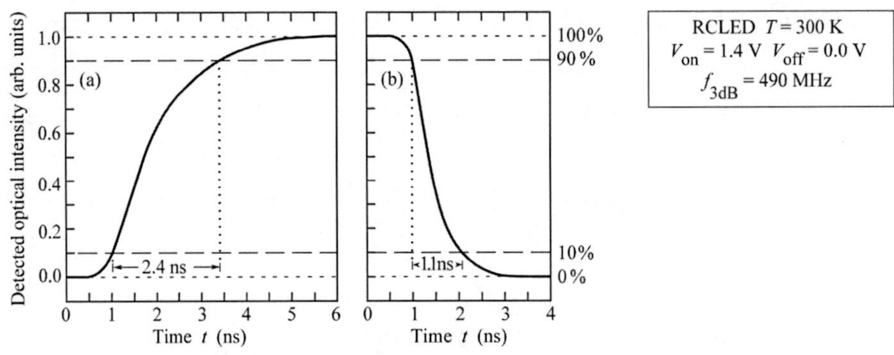

그림 24.2 RELED(resnant-cavity LED)의 측정된 (a) 상승시간(τ_{rise} =2.4ns)과 (b) 하강시간(τ_{fall} =1.1 ns). 실험에 사용된 수광소자는 LED보다 훨씬 빠르기 때문에 측정된 시간은 본질적으로 LED의 파동운동 시간이다.

에 따른 시간을 측정하였다. "on" 상태에서는 다이오드가 1.4V로 인가되어 있다. 그러나 일정범위의 전압이 "off" 상태로 선택될 수 있는데, 이는 p-n 접합 다이오드가 구동(turn-on) 전압보다 조금만 낮아도 발광하지 않기 때문이다.

이에 대한 실험 결과를 그림 24.3에 나타내었다. "on" 전압이 Von = 1.4 V에서 일정한 반면에, "off" 전압은 0에서 1.0 V 사이에서 변한다. 그림 24.3을 자세히 관찰하면 하강시간이 전압에 대해서 크게 영향을 받고 있음을 알 수 있다. 이러한 전압 의존성은 활성영역의 이송자를 밖으로 이동시킴으로써 나타난다. 이와 대조적으로, 상승시간은 실질적으로 전압과는 무관하다.

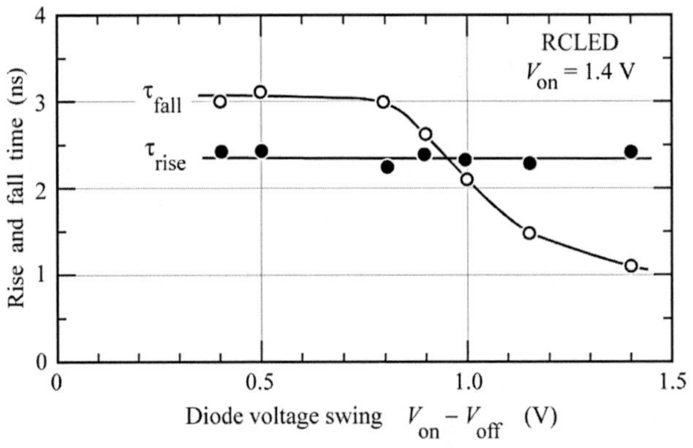

그림 24.3 전압 스윙의 함수로써의 상승시간과 하강시간. 활성영역 밖으로 이송자를 추출하기 때문에 다이오드의 하강시간은 전압 스윙이 증가함에 따라 감소한다.

24.5 활성영역의 이송자 추출(sweep-out)

그림 24.3에 나타난 하강시간의 전압 의존성은 활성영역의 전압에 영향을 받는 이송자 추출(sweep-out)에 의해서 설명될 수 있다. 그림 24.4는 스윙(swing)이 (a) 작은 경우와 (b) 큰 경우에 대한 "off" 상태에서의 활성영역 밴드 다이어그램을 나타낸다. 작은 전압 스윙의 경우에 이송자는 본질적으로 재결합할 때까지 활성영역 내에 남아 있다. 결과적으로 이송자가 재결합하고 빛의 세기가 줄어드는데 자발적 수명만큼의 시간이 소요된다.

이러한 상황은 전압 스윙이 큰 경우에는 매우 다르다. 제로 바이어스에서 활성영역의 밴드 다이어그램은 p-n 접합에서 형성된 전기장 때문에 크게 기울어져 있다. 결과적으로, 자유이송자들은 활성영역으로부터 추출되어 반도체의 중성 n-/p-형 구속(confinement)영역으로 이동한다. 이러한 이송자 추출은 전압 스윙이 클 때 가장 효율적인데, 즉 p-n 접합의 공간전하영역 내에 높은 전기장이 형성되었을 때이다. 이송자 추출시간은 자발적 수명보다 훨씬 짧을 수 있기 때문에 감소시간은 자발적 재결합 수명에 의해서가 아니라 더 짧은 전하 추출시간에 의해 결정된다. 형성된 전기장 세기와 전하 이동도를 고려하면 전하 추출시간은 피코초(picosecond)영역에 있는 것으로 예상된다.

Exercise

전하 추출(sweep-out)시간의 계산

p-n 접합 공핍영역 내의 전기장의 일반적인 값, 일반적인 이송자 속도와 활성영역 두께 (0.1~1μm)를 이용하여 이송자 추출시간을 계산하라.

해답 전하 추출시간은 매우 짧을 수 있다. 전형적인 다이오드 변수들에 대하여 이송자 추출시간은 약 1~100 ps, 즉 자발적 재결합시간보다 훨씬 짧다.

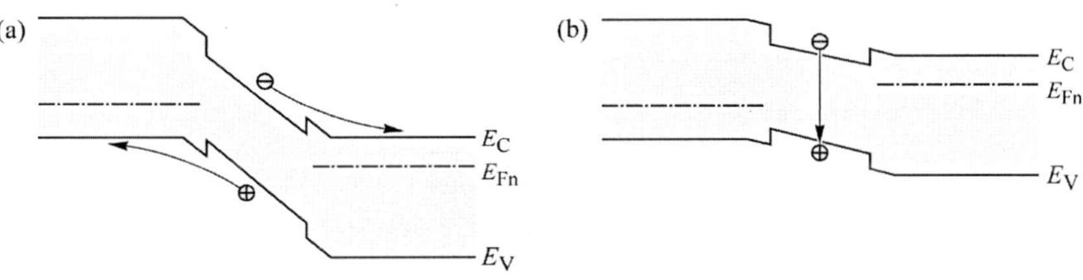

그림 24.4 하강시간을 결정하는 두 메커니즘을 나타낸 그림. (a) 제로 바이어스로의 복귀는 활성영역의 이송자 추출을 일으킨다. 이송자 추출시간은 매우 짧을 수 있다, ≪1 ns. (b) 만약 변조된 전압 진폭이 더 작다면, 이송자는 활성영역으로부터 계속 움직이지 않아서 세기 감소(decay)가 자발 재결합 수명에 의해 결정된다.

24.6 전류 형상화

상승시간과 하강시간을 줄이기 위한 일반적인 방법은 전류 형상화(current shaping) (Lee, 1975; Zucker, 1978; Saul 외, 1985)이다. 전류 형상화에 대한 다이어그램을 묘사한 것이 그림 24.5(a)에 나타나 있다. 전류 형상화회로는 본질적으로 LED와 직렬 연결되어 있는 커패시터와 저항으로 이루어져 있다. 커패시터는 LED가 켜지거나 꺼질 때 그림 24.5(b)와 같이 과잉 전류를 형성한다. 스위치를 켜는 순간, 커패시턴스를 흐르는 과잉 전류는 자발적 수명보다 짧은 시간 내에 활성영역에서 정상상태 이송자농도에 이르도록 도와준다. 스위치를 끄면($V=0$), 커패시턴스는 다이오드에 역바이어스를 걸어줘, 결과적으로 활성영역의 전류 추출을 도와준다. 과잉 전류에 들어가는 변수들은 전력 공급 내부 저항, 전류 형상화회로의 저항과 커패시터, 그리고 다이오드의 직렬 저항이 있다.

전류 형상화회로를 위한 합리적인 설계 표준은, RC 전류 형상화회로에 의해 도입된 회로의 RC 시간상수가 자발적 재결합 수명과 같아야 하고, 전압 펄스의 시작 순간의 초기 전류는 정상상태 전류크기의 두 배여야 한다. 이런 경우에 전류 형상화회로에서 저항 R의 값은 다이오드의 미분 저항과 같도록 선택된다. 회로의 커패시턴스는 전체 회로의 RC 시간상수가 LED 상승시간과 일치하도록 선택될 수 있다(Schubert 외 1996). 전류 형상화회로의 결과로써 3 dB 대역폭은 증가한다.

주의할 것은 다이오드의 직렬 저항은 전압 의존성이 강하므로 선형회로 이론은 오직 정확한 값 대신 예측값만을 제공할 뿐이란 것이다. 따라서 RC 전류 형상화회로를 최적화하기 위해서 실험 또는 계산적인 방법이 필요하다. 전류 형상화회로는 증가된 동작 전압을 필요로 하고 이것은 구동회로의 전반적 효율을 감소시킨다. 그러나 통신용 LED는 전반적으로 소비전력이 낮기 때문에 전력효율은 보통 무시할 수 있을 정도이다.

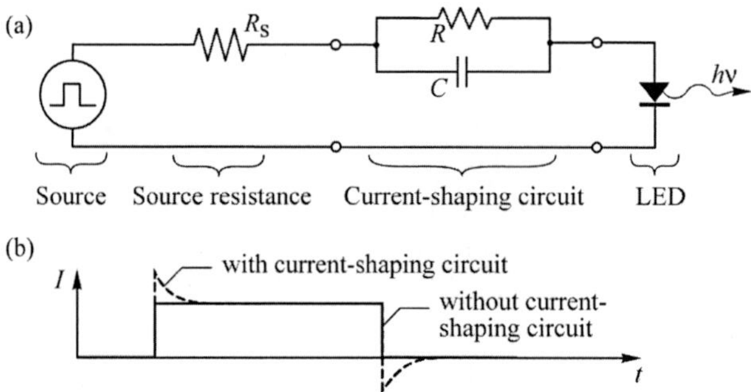

그림 24.5 (a) LED의 상승시간 감소를 위해 사용된 RC "전류 형상화(surrent-shaping)회로"의 그림, (b) 작은 다이오드 커패시턴스의 제한과(실선) 다이오드 전류에 대한 전류 형상화 영향(점선)에서 다이오드 전류 펄스와 시간 간의 그래프.

24.7 3 dB 주파수

LED의 3 dB 주파수는 검출기(detector) 신호가 저주파수 값의 절반으로 감소하는 주파수를 측정함으로써 결정할 수 있다. 검출기의 주파수 반응은 측정에 있어 반드시 고려되어야 한다. 약 500 MHz의 3 dB 주파수는 파동운동시간이 그림 24.2와 같은 LED에 대해 결정되었다. 서로 다른 LED 구조에 대한 3 dB 주파수를 비교하면 가장 높은 3 dB 주파수는 낮은 기생전압과 커패시턴스를 가진 소자에서 얻을 수 있다는 것을 알 수 있다. 이는 p-형 전극영역을 작게 하거나, 소자의 p-형 위에 두꺼운 SiO_2 절연층을 형성시키거나, 소자의 p-형쪽의 본딩 패드의 면적을 작게 하거나, 제로바이어스에서의 메사(mesa) 식각에 의해 제한되는 p-n 접합 공핍층 커패시턴스에 의해 달성될 수 있다.

24.8 눈 다이어그램

눈 다이어그램을 통해서 광통신 시스템의 전반적인 효율을 예측할 수 있다. 눈 다이어그램은 무작위로 생성된 수신기(receiver)의 디지털신호이다. 622 Mbit/s에서 동작하는 LED의 눈 다이어그램이 그림 24.6에 보여주고 있다. 622 Mbit/s의 데이터 속도는 잘 알려진 "동기(synchronous) 광 네트워크(SONET)" 표준에 사용된다. 그림으로부터 "1" 상태와 "0" 상태, 그리고 결정수준(decision level), 즉 수신기에 의해 "0"과 "1"로 해석되는 경계를 알 수 있다. 다이어그램은 또한 "눈"의 형태를 가지고 있는데, 그림에 보여진 바와 같이 눈을 크게 뜬 모양을 하고 있는데, 낮은 전송 에러율을 가능하게 한

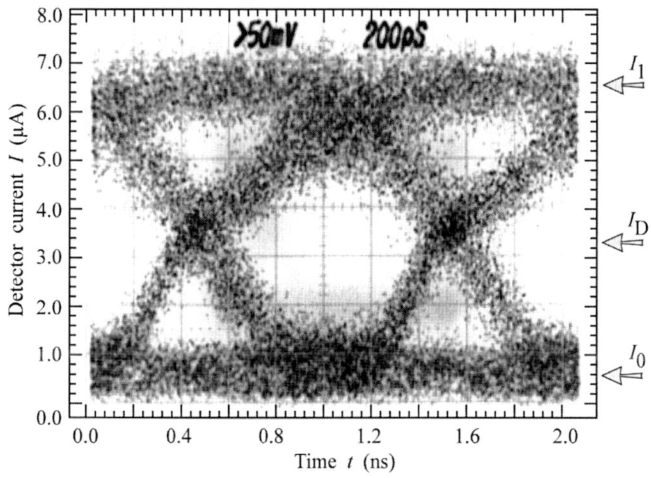

그림 24.6 RCLED로부터 받은 광신호의 "눈 다이어그램". 광신호는 샘플링 오실로스코프와 함께 실리콘 포토다이오드의 광전류로 측정된다. RCLED의 데이터 속도는 622 Mbit/s이다. 또한 그림에 같이 "0" 상태(I_0), "1" 상태(I_1), 그리고 결정 전류(I_D)로 표시된(화살표) 세 개의 전류 레벨이 있다.

다. 그림 24.6에서 보여준 모양은 이 주파수대를 사용하는 LED에서 낮은 전송 에러율로 데이터를 보낼 수 있다는 것을 의미한다. 다이오드의 "on"과 "off" 펄스 생성기 전압은 각각 1.4 V와 1.1 V이고, 측정에는 $R = 20\,\Omega$과 $C = 100$ pF의 펄스모양(pulse-shaping) RC회로가 사용되었다. 기생(parasitic) 요소를 최소화하는 것(예를 들어, 본드 패드 커패시턴스)과 RC 펄스모양 회로를 채용하면 1 Gbit/s의 전송률이 가능할 것이다.

데이터 속도가 증가하면, "눈"은 감은 모양이 되어 "0"과 "1" 레벨의 광전류가 명확하게 구별되지 않을 것이고, 그로 인하여 전송 에러율은 증가한다.

24.9 전하 수명과 3 dB 주파수

활성영역에 도핑을 매우 높게 하거나 의도적으로 깊은 트랩(deep trap)을 도입함으로써 소수이송자 수명이 줄어들고 그로 인해 최대 변조 주파수는 증가할 것이다. 깊은 트랩은 이중적인 효과를 가지는데, 첫째로, 깊은 트랩은 소수이송자 수명을 감소시켜 3 dB 주파수를 증가시킨다. 둘째로, 깊은 트랩은 발광 세기를 감소시키고 LED 내부에서 열을 발생시킨다. 반면에, 낮은 준위 도판트(shallow dopant)의 농도를 높이면 이송자 수명이 줄어들어 항상은 아니지만 종종, 소자효율을 감소시킨다(Ikeda 외, 1977).

따라서 우리는 발광 세기와 3 dB 주파수에 대한 수명 감소의 영향을 분석한다. 식 (24.8)에 따르면, LED의 3 dB 주파수는 $f_{3dB} = 3^{1/2}\,(2\pi\tau)$을 따라 발광(radiative) 수명에 의존하는데, 이때 $\tau^{-1} = \tau_r^{-1} + \tau_{nr}^{-1}$이다. 내부 소자효율은 $\eta_{int} = \tau_{nr}/(\tau_r + \tau_{nr})$로 주어진다. 짧은 비발광(non-radiative) 수명의 제한 조건에서 $f_{3dB} \propto \tau_{nr}^{-1}$과 $\eta_{int} \propto \tau_{nr}$를 만족시킨다. 그러므로 비록 변조 대역폭은 의도적으로 깊은 트랩을 도입함으로써 증가시킬 수 있지만, 전력-대역폭을 곱한 값은 그렇지 않다. 3 dB 주파수, 광출력, 그리고 발광과 비발광 수명 간의 관계가 그림 24.7에 나타내었다. 3 dB 주파수와 세기 레벨은 위에 언급된 식에 의해서 계산되었다 3 dB 주파수보다 훨씬 높은 주파수에서 log-log 눈금에서 광세기가 선형적으로 감소하는 것으로 추정될 수 있다(Wood, 1994).

그러나 만약 효율에 영향을 미치지 않고 소수이송자 수명을 감소시키는데 성공하였다면 LED의 변조 속도는 증가하였을 것이다. 비록 많이 도핑된 활성영역에 대해서 1.7 GHz 만큼 높은 변조 속도가 빨라졌다는 것을 증명하였지만, 대역폭의 증가는 소자 효율의 감소를 동반하였다(Chen 외, 1999).

Chen 등(1999)은 내부 양자효율을 심각하게 저하하지 않고 수명을 줄이기 위해 GaAs 활성영역에 매우 높게 Be을 도핑($NA = 2\times10^{19}$ to 7×10^{19} cm^{-3})하는 방법을 제안하였다. 2×10^{19} cm^{-3}로 도핑한 테스트소자에 대하여 연구팀은 440 MHz의 차단

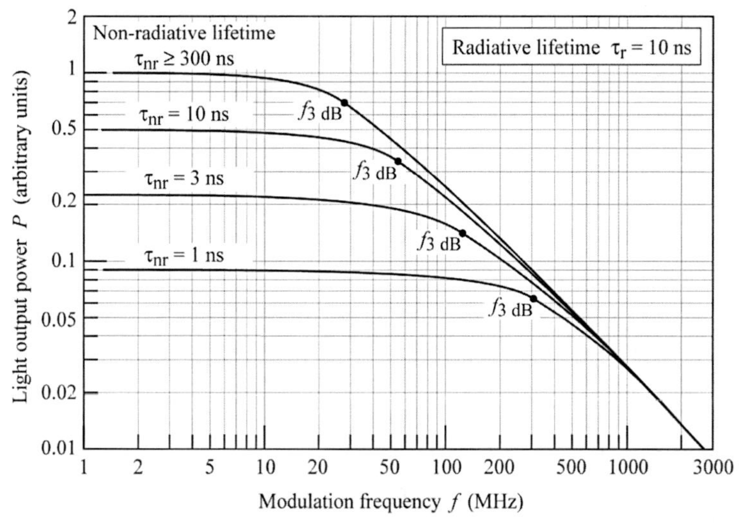

그림 24.7 여러 값의 비발광 수명에 대해 계산된 LED 광출력과 변조 주파수와의 관계. 발광 수명이 10 ns로 가정되었다.

(cut-off) 주파수와 25~30%의 내부 양자효율을 얻었고, 7×10^{19} cm^{-3}로 도핑한 소자에 대하여 1.7GHz의 차단 주파수와 10%의 내부 양자효율을 얻을 수 있었다.

참고문헌

Chen C. H., Hargis M., Woodall J. M., Melloch M. R., Reynolds J. S., Yablonovitch E., and Wang W. "GHz bandwidth GaAs light-emitting diodes" *Appl. Phys. Lett.* **74**, 3140 (1999)

Ikeda K., Horiuchi S., Tanaka T., and Susaki W. "Design parameters of frequency response of GaAs-AlGaAs DH LEDs for optical communications" *IEEE Trans. Electron Dev.* **ED-24**, 1001 (1977)

Lee T. P. "Effect of junction capacitance on the rise time of LEDs and on the turn-on delay of injection lasers" *Bell Syst. Tech. J.* **54**, 53 (1975)

Saul R. H., Lee T. P., and Burrus C. A. "Light-emitting-diode device design" in *Lightwave Communications Technology* edited by W. T. Tsang, *Semiconductor and Semimetals*, **22** Part C (Academic Press, San Diego, 1985)

Schubert E. F., Hunt N. E. J., Malik R. J., Micovic M., and Miller D. L. "Temperature and modulation characteristics of resonant-cavity light-emitting diodes" *IEEE J. Lightwave Technol.* **14**, 1721 (1996)

Wood D. *Optoelectronic Semiconductor Devices* p. 98 (Prentice Hall, New York, 1994)

Zucker J. "Closed-form calculation of the transient behavior of (AlGa)As double heterojunction LEDs" *J. Appl. Phys.* **49**, 2543 (1978)

Appendix 1

Frequently used symbols

Symbol	*Explanation*	*SI unit*	*Common unit*
a_0	lattice constant	m	nm or Å
a_B	Bohr radius	m	nm or Å
A	area	m^2	cm^2
$\mathcal{A}$	Einstein $\mathcal{A}$ coefficient	s^{-1}	s^{-1}
α	absorption coefficient	m^{-1}	cm^{-1}
α_0	absorption coefficient at $h\nu = 2\,E_g$	m^{-1}	cm^{-1}
α_{fc}	free-carrier absorption coefficient	m^{-1}	cm^{-1}
α_g	absorption coefficient at the bandgap energy	m^{-1}	cm^{-1}
B	bimolecular recombination coefficient	m^3/s	cm^3/s
$\mathcal{B}$	Einstein $\mathcal{B}$ coefficient	$m^3/(J\,s^2)$	$m^3/(J\,s^2)$
c	speed of light in vacuum	m/s	m/s
C	capacitance	F	F
CRI	color-rendering index	–	–
C–V	capacitance-versus-voltage characteristic	–	–
d	layer thickness	m	μm
D	diffusion constant of dopants	m^2/s	cm^2/s
$\mathcal{D}$	dielectric displacement	C/m^2	C/cm^2
DOS	density of states, *see* N_c, N_v	–	–
D_n, D_p	diffusion constant of electrons, holes	m^2/s	cm^2/s
Δn, Δp	change in electron concentration, hole concentration	m^{-3}	cm^{-3}
ΔE_C, ΔE_V	band discontinuity of conduction band, valance band	J	eV
ΔE^*	color difference	–	–
e	elementary charge	C	C
$\mathcal{E}$	electric field	V/m	V/cm
E	energy	J	eV
E_0	energy of lowest state of a quantum well	J	eV
E_C	energy of conduction band edge	J	eV
E_F	Fermi energy	J	eV
E_{Fi}	Fermi energy in intrinsic semiconductor	J	eV
E_{Fn}	quasi-Fermi energy in n-type region	J	eV
E_{Fp}	quasi-Fermi energy in p-type region	J	eV
E_g	energy of semiconductor bandgap	J	eV
E_{Ryd}	Rydberg energy	J	eV
E_T	energy of trap or deep level	J	eV
E_V	energy of valence band edge	J	eV
$\varepsilon = \varepsilon_r\,\varepsilon_0$	dielectric permittivity	A s/(V m)	A s/(V m)
ε_0	absolute dielectric constant	A s/(V m)	A s/(V m)
ε_r	relative dielectric constant	–	–
η	efficiency	%	%
η_{ext}	external quantum efficiency	%	%
$\eta_{extraction}$	extraction efficiency	%	%

η_{int}	internal quantum efficiency	%	%
η_{power}	power efficiency	%	%
f	frequency	Hz	Hz
F	finesse of cavity	–	–
ϕ	angle	°	°
ϕ_c	critical angle for total internal reflection	°	°
Φ	electrostatic potential	V	V
Φ	angle	°	°
Φ_{lum}	luminous flux	lm	lm
G	generation rate	m^{-3}/s	cm^{-3}/s
G_0	generation rate in equilibrium	m^{-3}/s	cm^{-3}/s
G_{excess}	excess generation rate	m^{-3}/s	cm^{-3}/s
h	Planck constant	J s	J s or eV s
$\hbar$	Planck constant divided by 2π	J s	J s or eV s
$h\nu$	photon energy	J	eV
I	optical intensity	W/m^2	W/cm^2
I	current	A	A
I_s	reverse saturation current	A	A
I–V	current-versus-voltage characteristic	–	–
J	current density	A/m^2	A/cm^2
J_s	saturation current density	A/m^2	A/cm^2
k	wave number ($2\pi / \lambda$)	m^{-1}	cm^{-1}
k	Boltzmann constant	J/K	J/K or eV/K
L	length	m	m
L_{cav}	cavity length	m	μm
L_n, L_p	diffusion length of electrons, holes	m	μm
L–I	light-output-power-versus-current characteristic	–	–
L^*	CIE uniform color space coordinate of 1986	–	–
λ	wavelength	m	nm
λ_{Bragg}	Bragg reflection wavelength	m	nm
m	mass	kg	kg
m_e	free-electron mass	kg	kg
m^*	effective mass	kg	kg
m_e^*, m_h^*	effective mass of electron, hole	kg	kg
m_{lh}^*, m_{hh}^*	effective mass of light hole, heavy hole	kg	kg
$\mu = \mu_r \mu_0$	magnetic permeability	V s/(A m)	V s/(A m)
μ_0	absolute magnetic constant	V s/(A m)	V s/(A m)
μ_r	relative magnetic constant	–	–
μ_n, μ_p	mobility of electrons, holes	$m^2/(V s)$	$cm^2/(V s)$
n	n-type semiconductor material	–	–
n^-	lightly doped n-type material	–	–
n^+	heavily doped n-type material	–	–
n	electron concentration	m^{-3}	cm^{-3}
n_0	equilibrium electron concentration	m^{-3}	cm^{-3}
n^{2D}	two-dimensional electron concentration	m^{-2}	cm^{-2}
n_{ideal}	diode ideality factor	–	–
n_p	electron concentration in p-type material	m^{-3}	cm^{-3}
$\overline{n}$	refractive index	–	–
$\overline{n}_{air}$	refractive index of air	–	–

$\overline{n}_{gr}$	group index	–	–
$\overline{n}_s$	refractive index of semiconductor	–	–
N_A, N_D	acceptor, donor concentration	m^{-3}	cm^{-3}
N_c	effective density of states at conduction band edge	m^{-3}	cm^{-3}
N_T	concentration of trap or deep level	m^{-3}	cm^{-3}
N_v	effective density of states at valence band edge	m^{-3}	cm^{-3}
ν	frequency of optical radiation	Hz	Hz
p	p-type semiconductor material	–	–
p^-	lightly doped p-type material	–	–
p^+	heavily doped p-type material	–	–
p	momentum	kg m/s	kg m/s
p	hole concentration	m^{-3}	cm^{-3}
p_0	equilibrium hole concentration	m^{-3}	cm^{-3}
p^{2D}	two-dimensional hole concentration	m^{-2}	cm^{-2}
p_n	hole concentration in n-type material	m^{-3}	cm^{-3}
P	power	W	W
$P(\lambda)$	spectral power density	W/m	W/nm
Q	electrical charge	C	C
Q	cavity quality factor	–	–
r	optical field reflection coefficient	–	–
R	optical power reflection coefficient	–	–
R	resistance	Ω	Ω
R	recombination rate	m^{-3}/s	cm^{-3}/s
R_0	recombination rate in equilibrium	m^{-3}/s	cm^{-3}/s
R_{excess}	excess recombination rate	m^{-3}/s	cm^{-3}/s
R_s	series resistance	Ω	Ω
ρ	charge density	C/m^3	C/cm^3
ρ	resistivity	Ω m	Ω cm
ρ_c	specific contact resistance	$\Omega\ m^2$	$\Omega\ cm^2$
ρ_{DOS}^{3D}	three-dimensional density of states	m^{-3}/J	cm^{-3}/eV
ρ_{DOS}^{2D}	two-dimensional density of states	m^{-2}/J	cm^{-2}/eV
S	surface recombination velocity	m/s	cm/s
σ	conductivity	$(\Omega\ m)^{-1}$	$(\Omega\ cm)^{-1}$
t	time	s	s
t	layer thickness	m	μm
T	temperature	K	K or °C
T	optical power transmission coefficient	–	–
T_c	carrier temperature	K	K or °C
T_j	junction temperature	K	K or °C
τ	recombination lifetime	s	s
τ_{cav}	recombination lifetime in a cavity	s	s
τ_n, τ_p	recombination lifetimes of electrons, holes	s	s
u, u'	CIE uniform chromaticity coordinate of 1960, 1976	–	–
u^*	CIE uniform color space coordinate of 1986	–	–
v	velocity	m/s	m/s
v_{gr}	group velocity	m/s	m/s
v_{ph}	phase velocity	m/s	m/s
v, v'	CIE uniform chromaticity coordinate of 1960, 1976	–	–
v^*	CIE uniform color space coordinate of 1986	–	–

V	voltage	V	V
V_D	diffusion voltage	V	V
V_f	forward voltage	V	V
V_{f1}, V_{f2}, V_{f3}	forward voltage measured at a specified current	V	V
V_j	junction voltage	V	V
V_{th}	threshold voltage	V	V
$V(\lambda)$	eye sensitivity function	–	–
W	width	m	m
W_D	depletion layer width	m	μm
W_{DH}	double heterostructure width	m	μm
x	chromaticity coordinate	–	–
$\bar{x}$	CIE color-matching function (red)	–	–
X	CIE tristimulus value (red)	–	–
y	chromaticity coordinate	–	–
$\bar{y}$	CIE color-matching function (green)	–	–
Y	CIE tristimulus value (green)	–	–
$\bar{z}$	CIE color-matching function (blue)	–	–
Z	CIE tristimulus value (blue)	–	–

Note: This list does not contain some symbols that are used only in the section where they are defined.

Appendix 2

Physical constants

a_B	=	0.5292 Å	Bohr radius ($a_B = 0.5292 \times 10^{-10}$ m)
ε_0	=	8.8542×10^{-12} A s / (V m)	absolute dielectric constant
e	=	1.6022×10^{-19} C	elementary charge
c	=	2.9979×10^{8} m / s	speed of light in vacuum
E_{Ryd}	=	13.606 eV	Rydberg energy
g	=	9.8067 m / s^2	acceleration on earth at sea level due to gravity
G	=	6.6873×10^{-11} m^3 / (kg s^2)	gravitational constant ($F = G\,M\,m / r^2$)
h	=	6.6261×10^{-34} J s	Planck constant ($h = 4.1356 \times 10^{-15}$ eV s)
$\hbar$	=	1.0546×10^{-34} J s	$\hbar = h / (2\pi)$ ($\hbar = 6.5821 \times 10^{-16}$ eV s)
k	=	1.3807×10^{-23} J / K	Boltzmann constant ($k = 8.6175 \times 10^{-5}$ eV / K)
μ_0	=	1.2566×10^{-6} V s / (A m)	absolute magnetic constant
m_e	=	9.1094×10^{-31} kg	free electron mass
N_{Avo}	=	6.0221×10^{23} mol^{-1}	Avogadro number
$R = k\,N_{Avo}$	=	8.3145 J K^{-1} mol^{-1}	ideal gas constant

Note: The *dielectric permittivity* of a material is given by $\varepsilon = \varepsilon_r\,\varepsilon_0$ where ε_r and ε_0 are the *relative* and *absolute* dielectric constant, respectively. The *magnetic permeability* of a material is given by $\mu = \mu_r\,\mu_0$ where μ_r and μ_0 are the *relative* and *absolute* magnetic constant, respectively.

Useful conversions

$$1\text{ eV} = 1.6022 \times 10^{-19}\text{ C V} = 1.6022 \times 10^{-19}\text{ J}$$

$$E = h\nu = hc/\lambda = 1239.8\text{ eV} / (\lambda/\text{nm})$$

$$kT = 25.86\text{ meV} \quad (\text{at } T = 300\text{ K})$$

$$kT = 25.25\text{ meV} \quad (\text{at } T = 20\text{ °C} = 293.15\text{ K})$$

Room temperature properties of semiconductors: III–V arsenides

Quantity	*Symbol*	*AlAs*	*GaAs*	*InAs*	*(Unit)*
Crystal structure		Z	Z	Z	–
Gap: Direct (*D*) / Indirect (*I*)		*I*	*D*	*D*	–
Lattice constant	$a_0 =$	5.6611	5.6533	6.0584	Å
Bandgap energy	$E_g =$	2.168	1.42	0.354	eV
Intrinsic carrier concentration	$n_i =$	10	2×10^6	7.8×10^{14}	cm^{-3}
Effective DOS at CB edge	$N_c =$	1.5×10^{19}	4.4×10^{17}	8.3×10^{16}	cm^{-3}
Effective DOS at VB edge	$N_v =$	1.7×10^{19}	7.7×10^{18}	6.4×10^{18}	cm^{-3}
Electron mobility	$\mu_n =$	200	8 500	33 000	cm^2/Vs
Hole mobility	$\mu_p =$	100	400	450	cm^2/Vs
Electron diffusion constant	$D_n =$	5.2	220	858	cm^2 / s
Hole diffusion constant	$D_p =$	2.6	10	12	cm^2 / s
Electron affinity	$\chi =$	3.50	4.07	4.9	V
Minority carrier lifetime	$\tau =$	10^{-7}	10^{-8}	10^{-8}	s
Electron effective mass	$m_e^* =$	$0.146\ m_e$	$0.067\ m_e$	$0.022\ m_e$	–
Heavy hole effective mass	$m_{hh}^* =$	$0.76\ m_e$	$0.45\ m_e$	$0.40\ m_e$	–
Relative dielectric constant	$\varepsilon_r =$	10.1	13.1	15.1	–
Refractive index near E_g	$\bar{n} =$	3.2	3.4	3.5	–
Absorption coefficient near E_g	$\alpha =$	10^3	10^4	10^4	cm^{-1}

- D = Diamond. Z = Zincblende. W = Wurtzite. DOS = Density of states. CB = Conduction band. VB = Valence band.
- The Einstein relation relates the diffusion constant and mobility in a non-degenerately doped semiconductor: $D = \mu\,(kT/e)$
- Minority carrier diffusion lengths are given by $L_n = (D_n \tau_n)^{1/2}$ and $L_p = (D_p \tau_p)^{1/2}$
- The mobilities and diffusion constants apply to low doping concentrations ($\approx 10^{15}$ cm^{-3}). As the doping concentration increases, mobilities and diffusion constants decrease.
- The minority carrier lifetime τ applies to doping concentrations of 10^{18} cm^{-3}. For other doping concentrations, the lifetime is given by $\tau = B^{-1}\,(n+p)^{-1}$, where $B_{GaAs} = 10^{-10}$ cm^3/s.

Room temperature properties of semiconductors: III–V nitrides

Quantity	*Symbol*	*AlN*	*GaN*	*InN*	*(Unit)*
Crystal structure		W	W	W	–
Gap: Direct (*D*) / Indirect (*I*)		*D*	*D*	*D*	–
Lattice constant	$a_0 =$	3.112	3.191	3.545	Å
	$c_0 =$	4.982	5.185	5.703	Å
Bandgap energy	$E_g =$	6.28	3.425	0.77	eV
Intrinsic carrier concentration	$n_i =$	9.4×10^{-34}	1.9×10^{-10}	920	cm^{-3}
Effective DOS at CB edge	$N_c =$	6.2×10^{18}	2.3×10^{18}	9.0×10^{17}	cm^{-3}
Effective DOS at VB edge	$N_v =$	4.9×10^{20}	1.8×10^{19}	5.3×10^{19}	cm^{-3}
Electron mobility	$\mu_n =$	300	1500	3200	cm^2/Vs
Hole mobility	$\mu_p =$	14	30	–	cm^2/Vs
Electron diffusion constant	$D_n =$	7	39	80	cm^2 / s
Hole diffusion constant	$D_p =$	0.3	0.75	–	cm^2 / s
Electron affinity	$\chi =$	1.9	4.1	–	V
Minority carrier lifetime	$\tau =$	–	10^{-8}	–	s
Electron effective mass	$m_e^* =$	$0.40\, m_e$	$0.20\, m_e$	$0.11\, m_e$	–
Heavy hole effective mass	$m_{hh}^* =$	$3.53\, m_e$	$0.80\, m_e$	$1.63\, m_e$	–
Relative dielectric constant	$\varepsilon_r =$	8.5	8.9	15.3	–
Refractive index near E_g	$\overline{n} =$	2.15	2.5	2.9	–
Absorption coefficient near E_g	$\alpha =$	3×10^5	10^5	6×10^4	cm^{-1}

- D = Diamond. Z = Zincblende. W = Wurtzite. DOS = Density of states. CB = Conduction band. VB = Valence band.
- The Einstein relation relates the diffusion constant and mobility in a non-degenerately doped semiconductor: $D = \mu\,(kT/e)$
- Minority carrier diffusion lengths are given by $L_n = (D_n \tau_n)^{1/2}$ and $L_p = (D_p \tau_p)^{1/2}$
- The mobilities and diffusion constants apply to low doping concentrations ($\approx 10^{15}$ cm^{-3}). As the doping concentration increases, mobilities and diffusion constants decrease.
- The minority carrier lifetime τ applies to doping concentrations of 10^{18} cm^{-3}. For other doping concentrations, the lifetime is given by $\tau = B^{-1}(n+p)^{-1}$, where $B_{GaN} \approx 10^{-10}$ cm^3/s.

Room temperature properties of semiconductors: III–V phosphides

Quantity	*Symbol*	*AlP*	*GaP*	*InP*	*(Unit)*
Crystal structure		Z	Z	Z	–
Gap: Direct (*D*) / Indirect (*I*)		*I*	*I*	*D*	–
Lattice constant	$a_0 =$	5.4635	5.4512	5.8686	Å
Bandgap energy	$E_g =$	2.45	2.26	1.35	eV
Intrinsic carrier concentration	$n_i =$	0.044	1.6×10^0	1×10^7	cm^{-3}
Effective DOS at CB edge	$N_c =$	2.0×10^{19}	1.9×10^{19}	5.2×10^{17}	cm^{-3}
Effective DOS at VB edge	$N_v =$	1.5×10^{19}	1.2×10^{19}	1.1×10^{19}	cm^{-3}
Electron mobility	$\mu_n =$	60	110	4600	cm^2/Vs
Hole mobility	$\mu_p =$	450	75	150	cm^2/Vs
Electron diffusion constant	$D_n =$	1.6	2.8	120	cm^2 / s
Hole diffusion constant	$D_p =$	11.6	1.9	3.9	cm^2 / s
Electron affinity	$\chi =$	3.98	3.8	4.5	V
Minority carrier lifetime	$\tau =$	10^{-6}	10^{-6}	10^{-8}	s
Electron effective mass	$m_e^* =$	$0.83\ m_e$	$0.82\ m_e$	$0.08\ m_e$	–
Heavy hole effective mass	$m_{hh}^* =$	$0.70\ m_e$	$0.60\ m_e$	$0.56\ m_e$	–
Relative dielectric constant	$\varepsilon_r =$	9.8	11.1	12.4	–
Refractive index near E_g	$\bar{n} =$	3.0	3.0	3.4	–
Absorption coefficient near E_g	$\alpha =$	10^3	10^3	10^4	cm^{-1}

- D = Diamond. Z = Zincblende. W = Wurtzite. DOS = Density of states. CB = Conduction band. VB = Valence band.
- The Einstein relation relates the diffusion constant and mobility in a non-degenerately doped semiconductor: $D = \mu\ (kT/e)$
- Minority carrier diffusion lengths are given by $L_n = (D_n \tau_n)^{1/2}$ and $L_p = (D_p \tau_p)^{1/2}$
- The mobilities and diffusion constants apply to low doping concentrations ($\approx 10^{15}$ cm^{-3}). As the doping concentration increases, mobilities and diffusion constants decrease.
- The minority carrier lifetime τ applies to doping concentrations of 10^{18} cm^{-3}. For other doping concentrations, the lifetime is given by $\tau = B^{-1}\ (n + p)^{-1}$, where $B_{GaP} \approx 10^{-13}$ cm^3/s.

Appendix 6

Room temperature properties of semiconductors: Si and Ge

Quantity	*Symbol*	*Si*	*Ge*	*(Unit)*
Crystal structure		D	D	–
Gap: Direct (*D*) / Indirect (*I*)		*I*	*I*	–
Lattice constant	$a_0 =$	5.43095	5.64613	Å
Bandgap energy	$E_g =$	1.12	0.66	eV
Intrinsic carrier concentration	$n_i =$	1.0×10^{10}	2.0×10^{13}	cm^{-3}
Effective DOS at CB edge	$N_c =$	2.8×10^{19}	1.0×10^{19}	cm^{-3}
Effective DOS at VB edge	$N_v =$	1.0×10^{19}	6.0×10^{18}	cm^{-3}
Electron mobility	$\mu_n =$	1500	3900	cm^2/Vs
Hole mobility	$\mu_p =$	450	1900	cm^2/Vs
Electron diffusion constant	$D_n =$	39	101	cm^2/s
Hole diffusion constant	$D_p =$	12	49	cm^2/s
Electron affinity	$\chi =$	4.05	4.0	V
Minority carrier lifetime	$\tau =$	10^{-6}	10^{-6}	s
Electron effective mass	$m_e^* =$	0.98 m_e	1.64 m_e	–
Heavy hole effective mass	$m_{hh}^* =$	0.49 m_e	0.28 m_e	–
Relative dielectric constant	$\varepsilon_r =$	11.9	16.0	–
Refractive index near E_g	$\bar{n} =$	3.3	4.0	–
Absorption coefficient near E_g	$\alpha =$	10^3	10^3	cm^{-1}

- D = Diamond. Z = Zincblende. W = Wurtzite. DOS = Density of states. CB = Conduction band. VB = Valence band.
- The Einstein relation relates the diffusion constant and mobility in a non-degenerately doped semiconductor: $D = \mu\,(kT/e)$
- Minority carrier diffusion lengths are given by $L_n = (D_n\tau_n)^{1/2}$ and $L_p = (D_p\tau_p)^{1/2}$
- The mobilities and diffusion constants apply to low doping concentrations ($\approx 10^{15}$ cm^{-3}). As the doping concentration increases, mobilities and diffusion constants decrease.
- The minority carrier lifetime τ applies to doping concentrations of 10^{18} cm^{-3}. For other doping concentrations, the lifetime is given by $\tau = B^{-1}(n+p)^{-1}$, where $B_{Si} \approx 5\times10^{-14}$ cm^3/s, $B_{Ge} \approx 5\times10^{-13}$ cm^3/s.

Appendix 7

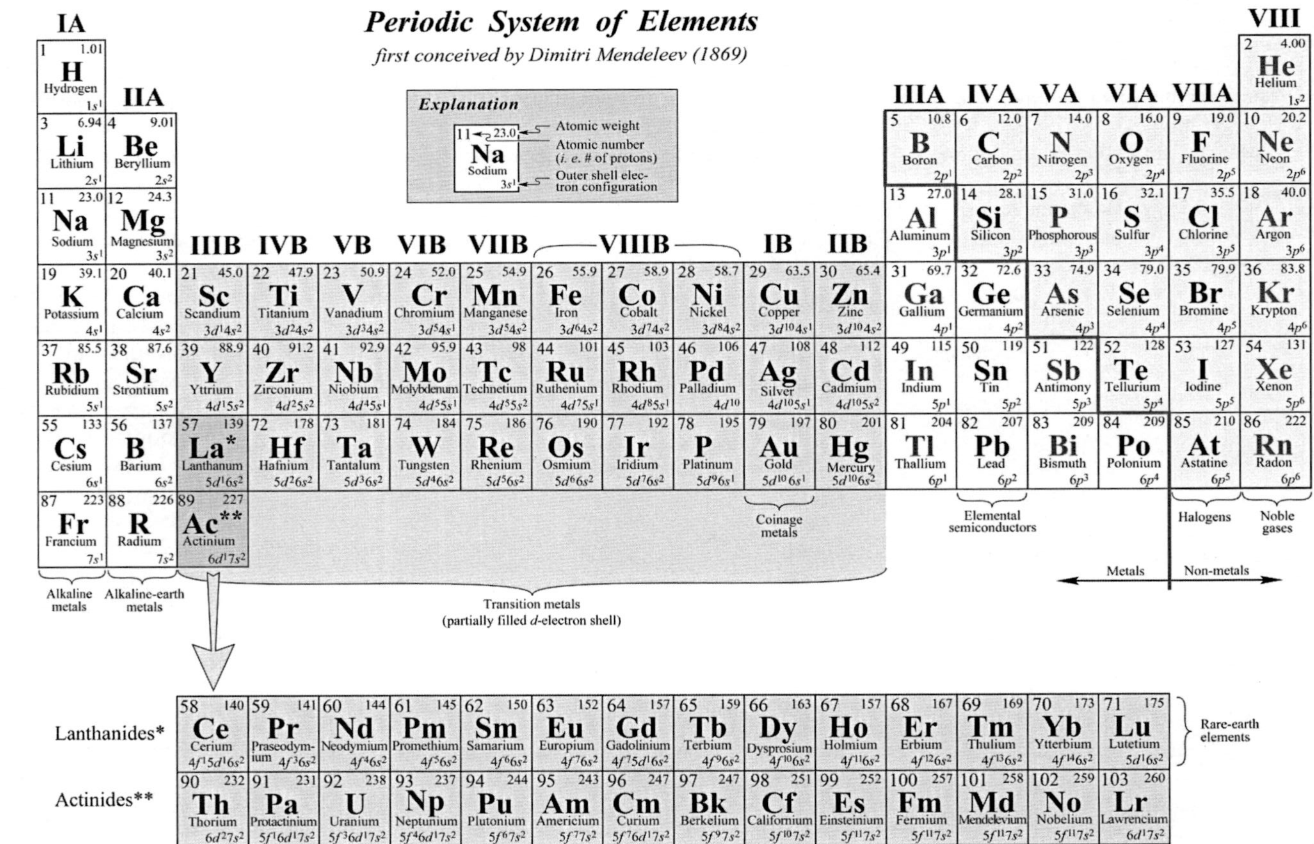

Note: s-electron shell can be occupied by at most 2 electrons; p-electron shell by at most 6 electrons; d-electron shell by at most 10 electrons; f-electron shell by at most 14 electrons; Noble gases have 2 (He), 10 (Ne), 18 (Ar), 36 (Kr), 54 (Xe), and 86 (Rn) electrons

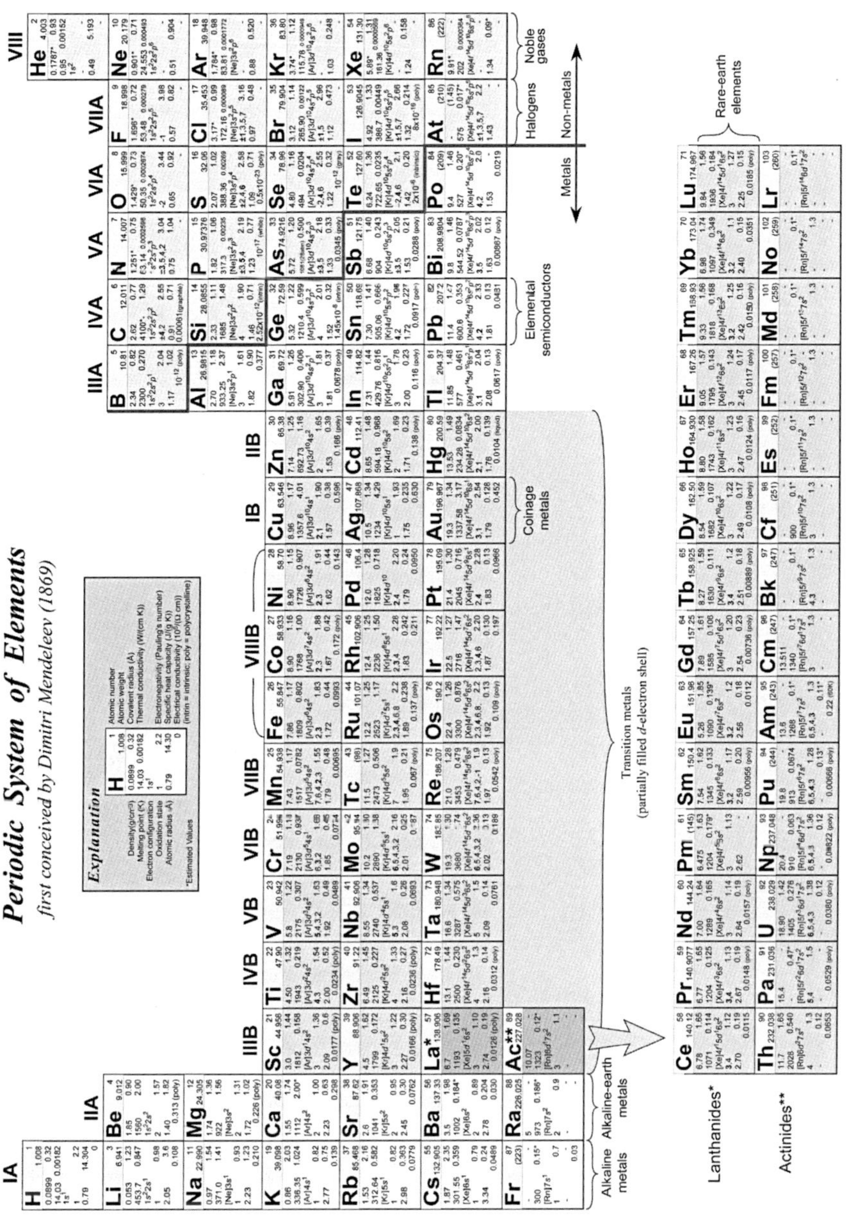

Note: s-electron shell can be occupied by at most 2 electrons; p-electron shell by at most 6 electrons; d-electron shell by at most 10 electrons; f-electron shell by at most 14 electrons; Noble gases have 2 (He), 10 (Ne), 18 (Ar), 36 (Kr), 54 (Xe), and 86 (Rn) electrons

찾아보기

A

B

C

D

E

F

G

I

K

L

M

N

O

P

R

S

T

U

V

W

Y

Z

기타

ㄱ

ㅇ

ㅈ

ㅊ

ㅋ

ㅌ

ㅍ

정가 32,000원

한국어판 Light-Emitting Diodes

2011년 9월 20일 초판 인쇄
2011년 9월 30일 초판 발행

역자와의
협의하에
인지생략

저　자 : E. Fred Schubert
역　자 : 윤의준 · 김경국 · 이성남 · 김현수 · 나현석
발행자 : 우명찬 · 송　준
발행처 : 홍릉과학출판사
주　소 : ㊐ 142-885 서울시 강북구 인수동 455-60
등　록 : 1976년 10월 21일 제5-66호
전　화 : 999-2274~5, 903-7037
팩　스 : 905-6729
ISBN : 978-89-7283-986-6

hongpub@hongpub.co.kr
www.hongpub.co.kr